Kristina
Weihnachten 2021
von
Deinem Georg

SV

LUDWIG HUBER

DAS RATIONALE TIER

Eine kognitionsbiologische Spurensuche

SUHRKAMP

Bibliografische Information der Deutschen Nationalbibliothek
Die Deutsche Nationalbibliothek verzeichnet diese Publikation
in der Deutschen Nationalbibliografie;
detaillierte bibliografische Daten sind im Internet
über http://dnb.d-nb.de abrufbar.

Erste Auflage 2021

Satz: Dörlemann Satz, Lemförde
Druck: GGP Media GmbH, Pößneck
Printed in Germany
ISBN 978-3-518-58771-3

Meinem Lehrer Rupert Riedl gewidmet

Inhalt

Vorwort

Ob Tiere rational sein können und ob sie Bewusstsein haben, zählt zu den spannendsten und umstrittensten Fragen der Biologie und vergleichenden Psychologie [1]. Und obwohl schon Charles Darwin [2; S. 488] prophezeite, dass sich die Psychologie auf ein neues Fundament stützen wird, nämlich das der notwendigen Aneignung jeder geistigen Kraft und Fähigkeit durch Abstufung (und dabei auch Licht auf den Ursprung des Menschen und seine Geschichte geworfen wird), haben Biologen und Psychologen lange Zeit das Problem des tierischen Bewusstseins außerhalb der seriösen Forschung verortet, es als etwas abgetan, über das man niemals etwas wissen kann und daher nicht weiter darüber nachdenken, geschweige denn forschen sollte. Selbst jene Wissenschaftler, die zu höheren Formen der Kognition bei Menschenaffen, Delfinen oder Rabenvögeln forschen, die ihnen Nachdenken über ihre physikalische und soziale Umwelt, Zeitgefühl, Werkzeugherstellung, Planhandlung und Perspektivenübernahme zugestehen, verweigern sich der Frage, ob wir Tieren Rationalität, Intentionalität und Bewusstsein zuschreiben können, und wenn ja, welchen Tierarten und in welchem Maß [3-5]. Das hat vorwiegend mit drei Problemen zu tun: Erstens ist noch immer nicht klar, was das Bewusstsein, welches mit den anderen genannten Fähigkeiten zusammenhängt, genau ist. Selbst über das Bewusstsein des Menschen, seinen neuronalen Mechanismus und seine Funktionen gibt es viele divergierende Meinungen. Damit sind wir auch schon beim zweiten, dem sogenannten »harten Problem«: dem subjektiven Erleben. Bewusstsein ist ein vielschichtiges Phänomen, subjektive Erfahrung ist sein rätselhaftester Aspekt. Es ist nicht nur so, dass unsere Gehirne Reize sammeln und mit Bedeutung versehen, sie erzeugen darüber hinaus einen lebendigen Reigen von Erfahrungen und Gefühlen: grün sehen, sich hungrig fühlen oder verblüfft sein über philosophische Fragen. Man selbst zu sein ist ein Gefühl; und niemand anders wird das je so direkt wissen wie man selbst. Drittens wirft die Erkundung des Bewusstseins von Tieren die Frage nach der Sonderrolle des Menschen auf.

Bereits im Jahre 1976 hat der amerikanische Biologe Donald Griffin mit seinem Buch *The question of animal awareness* [6] ein bis dahin herrschendes Tabu in Bezug auf die Erforschung des Bewusstseins bei Tieren gebrochen [siehe auch 7]. Angesichts rapide wachsenden Wissens ist heute, fünfundvierzig Jahre nach Griffins Buch, die Zeit reif, auch die strittigsten Fragen der Tierkognition, eben Rationalität und Bewusstsein, zu beleuchten. Bücher über tierisches Denken gibt es viele, aber oft sind sie anekdotenhaft und oberflächlich. Teilweise bieten sie hübsche Geschichten, die für den Laien schön illustriert sind, aber – mit einer großen Portion Anthropozentrismus garniert – zu unbegründeten oder nicht überprüfbaren Schlussfolgerungen verleiten. Die wirklich heißen Fragen und die aktuellen, auf solider wissenschaftlicher Erkenntnis beruhenden Ansätze zu ihrer Beantwortung werden dabei nicht behandelt. Sie bringen uns in der Frage des tierischen Denkens kaum weiter.

Im vorliegenden Buch sollen verschiedene Aspekte von Bewusstsein und von Rationalität behandelt werden, jedoch will ich von einem primär *funktionalen Ansatz* ausgehen. Bereits Griffin war davon überzeugt, dass die Gründe für die Spuren menschenähnlichen Bewusstseins bei Tieren im Evolutionsprozess zu suchen seien: Die These lautet, dass Bewusstsein nicht entstanden wäre, wenn es keine überlebensfördernden Funktionen hätte. Neueste Forschungen scheinen darauf hinauszulaufen, dass die ursprüngliche Funktion von Bewusstsein die Ermöglichung von willentlichen Bewegungen ist. Mit diesen kann ein Organismus seine Aufmerksamkeit besser ausrichten und sich auf genau das fokussieren, was für seine Fitness und das Überleben wichtig ist. Mit dem Verfügen über Repräsentationen von Objekten und Ereignissen in der Welt, der Fähigkeit, Beziehungen zwischen verschiedenen Repräsentationen herzustellen (*awareness*), der Fähigkeit, sich auf eine davon auszurichten (*intention*), und der Fähigkeit zu planen, wie das von der Intention erfasste Ziel zu erreichen ist, würden manche Tiere einige der zentralen Funktionen von menschlichem Bewusstsein besitzen. Dass Menschen darüber hinaus noch weitere Fähigkeiten haben, etwa sich ihrer eigenen bewussten Prozesse gewahr zu werden, sich reflexiv selbst zu repräsentieren und dies detailreich anderen mitzuteilen, steht außer Frage.

Aber sogar die Selbst-Überwachung, in der Fachterminologie »Metakognition« genannt, kommt nicht nur schon bei Kindern vor, sondern auch bei einigen Tierarten. Auch haben manche Tiere die Fähigkeit, über das Wissen anderer nachzudenken, ihre Handlungen zu antizipieren und damit zum Teil deren Perspektive zu übernehmen. Einige Tiere können innovativ und kreativ sein – sie finden spontan Lösungen für völlig neue Probleme, indem sie frühere Erfahrungen rekombinieren oder Artgenossen selektiv kopieren. Manche können Werkzeuge nicht nur effizient einsetzen, sie können die Wirkung durch gezielte Modifikation steigern oder sogar neue Werkzeuge herstellen. Nicht nur beim Werkzeugeinsatz können Tiere vorbereitend handeln, manche können generell zukünftige Ereignisse vorausdenken und entsprechend ihre Handlungen planen, wobei sie ihr aktuelles Bedürfnis zu Gunsten eines zukünftigen Bedürfnisses unterdrücken. Manche Tiere treffen Entscheidungen durch Abwägen von Zielen, durch Auswahl der effizientesten Wege dorthin und unter Berücksichtigung aktueller und zukünftiger Motivationen. Mit diesen Fähigkeiten erfüllen sie (einige, wenn auch nicht alle) Kriterien praktisch-rationalen Handelns.

In diesem Buch sollen die großen und zugleich schwierigsten Fragen der vergleichenden Kognitionsforschung – ich nenne sie das Sextett tierischer Intelligenz – anhand von guten Beispielen präsentiert, in all ihren Facetten diskutiert und abschließend mit der gebotenen Vorsicht beantwortet werden. Ausgehend von der Frage der menschlichen Rationalität, die eingangs historisch beleuchtet und als Rahmenkonzept vorgestellt wird, sollen neueste Forschungsergebnisse behandelt werden, die entweder bevorzugte Interpretationsschemata infrage stellen oder neue einfordern. Besonders wichtig ist dabei, voreilig gefasste, oft von der menschlichen Spezies und von alltagspsychologischen Vorstellungen abgeleitete Kategorisierungen kritisch zu hinterfragen und tierische (Fehl-)Leistungen aus dem Blickwinkel der artspezifischen, natürlichen Erfordernisse zu betrachten. Ich werde mich auch ausführlich mit der Sprache beschäftigen, sowohl mit ihren evolutiven Ursprüngen und diversen Kommunikationsformen als auch mit den komplexesten bisher gefundenen Ausprägungen im Tierreich. Und schließlich werde ich Formen, Ursprünge, Grade und Kriterien von Bewusstsein beleuchten, dessen zugrunde liegende neuronale Prozesse skizzieren und mit der Fähigkeit des Menschen enden, sich seines Bewusstseins bewusst zu sein.

Warum ist es überhaupt wichtig zu wissen, ob Tiere rational, intentional oder bewusst handeln können? Die Antwort lautet: weil es sowohl von theoretischer als auch praktischer Relevanz ist. Theoretisch relevant ist es in doppelter Hinsicht: weil es an sich gut ist, Tiere besser zu verstehen, aber dieses Wissen dann auch für die Einschätzung unserer selbst von großer Bedeutung ist. Damit ergibt sich die praktische Relevanz: Wir sind nicht nur von Tieren umgeben, wir leben *mit* Tieren, wir leben *von* Tieren. Dennoch sehen wir uns von ihnen in wichtigen Dingen getrennt. Bewusstsein, Sprache und Rationalität sind wesentliche Charakteristika, mit denen wir unsere menschliche Einzigartigkeit und damit unsere Überlegenheit und letztlich unser Recht begründen,

Tiere in vielfältiger Weise zu dominieren und zu nutzen. Wenn ein Tier Schmerzen verspüren kann, fühlen wir uns verpflichtet, zu vermeiden, dass ihm unnötiger Schmerz zugefügt wird. Aber dennoch sprechen wir ihm nicht den besonderen Eigenwert und die Würde zu, die mit Bewusstsein und Rationalität assoziiert wird. Dies hat weitreichende Konsequenzen für menschliches Handeln und das Zusammenleben von Mensch und Tier.

Schon die Kontrastierung zu *dem* Tier (im Singular) ist oft ein Zeichen menschlicher Überheblichkeit. Denn natürlich gibt es nicht nur eine, sondern etwa 9 Millionen Tierarten. Im Titel dieses Buchs heißt es dennoch »Tier«, weil ich einerseits die Tatsache verteidige, dass es sich dabei nicht um einen bloßen Gegenstand der Erfahrung handelt, sondern auch um den Namen für ein Konstrukt, das erst im Rahmen kultureller Ordnungsmuster verständlich wird. Begriffe sind ja in der menschlichen Sprache nicht nur exakte Beschreibungen eines Objekts oder Sachverhalts, sondern auch Abstraktionen, Symbole, Kategorien.[1] Andererseits möchte ich so betonen, dass Tiere Individuen und nicht einfach (namenlose) Vertreter ihrer Art sind. Gerade die moderne Kognitionsbiologie erkennt und würdigt die oft großen individuellen Unterschiede, und man kann getrost auch bei nichtmenschlichen[2] Tieren von Persönlichkeiten sprechen, von denen wir im Folgenden zahlreiche kennenlernen werden, darunter Alex, Betty, Figaro, Guillem, Kanzi, Kermit und Sarah.

In ethischer Sicht hinterfragt die aktuelle Kognitionsforschung traditionelle Einstellungen im Umgang mit Tieren, insbesonders

---

1 Meiner Kollegin Judith Benz-Schwarzburg verdanke ich den Hinweis, dass das Konstrukt »Tier« kein normativ neutrales ist. Wir haben »das Tier« über Jahrhunderte im Singular zusammengefasst und dem Menschen gegenübergestellt, ohne genau auf die Tiere im Plural zu schauen, auf das, was sie sind und was sie brauchen. Es ist daher nicht einfach nur ein Ordnungsmuster, sondern ein Unterordnungsmuster. Siehe [8].

2 Ich werde im Buch immer wieder das Attribut »nichtmenschlich« verwenden, um damit von Zeit zu Zeit in Erinnerung zu rufen, dass auch wir Menschen in biologischer Hinsicht Tiere sind.

seiner Instrumentalisierung, ob als Nahrungsmittel oder Versuchstier. Hier bahnen sich gewaltige Umbrüche an. Wurden bereits Menschenaffen dem verbrauchenden Zugriff des Menschen entzogen, sind es vielleicht sehr bald alle Affen, dann vielleicht alle Säugetiere und Vögel, selbst Fische und Kopffüßer könnten irgendwann von den Speiseplänen verschwinden. Das Schmerzempfinden und sogar Leiden der Tiere ist ein Hauptmotiv des Überdenkens traditioneller Haltungen und Meinungen. Sie hängen stark mit der Zuschreibung von Bewusstsein zusammen. Ich werde die ethischen Konsequenzen und Implikationen, die sich aus den neuesten Ergebnissen der Vergleichenden Kognitionsforschung ergeben, ganz am Schluss skizzieren.

Auch für das Selbstverständnis des Menschen ergeben sich neue Sichtweisen. Indem wir verstehen, in welcher Weise Tiere rational sein können, sind wir aufgefordert, unsere eigene Rationalität zu überdenken. Vielleicht ist unser Denken viel kleinteiliger und partikulärer, viel weniger theoretisch, stärker in unsere Umwelt eingebunden und von ihr bedingt, als wir bisher vermutet haben. Die Möglichkeit, relativ komplexes tierisches Verhalten auf eine Mehrzahl relativ einfacher, bereichsspezifischer Prozesse zurückzuführen, könnte uns veranlassen, unsere Vorannahmen und Vorurteile bezüglich der menschlichen Rationalität neu zu bewerten. Und wir müssten uns fragen, ob es richtig ist, menschliche und tierische Rationalität mit zweierlei Maß zu messen. Ein fundierter und unvoreingenommener Blick auf die Rationalität mag zeigen, dass es keine scharfe Grenze zwischen der Vernunft des Menschen und den Denkweisen von Tieren gibt. Vergleiche zwischen verschiedenen Tierarten und auch zwischen Tieren und Menschen, insbesondere auch Kindern, in Bezug auf bestimmte Begabungen und Denkstile können zeigen, in welchem Maße bestimmte Fähigkeiten auf gemeinsamen (homologen) oder zumindest konvergenten (analogen) Prozessen beruhen und in welcher Weise diese Prozesse Rationalität erkennen lassen. Diese Einsichten werden auch das Verständnis der menschlichen Rationalität erhöhen, da sie Licht auf ihre Entwicklung werfen.

Vor diesem Hintergrund sind es drei große Themen mit je zwei Bereichen, die unsere besondere Aufmerksamkeit verdienen: die 1) kreative Herstellung von Werkzeugen und 2) andere Formen technischer Intelligenz (Kausalverständnis); 3) das Ausdehnen des Denkens in die Zukunft (Vorbereitung und Planung) und 4) in die Vergangenheit (episodisches Gedächtnis); 5) das Nachdenken über den eigenen Wissensstand (Metakognition) und 6) über den Wissensstand anderer (Perspektivenübernahme und Gedankenlesen). Diese sechs Verstandesleistungen sind primäre Kandidaten für rationales Denken in einem erweiterten Sinne. Ob man diese Aspekte der Rationalität mit einem anderen Begriff versehen sollte, um die Besonderheit menschlicher Rationalität oder zumindest ihres Potenzials zu normativer Begründung und Dezentrierung (Versetzung von Gedanken) zu retten, bleibt eine Frage für Philosophinnen und Philosophen.[3]

In den einzelnen Kapiteln werden jene Denkleistungen von Tieren behandelt, welche wissenschaftliche Evidenz für deren Rationalität liefern können. Es sind Denkvorgänge, welche beim Menschen nicht ohne Bewusstsein möglich sind, wie kreativer Werkzeuggebrauch, Perspektivenübernahme, einsichtsvolles Problemlösen und Zeitreisen (episodisches Gedächtnis, Planen). Im ersten Kapitel werde ich auch Begriffsbildung, logisches Schlussfolgern, Willenshandlungen, Intentionalität und die sogenannten Exekutivfunktionen behandeln. Diese Liste ist nicht vollständig, es sollen aber jene Bereiche ausgespart bleiben, wo die experimentelle, systematische und standardisierte Forschung noch in den Kinderschuhen steckt, wie etwa rationales Nachahmen, Kreativität und Lehren.

---

3 Wenn ich im Buch manchmal verkürzt nur ein Geschlecht nenne, sind (fast) immer beide gemeint.

Das Buch soll nicht nur darstellen, was wir (am Beginn des dritten Jahrzehnts des 21. Jahrhunderts) wissen, sondern auch, wie wir es herausgefunden haben. Es wird daher eine Vielzahl von Studien überwiegend experimenteller Natur[4] vorgestellt. In besonders kritischen Fällen, wo die Interpretationen und Schlussfolgerungen vom genauen Verständnis der eingesetzten Methoden abhängen, werde ich ins Detail gehen und die Versuchsanordnungen und die Überlegungen dahinter beschreiben. Manchmal müssen auch die Ergebnisse etwas ausführlicher dargestellt und teilweise illustriert werden, weil man Versuchsanordnungen oft schwer nachvollziehen kann, wenn man nicht die beteiligten Apparaturen und Gegenstände, die Anordnungen, die Reize und die Tiere selbst vor Augen hat. Viele Beispiele stammen aus meiner eigenen Forschung; diese habe ich hier oft genauer behandelt und auch mit persönlichen Kommentaren versehen.

Ich möchte dem Wissenschaftskolleg (WIKO) in Berlin, namentlich Daniel Schönpflug und Thorsten Wilhelmy, und dem Institute for Advanced Sciences in Lincoln, namentlich Anna Wilkinson und Stuart Humphries für ihre Gastfreundschaft und Unterstützung danken. In der interdisziplinären Atmosphäre und der Distanz vom teilweise hektischen Universitätsalltag in Wien entstanden große Teile des Buches. Gleiches gilt für meine berufliche Heimat, das Messerli Forschungsinstitut, das mit seiner interdisziplinären Ausrichtung auf Fragen der Mensch-Tier-Beziehung einen großartigen Nährboden für dieses Buch gebildet hat. An dieser Stelle möchte ich ganz besonders der Messerli-Stif-

4 Beim Attribut »experimentell« schwingt, wenn es sich um Tierforschungen handelt, oft die Bedeutung »invasiv« mit. Leider sind auch Versuche bei und mit Tieren in diese Bedeutungsecke gerutscht. Das ist bedauerlich und irreführend, denn Experiment und Versuch sind gute und wichtige Instrumente empirischer Forschung. So ist nicht nur meine eigene, mehr als dreißigjährige Forschung ausschließlich nichtinvasiv geblieben, ich beschreibe in diesem Buch auch ausschließlich Ergebnisse, die nichtinvasiv gewonnen wurden.

tung und (posthum) seiner Gründerin Herta Messerli dafür danken, dass ich dort einen Lehrstuhl für die naturwissenschaftlichen Grundlagen von Tierschutz und Mensch-Tier-Beziehung einnehmen durfte. Dies hat es mir ermöglicht, mit einem großartigen Team von eifrigen und talentierten Kolleginnen und Kollegen sowie mit vielen motivierten und interessierten Studentinnen und Studenten den geistigen Fähigkeiten von Tauben, Weißbüschelaffen, Hunden, Keas, Goffinkakadus, Brillantgiftfröschen, Köhler-Schildkröten und Kune-Kune-Schweinen (um nur die wichtigsten zu nennen!) auf die Spur zu kommen. Besonders großer Dank gebührt meinem Freund und Kollegen Ulrich Kattmann, der große Teile des Buches gelesen und mir viele gute Verbesserungsvorschläge gemacht hat, sowie Alice Auersperg für die sorgsame Korrektur des Goffinkakadu-Kapitels. Vieles, was ich hier zu Papier gebracht habe, wurde im philosophisch-theologisch-biologischen Seminar (dem »Zwettl-Seminar«) vorgetragen und in anschließenden Diskussionsrunden mit kritischen Studierenden unter der wunderbaren Leitung von Marianne Popp auf den Prüfstand gestellt. Auch meiner Kollegin Judith Benz-Schwarzburg aus der Ethik-Abteilung des Messerli Forschungsinstituts sei für kritische Kommentare und hilfreiche Anregungen herzlich gedankt.

Danken möchte ich meinem Bruder Martin für die Vermittlung zum Suhrkamp Verlag und seine vielen guten Ratschläge in allen Belangen des Buchprojekts. Ganz besonderer Dank gebührt meinen Eltern Aloisia und Ludwig (posthum) für immerwährende großzügige Unterstützung und meiner Frau Petra für unerschöpfliche Geduld und großes Verständnis während der Abfassung des Buches.

Mein Dank gilt meiner Kollegin Karoline Eadie für Hilfe bei der Erstellung von Bibliografie und Register und ganz besonders meiner Kollegin Nadja Kavcik-Graumann, welche die manchmal abstrakten und komplexen Experimente durch ihre anschaulichen und präzisen Zeichnungen illustriert hat. Schließlich danke ich beim Suhrkamp Verlag für die effiziente und konstruktive Zusammenarbeit insbesondere Jan-Erik Strasser, der mit seinem sorgfältigen und kritischen Lektorat viel zur Begriffsschärfung und Klarheit der Argumentation beigetragen hat.

1. Historischer Abriss der Grundfragen tierischer Kognition

Eine Katze läuft über die Wiese, denn ein Hund jagt hinter ihr her. Bei einer Eiche angekommen, schlägt sie im letzten Moment einen Haken und rettet sich auf einen benachbarten Ahornbaum. Der hechelnde Hund ist einen Moment unaufmerksam, übersieht das schnelle Manöver der Katze und bellt die Eiche an. Die Katze ist in Sicherheit. Dieses durchaus realistische Beispiel wurde von Philosophen wie Norman Malcolm [9, S. 13] und Donald Davidson [4, S. 319] herangezogen, um die Frage zu diskutieren, ob Tiere sich irren können – da der Hund ja zumindest auf den ersten Blick einem Irrtum erlegen ist, wenn er den falschen Baum anbellt. Aber tut er das wirklich? Oder ist Irrtum nur da möglich, wo jemand imstande ist, zwischen wahr und falsch zu unterscheiden? Nur wer von einer Sache überzeugt ist, eine Meinung hat oder sich ein Urteil bilden kann, kann dann darin irren.

Schon in der Antike und im Mittelalter haben Philosophen (und später auch Theologen, Juristen und Naturwissenschaftler) unterschiedliche Antworten auf die Fragen gefunden, ob Tiere denken können, Entscheidungen treffen, Ziele haben, Handlungen planen – und schließlich auch, ob Tiere etwas in vollem Bewusstsein tun. Oftmals wurde die Frage des Denkens bei Tieren so kategorisch und allgemein gestellt, dass weder auf die möglichen Unterschiede zwischen Tierarten oder gar Individuen Rücksicht genommen wurde noch auf die Möglichkeit unterschiedlicher Denkkategorien. Die Frage »Denken Tiere?« wurde deshalb so allgemein gestellt, weil man auf einen entscheidenden, kategorischen Unterschied zum denkenden Menschen hinweisen wollte. In der sogenannten »anthropologischen Differenz« ging und geht es um alles oder nichts. Bei der Frage nach der menschlichen Natur, im Sinne menschlicher Selbsterkenntnis, waren und sind Tiere bis heute wichtige Gradmesser.

Irren ist menschlich?

Gemäß dem deutschen Idealisten Hegel kann man nicht oft genug daran erinnert werden, dass das, wodurch sich der Mensch vom Tiere unterscheidet, das Denken ist.[5] Demgemäß können Tiere auch nicht irren. Der Hund hat die schnelle Wendung der Katze übersehen, ihm fehlt ein entscheidendes Stück Information, aber er täuscht sich nicht. Er reagiert auf jene Reize, die er wahrgenommen hat, aber er sinniert nicht darüber, ob seine Überzeugungen wahr oder falsch sind. Während er an der Eiche bellt, denkt er nicht an mögliche Alternativen. Auch macht er sich keinen Begriff oder bildet sich ein Urteil über das, was er gesehen hat und weiß. Er könnte somit auch nichts einem anderen Hund berichten, weniger, weil ihm besondere Ausdrucksmöglichkeiten fehlen, sondern weil ihm die Begriffe fehlen, um die Tatsache »Die Katze sitzt auf der Eiche« zu beschreiben.

Donald Davidson [4] nennt diese besondere Form eines geistigen Inhalts – eine Überzeugung, ein Wunsch oder eine Absicht – eine *propositionale Einstellung*. Einerseits hat dieser Inhalt eine bestimmte Form, die sogenannte Subjekt-Prädikat-Struktur, andererseits hat er auch einen Wahrheitswert. Ähnlich wie ein schlecht funktionierendes Blutdruckmessgerät keine falschen Werte im eigentlichen Sinn anzeigt, sich also nur im übertragenen

---

5 G.F.W. Hegel hat in der *Wissenschaft der Logik* (1812-16) als auch in der *Enzyklopädie* (1817) wiederholt betont, dass sich der Mensch durch Denken vom Tier unterscheidet. Siehe dazu [10].

Sinn irrt, in Wahrheit aber nur ein technisches Versagen vorliegt, so irrt oder täuscht sich auch der Hund nur in einem übertragenen Sinn, weil er in Wahrheit nur einem perzeptiven (auf bloßer Wahrnehmung beruhenden) oder kognitiven (auf mentalen Prozessen beruhenden) Versagen unterliegt.[6]

Es drängt sich nun die Frage auf, ob man über propositionale Einstellungen verfügen muss, um sich irren zu können, ob also Irren allein menschlich ist, wie der Philosoph Anselm Oelze (Universität Helsinki) erläutert [11]. In seiner extremen Form mag das eventuell stimmen, denn – wie mein Lehrer an der Universität Wien, Rupert Riedl, immer wieder betonte – reinen Unsinn zu glauben ist ein Privileg des Menschen [12, S. 148]. Aber könnte man nicht auch einfach unvernünftig handeln, anstatt gleich völlig ins Absurde abzuheben? Bereits Aristoteles traf in *De Anima* diesbezüglich eine Vorentscheidung, weil er nur den Menschen im Besitz von Vernunft (*ratio*) und Verstand (*intellectus*) meinte. Nicht nur antike Philosophenschulen, wie etwa die Stoiker, sind ihm dabei gefolgt, sondern auch viele Philosophen des Mittelalters, wie man der ausgezeichneten Darstellung von Anselm Oelze im Aufsatz »Können Tiere irren? Philosophische Antworten aus dem 13. und 14. Jahrhundert« [11] entnehmen kann. Mit dem Fehlen eines Intellekts geht das Unvermögen zur intellektuellen

---

6 Anselm Oelze erklärt das so: »Doch kann wirklich nur dann von einem Irrtum die Rede sein, wenn er propositional realisiert ist? Auch dies mag zunächst wie eine triviale oder, genauer gesagt, wie eine übermäßig pedantische Frage wirken. Sie hat aber durchaus ihre philosophische Berechtigung. Wenn wir nämlich behaupteten, dass es nicht nötig ist, propositionale Einstellungen zu besitzen, um irren zu können, dann könnten wir genauso gut davon sprechen, dass unser Thermometer sich irrt, wenn es uns die falsche Temperatur anzeigt. Sicherlich treffen wir im Alltag des Öfteren Aussagen dieser Art und behaupten, unser Thermometer irre sich. Doch auf Nachfrage würden wir wohl stets erklären, dass wir den Ausdruck ›irren‹ hier nur in einem übertragenen Sinne verwenden. Schließlich ist der vermeintliche ›Irrtum‹ unseres Thermometers letztlich nichts anderes als ein einfaches technisches und kein kognitives Versagen« [11, S. 3].

Korrektur sinnlicher Fehlurteile einher, meint etwa Avicenna Latinus. Und in *De animalibus* gesteht Albertus Magnus zwar den Affen die Bildung von »unvollständigen Schlüssen«, einfachen praktischen Syllogismen und Induktionen zu, aber glaubt ihre Vorstellungskraft nicht mit dem Intellekt verbunden. Einfache Unterscheidungen und sogar Verallgemeinerungen bedürfen keiner Urteile, zumindest nicht solcher, die über jene der inneren und äußeren Sinne hinausgehen. Neue Urteile im Sinne einer Einschätzung eines Sachverhaltes können im strengen Sinn nicht korrigiert, sondern nur durch neue Urteile ersetzt werden. Im Falle des Menschen erfolgen Korrekturen durch den Intellekt. Tiere hingegen sind, wie Thomas von Aquin es in den *Quaestiones disputatae De veritatae* treffend ausdrückt, nicht in der Lage, über ihre Urteile zu urteilen (»*nec iudicant de suo iudicio*«).

Ganz ähnlich argumentiert Adam Wodeham, der allerdings dabei auf das erkenntnistheoretische Problem hinweist, dass wir lediglich das Verhalten eines Tiers beziehungsweise, wie er es ausdrückt, gewisse Wirkungen und Bewegungen (»*effectus et motus*«) beobachten können, nicht aber, welche Ursachen dieses Verhalten hat. Wir können die Gedanken von Tieren, so sie denn überhaupt welche haben, nicht von außen sehen. Es wäre daher prinzipiell möglich, dass Tiere ein »komplexes objektives Urteil« (*iudicium complexe obiective*) fällen können, aber wir wissen es nicht sicher. Wüssten wir es, müssten wir dem Tier eine praktische Vernunft (*ratio practica*) zuschreiben und es konsequenterweise als vernunftbegabtes Lebewesen (*animal rationale*) klassifizieren. Es käme also zu einer Verschiebung der Grenze zwischen menschlichen und nichtmenschlichen Tieren. Um dem zu entgehen, möglicherweise aus Vorsicht gegenüber der Kirche und anderen Anthropozentrikern, neigt er dazu, das Verhalten von Tieren auf der Basis einfacher Erfassensakte ohne intellektuelles Urteil zu erklären. Bestimmte Reize lösen infolge eines natürlichen Impulses, eines Naturinstinkts, instinktive Reaktionen aus. Aber das Tier denkt nicht nach und urteilt nicht über das, was es sieht.

Ein anderer Philosoph und Theologe des Mittelalters, der Augustinereremit Gregor von Rimini, sieht die Sache in seinen *Lectura* ganz anders und weist ein einfaches Reiz-Reaktions-Modell zur Erklärung sämtlichen tierischen Verhaltens mit dem Hinweis, dass damit nicht jegliches Tierverhalten befriedigend erklärt werden kann, zurück. Wie ließe sich denn sonst erklären, dass Tiere auf ein und denselben Reiz gegebenenfalls unterschiedlich reagieren? Unterschiedliche Motivationen würden dies nur unzureichend erklären. Er schreibt den Tieren folglich eine gewisse Urteilsfähigkeit zu. Wenn Urteile auch nicht sprachlich gefasst werden können, so geben sie doch gewisse Überzeugungen wieder. Irrtümer seien sogar Belege für die Urteilsfähigkeit, zwar nicht im Sinne propositionaler Einstellungen, aber doch im Sinne von Überzeugungen, die durch neue Sachverhalte korrigiert werden können. Das Fehlen von Begriffen oder sprachlichen Ausdrücken wie »Die Katze sitzt auf der Eiche« darf nicht dazu führen, die Tiere zu Reiz-Reaktions-Maschinen zu degradieren, sie hinsichtlich ihrer kognitiven Fähigkeiten mehr als nötig von uns abzugrenzen. Anders als Adam Wodeham sieht Gregor kein Problem darin, auch in Tieren vernunftbegabte Lebewesen zu sehen.

Anhand der erwähnten Beispiele aus der Antike und dem Mittelalter sehen wir schon, dass wir es bei der Frage, ob Tiere denken, Verstand haben oder irren können, mit mindestens zwei Problemen zu tun haben. Einerseits mit der Bedeutung von Konzepten und Begriffen, mit denen wir komplexe Sachverhalte beschreiben, andererseits mit der methodischen Schwierigkeit, die den Handlungen von Tieren zugrunde liegenden mentalen Prozesse aufzudecken. Ob Tiere irren können, hängt also einerseits davon ab, ob wir einen strengen Urteils- und Irrtumsbegriff anlegen und dann mit Aristoteles, Adam Wodeham oder Donald Davidson zu dem Schluss kommen, dass Tiere, weil sie keine propositionalen Einstellungen bilden können, weder urteilen noch irren können, oder ob wir umgekehrt die beiden Begriffe etwas weiter fassen, in der Folge von Gregor von Rimini, Thomas von

Aquin, Albertus Magnus und Avicenna durchaus davon sprechen wollen, dass Tiere urteilen und irren. Andererseits rührt ein Problem vom allgemeinen Unwissen her, wie Tiere handeln, Probleme lösen und, spezifischer, auf welcher Ebene Tiere Entscheidungen treffen oder diese korrigieren. Denker der Antike und des Mittelalters hatten (durch Selbstreflexion und Meinungsaustausch) bereits recht gute Kenntnisse über die geistigen Fähigkeiten ihrer eigenen Spezies, aber nur äußerst rudimentäre Kenntnisse über das »Seelenleben« anderer Spezies.

Können Tiere denken?

Ob Tiere denken können, war auch Gegenstand vieler Kontroversen von Philosophen der Neuzeit. Von allen sticht dabei René Descartes heraus, der mit seinen provokanten Thesen in der »*Abhandlung über die Methode, seine Vernunft gut zu gebrauchen*« (1637) – er spricht von Tieren als »aufgezogenen Uhren« – eine absolute Grenzziehung zwischen Menschen und Tieren vornimmt.[7] Obwohl er Tieren nicht die lebenserhaltenden Funktionen abspricht, hält er sowohl eine vegetative als auch eine sensitive Seele für überflüssig und widerspricht dabei sogar Aristoteles. Die automatenhafte Konzeption von tierischem Verhalten entspringt seiner mechanistischen Auffassung alles Lebendigen (sogar der Mensch wäre ohne Geist – Descartes spricht in der *Abhandlung über den Menschen* (1632) von *Seele* – nur eine bloße »Gliedermaschine«). Obwohl er Tieren Wahrnehmungen und Empfindungen zugesteht, beharrt er auf einer radikalen anthropologischen Differenz zwischen Tier und Mensch. Gut konstruierte Maschinen wären von Tieren nicht unterscheidbar, auch sie könnten Bewegungen ausführen, *als ob* sie eine Seele hätten, und dennoch

7 Siehe dazu die ausgezeichneten Erläuterungen von Markus Wild in Kapitel II.2. seiner *Tierphilosophie* [13].

verhalten sich beide vorhersehbar und unflexibel. Einem mechanistischen und szientistischen Erklärungsideal folgend, lehnt er Analogieschlüsse vom Menschen auf intelligentes Verhalten von Tieren als unreflektierte Vorurteile ab, etwa das vernünftig erscheinende Verhalten von Füchsen, die sich vorsichtig und prüfend über zugefrorenes Eis bewegen. Dieses Beispiel stammt von einem anderen französischen Philosophen der frühen Neuzeit, Michel de Montaigne, der den antiken Skeptikern wie Sextus Empiricus folgend in den *Essais* (1580) die Differenz von beiden Seiten her zu verkleinern suchte, indem er die menschliche Überheblichkeit kurieren und die geistigen Vermögen von Tieren zu »humanisieren« trachtete [13].

Auch bei den englischen Empiristen wie etwa John Locke sind die Unterschiede in den geistigen Fähigkeiten zwischen Menschen und Tieren deutlich geringer als bei Descartes. In seiner Schrift *Über den menschlichen Verstand* (1690) hält er fest, dass der Unterschied zwischen klugen Tieren und dummen Menschen weit geringer sein könne als der zwischen dummen und klugen Menschen. Und für David Hume scheint keine Wahrheit offenkundiger, als dass Tiere, genauso wie der Mensch, mit Denken und Vernunft ausgestattet sind. Er geht im *Traktat über die menschliche Natur* (1739) sogar noch einen Schritt weiter und meint, dass die Gründe in diesem Falle so offensichtlich sind, dass sie nicht einmal dem Dümmsten und Unwissendsten entgehen könnten [13].

Wie kommt es nun, dass einige der größten Denker der Geschichte in der Frage des Denkens von Tieren so weit auseinanderliegen? Dass für die einen die Frage selbst schon unsinnig ist, weil sie auf einem Kategorienfehler beruht, für die anderen nicht nur die Frage berechtigt ist, sondern die (bejahende) Antwort nicht einmal dem Dümmsten und Unwissendsten entgehen kann? Ganz offensichtlich beruht diese Diskrepanz nicht auf der Verwendung unterschiedlicher Fakten und Beobachtungen, sondern auf der unterschiedlichen Verwendung der Begriffe und variierenden methodologischen Auffassungen. Wenn wir einmal von der kartesischen Extremposition tierischer Automaten, denen die Existenz jeglicher geistigen Tätigkeiten abgesprochen wird, absehen, dann bleibt die Frage, welche Begriffe und Entitäten das Verhalten von Tieren und die zugrunde liegenden mentalen Prozesse am besten beschreiben. Ganz gewiss ist es die Aufgabe der empirischen Forschung, tierische Handlungen oder Äußerungen nicht durch einen leichtfertigen Überschritt zum »Denken« zu erklären, sondern die tatsächlichen kognitiven Leistungen der Tiere in dem ihnen eigentümlichen Status zu erkennen [14]. Wesentlich dabei ist, sich nicht auf die bloße Zuspitzung »Denken Tiere, ja oder nein?« einzulassen. Diese Frage würde nämlich nicht nur die Fülle der kognitiven Fähigkeiten von Tieren auf ein einziges Merkmal reduzieren, sondern auch die unselige Lust vieler Philosophen am Streit um bloße Definitionen befeuern. So wie es unsinnig ist, eine Zahl anzugeben, ab der eine Menge von Körnern zu einem »Haufen« wird, oder die Höhe festzulegen, ab der ein »Hügel« zum »Berg« wird, so wird man auch die graduellen Übergänge zwischen einfacheren und komplexeren Formen des Denkens, Entscheidens und Handelns nicht durch willkürliche Grenzziehung zufriedenstellend fassen können. Die absolutistische Bestimmung muss hier der Beschreibung durch Anhäufung von charakteristischen Merkmalen für die jeweiligen Stufen weichen. Denn wenn die Leistungen von Tieren »häufig frappierend denknah oder denkähnlich« [14, S. 31] sind, wenn die Menge an Ähnlichkeiten größer als die Menge an Unterschieden ist und wenn – vor allem – durch das Fehlen wichtiger Daten eine allfällige Bestimmung bloß mangelhaft und vorläufig sein kann, sollten wir uns vor überzogenen und vorschnellen Urteilen hüten.

Natürlich ist es berechtigt und sogar zielführend, von menschlichem Denken auszugehen und sich von dieser relativ sicheren Position aus den Leistungen von Tieren zu nähern. Schließlich wissen wir sowohl aus der Ich-Perspektive – durch Introspektion – als auch durch die Du-Perspektive der gegenseitigen sprachlichen Vermittlung, wie wir bestimmte Entscheidungen treffen, was die Motive unseres Handelns sind, welche Ziele wir dabei verfolgen und wie wir uns dabei fühlen. Dieser Erlebens-Aspekt ist von zentraler Bedeutung. Darüber hinaus nehmen wir als Wissenschaftler aber noch die Perspektive der dritten Person ein und machen menschliches Denken und Handeln zu einem objektiven Untersuchungsgegenstand. Wir erzeugen in Einhaltung etablierter Methoden, im gegenseitigen Diskurs und in vielfältigen Reflexionen eine objektive, weil intersubjektive Welt, in der auch Tiere und ihr Verhalten thematisiert werden.

Begriffsbildung

Ein zentraler Aspekt menschlichen Denkens ist die Begriffsbildung. Manche Philosophen, wie etwa Davidson [4], meinen wie gesagt, dass es ohne Begriffe kein Denken gibt. Und tatsächlich scheint es so, ob wir nun sprechen oder nicht, dass wir in Begriffen oder allgemeiner in Konzepten denken. Zunächst sind Begriffe kondensierte (mentale) Repräsentationen[8] der Wirklichkeit. Sie sind Konzepte in dem Sinn, als sie einerseits Abstraktionen sind, das heißt, Details, Zufälligkeiten oder situationsbedingte Willkürlichkeiten werden ausgeblendet. Andererseits sind die Konzepte Zusammenfassungen der typischen Eigenschaften und ermöglichen damit Verallgemeinerungen. Eine wesentliche Funktion solcher Konzepte ist die Kategorisierung, die schnelle Einordnung von Objekten oder Ereignissen in die eigenen mentalen Ordnungsstrukturen. Grundlegend ist die Fähigkeit, ähnliche,

---

8 Der Begriff »Repräsentation« ist zwar ein problematischer, aber dennoch ein unvermeidlicher in den Kognitionswissenschaften. Meist wird der Begriff als Synonym für mentale Vorstellung oder als Synonym für neuronales Muster verwendet. Der Neurobiologe Antonio Damasio erklärt das so: Repräsentationen sind »Muster, die durchgehend mit etwas anderem in Bezug stehen« [15; S. 384]. Es ist unklar, wie genau neuronale Muster oder Vorstellungen die Objekte wiedergeben, die sie bezeichnen, jedenfalls sind sie keine bloßen Abbilder oder Faksimiles der Wirklichkeit, sondern bleiben Konstrukte des Gehirns.

aber nicht identische Dinge aufgrund der gemeinsamen Merkmale als irgendwie gleichwertig zu behandeln, indem man sie in die gleichen Kategorien einordnet und auf sie in der gleichen Art und Weise reagiert.

Menschen belegen diese Konzepte oder Begriffe mit sprachlichen Markern oder Etiketten, durch Bezeichnungen mit Wörtern oder Symbolen, ein Vorgang, der Benennung genannt wird. Ein Begriff kann durch mehrere Benennungen repräsentiert werden, sowohl durch Wörter in verschiedenen Sprachen als auch in einer Sprache (Synonyme). Entscheidend ist dabei aber, dass die Fähigkeit der Konzeptbildung und Kategorisierung nicht von der Sprache abhängt und auch nicht mit oder sogar durch die Sprache entstanden ist.[9] Philosophen haben unterschiedliche Theorien entwickelt, um die Entstehung von Begriffen vor der menschlichen Sprache zu erklären. Wir können uns zunächst fragen, ob der Löwe einen Begriff von / für Gnus hat. Unzweifelhaft reagiert er sehr genau und sehr zielführend auf den Anblick eines Gnus. Offenbar hat der Löwe – eigentlich sollten wir sagen: die Löwin – eine Art Vorstellung, quasi ein mentales Bild, von diesem Zielobjekt. Kognitionswissenschaftler sprechen in diesem Falle gerne von *mentalen Repräsentationen*. Nicht erst genaue Untersuchungen haben ergeben, dass die Löwin sehr genaue Unterscheidungen macht, dass sie Gnus gut von anderen Tieren, zum Beispiel

9 Diese Ansicht habe ich in meiner Dissertation (1991) mit dem Titel *Gestalten, Konzepte und nonverbale Begriffe. Eine vergleichende Untersuchung täubischer und menschlicher Kategorisierung* vertreten [16]. Dabei habe ich mich auf prominente Psychologen bezogen. David Premack schrieb 1976: »Die Sortierung oder präverbale Klassifizierung ist ein unmittelbarer Vorläufer der verbalen Klassifizierung« [17, S. 215]. Und Richard Herrnstein ergänzte 1984: »Die menschliche Sprache mag von der Kategorisierung abhängen, aber die Evidenzen zeigen deutlich, dass die Kategorisierung nicht von der Sprache abhängt« [18, S. 257]. Ich beschreibe etwas später einige Beispiele der Kategorisierung und Konzeptbildung bei Tieren und im 9. Kapitel (Haben Tiere Sprache?) gehe ich nochmals ausführlich darauf ein. Siehe auch [19].

Geparden, unterscheidet, weil sie Erstere jagt und Letztere nicht. Dieser »Gnu-Begriff« ist zudem ungemein flexibel, weil die Wahrnehmungen von Gnus sehr variabel sind – Farbe und Helligkeit ändern sich mit dem Licht, die Größe mit der Entfernung, die Gestalt mit der Perspektive, die Form im hohen Gras oder hinter Büschen usw. Abhängig von Hunger und anderen Motiven ändert sich auch die Verwendung des Begriffs im Sinne der Reaktion auf seine Inhalte. Die Löwin kann beim ersten Anblick losstürmen, sie kann aber auch zuwarten oder eine Reaktion auch ganz unterlassen, wenn sie nicht in Jagdstimmung ist. Wir sehen also, nicht nur der Inhalt des Gnu-Begriffs der Löwin ist variabel, sondern auch seine Verwendung. Damit sind wesentliche Kriterien eines Begriffs jenseits von Sprache, wie sie zeitgenössische Philosophen postulieren, erfüllt. Die Löwin macht systematische Unterscheidungen [siehe 20], diese sind regelgeleitet, weil sie bestimmten Merkmalskriterien folgen [siehe 21], und sie sind zweckvoll, weil damit ein wichtiges Beutefangverhalten gesteuert werden kann. Womit die Frage bleibt, ob dieser Begriff im Sinne eines angeborenen Beuteschemas evolutionär entstanden ist oder von der Löwin durch Lernen oder andere kognitive Vorgänge individuell erworben wurde.

In der sogenannten *Teleosemantik* [siehe 22, 23, 24] wird gerne das Beispiel des Beutefangverhaltens des Frosches diskutiert [25]. Der Frosch schnappt mit seiner Zunge nach einer sich bewegenden Fliege, somit aktiviert der Anblick der Fliege ein neuronales Muster, das einer mentalen Repräsentation entspricht, denn es löst das Schnappen aus. Dieser bestimmte Zustand im Nervensystem des Frosches, so wird argumentiert, repräsentiert genau das Vorhandensein einer Fliege, weil es seine biologische Funktion ist, das Vorhandensein einer Fliege anzuzeigen. Diese Anzeigefunktion entspricht einer evolutionär erzeugten Bedeutung, sie hatte einen Selektionsvorteil und ist somit adaptiv, funktional oder (biologisch) zweckvoll. Obwohl das Fliegenschema – wie vor allem die Erdkröten-Studien von Jörg-Peter Ewert an der Universität Kassel gezeigt haben[10] – modifizierbar ist, bleibt es dennoch von den Sprachbegriffen, die für Davidson und viele andere analytische Philosophen konstitutiv für Denken sind, weit entfernt. Auch der Begriff des Gnus bei Löwen hat trotz aller Variabilität und Flexibilität eine starke genetische Komponente, immerhin finden wir zwischen Löwinnen in ganz Afrika kaum gravierende Unterschiede hinsichtlich der Gnujagd. Wenden wir uns daher der Frage zu, ob Tiere komplexe Objektklassen lernen können, ob sie imstande sind, diese zunächst völlig unbekannten Muster zu »begreifen« – also adäquate Begriffe bilden können.

Kategorisierung und Konzeptbildung

In meiner Doktorarbeit habe ich Versuche mit Tauben beschrieben, die Kategorisierungen mithilfe von Wahrnehmungskonzepten vornehmen [16, 27-29]. Ich konnte zeigen, dass diese Vögel sehr schnell komplexe Reizklassen nach von mir vorgegebenen Kriterien unterscheiden und nach den von mir festgelegten Kategorisierungsregeln einordnen konnten. Dabei konnten sie nicht

---

10 Anders als zu Beginn des letzten Jahrhunderts angenommen, sind visuo-motorische Verhaltensweisen, die mit dem Beutefangverhalten und Fressen von Amphibien zusammenhängen, nicht reflexartig, sondern relativ variabel und flexibel an die entsprechenden Reizsituationen anpassbar. Der neuronale Schaltkreis, der zwischen Beutereiz und Beutefangverhalten vermittelt, besteht aus netzhautgespeisten Bahnen des Mittelhirns und entsprechenden Kernen des Rautenhirns. Die Unterscheidung zwischen Beute und Nichtbeute (meist Räuber) basiert auf den Wechselwirkungen dieser Bahnen mit Strukturen (Tectum, Tegmentum) im Zwischenhirn. Die gerichtete Aufmerksamkeit, d.h. die Umsetzung von Wahrnehmung in Aktion, basiert auf modulierenden Vorderhirnschleifen, die das Endhirn (insbes. Striatum) einbeziehen. Dopaminerge Modulationen im Makro-Netzwerk können die Beutefangstrategien im Sinne der Beutejagd und des Wartens auf die Beute ändern. Und verschiedene modulierende Vorderhirnschleifen, die Teile des Endhirns (bes. den Hippocampus) einbeziehen, ermöglichen Modifikationen der Beuteerkennung durch visuelles und olfaktorisches Lernen [siehe 26].

auf angeborene Kategorisierungen zurückgreifen, sondern mussten die für die vorgegebene Regel wichtigen Merkmale der Bilder herausfinden und sie dann in der richtigen Weise zur passenden Kategorisierungsregel verknüpfen (Abb. 1).

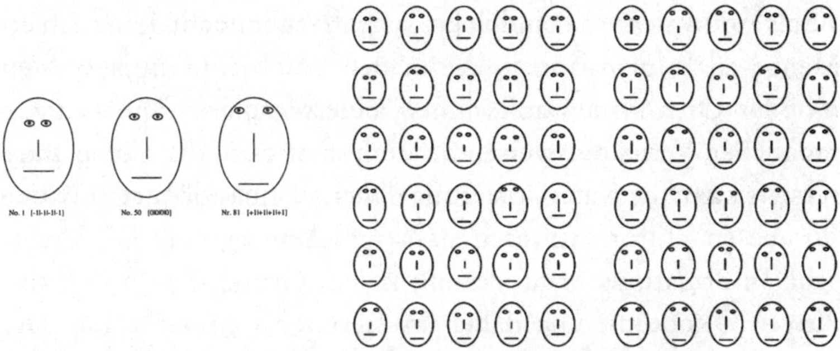

Abb. 1: Nach wenigen Trainingseinheiten konnten Tauben die beiden Gesichterklassen mit je 30 Vertretern nach einer polymorphen Merkmalsregel unterscheiden. Dazu mussten sie die vier Merkmalsdimensionen Auge, Nase, Mund und Kinn richtig kombinieren. Der kurze Augenabstand, die tiefe Augenstellung, die kurze Nase und die hohe Mundstellung erhielten (willkürlich) die Attribute −1. Die konträren Ausprägungen erhielten die Attribute +1, die mittleren 0. Durch Addition erhält man das Klassenkriterium (die Summe), welches von −4 bis +4 variiert. Alle Gesichter mit einer negativen Summe (<0) bildeten die linke Klasse, alle Gesichter mit einer positiven Summe (>0) bildeten die rechte Klasse [16]. Die Gesichter mit der Summe 0 wurden nicht verwendet. Aus [16].

Wie ich in vielen weiteren Versuchen mit Tauben zeigen konnte, verfügen diese über mehrere Möglichkeiten der Klassenbildung. Merkmalslernen ist nur eine davon, daneben können sie auch prototypisch vorgehen, aber im Notfall auch exemplarisch, indem sie sich viele Exemplare der Reizklassen merken [27, 29-31]. Die auf sogenannten »polymorphen« (vielgestaltlichen) Merkmalsregeln basierende Klassifikationskompetenz von Tauben ist ein Charakteristikum der wahrnehmungsbasierten Kategorisierung, aber nur eine von mehreren Strategien der vorsprachlichen Begriffsbildung. Wichtig dabei ist, dass die charakteristischen Merkmale von den unwesentlichen unterschieden werden können. Das grundlegende Prinzip ist also die *Abstraktion* von unwichtigen Reizmerkmalen.

Die Kategorisierung wird nicht unbegründet als Grundlage der Kognition angesehen, als ein Prozess, durch den das Individuum Objekten oder Ereignissen Bedeutung zuweist, indem es sie als Äquivalente behandelt [30, 32]. In Anbetracht der enormen Menge an Informationen, die in den Wahrnehmungssystemen mobiler Organismen ankommen, einerseits, und den wenigen möglichen Verhaltensweisen bei nichtmenschlichen Tieren andererseits kann die Kategorisierung daher als eine adäquate Lösung für diesen »Informationsengpass« gesehen werden. Die drastische Informationsverminderung ist ein Grundprinzip der kognitiven Ökonomie und daher im Tierreich weit verbreitet. Der evolutionäre Druck zur Minimierung der Verarbeitungsanforderungen in kleinen informationsverarbeitenden Systemen, wie zum Beispiel bei Bienen und Tauben, ist offensichtlich. Dennoch variieren die spezifischen Lösungen, die von einer Vielzahl von Tierarten gefunden werden, um die Menge der zu verarbeitenden und zu speichernden Informationen zu komprimieren, auf verschiedenen Ebenen, von der rein wahrnehmenden (selektive Aufmerksamkeit) über die Ebene des Lernens oder der Repräsentation bis hin zur Ebene des Denkens.

Um sich angemessen zu verhalten, braucht ein Tier eine Beschreibung der Reize in jeder Umgebung, die zu einer geringen Variation der Signale für bedeutsame Verhaltensfolgen führt. Irgendwie muss das Tier bestimmte Aspekte der Erfahrung auswählen, um sie als Grundlage für die Beurteilung von Gruppierung und Aufspaltung zu verwenden. Dann muss ein Gleichgewicht zwischen den beiden Arten von Prozessen gefunden werden. Unterschiedliche Anlässe erfordern unterschiedliche Beschreibungen und unterschiedliche Dimensionen der Invarianz. Kategorien sind weder rein wahrnehmungsbasiert noch rein funktional, sondern beides. Kategorisierungsaufgaben werden gemeinsam durch die physikalische Variation der Reize und die

Folgen des Verhaltens bestimmt. Die verfügbaren Belege deuten darauf hin, dass die natürliche Selektion die Tiere mit erheblichen Anpassungen ausgestattet hat, um mit dem Kategorisierungsproblem in diesem Sinne umzugehen [33, 34].

Tiere können auf (mindestens) sechs recht unterschiedliche Arten und Weisen Reizklassen repräsentieren beziehungsweise codieren [19]: (1) *bildlich* (vorstellbar) als Anordnungen von Merkmalen oder Elementen, die in absoluten statt relationalen Werten definiert sind, wobei es also darum geht, Ähnlichkeit zu beurteilen; (2) *assoziativ* als Sammlungen von Objekten oder Ereignissen, die dieselbe Folge oder dasselbe Folgeereignis signalisieren; (3) *funktional* als Sammlungen von Gegenständen mit derselben inhärenten Funktion; (4) *abstrakt* als Beziehungen zwischen zwei oder mehr Objekten oder Ereignissen; (5) *analog* als Beziehung zwischen zwei oder mehr Beziehungen; und (6) *symbolisch* als Beziehungen zu anderen Klassen. Die Kategorisierungsliteratur enthält eine Fülle von Beispielen für die Fähigkeit von Tieren für einen oder mehrere dieser Codierungsmechanismen [35].

Ein wesentliches Kriterium für die Kategorisierung ist die Herstellung von Verbindungen, nicht nur zwischen Reizelementen, sondern auch zwischen Mitgliedern einer Klasse. Die fortgeschrittenste Form basiert auf der Herstellung von Beziehungen zwischen den Beziehungen: Analogien. Viele bisher getestete Tiere sind an solchen Aufgaben gescheitert, aber Menschenaffen und Graupapageien waren erfolgreich, wenn sie zuvor ein entsprechendes (explizites) Training erhielten [36]. Dabei setzen sie besonders effiziente Formen des assoziativen Lernens ein. Assoziative Konzepte bieten eine Grundlage für die menschliche Sprache, sodass gesprochene und geschriebene Worte und die Objekte, die sie repräsentieren, zu einer Klasse von austauschbaren Reizen werden.

Im Gegensatz zu den Wahrnehmungsklassen, die gemeinsame physikalische Eigenschaften haben, ist die Grundlage für die gemeinsame Reaktion auf Mitglieder einer assoziativen Klasse völlig willkürlich und muss durch Training erworben werden. Gerade die Eigenschaft der Beliebigkeit verleiht assoziativen Klassen eine Flexibilität, die sich in dem Ausmaß zeigt, in dem sie in der menschlichen Sprache verwendet wird. Eine assoziative Klasse kann aus einem Objekt und seinen verschiedenen symbolischen Darstellungen bestehen. So sind zum Beispiel das Objekt selbst, der Stuhl, das gesprochene Wort »Stuhl« und das geschriebene Wort STUHL alle Mitglieder einer gemeinsamen assoziativen Klasse. Die Mechanismen des assoziativen Konzeptlernens und die damit verbundene Verhaltensflexibilität sind jedoch auch bei den adaptiven Verhaltensweisen von Tieren ohne Sprache offensichtlich [37].

Die Fähigkeit, symbolische Repräsentationen zu bilden, ermöglicht es uns Menschen, Objekte und Ereignisse auf unzählige Arten zu gruppieren oder zu kombinieren. Diese »kombinatorische Explosion« ist gewiss eine der herausragendsten Eigenschaften menschlicher Sprache. Weiters unterscheidet sich die menschliche Begriffsbildung von den bisher genannten Formen der Kategorisierung, insbesondere durch den Grad der Abstraktion. An sich werden alle Begriffe durch Abstrahieren und Verallgemeinern gebildet. Insofern sind auch konkrete Begriffe ein Resultat der Abstraktion, selbst wenn damit ein bestimmter, gegebener Gegenstand oder eine bestimmte Klasse von Gegenständen bezeichnet wird. Aber der Abstraktionsgrad kann von Menschen noch deutlich erhöht werden, entweder um eine Relation zwischen einzelnen Gegenständen zu repräsentieren oder um sich auf nicht gegenständliche Entitäten wie etwa Freiheit oder Gerechtigkeit zu beziehen. Es wird angenommen, dass wir (heute lebende) Menschen über eine »metaphorische Abstraktionsfähigkeit« verfügen, die es uns erlaubt, Fähigkeiten, die ursprünglich für die physische Problemlösung und soziale Koordination entwickelt wurden, zu kooptieren, um sie auf abstrakte Gegenstände anzuwenden und produktiv zu kombinieren [38, 39]. Dieses psycholinguistische Phänomen bezieht sich auf Konstruktionen, die mit konkreten Szenarien verbunden sind, aber analog auf abstraktere Konzepte ausgedehnt werden. Solche Metaphern sind in den menschlichen Sprachen allgegenwärtig – zum Beispiel »Blumenmeer«, aber außerhalb von Sprachen nicht existent.

Die Kognitionsforschung bei Tieren widmet sich – wie wir sehen werden – unter anderem der Frage, wie weit Tiere vom Konkreten und Akzidentellen absehen und Allgemeines, Dauer- oder Regelhaftes in ihre Vorstellungen von den Dingen und Ereignissen erfassen können. Fraglich ist nicht nur der Gehalt tierischer Konzepte, sondern auch ihre Verwendung. Wie gut können sie kombiniert werden und wie sind sie organisiert – sind sie bloß perlenschnurartig aufgereiht oder vielleicht auch hierarchisch geordnet? Durch die Benennung der Konzepte mit Wörtern oder Symbolen erzeugt der Mensch Begriffe und mit ihnen eine eigene, überaus vielfältige Kombinatorik. Dadurch, und dass die Konzepte durch Namen vertreten werden, ist es möglich, über Klassen von Dingen oder Eigenschaften von Eigenschaften zu sprechen. Und schließlich entstehen aus dem Gefüge der Begriffe, den Sätzen, neue Bedeutungen, die über jene der zugrunde liegenden Konzepte weit hinausgehen können. Doch bleiben wir zunächst bei den Begriffen.

Bereits John Locke unterschied einfache und komplexe Begriffe. Einfache Begriffe werden durch die unmittelbare Erfahrung gewonnen, die allgemeinen Begriffe hingegen sind ein Produkt der Abstraktion und werden vom Verstand gebildet. Beide werden von den englischen Empiristen, darunter auch George Berkeley, mit Vorstellungen oder Bildern im Geist gleichgesetzt.

Auch bei Immanuel Kant gibt es noch Erfahrungs- und Verstandesbegriffe, die im Wesentlichen noch den zuvor beschriebenen Kategorien oder Konzepten entsprechen. Darüber hinaus gibt es aber Vernunftbegriffe (Ideen), die nur das erkennende Subjekt haben kann, denn Gesetze würden niemals in den Erscheinungen existieren können, sondern immer nur im erkennenden Subjekt.

Begriffe, so Kant, dienen dem Verstand in seiner Tätigkeit, zu urteilen und über das bloß Sinnliche hinauszugehen.

Bereits im 19. Jahrhundert rückt immer mehr die sprachliche Komponente der Begriffsbildung in den Vordergrund. Besonders zu nennen sind dabei Johann Gottfried Herder und Wilhelm von Humboldt. Begriffe im Sinne von Wort, Namen oder Ausdruck sind elementare Bestandteile von Sprache und ersetzen die Bedeutung als kleinste Einheit des Denkens, als Vorstellung oder als Konzept. Umgekehrt meinen nicht wenige, dass die fundamentale Funktion von Sprache die Ermöglichung des konzeptuellen, begrifflichen Denkens ist. Tatsächlich ist es so, dass die Art und Weise, wie ein Mensch denkt, stark durch die semantische Struktur und den Wortschatz seiner Muttersprache beeinflusst wird – die sogenannte »Sapir-Whorf-Hypothese« [40-42]. Dennoch ist es fraglich, ob daraus bestimmte Gedanken entstehen, die von jemandem, der eine andere Sprache spricht, nicht verstanden werden könnten. Begriffe teilen und ordnen die außersprachliche Wirklichkeit, und dies geschieht in den vielen Einzelsprachen in unterschiedlicher Weise. Hier haben wir es also mit Konventionen zu tun, die einen gewissen Grad an Beliebigkeit aufweisen, aber das ändert nichts an der einen objektiven Wirklichkeit und an ihrer Erkennbarkeit.

Das Prinzip dieser »sprachlichen Relativität«, die schon im 19. Jahrhundert von Wilhelm von Humboldt mit dem Konzept der inneren Sprachform vorweggenommen wurde [43], ist weit entfernt von einem darüber hinausgehenden »linguistischen oder sprachlichen Relativismus«, der die vollkommene Abhängigkeit des Denkens von der Sprache postuliert. Zwar mag die semantische Struktur einer Sprache die Möglichkeiten der Begriffsbildung beeinflussen und limitieren, unser Weltbild mag von unserer Sprache beeinflusst sein, und wir mögen auch zu unterschiedlichen Weltauffassungen gelangen, aber unsere fundamentale Wahrnehmung und Erkenntnis ist dadurch nicht vollkommen determiniert.

Gedanken, Urteile und die Suche nach Wahrheit

Irgendwann im Laufe der Hominidenevolution haben unsere Vorfahren die Fähigkeit entwickelt, Dinge, deren Beziehungen sowie Prozesse zu isolieren und sie in ihrer abstrakten Bedeutung zu verstehen. Dabei kann der Mensch nicht nur »Über-etwas-Denken«, sondern er kann »Etwas-Denken« oder »Es-Denken« [44]. Der menschliche Denkprozess zeichnet sich dadurch aus, dass das Denken und das Gedachte intrinsisch zusammengehören. Infolgedessen können Gedanken fixiert und weitergegeben werden. Sie werden zu einem intersubjektiven Gemeingut.

In der Philosophie des Geistes hat sich dementsprechend auch die Vorstellung vom Gedanken geändert. Vereinfacht gesagt, könnte man den Gedanken als das Resultat eines Denkvorgangs betrachten. Er enthält, woran gedacht worden ist, in der Folge aber auch eine Meinung, eine Ansicht oder einen Einfall beziehungsweise eine Idee. Zunehmend wurde jedoch dieses subjektive, kognitive und individuelle Verständnis von Gedanken durch ein Verständnis im abstrakten, objektiven, dauerhaften und wahrhaftigen Sinn abgelöst. Mit der Betonung des Allgemeinen, des Wesentlichen und Gesetzmäßigen tritt der Geltungsaspekt des Denkens gegenüber dem Entstehungsaspekt in den Vordergrund. Logiker wie Gottlob Frege oder Edmund Husserl sehen in Gedanken ein Produkt des Denkprozesses in Form eines Urteils, eines Begriffs oder einer Kombination von beidem. Damit kommen wir nach den Dingen der Außenwelt und den (subjektiven) Vorstellungen zum Bereich der Logik. Ein wesentliches Kennzeichen dieser neuen Form von geist- und zeitlosen Gedanken ist, dass so etwas wie Wahrheit ins Spiel kommt. »Ein Gedanke aber ist etwas, von dem gilt: wahr oder falsch, ein Drittes gibt es nicht« [45, S. 36]. Dieser bezieht sich dabei auf wissenschaftliche Erkenntnisse, wie den Pythagoräischen Lehrsatz, womit er sich weit vom ursprünglichen Konzept des (psychologischen) Gedankens in Form einer Idee oder Vorstellung entfernt. In der Frage der Geltung geht es nicht um Wahrnehmung, sondern um Wahrheit, ganz unabhängig davon, ob er von diesem oder jenem Menschen gedacht wird oder nicht. Zusammengefasst ist der Gedanke »der von einer Aussage behauptete Sachverhalt« [46, S. 223]. Ein Wesen kann also nur dann Gedanken haben, wenn es Dinge wissen oder sich irren kann und wenn es bestimmte Absichten haben kann.

Mit der Fokussierung auf den objektiven Gehalt eines Gedankens, den Sachverhalt oder die sogenannte *Proposition*, erfährt auch der Prozess des Denkens in der modernen Logik eine grundsätzliche Akzentverschiebung. Nach Frege ist das Denken nicht als Hervorbringen des Gedankens, sondern als dessen »Erfassung« anzusehen. Danach folgt das Urteilen als die Anerkennung der Wahrheit eines Gedankens. Und schließlich äußert sich der Gedanke im Behaupten, der Kundgebung des Urteils.

Als Folge dieser rationalistischen Konzeption kommt es zu einer Verquickung von Denken und Sprache, vermittelt über das Urteil und die Behauptung. Dieses formallogisch urteilende Denken ist jedoch nicht neu, sondern gilt schon seit der Antike als das Rationalitätsmerkmal *par excellence* [44]. Das logische Denken ist nicht spontan, subjektiv oder psychologisierbar, denn es folgt den Denkgesetzen (dem Satz von Widerspruch, dem Satz der Identität, dem Satz vom ausgeschlossenen Dritten und dem Satz vom zureichenden Grunde) und strebt nach Wahrheit und Gültigkeit. Im Mittelpunkt steht die Aussage beziehungsweise die Behauptung als Folge formal richtiger Schlüsse. Es ist jedoch umstritten, welche *formal* richtigen Schlussfolgerungen in verschiedenen Bereichen des menschlichen Lebens *inhaltlich* korrekt sind und welche nicht. Zwar mag der Satz »Ich liebe und hasse dich zugleich« widersprüchlich sein, aber ist er nicht dennoch Bestandteil unserer alltäglichen Lebenswirklichkeit [44]?

Im Laufe der Zeit hat sich die Bedeutung von Gedanken und Begriffen in den philosophischen Diskursen geändert, im Wesentlichen dadurch, dass auf andere Aspekte Bezug genommen wurde als in der Biologie und der (kognitiven) Psychologie, wo der

Schwerpunkt auf dem Subjekt liegt, das über Gedanken verfügt, nämlich im Sinne von individuellen Repräsentationen, die für die Verursachung von Handlungen relevant sind. Gedanken sind hier in erster Linie Denkoperationen, bewusste psychische Handlungen. Von dieser *subjektiven* Dimension haben sich zwei wichtige philosophische Strömungen entfernt. Während die einen die *objektive* Dimension in den Vordergrund stellen, in dem Begriffe in Bezug zur Welt, zu ihrer Extension stehen, legen andere, nach der sogenannten linguistischen Wende den Schwerpunkt auf den *intersubjektiven* Bezug zur Sprachgemeinschaft, die eine Praxis der Glaubenszuschreibungen pflegt. Sie fragen, wie das betreffende Wort im alltäglichen Sprachgebrauch verwendet wird und was der Sprecher damit zum Ausdruck bringen will. Im Spätwerk war für Ludwig Wittgenstein [47] und die ihm dabei nachfolgenden Sprachphilosophen nicht mehr der Bezug zur außersubjektiven Wirklichkeit maßgeblich, sondern die internen Spielregeln eines Sprachspiels, das heißt die Regeln der Verwendungsweise der einzelnen Wörter und Sätze.

Beiden Denkschulen ist gemeinsam, dass sie dem Menschen die Fähigkeit attestieren, die Wirklichkeit intersubjektiv zu erfassen. Damit wird die subjektive, egozentrische Perspektive überwunden und ein objektiver Bezug auf die Welt erzeugt. Im Dreieck von Sprecher, Interpret und Objekt entsteht so etwas wie eine gemeinsame Welt. Ob (anfänglich) durch Zeigegesten oder (später) durch Zeichen, Symbole oder Worte, Menschen referieren auf etwas außerhalb ihrer selbst und stellen damit einen objektivierenden Bezug her.

Ab dem ersten Lebensjahr kommunizieren Menschen auf komplexe Weise mit Gesten, die als *intentionale Signale* definiert werden können, indem sie mit dem Ziel auf einen Empfänger gerichtet sind, sein Verhalten in einer bestimmten Art und Weise zu beeinflussen [48]. Menschenkinder verwenden Gesten wie Zeigen (zum Beispiel mit der ausgestreckten Hand und dem Zeigefinger) oder Anbieten (von Gegenständen), um die Aufmerksamkeit eines anderen auf ein bestimmtes Objekt in der Umwelt zu lenken, insbesondere um das Interesse an diesem Gegenstand zu teilen oder ein konkreteres Ziel zu erreichen, wie zum Beispiel das Wiederfinden des Gegenstandes [49]. Diese Signale sind mechanisch unwirksam – abgesehen von einer Verhaltensänderung des Empfängers – und sind *referentiell*, weil sie dazu benutzt werden, die Aufmerksamkeit anderer auf eine äußere Entität zu lenken. Als *triadische Interaktionen* – Sender, Empfänger, Gegenstand – stellen sie frühe Schlüsselelemente der menschlichen Sprachentwicklung dar.

Es gibt nun allerdings eine zunehmende Zahl von ethologischen Studien zur referentiellen Kommunikation bei Tieren. Nicht nur in Laborexperimenten verwenden Schimpansen Zeigegesten zur Kommunikation [zum Beispiel 50], auch in freier Wildbahn scheinen sie mit gezieltem Kratzen Artgenossen auf Körperbereiche hinzuweisen, in denen sie gepflegt werden möchten [51]. Bonobos scheinen Zeigegesten zu verwenden, um auf potenzielle Gefahren für Artgenossen hinzuweisen [52]. Dass referentielle, Gedanken in Bezug zu Objekten setzende Kommunikation darüber hinaus nicht auf Menschen und Menschenaffen beschränkt ist, sondern im Tierreich weit verbreitet ist, legen neuere Studien mit Vögeln und Fischen nahe. Kolkraben konnten bei der Verwendung von Referenzgesten im Zusammenhang mit der sozialen Bindung zwischen den Paarpartnern beobachtet werden [53]. Selbst Fische wie der umherziehende Rotmeer-Forellenbarsch und der Leopard-Forellenbarsch stehen den Intelligenzbestien aus dem Reich der Säuger und Vögel nicht nach, verwenden sie doch referentielle Signale zum Anzeigen von versteckter Beute an kooperierende, artfremde Jagdpartner [54]. Alle diese Fallbeispiele weisen fünf Wesensmerkmale für referentielle Signale auf: Sie sind auf ein Objekt gerichtet, ebenso auf einen Empfänger, sie sind mechanisch unwirksam für einen anderen Zweck als ein Signal, sie erhalten eine freiwillige Antwort und sie weisen die Markenzeichen von *Intentionalität* auf [53].

Geteilte Intentionalität

Vergleichende Psychologen erkennen die absichtsvollen Hinweiszeichen der genannten Beispiele zwar an – insbesondere bei Menschenaffen, die immer wieder für Vergleiche mit Kindern herangezogen werden –, schränken aber ein, dass es den Tieren dabei um ihre eigenen individuellen Bedürfnisse und Ziele geht, indem sie andere ausnutzen oder gar ausbeuten [55]. Da die Tiere um wichtige Ressourcen konkurrieren, würden sie Informationen von anderen sammeln, um diese als »soziale Werkzeuge« zu manipulieren, und selbst wenn sie Aktionen mit ihnen koordinieren, geschehe dies meist zu ihrem eigenen Nutzen. Im Gegensatz dazu wären Menschenkinder oft damit beschäftigt, Informationen mit anderen auszutauschen, indem sie ihnen hilfreiche Hinweise geben, gemeinsame Absichten und Aufmerksamkeit mit ihnen teilen, aber auch aus Demonstrationen lernen, die zu ihrem Nutzen produziert wurden.

Aus einer uneigennützigen, kooperativen Grundhaltung heraus würden Kleinkinder, so das Argument, die schon bei ihren tierischen Vorfahren vorhandenen Fähigkeiten der referentiellen, manipulativen Kommunikation, des sozialen Lernens, der Kooperation, des Abstimmens von Gruppenaktivitäten (denken wir nur an das gemeinsame Jagen von Schimpansen) und andere soziokognitive Verhaltensweisen wie Blickverfolgung in den Dienst der kulturell geprägten Gemeinschaft stellen [55, 56]. Im Gegensatz zu Schimpansen leben Menschen nicht bloß in Gemeinschaften, sondern in Kulturen, die aus sozialen Praktiken, Normen und Institutionen bestehen, deren eigentliches Gefüge aus Kooperation und Arbeitsteilung für ein gemeinsames Ziel besteht. Im Laufe der menschlichen Evolution seien die soziokognitiven Fähigkeiten und Motive für *geteilte Intentionalität* verstärkt und teilweise auch transformiert worden, sodass sie Kindern ermöglicht, an den kulturellen Praktiken um sie herum teilzunehmen.

Zu den stammesgeschichtlich erworbenen, soziokognitiven Fähigkeiten, die seit nunmehr dreißig Jahren bei verschiedensten

Tierarten unter dem Begriff der »machiavellischen Intelligenz« [57] untersucht werden, soll bei Menschenkindern gegen Ende des ersten Lebensjahres eine starke Motivation für geteilte Aufmerksamkeit und Weitergabe von Informationen, Emotionen, Interessen und eigenen psychischen Zuständen hinzukommen, welche diese soziokognitiven Fähigkeiten erweitern und transformieren. Bereits Säuglinge tauschen wechselseitig nicht nur Blicke, sondern auch emotionale Zustände mit anderen. Dieses starke Bedürfnis, sich anderen (vorsprachlich) mitzuteilen und mit ihnen Informationen und Emotionen auszutauschen, ermöglicht es den heranwachsenden Kindern, später auf verschiedene Arten von sozialen Normen, kollektiven Überzeugungen und kulturellen Institutionen zu reagieren und diese sogar zu verinnerlichen [55].

In dieser frühen Phase ist vorwiegend die Bezugsperson, in der Regel die Mutter oder der Vater, das Ziel der sogenannten *sozialen Referenzierung*, der für die Bewertung einer Handlung oder eines Ereignisses wichtigen Orientierung an deren emotionaler Körpersprache, insbesondere am Gesichtsausdruck [58, 59]. Neben der kognitiven Reifung bildet diese Art von Rückversicherung einen wichtigen Bestandteil der emotionalen Entwicklung des Kindes. Kognitiv gesehen ist die soziale Referenzierung der Beginn der Fähigkeit, in anderen Personen Gefühle, Bedürfnisse, Absichten, Erwartungen und Meinungen zu vermuten. Wenn sich das unsichere Kind hinsichtlich der Affekte der Mutter rückversichert, bedeutet das, dass das Kind bereits weiß, dass die Mutter auf die Außenwelt gerichtete Intentionen hat. Man kann diese Einstellung also als Vorstufe in der Entwicklung der Perspektivenübernahme beziehungsweise des Gedankenlesens (siehe Kapitel 8) sehen.

Im Vergleich zwischen Schimpansen und Kleinkindern wurden vier Arten von Transformationen von individualistischen zu soziokulturellen Tendenzen untersucht [55]: von der Blickverfolgung zur gemeinsamen Aufmerksamkeit, der sozialen Manipulation zur kooperativen Kommunikation, der Gruppenaktivität zur Zusammenarbeit und dem sozialen Lernen zum angeleiteten Lernen. Menschliche Säuglinge folgen nicht nur dem Blick des anderen zu äußeren Zielen und wollen nicht nur wissen, was der andere sieht, sondern versuchen auch die Aufmerksamkeit mit anderen zu teilen. Sie wollen den anderen in ihre eigene psychologische Welt einbinden und an ihren Interessen, Bedürfnissen, Wünschen usw. teilhaben lassen. Mit Zeigegesten wollen Kleinkinder nicht nur ein eigenes Bedürfnis (zum Beispiel Hunger) stillen, sondern andere über etwas informieren, was diese nicht wissen. Diese Art der referentiellen Kommunikation steht also im Dienste der Kooperation. Bei der gemeinsamen Jagd von Schimpansen ist es hingegen nicht sicher, ob sie sich dabei einem gemeinsamen Ziel verpflichtet fühlen oder nur ihre eigenen Interessen abstimmen [60]. Kinder scheinen das aber schon sehr früh zu tun, mehr noch, oft kooperieren sie nur um der Kooperation willen beziehungsweise aus einer Neigung zu Konformität. So setzen sie etwa eine kollaborative Aktivität fort, nachdem das (instrumentelle) Ziel bereits erreicht wurde. Und schließlich ahmen Schimpansen andere nach, um eine Aufgabe zu lösen, nicht aber mit der Motivation, dem anderen zu zeigen, dass sie mit der aktuellen Situation »im Einklang« stehen [61]. Kinder kleiden sich wie Erwachsene, ahmen ihre berufliche Tätigkeit nach und wiederholen (»überimitieren«) erkennbar unnütze Handlungen, ganz offensichtlich, um so zu sein wie ihre erwachsenen Vorbilder. Wie bereits in mehreren Studien nachgewiesen wurde, tun das Menschenaffen nicht [62] – möglicherweise aber Hunde.[11]

Man sagt, Mensch zu sein bedeutet, nicht nur sozial, sondern ultrasozial, also kulturell zu sein. Nur der Mensch habe die dafür wichtige »Wir-Intentionalität« entwickelt, das heißt kollabora-

11 Es muss einschränkend gesagt werden, dass auch Hunde bei der Beobachtung ostensiv gezeigten Verhaltens der Person, zu der sie eine enge Bindung entwickelt haben (üblicherweise die Halterin / der Halter), zu Überimitation neigen, wie ich kürzlich nachweisen konnte. [63, 64]

tive Interaktionen, bei denen man psychologische Zustände miteinander teilt [65-67]. Wie schon vor fast einem Jahrhundert der russische Entwicklungspsychologe Lew S. Wygotski [68] argumentierte, steht dahinter die Idee, dass das, was die menschliche Kognition einzigartig macht, nicht die individuelle Intelligenz ist, sondern die Fähigkeit, durch andere Personen und ihre Artefakte zu lernen und mit anderen in kollektiven Aktivitäten zusammenzuarbeiten. Die soziale Interaktion zwischen Lernenden und Lehrenden spielt eine wichtige Rolle, und menschliches Wissen ist zum großen Teil sozial konstruiertes Wissen (sogenannter sozialer Konstruktivismus [69]).

Dabei darf der kulturelle, pädagogische und insbesondere auch der normative Einfluss nicht übersehen werden [55]. Menschen lernen nicht nur von anderen, sie haben auch das Bedürfnis, andere zu unterrichten. Kinder lernen also nicht nur passiv, wie die meisten bisher untersuchten Tierarten durch stille Beobachtung, sondern sie lernen instruiert, indem sie von Erwachsenen unterrichtet werden. Dabei verstehen sie bestimmte, *ostensive* Zeichen als Aufforderung, aufzupassen und zu lernen – eine Form *natürlicher Pädagogik* [70]. Und schließlich kommt ein normativer Aspekt hinzu, denn sie ahmen Erwachsene nach, »weil es sich so gehört«. Aufgewachsen in einer Welt von Symbolen, Artefakten und Konventionen, wird nicht alles als funktional, sondern als kulturell erworben verstanden. Normen bedeuten aber auch, dass es Sanktionen bis hin zum Ausschluss aus der Gruppe gibt, wenn ein Kind etwas Gemeinschaftsschädigendes tut, nicht nur durch Erwachsene, sondern selbst durch die mitspielenden Kinder, die sich dabei auf überindividuelle soziale oder moralische Normen berufen.

Es scheint, als würde die frühe kognitive Entwicklung des Menschen in der kulturellen Umgebung einen Schneeballeffekt auslösen, weil es nur einen kleinen, quantitativen Unterschied in vielen grundlegenden Aspekten (einschließlich der gemeinsamen, geteilten Intentionalität) zwischen Menschen und Menschenaffen gibt, aber die Summe dieser kleinen Unterschiede den bemerkenswerten qualitativen Unterschied in den kollektiven und kooperativen Fähigkeiten zu Kultur und Kognition ergibt.

Bilder im Kopf

Eine wesentliche Frage bei der Zuschreibung geistiger Phänomene ist, wie relevant Verhaltensänderungen dabei sind. Mit geeigneten Verhaltensaufgaben sollte sich das Wirken bestimmter Denkvorgänge aufspüren lassen. Berühmt wurde der sogenannte Turing-Test, benannt nach seinem Erfinder Alan Turing [71], mit dem man feststellen können soll, ob ein Computer denken kann oder jedenfalls ein dem Menschen gleichwertiges Denkvermögen hat. Bei diesem Test würde man beliebige Fragen stellen, nicht sehen können, wer die Fragen beantwortet; einzig die Antworten sollen es erlauben, auf das Wesen dahinter zu schließen. Kann man nach zahlreichen Fragen nicht entscheiden, ob man es mit einer Maschine oder mit einem Menschen zu tun hat, hat der Computer den Turing-Test bestanden. In gleicher Weise würde man aufgrund der Antworten in speziell ersonnenen Aufgaben Rückschlüsse über die funktionale Ähnlichkeit zum menschlichen Denken bei Tieren ziehen können.

Sobald wir Kriterien für die Folgen bestimmter geistiger Tätigkeiten festgelegt haben, sollen speziell ersonnene Verhaltenstests oder in eingeschränktem Maße auch neurophysiologische Analysen helfen, die zugrunde liegenden Denkprozesse zu identifizieren. Hingegen ist der Verweis auf »Bilder im Kopf« beziehungsweise mentale Repräsentationen nur ein Hilfsmittel für die Hypothese, dass Tierkognition über unmittelbare Sinneserfahrung und bloße Reiz-Reaktions-Schemata hinausgeht. Es wurde sogar eine eigene Mentalsprache, im Unterschied zu einer öffentlichen Sprache, vorgeschlagen [72]. Doch die Gefahr ist groß, dass damit mehr verschleiert als aufgedeckt wird. Solange wir eine funktionalistische Sprache auf mittlerer Ebene, zwischen Neuronenentladungen (eliminative Materialisten) und Reiz-Reaktions-Verknüpfungen (Behavioristen) auf der einen Seite und mentalen Repräsentationen (kognitive Repräsentationalisten) und Sprechakten (Lingualisten) auf der anderen Seite haben, so lange sollten wir die Alltagssprache und den gesunden Menschenverstand bemühen [47].

In den meisten Fällen kann die Rede von mentalen Repräsentationen durch die Rede von höheren geistigen Fähigkeiten, wie besonderes Erinnerungsvermögen oder der Fähigkeit, mit Voraussicht zu planen, ersetzt werden [21]. In diesem Zusammenhang sind Begriffe, wie schon zuvor ausgeführt, Klassifikationsregeln, die aus zuvor abstrahierten Merkmalen zusammengesetzt sind. Mit experimentell überprüfbaren Klassifikationsaufgaben können die Merkmalsregeln identifiziert werden.

Welche Begriffe wir Tieren zugestehen können, hängt auch von der empirischen Erforschung tierischer Klassifikations- und Unterscheidungsfähigkeiten ab. Man schreibt Tieren Begriffe zu, indem man die Parameter aufdeckt, die ihr diskriminatives Verhalten bestimmen. Wobei begriffliche Erfassung mehr verlangt, als bloße Unterscheidung. Tatsächlich beruht die Bildung komplexer Wahrnehmungsklassen auf der Verwendung mehrerer Eigenschaften der Mitglieder, auf einer Unterscheidung zwischen typischen und akzidentellen Eigenschaften, auf der geeigneten, regelhaften Kombination derselben und auf einer situationsabhängigen, flexiblen Modifikation und Anpassung. In diesem erweiterten Sinn klassifizieren zu können bedeutet auch, die normative Dimension von Begriffen einzufangen, weil die Befolgung von – selbst erkannten – Regeln das Erkennen von Fehlern impliziert. Durch das Feedback der Anwendungsfehler kann falsches Klassifizieren korrigiert werden. So etwa lernen junge Meerkatzen, die Klasse der Bodenräuber auf Schlangen einzuengen und vor Eidechsen weder zu warnen noch zu fliehen [73]. Das Erlernen komplexer, also mehrere Merkmale umfassender Klassenregeln und die situationsflexible Anwendung genügen dem Anspruch, absichtlich zu gelten und damit normativen Unterscheidungen unterworfen zu sein. Zusammengenommen erfüllen die erlernten Klassifikationsregeln die Kriterien nichtsprachlicher Begriffe: Die Klassifikation ist regelgesteuert, regelgesteuertes Verhalten ist intentional, und intentionales Verhalten ist flexibel [21].

Spätestens an dieser Stelle wird die Philosophie einwenden, dass es nicht genügt, tierisches Verhalten zu beobachten. Man muss es interpretieren, und diese Interpretation wiederum hängt von unseren dafür verwendeten Begriffen ab. Das Zuschreiben bestimmter mentaler Zustände und kognitiver Fähigkeiten hängt nämlich sehr davon ab, *welche* Begriffe wir verwenden beziehungsweise *wie* wir sie verwenden. Sprechen, denken, fühlen, erst recht Überzeugungen haben, bewusst sein oder handeln – diese Dinge (ganz zu schweigen von Begriffen wie Vernunft und Verstand) müssen definiert oder zumindest erläutert werden, bevor man sie zur Beschreibung empirischer Sachverhalte einsetzt. Es reicht daher nicht aus, einfach empirische Daten zu sammeln. Wie wir diese Daten interpretieren, hängt wesentlich davon ab, welchen Begriff wir zur Anwendung bringen und für angemessen halten.

> Wer über die Frage nachdenkt, ob den Vertretern einiger Tierspezies ein Geist zugeschrieben werden kann, muss nämlich über Grundbegriffe der theoretischen Philosophie reflektieren, und zwar nicht erst nach einer Auswertung der empirischen Befunde, sondern bereits während einer solchen Auswertung [74, S. 21].

Die Klärung dessen, was es heißt, geistige Eigenschaften zu haben, muss begleitet werden von ganz grundsätzlichen Überlegungen zu Bewusstsein, Sprache und Denken. Zu den rein kognitiven Fähigkeiten zur Gewinnung von Wissen und zum Lösen von Problemen kommen noch die konativen Fähigkeiten hinzu, etwas zu verlangen oder zu beabsichtigen. Erst damit kommen Wünsche, Absichten und Überzeugungen in den Blick, alles was intentional ist, also alles, was einen Gegenstand beziehungsweise Inhalt hat [75]. Wenn wir Tieren nun zugestehen würden, in einem bestimmten Ausmaß intentional zu handeln, handeln sie dann bereits rational?

2. Können Tiere rational sein?

Die Frage, warum ein Tier so oder so handelt, ruft die weitere Frage auf, ob es aus bestimmten Gründen handelt. Die Fähigkeit zum intentionalen Handeln in einem anspruchsvolleren Sinn – nicht bloß einem Wunsch nachzugeben und ein Ziel anzustreben, sondern auch zu wissen, warum, bedeutet, aus bestimmten Gründen zu handeln, was wiederum bedeutet, dass die getroffene Entscheidung auf einer vernünftigen Schlussfolgerung basiert. Können Tiere schlussfolgern, können sie praktische Schlüsse ziehen? Ganz allgemein, können sie rational sein? In seinem berühmten Aufsatz über rationale Lebewesen hat Donald Davidson [4], wie schon eingangs erwähnt, eine klare Differenzierung über den Besitz von propositionalen Einstellungen vorgenommen. Nur Lebewesen, die Überzeugungen, Wünsche und Absichten haben können, was wiederum den Besitz von Sprache voraussetzt, sind rational. Schnecken sind es demnach nicht, und auch menschliche Säuglinge sind nach Davidson noch nicht rational. Der springende Punkt dabei ist, dass sich Kommunikationspartner über externe Dinge austauschen können, dabei an dieselben Dinge denken, somit ihre Welt teilen und diese dabei objektivieren. Sie erzeugen eine *intersubjektive Wahrheit*, im Sinn von Objektivität über einen Prozess der *Triangulation* (zwei Subjekte und ein Objekt). Rationalität ist damit ein soziales Merkmal.

Diese sprachbasierte Rationalität ist allerdings nicht die klassische Perspektive. Die traditionelle Antwort seit der Antike ist, dass wir Menschen dann rational sind, wenn unsere Emotionen und Handlungen von unserem Denken kontrolliert werden, wenn sie begründet, das heißt durch Gründe gerechtfertigt sind. Auf Aristoteles geht der Syllogismus zurück, ein Argument, das aus drei Aussagen gebildet wird, wobei das Subjekt der ersten Aussage das Prädikat der zweiten (Prämissen genannt) ist und die dritte Aussage aus den restlichen Begriffen (Schlussfolgerung genannt) zusammengesetzt ist, somit die Wahrheit der Schlussfolgerung durch die Wahrheit der Prämissen garantiert wird. Für den neuzeitlichen Philosophen Gottfried Leibniz war die Logik das Fundament der Rationalität, welches nicht mehr nur ein Werkzeug für überzeugende Argumente, sondern vielmehr ein universelles System von Denkregeln sei, demnach sogar Gottes Gedanken notwendigerweise logisch sind.

Die moderne Wissenschaft der Logik wurde mit Gottlob Frege und anderen zu einer Aussagenlogik, die in Verbindung mit dem Problem der Gründung der Mathematik und der Lösung von Sprachproblemen, wie schon weiter oben angesprochen, entwickelt wurde. Allerdings ist diese Konzeption der sogenannten formalen Logik zur Beschreibung kognitiver Prozesse bei nichtsprachlichen Lebewesen unbrauchbar. Aber könnte man nicht bescheidenere Logiken entwerfen, die auf Tiere – und vielleicht auch auf Menschen in ihren weniger intellektuellen Momenten – anwendbar sind? Selbst für diejenigen, die argumentieren, dass die Logik im Sinne einer formalen Operation auf ganze Sätze oder Gedanken Sprache benötigt, sind Analogien zu bekannten Schlussfolgerungsprozessen in Abwesenheit einer linguistischen Struktur möglich [23, 76]. Otto Koehler [77] beschrieb ein solches Verhalten als »unbenanntes Denken«. Und ein bekannter Witz illustriert ein Minimum an Rationalität so [78]: »Peter: Was machst du? Klaus: Suche meinen Schlüsselbund. Peter: Hast du ihn hier verloren? Klaus: Nein, dort drüben (zeigt in eine dunkle Gasse). Peter: Warum suchst du denn hier? Klaus: Weil es hier viel heller ist.« Offenbar ist das begründende Denken als solches noch kein Garant dessen, was wir unter dem Begriff *Rationalität* intuitiv verstehen [44].

Tatsächlich erfuhr die Logik im 20. Jahrhundert einen großen Paradigmenwechsel, als die Verfechter der klassischen Sichtweise Schwierigkeiten hatten, die Art und Weise, wie wir denken, zu beschreiben. Nach Aufgabe der klassischen Klassifikationslogik folgten viele Rudolf Carnaps Toleranzprinzip, wonach es nicht eine, sondern viele Logiken gibt. Eine Konsequenz daraus war die Schaffung von nicht-klassischen Logiken wie etwa der Fuzzylogic, die bessere Werkzeuge zur Beschreibung von Prozessen wie der Muster- oder Objekterkennung bieten [79]. Zunehmend dokumentieren Studien in den Wirtschaftswissenschaften und der menschlichen Entscheidungsfindung Fälle, in denen sich nicht nur Laien, sondern selbst Experten weit vom rationalen Ideal entfernen und mehr der Intuition als der Vernunft folgen [80]. Die systematische Analyse dieser »kognitiven Verzerrungen« hat ergeben, dass die Muster unserer Abweichungen vom idealen Logiker auf bestimmte Kompetenzen und Heuristik zurückzuführen sind, die alternative Quellen intuitiver Urteile und Entscheidungen sind [81]. Von Sigmund Freud bis zur modernen Kognitionswissenschaft besteht Einigkeit darüber, dass die Rationalität von Männern und Frauen zerbrechlich ist und dass viele verschiedene, unbewusste Motive und simple Schlussfolgerung unserer »Vernunft« zugrunde liegen. Logische Allwissenheit ist wohl nur einer Gottheit angemessen, sie steht jedoch im Widerspruch zu dem, was uns die Psychologie des Menschen lehrt.

Rationalität, so sagt man, sei »gebunden«, weil sie von Akteuren mit begrenzten Fähigkeiten ausgeübt wird und weil sie weit davon entfernt ist, ein Werkzeug zur Optimierung oder Maximierung zu sein [82]. Stattdessen dient sie in erster Linie der Befriedigung des erwarteten Nutzens für den Akteur, indem er jene Entscheidungen auswählt, die gemäß seinen Wunschvorstellungen gut genug, aber nicht notwendigerweise perfekt sind. Solche moderaten Rationalitätsvorstellungen lassen Raum für weithin beobachtete Phänomene suboptimalen menschlichen Denkens. Anstatt als »unintelligentes Verhalten« ausgesondert zu werden, können diese psychologisch gesehen realistischeren Modelle der menschlichen Entscheidungsfindung die zahllosen Abweichungen von perfekter Rationalität erklären, und zwar als Symptom dafür, dass wir im Alltag zwar formal unvollkommene, aber dafür oft effizientere, »schnelle und sparsame« heuristische Verfahren einsetzen [83].

Vollwertiges rationales Denken mag tatsächlich eine rein menschliche Fähigkeit sein, aber es könnte auf seltene Situationen beschränkt sein, wie etwa auf Philosophieren und Bücher schreiben. Das alltägliche Denken könnte besser als »ratiomorph« beschrieben werden, ein Begriff, der von Egon Brunswik [84] vorgeschlagen wurde, um Prozesse zu charakterisieren, die sowohl in formaler als auch funktionaler Hinsicht dem rationalen Verhalten sehr ähnlich sind, aber wenig mit der bewussten Vernunft zu tun haben. Sowohl Konrad Lorenz [85] als auch mein Lehrer Rupert Riedl [12] unterschieden ein System von »angeborenen Ideationsformen«, das uns erlaubt, Raum, Zeit, Vergleichbarkeit, Kausalität, Finalität und auch eine Form subjektiver Wahrscheinlichkeit gemeinsam zu einem System unbewussten, subpersonalen menschlichen Denkens zu formen. Als wir Menschen mit einer Reihe von Ereignissen konfrontierten und bei zunehmender Aufdeckung derselben fragten, ob die Sequenz regelhaft oder stochastisch erscheint, konnten wir bei Menschen unterschiedlichen Alters und Bildung zwei Problemlösungsstrategien identifizieren [86, 87]. Während auf der einen Seite des Spektrums Mathematiker mit genügend Entscheidungszeit eine klassisch rationale, auf Berechnung von Wahrscheinlichkeiten beruhende Strategie an den Tag legten, offenbarten auf der anderen Seite des Spektrums Kinder und Nichtmathematiker unter Entscheidungsdruck eine »ratiomorphe« Strategie. Letztere gleicht frappant dem Verhalten von Tauben oder Ratten in der »Skinnerbox« [88], wo die Anzahl der Bestätigungen oder Belohnungen im Vergleich zu Enttäuschungen oder Bestrafungen die Entscheidungen und das Wahlverhalten bestimmt. Obwohl, wie wir noch sehen werden, die moderne Konditionierungstheorie ungleich komplexeres Verhalten erklären kann, gehen ihre basalen Elemente auf die Prinzipien der Lerntheorie von Iwan Petrowitsch Pawlow und Edward Lee Thorndike zurück [89].

Damit sind wir bei einem zentralen Punkt in der Debatte über tierisches Denken angelangt. Sind alle, selbst die scheinbar »intelligenten« und menschlichem Denken nahekommenden Leistungen nichtmenschlicher Lebewesen schlicht auf assoziatives Lernen zurückführbar? Haben wir es in der Tierkognition doch nur mit (angeborenen oder erlernten) Vermögen anstatt mit Vernunft zu tun? Sind selbst Entscheidungen und Handlungen von Tieren, die beim Menschen ohne Zögern mit logischem, deduktivem Schlussfolgern erklärt werden, auch nur eine Folge assoziativen Lernens? Eine berühmte und oft überprüfte Aufgabenstellung ist jene des »transitiven Schlussfolgerns«, die letztlich auf die aristotelische Logik zurückgeht. Wenn Rudolf größer ist als Klaus und dieser wiederum größer ist als Robert, wer ist größer, Rudolf oder Robert? Mit solchen Fragen hatte schon der Schweizer Entwicklungspsychologe Jean Piaget Kinder unterschiedlichen Alters konfrontiert, um deren Fähigkeit zu überprüfen, eine Beziehung zwischen Sachen abzuleiten, die davor noch nie zusammen präsentiert wurden [90]. Interessanterweise fand Piaget diese Fähigkeit des basalen logischen Denkens noch nicht in der sogenannten »voroperativen Phase« zwischen zwei und sieben Jahren, sondern erst bei Kindern im Stadium der »konkret-operationalen Intelligenz«, also im Alter zwischen sieben und elf Jahren. Zuvor können Kinder induktiv schließen, also von Einzelfällen verallgemeinern, aber sie sind nicht in der Lage, von gegebenen Prämissen auf die logisch zwingenden Konsequenzen deduktiv zu schließen. In der Kognitionspsychologie spricht man dabei von emergenten Beziehungen und der Verwendung von Vorkenntnissen, um das fehlende Puzzleteil mithilfe einer grundlegenden Logik, das heißt mit Folgerungen bestimmter Prämissen, zu bestimmen.

Ein Großteil der experimentellen Arbeit über das menschliche Denken hat sich auf die Deduktion konzentriert. Dies ist zum Teil vielleicht darauf zurückzuführen, dass viele Forscher der Ansicht sind, dass die Fähigkeit, gültige Deduktionen zu vollziehen, die conditio sine qua non der Rationalität ist [91].

Später entwickelten vergleichende Kognitionsforscher eine nichtlinguistische Methode, wobei sie die Prämissenpaare (oder Propositionen) durch aufeinanderfolgende Unterscheidungsaufgaben ersetzten [92]. Sie trainierten Totenkopfäffchen nacheinander mit vier Reizpaaren: A+ B–, B+ C–, C+ D– und D+ E–, wobei die Buchstaben für verschiedene, willkürliche Reize stehen und die Vorzeichen angeben, ob die Wahl des Reizes in der jeweiligen Paarung belohnt (+) oder nicht belohnt (–) wurde. Im entscheidenden Test (auf das Verständnis der Transitivität) wurde den Tieren das neuartige Paar B D präsentiert. Obwohl die beiden Reize davor niemals zusammen gegeben wurden, sondern nur zusammen mit anderen Reizen jeweils einmal belohnt und einmal nicht belohnt wurden, wählten die Tiere fast immer den Reiz B. Die Autoren interpretierten die Präferenz für B gegenüber D bei ihren Affen als Bildung einer linearen Repräsentation der Musterserie und vereinbar mit dem Prinzip der transitiven Logik [93]. Nicht nur Schimpansen, Ratten und Tauben [Übersicht in 94], auch sechsjährige Kinder zeigten sehr ähnliche Reaktionsprofile wie die Totenkopfäffchen [95]. Mittlerweile wurden viel mehr Tierarten mit ähnlichen Serien-Paar-Aufgaben getestet und tatsächlich zeigten mit Ausnahme der Honigbienen alle bisher getesteten Arten transitiv-ähnliches Verhalten [96]. Ob diese überwältigende Häufigkeit bedeutet, dass die Tiere wirklich logische Schlüsse ziehen, ist jedoch Gegenstand einer bis heute andauernden Debatte. Beim heutigen Wissensstand halten sich die Argumente für kognitiv-logische Modelle und die für Verstärkungsmodelle auf der Basis der assoziativen Konditionierung die Waage.

Einschränkend muss aber gesagt werden, dass Laborexperimente mit willkürlichen, künstlichen Musterpaaren die ökologischen Bedingungen für intelligentes Verhalten nur unzureichend wiedergeben. Kognitive Ethologen weisen außerdem die Behauptung zurück, dass assoziatives Lernen die sparsamste und daher beste Annahme ist, gegen die kognitive Modelle getestet werden müssen, und argumentieren stattdessen, dass transitives Denken eine evolutionäre Anpassung an das Leben in großen, stabilen sozialen Gruppen ist.

Wie lässt sich die evolutionäre Entstehung von transitivem Denken funktional erklären? Soziale Dominanzbeziehungen manifestieren sich typischerweise nicht in äußerlich wahrnehmbaren Merkmalen am Individuum. Wenn Tier A das Tier B und Tier B das Tier C dominiert und kein direkter Vergleich der Tiere A und C möglich ist, um die Beziehung zwischen ihnen aufdecken zu können, wäre transitives Schlussfolgern sehr hilfreich, besonders dann, wenn der Verlust eines Kampfes zu Verletzungen und einem verringerten Zugang zu Nahrung und anderen Ressourcen führen könnte, mit möglicherweise schwerwiegenden Folgen für die Fitness [97].

Da die Anzahl der möglichen paarweisen Interaktionen mit der Gruppengröße rasch zunimmt, profitieren Mitglieder großer sozialer Gruppen, wenn sie auf der Basis indirekter Evidenz – durch Beobachtung von Interaktionen anderer – die Beziehungen zwischen diesen ableiten könnten. Zum Beispiel bestehen soziale Dominanzhierarchien in Trupps von Bärenpavianen (oder Tschakma) aus 80 oder mehr Individuen, von denen theoretisch jedes mit 3160 verschiedenen dyadischen Kombinationen und 82 160 verschiedenen triadischen Kombinationen konfrontiert ist [98]. Auch bei Vögeln gibt es große, stabile Gruppen mit linearen Dominanzbeziehungen, so zum Beispiel bei den Nacktschnabelhähern, sehr geselligen Vertretern der Familie der Rabenvögel. In einem sehr ausgeklügelten Experiment durften einzelne Individuen die Interaktionen zwischen Artgenossen aus anderen Gruppen beobachten und später mit einigen dieser Vögel selbst interagieren [99].

Die Interaktionen bestanden aus kontrollierten Begegnungen in einer Versuchsvoliere nach Hochziehen von Zwischenwänden und dem dadurch eröffneten Wettbewerb um eine zentrale Futterquelle mit begehrten Erdnüssen (Abb. 2A). In solchen Begegnungen behält der dominante Vogel die Oberhand, der rangniedrigere Vogel lässt ihm den Vortritt. Je größer der Rangunterschied ist, desto submissiver verhält sich Letzterer, während bei Gegnern mit geringen Rangunterschieden durchaus Streitereien vorkommen. Mit dem Experiment sollte überprüft werden, ob die Häher Rückschlüsse auf ihren eigenen Dominanzstatus im Verhältnis zu dem von Fremden, die sie bei der Interaktion mit bekannten Individuen beobachtet hatten, ziehen können.

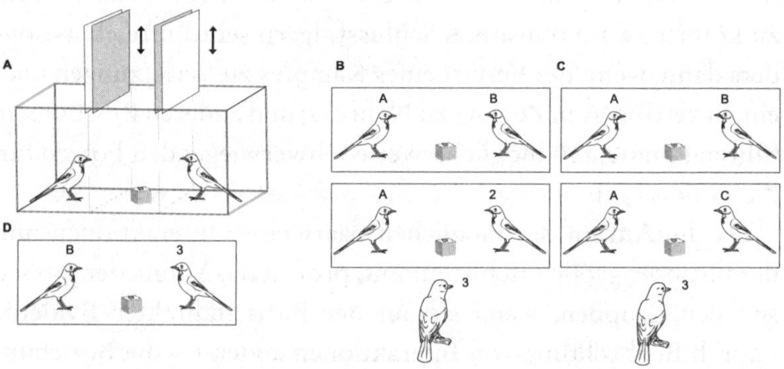

Abb. 2: Experiment zur Überprüfung der Fähigkeit von Nacktschnabelhähern, Rückschlüsse auf ihren eigenen Dominanzstatus im Vergleich zu dem von Fremden zu ziehen, die sie bei der Interaktion mit bekannten Individuen beobachtet haben. In einer Kammer, die durch verschiebbare undurchsichtige und durchsichtige Trennwände in drei Abteile unterteilt war, wurde im zentralen Bereich ein Kistchen mit einer einzigen ungeschälten Erdnuss befüllt. A) Durch gleichzeitiges Öffnen der Zwischenwände und den dadurch erzeugten Wettbewerb um das Futter wurden die Dyaden auf relative Dominanz getestet. B) Dann konnte ein dritter Vogel, dessen Vorkenntnisse über die Gegner systematisch kontrolliert wurde, deren Interaktionen beobachten. Erklärung im Text.

Dazu wurde das Vorwissen des Beobachters (3) über einen der Gegner eines Demonstrators (A) systematisch variiert. In der Versuchssituation waren dem Beobachter (3) der Demonstrator (A) und ein Gegner (B) fremd, aber der Gegner (2), der wiederholt gegen den Demonstrator (A) verlor, war dem Beobachter (3) vertraut – Gegner (2) hatte den Beobachter (3) in früheren inszenierten Begegnungen dominiert. In der Kontrollsituation hatte der Beobachter (3) hingegen kein Vorwissen in Bezug auf die beobachteten Kontrahenten. Das sollte alternative Erklärungen ausschließen, wie zum Beispiel das direkte Erkennen des Rangs eines Artgenossen durch Statusmerkmale oder spezifisches Dominanzverhalten.

In der Versuchssituation wird der Beobachter (3) Zeuge, wie einerseits Demonstrator (A) dominant gegenüber Gegner (B) ist – A bekommt das Futter, B hält sich zurück – und andererseits Gegner (B) dominant gegenüber Gegner (2) ist (vereinfacht ausgedrückt: A > B und B > 2 (Abb. 2B). Demonstrator (A) und Gegner (B) sind dem Beobachter (3) fremd, aber bei früheren gruppenübergreifenden Tests wurde festgestellt, dass Gegner (B) dominant gegenüber Gegner 2 ist; daher sollte Beobachter (3), falls er mit der Fähigkeit zu transitivem Denken ausgestattet ist, antizipieren können, B untergeordnet zu sein. Konkret sollte der Beobachter (3) Rückschlüsse auf seinen Rang und eine abgestufte, quantitative Reaktion auf der Grundlage seiner Beobachtungen zeigen. Er sollte sich gegenüber B submissiv verhalten und nicht versuchen, an das Futter zu kommen (Abb. 2D).

Im Gegensatz dazu kann Beobachter (3) in den Kontrollversuchen, wo ihm sowohl der Demonstrator (A) als auch seine beiden Kontrahenten unbekannt sind, die transitive Logik nicht anwenden, um seinen Status relativ zu B vorherzusagen, nachdem er die Interaktionen A > B und B > C beobachten konnte (Abb. 2C).

Tatsächlich zogen die Häher Rückschlüsse auf ihren eigenen Dominanzstatus im Verhältnis zu dem von Fremden, die sie bei der Interaktion mit bekannten Individuen beobachtet hatten. Für die Autoren stimmen die Ergebnisse voll und ganz mit der Hypothese überein, dass die Häher transitives Denken verwendeten, um Rückschlüsse auf ihre eigene, relative Dominanz zu ziehen, was die Hypothese stützt, dass soziale Komplexität eine entscheidende Ursache für die Entwicklung kognitiver Fähigkeiten darstellt.

Das Beispiel der Häher offenbart einen Fall von praktischer Rationalität. Es verrät uns zwar nicht, welche Gedanken und Überlegungen die Häher dabei haben, aber ihr Verhalten lässt sich sicherlich nicht mit starrem, instinktivem Verhalten, starren Reiz-Reaktions-Mechanismen oder schrittweisem Versuch-und-Irrtum-Lernen erklären. Ganz offensichtlich verarbeiten die Tiere Wahrnehmungen sehr schnell auf eine Art und Weise, die mit den zuvor genannten Mechanismen kaum möglich wäre. Abgesehen von vorgefertigten Lösungen aufgrund angeborener Reiz-Reaktions-Mechanismen bleiben für das Lösen neuartiger Probleme die beiden großen Kontrahenten auf der Bühne der Tierkognition: Lernen und Denken. Diese Unterscheidung hat ihre Wurzeln in den Debatten zwischen dem deutschen Gestaltpsychologen Wolfgang Köhler und dem amerikanischen Lernpsychologen Edward Lee Thorndike, die im ersten Viertel des 20. Jahrhunderts stattfanden. Während Thorndike [100] mit seinem *Gesetz der Wirkung* (*law of effect*) für Lernen auf Basis der zunehmenden, positiven Wirkung von Bestätigungen (*reinforcement*) plädierte, setzte Köhler [101] dem die Möglichkeit der plötzlichen Lösung durch mentale Reorganisation von Problemelementen entgegen. Doch während sich das schrittweise Lernen auf der Grundlage der Assoziationsbildung in der durch den Behaviorismus dominanten Lerntheorie als Standard für tierisches Problemlösen durchsetzte, geriet das Konzept der »Einsicht« – mit nur wenigen Ausnahmen [102] – entweder in Vergessenheit oder wurde missverstanden [103].

Ein Dreivierteljahrhundert später wurde die Unterscheidung zwischen Lernen und Denken wieder thematisiert, diesmal in

Zusammenhang mit der Frage der Symbolverarbeitung, konnektionistischen Modellen und theoretischen Überlegungen [104]. Obwohl »die Psychologie des Denkens Dichotomien zu erzeugen scheint« [105, S. 1], ist eine solche nur so wertvoll wie die Erklärungskraft der hypothetischen Systeme, die sie unterscheidet. Im Unterschied zum assoziativen Lernen, bei dem perzeptuelle Ähnlichkeiten und zeitliche Beziehungen wichtig sind, ist das »einsichtsvolle« Denken »regelbasiert«, weil es mit symbolischen Strukturen mit logischen Inhalten und Variablen operiert und weil seine Lösungen Eigenschaften haben, die normalerweise Regeln zugeordnet werden. Es scheint, als würden diese beiden Informationsverarbeitungsprozesse komplementären Funktionen dienen, aber können sie gleichzeitig verschiedene Lösungen für ein und dasselbe »Denkproblem« generieren [104]?

Logik und Schlussfolgern

Es wäre verfehlt, Denken als nichtassoziative Informationsverarbeitung abzutun. Man kann Lernen und Denken stattdessen über die Art der Information, die der Einzelne im Kopf in Verbindung bringt, unterscheiden. Während Lernen die Assoziation zweier wahrnehmbarer Ereignisse beinhaltet, beruht Denken auf der Assoziation eines wahrnehmbaren und eines imaginären – das heißt wahrnehmungsmäßig nicht verfügbaren – Ereignisses [106]. Dementsprechend ist die Aufgabe des Lernens die Identifizierung von Regelmäßigkeiten von entweder rein externen Ereignissen (klassische oder Pawlow'sche Konditionierung) oder von Zusammenhängen zwischen eigenen Handlungen und externen Ereignissen (instrumentelle oder Thorndike'sche Konditionierung). Im Unterschied dazu kann man das Schlussfolgern als die Suche nach den Ursachen nicht erklärbarer Ereignisse und einem gewissen Verständnis der beobachteten Phänomene verstehen. Dazu kommt, dass die Verknüpfung beim Lernen in der Regel langsam, nach mehreren bis vielen Wiederholungen der Ereignisse, nämlich in Form der Hebb'schen Verstärkung der synaptischen Verbindungen zwischen den Neuronen, welche diese Ereignisse im Gehirn repräsentieren, entsteht, während eine Schlussfolgerung bei einmaliger Präsentation der Prämissen erfolgen kann.

Eine Möglichkeit der Überprüfung, ob Tiere spontan Assoziationen zwischen wahrnehmbaren und imaginären Ereignissen herstellen können, besteht aus der Konfrontation mit Aufgaben, bei denen Informationen fehlen. Nehmen wir an, man befüllt vor den Augen des Tiers zwei Kisten, die eine mit einer Banane und die andere mit einem Apfel. Nach einer kurzen Pause isst man dann den Apfel und lässt das Tier anschließend eine Kiste wählen. Wird es öfter oder immer jene Kiste wählen, in der noch die Banane liegt? Wenn diese Aufgabe noch nie zuvor gestellt wurde, sodass »der Proband« nicht lernen konnte, würde er dennoch sofort richtig handeln? Würde er verstehen, dass die Kiste mit der Frucht, die der Experimentator gerade nicht aß (jene mit der Banane), noch gefüllt ist?

Das Denken durch Ausschluss oder Denken in Alternativen ist ein relativ selten beachtetes Phänomen in der vergleichenden Kognitionsforschung, da es ursprünglich als ein Kennzeichen der menschlichen Kognition und mit dem Spracherwerb zusammenhängend angesehen wurde. Die oben gestellte Aufgabe lösten Schimpansen, ohne zu zögern, nicht erst nach einer Phase mit Versuch und Irrtum [107]. Die Konsequenz des Essens eines Apfels im Sinne des darauffolgenden Zustands der beiden Kisten wurde vor der richtigen Handlung nicht aufgedeckt, diese Information lag also nicht vor, sondern musste erschlossen werden. Nach Ansicht der Autoren zeigten die Affen »schlussfolgerndes Denken durch Ausschluss«. Nicht nur konnten diese Ergebnisse repliziert werden [108], sie wurden in nachfolgenden Studien noch erweitert. Zunächst konnte die Aufgabe auch von anderen Menschenaffen – Bonobos, Orang-Utans und Gorillas – spontan gelöst werden, sie konnten die fehlende Information sowohl im visuellen als auch im akustischen Bereich ergänzen [109]. Die Tiere wählten den richtigen Becher, wenn nur der leere Becher entweder gezeigt oder geräuschlos geschüttelt wurde, was bedeutet, dass die Menschenaffen richtig wählten, ohne das Futter gesehen oder gehört zu haben. Das statistisch signifikant korrekte Wahlverhalten[12] in den allerersten Versuchen bewies, dass sie nicht einfach schnell lernten, Geräuschinformationen als Hinweise zu verwenden. Und in speziellen Kontrolltests konnte schließlich gezeigt werden, dass die Tiere nicht bloß von lauten Bechern angezogen und von geräuschlosen abgestoßen werden. Somit schieden Erklärungen auf der Basis von schnellem Lernen und angeborenen Verhaltenstendenzen aus.

Im vergangenen Jahrzehnt hat man noch bei verschiedenen anderen nichtmenschlichen Tieren die Fähigkeit gefunden, Alternativen auszuschließen. Berühmt wurde der Border Collie Ricoh, der von seiner Halterin darauf trainiert wurde, über 200 Alltagsgegenstände mit Worten zu verbinden und diese bei Nennung des Gegenstandes zu bringen. In einer deutschen Fernsehshow wurde er vor Publikum nicht nur gebeten, einen Gegenstand, dessen akustische Bezeichnung er kannte, aus einem anderen Raum zu holen, er musste dann auch ein Objekt finden, dessen Bezeichnung er noch nicht kannte! Tatsächlich brachte er nach anfäng-

---

12 Die statistische Signifikanz ist ein wesentliches Merkmal von empirischen Untersuchungen. Es wird durch statistische Tests ermittelt. Das Ergebnis eines statistischen Tests wird *statistisch signifikant* genannt, wenn die gefundenen Werte so stark von einer vorher festgelegten Annahme abweichen, dass sie verworfen wird. Diese Grundannahme, die *Nullhypothese,* lautet, dass ein statistisch gefundenes Ergebnis auch ohne den vermuteten Effekt durch Zufall zu Stande gekommen ist. Für die besagte Abweichung legt man nach gängiger Praxis zuvor ein Signifikanzniveau fest, das man *Irrtumswahrscheinlichkeit* nennt. Man fragt, wie wahrscheinlich es ist, dass die Nullhypothese irrtümlich verworfen wurde, also abgelehnt wurde, obwohl sie richtig ist. Anhand des sogenannten p-Werts wird das Überschreiten der Irrtumswahrscheinlichkeit abgeschätzt. Das Signifikanzniveau besagt nicht, mit welcher Wahrscheinlichkeit eine Hypothese richtig ist, sondern nur, mit welcher Wahrscheinlichkeit der Fehler auftritt, dass die Nullhypothese abgelehnt wird, obwohl sie richtig ist. Man nennt einen solchen Irrtum Fehler 1. Art oder α-Fehler.

licher Überraschung über das neue Wort den einzigen ihm unbekannten Gegenstand aus dem Nebenraum [110]. Da der Hund weder das neue Wort noch den Gegenstand jemals zuvor wahrgenommen hatte, muss seine Wahl auf der spontanen Bildung einer neuen Verknüpfung beruhen.

Kinder lernen neue Vokabeln teilweise auch auf diese schlussfolgernde Weise, was in der Linguistik *fast mapping* genannt wird [111]. Auch Schimpansen, Seelöwen, Seehunde (und Delfine) haben in ganz ähnlicher Weise spontan den richtigen Schluss gezogen, wenn sie mit einer Art Zeichensprache oder mit Aufgaben am Computerbildschirm konfrontiert wurden [Übersicht in 112]. Damit bewiesen sie nicht nur Fähigkeiten im schlussfolgernden Denken, sondern zeigten wichtige Elemente der menschlichen Sprache.

Die Sprachfähigkeit von Tieren wurde aber nicht nur bei Säugetieren überprüft, sondern auch bei Vögeln. Dabei erregten die Forschungen von Irene Pepperberg von der Harvard University (USA) mit Alex, dem Graupapagei, ganz besondere Aufmerksamkeit. Denn die Forscherin benutzte die menschliche Sprache, um Aufgaben zu stellen und Fragen zu formulieren. Wenn Alex ein Tablett mit ihm bekannten Holzwürfeln und ihm unbekannten metallenen Fingerhüten bekam und nach der Anzahl der »Hölzer« gefragt wurde, gab er die richtige Antwort [113]. Als Pepperberg jedoch die Zahl der »Fingerhüte« wissen wollte – ein Wort, das Alex noch nie gehört hatte –, gab er die Gesamtzahl der Gegenstände an – was darauf hindeutet, dass er »Fingerhut« als das Wort für »gesamt« interpretiert haben könnte. Nachdem er korrigiert und erneut gefragt wurde, gab Alex die richtige Antwort. Bei den nächsten drei Versuchen mit neuen Objekten gab Alex zuerst die Anzahl aller Objekte auf dem Tablett an und danach die Anzahl der Objekte, deren Namen er nicht kannte. Beim fünften Versuch gab er sofort die richtige Antwort.

Nun kann man einwenden, dass Alex und dann später auch seine Nachfolger in Pepperbergs Obhut intensiv trainierte Tiere waren, die über Jahre hinweg fast täglich sprachanaloge Aufgaben zu meistern hatten. Somit lag es nahe, Vögel zu testen, die keine diesbezügliche Vorerfahrung hatten. Würden auch sie fähig sein, durch Schlussfolgerungen Aufgaben zu lösen? Meine Mitarbeiter haben sich dazu eine elegante und vor allem auch ökologisch relevante und alltagsnahe Variante eines früher bei Kindern und Menschenaffen verwendeten Testparadigmas [108] ausgedacht und damit Rabenvögel und Papageien konfrontiert [114]. Kolkraben und Neuseeländische Bergpapageien (Kea) wurden in ähnlicher Weise bei der Suche nach einem Futterstück, das entweder in einer geraden oder in einer gebogenen Röhre versteckt wurde, getestet. Dabei lag das Hauptaugenmerk dieser einfachen Tests nicht auf der Anzahl der Versuche, die die Vögel brauchten, um das versteckte Futter zu finden, sondern auf den dabei eingesetzten Suchstrategien. Würden die Tiere im vorhin besprochenen Sinn deduktiv und effizient vorgehen oder würden sie nach einfachen Faustregeln und eher explorativ handeln? Diese Fragestellung wurde mit Raben und Keas untersucht, weil diese Vögel nicht nur für ihre hohe Intelligenz, sondern auch für unterschiedliches Futtererwerbsverhalten und Objektexploration bekannt sind. Damit wies das Experiment neben einer kognitiven auch eine ökologische Note auf.

Wir können grob drei Vorgehensweisen bei der Futtersuche unterscheiden. *Übermäßiges* Suchen bedeutet, dass ein Subjekt auch dann weitersucht, wenn es das Futter bereits gesehen hat. *Unzureichend* ist eine Suche, wenn sie beendet wird, bevor genügend Informationen über den Ort des Verstecks vorhanden sind. Eine *effiziente* Futtersuche schließlich wird genau dann beendet, wenn ausreichend Informationen zum Auffinden des Futters erworben wurden. Diese Unterschiede offenbaren sich augenscheinlich beim Vergleich zwischen geraden und gebogenen Röhren. Ein einziger Blick in die gerade Röhre, egal von welcher Seite, offenbart, ob sich darin Futter befindet. Im positiven Fall muss weder auf der anderen Seite noch in der anderen Röhre weitergesucht werden. Falls der erste Blick kein Futterstück offenbart, muss weitergesucht werden. Jedoch wäre nur eine weitere Untersuchung der gebogenen Röhre sinnvoll, nicht jedoch ein Blick von der anderen Seite des geraden Rohrs. Gezählt wurden im Versuch nicht nur die Blicke in die Röhren, sondern auch die tatsächlichen Wahlen, das heißt, welche Röhre die Vögel berührten, um das Futterstück zu erhalten. Denn wenn die richtige Röhre gewählt wurde, erhielt das Tier das darin versteckte Futterstück, im anderen Fall hingegen ging das Tier leer aus.

Der Versuch erbrachte ein interessantes und auf den ersten Blick widersprüchliches Ergebnis: Insgesamt waren die Keas erfolgreicher, aber die Raben gingen effizienter, genauer gesagt logischer vor. Denn Letztere folgten der Ausschlusslogik, während die Keas das gerade Rohr von beiden Seiten in 35 Prozent jener Fälle inspizierten, in denen der erste Blick negativ war [114]. Erklärt wurde dieses Ergebnis mit der divergierenden Ökologie des Futtererwerbs dieser beiden Vogelarten. Während Keas kaum einem Raubdruck ausgesetzt sind und explorativ die Gegend, und hier vor allem den Boden, nach Pflanzen, Früchten und Wurzeln absuchen [115], müssen die aasfressenden Raben angesichts des Risikos, einem Fuchs, Wolf oder Bären in die Quere zu kommen, vorsichtiger vorgehen. Sie inspizieren die Lage ausführlich und warnen sich notfalls, bevor sie von den sicheren Plätzen auf den Bäumen den Kadaver am Boden anfliegen [116]. Während also der Rabe zwei Mal überlegt, bevor er sich zu einer riskanten Aktion entschließt, und auch beim Verstecken von Futter, wie wir noch sehen werden, sehr genau seine Umgebung inspiziert, ist es für den im Winter vom Hungertod bedrohten Papagei nicht nur ungefährlich, sondern auch ratsam, lieber ein zweites Mal nachzusehen, bevor ein nahrhaftes Futterstück übersehen wird. Die Verschränkung von Kognition und Ökologie ist – wie noch zu besprechen sein wird – ein Grundprinzip in der Evolution und der artspezifischen Ausgestaltung von kognitiven Fähigkeiten.

Eine Konsequenz aus dieser Verschränkung für die Frage, welche Art beziehungsweise welches Maß an Logik Tiere besitzen, ist die Veränderung der Überprüfungsmethode. Während Alltagssituationen die Anwendung von Alltagsheuristiken provozieren, könnten Tiere gezwungen sein, das volle Potenzial ihrer kognitiven Fähigkeiten auszuschöpfen, wenn sie in abstrakten Situationen an ihre Grenzen gehen müssen. Meine Kollegin Ulrike Aust hat sich einen abstrakten Test für Schlussfolgerung durch Ausschluss ausgedacht. Diese am Touchscreen durchgeführte Unterscheidungsaufgabe hat zwei wichtige Vorteile. Erstens lassen sich die Wahlen der Tiere objektiv und einfach quantitativ auswerten. Es ist der Computer, der die vorprogrammierten Aufgaben stellt und die Wahlen der Tiere erfasst. Und zweitens ist die Aufgabe so abstrakt, dass sie einen fairen Vergleich zwischen vielen Tierarten und auch dem Menschen ermöglicht.

In der ersten Anwendung des abstrakten Testdesigns wurden sechs Tauben, sechs Hunde, acht Kinder und sechs Erwachsene mit den gleichen visuellen Reizen und der gleichen Trainings- und Testprozedur konfrontiert [117]. Zunächst präsentierte Ulrike acht Bilder, von denen vier der positiven (S+) und vier der negativen (S–) Klasse zugeordnet waren (Abb. 3, rechts oben). Je ein positives und ein negatives Bild wurden, in allen möglichen Kombinationen, im Training präsentiert. Die Probanden mussten die Zuordnung der Bilder durch Versuch und Irrtum lernen – die Wahl des positiven Bildes wurde mit Futter (Tauben und Hunde), Süßigkeiten (Kinder) oder Symbolen (Erwachsene) belohnt, bei der Wahl des negativen Bildes gab es nichts, nur der Bildschirm wurde rot. Sobald sie diese Aufgabe zuverlässig lösten, wurden in einem ersten Test neue Bilder (S‘) eingeführt (Abb. 3, rechts unten). Diese wurden immer nur mit einem aus dem Training bekannten negativen Bild gepaart und ihre Wahl wurde nicht bewertet – es gab weder Belohnungen noch den roten Bildschirm als Signal für eine falsche Wahl. Damit sollte überprüft werden, ob die Probanden durch Ausschlussverfahren das neue Bild

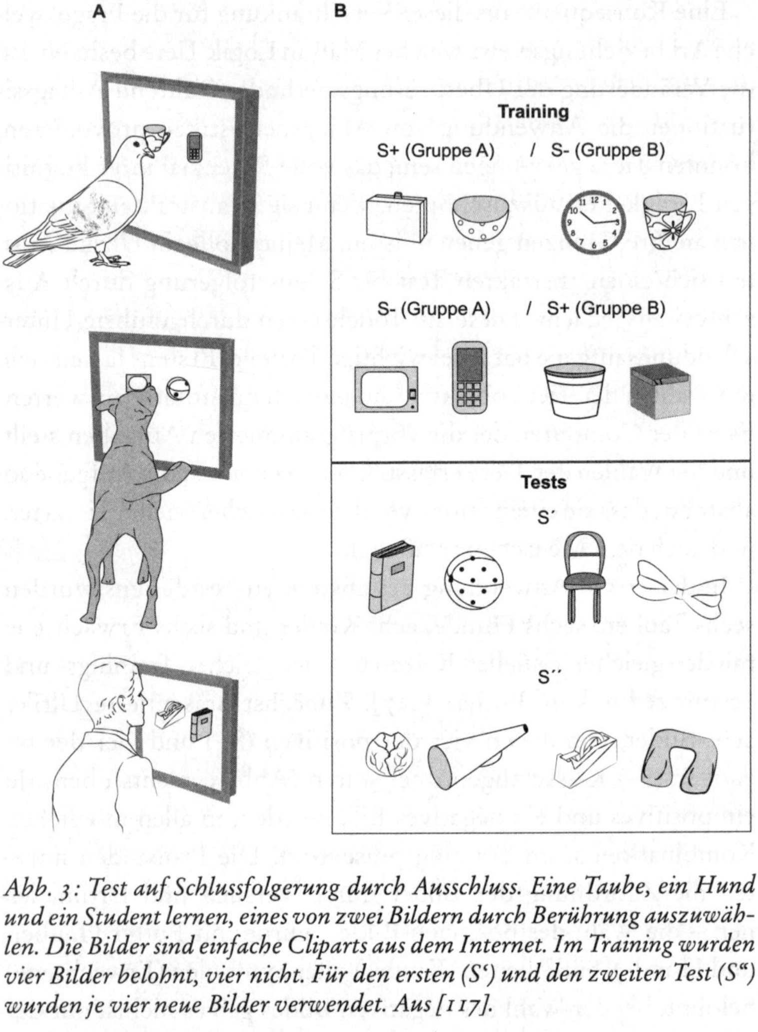

Abb. 3: Test auf Schlussfolgerung durch Ausschluss. Eine Taube, ein Hund und ein Student lernen, eines von zwei Bildern durch Berührung auszuwählen. Die Bilder sind einfache Cliparts aus dem Internet. Im Training wurden vier Bilder belohnt, vier nicht. Für den ersten (S') und den zweiten Test (S") wurden je vier neue Bilder verwendet. Aus [117].

wählten. Tatsächlich taten dies alle Kinder, fünf Erwachsene, drei Hunde und eine einzige Taube.

So weit, so gut. Allerdings ließ dieses Verfahren noch zwei weitere Strategien für die Wahl der undefinierten Testbilder zu. Das neue Bild könnte auch aufgrund bloßer Neugier oder wegen Vermeidung des bekannten negativen Bildes gewählt worden sein.

Um diese Alternativerklärungen ausschließen zu können, zeigten wir in einem zweiten Test die ersten Testbilder (S‘) zusammen mit ganz neuen Testbildern (S“) (Abb. 3). Nun würde Neugier zur Wahl der neuen Testbilder (S“) verleiten und die Vermeidungsstrategie keine Präferenz zulassen. Hingegen hätte die konsequente Anwendung des Ausschlussprinzips im ersten Test die Zuordnung der dabei gezeigten Testbilder (S‘) zur positiven Kategorie verlangt und diese Zuordnung auch im zweiten Test belassen müssen, da die ganz neuen Testbilder keine Auskunft gaben. Nun trennte sich die Spreu vom Weizen, da die einzige im Test verbliebene Taube die neuen Testbilder (S“) bevorzugte, während alle Hunde, alle Erwachsenen und immerhin sechs Kinder bei den Bildern des ersten Tests (S‘) blieben und somit die Fähigkeit zum schlussfolgernden Denken erkennen ließen.

Wie so oft in der Wissenschaft hielt unsere Freude über das Ergebnis nicht lange an. Unser Verfahren wies zwar innovative Aspekte, aber auch noch einige Mängel auf. Da die richtige Wahl im ersten Test nicht belohnt wurde, könnte das zu einer Abkehr von der gewählten, auf dem Ausschlussprinzip beruhenden Strategie geführt haben. Außerdem war unser Testverfahren auf eine Konfrontation zwischen Schlussfolgerung und Neugier ausgerichtet, was bei sehr neugierigen Geistern zu einer unnötig harten Entscheidung führen muss. In zwei weiteren Versuchen mit Vögeln, die für ihre unbändige Neugier bekannt sind, Keas und Goffinkakadus, hat mein Doktorand Mark O’Hara diese methodischen Schwächen beseitigt [118, 119]. Der wesentliche Trick bestand darin, die Neugier bereits im Training zu stillen, indem in jeder Trainingseinheit zwei Mal das Bild der negativen Klasse gegen ein jeweils neues Bild ausgetauscht wurde.

In insgesamt dreißig Testeinheiten mit jeweils zwanzig Einzelversuchen wurde das bekannte Trainingspaar (S+, S–) sechzehn Mal gezeigt; dazwischen wurden vier Testpaarungen (TEST 1-4) eingestreut. Somit wurden insgesamt hundertzwanzig neue Testbilder gezeigt. Im Gegensatz zu unserer früheren Studie [117] wurden die nach dem Ausschlussprinzip richtigen Wahlen belohnt. Obwohl die vier Testpaarungen immer an unterschiedlichen Positionen eingefügt wurden (mindestens zwei Trainingsversuche zwischen jedem Test), blieb ihre interne Reihenfolge konstant (TEST 1, TEST 2, TEST 3, TEST 4), denn sie entstammte einer besonderen Logik (Abb. 4): TEST 1 enthielt das negative Trainingsbild (S–) und ein neues Bild (S1), TEST 2 das positive Trainingsbild (S+) und ein zweites neues Bild (S2), TEST 3 das (nun schon einmal gezeigte) Bild S1 und ein weiteres neues Bild (S3) und schließlich TEST 4 das neue Bild aus TEST 2 (S2) und ein viertes neues Bild (S4). Der Ausschlusslogik folgend, sollte bei TEST 1 das Bild S1 gewählt werden, weil es mit dem bekannten negativen Trainingsbild gepaart ist. Bei TEST 2 sollte das gut bekannte, positive Trainingsbild gewählt und gleichzeitig das neue Bild S2 der negativen Kategorie zugeordnet werden. Im TEST 3 fehlt das erste Mal ein Trainingsbild, an dem man seine Entscheidung festmachen kann. Hier sollte das im TEST 1 gezeigte und dort der positiven Kategorie zugeordnete Bild S1 gewählt und das ganz neue Bild S3 der negativen Kategorie zugeordnet werden. Und schließlich sollte im TEST 4 die Wahl auf das ganz neue Bild S4 fallen, weil es mit dem Bild S2 erscheint, welches im TEST 2 der negativen Kategorie zugeordnet werden sollte.

Um zu überprüfen, welche Auswirkung das Gedächtnis auf die Lösung der schwierigen Aufgabe spielt, wurde eine zweite Gruppe von Tieren (B) mit einer Reihenfolge konfrontiert, bei welcher die TEST-Paarungen 2 und 3 vertauscht wurden (Abb. 4). Dadurch wurde die Zuordnung eines neuen Bildes (im Beispiel von Abb. 4 die Kiwi und der Toaster) sofort im nachfolgenden Test (1-2, 3-4) überprüft, was eine geringere Erinnerungsleistung erfordert. So komplex das Testdesign war, so vielfältig sind auch die möglichen Ausgänge des Versuchs. Bei Gruppe A folgt die Wahl des ersten Testbildes (der Kiwi in Abb. 4) der Logik unseres früheren Experiments [117]. Da aber diesmal die Wahl des Testbildes belohnt wurde, könnte man die richtige Wahl im dritten (bei Gruppe B im zweiten) Test mit einem Lernen aus einer einzelnen Erfahrung (*one-trial-learning*) erklären. Dies ist jedoch im Falle des Toasters (Abb. 4) bei TEST 4 nicht mehr möglich, da dieser zuvor nicht belohnt wurde. Nur die richtige Zuordnung zur negativen Kategorie würde seine Bevorzugung gegenüber dem Herzen erklären.

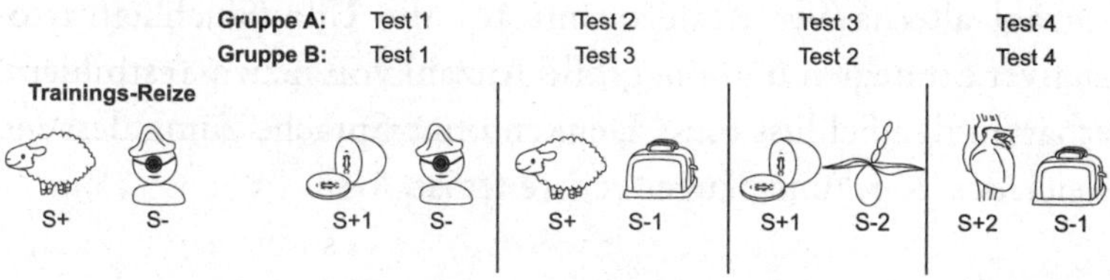

Abb. 4: Modifizierter Test auf Schlussfolgern durch Ausschluss bei Goffinkakadus und Keas. Dargestellt ist die Abfolge der Testbilder in einem Testdurchgang für die beiden Gruppen A und B, die sich nur in den Test-Paarungen 2 und 3 unterscheiden. Man beachte, dass die Position innerhalb der 16 Trainingspaarungen wechselt, aber die interne Reihenfolge gleich bleibt. Aus [111].

Um die Leistungen der Tiere in Bezug auf das Vorliegen der Ausschlusslogik zu bewerten, nahmen wir eine sehr konservative Zählung vor. Wir erkannten nur jene Testdurchgänge als erfolgreich im Sinne der Ausschlusslogik an, bei denen alle vier Einzeltests richtig absolviert wurden. Da dies nur eine von sechzehn Kombinationsmöglichkeiten für die vier Entscheidungen ist, ergibt das eine Zufallswahrscheinlichkeit von einem Sechzehntel (6,25 Prozent). Nur eine statistisch signifikant höhere Häufigkeit würde die Annahme schlussfolgernden Denkens rechtfertigen. Tatsächlich war dies bei der Mehrzahl der Tiere, bei acht von vierzehn Keas und bei acht von zwölf Goffinkakadus, der Fall [118, 119]. Als Gruppe waren die Keas im Durchschnitt in sechzehn und die Goffinkakadus sogar in zwanzig Prozent der Fälle erfolgreich, was die Zufallswahrscheinlichkeit um das Dreifache übersteigt. In jenen Durchgängen, in denen sie nicht alle vier Tests bestanden, bevorzugten sie andere Strategien wie Lernen aus einer einzelnen Erfahrung oder Vermeidung des negativen Trainingsbilds; eine Wahl auf der Basis von Neugier kam hingegen kaum vor. Somit waren wir geneigt, das Vorliegen schlussfolgernden Denkens – nach Schimpansen, Seelöwen, Seehunden, Delfinen, Graupapageien und Hunden – auch bei Keas und Goffinkakadus anzunehmen. Die Abstraktheit der Aufgabe, die beträchtliche Anzahl alternativer Reaktionsmuster, die Unmöglichkeit assoziativer Strategien und die große Anzahl von neuen Testbildern erhärten den Schluss, dass Denken ohne Sprache zumindest im Reich der Vögel und Säuger verbreitet ist.

Willentlich handeln

Die Versuche zum schlussfolgernden Denken sind wichtig für die Frage, ob Tiere zur spontanen Assoziation eines wahrnehmbaren und eines imaginären Ereignisses fähig sind. Können Tiere auch ohne Sprache gedankliche Verbindungen herstellen und damit ihr Handeln steuern? Wie wir gesehen haben, neigen vergleichende Kognitionsforscher zu der mittlerweile gut begründeten Annahme, dass manche Tierarten fehlende oder unvollständige Information geistig ergänzen und in der Folge auf Basis des bloß Gedachten handeln. Damit sind zwei wesentliche Errungenschaften der Evolution des Geistes im Sinne erhöhter Verhaltensflexibilität gegeben. Einerseits kann das Verhalten vom Hier und Jetzt entkoppelt werden, sprich von den eintreffenden Reizen zumindest teilweise befreit werden, andererseits kann auch ein ganz neues Problem gelöst werden, ohne zuvor einen langwierigen Lernprozess durchlaufen zu haben.

Somit sind wir bei einem zentralen Problem des Denkens von Tieren angelangt. Dieses besteht nämlich in der Schlüsselfrage, welche Funktionen tierisches Denken prinzipiell erfüllen muss und wofür bestimmte kognitive Leistungen im Laufe der Evolution entstanden sind. Der Dresdner Motivationspsychologe Thomas Goschke fasst das sehr treffend so zusammen:

Immerhin besteht das grundsätzlichste Problem eines jeden Lebewesens darin zu entscheiden, was als Nächstes zu tun ist. Die ultimate Funktion kognitiver Leistungen wie Wahrnehmung, Aufmerksamkeit und Gedächtnis kann insofern darin gesehen werden, Lebewesen zu befähigen, unter wechselnden und nur teilweise vorhersagbaren Umweltbedingungen aus der Vielzahl möglicher Verhaltensweisen solche auszuwählen, die möglichst förderlich für sein Überleben, seine Fortpflanzung und sein Wohlergehen sind. [120]

Nicht nur für Menschen, sondern auch für Tiere ist es also vorteilhaft, nicht an die aktuelle Reizsituation, die aktuellen Bedürfnisse und an einmal Gelerntes gebunden zu sein, sondern Kontrolle über die eigenen Handlungen zu erlangen, um aus den vorhandenen Handlungsalternativen die nicht aktuell, sondern langfristig besten wählen zu können.

Man kann diese Art von Handlungskontrolle als eine erweiterte Form der »kognitiven Kontrolle« verstehen, welche die Fähigkeit beschreibt, die Aufmerksamkeit auf zielrelevante Informationen zu beschränken und irrelevante Ablenkung zu hemmen oder zu unterdrücken [121]. Wir Menschen können mehr tun, als nur reflexartig auf sensorische Informationen, die unmittelbar und hervorstechend sind, zu reagieren. Wir können unser Verhalten bisweilen auf weit entfernte Ziele hin ausrichten. Dazu wurden in der Evolution des Menschen neuronale Mechanismen entwickelt, die reflexive und gewohnheitsmäßige Reaktionen entweder abschwächen oder verstärken können, um das Verhalten in Übereinstimmung mit unseren Absichten zu orchestrieren. Ihre Funktion besteht vor allem darin, die untergeordneten Sinnes-, Gedächtnis- und/oder Bewegungsabläufe für einen gemeinsamen Zweck zu steuern. Die kognitive Kontrolle ist also wesentlich für das, was wir unter intelligentem Verhalten verstehen.

Kognitive Kontrolle ist die Sammelbezeichnung für eine Reihe von regulatorischen und exekutiven Prozessen, welche die Aufmerksamkeit auf sich ziehen und fokussieren, Informationen manipulieren und bewerten, die Suche nach neuen Informationen einleiten, wenn diese benötigt werden, sich an vergangene Ereignisse erinnern, um zukünftige Reaktionen zu antizipieren und zu planen, und mit Ablenkung und Impulsivität umgehen, wenn diese die Zielerreichung bedrohen. Es sind dies nicht nur charakteristische Merkmale unseres kognitiven Systems, sondern auch Meilensteine unserer kognitiven Entwicklung. Gerade in Bezug auf die Fokussierung der Aufmerksamkeit gehen beim Menschen komplexe Bewusstseinszustände bis hin zur Selbsterkenntnis einher. Dazu kommen die Fähigkeiten der Zeitreise, darunter episodische Erinnerungen und prospektive Planungen, sowie Metakognition, Gedankenlesen und Kreativität. Die Konzentration der Aufmerksamkeit auf Prozesse der Überwachung, Kontrolle, Steuerung und Regulierung ist für viele gerade die besondere Funktion des Bewusstseins [121, 122].

Eine wichtige Annahme für die Evolution von Kognition ist, dass bereits vor dem Auftreten des modernen Menschen (*Homo sapiens*) unterschiedliche Lösungen für das Problem der erweiterten Verhaltenskontrolle und -flexibilität gefunden wurden, die aber alle in einem zentralen Merkmal übereinstimmen, nämlich der Entkoppelung des Verhaltens von der unmittelbaren Reizsituation und Bedürfnislage. Diese Entkoppelung ist kein Alles-oder-nichts-Merkmal, sondern geschah im Laufe der Evolution in unterschiedlichen Stärken und Ausprägungen. Selbst wenn sie mit dem Menschen ihre (bisher) höchste Leistungsstufe erreicht hat, haben sich schon viele Millionen Jahre früher Gehirne mit neuronalen Kontrollmechanismen, die eine schnelle und effektive Anpassung an wechselnde Umweltbedingungen ermöglichen, bewährt. Entscheidend dabei war, dass die alten, relativ starren Steuerungsmechanismen nicht verschwanden, sondern parallel dazu weiter bestehen blieben, um die gleichbleibenden Probleme in bewährter Weise zu bewältigen. Die kognitive Kontrolle, die Fähigkeit, die Aufmerksamkeit auf zielrelevante Informationen zu beschränken, unterstützt zwar die Lösung einer Vielzahl von schwierigen kognitiven Problemen, aber es gibt auch alltägliche Funktionen, die wenig bis gar keine Kontrolle erfordern, und andere, die sogar von einer reduzierten Kontrolle profitieren.

Ein zentraler Bestandteil der Instinkttheorie der klassischen vergleichenden Verhaltensforschung, wie sie von Konrad Lorenz, Niko Tinbergen und Wolfgang Schleidt vertreten wurde [123, 124], sind die angeborenen Auslösemechanismen (AAM), eine Art von Reizfilter, welche in biologisch relevanten Umweltsituationen auf sogenannte Schlüsselreize ansprechen und artspezifische, stereotype Verhaltensweisen auslösen (motorische Koordination). Diese im Laufe der Evolution einer Art evolvierten Reflexe und ebenso die komplexeren »erbkoordinierten« Bewegungen (Instinktbewegungen) ermöglichen dem Individuum eine schnelle und adäquate Lösung vieler alltäglicher Aufgaben, wie sie in der Umgebung, an welche die Art angepasst ist, permanent auftreten [124]. Als Resultat neuroethologischer Forschung zur Aufklärung der neuronalen Mechanismen instinktiven Verhaltens spricht man später allgemeiner von Auslösesystemen, in denen Merkmalsfilter-, Ortungs-, Motivations- und Lern-Systeme ineinandergreifen, wie das etwa für das Beutefangverhalten der Erdkröte beschrieben wurde [125].

Es ist mittlerweile evident, dass vollkommen starre Systeme keine adäquaten Lösungen im Verhalten komplexer Lebewesen ermöglichen. Dazu zählen auch sensormotorische Modifikationen wirbelloser Tiere wie etwa Honigbienen, welche Anpassungsfähigkeiten aufweisen, die über einfache Reiz-Reaktions-Verbindungen hinausgehen [126]. Die meisten Tiere können ihr Verhalten auf die vielfältigste Weise modifizieren, beginnend mit der Modifikation des AAM durch Hinzulernen von weiteren, für die auslösende Reizkonfiguration kennzeichnenden Merkmalen.

Wenn man eine breite Definition bevorzugt, kann man das Lernen nach Lorenz als eine adaptive Modifikation des komplexen, physiologischen Mechanismus betrachten, dessen Funktion das

Verhalten von Tieren und Menschen ist. Das zentrale Paradigma ist das assoziative Lernen, obwohl es auch noch andere, nichtassoziative Formen wie Habituation und Prägung gibt [85]. In der kognitivistischen Literatur wird Lernen ganz allgemein als eine Form der internen Repräsentation der Beziehung, die zwischen den Ereignissen in der Umgebung des Tieres besteht, verstanden. Mit anderen Worten: Lernen ist der Erwerb von Wissen [89]. Dieses assoziative Wissen wird durch die fortschreitende Stärkung der Verbindung mit jeder effektiven Erfahrung einer Beziehung zwischen den Ereignissen erworben [127].

Verhalten wird durch Lernen nicht nur an veränderte Umweltbedingungen angepasst, es kann auch relativ kurzfristig in Abhängigkeit von der jeweils angeregten Bedürfnislage verändert werden. Gemeinsam ist allen in diesem Kapitel beschriebenen Prozessen, dass der Organismus auf das »Hier und Jetzt« reagiert, wobei Mechanismen zur Anwendung kommen, die Erfahrungen aus der Vergangenheit, ob sie in evolutionären Zeiträumen wie bei den AAMs oder in kürzeren Zeiträumen wie beim Lernen erworben wurden, nutzbar machen. Ein wesentlicher Schritt in der Evolution der Kognition besteht nun in der Entkopplung vom Hier und Jetzt, in der Dezentrierung, das heißt der Versetzung von Gedanken in Raum und Zeit, was eine in die Zukunft gerichtete Handlung ermöglicht. In der Humanpsychologie, genauer gesagt in der Motivations- und Handlungspsychologie, ist der Ausdruck der *willentlichen Handlung* gebräuchlich [128]. Die Fähigkeit zum willentlichen Handeln wird als wesentlich für die menschliche Natur angesehen. Unglücklicherweise ist das Phänomen durch die mitunter heftige Diskussion über den »freien Willen« zwischen Philosophen und Neurowissenschaftlern umstritten und wird in der Tierforschung nur stiefmütterlich behandelt [129]. Auch in den Neurowissenschaften und in der Verhaltensbiologie wurde das Thema traditionell als unwissenschaftlich abgetan, vielleicht, weil die Mechanismen, die zu Handlungen führen, lange Zeit unklar waren. Neue Forschungen haben jedoch Netzwerke von Hirnarealen identifiziert, die der willentlichen Handlung zugrunde liegen [130]. Beim Menschen erzeugen diese Bereiche Informationen für bevorstehende Handlungen und verursachen auch eine ausgeprägte bewusste Erfahrung, handeln zu wollen und dann das eigene Handeln zu kontrollieren [131]. Die Gruppe von Entscheidungen darüber, ob man handeln soll, welche Handlung man ausführen soll und wann man sie ausführen soll, wird als Wille oder fachspezifisch als »Volition« bezeichnet.

Volition wird als Kategorie psychischer Funktionen definiert, welche die Koordination einer großen Zahl einzelner Teilfunktionen – Wahrnehmung, Aufmerksamkeit, Kognition, Emotion, Motivation, Aktivierung und Bewegungssteuerung – aufgrund eines einheitlichen Steuerungsprinzips vermitteln. Das Steuerungsprinzip wird »Absicht« oder »Ziel« genannt [125]. Die Funktion volitionaler Prozesse wird darin gesehen,

> die mit einem Vorsatz kompatiblen Reaktionstendenzen so deutlich [zu] verstärken, daß sie anstelle der zunächst stärkeren gewohnheitsmäßigen oder impulsiven Reaktionen ausgeführt werden können [132; S. 678].

Zwei Merkmale zeichnen willentliche Handlungen aus: (1) die Fähigkeit, Zielzustände, also angestrebte Effekte und Ergebnisse eigener Handlungen, mental repräsentieren zu können, und (2) die Fähigkeit, zukünftige Bedürfnislagen antizipieren zu können [120]. Der erste Aspekt, die Fähigkeit zur Antizipation von Handlungseffekten, beruht zunächst – sowohl in der Stammesgeschichte (Phylogenese) als auch in der Individualgeschichte (Ontogenese) des Menschen – auf sensorischen Effekten von Bewegungen. Später kommen mehr und immer reichhaltigere Assoziationen zwischen Handlungen und deren Wirkungen hinzu, welche verinnerlicht werden und zunehmend weiter in der Zukunft liegende Handlungsfolgen in der Vorstellung enthalten. Im

Lauf der Zeit bildet das menschliche Kind – und wohl auch manches Tier – ein ganzes Netz von Assoziationen zwischen Aktionen und den Effekten aus, die diese Aktionen unter bestimmten Bedingungen bewirken [133]. Wenn die Effekte von Handlungen mit positiven Emotionen belegt und somit in der Folge immer stärker gewünscht oder gewollt werden, nehmen sie das Attribut von Handlungszielen oder Zielzuständen an. Man spricht von zielgerichtetem Verhalten, wenn das Subjekt fähig ist, aufgrund der Vorstellung der Zielzustände, und bar direkter Reizbeeinflussung, Aktionen auszuwählen, die diese herbeiführen. Anstatt bloß gewünschte Effekte von Aktionen durch Assoziationen zu erzielen, richten sich Willenshandlungen auf die Erreichung von mental repräsentierten, unter Umständen weit entfernten Zielzuständen [133, 134].

Im Alltag sprechen wir von Absicht und meinen dabei den mentalen Zustand, mit dem wir die Verwirklichung eines Ziels mit einer gewissen Verbindlichkeit anstreben und für erreichbar erachten und zudem entschlossen sind, die dafür notwendigen Handlungsschritte in die Tat umzusetzen. Obwohl Reize eine Handlung initiieren können, bestimmen sie nicht mehr die Handlung selbst, weil diese durch die Vorstellung des zu verfolgenden Ziels, das im Moment vorrangig ist, gesteuert wird. Handlungssteuerung, Handlungskontrolle und Handlungsregulation sind Synonyme für dieses Vermögen. Die Steuerung von Handlungen durch mental repräsentierte Zielzustände ermöglicht nicht nur eine weitreichende Abkopplung des Verhaltens von der unmittelbaren Reizsituation (*Reizentbundenheit* willentlicher Handlungen), sondern auch die Fähigkeit zum Planen, wobei elementare Aktionen zu neuen Verhaltenssequenzen rekombiniert und »geistig simuliert« werden, bevor sie tatsächlich ausgeführt werden [120]. Die höchste Form des willentlichen Handelns liegt am Ende eines Kontinuums, das einfache Reflexe am anderen Ende hat. Während Reflexe also unmittelbare motorische Reaktionen sind, deren Form durch die Reizsituation bestimmt wird, sind das

Auftreten, der Zeitpunkt und die Form einer willentlichen Handlung nicht direkt oder bestenfalls sehr indirekt durch einen erkennbaren äußeren Reiz bestimmt. Solche Aktionen zeigen also eine »Freiheit von Unmittelbarkeit« [135].

Handlungsziele müssen nicht nur Handlungseffekte, sondern können auch Bedürfnisse beinhalten. Die Antizipation zukünftiger Bedürfnislagen, das heißt, die Fähigkeit, Bedürfnisse in der Vorstellung vorwegzunehmen, die man aktuell noch gar nicht hat, ist ein weiterer Schritt in Richtung größerer Verhaltensflexibilität [136]. Anstatt sich nur dann auf die Futtersuche zu machen, wenn man hungrig ist, könnte man auch einen zukünftigen Hungerzustand antizipieren und entsprechend Nahrungsvorräte anlegen. Das machen natürlich viele Tiere aus inneren Antrieben und genetisch vorprogrammierten Verhaltensdispositionen heraus, ohne sich im Herbst den Hunger im Winter vorstellen zu müssen. Die besondere Herausforderung für das Subjekt besteht darin, nicht nur zukünftige Bedürfnisse zu antizipieren und dabei die aktuelle Bedürfnislage zu ignorieren, sondern dabei unter Umständen sogar eine momentane Verschlechterung der aktuellen Bedürfnislage zu tolerieren (*Bedürfnisentbundenheit*).

Die Fähigkeit zur Antizipation zukünftiger Handlungseffekte und Bedürfnislagen kann die Verhaltensflexibilität und auch die Problemlösekapazität stark erhöhen. Die Ausrichtung des Verhaltens auf ein ferneres Ziel bedeutet allerdings, dass zwischen Handlungsalternativen entschieden werden muss, was umso schwieriger wird, je mehr es davon gibt. Außerdem können Konflikte entstehen, wenn man gleichzeitig zwei oder mehr Ziele verfolgt, die inkompatibel sind oder weil sie in Widerspruch zu aktuell angeregten Bedürfnissen oder starken Gewohnheiten stehen. Die Herausforderung für kognitive Systeme besteht darin, Kontrolle über die verschiedenen Reaktionstendenzen zu gewinnen, dabei eine große Zahl sensorischer, kognitiver und motorischer Teilsysteme im Sinne übergeordneter Ziele zu koordinieren und schließlich inadäquate Reaktionen zu unterdrücken. Nur so ist die Kohärenz des Verhaltens und schnelles, zielgerichtetes Handeln möglich.

Neurowissenschaftler haben große Anstrengungen unternommen, um die neuronalen Grundlagen der kognitiven Kontrolle zu entschlüsseln. Dabei sind bereits große Fortschritte gemacht worden, denn sowohl beim Menschen als auch bei anderen Primaten wurden Netzwerke im Gehirn identifiziert, die dem willentlichen, zielgerichteten Handeln zugrunde liegen. Die primären Zentren dabei sind der vordere präfrontale Kortex, der präsupplementäre Motorkortex und der parietale Kortex [130] (Abb. 5).

Der präfrontale Kortex ist ein Zusammenschluss von neokortikalen Bereichen, die ein einzigartiges Muster der Konnektivität mit praktisch allen sensorischen neokortikalen und motorischen Systemen und einer großen Zahl subkortikaler Strukturen aufweisen. Somit bietet er eine ideale Infrastruktur für die Synthese der vielfältigen Informationen, die für komplexes Verhalten benötigt werden. Er hat auch weitreichende Projektionen zurück zu diesen Systemen, die es ihm ermöglichen, einen »Top-down«-Einfluss auf eine Vielzahl von Gehirnprozessen und damit sowohl Kontrolle als auch Steuerung und Entscheidungsfindung auszuüben [137]. Unter den subkortikalen Strukturen, die für das Gedächtnis und die Verarbeitung von emotionaler Information von Bedeutung sind, sind die limbischen Systeme besonders wichtig, insbesondere der Hippocampus und die Amygdala.

Willentliches Handeln ist eine besondere Form der Entscheidungsfindung. Handlungsentscheidungen lassen immer mehrere Lösungsmöglichkeiten zu. Im Gegensatz dazu werden bei den sogenannten Wahrnehmungsentscheidungen komplexe Reizinformationen auf einfachere Repräsentationen reduziert [138]. Und während das (sensorische) Gehirn bei Wahrnehmungsentscheidungen nur Informationen verarbeiten muss, die bereits durch den Reiz vorhanden sind, muss das (motorische) Gehirn neue Informationen generieren, um Handlungsentscheidungen zu treffen [139]. Die Entwicklung des Assoziationskortex in der Prima-

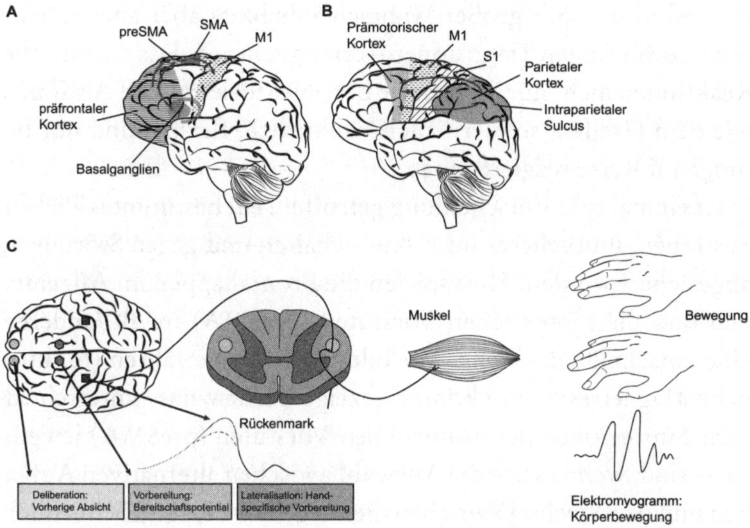

Abb. 5: Die Teile des menschlichen Gehirns, die für die Ausübung willentlichen Handelns zuständig zu sein scheinen. A) Der primär-motorische Kortex (M1) erhält zwei große Klassen von Inputs. Ein wichtiger Input (linkes Feld) erreicht M1 vom supplementär-motorischen Areal (SMA) und vom präsupplementär-motorischen Areal (preSMA), welches wiederum Inputs von den Basalganglien und dem präfrontalen Kortex erhält. B) In einem zweiten kortikalen Netzwerk werden Informationen aus den frühen sensorischen Kortexarealen (S1) an Repräsentationen auf mittlerer Ebene im parietalen Kortex und von dort an den lateralen Teil des prämotorischen Kortex weitergeleitet, der wiederum auf M1 projiziert. Dieser parietal-prämotorische Schaltkreis steuert objektorientierte Handlungen, wie zum Beispiel das Greifen, unter Verwendung des aktuellen sensorischen Inputs, trägt aber auch zu einigen Aspekten des »freiwilligen« Verhaltens bei. C) Hirnaktivität, die einer freiwilligen Handlung der rechten Hand vorausgeht. Der präfrontale Kortex erzeugt langfristige Pläne und Absichten. Das präsupplementär-motorische Areal beginnt mit der Vorbereitung der Handlung; zusammen mit anderen prämotorischen Bereichen erzeugt es die Bereitschaftspotenziale, die abgeleitet werden können. Unmittelbar bevor die Aktion stattfindet, wird M1 aktiv. In späteren Stadien der Vorbereitung ist die kontralaterale Hemisphäre aktiver als die ipsilaterale Hemisphäre; dies spiegelt sich in einer lateralisierten Differenz zwischen den Bereitschaftspotenzialen wider, die über die beiden Hirnhälften aufgezeichnet werden (durchgezogene und gepunktete Linien). Schließlich verlassen die neuralen Signale M1 in Richtung Rückenmark und der kontralateralen Handmuskeln. Die Kontraktion der Muskeln wird als elektrisches Signal, das Elektromyogramm, gemessen. Aus [130].

tenevolution – mit großer Wahrscheinlichkeit aber auch bei andern großhirnigen Tiergruppen – ermöglichte es, dass motorische Reaktionen nicht nur direkt, wie bei objektorientierten Aktionen wie dem Greifen, sondern auch willkürlich, flexibel und nur bedingt auf Reize reagieren [140].

Ist einmal eine Entscheidung getroffen, ein bestimmtes Ziel anzustreben, muss dieses im Fokus gehalten und gegen Störungen abgesichert werden. Hier spielen die Frontallappen im Allgemeinen und die motorischen Vorstufen (preSMA) im Besonderen eine entscheidende Rolle. Mit bildgebenden Verfahren (funktionelle Magnetresonanz) konnte gezeigt werden, dass unterschiedliche Subregionen der motorischen Vorstufen (preSMA) jeweils aktiv sind, wenn es um die Auswahl zwischen alternativen Aufgaben und den Wechsel zwischen diesen geht [141, 142]. Schließlich muss eine Entscheidung zwischen den Mitteln zur Erreichung des Ziels getroffen werden, da die meisten Ziele auf verschiedene Weise erreicht werden können. Solche Bewegungsentscheidungen sind nachrangig gegenüber Entscheidungen über Ziele. Die entsprechenden Motorbefehle werden invers, also quasi rückwärts gerichtet aus der allgemeinen Zielbeschreibung abgeleitet und in Parietal- und Prämotorbereichen getroffen.

Insgesamt erfüllt der menschliche Kortex eine Vielzahl von Funktionen, die für die kognitive oder exekutive Kontrolle wichtig sind. Er ermöglicht flexibles Wechseln zwischen Aufgaben und Zielen, aktive Aufrechterhaltung von Zielrepräsentationen, Planen und inneres Probehandeln, Abschirmung gegen Störreize, Unterdrückung automatisierter Reaktionen, Selbstregulation emotionaler Reaktionen und Belohnungsaufschub. Einige Verhaltensleistungen werden auch durch Routinemaßnahmen und assoziative Mechanismen vermittelt, viele andere allerdings erfordern kognitive Prozesse, die von diesen Mechanismen nicht erfasst werden können.

Selbstkontrolle

Ein grundlegendes Problem intelligenter Organismen, die fähig sind, ihr Verhalten auf entfernte Ziele auszurichten, ist die dynamische Regulierung des Gleichgewichts zwischen Erhaltung und Flexibilität. Um zielorientiertes Verhalten in einem sich ständig verändernden Umfeld zu gewährleisten, sind intelligente Organismen im Allgemeinen mit zwei grundlegenden Anforderungen konfrontiert: Zum einen müssen sie die aktuellen Ziele über die Zeit hinweg aufrechterhalten und ihre Absichten gegen mögliche Ablenkungen schützen. Zum anderen müssen sie in der Lage sein, flexibel zwischen den Zielen zu wechseln und das Arbeitsgedächtnis bei wesentlichen Veränderungen zu aktualisieren. Hier das Gleichgewicht zu halten sowie situationsabhängig zwischen stabiler Fokussierung und flexiblem Umschalten zu wechseln, erfordert antagonistische Steuerungsprozesse. Denn ein Organismus, der nicht in der Lage ist, Absichten und Ziele vor störenden Stimuli und vorherrschenden, aber unangemessenen Reaktionen zu schützen, würde unter ständiger Ablenkung und Impulsivität leiden. Umgekehrt würde ein Organismus, der nicht in der Lage ist, eine getroffene Entscheidung unter wechselnden Bedingungen flexibel zu halten, unter unangemessener Beharrlichkeit, dem Haftenbleiben an Vorstellungen und Verhaltensrigidität leiden [143]. Intelligenz kann als die kognitive Lösung solcher Kontrolldilemmata angesehen werden.

Eine der am besten und bei der größten Anzahl von Tierarten untersuchten Teilfähigkeiten kognitiver Kontrolle ist die Selbstkontrolle. Sie wird definiert als Verzicht auf eine sofortige Belohnung im Interesse einer höherwertigen, aber verzögerten Belohnung. Wir haben es daher mit einem regulatorischen Prozess zu tun, bei dem Individuen gegenwärtige und zukünftige Belohnungen vergleichen müssen. Weil oft nicht klar feststellbar ist, ob ein Individuum einfach zögert oder doch absichtlich zuwartet, um die entfernte Belohnung zu erhalten, wurden Wahlaufgaben für die sogenannten »intertemporalen Entscheidungen«, also solche, die einen Kompromiss zwischen der Höhe der Belohnungen und der Wartezeit beinhalten, eingesetzt. Solche zeitabhängigen Kompromisse sind in der menschlichen Entscheidungsfindung allgegenwärtig, von der Diät bis zur Altersvorsorge.

Der österreichische Kinderpsychologe Walter Mischel hat die Fähigkeit der Impuls- oder Hemmungskontrolle mit einem klassischen Test, der in die Literatur als Marshmallow-Test einging, bei Kindern untersucht [144, 145]. Mit diesem einfachen, gut quantifizierbaren Testverfahren konnte er die Fähigkeit von Kindern, die unmittelbare Belohnung mit Schaumzuckerstücken auszuschlagen, um sich später eine größere Menge zu sichern, überprüfen. Diese Fähigkeit, nicht jeder Verlockung nachzugeben, kann als grundlegend für viele andere kognitive Kontrollprozesse angesehen werden, da sie der verlangsamten, freiwillig kontrollierten Zuteilung von Aufmerksamkeit, dem kontrollierten Zugriff auf Erinnerungen und der Überwachung und Kontrolle zugrunde liegen, die bei informationssuchenden Verhaltensweisen auftreten, wenn Unsicherheit erlebt wird. Tatsächlich konnte Mischel in Folgestudien nachweisen, dass Kinder, die sich mit etwa vier Jahren beim Marshmallow-Test besonders gut im Griff hatten, als Heranwachsende sowohl in schulischen als auch sozialen Bereichen kompetenter als Kinder mit geringerer Selbstbeherrschung waren. Sie konnten auch besser mit Frustration und Stress umgehen und anderen Versuchungen widerstehen. Allgemein scheint die Selbstbeherrschung auf der Fähigkeit zu beruhen, uns willentlich von einer Versuchung abzulenken, was letztlich zum akademischen, emotionalen und sozialen Erfolg einer Person beiträgt [144, 145]. Spätere Studien belegten zudem, dass die Fähigkeit, Befriedigungen hinauszuzögern, mit anderen Selbstkontrollfähigkeiten und bis zu einem gewissen Grad auch mit der allgemeinen Intelligenz zusammenhängt [146]. Und diese Fähigkeiten scheinen noch dazu vererbt zu werden.

Allerdings scheint in dieser Frage das letzte Wort noch nicht gesprochen zu sein, denn eine neuere Studie mit einer sehr großen Stichprobe fand keine Korrelation zwischen der Hemmungskontrolle im Kindesalter und dem späteren Verhalten als Teenager, wenn Familie und elterliche Erziehung berücksichtigt wurden [147].

Bei Tieren wurde die Fähigkeit der Selbstbeherrschung mit unterschiedlichen Versuchsanordnungen gemessen. Traditionell konzentrierten sich die Forscher auf Varianten von sogenannten »intertemporalen Auswahlaufgaben« – manchmal auch als Verzögerungs-Diskontierungs-Aufgabe, Selbstkontroll-Aufgabe oder intertemporale Kompromissaufgabe bezeichnet, bei der kleine Belohnungen, die sofort erhältlich sind, gegen größere Belohnungen, die (meist nur mehrere Sekunden später) später verfügbar sind, abgewogen werden müssen. Die Präferenz für die sofortige Belohnung bei dieser dichotomen Wahl wird dann als Hinweis auf die Impulsivität und/oder ein Versagen der Selbstkontrolle gewertet.

Die Forscher haben zunächst bei verschiedenen Tierarten – Ratten, verschiedenen Affenarten, Lemuren, Menschenaffen, Eichelhähern, Hühnern, Hummeln – geringe Anzeichen von Belohnungsaufschub festgestellt, was auf hohe Impulsivität hinweist. Ein typischer Befund ist, dass die Tiere keinen Unterschied zwischen einer kleinen Belohnung, die sofort angeboten wird, und einer doppelt so großen Belohnung, die einige Sekunden später angeboten wird, machen [148]. Selbst die geduldigste nichtmenschliche Spezies, der Schimpanse, wartet nur einige Minuten [149-151]. Das scheint einen enormen Unterschied zu Menschen aufzudecken, weil diese bis zu mehreren Monaten für die größere Belohnung warten können – eine Differenz von mehreren Größenordnungen [152]. Diese Ergebnisse untermauern die gängige Auffassung, dass Tiere viel ungeduldiger sind als Menschen [148, 153].

Dieser Schluss könnte jedoch voreilig sein. Denn mittlerweile gibt es auch ähnliche Befunde bei durchschnittlich geduldigen Menschen, die geringe Hemmungskontrolle offenbaren und darauf hindeuten, dass die bekannte Geduld beim Menschen möglicherweise nicht ganz so robust ist [152, 154]. Außerdem variieren die Ergebnisse stark und zeigen große Kontextabhängigkeit, wie zum Beispiel einen Einfluss von Aufmerksamkeit, Schlafentzug, sozialem Kontext und zeitlichem Rahmen.

Insgesamt gibt es nur sehr wenige Hinweise für die intuitive Annahme, dass das Verhalten bei intertemporalen Wahlaufgaben Selbstbeherrschung und Impulsivität offenbart. Es scheint im Gegenteil der Fall zu sein, dass die scheinbare Unbeherrschtheit eher eine begrenzt rationale, aber nicht unbedingt impulsive Belohnungsmaximierungsstrategie widerspiegelt [155]. Denn es mehren sich die Hinweise darauf, dass Tiere sogar eine langfristige Strategie zur Ratenmaximierung anwenden, ohne die Belohnungsverzögerung vollständig in ihre Entscheidungen einzubeziehen. Aufgaben, bei denen die Impulsivität von Tieren gemessen wird, könnten diese stark überschätzen und durch Prozesse, die nichts mit Zeitpräferenzen zu tun haben, »kontaminieren«. In ökologisch validen Aufgaben sind Tiere möglicherweise viel geduldiger, als abstrakte Laboraufgaben vermuten lassen. Und schließlich könnten den intertemporalen Entscheidungen von Mensch und Tier ganz unterschiedliche mentale Operationen zugrunde liegen.

Mittlerweile wurden mehrere andere Aufgaben ersonnen, die das zeitabhängige Entscheidungsverhalten von Tieren zuverlässiger und realitätsnäher beschreiben. Eine besonders intuitive Aufgabe, die vor allem kein explizites Training erfordert, besteht darin, ein rotierendes Futtertablett mit zwei Futterprämien von unterschiedlichem Wert oder unterschiedlicher Menge zu bestücken [156]. Solange sich die Tiere zurückhalten konnten, ließen sie unattraktiveres Futter vorbeiziehen, bis sie schließlich ein späteres, aber besseres Futter ergriffen. Da bei jeder Drehung ein weiteres Futterstück auf das Tablett gelegt wurde, konnten die

Affen die Belohnung durch Abwarten kontinuierlich erhöhen. Dieser sogenannte Akkumulationstest hat sich auch schon bei Kindern bewährt [157].

Ein äußerst spitzfindiger Test zeigte, dass Kapuzineraffen auf das Essen eines sofort verfügbaren, aber weniger wertvollen Futters (Selleriestangen und Brezelstangen) verzichten, um stattdessen eine außer Reichweite befindliche, höherwertige Futterbelohnung (Erdnussbutter) zu erhalten, wobei das weniger bevorzugte Futter als Hilfsmittel verwendet wurde [158]. Schließlich wurden auch Tauschaufgaben ersonnen, bei denen die Tiere ein Objekt von geringerem Wert gegen eine höherwertigere und damit wünschenswertere Option eintauschen konnten [149, 159, 160]. In all diesen Studien haben neben Primaten auch Rabenvögel [161], Goffinkakadus [162, 163] und Hunde [164] Geduld bewiesen [Übersichten in 165, 166]. Diese Befunde widersprechen der bisherigen Auffassung, dass nur der Mensch diese Fähigkeit besitzt, und sie entsprechen den lebensweltlichen Notwendigkeiten von Tieren, welche etwa im Angesicht eines höherrangigen Gruppenmitglieds die Chance auf Futter oder Paarungspartner haben, aber auch um Nahrung mit Verwandten zu teilen oder in einem neuen Gebiet nach Nahrung zu suchen. In all diesen Fällen ist ein hohes Maß an Selbstkontrolle vorteilhaft.

Vergleiche zwischen Tierarten, bei denen ein einfacher Test der Hemmungskontrolle zur Anwendung kam, deuteten auch in die Richtung eines stammesgeschichtlichen Zusammenhangs. Wenn Selbstbeherrschung tatsächlich ein Resultat höherer kognitiver Fähigkeiten und repräsentativ für die Exekutivfunktion, die an verschiedenen Entscheidungsprozessen beteiligt ist, ist, sollte man systematische Tendenzen in Richtung größerer Gehirne oder größerer allgemeiner Intelligenz finden. Tatsächlich wurde Letzteres bei Schimpansen nachgewiesen [167]. In einer groß angelegten Studie wurden 567 Individuen aus insgesamt 36 Tierarten, davon allerdings 23 Primatenarten, bei der Ausübung von Selbstkontrolle mit dem sogenannten Zylindertest verglichen

[168]. Dabei müssen die Tiere es vermeiden, direkt nach einer in der Mitte einer Plexiglasröhre befindlichen Futterbelohnung zu greifen, und stattdessen den Umweg über einen der beiden seitlichen Eingänge in die Röhre wählen [169]. Bei Primaten wurde die Ausführung einer Reihe von nichtsozialen Selbstkontrollaufgaben mit der Variabilität in sozialen Systemen in Verbindung gebracht. Die Zylinderaufgabe erbrachte aber ein erstaunliches Ergebnis: Über alle Tierarten hinweg ließ die absolute Gehirngröße die beste Voraussage auf Hemmungskontrollfähigkeit zu. Nur innerhalb der Primaten war auch die Variation der Nahrung ein guter Indikator für die Artunterschiede, nicht jedoch Gruppengröße und Gehirngröße relativ zur Körpergröße.

Allerdings können diese Zusammenhänge nicht auf andere Tiergruppen verallgemeinert werden. Innerhalb der Vögel weisen Rabenvögel einige der größten relativen Hirngrößen auf, wenn sie auch in absoluten Zahlen im Vergleich zu großen Säugern klein sind. Tatsächlich unterschied sich die Leistung von Kolkraben, Geradschnabelkrähen und Dohlen (in der Zylinderaufgabe) kaum von jener der großhirnigen Affen [170]. Kolkraben mit einem etwa 25 Mal kleineren Gehirn zeigten ähnliche Leistungen wie Schimpansen, und Dohlen übertrafen Kapuzineraffen. Dies ist nicht nur erstaunlich in Hinblick auf die Größenunterschiede der Gehirne, sondern auch in Bezug auf die enorme zeitliche Divergenz, haben sich doch die Stammeslinien zu Vögeln und Säugern vor fast 300 Millionen Jahren getrennt, und somit kann die evolutionäre Nähe zum Menschen keine Erklärung für das gute Abschneiden der Schimpansen sein (Abb. 6). Obwohl auch innerhalb der Rabenvögel das Hirnvolumen, allerdings nicht nur das absolute, sondern auch das relative, ein zuverlässiger Indikator für Hemmungskontrolle zu sein scheint, bleibt es schwierig, allgemeine Beziehungen zwischen Gehirnwachstum und Hemmungskontrolle festzumachen.

Zusammenfassend kann man sagen, dass die Verzögerung der Befriedigung zwar eine kognitive Herausforderung sein mag, aber

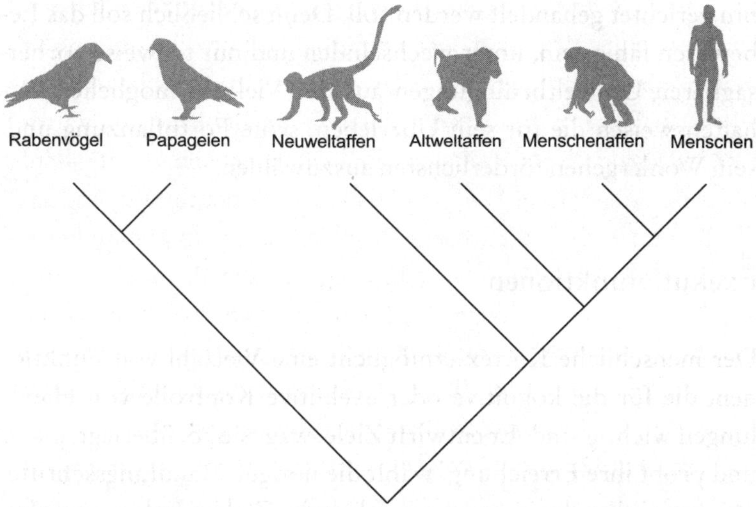

Abb. 6: Schematische Darstellung eines hypothetischen Stammbaums, der die Konvergenz von kognitiven Fähigkeiten zwischen großhirnigen Vertretern von Vögeln und Säugern zeigt. Vor etwa 296 Millionen Jahren spalteten sich Vögel und Säugetiere auf, Papageien und Rabenvögel divergierten vor etwa 96,4 Millionen Jahren. Von der Linie zu uns Menschen spalteten sich die Affen der Neuen Welt vor etwa 35 Millionen Jahren, die Affen der Alten Welt vor 25 Millionen Jahren und die Menschenaffen zwischen 12 und 6 Millionen Jahren ab.

dennoch nicht automatisch vorteilhaft sein muss [171]. Es kann ganz im Gegenteil adaptiv sein, nicht zu zögern und die Kosten des Zuwartens zu berücksichtigen. So gibt es Opportunitätskosten, wenn Individuen Zeit, die für andere Aktivitäten genutzt werden könnte, verlieren, das Risiko, dass die Belohnung nicht mehr verfügbar ist, bevor sie eingesammelt werden kann, ist ein Unterbrechungsrisiko, wenn zum Beispiel ein anderes Tier zuerst an das Futter gelangt, und schließlich ein Abbruchrisiko, wenn die Chance, die Belohnung zu erhalten, etwa durch ein Raubtier verhindert wird und die Futtersuche abgebrochen werden muss [172]. Somit bleibt es die zentrale Herausforderung für den Kognitionsapparat, zu entscheiden, was als Nächstes zu tun ist, ob rasch und effektiv oder zuwartend und auf ein längerfristiges Ziel hin gerichtet gehandelt werden soll. Denn schließlich soll das Lebewesen fähig sein, unter wechselnden und nur teilweise vorhersagbaren Umweltbedingungen aus der Vielzahl möglicher Verhaltensweisen die für sein Überleben, seine Fortpflanzung und sein Wohlergehen förderlichsten auszuwählen.

Exekutivfunktionen

Der menschliche Kortex ermöglicht eine Vielzahl von Funktionen, die für die kognitive oder exekutive Kontrolle von Handlungen wichtig sind. Er entwirft Ziele, wägt sie ab, überlegt, plant und probt ihre Erreichung, wählt die nötigen Handlungsschritte aus, antizipiert deren Ergebnisse, hält das Ziel im Fokus, verfolgt es mit Absicht, wechselt nur wenn nötig zu anderen Aufgaben und Zielen, widersteht Störungen von außen und inneren Trieben, unterdrückt Gewohnheiten und momentane Bedürfnisse und schirmt sein Handeln gegen konkurrierende Reaktionstendenzen ab. Obwohl ein großer Teil unserer Verhaltensleistungen durch Routinemaßnahmen und gespeicherte Assoziationen vermittelt wird, erfordern die genannten Elemente zielorientierter Handlungen die Existenz zusätzlicher kognitiver Prozesse.

Alle drei Komponenten der Exekutivfunktionen – Arbeitsgedächtnis, kognitive Flexibilität und hemmende Kontrolle – sind beim Menschen umfassend untersucht worden [173, 174]. Vor Kurzem wurde vorgeschlagen, diese als Ausgangspunkt für die vergleichende, nichtmenschliche Lebewesen einschließende Untersuchung der Struktur der individuellen Unterschiede im kognitiven Vermögen zu nehmen [175]. Exekutive Funktionen haben eine starke genetische Komponente und korrelieren nicht nur mit der Gesundheit von Individuen und der Fitness von Arten [173], sondern auch mit der allgemeinen, verschiedene Bereiche übergreifenden Intelligenz von Individuen. Es ist ein sehr rezenter Trend, die Unterschiede zwischen Individuen genauer unter die Lupe zu nehmen, nicht um einem vermeintlichen allgemeinen Intelligenzfaktor nachzujagen, sondern durch Anwendung einer größeren Anzahl von Tests, oftmals sogenannter Testbatterien, soll die innere Struktur von Intelligenz bei Tieren aufgedeckt werden. Denn die ultimative Frage ist, was die entscheidenden Faktoren für Intelligenz und Problemlösekompetenz sind und wie sie zusammenhängen. Das bedeutet nicht, dass Tiere in vielen unterschiedlichen Aufgaben gleichmäßig gut oder schlecht abschneiden, sondern, dass es erkennbare Zusammenhänge mit sozioökologischen Faktoren gibt [176].

Fast ein Jahrhundert lang war die Grundlage für die Untersuchung individueller Unterschiede das Konzept der »allgemeinen Intelligenz« *g*-Faktor [177], das auf der Beobachtung beruht, dass Menschen, die bei einer Aufgabe besser abschneiden, dazu neigen, auch bei einer anderen besser abzuschneiden. Das auffallende Resultat von Intelligenzmessungen – sogenannten »psychometrischen« Untersuchungen – ist eine Matrix von allgemein positiven Korrelationen. In der Theorie Spearmans ist die Definition von *g* abstrakt, ein hypothetischer Faktor, der für die Korrelationen verantwortlich ist. Es blieb aber ungeklärt, was die neuronale oder kognitive Grundlage für *g* ist. Welche Funktionen oder Prozesse spiegeln sich in *g* wider?

Die Vermutung liegt nahe, dass sich in *g* die Funktion eines bestimmten Informationsverarbeitungssystems widerspiegelt, das zur Organisation vieler verschiedener Aktivitäten beiträgt und somit eine positive Korrelation zwischen ihnen herstellt. Zum Beispiel wurde angenommen, dass *g* zumindest zum großen Teil die Aktionssteuerungsfunktionen der Frontallappen des Gehirns (des Menschen) widerspiegelt [178]. Denn die aktive Suche nach einem Weg zu den Zielen einer Aufgabe wird durch Schädigung des Frontallappens stark beeinträchtigt, menschliches Verhalten wird passiv, träge, stereotyp oder fragmentiert. Es kommt zum Verlust von kohärentem, zielorientiertem Verhalten. Dieses ist in sehr vielen Verhaltensbereichen sichtbar, von der Reizkategorisierung über das Lernen im Labyrinth, von der Beschreibung von Bildern bis hin zum Lösen von Rätseln, von der Erinnerung an eine Geschichte bis zur Beachtung sozialer Konventionen. Der Patient ist beharrlich oder ablenkbar, verhält sich starr oder unangemessen, passiv oder impulsiv und enthemmt.

Auch in manchen Versuchen, einen allgemeinen Intelligenzfaktor bei Tieren zu finden, wurden positive Korrelationen in den Leistungen bei unterschiedlichen Aufgaben gefunden [179]. Allerdings sind die Befunde weit weniger klar als beim Menschen. Erstens gibt es keine standardisierten Intelligenztests, weder für einzelne Tierarten noch für ganze Tiergruppen. Selbst die für die Messung des menschlichen IQ gebräuchlichen Testbatterien sind insofern einseitig, als sie Aufgaben enthalten, die mehr oder minder stark an sprachliche Fähigkeiten gebunden sind. Und außerdem werden die Aufgaben größtenteils auf die gleiche Art und Weise durchgeführt, wobei keine oder nur eine bescheidene Variation der Testsituation, der Motivation oder des sensorischen Bereichs vorliegt. Menschliche IQ-Tests werden oft in der Art eines Best-Case-Szenarios konstruiert, indem Aufgaben nur dann in die endgültige Batterie aufgenommen werden, wenn sie positiv mit anderen Aufgaben korrelieren. Das heißt, das Vorhandensein von g wird angenommen und es werden Aufgaben gewählt, die sein Vorhandensein verifizieren [180].

Der Einsatz von Testbatterien bei Tieren hat bisher nur bescheidene Erfolge auf der Suche nach dem Faktor g erbracht. Die einzigen Studien zum Nachweis allgemeiner Intelligenz außerhalb von Nagetieren [181, 182] haben keine oder nur ganz schwache Belege für g erbringen können. Eine groß angelegte Studie untersuchte aufgabenübergreifende Korrelationen bei insgesamt 106 Schimpansen, 32 Orang-Utans und 105 zweijährigen Kindern mithilfe einer Testbatterie, bestehend aus sechzehn verschiedenen Aufgaben aus den Bereichen Raum, Quantität, Kausalität, soziales Lernen, Kommunikation und Perspektivenübernahme. In keiner der drei Gruppen konnte ein Hinweis auf g gefunden werden [183]. Ähnlich enttäuschend verliefen spätere Studien, die einmal mit 23 Individuen aus allen vier Menschenaffenarten [184], ein andermal mit 99 Individuen aus diesen und drei Tieraffenarten durchgeführt wurden. Es ist daher fraglich, ob bei der Lösung der gestellten Aufgaben tatsächlich intensives Nachdenken oder schnelles Erfassen von Zusammenhängen erforderlich ist.

Ein Sextett tierischer Intelligenz

Wie und wo finden wir Anzeichen besonders hochentwickelter Intelligenz im Tierreich? Welche Aufgaben erfordern kognitive Fähigkeiten, die weder mit instinktivem Verhalten und Routinemaßnahmen noch mit Reiz-Reaktions-Mechanismen und selbst komplexeren Formen assoziativen Lernens lösbar sind? Einer Definition von Michael Posner und C. R. R. Snyder [121] zufolge werden solche Prozesse durch Intentionen gesteuert, laufen bewusst ab und beanspruchen ein zentrales Verarbeitungssystem, während automatische Prozesse durch Reize ausgelöst werden, unbewusst ablaufen und keine Verarbeitungskapazität benötigen. Wo finden wir Belege für solche intentionalen Prozesse, die Posner und Snyder für Menschen beschreiben, bei Tieren? In welchen Fällen ist das Verhalten von Tieren nicht mehr mit sparsameren Mitteln zu erklären als mit willentlichem, zielgerichtetem Verhalten, das entbunden ist von den aktuellen Reizen und Bedürfnissen und auf Gedanken beruht, die sich frei in Ort und Zeit bewegen? Wo finden Tiere ganz neue, individuelle Lösungen und zeigen dabei tatsächlich innovatives Verhalten? Und schließlich: In welchen Fällen ist die Vermutung plausibel, dass die Tiere mentale Zustände erleben, die analog zum menschlichen Bewusstsein und zum subjektiven Erlebensaspekt sind?

Obwohl die Aufgabe sehr schwierig ist, möchte ich dieses Buch genau dieser Suche widmen, denn ich glaube, dass die Chancen auf Erfolg heute besser denn je stehen. Dabei möchte ich mich auf sechs Bereiche kognitiven Verhaltens bei Tieren konzentrieren, weil ich sie für die aussichtsreichsten Kandidaten halte. Gewiss ist diese Auswahl subjektiv, denn es gibt noch einige andere Phänomene, die es wert sein könnten, in diesen Club der anspruchsvollsten Intelligenzphänomene bei Tieren aufgenommen zu werden. Ich denke da etwa an das Phänomen der »selektiven Imitation«, die beim Menschen sogar »rationale Imitation« genannt wurde [185]. Allerdings gibt es im Vergleich zu den sechs ausgewählten Phänomenen nur sehr wenige empirische Studien dazu, nämlich bis zum Zeitpunkt des Schreibens an diesem Buch nur zwei, eine bei Hunden [186] und eine bei Schimpansen [187]. Die dünne Datenlage, die fehlenden Bestätigungen in anderen Labors und die Diskussion um die notwendigen Kontrollen – besonders bei der Hundestudie [188, 189] – erlauben es meiner Meinung nach noch nicht, sie im gleichen Zusammenhang zu behandeln.

1. Das erste Phänomen im Bereich tierischer Intelligenz, das ich für die Frage der willentlichen, zielgerichteten, innovativen Handlungen bei Tieren erörtern möchte, ist jenes der *Werkzeugherstellung*. Ich werde zwar einleitend auch einen Überblick über die wichtigsten und am besten dokumentierten Fälle von *Werkzeuggebrauch* voranstellen, mich dann aber auf die Form des sogenannten flexiblen und intelligenten Werkzeuggebrauchs und besonders auf die Modifikation und Herstellung von Werkzeugen konzentrieren. In diesen Fällen nimmt man an, dass *Verhaltensinnovationen* nach vorangegangener Kopfarbeit, nach Manipulation von Vorstellungen und dem mentalen Durchspielen von Alternativen entstehen. Manchmal wenden Individuen nicht nur alte Lösungen an, um neue Probleme zu meistern, sondern können auch neue Lösungen schaffen. Wenn es nicht mehr ausreicht, ein bekanntes Werkzeug zu benutzen, muss ein neues Werkzeug konstruiert werden. Ebenso können manche Tiere Werkzeuge zu einem Zeitpunkt auswählen, wo sie noch gar keine Rückmeldung über ihre Wirksamkeit haben. Die Vorstellung des entfernten Ziels

leitet die Auswahl der geeigneten Methoden, dabei werden die aktuellen Reize und Bedürfnisse unterdrückt und der zukünftige Gewinn wird handlungsbestimmend.

2. Eng verwandt mit dem Phänomen der Werkzeugherstellung ist das *Verständnis für Kausalität*. In bestimmten Fällen können Tiere gewisse physikalische Eigenschaften in einer abstrakten beziehungsweise prinzipiellen Weise repräsentieren, Regeln über allgemeinere Wirkungsweisen ableiten und dann auf neue Objekte oder Ereignisse anwenden. Objekteigenschaften wie Härte, Gewicht, Steifheit und Verbindung (zwischen Objekten) sind durch direkte Sinneswahrnehmung nicht erfassbar und müssen aus einer größeren Menge gemachter Erfahrungen abgeleitet werden. Bei der Gewinnung von Futter, das erst indirekt durch Manipulation damit in Verbindung stehender Objekte erhältlich wird, spielt das Verständnis dieser Objekteigenschaften in Kombination mit räumlichen Vorstellungen eine große Rolle. Die plötzliche Produktion einer neuen, adaptiven Handlung, die nicht durch Versuch-und-Irrtum-Lernen oder die Wiederholung von erlernten Reiz-Reaktions-Einheiten erreicht wird, legt eine Lösung auf Basis von Einsicht nahe. Zunächst beherrschten Affen die Bühne der tierischen Werkzeugbastler, mittlerweile stehen auch Rabenvögel und Papageien im Rampenlicht der technischen Intelligenzforschung.
3. Die dritte Komponente handelt vom *prospektiven Denken*, dem vorbereitenden oder in die Zukunft gerichteten Verhalten. Wenn die Handlungskette keine bloße Routinehandlung, sondern neu ist und ihre Endglieder in die Auswahl der ersten Handlungen einbezogen werden müssen, erfordert das eine Vorstellung der Konsequenzen dieser Handlungen für die Zielerreichung. Kurz gesagt: Es erfordert das Planen von Handlungen. Manchmal ist es sinnvoll, nämlich ökonomisch und Ressourcen schonend, zukünftige Ereignisse, Situationen und Bedürfnisse vorherzusehen und für die aktuelle Entscheidung heranzuziehen. In Kapitel 5, »In die Zukunft schauen«, werde

ich eine Reihe von gut untersuchten Beispielen für vorbereitendes oder in die Zukunft gerichtetes Verhalten, für Planhandlungen und für prospektives Denken erörtern.

4. *Episodisches Gedächtnis*: »Zeitreisen« zu unternehmen ist sinnvoll für zukunftsgerichtetes Verhalten, es ist aber auch eine wichtige Fähigkeit für Entscheidungen, die auf vergangenen Handlungen und Ereignissen fußen. Menschen können nicht nur an vergangene Ereignisse denken, sie können auch eine Reise durch die subjektive Zeit unternehmen und dabei vergangene Erfahrungen wiederbeleben. Manchmal ist es wichtig zu wissen, was man selbst in einer spezifischen Situation in der Vergangenheit getan und erlebt hat. Die Frage, ob auch Tiere ein derartiges episodisches Gedächtnis haben, ist seit ungefähr zwanzig Jahren (nach spektakulären und heiß diskutierten Experimenten mit Futter versteckenden Hähern) ein weiteres bestimmendes Thema der vergleichenden Kognitionsforschung. In den letzten Jahren haben Ratten eine zunehmend bedeutende Rolle bei der Klärung der Frage der subjektiven Erinnerung eingenommen.

5. *Metakognition*: Zu wissen, was man früher einmal gemacht oder erlebt hat, berührt die Fähigkeit zu wissen, was man weiß und was nicht. Schon das episodische Gedächtnis wurde mit einer Form des Selbstbewusstseins in Verbindung gebracht, dies trifft nun umso mehr zu. Denn es geht nicht um ein Nachdenken über einen Gegenstand oder ein Ereignis in der Umwelt, sondern über etwas in der eigenen geistigen Welt. Zu wissen, was der Verstand bereithält, könnte eine Voraussetzung sein, um zu wissen, wessen Verstand es ist, was wiederum wichtig ist, um ein Konzept des Selbst, der Selbstwahrnehmung und schließlich des voll reflektierenden Bewusstseins zu haben. Es ist daher nicht verwunderlich, dass die als Metakognition bezeichnete Fähigkeit bei Tieren ebenfalls sehr umstritten ist – nicht nur bei Philosophen, sondern auch bei Tierforschern, denn es ist wahrlich kein einfaches Unterfangen nachzuwei-

sen, dass ein Tier über sein Wissen oder seinen Gedächtnisinhalt nachdenkt. Aber ausgeklügelte Versuche mit Delfinen, Rhesusaffen und diversen Menschenaffen haben gesicherte Befunde für drei wichtige Merkmale von Metakognition erbringen können: bei schwierigen Entscheidungen Unsicherheit zeigen, vor der Entscheidung »auszusteigen« und statt sofort zu entscheiden, zusätzliche Informationen einzuholen.

6. *Gedankenlesen*: Die Untersuchung metakognitiver Prozesse beim Menschen hat zu einer Unterscheidung zwischen einer einfachen, vermutlich auch Tieren zukommenden Ebene und einer höheren, nur bei Menschen vorkommenden Ebene veranlasst. Letztere fußt auf der Ausweitung metakognitiver Kontrollprozesse auf die zwischenmenschliche oder überpersonale Ebene. Der besondere Nutzen und evolutionäre Vorteil dieses zweiten Systems liegt in seiner Rolle für Gruppenentscheidungen. Die Wirksamkeit der kollektiven Entscheidungsfindung auf der Basis von gemeinsamen Wahrnehmungen und Erlebnissen scheint viel größer, wenn sich Individuen ihre metakognitiven Repräsentationen darüber (verbal) mitteilen. Die zwischenmenschliche Koordination metakognitiver Inhalte wird nochmals verbessert, wenn sich die Teilnehmer an solchen überpersonalen Prozessen Gedanken über die Gedanken der anderen machen. Damit entwickeln sie neben einer Theorie über das Verhalten anderer auch eine »Theorie des Geistes« anderer. Auch wenn Tiere unfähig sein sollten, metakognitive Inhalte verbal auszutauschen, könnten sie immerhin in der Lage sein, die Perspektive des anderen einzunehmen und sich damit Zugang zu deren Wissen, Wünschen und sogar Gedanken zu verschaffen. Seit den ersten Überlegungen zur Möglichkeit dieses sogenannten Gedankenlesens bei Tieren vor mehr als vierzig Jahren wird diese kognitive Fähigkeit von vielen als die Krönung des tierischen Verstandes angesehen. Wenig überraschend hat das die heftigsten Debatten unter Philosophen ausgelöst und teilt auch die experimentellen Kognitions-

forscher bis heute in zwei Lager. Immer spitzfindigere Tests werden ersonnen, um zu überprüfen, ob Tiere bloß das äußerlich wahrnehmbare Verhalten ihrer Gegenüber, und wenn anhand subtilster Details, als Handlungsgrundlage verwenden oder ob sie tatsächlich ableiten können, was der andere weiß und denkt und wie er im nächsten Augenblick handeln wird.

Begleiten Sie mich nun auf einer Reise durch die Gedankenwelt von nichtmenschlichen Lebewesen, die ich am Ende nochmals zusammenfassen und bewerten will. Davor werde ich noch zwei andere geistige Phänomene ausführlich besprechen, die vielleicht am häufigsten als Alleinstellungsmerkmal des menschlichen Geistes genannt werden. Doch ich zähle sie hier nicht zum Sextett tierischer Intelligenz, weil *Sprache* eine Form der Kommunikation und *Bewusstsein* eher ein allgemeiner geistiger Zustand ist. Nicht nur wird diese Reise ein Umdenken über den »Geist der Tiere« und eine Neubestimmung ihrer potenziellen Fähigkeiten erfordern, sie wird zwangsläufig auch Fragen über die Stellung des Menschen in der Natur, die anthropologische Differenz und schließlich unseren Umgang mit Tieren provozieren. Denn wie der französische Philosoph Étienne Bonnot de Contillac in seinem *Traité des animaux* [190] bemerkte, »wäre es wenig interessant zu wissen, was Tiere sind, wenn es nicht ein Mittel wäre, um zu wissen, was wir sind«.

3. Werkzeuggebrauch

Specificum Humanum

Nicht zuletzt durch die Auszeichnung des Menschen als Werkzeugmacher (»Man the Tool Maker« [191]), die sich von der besonderen Fähigkeit herleitet, Gegenstände zur Erweiterung der funktionalen Möglichkeiten seines Körpers zu nutzen, wurde der Werkzeuggebrauch als Glanzleistung menschlicher Vernunft, von manchen sogar als ihre höchste Form, angesehen; für manche Philosophen und Anthropologen ist es gar das herausragende, bestimmende Merkmal des Menschen. Es besteht auch tatsächlich kein Zweifel, dass die technische Intelligenz des Menschen in der Herstellung von Werkzeugen kristallisiert und immer höhere und komplexere Formen annimmt, denken wir nur an Raketen, um zum Mond zu fliegen, oder an Teilchenbeschleuniger, um Krebserkrankungen zu behandeln [192, 193].

Gewiss hat der Mensch schon mit sehr einfachen Werkzeugen aus Holz und Stein,[13] die er vorfand und unverändert nützte, seine körperlichen Möglichkeiten erweitert. Seit der Entdeckung der ersten Steinwerkzeuge im Jahr 1964, die der Anthropologe Louis Leakey dem ersten Vertreter der Gattung Mensch (*Homo*

---

13 Ich danke meinem Freund, dem Biodidaktiker Ulrich Kattmann, für den Hinweis, dass Steine keineswegs die ersten Werkzeuge gewesen sein müssen, sie sind vielleicht nur besser fossil erhalten geblieben. Beim Sammeln und Jagen sind die am häufigsten genutzten Werkzeuge Grabstock und Trageschlaufe. Holz und Fell oder Stoff bleiben aber selten erhalten.

habilis) zuordnete [194], nahm man an, dass die Ursprünge der Herstellung von scharfkantigen Steinwerkzeugen mit der Entstehung der Gattung Homo als Reaktion auf den Klimawandel und die Ausbreitung von Savannengrasland zusammenhängen. Die Prämisse war, dass allein unsere Abstammungslinie diesen kognitiven Sprung vollzog und damit die Grundlage unseres evolutionären Erfolgs legte. Spätere Entdeckungen legten nahe, das Alter der ersten Oldowan-Steinwerkzeuge auf 2,5 Millionen Jahre zu schätzen [195]. Das einfachste Steinwerkzeug ist nicht viel mehr als ein günstig geformter Naturstein, ausgewählt für die Verwendung als Schlag- und Hammerstein. Diese natürlich geformten Steine gehörten wahrscheinlich zu den ersten Werkzeugen, die jemals verwendet wurden. Jeder weitere Schritt der technischen Innovationen in der Frühzeit des Menschen erfordert diese einfachen Schlag- und Hammersteine.

Doch bereits Vorfahren des Menschen haben vor mehr als drei Millionen Jahren in Ostafrika Steine als Werkzeuge verwendet. Die ältesten Funde sind jene aus Westturkana (Lomekwi 3), die *Kenyanthropus platytops* zugeschrieben werden [196], und jene aus Dikika (Äthiopien), für die man *Australopithecus afarensis* verantwortlich macht [197]. Beide gehören nicht zur Gattung Homo, und es ist auch nicht klar, ob sie zu unseren direkten Vorfahren gehören. Noch interessanter ist, dass in Dikika nicht Steinwerkzeuge selbst, sondern Tierknochen mit ungewöhnlichen Schnittspuren ausgegraben wurden. Sie könnten ein Hinweis darauf sein, dass jemand scharfkantige Steine verwendete, um Fleisch von den Knochen zu schneiden und vielleicht an das Mark zu kommen. Das wäre nicht nur der früheste Nachweis des Konsums von Fleisch und Knochenmark von Homininen, sondern würde bereits eine intelligente Verfeinerung der Werkzeuge nahelegen.

Gerade die funktionale Verbesserung oder Anpassung von Werkzeugen zeigt, dass Frühmenschen über die Funktion und Wirksamkeit nachdachten, dass sie bestimmte Funktionen sogar herbeiführten, physikalische Eigenschaften von Materialien gezielt wählten oder ausnützten, und dass sie bestimmte Ursache-Wirkungs-Zusammenhänge verstanden. Anders wäre die kumulative Verbesserung der Werkzeuge bis zu den heutigen technischen Meisterleistungen nicht denkbar. Die Funde von Lomekwi und Dikika sind auch bedeutsam für das Verständnis der Entwicklung des menschlichen Gehirns. Für die Herstellung von Werkzeugen braucht man ein Mindestmaß an motorischem Geschick, was darauf hinweist, dass Veränderungen des Gehirns und des Rückenmarks, die für solche Tätigkeiten erforderlich sind, bereits vor mehr als 3 Millionen Jahren stattgefunden haben. Die gefundenen Artefakte deuten darauf hin, dass die handmotorische Kontrolle ihrer Hersteller beträchtlich gewesen sein muss und somit eine Reorganisation und / oder Ausdehnung mehrerer Regionen der Großhirnrinde (zum Beispiel somatosensorischer, visueller, prämotorischer und motorischer Kortex), des Kleinhirns und des Spinaltrakts stattgefunden haben könnte [196].

Jedenfalls ist es sehr plausibel, dass die Verwendung von Steinwerkzeugen einen wesentlichen Vorteil bei der Beschaffung und Bearbeitung von hochwertiger Nahrung brachte. Harte Nüsse, Knochenmark, Muscheln und ähnliche eingeschlossene Nahrungsquellen können nicht mit bloßen Händen, sehr wohl aber mit Hämmern aus Steinen erschlossen werden. Rohes Fleisch kann mit scharfkantigen Steinen zerteilt werden, nicht aber mit unbearbeiteten Kieseln. Daher ist es naheliegend, einen selektiven Druck auf Werkzeuggebrauch, -verbesserung und -manufaktur anzunehmen, der indirekt auf die dazu notwendigen kognitiven Mechanismen wirkte. Selbst wenn der Ursprung des Werkzeuggebrauchs beim Menschen im Dunkeln bleibt, weil der Ort, die Zeit und die genauen Umstände des allerersten Auftretens niemals festgestellt werden können, hat dieses Szenario genügend Plausibilität, um daraus allgemeine Prinzipien für die kognitive Evolution ableiten zu können.

Vor diesem Hintergrund war es naheliegend, Werkzeuggebrauch auch bei Tieren als besondere Leistung, ja sogar als menschenähnliche Fähigkeit zu sehen. Nicht nur begann damit das menschliche Alleinstellungsmerkmal zu schwinden, Werkzeug verwendende Tiere wurden als besonders intelligent jenen Tieren gegenübergestellt, die schlicht ihren Körper einsetzen, um Dinge zu ihren Gunsten zu verändern. Tatsächlich zeigten erste Arbeiten zur Beziehung von Werkzeuggebrauch und Hirngröße, dass hier eine positive Beziehung vorliegt [198, 199]. Später stellten sich allerdings Zweifel über die Gültigkeit oder Aussagekraft von Gehirn-Verhaltens-Bezügen ein, vorwiegend methodischer Natur, aber schließlich auch, weil bei genauerer Betrachtung nur eine sehr kleine Zahl von Tierarten Werkzeuge einsetzt und weil es unter ihnen Arten gibt, die sich ansonsten nicht durch besonders hohe Intelligenz hervortun. Nun könnte man zwar Seltenheit natürlich geradezu als Hinweis auf besondere Intelligenz verstehen, war diese ja auch lange Zeit das Schlüsselmerkmal menschlicher Sonderstellung. Aber gerade der Vergleich sehr nahe verwandter Arten mit und ohne Werkzeuggebrauch, aber ansonsten kaum auffälligen Intelligenzunterschieden, wie Schimpanse und Bonobo, Spechtfink und Baumfink, Geradschnabelkrähe und nah verwandte Krähen, ließ die Forscher zu zweifeln beginnen.

Methodisch stand man vor dem Problem, ausreichend große und qualitativ hochwertige Datensätze zu bekommen, um Korrelationen im großen Stil und für allgemeine Aussagen errechnen zu können. Oftmals beruhen Daten zum Werkzeuggebrauch auf Literatursammlungen mit Berichten von Amateur-Tierbeobachtern. Diese Berichte beruhten nicht auf systematischen Beobachtungen mit dem Ziel, speziell Werkzeuggebrauch oder -innovationen aufzuspüren. Somit blieb bisweilen unklar, ob eine Tierart tatsächlich Werkzeuge gewohnheitsmäßig oder nur fakultativ nützt, die meisten Individuen einer Art oder nur wenige. Und nicht nur hängt die Datenmenge stark von der Beobachtungsintention und vom Beobachtungsaufwand ab, sondern auch von der Beobachtungsmöglichkeit. Von Tieren, die man kaum zu Gesicht bekommt, weil sie in den Tiefen des Meers oder in den Baumkronen des Regenwalds leben, wird man ungleich schwerer gutes Datenmaterial bekommen als von Tieren, die in offenen Wäldern oder auf freiem Feld leben.

Ein besserer Zugang sowohl zur Frage der Beziehung Hirngröße und Werkzeuggebrauch als auch zur Frage, welche Zentren dabei von besonderer Bedeutung sind, wäre vonseiten der Neurowissenschaft zu erwarten. Aber weder gibt es bestimmte Gehirnzentren, die besonders in die Tätigkeiten rund um Werkzeuggebrauch involviert wären, womit diese dann eine Größenkorrelation aufweisen könnten. Noch sind die Gehirne von Säugern und Vögeln, geschweige denn die von Wirbeltieren und Wirbellosen ähnlich genug, um stammbaumübergreifend solche Gehirnzentren vergleichen zu können. Außerdem würden diese Zentren mit hoher Wahrscheinlichkeit auch bei anderen Tätigkeiten wie etwa der Objektmanipulation oder der Exploration aktiv sein.

Somit bleibt wohl momentan als zielführendste Möglichkeit, die Tiere beim Werkzeuggebrauch zu beobachten, ihre Geschicklichkeit zu analysieren und sie schließlich mit geeigneten Verhaltensexperimenten gezielt zu testen. Obwohl es, wie gesagt, nur über eine sehr kleine Anzahl von Arten verlässliche Berichte von Werkzeuggebrauch gibt, sind es immer noch genug, um dieses Phänomen im Hinblick auf die dabei beteiligten kognitiven Prozesse zu untersuchen.

Zunächst ist es ratsam, sich einen Überblick über die Beobachtungen und Berichte tierischen Werkzeuggebrauchs zu verschaffen. In zwei jüngeren Werken wurde versucht, wenn nicht alle, so doch die meisten bekannten Fälle von Werkzeuggebrauch zu beschreiben oder zumindest aufzulisten.

In der aktualisierten und erweiterten Ausgabe des großen Standardwerks zum Werkzeuggebrauch bei Tieren, *Animal tool behavior* [200], wurden Berichte aus ca. 3000 Fachartikeln gesammelt und bewertet. Das Buch beschreibt mehr als hundert Fälle, wagt aber keine Schätzung der Gesamtzahl an Tierarten, bei denen Werkzeuggebrauch beobachtet wurde. Ein anderes Werk ist da weniger zurückhaltend und nennt insgesamt 418 Tierarten, davon 53 Insektenarten, 65 Säugetierarten und – man staune – 277 Vogelarten [201]. Dazu kommen dann noch 23 Arten mehrerer anderer Taxa. Diese Zahlen wirken auf den ersten Blick erstaunlich hoch, besonders wenn man die relativ kurze Zeit bedenkt (56 Jahre), seitdem Jane Goodall mit der Beschreibung von Termiten angelnden Schimpansen Aufsehen erregte [202]. Aber dennoch, gemessen an der Zahl an Tierarten (Schätzungen sprechen von ca. 9 Millionen) und selbst gemessen an der Zahl relativ gut bekannter Arten, muss man immer noch von einem sehr seltenen Phänomen sprechen.

Gewiss werden sich die Zahlen noch ändern, nicht nur, weil emsige Forscherinnen und Forscher immer wieder neue Fälle von Werkzeug nutzenden Tieren entdecken, sondern vor allem, weil sich die Klassifizierung, was noch als solches Verhalten zählt und was nicht, ändern wird. Das hängt einerseits vom zunehmenden Verständnis über die beteiligten Prozesse ab, auch von einer zunehmenden Sensibilität und Genauigkeit der Beobachtung, besonders aber von Grenzfällen, die eine glasklare Bestimmung erschweren. Zwei jüngere Beispiele mögen das verdeutlichen. Zum einen wurden drei Visayan-Warzenschweine beim Graben im Boden mit einem Stück Rinde oder Stöcken beobachtet [203]. Die beiden erwachsenen Weibchen zeigten dieses Verhalten während der letzten Phase des Nestbaues, das erwachsene Männchen wollte es ihnen offensichtlich gleichtun. Obwohl Schweine dafür bekannt sind, ihren Rüssel als Grabwerkzeug für den Nestbau und vor allem die Extraktion von Nahrung im Boden zu verwenden, würde der Einsatz von hölzernen Gegenständen einer deutlichen Verbesserung und Erweiterung ihrer Grabungstechnik entsprechen. Weniger klar ist der zweite Bericht. Zwei Papageientaucher, auch Puffin genannt, wurden dabei beobachtet, wie sie sich spontan mit einem kleinen Holzstab am Körper kratzten [204]. Der Papageientaucher ist eine Vogelart aus der Familie der

Alkenvögel, welche in Erdhöhlen an und auf Klippen im nördlichen Atlantik brütet und bisher nicht für Werkzeuggebrauch bekannt war. Die Beobachtung wäre nach Ansicht der Autorinnen bemerkenswert, weil es einerseits den Gebrauch von Werkzeugen zur Körperpflege bei Wildvögeln zeigen würde, andererseits erstmals[14] bei Seevögeln, die noch dazu weit entfernt (ein Vogel in Wales, der andere in Island) leben und somit in dieser Tierart weit verbreitet sein könnte. Das Problem dabei ist allerdings, dass diese zufälligen Beobachtungen einfachere Erklärungen kaum ausschließen können und daher ein hohes Risiko eines falsch-positiven Ergebnisses in sich bergen [206]. Eine wahrscheinlichere und sparsamere Erklärung wäre, dass die Vögel während der Balz, bei der sie Objekte, die Nistmaterial ähneln, spielerisch oder zur Demonstration der Brutbereitschaft aufnehmen, versehentlich ihr Gefieder mit dem Stock berührten, während sie ihn in Richtung ihrer Brust brachten, oder dass sie einfach versuchten, sich mit dem Schnabel zu kratzen, während sie das Holzstück noch im Schnabel hielten [207].

Wir sehen am Beispiel der Papageientaucher deutlich, wie wichtig es ist, Anekdoten mit systematischen, wiederholten Beobachtungen, möglichst mit Videoaufzeichnungen, zu stützen, aber noch besser mit experimentellen Analysen zu vertiefen. Unbeschadet dessen ist es auch notwendig, terminologische Klarheit zu bekommen, damit vorschnellen Sensationsberichten, die auch, oder vielleicht gerade, in hoch angesehenen Wissenschaftsjournalen Eingang finden, Einhalt geboten wird. Wenden wir uns jetzt also der Frage zu, wie man Werkzeuggebrauch wohl am besten definieren sollte.

---

14 Die Autoren der Papageientaucher-Studie haben allerdings den Bericht über ein ähnliches Verhalten eines Kormorans (Ohrenscharbe; *Phalacrocorax auritus*) übersehen [205].

Was ist Werkzeuggebrauch?

Wenn ich aus meiner Werkstatt einen Hammer hole und damit einen Nagel einschlage, um ein Bild aufzuhängen, scheint die Sache klar zu sein. Weil es nahezu unmöglich und auch sehr schmerzhaft wäre, den Nagel mit der bloßen Hand einzuschlagen, stellt der Hammer ein sehr nützliches Instrument dar. Es erweitert und verbessert meine begrenzten körperlichen Fähigkeiten im Hinblick auf das Ziel, den Nagel tief in der Wand zu befestigen. Vor dem Hintergrund dieses einfachen, allgemein verständlichen Beispiels aus dem menschlichen Alltag ist es verwunderlich, dass der Begriff »Werkzeuggebrauch« (*tool use*) nicht nur nicht eindeutig oder selbstevident ist, sondern auch bis heute relativ heftige Diskussionen hervorgerufen hat.[15] Daher ist es nützlich, auch hier diese Begriffspräzisierung vorzunehmen, bevor wir dann ein paar interessante Fälle genauer unter die Lupe nehmen. Eine der frühesten Definitionen stammt von Jane Goodall, die im Jahre 1964 die aufsehenerregende Entdeckung machte, dass ein Schimpanse mit einem dünnen Stäbchen in einem Termitenbau stocherte, dieses dann wieder vorsichtig herausholte und durch den Mund zog, um die darauf befindlichen Termiten zwischen den Lippen abzustreifen und dann aufzuessen.

> Werkzeuggebrauch ist der Gebrauch eines externen Gegenstandes als eine funktionale Erweiterung von Mund oder Schnabel, Hand oder Kralle, in der Erreichung eines unmittelbaren Ziels [209, S. 195].

Damit ist der Werkzeuggebrauch eine zielgerichtete Handlung mit einem geeigneten Mittel. (Im Gegensatz dazu gibt es auch

15 Beispielsweise löste auch der aktuelle Vorschlag aus dem Jahr 2021, das Kauen von Stöcken bei Hunden als eine Art des Werkzeuggebrauchs anzusehen, wieder Diskussionen aus [208].

Handlungen, die zwar ebenfalls den sachkundigen Gebrauch von Objekten als Mittel zum Ziel haben, bei denen man die Objekte aber nicht als »Werkzeuge« bezeichnen würde, etwa den Nestbau. Man kann alles unter den Überbegriff »Technologie« stellen [210].)

In den meisten Fällen geht man zunächst von der Beschreibung des Gegenstandes aus, den man Werkzeug nennt. Ganz allgemein kann man sich ein Werkzeug als einen Teil dessen vorstellen, was Malcolm McCullough [211] als »angewandte Intelligenz« bezeichnet, das heißt als eine Technologie, die es uns ermöglicht, das begrenzte Repertoire an manuellen und kognitiven Fähigkeiten, über das wir verfügen, zu erweitern. Es scheint diese Erweiterung der Fähigkeiten, die wir besitzen, Werkzeuge von anderen Artefakten, Maschinen und Technologien zu unterscheiden [212].

In der Ethologie versucht man hingegen, Werkzeuggebrauch eher von der Seite des Verhaltens, der beteiligten Aktionen[16] und der entsprechenden Ziele zu betrachten – zumal die als Werkzeuge verwendeten Gegenstände allesamt sehr einfacher Natur sind (Zweige, Stöcke, Steine usw.). Lange blieb man bei einfachen, funktionalen Definitionen, bis vor rund einem Jahrzehnt, unter dem Eindruck neuer, teils sehr exotischer Fälle von Werkzeuggebrauch im Tierreich, eine Vielzahl von neuen Definitionen vorgeschlagen wurden. Diese wurden immer umfangreicher, komplexer und abstrakter. Ich will mich auf jene beiden Definitionsversuche beschränken, welche seither am häufigsten zitiert wurden.

Im Jahre 2008 wurde eine besonders technische Definition von Informatikern vorgeschlagen:

> Werkzeuggebrauch ist die Ausübung von Kontrolle über einen frei manipulierbaren, körperfremden Gegenstand (das Werkzeug) mit dem Ziel, (1) die physikalischen Eigenschaften eines

---

16 Aktion wird oft im Sinne einer Reihe von Bewegungen, die ein vom Organismus gesetztes Ziel erreichen, verwendet. Siehe [213].

> anderen Gegenstandes, einer Substanz, einer Oberfläche oder eines Mediums (das Ziel, welches auch ein anderes Werkzeug oder ein anderer Organismus sein kann) durch eine dynamische, mechanische Interaktion zu ändern oder (2) den Informationsfluss zwischen dem Werkzeuganwender und der Umwelt oder anderen Organismen in der Umwelt zu vermitteln [214, S. 1203].

Neben der Kontrollier- und Manipulierbarkeit von Gegenständen und dem Hinweis auf ein klar zu erkennendes Ziel legen die Autoren das Augenmerk auf zwei bis dahin unberücksichtigte Merkmale: die dynamische Interaktion und die Vermittlung von Information durch das Werkzeug. Mit der Betonung der dynamischen Interaktion wollen sie Fälle ausschließen, bei denen der Akteur eine bloß statische Beziehung zwischen Gegenständen herstellt, wie etwa beim Nestbau, wenn Steine an bestimmte Orte gelegt werden. Der Zusatz, dass ein Werkzeug auch dazu dienen kann, dem Akteur Informationen zu vermitteln, ist hingegen inklusiv, denn er soll nun auch Fälle wie jene abdecken, wo ein Gorilla einen Stock verwendet, um die Tiefe eines zu überquerenden Wasserhindernisses zu ermitteln [215], oder Große Tümmler (*Tursiops truncatus*) bei der Futtersuche Schwämme vom Meeresboden ablösen und über ihre Schnauze stülpen, um sich vor Verletzungen zu schützen [216].

Trotz aller Spitzfindigkeit der neuen Definition sind noch immer Fragen offengeblieben, sodass sich die Autoren des großen Standardwerks von 2011 bemüßigt fühlten, noch eine weitere Präzisierung (unten kursiv gesetzt) vorzunehmen. Diese liest sich nun so:

> Werkzeuggebrauch ist der äußerliche Einsatz eines ungebundenen oder eines *manipulierbar angehängten* Gegenstandes aus der Umwelt, um die Form, die Lage oder den Zustand eines anderen Gegenstandes, eines anderen Organismus oder des

Benutzers selbst effizienter zu ändern, wenn der Akteur dabei das Werkzeug während oder *vor dem Gebrauch* hält und *direkt manipuliert* und für seine sachgerechte und wirksame Ausrichtung verantwortlich ist [200, S. 5].

Da in beiden Werken für die jeweilige Definition über viele Seiten argumentiert wird, würde es hier zu weit führen, eine vergleichende Bewertung der Definitionen vorzunehmen und eine Entscheidung zu treffen.[17] In jedem Fall handelt es sich um einen polymorphen Begriff, der – wie Wittgenstein [47] am Beispiel des »Spiels« ausführt – keine klare Grenzziehung zulässt. Im Kontext der Fragestellung dieses Buches wollen wir uns auf jene Fälle konzentrieren, in denen eine kognitive Beteiligung erkennbar ist und zu denen auch entsprechende experimentelle Arbeiten vorliegen.

Beispiele von Werkzeuganwendern in der Wildnis

Zu den spektakulärsten Beispielen von Werkzeuggebrauch im Tierreich zählen sicherlich die bekannten Fälle unter Schimpansen: jene in Tansania und in der Republik Kongo, die mit Stöcken Termiten aus Erdlöchern angeln und mit Blättern – als Ersatz für einen Schwamm – Wasser aus Baumlöchern aufnehmen; jene in den westafrikanischen Staaten Elfenbeinküste und Guinea, die mit Steinen oder dicken Holzstücken Nüsse aufschlagen; jene in Senegal, die mit aus Ästen geformten Spießen Jagd auf Galagos

17 Dabei geht es primär um die Frage, welche Fälle noch als Werkzeuggebrauch gelten sollen und welche nicht. Es gibt aber mittlerweile so viele Grenzfälle, und ganz bestimmt werden noch einige hinzukommen, dass es müßig ist, sich um eine genaue Grenzziehung zu streiten. Wie schon Beck [217] bemerkte, ist Werkzeuggebrauch mit so vielen anderen Verhaltensweisen verzahnt, wie Objektspiel und -exploration, dass es schwerfällt, diesem Verhalten eine eigene Kategorie zuzuordnen.

machen; und jene in Gabun, die mit fünfteiligen Werkzeugsätzen Honig ernten (alle Fälle beschrieben in den beiden jüngeren Fachbüchern [200, 218]). Neben diesen »Weltmeistern des Werkzeuggebrauchs« haben sich mittlerweile auch Orang-Utans auf Borneo und Sumatra bei der Benutzung von Werkzeugen beobachten lassen. Schon früher wurden viele spektakuläre Fälle in Zoos oder Auffangstationen beschrieben, doch auch im Freiland beobachtete man sie schließlich bei der Verwendung von Stöckchen zum Aufsammeln von essbaren Insekten, von Ästen als »Fliegenklatschen« oder von Blättern als »Regenschirm« oder zum Schutz der Hände vor dornigem Geäst [219]. Neben diesen beiden Menschenaffenarten haben sich auch zwei andere Affenarten als Werkzeugnutzer ins Rampenlicht geschoben: einmal die Rückenstreifen-Kapuzineraffen in Brasilien, die ähnlich geschickt wie Schimpansen mit Holzstücken oder Steinen Nüsse aufschlagen [220], ein anderes Mal die Javaneraffen in Myanmar und Thailand, welche mit Steinen an der Küste Austern, Krabben und Schnecken aufschlagen und weiter im Landesinneren nun auch damit begonnen haben, Palmnüsse aufzuknacken [221].

Deutlich seltener als bei Affen findet man Werkzeuggebrauch bei andern Säugetieren. Am bekanntesten sind sicherlich die Berichte von Seeottern, welche mit ihren Händen Schalentiere auf Steinen aufschlagen, die sie auf dem Rücken schwimmend auf ihrem Bauch platzieren [222]. Dazu kommen Elefanten, die mit dem Rüssel Zweige schwenken, um Fliegen von ihrem Körper zu vertreiben [223], und die bereits erwähnten schwammtragenden Delfine [216].

Wie schon erwähnt finden sich insgesamt viel mehr Fälle von Werkzeuggebrauch bei Vögeln als bei Säugern, aber nur in wenigen Fällen reichen die Berichte an jene zuvor genannten, spektakulären Beispiele heran. Abgesehen vom Lehrbuchbeispiel der Schmutzgeier, die Steine gegen Straußeneier schleudern, um die harte Schale zu knacken [224], und den Sonderfällen von Mangrovenreihern [225] und Kaninchenkäuzen [226], die mit

Ködern jagen, waren es die Spechtfinken auf Galapagos und die Geradschnabelkrähen in Neukaledonien, die zu einiger Berühmtheit gelangten. Beide stochern mit Zweigen, dünnen Ästen, Kaktusstacheln oder Dornen in Astlöchern oder Baumritzen, um Maden oder anderes nahrhaftes Futter zu angeln. Diese beiden Vögel wurden intensiv erforscht und bilden neben Schimpansen die Königsklasse der Werkzeugverwender im Tierreich.

Wie wir später noch genauer erörtern werden, gibt es eine beachtliche Zahl weiterer gut beschriebener oder untersuchter Fälle von Werkzeuggebrauch bei Vögeln in Gefangenschaft, aber bei den meisten Fällen ist noch unklar, ob man darunter auch Arten finden würde, die in freier Wildbahn Werkzeuge fakultativ oder sogar gewohnheitsmäßig verwenden.

Dazu kommen noch Berichte von Insekten, Kopffüßern, Fischen und Reptilien, wie etwa von Grabwespen, Ameisenjungfern, verschiedenen Ameisenarten, Lippfischen, Rochen und Sumpfkrokodilen. Aber in vielen Fällen steckt die Forschung, was den genauen Mechanismus, die Funktion und vor allem das beteiligte Verständnis der Tiere betrifft, noch in den Kinderschuhen. Oft sind die ersten Berichte sensationell, aber entweder folgen keine weiteren Untersuchungen oder die nachfolgenden Analysen führen zu etwas bescheideneren Interpretationen. Den fragwürdigen Bericht des Werkzeuggebrauchs der beiden Papageientaucher habe ich schon erwähnt [204, 207].

Ein klassisches Beispiel für ursprüngliche Überinterpretation sind die Dschungelkrähen, welche in Japan und in Kalifornien Nüsse auf die Straße werfen [227]. Man nahm an, sie täten das, um sich die Nüsse von darüberfahrenden Autos knacken zu lassen. Das geschah tatsächlich, aber Nachfolgeuntersuchungen ergaben, dass sie das genauso oft machen, wenn kein Auto kommt. Das spricht gegen eine gezielte Handlung mit der Vorstellung oder Intention, dadurch geöffnete Nüsse zu bekommen. Zwar könnte es immer noch bedeuten, dass sie das vorsorglich tun und warten, aber ebenso wahrscheinlich ist, dass das Werfen von

Nüssen auf Straßen einfach oft genug belohnt wurde, somit die Handlung erlernt wurde und ohne bewusste Überlegung ausgeführt wird. Das Thorndike'sche Gesetz der Wirkung würde als Erklärung ausreichen. In jedem Fall zeigt das Beispiel, dass man zwischen einem intelligenten Ergebnis und einer intelligenten Handlung unterscheiden muss. Darauf wird noch genauer einzugehen sein.

Wie die oben angeführten Beispiele zeigen, tritt Werkzeuggebrauch in vielen Varianten und Schattierungen auf, bei sehr unterschiedlichen Tierarten, mit großen Unterschieden der Beobachtungsqualität und Untersuchungsintensität. Aber eine Konstante zieht sich durch die Fachliteratur: Die große Mehrzahl von Fällen betrifft nur die Verwendung von Gegenständen im Zuge des Futtererwerbs. Und in den allermeisten Fällen ist es auch ein einziger Gebrauchstyp mit sehr konstanter Handlung (zum Beispiel nur Stochern oder nur Schlagen), wenig unterschiedlichen Utensilien (nur Zweige oder nur Steine) und kaum Modifikationen. Bis zum Nachweis des Gegenteils sollte man – dem Prinzip der Erklärungssparsamkeit folgend – daher annehmen, dass es sich dabei oft nicht um überlegte, flexible oder gar kreative Handlungen handelt, sondern um stereotype, stark genetisch disponierte, einfache Nutzungen von Gegenständen. Eine weitere Besonderheit des Werkzeuggebrauchs bei Tieren ist die hohe Anzahl an Tierarten, bei denen Werkzeuggebrauch in eindeutiger Weise bei in Gefangenschaft gehaltenen Tieren, aber niemals in freier Wildbahn nachgewiesen wurde. Wir werden einige Fälle genauer besprechen, vor allem jene, bei denen scheinbar sehr kreative und komplexe Handlungen mit Gegenständen zum Zwecke des Futtererwerbs beobachtet werden konnten. Vorweg kann man aber bereits sagen, dass Werkzeuggebrauch und sogar -herstellung offenbar in manchen Tieren »schlummert«, aber nur unter geeignetsten Bedingungen auftaucht. Offenbar haben manche – vielleicht sogar viele – Tierarten genügend Potenzial, um Gegenstände für ihre Zwecke, sprich zur Verbesserung ihrer beschränkten körperlichen Möglichkeiten einzusetzen. Es müssen aber erst günstige Umstände vorhanden sein, wie etwa Not, weil die einfach zu erschließenden Futterquellen versiegt sind, oder verminderter Feinddruck, sodass Zeit genug ist, sich mit der eingeschlossenen Frucht zu beschäftigen. Wir sehen also, es müssen mehr Faktoren zusammenspielen als bloß geistiges Vermögen. Aber zumindest wäre der Spielraum für kreatives oder innovatives Handeln gegeben.

Kategorisierungen von Werkzeugverwendungen

Nachdem wir uns nun einen groben Überblick über die Verbreitung des Werkzeuggebrauchs im Tierreich verschafft haben und es dabei offensichtlich wurde, wie stark die Art und Weise variiert, wie Gegenstände für bestimmte Zwecke eingesetzt werden, wäre es im nächsten Schritt ratsam, die verschiedenen Typen von Werkzeuggebrauch zu unterscheiden. Bereits Benjamin Beck [217] hat 21 Typen von Werkzeugverwendungen unterschieden. Diese Typen sind bloß operational und beschreibend, sie kennzeichnen keine Funktionen. Im Wesentlichen sind sie durch Motorik unterschieden, wie Werfen, Fallenlassen, Ziehen, Rollen, Stochern, Angeln, Wischen usw. Daneben gibt es nur einen nichtmotorischen Typ, das Symbolisieren (oder Referenzieren), womit gemeint ist, dass ein Gegenstand in die Höhe gehalten oder getauscht wird, welcher einen anderen Gegenstand, einen anderen Organismus oder sogar einen psychologischen Zustand betrifft. Ein gutes Beispiel wäre eine Geldmünze. Im Tierreich findet man diese Gebrauchsart nur sehr selten.

Weniger als die motorischen Details sollte uns aber die Funktion des Gebrauchs interessieren. Denn es macht einen Unterschied, ob ein Gegenstand nur benutzt wird, um größere Kraft oder größere Reichweite zu erzeugen – wie in den allermeisten Fällen –, oder ob man sich mit Gegenständen tarnt, diese zur Erhöhung des Komforts verwendet (zum Beispiel, um sich gute Betten zu bauen), oder gar abstrakte Mittel der Kommunikation oder des Tauschhandels schafft. Beck [217] hat die 21 Funktionen in insgesamt sechs allgemeine Typen von Funktionen eingeordnet. Die große Mehrheit der Fälle lässt sich aber mit nur vier Typen beschreiben. Diese sind: (1) Erweiterung der Reichweite des Akteurs; (2) Verstärkung der mechanischen Kraft; (3) Vermehrung des Signalwerts eines sozialen Ausdrucks oder Erzeugung eines solchen Signals; und (4) die wirksame Kontrolle von Flüssigkeiten und kleinen Gegenständen (zum Beispiel, um sie zu entfernen oder zu absorbieren). Zwei weitere, aber seltenere Funktionen sind (5) Tarnung (und Verstecken) und (6) die Vergrößerung der eigenen körperlichen Behaglichkeit. Schließlich haben Robert Shumaker, Kristina Walkup und Benjamin Beck [200] noch eine siebte Funktion hinzugefügt: (7) von der Wirklichkeit zu abstrahieren oder sie zu repräsentieren (bei Symbolen, zum Beispiel Münzen).

Werkzeuggebrauch und Werkzeugherstellung

Alle zuvor beschriebenen Gebrauchstypen und Funktionen betreffen die Verwendung eines einzigen Gegenstands. Aber daneben gibt es, zwar viel seltener, aber umso auffälliger, Handlungen von Tieren, bei denen zwei oder mehr Gegenstände im Spiel sind. Mit nur einer einzigen Ausnahme werden diese in engster räumlicher und zeitlicher Verbindung benutzt. Und dazu kommen noch die Fälle, bei denen ein Gegenstand mehrere Funktionen bekommt. Alle diese Fälle wurden unter dem Label »Assoziativer Werkzeuggebrauch« subsumiert. Da dies aber selbst ein Element dieser Gruppe ist, schlage ich stattdessen die Bezeichnung »Komplexer Werkzeuggebrauch« vor. Es lohnt sich besonders, die Terminologie genauer zu betrachten, vor allem, weil es in der Literatur eine erhebliche terminologische Ignoranz gibt – die Termini werden gebraucht, ohne die dazugehörigen Begriffe zu definieren.

Insgesamt handelt es sich um elf Typen von komplexem Werkzeuggebrauch, welcher auch Werkzeugherstellung mit einschließt. Diese werden nach dem Werkzeug selbst oder der Kombination der Gegenstände bezeichnet. Die Werkzeugherstellung ist deutlich einfacher zu definieren:

> Werkzeugherstellung ist jegliche strukturelle Veränderung eines Gegenstandes oder eines schon bestehenden Werkzeugs, die dazu führt, dass dieser Gegenstand als Werkzeug dient oder dadurch wirksamer wird [200, S. 11].

Zur besseren Übersicht sind alle Formen komplexen Werkzeuggebrauchs tabellarisch zusammengefasst, entsprechend der Tabelle 1.2 des Buches von Shumaker, Walkup und Beck [200].

Tabelle 1: Verschiedene Formen komplexen Werkzeuggebrauchs

Bezeichnung	**Beschreibung**	**Beispiel**
Assoziativer oder kombinatorischer Werkzeuggebrauch	Zwei oder mehr Werkzeuge werden in jeglicher Art von Kombination verwendet, um das Ziel zu erreichen.	Goffinkakadus verwenden dicke Holzstücke, um eine Wawai-Frucht zu öffnen, dünne, spitze Stücke, um die lederartige Beschichtung zu durchstechen, und mittelbreite Stücke, um das Innere herauszulöffeln.
Sequenzieller Werkzeuggebrauch	Ein Werkzeug dient zur Erlangung eines anderen Werkzeugs.	Kapuzineraffen schlagen mit einem kleinen Stein einen eingeschlossenen großen Stein heraus, mit dem sie dann Nüsse aufschlagen.

Bezeichnung	Beschreibung	Beispiel
Serieller Werkzeuggebrauch (auch Werkzeug-Satz, Baukasten, Bausatz)	Zwei oder mehr Werkzeuge werden nacheinander verwendet, meist in verschiedenen Weisen, um ein einziges Ziel zu erreichen.	Kapuzineraffen schlagen mit einem Stein ein Loch in einen Baumstamm und fischen dann mit einem Stock Bienen heraus. Schimpansen verwenden bis zu fünf Arten von Stöcken und Ästen, um Honig aus Bienenstöcken zu extrahieren.
Kombinierter Werkzeuggebrauch	Zwei oder mehr Werkzeuge werden gleichzeitig und komplementär (ergänzend) verwendet, um ein einziges Ziel zu erreichen. Ein Werkzeug dient nicht zur Herstellung eines anderen.	Webervögel verwenden Rindenstücke, um Farbe anzubringen. Seeotter benutzen zwei Steine als Hammer und Amboss, um Schalentiere aufzuschlagen. Schimpansen verwenden Steine als Hammer und als Amboss zum Aufschlagen von Nüssen.
Meta-Werkzeug	Ein Werkzeug wird gleichzeitig mit einem zweiten Werkzeug verwendet, um die Wirksamkeit des zweiten zu erhöhen, wobei das erste Werkzeug (das Meta-Werkzeug) direkt auf das zweite wirkt. Das zweite Werkzeug könnte auch allein verwendet werden, wird aber durch das erste in seiner Wirksamkeit verbessert. Der Gebrauch des Meta-Werkzeugs ist keine Werkzeugherstellung.	Schimpansen verwenden bis zu zwei kleine Steine zum Stabilisieren eines großen Steins, der als Amboss zum Aufschlagen von Nüssen mit einem vierten Stein, dem Hammer, dient.

Bezeichnung	Beschreibung	Beispiel
Instrumentarium (Werkzeugkasten)	Die Gesamtheit aller Werkzeuge, die von einem Individuum, einer Gruppe, einer Population oder einer Tierart verwendet werden.	Eine Anzahl von Steinen, die Kapuzineraffen oder Schimpansen zum Aufschlagen von Nüssen verwenden.
Werkzeugsammlungen	Die Gesamtheit aller Werkzeuge, die im selben Kontext am selben Ort von einer Gruppe oder einer Population verwendet werden. Diese können mit der Zeit akkumulieren.	In Taï wurden Ansammlungen von 4300 Jahre alten Steinen gefunden, die von Schimpansen zum Nüsseaufschlagen verwendet wurden.
Multifunktionales Werkzeug	Ein einzelnes Werkzeug, das in zwei oder mehr verschiedenen Weisen für zwei oder mehr Funktionen verwendet wird.	Ein Kapuzineraffe gräbt mit einem Stein ein Loch in den Boden und später schlägt er mit demselben Stein eine Nuss auf.
Sekundäres Werkzeug	Ein Werkzeug zur Herstellung oder strukturellen Modifikation eines anderen Werkzeugs.	Ein junger Orang-Utan schlägt von einem Stein Blättchen ab, welche er dann zum Schneiden verwendet.
Werkzeugbasteln	Eine höhere Form der Werkzeugherstellung, die mehrere aufeinanderfolgende Schritte und Umgestaltungen erfordert.	Geradschnabelkrähen basteln sich ihre Hakenwerkzeuge in mehreren fein aufeinander abgestimmten Schritten. Ebenso Orang-Utans und Schimpansen.
Konstruktion	Zwei oder mehr Werkzeuge (oder Gegenstände), die zu einem funktionierenden Ganzen zusammengebaut sind. Einmal hergestellt, wird es nicht mehr	Nester, Ameisenbauten, Fallen, Bienen- oder Termitenstöcke, Futterverstecke.

Bezeichnung	Beschreibung	Beispiel
	gehalten oder manipuliert. Es ist deshalb kein Werkzeug im engeren Sinne.	

Ich habe alle in der Tabelle gelisteten Typen von Werkzeuggebrauch oben unter den Sammelbegriff *komplexer* Werkzeuggebrauch zusammengefasst, um damit anzudeuten, dass sich diese Handlungen von einfachen, stereotypen Handlungen im gleichen Kontext, mit dem gleichen Ziel, der gleichen Funktion und vor allem dem gleichen Gegenstand und derselben motorischen Aktion unterscheiden. In der Literatur spricht man gerne auch von *flexiblem* Werkzeuggebrauch, bei dem Merkmale des Werkzeugs gemäß den speziellen Anforderungen der gestellten Aufgabe angepasst oder modifiziert werden, abhängig von Notwendigkeiten oder um die Effizienz oder die Funktionalität zu vergrößern. Bei diesen Werkzeugen ist der Gebrauch oder die Herstellung sowohl flexibel als auch kumuliert, das heißt auf angesammelter Erfahrung beruhend. Wie wir noch sehen werden, haben diese Handlungen noch eine weitere Gemeinsamkeit: Sie werden zumindest zum Teil durch soziales Lernen erworben.

In einigen der genannten Gebrauchstypen ist die Hinzufügung einer neuen Aktion zu einer bestehenden entscheidend. Dies geschieht nicht zufällig, sondern um eine neue funktionale Kombination oder eine neue Sequenz (Abfolge) zur Erreichung eines allgemeinen Ziels zu erzeugen. Wir sprechen dann von *kumuliertem* Werkzeuggebrauch, weil es die funktionale Integration von multiplen Elementen beinhaltet. Während das Ziel das gleiche bleibt, werden zwei oder mehr Werkzeuge gleichzeitig oder nacheinander, meist in unterschiedlicher Art und Weise verwendet, um dieses zu erreichen.

In der Fachliteratur werden die einzelnen Termini teils sehr verschieden verwendet und unterschiedliche Begriffe gebildet, was Verwirrung stiftet. Daher sollten wir präzise sein und zur

Schadensbegrenzung zunächst einmal fünf relativ ähnliche Formen von Werkzeugkombination unterscheiden: 1) Beim *sequenziellen* Werkzeuggebrauch dient ein Werkzeug zur Erlangung eines anderen Werkzeugs; 2) beim *seriellen* Werkzeuggebrauch, für den sich der Begriff *Werkzeug-Satz* eingebürgert hat, werden zwei oder mehr Werkzeuge nacheinander verwendet, um ein Ziel zu erreichen; 3) beim *kombinierten* oder *zusammengesetzten* Werkzeuggebrauch werden zwei oder mehr Werkzeuge nicht nur gleichzeitig, sondern komplementär (ergänzend) verwendet, aber das erste Werkzeug dient nicht zur Herstellung eines zweiten; 4) beim *Meta-Werkzeuggebrauch* wird ein Werkzeug gleichzeitig mit einem zweiten Werkzeug verwendet, um dessen Wirksamkeit zu erhöhen, nicht aber, um es herzustellen – das zweite Werkzeug könnte auch allein verwendet werden; und 5) erst das *sekundäre* Werkzeug dient zur Herstellung oder strukturellen Modifikation eines anderen Werkzeugs. Diese Unterscheidung lässt sich anhand von einem gut bekannten Beispiel illustrieren.

Kapuzineraffen schlagen mit einem kleinen Stein einen eingeschlossenen großen Stein heraus, mit dem sie dann Nüsse aufschlagen (*sequenzieller* Werkzeuggebrauch), aber sie schlagen manchmal mit einem Stein Vertiefungen in den Boden und stochern dort dann mit einem Ast (*serieller* Werkzeuggebrauch). Im zweiten Fall verwenden die Affen einen Werkzeug-Satz. Das von Schimpansen bekannte Verhalten des Aufschlagens von Nüssen mit zwei verschiedenen Steinen (einer dient als Hammer, der andere als Amboss) ist ein Beispiel für *kombinierten* oder *zusammengesetzten* Werkzeuggebrauch [228-230].

Eine große Konfusion herrscht beim Begriff des *Meta-Werkzeugs* oder Meta-Werkzeuggebrauchs. Dieser Begriff wurde von Tetsuro Matsuzawa [231-233] eingeführt und von ihm und Kolleginnen später noch verfeinert. Er wurde verwendet, um eine Besonderheit beim Nüsseaufschlagen von Schimpansen zu kennzeichnen. Da der Amboss manchmal sehr wackelig ist und das Aufschlagen erschwert, haben Schimpansen einen kleinen Stein quasi als Wiegestein daruntergeschoben und so den Amboss stabilisiert. Später konnte man sogar beobachten, wie dazu zwei kleine Steine benutzt wurden [234]. Hier wird also ein Werkzeug (der Wiegestein, das *Meta-Werkzeug*) gleichzeitig mit einem zweiten Werkzeug (dem Amboss-Stein) verwendet, um dessen Wirksamkeit zu erhöhen. Eigentlich ist auch der Amboss ein Meta-Werkzeug, weil er das Aufschlagen mit dem Hammer unterstützt oder sogar verbessert. Insofern ist Meta-Werkzeuggebrauch eine Form von kombiniertem Werkzeuggebrauch, nur dadurch unterschieden, dass das Meta-Werkzeug direkt auf das andere Werkzeug wirkt, was beim Amboss nicht der Fall ist.

Später wurden in Laborversuchen mit Geradschnabelkrähen [235-239] Experimente zum »Meta-Werkzeuggebrauch« veröffentlicht, bei denen in Anlehnung an ein Vorläufer-Experiment mit Gorillas und Orang-Utans [240] ein Werkzeug durch ein anderes herbeigeschafft wurde. Streng genommen handelt es sich dabei um *sequenziellen* Werkzeuggebrauch.

Der archetypische Fall eines *sekundären* Werkzeugs ist ein grober Stein, mit dem auf einen anderen Stein eingeschlagen wird, sodass aus diesem Steinsplitter herausgeschlagen werden, welche dann aufgrund einer scharfen Kante zum Schneiden verwendet werden können. Bei Hominiden fand man früheste Zeugnisse für das Erzeugen von spezifischen Steinwerkzeugen, die durch Abschlagen und mehrere Feinanpassungen hergestellt wurden, im Omo-Tal in Äthiopien; ihr Alter wurde auf etwa zwei Millionen Jahre datiert [241].[18]

Gibt es ähnliche Verhaltensweisen bei Tieren? Schimpansen schlagen manchmal auch auf Knochen, die dabei splittern und scharfe Knochenblättchen erzeugen [242]. Die Frage ist, ob das absichtlich geschieht. Manche Primatologen zweifeln, dass Fälle

18 Jedoch könnten die Schnittspuren auf den über 3 Millionen Jahre alten Knochen von Dikika, wie bereits weiter oben ausgeführt, auch bereits von scharfkantigen Abschlägen stammen [197].

von sekundären Werkzeugen bei Schimpansen bekannt sind [243]. Allerdings gibt es einen frühen Bericht, dem zufolge ein junger Orang-Utan von einem Stein Blättchen abschlug, die er dann zum Schneiden verwendete [244], und viele Jahre später wurden Kapuzineraffen dabei beobachtet, wie sie kleine Steine verwendeten, um größere Quarzkiesel aus Konglomeratblöcken, in denen sie eingeschlossen sind, herauszulösen und dann als Hämmer zum Zerstoßen von Baumstämmen zu verwenden [245]. Als hätte Friedrich Engels schon 1876 darüber nachgedacht, wies er darauf hin, dass nicht der Gebrauch, sondern die Herstellung von Werkzeugen der entscheidende Unterschied zum Menschen sei [246, S. 445]:

> Keine Affenhand hat je das roheste Steinmesser verfertigt. Mit der Werkzeugherstellung setze die gesellschaftliche Arbeit ein, damit erschaffe sich der Mensch eine zweite Natur, die Kultur.

Noch umstrittener ist die Frage, ob nichtmenschliche Tiere zur Herstellung von *zusammengesetzten* Werkzeugen (*compound tools*) fähig sind. Hier werden Werkzeuge aus zwei oder mehr Elementen von unterschiedlicher Art zu einer Einheit zusammengesetzt. Zum Beispiel machen Menschen Speere, Messer und Schaber aus einem Griff oder Schaft, einem Einsatz aus Stein (Klinge) und einem Bindematerial. William McGrew [247] nennt drei Beispiele bei Schimpansen. Einmal den Wiegestein, welchen Schimpansen unter den Amboss schieben, um ihn zu stabilisieren und damit effizienter zu machen. Das wird allerdings mehrheitlich als Beispiel für ein Meta-Werkzeug gesehen, denn hier handelt es sich um eine sehr lose Verbindung, keine echte Zusammensetzung. Das zweite Beispiel ist der Blätterschwamm. Hier werden mehrere frische Blätter zu einer einzigen gepressten Masse verbunden, welche es erlaubt, Wasser aus unzugänglichen Baumöffnungen zu extrahieren [248]. Hier ist die Zusammensetzung schon deutlicher, aber das Werkzeug ist dennoch sehr einfach (Zusammenlegen) und besteht aus ein und denselben Komponenten (Blätter). Schließlich verknüpfen Menschenaffen täglich Äste, Zweige und Blätter miteinander, um Plattformen zum Schlafen (Betten oder Nester) zu bauen, wobei Rahmen, Auflagen, Decken und sogar Polster geschaffen werden [249]. Diese Betten werden wie Nester von Shumaker, Walkup und Beck [200] als *Konstruktionen* bezeichnet, die sich von Werkzeugen dadurch unterscheiden, dass sie nicht gehalten, bewegt und manipuliert werden.

Eine weitere Möglichkeit der Zunahme an Komplexität bei der Verwendung von Werkzeugen betrifft die Anzahl der Verwendungsweisen ein und desselben Gegenstandes. *Multifunktionale* Werkzeuge finden wir wiederum bei Schimpansen und Kapuzineraffen zum Zweck der extrahierenden Futtersuche. Schimpansen verwenden Stöcke sowohl zum Termitenangeln als auch zum Honigsammeln [250-252]. Kapuzineraffen verwenden Stöcke zum Aufsammeln von Wasser, Gliederfüßern (Insekten, Krebstiere) und den Inhalten von Insektennestern. Steine werden meist als Hammer verwendet, nicht nur zum Öffnen von Nüssen oder zum Erreichen anderer eingeschlossener Nahrungsmittel, sondern auch zum Aufbrechen von Holz und harter Erde, um Insekten oder Wurzeln freizulegen, und – wie schon erwähnt – zum Herausschlagen eingeschlossener Quarzsteine aus Konglomeratblöcken [245]. Inwieweit dieselben Steine auch zum Werfen oder Trommeln oder dieselben Stöcke zum Graben verwendet werden, bleibt offen, im Großen und Ganzen aber sind es diese beiden Gegenstandskategorien, die unter Affen viele Verwendungsmöglichkeiten finden.

Neueste Berichte haben bestätigt, dass auch bei Geradschnabelkrähen das Multifunktionswerkzeug Stöckchen für andere Zwecke als nur zum Erwerb von unerreichbarer Nahrung mittels Stochern in Astlöchern verwendet wird. Diese Vögel setzen sie auch generell zur Exploration ihrer Umgebung ein [253]. Offenbar wahren sie damit Distanz zu möglichen Gefahren.

Die multifunktionale Verwendung von Gegenständen zeigt,

dass die Akteure diese als Mittel zum Zweck verwenden, wobei hier nicht die Mittel, sondern die Zwecke variieren. In jedem Fall beweist dies einen hohen Grad an Flexibilität und ein zumindest basales Verständnis der physikalischen Eigenschaften der Gegenstände. Letzteres führt auch unmittelbar zu einem Verständnis der funktionalen Möglichkeiten – dessen, was man mit dem Gegenstand tun kann, im Englischen verwendet man dafür den Begriff »*affordances*«. Bei der wiederholten Ver- oder Anwendung der Gegenstände sammeln die Tiere Erfahrungen über die Beziehung von Gegenstand, Aktion und Wirkung. Sich selbst und sein Tun beobachtend, entdeckt der Akteur Reizwirkungen, wie etwa durch das Beobachten von Bewegungen von Objekten, deren dynamische Eigenschaften und raumzeitliche Kausalbeziehungen.

Diese etwas abstrakte oder sperrige Formulierung erfordert die Verdeutlichung anhand eines Beispiels. Ein junger Kapuzineraffe kann lernen, dass weicher Sandstein beim Aufschlagen auf die harte Strickpalmennuss zerbricht, während die Nuss intakt bleibt. Im Gegensatz dazu ist es bei harten Quarzsteinen genau umgekehrt. Mit der Zeit wird der junge Affe immer häufiger zu Quarzsteinen greifen, nachdem er eine Nuss auf den Amboss platziert hat. Er hat also aus seinen Tätigkeiten gelernt, auf bestimmte relevante Eigenschaften des möglichen Werkzeugs zu achten. Wir wissen allerdings noch nicht, ob a) der Affe den Sandstein meidet, weil er zerbrechlich ist oder b) weil er leicht ist oder c) weil er so aussieht wie jene Steine, die bei früheren Aktionen zu Bruch gingen. Anders gesagt, wir wissen nicht, was der Affe genau gelernt hat oder was er nun über Steine als Hammer versteht, wenn er selektiv vorgeht. Wir werden darauf später noch genauer zurückkommen.

Hier sollte noch erwähnt werden, dass eine kürzlich vorgestellte Theorie des Werkzeuggebrauchs, »*Tooling*« genannt [254], versucht, die verschiedenen Aspekte des Körpers, des Verstandes, der Aufgabe und der Umwelt zu vereinen. Denn bei der Analyse eines möglichen Falls von Werkzeuggebrauch im Tierreich müssen wir uns mit der Echtzeitdynamik der spezifischen Aufgabe auseinandersetzen, zu der das Wahrnehmen und Bewegen der Gliedmaßen, des Kopfes, der Augen und des gegriffenen Objekts sowie das Wahrnehmen der Auswirkungen der Handlungen mit dem gegriffenen Objekt auf das Ziel gehören. Dorothy Fragaszy und Madhur Mangalam [254] definieren die Werkzeugverwendung, die über bloßes instrumentelles Problemlösen hinausgeht, als absichtliche Erzeugung einer mechanischen Wirkung auf ein Zielobjekt, indem zuerst ein Objekt gegriffen wird, wodurch der Tierkörper in ein Körper-plus-Objekt-System umgewandelt wird, das dann verwendet wird, um (mindestens) eine räumliche Beziehung zwischen einem gegriffenen Objekt und einem Zielobjekt herzustellen, wodurch eine mechanische Schnittstelle zwischen den beiden geschaffen wird. Diese von der Theorie der »verkörperten Kognition« [255, 256] inspirierte Definition schließt allerdings das Werfen von Speeren aus, weil dabei das Körper-plus-Objekt-System, das sich über den Zuwachs von Freiheitsgraden definiert, aufgelöst wird. Es ist eine der fortgeschrittensten und neurokognitiv anspruchsvollsten Formen der Objektinteraktion, die schnelle Muskelbewegungen, Flugbahnberechnungen und ein präzises Timing innerhalb eines engen Zeitfensters erfordert [257]. Gezieltes Werfen beinhaltet daher einzigartige Herausforderungen auf der kognitiven Ebene, insbesondere hinsichtlich der Planung, des Timings und der Präzision. Obwohl wir einige grundlegende Wurftechniken mit anderen Primaten teilen [258], ist der Mensch unübertroffen in seiner Fähigkeit, mit einer ausreichend hohen Geschwindigkeit zu werfen, um Beute oder Artgenossen zu töten [259]. William Calvin (University of Washington, Seattle, USA) hat sogar vorgeschlagen, dass diese Anforderungen zur Gehirnvergrößerung der Hominiden beigetragen haben, da Fehler im neuronalen Timing durch eine Zunahme redundanter paralleler neuronaler Schaltkreise kompensiert werden könnten.

Die Tooling-Theorie, die von biomechanischen und räumlichen Wirkungszusammenhängen ausgeht, hat den Vorteil, Werkzeuggebrauch nicht über den Gegenstand (das Werkzeug), sondern ausgehend von der Aktion zu beschreiben. Der Ort der Kontrolle für diese verlagert sich vom Körperteil, zum Beispiel der Hand, die das Objekt greift, zu dem Teil des Werkzeugs, der den Kontakt mit der Umwelt während des Gebrauchs herstellt. Dieser Gegenstand am anderen Ende liefert, anders als ein Körperteil, kein direktes Feedback an das Gehirn. Somit transformiert der Einsatz von Werkzeugen das Bewegungssystem des Körpers auf eine besondere Art und Weise, die bei anderen Formen des Objektgebrauchs nicht vorhanden ist. Die Verwendung eines Stocks, um in einem Loch zu stochern, verändert die Repräsentation der Handlung des Tieres in einer Weise, wie etwa das Fallenlassen eines Steins es nicht tut.

Die zentrale Hypothese der Tooling-Theorie ist, dass die Schwierigkeit des Werkzeuggebrauchs mit folgenden fünf Faktoren zunimmt: 1) mit der Anzahl der räumlichen Beziehungen, 2) mit der zeitlichen Reihenfolge (wobei gleichzeitige Beziehungen schwieriger sind als sequenzielle), 3) mit der zeitlichen Dynamik (wobei dynamische Beziehungen schwieriger sind als statische), 4) mit dem Bezugsrahmen (wobei allozentrische, auf die Umwelt ausgerichtete Handlungen schwieriger sind als egozentrische, auf den eigenen Körper ausgerichtete Handlungen) und 5) mit der Spezifität (je nach Platzierung, Orientierung und geometrischer Ausrichtung) [246]. Die Messung dieser Aspekte des Werkzeuggebrauchs ermöglicht nicht nur eine detailliertere und kohärentere Charakterisierung spezifischer Phänomene des Werkzeuggebrauchs, sondern liefert auch Maße, die für breitere Vergleichszwecke über verschiedene Tierarten und Arten des Werkzeuggebrauchs hinweg angewendet werden können.

Eine Gruppe junger Kolleginnen und Kollegen meiner Abteilung hat systematisch alle von Shumaker, Walkup und Beck [200] in ihrem Lehrbuch dokumentierten Beispiele für die Verwendung von Werkzeugen dahingehend untersucht, ob sie nach der Tooling-Theorie als Werkzeuggebrauch zu qualifizieren sind oder nicht [260]. Tatsächlich war das nur bei etwa 40 Prozent der Fall. Zudem scheint der Werkzeuggebrauch im Sinne des Tooling im Tierreich weit weniger verbreitet zu sein als der Werkzeuggebrauch nach der Definition von Shumaker, Walkup und Beck [200], wobei die größte Typenvielfalt in der Ordnung der Primaten gefunden wurde. Offen bleibt aber bei dieser neuen Klassifikationsart, ob Tiere noch zusätzlich zur »verkörperten Kognition« des Tooling noch andere intellektuelle Herausforderungen meistern. Damit beschäftigen wir uns im nächsten Abschnitt.

Kreative Werkzeugnutzer

Neurophysiologische Untersuchungen von Makaken und Menschen legen nahe, dass der Einsatz von Werkzeugen die interne Repräsentation der Extremitäten des Akteurs (Hand, Fuß, Schnabel usw.) erweitert [261, 262]. Die Erweiterung der Körperdarstellung allein kann jedoch nicht erklären, wie die Wirksamkeit eines Gegenstandes repräsentiert wird [263]. Ein Schraubenzieher zum Beispiel erweitert nicht nur die Reichweite des Benutzers, sondern auch die funktionellen Fähigkeiten der Hand. Die Art und Weise, wie wir geschickt mit Werkzeugen und anderen Artefakten interagieren, ist jedoch stark kontextabhängig, und Aspekte dieses Kontexts werden nicht durch die physikalischen Eigenschaften der Aufgabe oder des Körpers des Akteurs alleine spezifiziert. Die effektive Kontrolle von Werkzeugen beinhaltet sowohl eine werkzeugspezifische Erweiterung des Körperschemas als auch ein spezifisches Denken, das erfasst, wie Bewegungen der Hände (oder des Körpers oder anderer Extremitäten) in Aktionen des schlussendlich wirksamen Werkzeugs umgewandelt werden. Die Art und Weise, wie Menschen und manche Tiere Werkzeuge geschickt einsetzen, ist dank Anpassungen möglich, die sensomotorische und kognitive Prozesse integrieren [264]. Der komplexe Werkzeuggebrauch wird durch konzeptuelles

Wissen über Objekte und ihre Funktionen, die vom Akteur beabsichtigten Ziele und die Interpretationen der vorherrschenden Aufgabenanforderungen ermöglicht. Vergleichende Studien deuten darauf hin, dass kritische Unterschiede im Werkzeuggebrauch eher in den Mechanismen zu finden sind, die am kausalen Denken beteiligt sind, als in denen, die sensomotorische Transformationen durchführen [265].

Bevor wir uns den kniffligen Fragen zu den kognitiven Aspekten des Werkzeuggebrauchs zuwenden und eine Auswahl an jüngeren Experimenten dazu diskutieren, will ich begründen, warum ich mich im Folgenden auf nur eine Handvoll Tierarten beschränken werde, die wild lebend gewohnheitsmäßig komplexe Werkzeugnutzung zeigen. Das sind im Bereich der Säugetiere Schimpansen (mit kurzen Exkursionen zu anderen Menschenaffen, Javaneraffen und Kapuzineraffen) und im Bereich der Vögel Geradschnabelkrähen und Spechtfinken.

Ich beschränke mich auf diese Tierarten aus folgenden Gründen:

1. Sie verwenden Werkzeuge gewohnheitsmäßig, teilweise exzessiv.
2. Innerhalb der Art sind es nicht einzelne Individuen, sondern mindestens mehrere Populationen, die bisher beobachtet wurden, im Freiland wie im (Feld-)Labor.
3. Es handelt sich bei ihnen um gut und lange untersuchte Arten. Zum Werkzeuggebrauch bei Schimpansen wurden bisher über 500 Fachartikel geschrieben. Von den anderen ausgewählten Arten sind es mindestens Dutzende.
4. Ich verzichte auch auf explizite Darstellungen von wirbellosen Tieren, Fischen und Reptilien (zum Beispiel Grabwespen, Oktopusse, Schützenfische, Australische Salzwasserkrokodile), weil es neben anekdotischen Beobachtungen kaum relevante systematische, experimentelle Untersuchungen gibt.
5. Von den ausgewählten Arten gibt es neben unzähligen Freilandbeobachtungen auch eine große Zahl experimenteller Stu-

dien, nicht nur zum Werkzeuggebrauch selbst, sondern zu allen relevanten Fragen im Kontext von physikalischer Intelligenz, Kausalverständnis und Planen.

Schimpansen

Über den Gebrauch von Werkzeugen bei Schimpansen berichten zwar schon Savage und Wyman (1843-44), aber weltweit bekannt wurde das erst durch die Entdeckung von Jane Goodall im Jahre 1960 und einer damit losgetretenen Diskussion über den Wegfall eines wichtigen Merkmals, das uns Menschen auszeichnet und von Tieren trennt. Sie beobachtete einen erwachsenen männlichen Schimpansen (namens David Greybeard) im (späteren) Gombe-Reservat in Tansania, wie er sich ein Werkzeug aus Gras bastelte, um Termiten aus ihrem Bau herauszufischen und danach zu essen [202]. Auf das Telegramm, das Jane ihrem damaligen Mentor, dem Paläoanthropologen Louis Leakey, aufgeregt schrieb, antwortete dieser mit den berühmten Worten:

»Jetzt müssen wir ›Werkzeug‹ neu definieren, ›Mensch‹ neu definieren oder Schimpansen als Menschen akzeptieren!« [266, S. 2184].

Die nachfolgende Forschung hat die Grenze zwischen dem, was wir menschlich, und dem, was wir nichtmenschlich nennen, noch weiter verwischt, weil Goodall zeigen konnte, dass Schimpansen noch ein viel größeres Werkzeugrepertoire besitzen und dieses sehr flexibel und zielgerichtet einsetzen können. Große Forschergruppen haben nicht nur in allen Teilen Afrikas, wo Schimpansen vorkommen, systematische Feldbeobachtungen unternommen und dabei sehr große Datenmengen, unterstützt durch Videoaufzeichnungen gesammelt. Sie haben auch ausgeklügelte Feldexperimente durchgeführt, um einzelne Komponenten ihres Tuns, wie die Auswahl, Modifikation und hierarchische Manipulation der Werkzeuge, zu studieren [267]. Durch diese schon fast sechs Jahrzehnte dauernden Beobachtungen sind mehrere Populationen von wilden Schimpansen vollständig an das Vorhandensein von Menschen gewöhnt und können daher aus nächster Nähe beobachtet werden.

Wie wir schon in den vorangegangenen Kapiteln erwähnt hatten, finden sich bei Schimpansen alle Formen des komplexen Werkzeuggebrauchs mit Ausnahme der Herstellung von zusammengesetzten Werkzeugen. Letzterem werden zwar nicht alle Schimpansenforscher zustimmen, aber es tut dem Umfang und der Komplexität des Werkzeuggebrauchs dieser Tiere keinen Abbruch. Nahezu alle Verhaltensforscher werden darin übereinstimmen, dass Schimpansen in dieser Beziehung dem Menschen am nächsten kommen. Schon was den Umfang an Gegenständen betrifft, die von einzelnen Tieren oder Gruppen in natürlicher Weise (nicht durch Forscher unterstützt) und in freier Wildbahn (nicht in Zoos, Labors oder Schutzgebieten) benutzt werden, sticht diese Tierart unter allen anderen – soweit bekannt – hervor. Auf Ebene der Population zählte man 20 Typen von Werkzeugen, welche für verschiedene Funktionen des täglichen Lebens verwendet werden, darunter Verpflegung, Gemeinschaft, Reproduktion und Selbsterhaltung [247]. Interessant ist dabei, dass sich die Populationen in der primären Verwendungsart ihrer Werkzeuge unterscheiden. Während Schimpansenpopulationen in der Republik Kongo diese am meisten für die extraktive (herausziehende) Futtersuche einsetzen, nutzen die Tiere in Ngogo in Uganda sie für Hygiene- und Werbeverhalten.

Es ist aber nicht nur die Anzahl von Werkzeugen und Funktionen, vielmehr zeichnen sich Schimpansen durch die Kombinatorik ihrer Werkzeuge aus. Bei der Verwendung von Werkzeugen in Serie erstaunt ein Bericht von Schimpansen in Gabun, welche fünf verschiedene Gegenstände in einer konstanten Reihenfolge einsetzen, um an Honig zu gelangen. Sie wurden von den Autoren als Stampfer, Durchstoßer, Aufweiterer, Sammler und Tupfer bezeichnet [251]. Wir wissen nicht, ob Überlegung oder schlicht Erfahrung die Einhaltung der Reihenfolge garantiert, in jedem Fall ist dieser hohe Mitteleinsatz im Tierreich unerreicht.

Wir haben schon mehrmals das Paradebeispiel äffischen Werkzeuggebrauchs erwähnt, das Aufschlagen von Nüssen oder andern harten Gegenständen mit Steinen auf Steinen. Es ist nicht nur deshalb von besonderer öffentlicher Aufmerksamkeit begleitet, weil es an die Anfänge menschlicher Werkzeugkultur (Oldowan-Kultur) in Ostafrika erinnert, sondern weil es auch den (bisherigen) Höhepunkt der Komplexität im Tierreich darstellt. Wenn zwei kleine Steine als Wiegesteine unter einen großen Stein, der als Amboss dient, geschoben werden und ein weiterer Stein den Hammer abgibt, dann haben wir es hier mit einer Werkzeugkombination zu tun, die ein großes Verständnis für dynamische Zusammenhänge sowie eine beachtliche körperliche Technik voraussetzt (Abb. 7). Entsprechend der Theorie des »Tooling« [254] für die Analyse von Werkzeugaktionen ist diese ausgefeilte Technik des Nüsseaufschlagens auch quantitativ gesehen einzigartig im Tierreich, wenn man die Anforderungen dieser Aufgabe im Hinblick auf den Bezugsrahmen (allozentrisch), die Anzahl (mehrere), die Spezifität (Ausrichtung der verschiedenen Steine), die Dynamik und die zeitliche Reihenfolge der in jeder Aufgabe vorhandenen räumlichen Beziehungen berücksichtigt. Es ist daher nicht verwunderlich, dass Jungtiere die ausgereifte Technik erst nach drei bis fünf Lebensjahren entwickeln, in denen sie den erwachsenen Tieren zuschauen und immer wieder selbst probieren und trainieren [268].

Wenn man bedenkt, wie geschickt Schimpansen die Technik des Steinschlagens ausführen, erstaunt es nicht, dass vor einigen Jahren im Taï-Nationalpark an der Elfenbeinküste eine »Schimpansenwerkstatt« gefunden wurde [269]. Zudem fand man sechs Jahre später im selben Gebiet nicht nur ca. 40 kg Nussschalen, sondern auch rund 4300 Jahre alte Steine, die offenbar von Schimpansen verwendet wurden [270]. Die Steine wurden anscheinend von Felsnasen und anderen Plätzen zu bestimmten Zielorten gebracht, um dort als Hammer zum Aufschlagen von Nüssen genutzt zu werden. Die wiederholte Nutzung an diesen »Werkstätten« führte

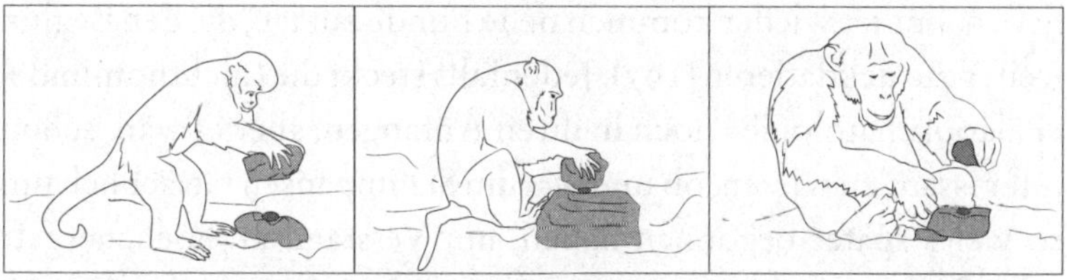

Abb. 7: Vergleich der Aufschlagtechniken von Affen. Links: ein Kapuzineraffe in Brasilien verwendet einen großen Stein als Hammer zum Aufschlagen einer Nuss, die ebenfalls auf einen großen Stein als Amboss gelegt wurde. Man beachte die Größe des Hammers und die beidhändige Schlagtechnik. Mitte: ein männlicher Langschwanzmakak knackt Ölpalmennüsse in Thailand. Rechts: ein erwachsener, männlicher Schimpanse beim Aufschlagen einer Nuss in Bossou, Guinea. Man beachte, dass der große Stein, der als Amboss benutzt wird, noch von einem kleinen Stein (dem sogenannten Wiegestein) darunter, den der Schimpanse mit dem Fuß fixiert, stabilisiert wird. In der rechten Hand hält der Schimpanse einen zweiten Stein als Reserve.

zu Müllanhäufung und Standortbildung. Die Hammer-Steine weisen die gleichen typischen Abnutzungserscheinungen auf wie jene, die von heute lebenden Schimpansen verwendet werden. Gleichzeitig unterscheiden sie sich von allen Steinwerkzeugen, die man von Steinzeitmenschen (Oldowan-Kultur) kennt. Interessant ist, dass es dennoch funktionale Ähnlichkeiten zur menschlichen Steinkultur gibt, wie etwa die Auswahl und das Beschaffen von Rohmaterialien und deren gezielte Verwendung für eine bestimmte Arbeit an einem bestimmten Ort, ferner das wiederholte Aufsuchen bestimmter Orte für bestimmte Zwecke, sodass sich dort Reststoffe und Schutt anhäufen. Diese Schimpansen-Steinzeit ist älter als die ersten landwirtschaftlichen Ansiedlungen von Menschen in diesem Teil des afrikanischen Regenwalds, weshalb sich die Schimpansen die Technik nicht von diesen abschauen konnten. Man muss daher von einer konvergenten Steinklopfer-Evolution ausgehen. Wir wissen allerdings nicht, wie lange Schimpansen und deren Vorfahren schon mit Steinen gearbeitet haben. Auch die Paläoanthropologie scheint noch nicht die frühesten Spuren menschlicher Steinwerkzeug-Kultur gefunden zu haben, immer wieder kommen neue Funde zutage, die den Beginn weiter zurückdatieren [197]. Jedenfalls steckt die (nichthominide) »Paläoprimatologie« noch in ihren Anfängen, aber es wäre schon interessant zu wissen, ob und warum Schimpansen tatsächlich um so vieles später begonnen haben, mit Verstand zu hochenergetischer Nahrung zu kommen.

Neben der Steinwerkzeugtechnik scheinen Schimpansen noch einige weitere Spitzenleistungen zu zeigen. Sie sind fähig, aus einem einzigen Rohmaterial mehrere verschiedene Werkzeuge herzustellen (zum Beispiel aus Blättern einen Schwamm, ein Kissen, ein Mundtuch, eine Sonde) oder aus verschiedenen Rohmaterialien einen einzigen Typ von Werkzeug (eine Sonde aus Gras, Rinde, Reben oder Zweigen). Auch scheinen sie die einzigen Tiere zu sein, bei denen der Gebrauch von Werkzeugen auf mehreren Ebenen variiert, vom Individuum zur Familie, von der Gemeinschaft bis zur Populations- und Unterartenebene. Das deutet auf die besondere Rolle des Lernens und der Erfahrung hin, ebenso auf die Weitergabe des Wissens durch Nachahmung. Erst kürzlich konnte man mit Videofallen herausfinden, wie junge Schimpansen von ihren Müttern lernen, an den Honig von tief unter der Erdoberfläche lebenden Bienen zu kommen [271].

Das Entdecken neuer Werkzeuge oder Werkzeuggebräuche bei Schimpansen wird noch lange kein Ende finden, nicht nur, weil viele Schimpansenpopulationen noch nicht gut erforscht sind, da sie nicht an den Menschen gewöhnt sind, sondern auch, weil man mit neuen archäologischen Mitteln Zeugnisse ihrer Technologie aufspürt. So fand man in einem sehr trockenen Savannengebiet in Tansania Spuren des Ausgrabens von Pflanzen mit Speicherorganen – unterirdische Sprossknollen oder Rüben –, die auf Schimpansen schließen lassen [272]. Auch in diesem Fall sprach man lange von einer menschlichen Einzigartigkeit, die es nur unseren Vorfahren ermöglichte, in nahrungsarmen Zeiten auf diese Nahrungsquellen zurückzugreifen. Das Ausgraben von Nahrung aus dem Boden mit unterschiedlichen Grabwerkzeugen aus Ästen wurde später auch experimentell nachgewiesen, wobei die Schimpansen nicht nur selektiv bei der Auswahl der Werkzeuge vorgehen, sondern auch verschiedenste Techniken einsetzen [273]. Erstaunlich ist dabei, dass es sich hier um im Zoo geborene Tiere handelt, die sich diese Techniken selbst beibrachten.

Ganz anders gehen Schimpansen in den Nimba-Bergen von Guinea vor, wo sie unter Verwendung von Hammer und Amboss fasrige, basketballgroße Früchte in handhabbare, kleinere Stücke spalten [274]. Und besonders großes Aufsehen erzeugte schließlich eine Beobachtung in Senegal, wo Schimpansen mit Speeren auf die Jagd von Buschbabys gingen [275]. Die Speere stellten sie aufwendig in fünf Stufen her, wobei sie eine Spitze durch Kürzen an einem Ende schufen. Interessant dabei war, dass hier weniger erwachsene Männchen am Werk waren, sondern eher Weibchen und jugendliche Schimpansen.

Andere Menschenaffen

Nimmt man alle diese großartigen Berichte über die technischen Fähigkeiten von Schimpansen zusammen, fragt man sich, warum nur sie und nicht auch die anderen Menschenaffen in dieser Weise hervorstechen. Die Antwort wurde noch schwieriger, als man sah, wozu Bonobos, Gorillas und Orang-Utans tatsächlich fähig sind. Aus Zoos, Auffangstationen und Schutzgebieten mehrten sich die Berichte über deren kognitive und manuelle Fähigkeiten. In mehreren Zoos stellten Forscher Bonobos vor eine Reihe von Aufgaben, die nur mit Werkzeugen zu lösen waren [276]. Zum Beispiel zeigten sie ihnen unter einem Felsen verstecktes Futter und hinterließen in der Nähe technische Hilfen wie Stöcke und Geweihstangen. Tatsächlich machten zwei von acht im Zoo und vier von sieben im Schutzgebiet lebenden Bonobos davon Gebrauch – und zwar meistens, ohne zu zögern. Nicht nur nutzten sie die vorhandenen Gegenstände, um zu graben, sondern verwendeten auch einen langen Stock, um größere Felsen aus dem Weg zu hebeln. Manche gebrauchten sogar mehrere Gegenstände in Folge. Drei

Reservataffen schlugen mit Steinen auf lange Röhrenknochen und legten Nahrung in der Knochenmarkhöhle frei. Ein anderer schlug den Knochen nahezu genau in der Längsachse auf und zeigte damit eine Technik, wie sie bisher nur von unseren menschlichen Vorfahren bekannt war. Ein Bonobo schärfte mit seinen Zähnen einen Stock und machte sich einen Speer. Das größere Geschick der Reservat-Affen gegenüber den Zoo-Affen könnte mit ihren Haltungsbedingungen und der reichhaltigeren Umgebung zu tun haben. Es scheint so zu sein, als würden die Tiere, sobald sie die Rohmaterialien zur Verfügung haben, diese in korrekter und kontextspezifischer Weise nützen können und wollen. Warum sie das in freier Wildbahn, wo sie ebenso Steine und Äste vorfinden, nicht tun, ist erklärungsbedürftig. Allerdings ist einschränkend zu sagen, dass Bonobos noch nicht überall beobachtet wurden, vor allem kaum in ihren südlicheren Verbreitungsgebieten, wo es schwieriger ist, an Futter zu kommen, und wo sich der Einsatz von Werkzeugen eher bezahlt machen würde.

Auch Westliche Gorillas sind im Zoo sehr geschickt, trotz ihrer großen körperlichen Masse können sogar Silberrücken sehr vorsichtig und feinfühlig Futterstücke aus kleinen Labyrinthkästen stochern. In freier Wildbahn gibt es nur wenige bekannte Fälle von Werkzeuggebrauch, wenn man einmal von den häufig zu beobachtenden gezielten Würfen von Ästen und Blättern in aggressiven Auseinandersetzungen absieht. Für größeres Aufsehen sorgte eine Beobachtung eines freilebenden, erwachsenen Weibchens, das einen etwa einen Meter langen Stock verwendete, um die Tiefe eines Wasserhindernisses zu erkunden. Sie tat dies mehrmals beim Durchqueren und nützte den Stock auch als Stütze [215].

Orang-Utans[19] schließlich stellen einen äußerst interessanten und teilweise rätselhaften Fall von Werkzeugverwendern dar.

---

19 Unter den Menschenaffen sind die Orang-Utans am wenigsten mit dem Menschen verwandt, denn die Orang-Utan-Linie und die der anderen

Im Zoo und auch in Auffangstationen zeigen sie unglaublich geschickte und innovative Handhabungen von Gegenständen, bis hin zu Feuerzeugen und Waschrumpeln, teilweise schauen sie sich menschliche Gebrauchsweisen durch exakte Imitation ab [277, 278]. Diesbezüglich sind sie sicherlich auf dem kognitiven Niveau von Schimpansen. Werkzeuggebrauch im Freiland war hingegen lange Zeit nur spärlich bekannt. Orang-Utans verbringen die meiste Zeit in den Bäumen, wo sie nicht nur schlechter beobachtbar sind, sondern meist auch eine Hand zum Festhalten brauchen und daher manuell gehandicapt sind. Nicht überraschend wurden die Beobachtungen von Suzanne Chevalier-Skolnikoff, Anne Russon und Birutė Mary F. Galdikas in der Weise gedeutet, dass die hohen kognitiven Fähigkeiten der Orang-Utans am häufigsten zur Fortbewegung genutzt werden [279]. In freier Wildbahn manipulieren Orang-Utans ständig ihre dreidimensionale Umgebung, während sie sich bewegen und auf Nahrungssuche sind. Aber da die Bäume, Äste und die sonstige Vegetation, die Orang-Utans auf sehr raffinierte Weise nutzen, großteils nicht frei manipulierbar sind, werden diese Manipulationen im Allgemeinen nicht als Werkzeuggebrauch bezeichnet. In Gefangenschaft hantieren sie jedoch auch ausgiebig und geschickt mit losen Stöcken und anderen Materialien.

In den letzten beiden Jahrzehnten haben Carel van Schaik und sein Team systematisch die Verwendung von abgetrennten Gegenständen bei wild lebenden Orang-Utans untersucht und dabei ein reichhaltiges Repertoire von Werkzeugen und deren vielfältige Nutzungsmöglichkeiten beschrieben [219, 280]. Für wild lebende Orang-Utans wurden insgesamt 38 (echte) Werkzeugvarianten (und fünf Nestbauvarianten, die ebenfalls als echte Werkzeugnutzung angesehen werden könnten) katalogisiert. Darunter

---

Menschenaffen trennten sich vor etwa 14 Millionen Jahren voneinander. Heute findet man Orang-Utans nur noch auf den südasiatischen Inseln Sumatra (*Pongo abelii*) und Borneo (*Pongo pygmaeus*).

befinden sich sieben Werkzeugvarianten, die für die extraktive Futtersuche verwendet werden, 13 für den Lebensunterhalt, 18 für den physischen Komfort und sieben für die Kommunikation. Einige Varianten werden also für mehrere Funktionen eingesetzt [281].

Bei Orang-Utans wurden bisher kaum komplexe, das heißt mehrere Gegenstände verbindende Werkzeugverwendungen gefunden, die bei Schimpansen mehr als ein Drittel aller Varianten darstellen. Im Vergleich zu Schimpansen haben sie auch deutlich weniger Futter extrahierende und terrestrische, nicht aber weniger kulturelle Werkzeugvarianten. Auch die Kontexte, in denen Werkzeugvarianten verwendet wurden, unterschieden sich tendenziell zwischen den beiden Arten. Orang-Utans weisen deutlich weniger Varianten von Hilfsmitteln für den Lebensunterhalt als Schimpansen auf, dagegen wesentlich mehr Varianten von Hilfsmitteln für den körperlichen Komfort, aber keine wesentlichen Unterschiede in der Anzahl der Varianten von Kommunikationshilfsmitteln. Diese neuen Befunde widersprechen der ursprünglichen sozioökologischen Theorie und unterstützen stattdessen die Notwendigkeit, die Rolle des Lebens am Boden als Erklärung für die Unterschiede im Werkzeuggebrauch von Schimpansen und Orang-Utans und als treibende Kraft für die Evolution des komplexen Werkzeuggebrauchs heranzuziehen [210].

Javaneraffen

Obwohl Werkzeuggebrauch relativ weit im Tierreich verbreitet ist, machen nur wenige Tiere routinemäßigen Gebrauch von Steinen. Unter den (nichtmenschlichen) Primaten sind es nur drei Arten: die im westlichen Afrika lebenden Schimpansen, Kapuzineraffen in Brasilien und Javaneraffen in Thailand und Myanmar.

Der Javaneraffe, Langschwanzmakak oder Krabbenesser ist eine Primatenart aus der Gattung der Makaken innerhalb der Familie der Meerkatzenverwandten. Auch sie verwendet Steine zum Aufschlagen von energiereicher, eingeschlossener Nahrung und zeigt dabei eine bemerkenswerte Übereinstimmung zu Schimpansen und frühen Steinzeitmenschen: gezielte Auswahl von Steinen, Transport zu geeigneten Stellen (meist zu einem Amboss), diskrete Arbeitsplätze, Modifikation und Sammlung der Werkzeuge und vieles mehr. Während Schimpansen im tropischen Regenwald leben und nicht alle, aber zumindest die Steine nutzenden Kapuzineraffen in den trockenen Laubwäldern, verbringen die Javaneraffen viel Zeit an den Küsten thailändischer Inseln, wo sie Steine verwenden, um Muscheln zu knacken.

Für Aufsehen sorgte die Beobachtung, dass einige Javaneraffen auch ins Landesinnere streifen. Man fand sie unter anderem auf einer nicht mehr genutzten Ölpalmen-Plantage auf der Insel Yao Noi. Und dort fand man auch Steine, die offenbar als Amboss benutzt wurden, und andere Steine, die als Hammer zum Einsatz kamen (Abb. 7). Mit Kamerafallen fand man heraus, dass sowohl Männchen wie Weibchen die Stellen aufsuchten und genau das taten, was man vermutet hatte: Sie platzierten eine Nuss nach der anderen auf dem flachen Stein und hämmerten so lange mit anderen Steinen darauf ein, bis diese aufbrachen und den nahrhaften Inhalt freigaben [282].

Diese Entdeckung ist deshalb so interessant, weil man hier eine ganz junge Verhaltensanpassung vorfand. Offenbar haben die Affen eine Technik, die sie an den Küsten für das Aufknacken von Muscheln entwickelt hatten, nun in das Landesinnere verlegt und sich so eine neue Nahrungsquelle erschlossen. Menschen haben die Ölpalmen, eine an Proteinen, Fett und Vitaminen reiche Nahrungsquelle, erst vor etwas mehr als einem Jahrzehnt in diese Region verpflanzt. Damit ist das die erste Javaneraffen-Generation, die dieses Verhalten ausüben kann. Die Forscher konnten damit eine technologische Antwort der Affen auf eine anthropogene Veränderung ihrer Umwelt und damit auch eine echte Verhaltensinnovation bezeugen [283]. Nun wollen sie herausfinden, ob, und wenn ja wie, sich diese Technik verbreitet, ob sie also zu einer

Tradition wird. Möglicherweise findet man noch andere, später aufgegebene Plätze, an denen diese Technik benutzt wurde, und die neuen Plätze werden von Affen genützt, die eine verbesserte Technik entwickelt haben. Wenn man frühere Verwendung der Steine von der jetzigen Verwendung nach Jahren der Ausübung unterscheiden könnte, würde man Zeuge einer Evolution des Werkzeuggebrauchs werden können. Wie schon erwähnt, haben Schimpansen mit dieser Steinwerkzeug-Technologie wohl schon vor mindestens einigen Tausend Jahren begonnen. Hier hingegen kann man das Zusammenspiel von Verhaltensplastizität, Innovation und Tradition, alles wesentliche Merkmale für Kultur, *in situ* studieren. In jedem Fall »haben diese Affen das Potenzial zur Ausübung kultureller Tendenzen« [283, S. 872f.].

Was diese Entdeckung außerdem so interessant macht, ist der dadurch möglich gewordene Vergleich des Aufschlagens von Nüssen bei Schimpansen und Menschen. Die Javaneraffen könnten eine ähnliche Technik verwenden, aber genauso gut auch eine ganz andere, abhängig von ihrer Wahrnehmung der Beziehung zwischen ihren Bewegungen und deren Wirkungen auf die Nüsse sowie ihrer Kontrolle der Bewegung. Damit könnten sie sogar, so die Ansicht der Autoren, ein gutes Modell für die frühe Evolution der Oldowan-Steinwerkzeugtechniken von Menschen abgeben. Eine Gruppe von sogenannten »(nicht-hominiden) Primaten-Archäologen« meint daher, dass die Analyse der äffischen Werkzeugtechniken helfen kann, die Evolution des Werkzeuggebrauchs beim Menschen besser zu verstehen, und es daher Zeit ist, die anthropozentrische Engstirnigkeit zu überwinden [284].

Kapuzineraffen

Vom vergleichenden, evolutionären Standpunkt aus gesehen ist es besonders wertvoll, Neuweltaffen als Dritte im Bunde der nichtmenschlichen Steineklopfer zum Zwecke der Nahrungsbeschaffung zu haben. Es sind dies die Rückenstreifen-Kapuziner, eine Primatenart aus der Unterfamilie der Kapuzineraffen innerhalb der Neuweltaffen. Rückenstreifen-Kapuziner sind mittelgroße Primaten (etwa zwei bis vier Kilogramm schwer), die in den trockenen Laubwäldern (Caatinga und Cerrado) im nordöstlichen Brasilien vorkommen. Sie sind Allesfresser, die neben Früchten auch andere Pflanzenteile, ebenso Insekten und kleine Wirbeltiere verzehren. Schon von frühester Jugend an schlagen sie mit Objekten auf den Boden und über ihre ganze geographische Verbreitung hinweg schlagen sie eingeschlossene Nahrung (wie harte Früchte, Samen oder Wirbellose in Schalen) auf harten Untergrund, um an das nahrhafte Innere zu gelangen.

Es ist bemerkenswert, dass nur einige wenige Populationen zu Steineklopfern geworden sind. Dafür gibt es drei Hypothesen, aber bisher konnte noch keine hinreichend gut bestätigt werden. Entweder ist dieser Werkzeuggebrauch auf einen »Energie-Flaschenhals« zurückzuführen, tritt also nur in Perioden (und an Orten) mit extremer Futterknappheit auf. Eine andere Hypothese, welche heute ganz generell für komplexen Werkzeuggebrauch wie das Steineklopfen in Anspruch genommen wird, beruht auf »Terrestrialität«, Futtersuche am Boden, wo man nicht nur Steine und Nüsse findet, sondern auch gut hämmern kann. Letzteres ist in den Bäumen kaum möglich. Drittens kann das Vorhandensein schwer zugänglicher Nahrung die Ernährungsvorteile von Werkzeuggebrauch erhöhen, unabhängig von saisonaler Verfügbarkeit und Terrestrialität. Allerdings gehen die Affen dem Steine-Hämmern in einer Umgebung nach, bei der Nahrung relativ reichlich und das ganze Jahr über verfügbar ist. Saisonale Nahrungsknappheit kann jedenfalls kein Grund für diese Tätigkeit in Cerrado sein. Eher scheint eine Kombination aus ökologischen Faktoren, einschließlich der räumlichen Verteilung der Nüsse, der Abwesenheit bodenjagender Fressfeinde und der mechanischen Eigenschaften der vorhandenen Nahrungstypen die entscheidende Rolle zu spielen.

Rückenstreifen-Kapuziner schlagen harte Nüsse ähnlich geschickt auf wie Schimpansen (Abb. 7) [220]. Obwohl die härtesten

Nussarten (vor allem jene der Strickpalme) ähnlich hart sind wie die Panda-Nüsse der Schimpansen und diese Neuweltaffen deutlich schlechtere körperliche Voraussetzung für das Aufschlagen haben, sind sie dabei sehr erfolgreich. Dazu verwenden sie Steine von ihrem halben Körpergewicht, stellen sich auf die Hinterbeine und schlagen mit großer Wucht und Präzision auf die Nüsse ein, die sie zuvor in den leichten Senken ihrer Steinambosse platziert haben. Trotz eines Zehntels des Körpergewichts von Schimpansen erzeugen sie mit ihrer Technik ähnlich viel Kraft (bis zu 12 kN). Wie Schimpansen gehen sie bei der Auswahl von Steinen zum Hämmern selektiv vor und transportieren diese zu Ambossen, die sie als Werktisch immer wieder verwenden. Die Auswahl geschieht meist optisch, aber da Größe und Gewicht nicht immer korrelieren, prüfen sie das Gewicht, bevor sie den Stein zum Amboss tragen. Das ist zweckmäßig, wenn man das Verhältnis Steingewicht zu Körpergewicht bedenkt. Auch scheinen zumindest die Weibchen die Steine im Hinblick auf die Härte der später zu öffnenden Nuss auszuwählen – je härter die Nuss, desto schwerer der Steinhammer [285].

Um die Komplexität des Nüsseknackens einigermaßen richtig einzuschätzen, muss man bedenken, welche Herausforderungen dabei zu bewältigen sind. Es wurde vorgeschlagen, dass die Affen dies durch multimodales Wahrnehmungslernen tun, in erster Linie durch haptisches Wahrnehmungslernen, das durch Erkundung und Übung erreicht wird [254]. Die Tiere müssen die vielfältigen statischen (Nuss / Amboss) und dynamischen Beziehungen (Hammer / Nuss) verstehen, aber auch diverse Lageoptionen (des Ambosses am Boden, der Nuss in einer Einbuchtung am Amboss), die richtige, sprich weniger widerstandsfähige Nuss wählen, die sie knacken können, und schließlich den richtigen Stein, sowohl was Form (glatte gegenüber unebenen Steinen) und Gewicht (schwere gegenüber leichten, solange sie gehoben werden können) als auch die Festigkeit (harte vor brüchigen Steinen) betrifft. Dazu kommt dann noch das Zusammentragen der Gegenstände. In einem Feldexperiment konnte statistisch bewiesen werden, dass die Affen die Steine vor dem Transport selektiv wählen. Sie nehmen überwiegend die schweren Steine und wechseln diese nicht mehr, sobald sie zu hämmern begonnen haben [286]. Offenbar haben die Tiere im Freiland mehr Erfahrung – sie brauchen immerhin zwei bis drei Jahre, um die Geschicklichkeit von Erwachsenen zu erzielen –, denn in vergleichbaren Versuchen im Zoo konnte das nicht bestätigt werden [287]. Wenn die wildlebenden Tiere in Brasilien die Qualität des Steines visuell nicht gut abschätzen können, prüfen sie die Steine durch Aufheben und Aufschlagen. Offenbar suchen sie die nötige Information, um zu vermeiden, ungeeignete Steine zur Werkstatt zu tragen. Das kann man als Vorausplanen deuten [285, 286].

Auch beim Amboss gehen die Affen sehr gezielt vor. Sie bringen die Nüsse in eine stabile Lage, meist in kleinen Einsenkungen, die von früheren Tätigkeiten resultieren. Vor dem Auflegen der Nuss auf den Untergrund klopfen sie mit dieser mehrfach auf. Damit suchen sie wahrscheinlich eine ideale, stabile Lage und orientieren sich mit dem Gehör. Es gibt allerdings Unterschiede zwischen den wenigen Populationen, die im großen Stil Nüsse mit Steinhämmern aufschlagen. Diese sind wohl nicht auf die Genetik zurückzuführen, sondern scheinen Verhaltenstraditionen darzustellen, die durch soziales Lernen innerhalb der Populationen verbreitet wurden [288].

Einige Gruppen von Rückenstreifen-Kapuzineraffen im Serra-da-Capivara-Nationalpark verwenden sogar Steine, um nach Wurzeln und Knollen in der Erde zu graben und Holz zu zertrümmern, um Insekten und Larven freizulegen [245, 289]. Sie schlagen auch andere Steine aus Konglomeratblöcken heraus und pulverisieren dabei eingeschlossene Quarzstücke, die sie dann abschlecken (wahrscheinlich, um die darin enthaltenen Mineralien aufzunehmen), oder sie verwenden die herausgeschlagenen Steine selbst wieder als Werkzeuge, was den Tatbestand des sekundären Werkzeuggebrauchs erfüllt. Steine werden nicht nur als Hämmer verwendet, sondern manchmal auch als Haken, um gelockerte Erde zu entfernen (multifunktionaler Werkzeuggebrauch!). Manche der Affen verwenden auch Stöcke, um Wasser oder feste Nahrung aus Spalten, Löchern und Insektennestern hervorzuholen, und modifizieren sie teilweise, indem sie Seitenzweige und Blätter entfernen oder sie insgesamt in der Länge kürzen. In wenigen bisher beobachteten Fällen haben sie sogar das Ende des Stocks dünner gemacht und damit die Fähigkeit des zielgerichteten Werkzeugbastelns gezeigt. Schließlich fand man, dass Steine mehrfach für unterschiedliche Zwecke genutzt wurden, auch zwei Steine in Kombination und sogar kombinierten Gebrauch von Steinen und Stöcken. Wir haben hier also offenbar auch Beispiele für sequenziellen, seriellen und kombinierten Werkzeuggebrauch [245]. Es verwundert daher nicht, dass diese Neuweltaffen auch Hauptakteure in experimentellen Laborstudien sind, wo man ihren kognitiven Fähigkeiten systematisch auf die Spur zu kommen versucht.

Da man interessiert war zu erfahren, wie lange diese Affen schon Steine zum Aufschlagen von Nüssen verwenden, und man an manchen Stellen größere Ansammlungen von entsprechenden Steinen fand, grub man vor wenigen Jahren in Fazenda Boa Vista (Piaui, Brasilien) an einer Stelle bis zu 70 cm unter die Erde und legte 69 Steine frei. Die Größe und Form sowie die Abnutzungsspuren dieser Steine waren jenen sehr ähnlich, die Affen gegenwärtig benutzen. Auf den Steinen konnten Reste von Cashewnüssen (die Kerne des Cashewbaumes) gefunden werden [290]. Mithilfe von Massenspektrometrie konnten diese Reste auf den Steinen auf ein Alter von sechs- bis siebenhundert Jahren datiert werden. Offenbar wurde die Schlagtechnik und die Auswahl der Steinwerkzeuge über hundert Generationen relativ konstant beibehalten.

Geradschnabelkrähen

Die Geradschnabelkrähe, auch Neukaledonienkrähe genannt, ist eine Verwandte des Kolkraben, der Dohle und der Saatkrähe aus der Gattung *Corvus*. Allerdings ist sie nicht sehr weit verbreitet, sondern ist eine tropische Inselkrähe, die ausschließlich auf Neukaledonien (Grande Terre) und auf der benachbarten Insel Maré (Loyalitätsinseln) vorkommt. Sie ist etwa so groß wie die Dohle (ca. 40 cm Körperlänge) und hat einen relativ kurzen Schnabel (42-50 mm). Hingegen verfügt sie – relativ zur Körpergröße – über eins der größten Gehirne aller Vogelarten [291], wobei vor allem die assoziativen Zentren größenmäßig hervorstechen [292].

Als Nahrungsgeneralist ernährt sie sich von einem beachtlichen Spektrum an Nahrungsquellen, darunter Früchte, Samen und Blüten, Schnecken, Eidechsen, ausgewachsene Insekten sowie Aas und gelegentlich Vogeleier und -küken. Ihre Bekanntheit resultiert allerdings aus dem Verzehr von holzbewohnenden Bockkäferlarven (*Agrianome fairmairei*). Diese findet sie in morschen Stämmen des Lichtnussbaums (*Aleurites moluccana*), von dem sie auch die nahrhaften Nüsse erntet, indem sie sie auf harte Oberflächen fallen lässt. Schätzungen ergaben, dass dort, wo diese Bäume wachsen,[20] die Bockkäferlarven einen beachtlichen Teil der Protein- und Fettzufuhr dieser Vögel stellen [294]. Schon ein paar Larven können den Energiebedarf eines ganzen Tages decken. Damit stellen sie eine besonders wertvolle Nahrungsquelle dar, wodurch die Entstehung der komplexen Form ihrer Gewinnung mithilfe von Werkzeugen erklärbar erscheint.

Wie genau stellen das die Vögel an? Seit mehr als zwanzig Jahren wird die Extraktion der Maden im Freiland untersucht [295, 296], nur wenig später begleitet von experimentellen Laborstudien [297, 298]. Die dabei von den Krähen eingesetzten Techniken

20 Interessanterweise könnte der Mensch durch die mögliche Einführung von Lichtnussbäumen, in denen die Bockkäferlarven bevorzugt leben, die Evolution zumindest einiger werkzeugorientierter Verhaltensweisen der Geradschnabelkrähen beeinflusst haben [293].

rühren von der wehrhaften Reaktion der Maden her und ähneln jenen des Angelns von Ameisen durch Schimpansen. Bockkäferlarven werden mithilfe selbst hergestellter Werkzeuge aus ihren Bohrgängen in verwesenden Holzstümpfen geangelt. Dazu führen die Krähen einen speziell bearbeiteten Zweig oder ein selbst geformtes, spitzes Blatt in die Madengänge des morschen Baumes ein und reizen dabei die Maden durch vorsichtiges, wiederholtes Stochern, bis diese mit ihren kräftigen Mandibeln in die Werkzeugspitze beißen. Solchermaßen befestigt, können sie dann von den Vögeln herausgezogen oder geangelt werden.

Interessant ist im Zusammenhang mit der Frage des Ursprungs des Werkzeuggebrauchs bei diesen Krähen, dass sie offensichtlich entsprechend anatomisch und physiologisch angepasst sind. So besitzen diese Vögel ungewöhnlich weite binokulare Gesichtsfelder (bis zu 60 Grad) [299]. Dieses extreme binokulare Sehen scheint weniger der Erleichterung des Stocherns durch die Beibehaltung der binokularen Sicht auf die Werkzeugspitzen zu dienen, sondern eher der Möglichkeit, mit jedem Auge weit genug über die Mittellinie des Sehfeldes zu sehen [300]. Tatsächlich halten die Krähen die Stocherwerkzeuge diagonal im Schnabel [294], wobei die Seite des Griffs der Präferenz des Auges entspricht [301, 302]. Das legt den Schluss nahe, dass der geschickte Werkzeuggebrauch bei Geradschnabelkrähen eine lange, genetische Evolution hinter sich hat, was aber mögliche individuelle, durch Lernen und Beobachtung erworbene Fähigkeiten nicht ausschließt [293, 303].

Besonders überraschte die Fachwelt die Art und Weise der Herstellung der Stocherinstrumente. Diese werden entweder aus Blättern des Schraubenbaums (*Pandanus sp.*) oder aus Blattstielen und Zweigen des Lichtnussbaumes gewonnen [295]. Zunächst waren viele Menschen überrascht, als man entdeckte, dass Schimpansen Werkzeuge herstellen, etwa Strohhalme und Stöckchen, die sie zurechtmachen, um damit Termiten und Ameisen aus ihrem Bau zu angeln. Der Tabubruch, den Jane Goodall mit der Beobachtung des Werkzeug*gebrauchs* eingeleitet hatte, wurde mit dem Nachweis von Werkzeug*herstellung* und *-modifikation* noch vergrößert. Aber manche Kritiker warfen ein, dass wir und die Schimpansen relativ junge gemeinsame Vorfahren haben und sie daher auch relativ schlau sein müssen. Mit der Beobachtung, dass auch Geradschnabelkrähen Werkzeuge herstellen, verlor dieser Einwand an Schlagkraft, denn unser letzter gemeinsamer Ahn mit den Vögeln war eine Echse, die vor mehr als 320 Millionen Jahren lebte.

Wie wir noch sehen werden, verbessern auch Spechtfinken ihre Stocherwerkzeuge, aber dabei handelt es sich nur um leichte Modifikationen. Die Krähen in Neukaledonien hingegen basteln sich Werkzeuge aus Rohmaterial, Blättern oder Zweigen. Dabei scheint es eine in der Natur einzigartige Besonderheit zu geben. Aus den Zweigen des Lichtnussbaumes formen sie Hakenangeln, also Stocherwerkzeuge mit Widerhaken, an denen die Beute beim Herausziehen hängen bleibt [295]. Das bewerkstelligen sie, indem sie zunächst relativ lange Zweige mit Blättern und Astgabeln von niedrig hängendem Geäst abbrechen. Danach gehen sie in drei hierarchischen Schritten vor [304]. Die von den Bäumen abgelösten Zweige verkürzen sie schrittweise mit der sogenannten »Einschnapp-Technik«, indem sie zunächst die Seitenäste und Blätter oberhalb einer Abzweigung abzwicken, sodass ein etwas längeres Stöckchen übrig bleibt. Danach lösen sie ein Endstück knapp unterhalb einer Seitenverzweigung ab, an der der Seitenast zuvor mit etwas Abstand vom Hauptast abgetrennt wurde. Dadurch entsteht ein endständiger Widerhaken. Dieser wird nun mit dem Schnabel durch Meißeln und durch Schärfen unter Ablösung kleinster Teile zurechtgeformt. Aufgrund der Abfolge mehrerer unterschiedlicher Aktionen (Ablösen, Umformen) kann man hier von echtem *Werkzeugbasteln* (*crafting*) sprechen [200]. Einmalig ist, dass sie das Stöckchen auch noch während des Gebrauchs so lange umgestalten, bis es ihren Ansprüchen genügt. Dies kann bis zu einem Dutzend Modifikationen beinhalten, mehr als bei Schimpansen oder anderen Werkzeugbastlern.

Da es genug Zweige an den Lichtnussbäumen gibt, in denen sie nach Maden angeln, könnten die Krähen mit diesen ihr Auskommen finden. Tatsächlich aber basteln sie sich einen zweiten Typus von Angelwerkzeug aus Blättern des Schraubenbaums. Offenbar können sie diese wesentlich biegsameren Werkzeuge tiefer in schmale oder gebogene Bohrgänge einführen. Da allerdings die robusten Blätter viel zu groß dafür wären, müssen sie verkleinert werden. Dazu beißen die Vögel an einer Stelle gegen die Faserrichtung in den Blattrand und ziehen dann vorsichtig entlang den Fasern einen langen Streifen mit spitzem Ende ab [304]. Da die Blätter des Schraubenbaums gezackte Ränder haben, erhalten sie so wiederum ein Angelwerkzeug mit – allerdings kleinen – Widerhaken.

Für einiges Aufsehen hat dann die Beobachtung gesorgt, dass verschiedene Sorten dieser Blattwerkzeuge existieren [305]. Manche sind einfach, entweder etwas weiter oder schmal, andere sind komplexer gebaut. Die einfachen werden durch einmaliges Einreißen des Blattes am Rand erzeugt, wodurch sich die Tiefe des anfänglichen Einschnitts unterscheidet, sodass sich unterschiedliche Breiten des erzeugten Werkzeugs ergeben. Die komplexeren Blattwerkzeuge hingegen sind unregelmäßig breit, sie weisen einen abgestuften, ungleich starken Rand auf. Somit sind sie am breiten Ende relativ steif, hingegen am spitzen Ende dünn und biegsam. Offenbar wird es damit leichter, in unterschiedlichen Bohrgängen zu stochern und Maden aufzuspießen. Diese Blattwerkzeuge werden daher auch *Multifunktionswerkzeuge* genannt. Gavin Hunt von der University of Auckland (Neuseeland) beschreibt die Herstellung der gestuften, konisch zulaufenden Blattwerkzeuge als zweidimensionales Meißeln mit hoher Präzision, das einer vorgegebenen Regel folgt, sodass Werkzeuge in standardisierter Form entstehen [305]. Kritiker hingegen betonen, dass es dabei nur einen einzigen Handlungstyp (das Ablösen) gibt, sodass man nicht von Werkzeugbasteln im engeren Sinne sprechen könne.

Wie es zu der Entwicklung der komplexeren Werkzeugsorte kam, ist allerdings unklar. Angenommen wird eine Art kultureller Evolution durch Tradition, das heißt Weitergabe und Abänderung von Wissen [306]. Tatsächlich fand man ein Verbreitungsmuster der Werkzeugtypen über die Hauptinsel Grande Terre, welche eine sukzessive Ausbreitung von einfachen Typen im Süden – einem historischen Ursprung – zu den komplexen Typen im Norden nahelegen [307]. Während man die einfachen, breiten Typen ganz im Süden der Insel und in Maré findet, dominieren weiter im Südosten die dünnen Werkzeuge. Im weiter nördlich davon befindlichen, größten Teil der Insel sind die abgestuften, komplexen Typen vorherrschend. Möglicherweise sind es verschiedene Krähenpopulationen, die ihre lokalen Traditionen beziehungsweise »Werkzeugindustrien« [308] haben.

Man könnte sich ein Szenario vorstellen, bei dem einzelne Krähen mit Erfindungsgeist verbesserte Typen herstellen und danach in etwas nördlichere Teile der Insel »auswandern«, wo sich die Innovation aufgrund der verbesserten Funktionalität durch Beobachtung und Wissensweitergabe ausbreitet. Wenn dies zwei Mal in dieser Art und Weise passiert wäre, würde sich das beschriebene Verbreitungsmuster erklären lassen. Man hätte dann einen Fall von *kumulativer* Werkzeugevolution, wie man ihn ansonsten nur vom Menschen kennt [306, 307]. Und da diese nicht bei einzelnen Individuen unabhängig vonstattengeht, sondern als aufeinanderfolgende, auf soziales Lernen gegründete Tradition, hätte man es zudem mit Werkzeug*kulturen* – im Sinne der für Tiere vorgeschlagenen Definition von Kultur[21] [309] – zu tun. So verlockend diese Hypothese auch ist, sie ist kaum mit harten Fakten untermauert und bleibt spekulativ [310].

21 Damit ist nicht die Art von Kultur gemeint, die an symbolvermittelte Tradition geknüpft ist; diese ist bei nichtmenschlichen Tieren (also außerhalb der Gattung Homo) nicht nachgewiesen.

Zu viele Fragen hinsichtlich der Werkzeugtradition von Geradschnabelkrähen bleiben offen oder wurden inzwischen negativ beantwortet. Manche konnte man in Laborexperimenten klären, wie wir noch sehen werden, für andere Elemente der Kulturtheorie gibt es Alternativhypothesen. Vor allem kennt man die Historie des Verbreitungsmusters der einzelnen Werkzeugtypen nicht. Da die Zweiglein aus Holz kaum fossilisieren, wird man es nie sicher wissen. Auch weiß man wenig über die genaue Funktion der einzelnen Werkzeugtypen. Es könnte sein, dass die einfachen dünnen oder breiten Blattwerkzeuge in besonderen Konstellationen der Bohrgänge vorteilhaft sind, welche auf den südlichen Teil der Insel beschränkt sind. Das wäre eine ökologische anstatt einer sozialen Erklärung der lokalen Unterschiede. Gegen die sozialen, auf lokalen Traditionen beruhenden Unterschiede spricht, dass diese Vögel nicht besonders sozial sind, dass sie bei der Futterextraktion sehr individuell vorgehen, sich kaum gegenseitig dabei beobachten und – wie wir sehen werden – die Technik individuell erlernt werden kann [303, 311]. Nun wurde ins Treffen geführt, dass die Wissensweitergabe nicht auf direkter Beobachtung der Handlungen beim Werkzeugbasteln beruhen muss, sprich auf *Imitation*, sondern durch *Produktemulation* erklärbar wäre. Das bedeutet, dass die Gegenstücke der Blätter, aus denen die Werkzeuge abgezogen wurden, am Ort verbleiben und so von anderen Krähen als Vorlage für ihr Werkzeug verwendet werden. Diese müssten folglich genau inspiziert werden und danach – mit der Vorlage im Kopf – aus einem unversehrten Blatt geformt werden [312].

Schließlich gibt es erhebliche Wissenslücken, was die Verbreitung der Krähen auf der Insel und die Struktur ihrer Gemeinschaften, so es solche überhaupt gibt, betrifft. Gibt es tatsächlich lokale Gruppen ohne Austausch, die lokale Traditionen gebildet und bewahrt haben? Handelt es sich auf der Insel wirklich um getrennte Populationen oder bloß um eine einzige? Beruht das Muster der Verbreitung der unterschiedlichen Werkzeuge vielleicht nur auf den Orten ihrer Erforschung?

Entgegen der Meinung von Gavin Hunt und Russel Gray [306, 308] gibt es keine Hinweise darauf, dass die wild lebenden Krähen Werkzeugsätze oder kombinierten Werkzeuggebrauch zeigen. Auch die Verwendung von Gegenständen als Meta-Werkzeug (man denke an die Wiegesteine der Schimpansen) ist nicht nachgewiesen. Selbst der (laborseitige) Nachweis des Potenzials dafür [239, 313] ist – wie wir ebenfalls noch sehen werden – umstritten. Und schließlich findet man bei den Krähen nur zwei Modalitäten des Gebrauchs ihrer Werkzeuge: Fallenlassen und Stochern. Dies ist deutlich weniger als bei Schimpansen oder Kapuzineraffen. Ein Unterschied zu diesen Affenarten besteht auch darin, dass die Herstellung der Stocherwerkzeuge bei Geradschnabelkrähen durchgehend, in der gesamten Tierart, beobachtbar ist. Nirgends fand man Gruppen, welche die beiden Stocherwerkzeuge aus Ästen und Blättern nicht herstellen. Wie wir schon gesehen haben, sind die Steinwerkzeuge, aber auch andere Werkzeuge, sowohl bei Schimpansen als auch bei Kapuzineraffen auf bestimmte Populationen innerhalb ihres Verbreitungsgebiets beschränkt, die Unterschiede zwischen Populationen wurden als Kennzeichen ihrer Werkzeugkulturen beschrieben [309]. Außerdem sind die Verbreitungsgebiete deutlich größer und variabler als bei den Krähen von Neukaledonien.

Hawaiikrähen

Erst kürzlich wurde bekannt, dass neben den für ihren Werkzeuggebrauch berühmten Geradschnabelkrähen auch die Hawaiikrähen einen geschickten Schnabel haben. Wie ihre Verwandten aus Neukaledonien benutzen auch die Alalā – wie sie in der Landessprache genannt werden – kleine Stöckchen als Werkzeuge, um Futter aus Löchern und Spalten zu holen [314].

Die äußerst seltene Hawaiikrähe gilt seit Beginn dieses Jahrhunderts in freier Wildbahn als ausgestorben, aber etwas mehr als 100 Individuen leben in zwei Aufzuchtstationen auf Hawaii und Maui, von wo bald die ersten Tiere ausgewildert werden sollen.

Fast alle dieser Vögel (insgesamt 104) konnten von Forschern aus St. Andrews (GB) und San Diego (USA) getestet werden. Dazu bohrten die Forscher kleine horizontale und vertikale Löcher in Holzstämme, versteckten darin beliebte Futterhappen und verteilten kleine Zweige um sie herum.

Mit der Aufgabe konfrontiert, an diese außer Reichweite platzierte Nahrung zu gelangen, nahmen achtundsiebzig Prozent der beobachteten Tiere spontan die Zweige in den Schnabel und fischten sich in meist weniger als einer Minute die Leckerbissen heraus. Der Prozentsatz erklärt sich durch das Alter der getesteten Tiere: Während fast alle (93 Prozent) ausgewachsenen Krähen mit Zweigen und Holzstückchen angelten, machten das nur etwa die Hälfte (47 Prozent) der Jungtiere. Kaum Unterschiede gab es zwischen männlichen und weiblichen Individuen.

Vor allem die erwachsenen Tiere gingen selektiv und zielgerichtet vor. Sie erkannten, welcher Zweig geeignet ist und welcher nicht. Was nicht passte, wurde entweder verworfen oder durch Biegen und Brechen zurechtgeformt und gestutzt. Damit bekamen die Stöckchen die passende Form und die richtige Länge und wurden zu guten Werkzeugen transformiert. Einige Individuen bastelten sich sogar ihre Angelutensilien aus bereitgestelltem Pflanzenmaterial.

Die Autoren vermuten, dass die enormen technischen Fähigkeiten der (beiden) tropischen Rabenvögel durch die ungewöhnlichen ökologischen Lebensbedingungen, welche auf tropischen Inseln vorherrschen (wie etwa die verringerte Konkurrenz – es gibt nur wenige Spechte – um eingeschlossene Nahrung und die verminderte Bedrohung durch Räuber) entstanden sind [314]. Diese Bedingungen herrschen auch auf Galapagos, wo die dort lebenden Darwinfinken ebenso gewohnheitsmäßig nach Nahrung stochern. Zwar unterscheiden sich die Inseln im Detail, aber diese Bedingungen sind dennoch anders als auf dem benachbarten Festland. Ob das bereits die Seltenheit von Werkzeuggebrauch dort erklärt?

Da die beiden Krähenarten innerhalb der Rabenvögel eine relativ große Verwandtschaftsdistanz aufweisen – ihr gemeinsamer Vorfahre lebte vor etwa 11 Millionen Jahren – und mit ihren Fähigkeiten innerhalb dieser Gruppe ziemlich isoliert dastehen, liegt es nahe, eine konvergente, unabhängige Evolution ihres Werkzeuggebrauchs zu vermuten [314]. Das trifft umso mehr auf die noch viel weniger nah verwandten Spechtfinken zu.

Die Entdeckung einer zweiten Corvidenart, die gewohnheitsmäßig Werkzeuge benutzt, hat die Frage nach der Entstehung dieses seltenen Verhaltens neu entflammt. Jedenfalls ergibt sich damit eine bisher ungeahnte Vergleichsmöglichkeit zu den Geradschnabelkrähen. Diese waren ja bisher nicht nur als die einzigen Rabenvögel bekannt, die Werkzeuge angeborenermaßen und gewohnheitsmäßig benutzen, sondern als die einzigen Vögel überhaupt, die dazu auch noch besondere kognitive Fähigkeiten im technischen Bereich zeigen.

Was die Ontogenese des äußerst geschickten Futtererwerbsverhaltens betrifft, fanden die Forscher eine weitere Gemeinsamkeit mit den Geradschnabelkrähen. Es scheint eine starke, angeborene Disposition zu geben, das heißt, das Verhalten beginnt ohne sozialen Input und ist schon zu Beginn fast zur Gänze funktionell. Das überprüften die Forscher, indem sie sieben Jungvögel aufzogen und dann mit Futter in Baumlöchern konfrontierten. Tatsächlich machten sich alle spontan an herumliegenden Stöckchen zu schaffen und vier konnten sich erfolgreich das Futter angeln. Die Forscher passten dabei genau auf, dass die Tiere nie Artgenossen bei dieser Technik beobachten konnten. Dennoch waren die meisten von ihnen unglaublich geschickt im Umgang mit den Stöckchen und gelangten sogar in schwierigen Fällen an die Köder.

Die Kombination der beiden Tatsachen, dass Jungvögel das Stochern mit Stöckchen ohne Training und ohne Beobachtung erwerben und dass dieses Vermögen nicht nur auf wenige Individuen beschränkt ist, lässt den Schluss zu, dass dieses Verhalten eine starke genetische Basis hat. Außerdem haben auch die Hawaiikrähen – ähnlich wie die Geradschnabelkrähen – einen sehr geraden Schnabel, was sie ebenfalls zum Gebrauch von Stöckchen für das Bohren in Löchern befähigt. Alle diese Merkmale teilen sich die beiden Krähenarten mit einer dritten Inselart im Südpazifik, den Spechtfinken.

Spechtfinken

Auf den Galapagos-Inseln im Südpazifik, etwa 1000 Kilometer vor der Westküste Südamerikas, leben achtzehn Arten von Galapagos-Finken. Es handelt sich dabei um sehr eng verwandte Arten, die alle von einem gemeinsamen Vorfahren abstammen. In der Öffentlichkeit sind sie als Darwinfinken bekannt, weil Charles Darwin sie auf seiner Fahrt mit der *Beagle* 1835 in seinem Tagebuch erwähnt hat. Allerdings sind diese Vögel keine Finken, sondern gehören zur Familie der Tangaren innerhalb der Singvögel. Sie sind etwa zehn bis zwanzig Zentimeter groß und unterscheiden sich im Wesentlichen durch die Form und Größe ihres Schnabels sowie durch ihre unterschiedlichen Lebensweisen, insbesondere, was ihre Ernährung betrifft. Für uns von besonderem Interesse ist der Spechtfink, der auch manchmal Werkzeugbaumfink genannt wird. Spechtfink wurde er deshalb getauft, weil er die ökologische Nische besetzt hat, die ansonsten den Spechten gehört. Diese Vögel ernähren sich nämlich unter anderem von unter der Baumrinde versteckten Insekten und deren Maden. Diese erbeuten sie (wenn sie sie nicht mit ihrem spitzen Schnabel direkt erreichen können) mit Stocherwerkzeugen, die sie aus Kaktusstacheln, Blattstielen oder dünnen Zweigen herstellen. Das geschieht im Wesentlichen durch entsprechendes Kürzen und Entfernen von Stücken, die beim Einführen in die Ritzen hinderlich sind. Auch transportieren sie ihre Instrumente von Baum zu Baum. Ähnlich wie die Geradschnabelkrähen halten sie die Werkzeuge an einem Ende in ihrem Schnabel und stochern mit dem anderen Ende immer wieder in Löcher oder Ritzen, bis sie eine Made treffen. Dann versuchen sie diese aufzuspießen, herauszuhebeln oder sie stochern so lange, bis die Made von selbst herauskriecht und aufgepickt werden kann. Dazu lassen sie ihr Werkzeug fallen oder klemmen es unter einen Fuß.

Zwar wurden gelegentlich auch andere Darwinfinken (darunter eine andere Baumfinkenart, der Mangrovedarwinfink [315, 316] und der Waldsänger-Darwinfink [317]) dabei beobachtet, wie sie mit dünnen Gegenständen nach Beute stocherten, aber diese Beobachtungen wurden nicht weiter untersucht. Hingegen hat meine ehemalige Mitarbeiterin Sabine Tebbich die Spechtfinken mit ihrem Team auf der Insel Santa Cruz einige Jahre lang erforscht. Neben ihren Laborexperimenten mit für kurze Zeit gefangenen Tieren hat sie auch die ökologischen Bedingungen des Werkzeuggebrauchs untersucht. Dabei konnte sie feststellen, dass die Tiere ihre Werkzeugtechnik nur dort einsetzen, wo Insekten und ihre Larven nicht frei zu erbeuten sind, sondern unter den Baumrinden bleiben. Das ist besonders im regenarmen Teil von Santa Cruz der Fall, der daher auch als Trockenzone bezeichnet wird. Da die Maden hier meist unter der Rinde bleiben, ist der Einsatz des Werkzeugs für die Vögel lebenswichtig. Nicht weniger als die Hälfte des gesamten Nahrungsbedarfs deckt der instrumentelle Erwerb der Beute in der Trockenzeit [318]. Doch ist es auch dort nicht immer trocken und dementsprechend variiert der Einsatz der Werkzeuge. Besonders selten findet man ihn in den regenreichen, bewaldeten Teilen der Insel, der sogenannten Scalesia-Zone, wo Gliederfüßer aus den Bäumen kriechen und während des ganzen Jahres auch ohne Werkzeug erbeutet werden können.

Die auf den geografischen und klimatischen Gegebenheiten beruhenden Unterschiede in der Verfügbarkeit von Nahrung könnten bedeuten, dass es zwei Populationen von Spechtfinken gibt, die getrennt in den beiden Zonen Werkzeuggebrauch in ganz unterschiedlicher Häufigkeit einsetzen. Doch dafür gibt es keine Hinweise, was darauf hindeutet, dass dieses technische Geschick bei allen Tieren der Art angeboren ist und je nach Bedarf eingesetzt werden kann. Tatsächlich wurde diese Vermutung mithilfe eines klugen Laborexperiments bestätigt. Tiere, die ohne die Möglichkeit aufwuchsen, die Technik vorgeführt zu bekommen, entwickelten sich ebenso zu kompetenten Werkzeugnutzern wie die Kontrollgruppe, der diese Möglichkeit nicht vorenthalten wurde [319]. Da Spechtfinken nicht in sozialen Gruppen leben, die das Erlernen komplexer Nahrungserwerbstechniken durch Beobachtung kompetenter Artgenossen fördern würde, anders als etwa das Steinehämmern der Schimpansen, bleiben die Individuen auf sich alleine gestellt. Nur durch die genetische Verankerung konnte sich das Verhalten evolutionär entwickeln, wobei ein kleiner individueller Lernanteil und die Sammlung von praktischer Erfahrung damit nicht ausgeschlossen ist. Offenbar ist der Werkzeuggebrauch bei den Spechtfinken eine zusätzliche Form des Nahrungserwerbs, die es erlaubt, die morphologischen Einschränkungen des Schnabels temporär zu erweitern, ohne das Geschick oder die Flexibilität des Verhaltens zu beeinflussen [320]. Wie weit diese Erweiterung auch eine kognitive Entwicklung nach sich zog oder gar durch diese erst ermöglicht wurde, bleibt damit noch offen. Erst Laborexperimente mit in ihrer Heimat gefangenen und kurzzeitig in Volieren gehaltenen Vögeln konnten zeigen, wie es um die technische Intelligenz dieser geschickten Werkzeugnutzer bestellt ist. Dazu wurde auch eine Schwesterart (Zwergdarwinfinken) eingesetzt, damit aus dem Vergleich mit ansonsten sehr ähnlich lebenden und nahe verwandten Baumfinken ohne Werkzeuggebrauch ein eventueller kognitiver Vorteil feststellbar wird [321]. Das wird im übernächsten Abschnitt (Werkzeuggebrauch als kognitive Spezialisierung?) genauer behandelt.

Ist Werkzeuggebrauch ein Zeichen von Intelligenz?

Die Frage, ob das Benutzen oder gar Herstellen von Werkzeugen technische Intelligenz fördert oder sogar voraussetzt, wird immer wieder heftig diskutiert. Zwar gibt es Studien, welche die Hirngröße oder andere Annäherungsmaße (*proxies*) von Tierarten mit und ohne Werkzeuggebrauch verglichen haben und dabei durchaus positive Korrelationen fanden [198, 199], aber diese sind – wie schon weiter oben ausgeführt – methodisch umstritten. Auch sind ihre Schlussfolgerungen inhaltlich in hohem Maße problematisch, weil Werkzeuggebrauch mit einigen anderen Verhaltensweisen wie etwa Manipulationsfreude, extrahierende Futtersuche oder sozialer Intelligenz einhergeht, die ein größeres Hirnvolumen erfordern könnten. Dazu kommen noch Umweltfaktoren, wie etwa Umwelt-Komplexität, klimatische Variabilität und bestimmte Nahrungszusammensetzungen. Es könnte auch sein, dass die erhöhte Zufuhr von hochenergetischer Nahrung, wie Insektenlarven und Nüssen, die durch den Einsatz von Werkzeugen ermöglicht wird, einen Körperteil mit hohem Energieverbrauch, wie eben das Gehirn, stärker wachsen lassen kann. Wir haben somit inhaltlich gesehen mindestens zwei Probleme, jenes der Kovariation mit anderen Verhaltensweisen und jenes der Kausalität.

Dazu kommt noch ein drittes Problem für die Beziehung von Hirngröße und Intelligenz. Es ist ein ganz allgemeines, theoretisches. Warum sollten größere Gehirne intelligenter sein? Weil wir Menschen große Hirne haben? Weil mehr Zellen eine größere Rechenkapazität bedeuten? Ist es aber nicht so, dass auch für die basalen Körperfunktionen und die Bewegungskontrolle ein großes Gehirn vorteilhaft wäre? Wenn es mehr Muskeln, mehr Nerven usw. gibt, muss das »Rechen- und Kontrollzentrum« dementsprechend größer sein. Tatsächlich haben größere Tiere auch größere Hirne. Daher wird nicht die absolute, sondern die relative Gehirngröße als ein Schätzmaß für Gehirngröße beziehungsweise -kapazität angenommen[22]. Doch auch dieses Maß scheint nicht die beste Annäherung zu sein [324]. Interessanterweise haben nämlich Studien von Primaten ergeben, dass die allgemeine Gehirngröße ein besseres Maß für die Vorhersage von allgemeiner Intelligenz ist [168, 325-327]. Die beiden Maße sind eng miteinander korreliert und zeigen auch starke Korrelationen mit der Körpergröße. Das tut aber auch das Neokortex-Verhältnis [328]. Dennoch kommen Zweifel insbesondere auf, wenn man seinen Blick auf andere Tierarten weitet. Auch kleine Tiere müssen mit kleinen Hirnen teilweise komplexe Probleme lösen, ob bei der Navigation, im Leben in großen Gemeinschaften und so weiter. Tatsächlich finden wir erstaunliche Denkleistungen bei Tieren mit winzigen Gehirnen wie Bienen und Wespen [329-332].

Wir kommen also nicht darum herum, uns die Sache mit der Intelligenz beim Werkzeuggebrauch nicht über anatomische Annäherungen, sondern direkt, nämlich mit guten Verhaltensexperimenten anzusehen. Wobei wir uns die Frage, ob Werkzeugnutzer

22 Das am häufigsten verwendete Maß für die Schätzung der kognitiven Fähigkeiten oder der Intelligenz von Tierarten ist der von Jerison vorgeschlagene Enzephalisationsquotient (EQ), welcher das Verhältnis der tatsächlichen Gehirngröße einer Spezies zu ihrer vorhergesagten Gehirngröße, basierend auf der kladenspezifischen Gehirn-Körper-Regressionslinie wiedergibt [322]. Damit dachte man den Anteil des Gehirns, der den somatischen Funktionen gewidmet ist, schätzen und so durch Subtraktion die Größe des kognitiven Anteils erhalten zu können. Da das Gehirn jedoch auch zahlreiche nichtkognitive somatische Funktionen steuert, sind sich heute die meisten Forscher einig, dass es nicht ohne Kontrolle für diese somatischen Funktionen verwendet werden kann. Wie aber sonst kann man die Beziehung zwischen den nichtkognitiven Funktionen des Gehirns und der Körpergröße kontrollieren? Eine Lösung für dieses Problem ist die Bestimmung der Steigung der »kognitiven Äquivalenz«, also der Linie, die Organismen mit identischem Bauplan, aber unterschiedlichen Körpergrößen verbindet. Es konnte tatsächlich vor Kurzem gezeigt werden, dass die Schätzung der kognitiven Gehirngröße, die auf der kognitiven Äquivalenz basiert, besser zu empirischen kognitiven Studien zur allgemeinen Intelligenz passt [323].

intelligenter sind als Tiere, die keine Werkzeuge gebrauchen, insofern vereinfachen wollen, als wir uns nur Tiere ansehen, die zu komplexeren oder flexibleren Formen des Werkzeuggebrauchs fähig sind. Dies ist bereits eine kleine Auswahl aller Tiere, von denen Werkzeuggebrauch berichtet wird. Viele Tierarten verwenden nur ein einziges Werkzeug zu einem einzigen Zweck in einer einzigen Situation. Sobald sich etwas daran ändert, verschwindet das Verhalten. Werkzeuggebrauch ist oft eine spezialisierte Verhaltensweise mit einer sehr spezifischen, starren und kontextunabhängigen Form. Nehmen wir zum Beispiel den Schützenfisch. Er kann Wasser sehr scharf und gezielt auf Insekten spucken, die sich knapp über dem Wasserspiegel, üblicherweise auf Mangroven, befinden [333]. Damit kann er sehr geschickt Beute machen, die er durch einen Sprung nicht mehr erreichen könnte. Doch er verwendet diese Technik zu keinem anderen Zweck, sieht man von »Täuschungen« im Labor ab (mein Student Michael Pollirer konnte die Schützenfische dazu bewegen, auf seinen Finger oder auf eine Zigarette zu spucken [334]). Wir können in diesem Fall von *Werkzeugspezialisten* sprechen. Wahrscheinlich müssen viele, vielleicht sogar die meisten Werkzeug verwendenden Tierarten in diese Kategorie eingeordnet werden.

Werkzeuggebrauch als kognitive Spezialisierung?

Es steht außer Frage, dass bei vielen Arten Werkzeuggebrauch die Folge einer evolutionären Spezialisierung mit entsprechender adaptiver Funktion ist, ähnlich wie andere Verhaltensspezialisierungen, etwa bestimmte Gesten oder Gesichtsausdrücke, oder morphologische Spezialisierungen, wie die Schnäbel der Darwinfinken. So gesehen wären die Verwendung von Steinen bei Schmutzgeiern, um die Eier von Straußen zu öffnen, oder die Verwendung von Steinen bei Grabwespen, um den Eingang ihrer Grabgänge zu blockieren, auch Beispiele von Verhaltensspezialisierungen [200]. Fraglos sind diese sehr effizient, um eine spezifische Funktion zu erfüllen, aber möglicherweise sehr unflexibel. Oft wird dann gesagt, diese Verhaltensweisen seien angeboren, die zugrunde liegende neuronale Architektur wäre starr und modular. Starr wäre die »Verdrahtung« im Gehirn, weil sie kaum durch zusätzliche Erfahrung verändert werden könnte. Modular wird ebenso im funktionalen, nicht oder zumindest nicht nur im anatomischen Sinn verstanden [335]. Die Tiere hätten ein Spezialmodul für den Werkzeuggebrauch. Davon wären andere Handlungen oder kognitive Leistungen nicht beeinflusst. Diese *bereichsspezifische* Intelligenz unterscheide sich grundsätzlich von einer allgemeinen Intelligenz [336-338], ähnlich wie Absolventen von Fachhochschulen von Absolventen von Universitäten alter humboldtscher Prägung.

Wenn Werkzeuggebrauch hingegen auf allgemeiner Intelligenz beruht und keine kognitive Spezialisierung erfordert, dürfte das bedeuten, dass Tiere hinsichtlich des Werkzeuggebrauchs gleichermaßen befähigt sind, aber diese Fähigkeit nicht gleichermaßen einsetzen. Es wären andere Faktoren ausschlaggebend, nicht aber die Art und Weise, wie die Tiere Information verarbeiten. Mit dieser provokanten These fiel vor fast vierzig Jahren der Psychologe Euan M. Macphail von der University of York (GB) [339, 340] auf. Ist also der Unterschied zwischen einer Taube und einer Geradschnabelkrähe eher ein virtueller als ein realer, nur graduell anstatt kategorial? Unterschieden sie sich nur hinsichtlich des Inputs, der eingehenden sensorischen Information, dann würde sich eine Krähe, ausgestattet mit den Augen einer Taube, wie eine Taube verhalten. Das ist unwahrscheinlich, denn es übersieht die enorme Leistung des Gehirns, die einkommende »Information«[23]

23 Ulrich Kattmann verdanke ich den Hinweis, dass es gegen die Verwendung der Informationsmetapher aus erkenntnistheoretischen Gründen starke Vorbehalte gibt, da im Gehirn ja nur Erregungen eingehen, denen erst durch die Verarbeitung im Gehirn Bedeutung zugewiesen wird und die erst damit zu Informationen werden.

zu verarbeiten und geeignete Repräsentationen der Umwelt zu erstellen und dann noch die geeignete Repräsentation für die jeweilige Aufgabe auszuwählen. Schließlich dürfen wir nicht vergessen, dass die schon existierenden Repräsentationen die Verarbeitung von Erregungen, die von Sinnesorganen eingehen, beeinflussen und steuern.

Die Einordnung als kognitive Spezialisierung muss jedenfalls dann revidiert werden, wenn sich zeigt, dass das Verhalten spontan und ohne menschliche Intervention auch außerhalb des natürlichen Kontexts auftritt. Ein weiterer Schritt zu größerer Flexibilität wäre es, wenn das Werkzeug für mehrere Funktionen eingesetzt werden kann, besonders dann, wenn damit neue Aufgaben gelöst werden und das Verhalten als echte Innovation durchgeht [341, 342]. Wenn zum Beispiel Schmutzgeier die Steine auch dazu verwenden, Futter vor den Augen möglicher Konkurrenten zu verbergen (abzudecken), oder sie auf Konkurrenten oder Feinde werfen, um diese zu vertreiben. In diesem Fall müsste die Klassifikation als Verhaltensspezialisierung revidiert werden.

Jene Fälle, wo mehrere Werkzeuge für mehrere Funktionen eingesetzt werden, stellen eine noch größere Herausforderung für die Klassifikation als Verhaltensspezialisierung dar. Besonders spannend sind Fälle, in denen mehrere Werkzeuge flexibel für unterschiedliche Funktionen eingesetzt werden (wie etwa Steine, die von Menschen einmal zum Aufschlagen und ein anderes Mal zum Schneiden oder zum Blockieren verwendet werden, und andere Gegenstände, die zum Aufschlagen, Schneiden und Blockieren nutzbar gemacht werden, wenn Steine rar sind). Diese doppelten Mittel-zum-Zweck-Dissoziationen sind die besonders interessanten Fälle. Tiere, die eine derartige Flexibilität im Einsatz von Werkzeugen zeigen, sind wohl über jeden Verdacht erhaben, dass ihr Verhalten auf kognitiv engen, genetisch fixierten Spezialanpassungen beruht. Ganz im Gegenteil müsste man dann annehmen, dass sie kognitiv weit offene Programme zur Verfügung haben, die sie nicht nur für den Werkzeuggebrauch, sondern für viele andere manipulatorische Probleme einsetzen können. Außerdem scheinen die scheinbar so unterschiedlichen Fähigkeiten der räumlichen Navigation (beispielsweise Umwege gehen) und der Verwendung von Werkzeugen dieselben kognitiven Ressourcen im Sinne der Hemmungskontrolle und Motorik zu rekrutieren [343]. Und zumindest bei Menschenaffen scheint es auch eine Verbindung zwischen Gestik und Werkzeuggebrauch zu geben, zumindest sind dieselben Motorkontroll-Areale im Gehirn im Einsatz [344]. All das spricht gegen Module im Gehirn.

Wie aber kann man empirisch prüfen, ob der Werkzeuggebrauch starre oder flexible geistige Strukturen zur Grundlage hat? Sehr erhellend sind Vergleiche zwischen nahe verwandten Tierarten mit und ohne Werkzeuggebrauch. Und hier muss man weiter unterscheiden: Bonobos verwenden zwar kaum oder nie Werkzeuge in freier Wildbahn, aber im Labor, wenn die Situation es (offensichtlich) erfordert, können sie es, und sie sind dabei nahezu so geschickt wie Schimpansen, ihre gewohnheitsmäßig Werkzeug gebrauchenden Verwandten [276]. Ich werde das noch genauer besprechen. Aber der Vergleich hinkt, weil Bonobos offenbar sehr wohl großes Geschick mit Hilfsgegenständen zeigen, nur eben nicht in freier Wildbahn. Besser ist der Vergleich mit Arten, die nie, weder in freier Wildbahn noch im Labor, Werkzeuge verwenden.

Bei den Darwinfinken ist dies der Fall. Hier könnte es zwischen Schwesternarten mit und ohne Werkzeuggebrauch möglicherweise einen gravierenden Unterschied in allgemeiner kognitiver Hinsicht geben, weil Spechtfinken gewohnheitsmäßig, Zwergdarwinfinken hingegen nie Werkzeuge nutzen. Um herauszufinden, worin sich die Tiere tatsächlich unterscheiden, haben Sabine Tebbich (Universität Wien) und Irmgard Teschke (Max-Planck-Institut für Ornithologie in Seewiesen) Individuen beider Arten mit einer Reihe von unterschiedlichen Problemlösungsaufgaben konfrontiert [320]. Dazu fingen sie Wildvögel auf Santa Cruz und testeten sie nach Gewöhnung in Volieren auf der Charles-Darwin-Forschungsstation.

Ein erster Vergleich prüfte die Fähigkeit, die Lage eines Hakens mit seiner möglichen Funktion zu verbinden, Futter zu angeln. Wenn der Haken so lag, dass er das Futterstück umschloss, würde das Heranziehen des Hakens das Futterstück näher bringen. Dieser Haken sollte jeweils einem zweiten Haken vorgezogen werden, der das Futterstück nicht umschloss. Somit simuliert dieser Test den Gebrauch von Werkzeugen, mit denen Futter geangelt werden kann. Es sollte daher eigentlich den Spechtfinken sehr leichtfallen, den Zwergdarwinfinken hingegen, die keine natürliche Disposition zum Futterangeln mit Werkzeugen haben, nicht. Doch das war nicht der Fall. Während alle Zwergdarwinfinken erfolgreich waren, indem sie das Lernkriterium in der vorgegebenen Zeit erreichten, waren es nur acht von zwölf Spechtfinken.

Eine weitere Aufgabe bestand aus der Verbindung einer Aktion – Aufsitzen auf einem von zwei Hebeln – und einer Konsequenz – Futter wird verfügbar oder gerät außer Reichweite. Auch diese Art von Futtererwerb sollte den manipulativen Spechtfinken zugutekommen. Auf einer Plattform befand sich dezentral ein Loch. Beim Aufsitzen auf einem Hebel neigt sich die Plattform und Futter rollt. Sitzt der Vogel auf der richtigen Seite, rollt das Futter aus der Apparatur und kann gefressen werden. Sitzt der Vogel auf der falschen Seite, rollt das Futter in das Loch und verschwindet. Doch auch bei diesem »Schaukeltest« gab es keinen wesentlichen Vorteil für die Spechtfinken. Im Gegenteil, wiederum kamen mehr Zwergdarwinfinken zu Erfolg – gemessen an dem voraus definierten Lernkriterium – als Spechtfinken [320].

Flexibles Verhalten offenbart sich unter anderem dadurch, dass eine Handlung, die früher erfolgreich war, es nun nicht mehr ist, sodass das Tier umlernen muss. Wenn der Werkzeuggebrauch der Spechtfinken flexibles Verhalten voraussetzen würde, sollten sie wenigstens in dieser Hinsicht erfolgreicher sein als die Zwergdarwinfinken. Die Forscherinnen unterzogen folglich die beiden Finken einem einfachen Umlerntest. Von zwei Farbpunkten musste einer gewählt werden, um Futter zu bekommen, der andere brachte kein Futter. Einmal gelernt, wechselten die Farbpunkte ihre Bedeutung, das heißt, der positive Reiz wurde zum negativen und umgekehrt. Erstaunlicherweise waren auch hier wieder die Zwergdarwinfinken erfolgreicher, sie machten deutlich weniger Fehler in der Umkehrphase.

Einen Vorteil für die Spechtfinken gab es einzig und alleine beim Öffnen eines Kästchens. Hier musste ein Deckel an seinem vorspringenden Ende einfach hochgehebelt oder -gezogen werden. Dieses Aufklappen lösten die Spechtfinken schneller als die Zwergdarwinfinken, doch könnte dies mehr ihrer natürlichen Lebens- und Ernährungsweise, dem Manipulieren von Gegenständen zum extrahierenden Futtererwerb als ihrer technischen Intelligenz geschuldet sein. Tatsächlich manipulierten sie den Deckel viel öfter als die Zwergdarwinfinken [345, 346]. Somit waren ihre ohne Werkzeug auskommenden Cousins in drei von vier kognitiven Aufgaben ebenbürtig oder sogar vorneweg, einzig in der Ausdauer und Intensität in der Beschäftigung mit einem Gegenstand nicht.

Diese etwas ernüchternde Schlussfolgerung stimmt auch mit den Resultaten anderer Tests mit den Spechtfinken überein. Einmal mussten sie Stäbchen verschiedener Länge wählen, um ein Futterstück aus einer Plexiglasröhre zu angeln. Obwohl sie kaum das Stäbchen mit der exakt richtigen Länge wählten, bevorzugten sie meist längere Stäbchen und hatten damit auch Erfolg. Ebenso lernten sie eine zweite Aufgabe, die ihrem natürlichen Werkzeugverhalten nahekommt, sehr schnell. Sie bekamen anstatt Stäbchen Holzstücke in H- oder S-Form. Diese mussten sie modifizieren, im Wesentlichen durch Abzwicken von Teilen, um sie in das enge Röhrchen zu bringen. Auch diese Aufgabe lösten sie, aber nicht sofort, sondern erst nach einigen Fehlversuchen. Schließlich wurden sie noch mit der bei Kapuzineraffen und Schimpansen entwickelten Röhrenfallenaufgabe [347] getestet. Die Falle besteht aus einem Loch an der Unterseite der Röhre. Das daneben liegende Futterstück kann also nur erworben werden, wenn man es mit dem Stäbchen vom Loch weg an das Röhrenende schiebt. Wie wir noch sehen werden, ist das für alle bisher getesteten Tiere und sogar für kleinere Kinder eine schwierige Aufgabe. Man kann sie in unterschiedlicher Weise lösen: entweder mit einfachen Mitteln, mit Lernen durch Versuch und Irrtum und Beachten der relevanten wahrnehmbaren Merkmale oder mit Kausalverständnis und logischem Ableiten des Handlungsergebnisses. Ohne hier schon auf die Details einzugehen, zeigten die Spechtfinken wieder nur sehr bescheidenes Können, da nur ein einziger Vogel von sechs die Aufgabe löste [348]. Auch eine zweite Röhrenfallenaufgabe mit zwei Fallen zeigte die engen kognitiven Grenzen der Spechtfinken auf. Nur wenige Tiere lernten die Basisaufgabe, kein Tier schaffte den Erweiterungstest, bei dem das spontane Lösen analoger Probleme überprüft wird [349].

Das schlechte Abschneiden der Spechtfinken könnte bedeuten, dass Werkzeuggebrauch keine kognitive Spezialleistung ist, sondern bloß ein Spezialverhalten, selbst bei Tieren, die ihre Werkzeuge verbessern oder sogar herstellen. Diese Spezialisierung betrifft dann eher die Geschicklichkeit bei der Objektmanipulation, zusammen mit einer hohen Motivation und Ausdauer bei der Futterextraktion. Wenn überhaupt, dann wäre Kognition nur in einer sehr allgemeinen Form im Spiel. Aber es könnte auch sein, dass die Spechtfinken auf Galapagos einfach kein gutes Beispiel für flexiblen, kreativen oder sogar intelligenten Werkzeuggebrauch darstellen.

Kreativer oder flexibler Werkzeuggebrauch

Der spanische Primatologe Josep Call vom Max-Planck-Institut für Evolutionäre Anthropologie in Leipzig und der University of St. Andrews (GB) schlägt vor, dass man bei Tierarten mit spezialisiertem Werkzeugverhalten jene unterscheiden sollte, die Werkzeuge flexibel oder sogar innovativ einsetzen [350]. Natürlich meint er da vor allem die von ihm über Jahrzehnte untersuchten Menschenaffen, aber er gesteht dies auch jenen anderen Affen und Vögeln zu, die ich vorhin beschrieben habe. Alle diese Tiere hätten die Fähigkeit, sich von der sogenannten Problemzone, die sich um die Hauptverwendung ihrer Werkzeuge spannt, zu lösen. Ich habe schon erwähnt, wie vielseitig Stöcke oder Steine bei diesen Tierarten eingesetzt werden können, bis hin zum gezielten Werfen. Ein sehr gutes Beispiel zum Kontrastieren von spezialisiertem und innovativem Werkzeuggebrauch ist eine Studie meiner früheren Studentin Natascha Mendes [351]. Sie hat Menschenaffen vor das Problem einer außer Reichweite schwimmenden Erdnuss gestellt. Eine Plexiglasröhre wurde dabei am Käfiggitter fixiert und halb mit Wasser gefüllt. Die Erdnuss schwamm gut sichtbar auf der Oberfläche. Der getestete Orang-Utan probiert, sie mit einem Finger zu erreichen, kommt aber nicht heran. Nach einigen Sekunden der Beäugung wendet er sich von der Röhre ab und begibt sich zu einem Wasserhahn. Diesen kennt das Tier, es kann hier jederzeit trinken. Nun trinkt der Affe aber nicht, sondern füllt seinen Mund mit Wasser und kehrt zur Röhre mit der Erdnuss zurück. Dort hält er den Kopf seitlich über die Röhre und spuckt den Großteil des Wassers – mit dem Zielen hat er noch Probleme – hinein. Der Wasserspiegel steigt, doch da die Erdnuss noch immer nicht erreichbar ist, wiederholt der Affe die Handlung, bis er die Nuss schließlich ergreifen kann. Da man die Erfahrungen der in Gefangenschaft lebenden Tiere kennt, wusste man, dass das Problem neu war und die Affen noch nie ein ähnliches Problem lösen mussten. Im Unterschied zum Schützenfisch, der für das Spuckverhalten eine eigene morphologische Anpassung in der Mundhöhle aufweist, gibt es bei Orang-Utans kein angeborenes Schema des Nahrungserwerbs durch Spucken mit Wasser.

Es ist naheliegend anzunehmen, dass umso eher eine gewisse Intelligenz beim Werkzeugverhalten im Spiel ist, je mehr sich

Tierarten von ihrem natürlichen Problembereich entfernen. Beruht die Verwendung von Werkzeugen sogar auf einer *Verhaltensinnovation* nach vorangegangener kognitiver Lösung im Kopf? Obwohl auch der Begriff der Innovation sehr breit und rein funktional als »die Fähigkeit, auf neue Umstände oder Stress mit neuen Verhaltensmustern zu reagieren«, definiert wird [352, S. 788], schwingt doch intuitiv eine höhere Form von Intelligenz mit. Vor allem ist der Begriff mit zwei Schlüsseleigenschaften verbunden: Anpassungsfähigkeit und Kreativität [342]. Individuen, die diese Eigenschaften aufweisen, können nicht nur alte Lösungen anwenden, um neue Probleme zu meistern, sondern können auch neue Lösungen schaffen, die für die ehemaligen Probleme nicht mehr greifen, da sich die Umstände geändert haben [353]. Neben Modifikationen alter Lösungen können für ganz neue Herausforderungen also auch ganz neue Lösungen entwickelt werden [354].

Manchmal genügt es dabei nicht mehr, ein Werkzeug zu benutzen, sondern man muss ein Werkzeug herstellen oder eine Reihe verschiedener Werkzeuge einsetzen, um ein bestimmtes Ziel zu erreichen. Es kann sogar vorkommen, dass Individuen Probleme antizipieren, die sie mit Werkzeugen lösen könnten, und sie können Werkzeuge zu einem Zeitpunkt auswählen, wo sie noch gar keine Rückmeldung über ihre Wirksamkeit haben, also bloß auf der Grundlage ihrer wahrgenommenen Eigenschaften [355-357]. Ich werde darauf mit konkreten Beispielen zurückkommen.

Eine etwas ernüchternde Einschätzung von Josep Call [350] ist, dass es in den letzten fünfzig Jahren kaum Fortschritte in Bezug auf unser Verstehen, wie nichtmenschliche Tierarten schwierige technische Probleme im Allgemeinen lösen und kreativen Werkzeuggebrauch im Besonderen fertigbringen, gegeben hat. Das mag einigermaßen überraschen, vor allem im Hinblick darauf, dass weltweit Dutzende Labors versucht haben, dieser Frage mit teilweise großem technischen Aufwand auf den Grund zu gehen. Dazu gehört an vorderster Front auch das Max-Planck-Institut für Evolutionäre Anthropologie in Leipzig, die ehemalige Wirkungsstätte von Call. Er trifft diese Aussage aber nicht leichtfertig, sondern zielt auf eine seiner Meinung nach sehr wichtige, aber oft unbeachtete Unterscheidung zwischen Lernen und Denken ab. Die vergleichende Tierforschung hätte von dieser in der frühen Phase der kognitiven Psychologie des Menschen getroffenen Unterscheidung, die mindestens bis auf Norman R. F. Maier und Theodore C. Schneirla [358] zurückgeht, profitieren können. Aber dies ist nicht geschehen, vielleicht auch, weil die beginnende Kognitionsbiologie bei Tieren nach der Auflösung beziehungsweise Verschmelzung von Behaviorismus und Ethologie zu vorsichtig gegenüber Konzepten der kognitiven Psychologie des Menschen war. Werkzeuggebrauch war – wenn überhaupt – nur ein Thema bei manchen Primatologen. Trotz der bahnbrechenden Entdeckungen von Jane Goodall wurde noch in den Siebzigerjahren des vorigen Jahrhunderts intelligenter Einsatz von Werkzeugen als unüberwindbarer Rubikon zwischen Menschen und anderen Tieren gesehen. Von den wenigen bekannten Ausnahmen wie Wolfgang Köhlers Schimpansenforschungen auf Teneriffa (1914-20) [101, 359, 360] abgesehen, wurde Werkzeuggebrauch nicht unter kontrollierten Laborbedingungen untersucht und wurde kaum als kognitive Leistung angesehen, als etwas, das individuell oder durch sozialen Input erlernt werden muss und dem ein technisch-physikalisches Verständnis zugrunde liegt.

Zwei Routen zum Werkzeugnutzer

Selbst Tierarten, die normalerweise keine Werkzeuge gebrauchen, können mit entsprechendem Training zu einem Werkzeugnutzer werden. Wir haben schon Bonobos erwähnt und werden später auch noch andere »Laborgenies« kennenlernen. Manche von ihnen können sogar mehrere Werkzeuge in Folge nutzen und die funktionalen Merkmale von den nichtfunktionalen unterscheiden. Wie aber tun sie das?

Wir kommen nun wieder auf die Unterscheidung von Maier und Schneirla [358] zurück: entweder durch Lernen oder durch Nachdenken. Durch Lernen werden zusammenhängende Erfahrungen miteinander verknüpft. So können etwa Hunde, die zuvor keine Präferenz für eine von zwei Schnüren hatten, lernen, an der Schnur zu ziehen, die mit Futter verbunden ist [361-365]. Dabei spielt Erfolg eine große Rolle. Die Schnur, die mit Futter verbunden ist, wird zum Erfolg führen, denn der Hund wird das ersehnte Futter bekommen. Die dieser Belohnung vorausgegangene Handlung wird im Sinne von Thorndikes Gesetz bestärkt. Umgekehrt wird die Handlung, die nicht zum Futter führt (das Ziehen der Schnur, die nicht mit Futter verbunden ist), nicht belohnt und daher im Laufe der Zeit abgeschwächt. Bei diesen Handlungen lernt das Tier auch bestimmte Eigenschaften der dabei involvierten Gegenstände mit dem Erfolg zu verbinden. Die auf bloßer Wahrnehmung beruhenden Assoziationen führen damit auch zu einem gewissen Verständnis der Funktionalität.

So lernt der Hund etwa, dass das Futter mit der Schnur eine (zumindest visuelle) Einheit bildet, wenn es durch das Ziehen erreichbar wird. Das ist auch beim Ziehen von Brettern der Fall, einer Aufgabe, die von Jean Piaget [366] zur Überprüfung der sensomotorischen Entwicklung von Kindern eingesetzt wurde. Allerdings lernt der Hund zunächst nicht, dass das Futter auf dem Brett liegen muss, um mit dem Brett herangezogen werden zu können (anstatt hinter oder neben dem Brett), solange es dieses berührt [365, 367]. Wenn überhaupt, lernt der Hund diese Einschränkung erst in einem nächsten Schritt. Obwohl Lernen durch Effekt eine wirksame Methode ist, um bestimmte sensomotorische Probleme zu lösen, ist es limitiert. Es muss immer eine raumzeitliche Verbindung zwischen wahrnehmbaren Eigenschaften (den Reizen), den Handlungen und dem Erfolg geben. Außerdem ist diese Form des Lernens langsam, schrittweise und fehleranfällig – etwa wenn der Hund zieht und die funktionalen Eigenschaften des Gegenstandes nicht beachtet hat.

Eine andere Form des Problemlösens beruht auf *Nachdenken*. Maier und Schneirla [358] haben das sehr allgemein als die Verknüpfung von getrennten Erfahrungen definiert. Zum Beispiel bekommt ein Tier die Möglichkeit, zunächst den einen Teil eines Labyrinths zu erforschen, am nächsten Tag den anderen. Später wird getestet, ob es den besten Weg durch das ganze Labyrinth finden kann, was dessen komplette Repräsentation erfordert. Dabei kann diese zusammenhängende Repräsentation ohne Erfolg entstehen, nämlich bloß auf der Grundlage von Informationssammlung durch *Exploration*. Natürlich kann auch Wissen, das auf der Grundlage von Erfolgsbestärkung generiert wurde, eingebaut werden, was bedeutet, dass sich die beiden Problemlösestrategien – Lernen und Nachdenken – gegenseitig nicht ausschließen müssen.

Eine andere Unterscheidung, nämlich die zwischen *reproduktivem* und *produktivem* Denken, ist ebenfalls nützlich [368, 369]. Reproduktives Denken bedeutet, dass bekannte Prozeduren, die schon zuvor für ähnliche Problemstellungen verwendet wurden, wieder in derselben oder in einer leicht modifizierten Weise angewendet werden. Beim produktiven Denken hingegen kommen neue Prozeduren zum Einsatz, sei es für bekannte oder für neue Probleme. Lernen und Nachdenken haben einiges gemeinsam. So beruhen beide auf Erfahrungen. Auch beim *Versuch-und-Irrtum-Lernen* beginnt das Individuum nicht bei null und probiert alles aus, sondern die Versuche sind kanalisiert, insofern das, was schon früher erfolgreich war, den Vorzug erhält. In ähnlicher Weise geschieht auch Nachdenken nicht in einem Vakuum von Erfahrungen. Im Gegenteil, diese sind sogar entscheidend. Aber der Unterschied liegt nach dem Gestaltpsychologen Max Wertheimer [369] nicht darin, ob Erfahrungen im Spiel sind oder nicht, sondern welche Arten von Erfahrungen, blinde Verbindungen oder *strukturelles Verständnis*.

Call [350] meint, dass diese Unterscheidung lange Zeit von den vergleichenden Kognitionsforschern übersehen wurde. Wichtig ist, welchen Abstand die beiden zu verknüpfenden Erfahrungen zueinander haben können. Auf der einfachsten Ebene sind die zu verknüpfenden Erfahrungen durch raumzeitliche Nähe verbunden. Je enger die Verbindung, desto eher werden sie verknüpft. Damit eine Handlung verstärkt wird, muss sich der Erfolg rasch einstellen. Beim Nachdenken im oben genannten Sinn ist das nicht notwendig. Auf einem abstrakten Niveau kann die Trennung von zwei Erfahrungen durch ihre »symbolische Distanz« bestimmt sein [369]. Dabei liegen diese nicht mehr auf einer Wahrnehmungsdimension wie Farbe oder Größe. Eine Taube in der Skinnerbox – einer automatisierten Lerneinrichtung des amerikanischen Lernpsychologen Burrhus Frederic Skinner [88] – kann als Beispiel dienen. Wenn die Taube nach einigen Versuchen gelernt hat, dass ein grüner Reiz Erfolg bringt, ein roter aber nicht, wird sie im sogenannten Generalisations- oder Verallgemeinerungstest auch einen blau-grünen Reiz wählen. Aber Tauben haben Probleme bei der *Abstraktion*, dem Absehen von der gewohnten Reizdimension. Eine Taube kann das *Konzept* »lang versus kurz« lernen, indem sie lernt, immer den längeren von zwei Strichen zu wählen, unabhängig von der absoluten Länge. Aber wenn die Taube mit einer ganz anderen Reizdimension konfrontiert wird, zum Beispiel mit zwei unterschiedlich langen Tönen, versagt ihre Verallgemeinerungsfähigkeit. Das erlernte Konzept ist also reizgebunden und nicht abstrakt.

Beim Werkzeuggebrauch kommt es auf das Erkennen von *funktionalen* Merkmalen an. Das ist besonders dann schwierig, wenn diese (wahrnehmungsmäßig) sehr unterschiedlich sind. So kann ein Loch auf einer Plattform die Verschiebung eines Gegenstandes von A (vor dem Loch) nach B (hinter dem Loch) behindern. Eine Behinderung dieser Verschiebung geschieht auch durch eine Barriere. Loch und Barriere haben aber keine wahrnehmungsmäßige, sondern nur eine funktionale Ähnlichkeit. Nach Wertheimer ist hier die symbolische Distanz beim Erkennen der funktionalen Ähnlichkeit gering, während die Wahrnehmungsdistanz groß ist

[369]. Die funktionale Ähnlichkeit ist nach Wertheimer ein strukturelles Merkmal. Die Distanz zwischen zwei Erfahrungen kann dadurch verkleinert werden, dass eine neue Art von Repräsentation gebildet wird. Auf dieser strukturellen, funktionalen Ebene werden Loch und Barriere ähnlich, während sie auf der Ebene der visuellen Wahrnehmung noch weit entfernt bleiben.

Im Laufe der Jahre gab es immer wieder Versuche, diese beiden Prozesse auf einen einzigen zu reduzieren [370-372], doch hierbei läuft man Gefahr, wesentliche Aspekte tierischen Problemlöseverhaltens zu übersehen oder zu vernachlässigen. Wenn alles nur Versuch-und-Irrtum-Lernen, Lernen durch Erfolg, Verkettung oder Wiedererwachen von Assoziationen ist [373], wie kann man dann erklären, dass Krähen Werkzeug-Probleme lösen, Tauben aber nicht?

Der Skinner-Schüler Robert Epstein von der Harvard University (USA) wurde bekannt durch sein Experiment mit Tauben, bei dem diese ein Verhalten zeigten, das frappant jenem der Schimpansen von Köhler auf Teneriffa ähnelt [103]. Das Experiment wurde auch bewusst als Kopie, um nicht zu sagen als Karikatur des Köhler'schen angelegt. Um an Futter außer Reichweite zu gelangen, schoben Tauben eine kleine Schachtel direkt unter eine vom Deckel der Testkiste baumelnde Banane, sprangen auf diese dann hinauf und pickten auf die Banane. Die Ähnlichkeit zu den Schimpansen von Köhler ist zwar erstaunlich, doch es besteht ein markanter Unterschied. Bei Köhler wurden die Schimpansen davor nicht darauf trainiert, einzelne Komponenten der »einsichtsvollen« Endhandlung auszuüben. Die Tauben von Epstein hingegen wurden gezielt mit positiver und negativer Verstärkung in schrittweisen Trainingseinheiten auf die Endhandlung vorbereitet. Zuerst mussten sie lernen, eine kleine Papierschachtel vorwärts zu schieben. Danach lernten sie, die Schachtel auf einen bestimmten Punkt am Boden oder an der Wand, der öfters variiert wurde, zu schieben. Schließlich lernten sie, auf eine Papierbanane hinzupicken, die weit vom Deckel der Trainingskiste herunterhing und so vom Boden aus erreicht werden konnte. Dabei war keine Schachtel im Raum. Umgekehrt lernten sie aber, auf eine Banane, die weniger weit nach unten hing und nur durch Springen erreicht werden konnte, nicht zu reagieren. Dieses Verhalten wurde ihnen sogar durch Ausbleiben einer Belohnung und eine Warteschleife abtrainiert. Als sie nach erfolgreichem Training mit der Testsituation konfrontiert wurden, bei der die Banane hoch an der Decke hing und eine Schachtel in einer Ecke der Testkiste stand, waren sie zunächst sehr verwirrt. Dann aber liefen sie zur Schachtel, schoben sie unter die Banane, sprangen darauf und pickten auf die Banane. Für unwissende Zuseher ist bei dieser Endhandlung kaum ein Unterschied zu einsichtsvollen Schimpansen oder Menschen erkennbar. Aber hält dieser Eindruck auch einer Detailanalyse stand?

Als die Tauben zum ersten Mal mit der Banane und der Schachtel konfrontiert wurden und verwirrt vor- und zurückblickten, brachten sie die Unvereinbarkeit von zwei zuvor gelernten Verhaltensweisen zum Ausdruck. Weil den Tauben abtrainiert wurde, auf die unerreichbare Banane zu springen und zu picken, dominierte bald das andere Verhalten, der Gang zur Schachtel und deren Schieben. Die Banane wurde zum Ziel dieses Schiebens, weil kein Punkt am Boden oder an der Wand war und sie zuvor eine positive Assoziation nicht nur mit dem Punkt, sondern auch mit der Banane gebildet hatten. Schließlich produzierten die Tauben mit dem Schieben der Schachtel unter die Banane eine Situation, bei der das Hinaufspringen belohnt wurde.

Die Verkettung (*chaining*) von zwei zuvor unabhängig gelernten Assoziationen war das Erfolgsgeheimnis der Tauben. Aber die Schlussfolgerung Epsteins [374, 375], dass genau solche Verkettungen der Kreativität von Tieren und Menschen zugrunde liegen, war provokant, denn es fehlte etwas Wesentliches: die Spontaneität der Endhandlung. Zwar haben die Tauben eine vielleicht für manche sogar unerwartete Flexibilität an den Tag gelegt, weil sie zwei zuvor separat trainierte Handlungen sofort richtig verknüpften. Aber dennoch wurden diese beiden spezifisch trainiert und belohnt. Das war bei den Schimpansen natürlich nicht der Fall. Diese stapeln zwar Kisten im Spiel, was ihnen die nötigen Erfahrungen für diese Handlungen bringt [376], aber sie tun das nicht im Zusammenhang mit Futter oder mit anderen Problemlösungen.

Bei aller Kritik an Epsteins Versuch blieb eine Frage unbeantwortet: Hatten die Tauben, zusätzlich zu den gebildeten Assoziationen, eventuell doch verstanden, dass die Box ein Hilfsmittel darstellt, um zur Banane zu gelangen? Köhlers Zuschreiben von Einsicht beruhte ja nicht nur auf der richtigen Kombination von Kisten und Stöcken, sondern auf einem Verständnis der Funktion dieser Gegenstände als Hilfsmittel zum Erreichen eines Ziels. Nur ein Experiment konnte beantworten, ob die Tauben nicht vielleicht auch ein solches im Zuge des Epstein-Versuches erwarben. Es wurde dreißig Jahre später von Robert Cook und Catherine Fowler [377] an der Tufts University in Boston (USA) durchgeführt. Nachdem sie zunächst die Ergebnisse von Epstein, Lanza und Skinner [103] in einer getreuen Replikation bestätigen konnten, überprüften sie in einem zweiten Experiment, ob Tauben bei der Wahl zwischen zwei Schachteln mit gleichwertigem Verstärkungshintergrund – beide wurden zuvor gleichartig belohnt – selektiv jene mit der erforderlichen Funktion, nämlich der Möglichkeit hinaufzuspringen, wählten. Das taten die Tauben jedoch nicht. Offenbar hatten sie die Funktion (*affordance*) der Schachtel nicht verstanden und sie bloß als einen Gegenstand betrachtet, der in der richtigen Weise geschoben eine Futterbelohnung zur Folge hat.

Die Rolle von Erfahrung wurde oft missverstanden und als Argument gegen spontanes, einsichtsvolles Verhalten eingesetzt. Aber die Gestaltpsychologen wussten genau, wie wichtig Erfahrung für die Lösung von Problemen ist, entweder als förderndes oder hemmendes Mittel für potenzielle Lösungen [378, 379]. Nur weil Erfahrung ein integraler Bestandteil des Problemlöseverhaltens ist, kann dieses nicht einfach auf eine Verkettung von Assoziationen reduziert werden. Es kommt sehr darauf an, wie ähnlich die gemachten Erfahrungen der Lösung des neu auftauchenden Problems sind. Viele Erfahrungen werden von Menschen im Zuge der jugendlichen Exploration und Spielfreude gesammelt. Viel später werden diese, zuvor unbelohnten und spezifisch trainierten Erfahrungen zu einer neuen Repräsentation der Problemsituation verknüpft. Schließlich ist auch zu bedenken, dass die Tauben in eine sehr vereinfachte Problemsituation gebracht wurden, weil sie in der Lernbox nur mit den relevanten Reizen konfrontiert und somit Ablenkungen vermieden wurden. Wenn Tiere in ihrer natürlichen Umgebung mit komplexen Aufgaben konfrontiert werden, so geschieht dies immer in einer sehr mit Reizen angereicherten Umgebung. In dieser dann die nötigen Reize zu beachten und die entsprechenden Reaktionen zu setzen, ist eine um vieles schwierigere Aufgabe als jene der Tauben. Call [350] bezweifelt daher, dass die Tauben bei den Aufgaben, die für Werkzeug gebrauchende Schimpansen auftauchen, bestehen würden.

Solche Fragen sollten aber nicht voreilig dazu verwendet werden, um Schimpansen Nachdenken und Tauben bloßes Auswendiglernen zu unterstellen oder Tierarten voreilig nach diesen Kategorien einzuteilen. Gerade Ratten etwa zeigten nach Jahrzehnten der operanten Konditionierung in der Skinnerbox, dass sie zu komplexen Denkprozessen bei räumlichen Aufgaben im Sternenlabyrinth fähig sind [380]. Schon der britische Zoologe William Thorpe von der University of Cambridge [102] neigte zu der Ansicht, dass Denken ein im Tierreich weitverbreitetes Phänomen darstellt, das nicht auf einzelne wenige Arten wie Schimpansen beschränkt ist. Thorpe wurde aber auch dafür bekannt, dass er den von Wolfgang Köhler [360] eingeführten Begriff der *Einsicht* auf neue explanatorische Beine stellte.

Einsicht

Beim flexiblen Werkzeuggebrauch kommt es auf das Erkennen von *funktionalen* Merkmalen an, anhand deren man dann spontan neue Lösungen für alte Probleme oder auch Lösungen für neue Probleme finden kann. Funktionale Merkmale sind meist nicht so einfach wahrnehmbar wie Größe oder Form, sondern beruhen auf abstrakten, strukturellen Repräsentationen von physikalischen Eigenschaften oder Relationen. Ein neues Problem könnte sich daher zwar optisch unterscheiden, aber im Kern funktional identisch sein. Für *einsichtsvolles* Handeln muss allerdings gelten, dass das Verhalten nicht schon zuvor in einem anderen Zusammenhang ausgeführt wurde, es also in der gezeigten Form neu ist. Zwar können und müssen Erfahrungen mit einzelnen Teilen des Problems vorhanden sein, durch deren Zusammensetzung sich die neue Lösung ergibt. Aber die Lösung darf nicht schon in ihrer Gesamtheit vorliegen. Thorpe [102] hat für Einsicht eine Differenzierung vorgenommen, die leider später wenig beachtet wurde. Er unterscheidet dabei Einsicht und Einsichtslernen:

> Einsicht, auf der einen Seite, sollte primär als eine Organisation von Wahrnehmungen verstanden werden, die zum Verstehen von Beziehungen führt, während, auf der anderen Seite, Einsichtslernen die plötzliche Produktion einer neuen, adaptiven Handlung ist, die nicht durch Versuch-und-Irrtum-Lernen erreicht wird, oder die Lösung für ein Problem durch die plötzliche, adaptive Reorganisation von Erfahrungen [102].

Somit hat Einsichtslernen auch einen Handlungsaspekt. Wichtig dabei ist, dass die Handlung aufgrund von Einsicht zu einer Lösung führt, sprich adaptiv ist, und diese Lösung neu ist und spontan auftritt. Herumprobieren wäre demnach ausgeschlossen. Stattdessen werden geeignete Schritte gewählt, um ein Ziel zu erreichen.

Kognitive Zutaten des kreativen Werkzeuggebrauchs

Josep Call [350] vermutet, dass kreativer (intelligenter) Werkzeuggebrauch drei kognitive Fähigkeiten voraussetzt. Nur damit könnten multiple technische Probleme gelöst werden, besonders solche, die als innovativ im Sinne von Reader und Laland [199] eingestuft werden. Diese Eigenschaften sind es auch, welche Tierarten, die im natürlichen Verhalten nicht zu Werkzeuggebrauch neigen, im Labor und unter besonders günstigen Umständen (siehe dazu später) Werkzeuge geschickt nutzen oder sogar herstellen und modifizieren lassen.

Spontaneität, Innovation und Flexibilität sind mit Sicherheit wichtige Marker für Werkzeuge nutzende Tierarten. Aber sie sind auch typisch für Tierarten, welche andere physikalische oder auch soziale Probleme zu lösen imstande sind. Welche Zutaten sind also spezifisch für den Werkzeuggebrauch wichtig?

Informationssammlung

Assoziationen, die durch primäre oder auch sekundäre Bestärkung (durch Assoziation mit Verknüpfungen, die auf Verstärkung beruhen) gebildet werden, sind wichtig für den Aufbau eines Erfahrungsspeichers. Aber ebenso wichtig sind Informationen, die durch Exploration, Spiel oder allgemein latentes Lernen ohne Verstärkung mit Belohnung erworben wurden [381]. Informationen, die in einem nicht auf ein Ziel hin geprägten Kontext erworben werden, können später für die Lösung zielgerichteter Probleme entscheidend sein. Solche Information kann insgesamt viel flexibler eingesetzt werden, weil sie nicht an spezifische Reize geknüpft ist. Ratten, die ein Labyrinth früher einmal erkunden konnten, ohne dabei für irgendein Verhalten belohnt worden zu sein, können später Labyrinthaufgaben allgemein viel schneller lösen als Ratten, die davor einen bestimmten Weg durch das Labyrinth gelernt haben [102]. Schimpansen, die früher mit bestimmten Gegenständen spielen konnten, lösten später viel schneller Aufgaben, die die Verwendung dieser Gegenstände erforderten [376].

Die Beziehung zwischen latentem Lernen und einsichtsvollem Problemlösen wurde schon vor langer Zeit thematisiert [102]. Offenbar ist es nötig, eine genügend große Anzahl geeigneter Information gesammelt zu haben, um einsichtsvoll handeln zu können. Sogar Handlungen, die zunächst nicht belohnt wurden oder missglückten, könnten später zur Lösungsfindung beitragen. Sie könnten zum Beispiel Beziehungen zwischen Gegenständen oder zwischen Gegenständen und bestimmten Effekten aufzeigen, die später, wenn es darauf ankommt, aus dem Gedächtnis geholt werden. Hierbei kann es sich um Beziehungen handeln, die man selbst wahrgenommen hat, aber auch um solche, die man bei anderen gesehen hat. Im Kontext von sozialem Lernen spricht man von »Emulation«,[24] wenn man durch Zusehen Information über Gegenstände, wie physikalische Eigenschaften, oder über potenzielle Funktionen von Gegenständen erwirbt.

Information ist aber nicht gleich Information. Zwei Beobachter können denselben Vorgang beobachten, aber darüber unterschiedliche Repräsentationen bilden. Wenn attraktive Dinge, wie etwa leckeres Futter, unter einem von drei möglichen Gegenständen (zum Beispiel Bechern) versteckt werden, merken sich einjährige Kinder, genauso wie Schimpansen, die räumlichen

24 Für diesen englischen Begriff gibt es keine gute deutsche Übersetzung. Eine zusätzliche Schwierigkeit ist, dass der Begriff in der Literatur sehr unterschiedlich gebraucht wird. Einerseits als Lernen durch Beobachtung, bei dem das Ziel oder die Intention des Demonstrators erkannt und übernommen werden. (Nicht immer wird dafür die genauere Bezeichnung »goal emulation« verwendet.) Andererseits wird Emulation als Synonym für »Affordance learning« verwendet, was sich auf das Lernen durch Beobachtung beschränkt, bei dem die Funktion, die Verwendungsmöglichkeiten oder andere physikalische Aspekte von Gegenständen erlernt werden. Siehe dazu [62, S. 382-388].

Eigenschaften des Verstecks, während dreijährige Kinder auch die visuellen Eigenschaften des Verstecks, wie Farbe und Form, beachten [389]. Wieder andere Eigenschaften von Gegenständen sind ihre funktionalen Merkmale, auch *strukturelle* Merkmale genannt [390]. Sie bezeichnen die Beziehungen zwischen den Gegenständen, wie zum Beispiel Verbundenheit. Für Werkzeuggebrauch sind diese »dynamischen« Eigenschaften in der Regel viel wichtiger als die »statischen«, wie Farbe und Form, welche die Erscheinung des Gegenstandes bestimmen. Man kann sich etwa merken, dass Gegenstand A auf, neben oder unter Gegenstand B liegt. Kann ein Futterstück nur mithilfe eines Brettes erlangt werden, ist es viel wichtiger zu wissen, dass das Futter auf einem Brett liegt, als zu wissen, welche Größe oder Farbe es hat (*on-off* oder *support problem*). Auch bei der Aufgabe mit der Schnur (*string task*) scheinen sich Tierarten darin zu unterscheiden, was sie wahrnehmen oder darüber lernen. Tauben scheinen eher zu den statischen, Schimpansen zu den dynamischen Merkmalen und den Beziehungen zwischen den Gegenständen zu neigen [391]. Wenn Becher geschüttelt werden, interpretieren Schimpansen das Geräusch als durch Futter verursacht und ziehen diesen einem zweiten Becher, bei dem keine Geräusche zu hören sind, vor [109]. Hunde tun das nicht, zumindest nicht spontan [392]. Die entscheidende Frage dabei ist, ob die Schimpansen das Geräusch als einen mit Futter bloß einhergehenden (korrelierenden) oder als verursachenden (kausalen) Reiz verstehen: einen, der zufällig auch da ist, wenn der Becher Futter enthält, oder einer, der durch das Futter verursacht wird [391, 393].

Informations-Rekombination

Im Gehirn werden Informationen nicht nur gespeichert, sondern auch verarbeitet. Aber wie das geschieht, wie sie danach abrufbar ist, wie sie mit anderen Informationen kombiniert wird und wie sie selbst verändert und rekombiniert (restrukturiert) wird, ist eine gute Frage. Thorpe [102] etwa hält die Rekombination für das entscheidende Merkmal von Einsicht oder einsichtsvollem Verhalten. Doch wie wird Information rekombiniert, welche Prozesse liegen dem zugrunde? Nach Davidson [394, 395] gibt es drei Prozesse: selektive Enkodierung, selektive Kombination und selektiver Vergleich. Auch andere [396] haben einen dreistufigen Prozess vorgeschlagen, der in Einsicht kulminiert. In der Vorbereitungsphase wird Information im Zuge der Beschäftigung mit einem Problem im Gehirn konstruiert und gespeichert (auch solche von Fehlern, die gemacht wurden). In der Inkubationsphase orientiert sich das Subjekt weg vom Problem und macht dabei neue, für das gegenständliche Problem wichtige Erfahrungen, die als Informationen gespeichert werden, die später für das Problem bedeutsam sein können. In der Erleuchtungsphase schließlich trifft die neue Information auf die gespeicherten fehlerbehafteten Informationen der frühen Phase. In der Kombination dieser beiden entstehen neue Einsichten, weil die alten Probleme mithilfe der neuen Informationen evaluiert werden und durch Akkomodation und Assimilation[25] [397] das alte Problem gelöst wird. Manchmal geht das mit einem Augenblick der Erleuchtung, dem bekannten Aha-Erlebnis einher. Auf den ersten Blick erscheinen diese beiden Theorien sehr attraktiv, sie erzeugten aber in der nachfolgenden Literatur über einsichtsvolles Verhalten bei Tieren kaum Resonanz.

Andere Autoren haben sich mit der Frage beschäftigt, welche Form die Rekombination oder Restrukturierung annehmen kann

25 Diese beiden Begriffe sind zentral für das Werk Jean Piagets, werden aber in der vergleichenden Kognitionsforschung kaum verwendet. Bei Piaget bedeutet der Begriff der Akkommodation die Anpassung seiner kognitiven Struktur, seiner Schemata oder Repräsentationen an die äußere Welt, wenn bestimmte Wahrnehmungen nicht mehr in die bestehenden Schemata eingeordnet werden können, wie das bei der Assimilation der Fall wäre. Siehe [397].

[398]. In frühen theoretischen Modellen vorgeschlagen wurden: die Wahrnehmung von Reizen in unterschiedlicher Weise (zum Beispiel Reorganisation der visuellen Information), das Zusammenfügen isolierter Teile von Information oder das Füllen von Informationslücken (beispielsweise die Vervollständigung eines Schemas; [399], das Hinwegkommen über durch alte Erfahrung verursachte mentale Blockaden (das heißt die funktionale Fixierung; [378]), das Aufstellen einer Analogie auf der Ebene der strukturellen Organisation und die Anwendung auf das neue Problem [369] oder die Neuformulierung des Problems, entweder bezogen auf die Ziele[26] [378] oder die Funktion der Gegenstände, welche die Lösung des Problems enthalten (etwa das »Zwei-Schnüre-Problem«[27] [400]). Obwohl diese Modelle eine gewisse Unterstützung durch empirische Befunde erfahren haben, sind sie doch alle unzureichend für die Frage, wie man Einsicht in ein schwieriges Problem erlangt. In der Wahrnehmungstheorie ist es ein bekanntes Phänomen, dass sogenannte zweideutige Bilder durch Änderung des Fokus oder des Standpunktes unterschiedlich gesehen werden können [402]. Durch Umordnung von Gegenständen erhellt sich der Zusammenhang und ein strukturelles Problem löst sich quasi von selbst. Gezielte Veränderungen sind dabei ein Hinweis, dass eine gewisse Einsicht schon da war, wenn auch noch nicht in voller Ausprägung. Jedenfalls war das für den Gestaltpsychologen Wolfgang Köhler der wichtige Unterschied zum bloßen Versuch-und-Irrtum-Lernen der Behavioristen. Wenn das Problem schon vollständig im Geist, vor der

---

26 Studien über unerfahrene Problemlöser zeigen jedoch, dass sie oft Schwierigkeiten haben zu erkennen, dass ein Problem zur Lösung eines anderen verwendet werden kann.

27 Hierbei soll an zwei Schnüren, die von der Decke hängen, gleichzeitig gezogen werden. Allerdings ist die Distanz zwischen den Schnüren dafür zu groß. Erst mithilfe eines Tricks, bei dem an eine Schnur ein Gegenstand geknüpft wird und somit die Schnur zum Pendeln gebracht werden kann, lässt sich das Problem lösen. Wiederum kann Erfahrung aus einem anderen Kontext dabei helfen. Siehe [400, 401].

Ausführung, gelöst wurde, ist das für Davidson der Prototyp der Einsicht [395]. Hier ergibt sich eine gewisse Nähe zu schlussfolgerndem Denken, zum Beispiel zum Denken durch Ausschluss.

In jedem Fall scheint es wichtig, dass neue Repräsentationen des Problems entstehen, selbst wenn alle nötigen Teilinformationen schon präsent waren. Entweder werden zunächst isolierte Teile zusammengefügt oder alte Repräsentationen zerstückelt und die Teile dann neu zusammengefügt. Nun könnte man sich vorstellen, dass Tierarten unterschiedliche Probleme bei der Rekombination haben. Entweder können sie weiter entfernte Informationsteile nicht mehr zusammenführen oder alte Repräsentationen können nicht mehr aufgebrochen werden. Oder die Repräsentationen liegen in ungünstigen, nämlich unflexiblen Formaten vor, weil sie an ganz konkrete Inhalte gebunden sind. Je abstrakter die Information und je strukturierter die Repräsentation, desto leichter ist es, neue Lösungen durch Rekombination zu finden.

Funktionale Fixiertheit [378] nennt man die Problematik, dass die gewohnte Verwendung eines Gegenstandes die Verwendung in einer neuen Art und Weise behindert. Sie wurde als Erklärung für manche Schimpansen ins Spiel gebracht, die am Problem der aufschwimmenden Erdnuss [403] gescheitert sind. Im Vergleich zu Schimpansen der Auffangstation Ngamba in Uganda waren Schimpansen des Leipziger Zoos deutlich erfolgloser in der Lösung dieser Aufgabe. Der Unterschied könnte nach Ansicht der Autoren in der Verwendung eines neuen Wasserspenders begründet sein: Während die Ngamba-Schimpansen einen neuen Wasserspender bekamen, mussten die Leipziger Schimpansen einen gewohnten Wasserspender verwenden. Es schien, als würden sie kognitiv blockiert sein, den alten Spender, den sie seit langer Zeit ausschließlich zum Trinken kannten, auf eine neue, ungewöhnliche Weise, nämlich zum Auffüllen der Röhre mit der Erdnuss, zu benutzen. Offenbar kam es hier zu funktionaler Fixierung durch vergangenes individuelles Lernen.

Sowohl statische, perzeptive Information als auch dynamische, funktionale Eigenschaften von Gegenständen können der Lösung eines neuen Problems im Wege stehen. Wir sollten Einsicht nicht als einen Prozess verstehen, sondern als Endprodukt eines Prozesses, den letzten Schritt in einer Kette von Ereignissen, die mit der Aufnahme und dem Erwerb von Information beginnt, sich mit der Transformation fortsetzt und in der Rekombination und dem Lösen des Problems kulminiert [404, 405]. Auch Thorpe [102] unterschied zwischen einsichtsvollem Problemlösen und Einsicht.

Unbeantwortet bleibt bei all diesen Modellen die Frage, *wie* die Informations- und Repräsentationsstücke im Kopf kombiniert werden. Wie gesagt, enthalten die vorgeschlagenen Modelle bezüglich Einsicht eine klare Abgrenzung von mentalem Versuch-und-Irrtum-Lernen. Das bloße Durchspielen von mehreren Szenarien, selbst wenn es in systematischer Art und Weise geschieht, scheint ebenso wenig zu genügen wie die Simulation der möglichen Konsequenzen. Zumindest beim Menschen unterscheidet man ferner das analytische Durchspielen der Möglichkeiten, bis man zum (für sich) besten Ergebnis kommt und dann entscheidet, und dem plötzlichen und unwillkürlichen Auftauchen der Lösung im Sinne eines »Aha-Erlebnisses«.[28] Inwieweit diese Unterscheidungen auch für Tiere sinnvoll sind, bleibt noch zu klären.

Objektmanipulation

Der dritte Bestandteil des kreativen Werkzeuggebrauchs ist die Objektmanipulation. Anatomische Unterschiede zwischen den Tierarten werden in Bezug auf die Objektmanipulation oft über-

28 Der Leiter des Wiener Psychologischen Instituts, Karl Bühler, hat damit das schlagartige und unwillkürliche Erkennen eines gesuchten, jedoch zuvor unbekannten Sinnzusammenhanges, das von einer emotionalen Reaktion begleitet ist, bezeichnet. Der Begriff wird oft auch »Heureka-Effekt« genannt [406].

schätzt. Das Beispiel Kapuzineraffe versus Totenkopfäffchen kann das verdeutlichen. Obwohl beide Arten ähnliche körperliche Voraussetzungen haben, sind die einen sehr geschickt und manipulieren Objekte oft und mit Hingabe, während die anderen nur selten dabei beobachtet werden. Auch das viel zitierte Beispiel Geradschnabel- versus Saatkrähen verdeutlicht, wie unterschiedlich die Neigung zum Werkzeuggebrauch ist. Allerdings zeigt die Schwierigkeit von Papageien, mit ihrem stark gebogenen Schnabel gerade Stöckchen vor den Augen zu steuern, dass die Anatomie sehr wohl ein Faktor sein kann. Dennoch sind die psychologischen, motivationalen Unterschiede zwischen Arten mindestens genauso bedeutend für die Neigung zur Objektmanipulation wie die anatomischen. Ähnlich verhält es sich bei der Lautproduktion, wo man früher die anatomischen Voraussetzungen des Vokaltrakts für die Unterschiede zwischen Tierarten verantwortlich machte, neuerdings aber die neuronal-kognitiven Unterschiede stärker betont [407].

Sowohl Primaten als auch Vögel erbringen einen (konvergenten) Nachweis für die starke Beziehung zwischen Objektmanipulation während der Exploration und dem Werkzeuggebrauch [408, 409]. Der Unterschied zwischen Affenarten zeigt sich dabei nicht nur in ihrer Motivation und Neigung, Objekte zu manipulieren, sondern auch in der Komplexität der Manipulationshandlungen, bei denen verschiedene Elemente und Beziehungen eine Rolle spielen [409]. Schimpansen und Kapuzineraffen stechen hier besonders hervor, und es sind auch gerade jene Arten, die Werkzeuge einsetzen, um an sonst unerreichbares Futter zu gelangen. Ist das auch bei Vögeln so? Das lässt sich nicht so einfach beantworten, da Papageien sehr geschickt und sehr motiviert Gegenstände manipulativ untersuchen, aber zumindest in freier Wildbahn kaum Werkzeuggebrauch zeigen.[29] Ähnliches gilt für

---

29 Auf einen rezenten Hinweis, dass dies doch der Fall sein könnte, werde ich noch später zurückkommen.

viele Rabenvögel, unter anderem Kolkraben, verschiedene Krähen, Häher usw. Leider gibt es – im Unterschied zu Primaten – keine groß angelegte Studie zu einer möglichen Korrelation zwischen Werkzeuggebrauch und Objektmanipulation bei Vögeln.

Um zu sehen, welche Lernprozesse für den Werkzeuggebrauch entscheidend sind, schlägt Call [350] vor, sich weniger auf die Unterscheidung zwischen Lernen und Denken zu konzentrieren, sondern die *Informationsmenge* zu messen, die bei bestimmten Handlungen herangezogen wird. Das kann man, ähnlich wie bei Tests zum sozialen Lernen, mit Gruppen derselben Tierart machen, denen unterschiedliche Mengen oder Arten von Information zur Verfügung gestellt werden – oder auch Informationen, die sich durch ihre räumliche, zeitliche, sensorische oder symbolische Distanz unterscheiden. Weiters kann die Konfrontation mit unterschiedlichen Problemstellungen zur Quantifizierung beziehungsweise Einschätzung der Verhaltensflexibilität beitragen. Und schließlich kann man an den Lernkurven erkennen, ob ein Problem langsam und nur nach vielen Wiederholungen und Fehlern oder aber schnell und sogar spontan gelöst werden kann.

Die drei Bestandteile des Werkzeuggebrauchs – 1) Informationssuche und das Horten von Informationen, 2) Rekombination oder Restrukturierung von Informationen und 3) die Neigung, Objekte zu manipulieren – offenbaren sich als eine Mischung aus kognitiven, motivationalen und sensomotorischen Aspekten, die für die Evolution und auch für die individualgenetische Entwicklung von Werkzeuggebrauch bedeutend erscheinen. Wichtig ist jedenfalls, die unterschiedlichen Fähigkeiten und Fertigkeiten beim Werkzeuggebrauch zu unterscheiden. Eine Bandbreite von engen, hoch spezialisierten Techniken bis zu offenen, flexiblen und kreativen (innovativen) Lösungen sollte dabei bedacht werden. Letztere sollten als Konsequenz von sensomotorischen Fertigkeiten und kognitiven Fähigkeiten verstanden werden. Arten ohne Werkzeuggebrauch, wie etwa Ratten, zeigen zwar eine Reihe von wichtigen Fähigkeiten von kreativen Werkzeugnutzern, wie

Exploration, Informationssammlung und -rekombination, aber besitzen nicht deren manipulative Neigungen. Offenbar müssen alle Bestandteile vorhanden sein, oder ein bestimmter Schwellenwert muss überschritten werden, um kreativen Werkzeuggebrauch zu ermöglichen. Das könnte der Grund sein, warum er nur bei so wenigen Tierarten auftritt.

Werkzeuggebrauch als intentionales Handeln

Wie wir am Beginn des Kapitels gesehen haben, ist ein wichtiges Merkmal des Werkzeuggebrauchs die Zielgerichtetheit: Werkzeuggebrauch ist eine zielgerichtete Handlung mit einem geeigneten Mittel. In der Philosophie wird dieses Merkmal seit Franz Brentano [410] als Intention bezeichnet.

Somit ist das Werkzeug nicht nur ein Gegenstand, sondern – im übertragenen Sinn – auch ein mentales Programm. Das Ziel ist dabei die intendierte Wirkung der Handlung. Das beinhaltet drei Fähigkeiten:

- Erstens die Fähigkeit, sich die Konsequenzen seiner Handlung schon vor der Ausführung vorzustellen, also mental zu repräsentieren.
- Zweitens die Fähigkeit, die aktuell auftretenden Konsequenzen mit jenen zu vergleichen, die man kraft seiner Vorstellung antizipiert hat.
- Und schließlich drittens die Fähigkeit, die nächste Handlung auf Basis der gemachten Erfahrung(en) der vorangegangenen Handlung(en) zu ändern.

Diese drei Fähigkeiten machen das dynamische Wesen von (flexiblem) Werkzeuggebrauch aus. Auch Jean Piaget hat diese besonderen mentalen Leistungen betont, wenn er den Werkzeuggebrauch als eine der krönenden Errungenschaften der praktischen

Intelligenz bezeichnet, weil er ein ausgefeiltes Verständnis der Welt der Gegenstände erfordere [90].

Im Zuge der Entwicklung der menschlichen Kognition lernt das Kind die Wirkung von immer mehr Handlungen kennen, darunter zunehmend Handlungen mit Gegenständen. Spielerisch beginnt das Kind ein Verständnis nicht nur für die Effekte seines Körpers zu bekommen, sondern auch für die Effekte, die seine Handlungen mit Gegenständen erzeugen. Es bemerkt etwa, dass das Aufschlagen von Gegenständen auf harte Körper laute Geräusche erzeugt. Schließlich beginnt das Kind, Beziehungen von Gegenständen zu erkennen; etwa, dass sich ein Gegenstand gut in einen anderen fügt oder auch darin verschwindet. Es lernt, dass Gegenstände, sobald sie nicht mehr gestützt werden, nach unten fallen oder dass Gegenstände, die auf einem anderen liegen, zusammen mit diesem und von diesem bewegt werden können, ohne selbst berührt werden zu müssen. In zunehmendem Maße entwickelt das Kind dabei ein Verständnis für statische und dynamische Eigenschaften von Gegenständen. Als Akte der Anpassung an seine Umwelt beginnt es zu verstehen, welche Handlungen den gewünschten Effekt erzeugen und welche nicht – was funktioniert und was nicht. In der Theorie von Piaget geschieht dies im Austauschverhältnis zwischen Mensch und Umwelt durch ein Wechselspiel von Assimilation und Akkomodation [397]. Die Konsequenzen von Handlungen werden auf Basis des aktuellen Verständnisses vorhergesagt; wenn diese »Hypothesen« nicht zutreffen, werden sie angepasst. Auf der einen Seite geschieht dies durch kognitive Integration von Sinneswahrnehmungen, auf der anderen Seite durch Differenzierung dieser (bereits integrierten) Sinneswahrnehmungen.

Ganz ähnlich könnten auch explorative Tiere in spielerischer Weise die Wirkungen ihrer Handlungen auf die Umwelt lernen. Im Zuge dieser Handlungen und ihrer Veränderungen von Gegenständen und ihren Beziehungen sollten sie ein gewisses Verständnis für die physikalischen Eigenschaften dieser erwerben.

So wird der junge Schimpanse lernen, dass morsches Holz, wenn man es auf eine harte Nuss schlägt, bricht, aber ein Granitstein nicht; dass man Termiten mit einem Ast, nicht aber mit einem Stück Liane fischen kann; dass eine Nuss auf einem großen Stein bricht, aber auf dem Waldboden unversehrt bleibt. So lernen junge Schimpansen Eigenschaften wie Härte, Festigkeit, Verknüpfung und vielleicht auch Gewicht als wichtige, statische Eigenschaften von Gegenständen. Sie sollten im Zuge ihrer Tätigkeiten aber auch dynamische Eigenschaften kennenlernen. So etwa, dass ein runder Gegenstand wie zum Beispiel eine Nuss, wenn man sie anstößt, rollt, ein eckiger Stein aber nicht; dass Gegenstände, wenn sie über eine Kante rollen, fallen, und wenn sie in ein Loch rollen, in diesem verschwinden. Dies scheint auf den ersten Blick trivial. Wie wir aber gleich sehen werden, ist diese Art von basalem physikalischem Verständnis selbst bei Werkzeuge herstellenden Tieren nicht selbstverständlich.

4. Kausalverständnis

Nach diesen eher theoretischen Überlegungen zu den kognitiven Bestandteilen des Werkzeuggebrauchs wollen wir uns nun einigen Experimenten zuwenden, mit denen diese überprüft wurden. Die meistuntersuchten Fähigkeiten sind Kausalverständnis und Planen. Beide werden nicht nur als wichtig für den kreativen, flexiblen Werkzeuggebrauch betrachtet, sondern als Formen des Verstehens und Nachdenkens, welche sich am deutlichsten von Versuch-und-Irrtum-Lernen unterscheiden.

Was ist Kausalverständnis?

Ein Spezialfall des Kausalverständnisses ist das Nachdenken über physikalische Prozesse, durch die ein Werkzeug das gewünschte Resultat erzielt. Ein zielgerichtet arbeitender Werkzeugverwender kann wissen, dass seine Aktion das Resultat verursacht hat, ohne zu wissen, wie und warum das so funktioniert. Tatsächlich ist das genau die Art und Weise, auf die weniger technisch begabte oder physikalisch aufgeklärte Zeitgenossen ausgeklügelte Werkzeuge wie Laserpointer und Mikrofone verwenden. Aber Menschen sind dennoch in der Lage, etwas von Physik zu verstehen, wie sich zum Beispiel zeigt, wenn ein Kleiderbügel verwendet werden muss, um nach einem in den Gully gefallenen Schlüsselbund zu angeln [411]. Dabei wird ein Werkzeug mit den richtigen physikalischen Eigenschaften erzeugt, nämlich jenen, die das Problem lösen. Man könnte auch sagen, dass wir bestimmte physikalische Eigenschaften in einer *abstrakten* beziehungsweise *prinzipiellen* Weise repräsentieren, weil Eigenschaften wie Härte, Gewicht, Steifheit und Verbindung nicht durch direkte Sinneswahrnehmung erfassbar sind und weil sie bestimmte *Wirkungsprinzipien* enthalten. Die einfachere Alternative wäre, dass unser Denken zunächst oder vielleicht auch generell im Alltag von oberflächlichen, wahrnehmbaren Merkmalen wie Form, Haptik oder räumlicher Orientierung geleitet ist. Erst in Schulklassen, Labors und Werkstätten dringen wir tiefer in die physikalische Natur von Gegenständen und die damit zusammenhängenden Wirkungsprinzipien ein. Jedenfalls ist es unbestreitbar, dass Menschen dafür viel Potenzial haben. Wie sieht das aber jetzt bei Tieren aus? Lassen wir dazu einige Laborexperimente Revue passieren, die mittlerweile zu Klassikern der Kognitionsbiologie avanciert sind.

Die Röhre mit Falle

Elisabetta Visalberghi und ihr Team vom Istituto di Scienze e Tecnologie della Cognizione in Rom (IT) haben in den Neunzigerjahren des vorigen Jahrhunderts Kapuzineraffen mit einem technischen Problem konfrontiert, welches nicht nur zu einem Klassiker wurde, sondern in der Folge auch zu einem Standardtest für das Kausalverständnis. Die Affen bekamen einen Leckerbissen, zum Beispiel eine Nuss, in einer horizontal angeordneten Plexiglasröhre angeboten. Die Röhre war zu schmal, um die Nuss mit bloßen Händen greifen zu können, aber es stand ein Stock als Hilfsmittel zur Verfügung. Mit diesem konnte die Nuss aus der Röhre geschoben werden. Das Einführen des Stockes und das Hinausschieben der Nuss waren leicht. Aber wenn Bündel von Stöcken oder andere Gegenstände, die nicht in die Röhre passten, angeboten wurden, zeigten sich die ersten Schwierigkeiten. Erst nach einigen Fehlversuchen wurden die richtigen Stöcke verwendet oder die unpassenden modifiziert. Schon hier zeigte sich, dass die Tiere erst lernen mussten, auf die wesentlichen Eigenschaften der Hilfsgegenstände zu achten.

Der klassische Versuch prüfte nun gezielt das vorausschauende Handeln [347]. Die Aufgabe wurde dadurch erschwert, dass in der Mitte des Röhrenbodens eine »Falle« eingebaut wurde. Sie bestand aus einer becherförmigen Vertiefung. Wurde die Nuss über diese geschoben oder gezogen, fiel die Nuss hinein und war für das Tier verloren. Mit dem nötigen Verständnis für diesen Zusammenhang sollten die Affen diese Falle vermeiden und die Nuss von der Falle weg zum richtigen Röhrenende schieben. Das erforderte, den Stock durch diejenige Öffnung in die Röhre zu schieben, von der die Nuss weiter entfernt war als die Falle. Um die einfache Lösung des Festhaltens an der Seite, an der man gerade Erfolg hatte, zu verhindern, wurde die Nuss nach dem Zufallsprinzip in aufeinanderfolgenden Tests entweder links oder rechts von der Falle positioniert.

Vier Kapuzineraffen wurden mit dieser Aufgabenstellung konfrontiert. Da sie die Aufgabe nicht sofort und spontan lösen konnten, wurde die »Prüfung« mit insgesamt vierzehn Blöcken von je zehn Tests fortgeführt. Drei Tiere waren selbst danach noch immer auf Zufallsniveau, nur ein Tier konnte die Aufgabe nach fast fünfzig Fehlversuchen lösen. Dieses Tier mit dem Namen Roberta konnte in den letzten sechs Einheiten fast immer die Nuss herausholen (in 95 Prozent der Fälle). Offenbar hatte dieses Tier eine Regel gelernt, die es ihm ermöglichte, den Stock (fast) immer von der richtigen Seite einzuführen, je nachdem, wo die Nuss in Relation zur Falle lag. Genau diese Vermutung wurde in nachfolgenden Tests mit diesem Tier bestätigt. Es hatte gelernt, den Stock immer an der Seite einzuführen, von der die Nuss weiter entfernt lag. Da die Falle in der Mitte der Röhre lag, war das eine funktionierende Strategie. Doch als in weiteren Tests die Falle unwirksam gemacht wurde, indem die Röhre gedreht und die Falle damit nach oben gerichtet wurde, oder als eine Röhre ohne Falle angeboten wurde, blieb das Tier bei dieser Faustregel. Die Autoren fassten nüchtern zusammen, dass die Kapuzineraffen das erforderliche Verständnis für die Auswirkungen ihrer Handlungen auf die Nuss und die Ursachen für den Erfolg oder Misserfolg verfehlten. Das einzig erfolgreiche Tier hat sich in der ursprünglichen Aufgabe nicht auf die funktionalen Eigenschaften, sondern bloß auf die wahrnehmbaren Merkmale der Röhrenfalle gestützt.

Das überraschend schlechte Ergebnis der Kapuzineraffen könnte mehrere Ursachen haben, unter anderem eine generelle Schwierigkeit mit Plexiglasröhren. Daher war es naheliegend, andere Werkzeug nutzende Affen zu testen. Schimpansen waren die offensichtliche Wahl. Mit der Aufgabe konfrontiert [412] wurden zunächst fünf Tiere, von denen wiederum nur ein kleiner Teil, nämlich zwei Tiere, auf die Lösung kam, und auch das wieder nicht gleich, sondern erst nach siebzig respektive achtzig Einzeltests. War die Lösung dieser beiden älteren Tiere (ein dreizehn Jahre altes Männchen namens Darrell und ein elf Jahre altes Weibchen namens Sheba) ähnlich gestrickt wie jene von Roberta? Das sollten weitere Prüfungen mit den beiden erfolgreichen Schimpansen zeigen, wobei hier eine zweite, neuartige Röhre eingesetzt wurde. Um zu überprüfen, ob die Tiere ebenso auf der Basis der Distanz zur Nuss handelten, war in dieser Röhre die Falle von der Mitte weggerückt, sodass die Nuss genau in der Mitte der Röhre positioniert werden konnte. Beide Schimpansen (nicht aber der Kapuzineraffe, der zum Vergleich ebenfalls mit dieser neuen Apparatur getestet wurde) konnten die neue Herausforderung meistern. Offenbar hatten sie nicht bloß die einfache Distanzregel benutzt, sondern eine Strategie gewählt, die nicht nur die Position der Nuss, sondern auch die Position der Falle berücksichtigte. Die Autoren der Studie folgerten sogar, dass die beiden Schimpansen ein Verständnis für die Kausalbeziehung zwischen der Aktion mit dem Stock und seiner Wirkung erwarben [412].

Zur Ehrenrettung der Kapuzineraffen muss man sagen, dass ihr suboptimales Verhalten keinen Schaden anrichtet, solange sie immer wieder eine neue Chance bekommen können. Sie verlieren nichts, sondern brauchen nur etwas mehr Zeit und Aufwand, um ans Ziel zu kommen. Bei der Täuschung mit der unwirksamen Falle war die Anwendung der simplen Faustregel ja unschädlich. So mag es nicht verwundern, dass auch Spechtfinken [348], Geradschnabelkrähen [413] und Schimpansen [414] auf die Täuschung hereinfallen und die unwirksame Falle vermeiden. Im vorliegenden Fall handelten sogar Menschen ähnlich »irrational« wie Roberta. Die meisten Versuchspersonen machten auch bei der gedrehten Röhre mit der nicht mehr funktionierenden Falle weiter wie zuvor [415]. Offenbar wählten auch sie eine Sicherheitsvariante.

Generell ist zu sagen, dass die Anwendung einfacher Heuristiken natürlich nicht ausschließt, in anderen Situationen fortschrittlichere Strategien anzuwenden. Und außerdem sind derartige, unvollkommene Strategien in Situationen, die schnelles Handeln erfordern, sogar von Vorteil, wenn die klügere Strategie zu aufwendig ist. Sie liefern evolutionäre Vorteile besonders für Arten in harschen und kompetitiven Umwelten. Auch Menschen verwenden oft »schnelle und fruchtbare« Heuristiken anstatt langsame und aufwendige Nachdenkprozesse, um Alltagsprobleme zu lösen [416, 417]. Wer hat nicht schon einmal versucht, einen Schlüssel ins Schloss zu stecken, ohne erst nachzuschauen, in welche Richtung die Zacken schauen? Auch sogenannte »ratiomorphe« Entscheidungen, die ich im zweiten Kapitel (»Können Tiere rational sein?«) erörtert habe, führen meist zu brauchbaren Lösungen und werden langwierigen, rationalen Abwägungen vorgezogen [86, 87].

Es gibt aber noch zwei Alternativerklärungen zum scheinbar suboptimalen Verhalten bei der Beschäftigung mit der Röhrenfalle. Einerseits die Distanz der Nuss zur Falle, die möglicherweise nicht so leicht vom Röhreneingang aus wahrgenommen werden kann. Tatsächlich haben Schimpansen, wenn sie den Leckerbissen direkt verschieben können, wesentlich weniger Probleme

[418]. Andererseits ist das Stochern mit Stäben für Tiere, die keine natürliche Disposition dazu haben, schwierig. Daher haben Forscherinnen der University of Cambridge (GB) eine andere Anordnung gebastelt, bei der der Leckerbissen mit einem schon in der Röhre platzierten Schieber geangelt werden kann [419]. Die Versuchstiere waren Saatkrähen, welche kein natürliches Werkzeugverhalten aufweisen. Diese Tiere haben sich in der Folge – wie wir noch sehen werden – als wahre Meister bei technischen Problemen im Allgemeinen und Aufgaben mit Werkzeugen im Besonderen erwiesen.

Die Saatkrähe ist eine von vier europäischen Arten der Gattung Corvus aus der Familie der Rabenvögel. Sie ist sowohl mit Kolkraben, von denen wir noch viel zu berichten haben werden, und den schon oft erwähnten Geradschnabelkrähen verwandt. Sie ist eine ziemlich große Krähe – üblicherweise eher kleinere Arten der Gattung Corvus, im Gegensatz zu den etwas größeren Raben – mit markantem Schnabel, hohem Kopf und metallisch glänzendem schwarzem Gefieder. Ihr Nahrungsspektrum ist äußerst vielfältig, mit einem großen Anteil tierischer Nahrung, welche sie sich mit ihrem spitzen Schnabel, den sie als Universalwerkzeug zum Graben, Hacken, Sondieren und Stochern einsetzt, erschließt. Werkzeuggebrauch scheint daher für sie nicht erforderlich zu sein und wurde auch noch nie in freier Wildbahn beobachtet.

Um die Falle zu vermeiden, mussten die Versuchstiere lernen, das Futterstück über eine Öffnung der Röhre im Boden zu ziehen, die der Falle in den Versuchen davor sehr ähnlich sah, aber nicht wie eine Falle funktionierte [419]. In einem Fall war die falsche »Falle« mit einem Deckel verschlossen (Abb. 8A), in einer anderen Versuchsbedingung war die falsche »Falle« unten offen und gab so das Futter frei (Abb. 8B). Insgesamt sieben von acht Tieren lösten diese Aufgaben nach einigen Versuchen. Danach wurden die Tiere einem kritischen Test unterzogen. Dabei war entweder die ehemals richtige Seite mit Pfropfen am Ende der Röhre verschlossen (Abb. 8C) oder die Röhre wurde auf den Tisch gesenkt,

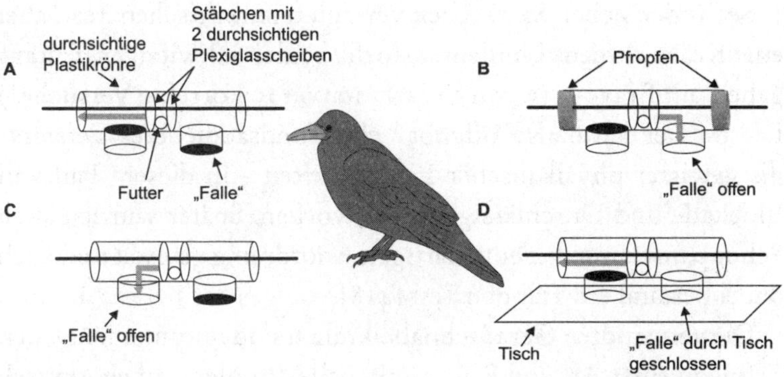

Abb. 8: Die vier Aufgaben des Röhre-mit-Falle-Problems, mit welchem Saatkrähen an der University of Cambridge (GB) konfrontiert wurden. Zunächst wurden die Tiere mit den Aufgaben A und B konfrontiert, danach wurden sie mit den Aufgaben C und D getestet. Zu Beginn des Versuchs ist bereits ein Stäbchen in das Röhrchen eingeführt, an welchem zwei durchsichtige Plexiglasscheiben fixiert waren, welche das Futterstück umschließen, sodass es sich mit dem Stäbchen bewegt, egal, in welche Richtung es gezogen wird. An der Röhre waren am unteren Ende zwei Öffnungen. Wenn diese unten (mit einer schwarzen Scheibe) verschlossen waren, wirkten sie wie »Fallen« für das Futterstück (B), wenn die schwarze Scheibe am oberen Ende montiert war, blieb die »Falle« wirkungslos, das Futter konnte darüber hinweg zum Ende der Röhre gezogen werden (A und D). In B war dieser Weg durch Pfropfen verschlossen. Der Pfeil zeigt den Weg des Futters zum Erfolg an. Aus [419].

sodass die zuvor offene »Falle« nun geschlossen war (Abb. 8D). Der Trick der Experimentatorinnen bestand also darin, dass der visuelle Reiz, der als willkürlicher Hinweis zur Lösung dieser Aufgaben im Training hätte verwendet werden können, nämlich die Position der schwarzen Scheibe oben auf einer der Fallen, bei beiden Aufgaben gleich war, aber jede Aufgabe die entgegengesetzte Reaktion erforderte (in Abb. 8C das Futter von der schwarzen Scheibe weg- und in Abb. 8D zu dieser hinzuziehen). Die Saatkrähen konnten daher die Tests nicht durch die Anwendung einer einzigen, einfachen Verfahrensregel auf der Grundlage der Position der schwarzen Scheibe in der Röhre (links oder rechts) lösen.

Sechs der sieben Saatkrähen versagten im kritischen Test, aber eine Krähe namens Guillem löste die beiden schwierigen Testaufgaben mit Bravour (9 von 10 bzw. 10 von 10 korrekte Versuche!). Dieses Tier hatte also offenbar ein grundsätzlicheres Verständnis gewisser physikalischer Eigenschaften – in diesem Fall von Blockade und Durchlässigkeit – erworben. Später wurden auch Schimpansen mit dieser neuartigen Anordnung getestet und auch dabei bestand ein Tier den Test [418].

Die verwandten Geradschnabelkrähen sind mitunter fähig, den Erfolg in einer Art von Röhre-mit-Falle-Problem auf ein optisch gänzlich andersartiges zu übertragen, was ein Verständnis auf einer abstrakten Ebene andeutet [418, 420]. Nichtsdestotrotz gibt es in all diesen Versuchen ein erhebliches Maß an individuellen Unterschieden, deren Gründe noch der Klärung harren.

Das Schnurziehen

Wenn ein Ziel nur über mehrere Schritte erreicht werden kann, ist es vorteilhaft, diese Schritte vorauszudenken und dann in ein geeignetes Handlungsschema zu integrieren. Dieses *Mittel-zum-Zweck-Denken* liegt meines Erachtens dem Einsichtslernen im Sinne von Thorpe [102] zugrunde. Es ist die Grundvoraussetzung dafür, dass die Handlung spontan einsetzt und fließend ausgeführt wird. Ein gutes Beispiel dafür ist das Schnurziehen, in der älteren Literatur auch als »Schöpfen« bezeichnet [421, 422]. Die Aufgabe, welche schon Plinius beschreibt, besteht darin, an ein Stück Futter zu gelangen, das auf direktem Wege nicht erreichbar ist, aber an eine Schnur gebunden ist. Das Futter muss also mittels der Schnur herangezogen werden. Das ist dann einfach, wenn es sich um eine horizontale Anordnung handelt, die Schnur also am Boden liegt. Mit jeder Ziehbewegung kommt das Futter näher. Zwar muss auch hier das Prinzip der Verbindung verstanden werden, woran zum Beispiel Hunde oft scheitern [361], aber der motorische Teil ist einfach. Deutlich schwieriger wird der Handlungsteil dann, wenn die Schnur an einem Ast befestigt nach unten hängt und hinaufgezogen werden muss. Hier genügt wiederholtes Ziehen alleine nicht. Es muss die Schnur nach jedem Zug fixiert werden, bevor eine nächste Schöpfhandlung gestartet wird. Je länger die Schnur, desto öfter muss diese Kombination aus 1) Hinunterfassen, 2) Ziehen, 3) Fixieren, 4) Loslassen wiederholt werden. Das Hauptproblem dabei ist die Fixation. Für Tiere mit zwei Händen ist das relativ einfach, eine Hand ist immer an der Schnur, während die andere nachgreift. Die Krallen- oder Weißbüscheläffchen am Institut für Zoologie der Universität Wien holten sich die Leckerbissen im Nu. Aber für Vögel ist die Situation deutlich schwieriger. Ziehen sie an der Schnur mit dem Schnabel, müssen sie die Schnur zunächst auf den Ast zu ihren Füßen legen, dann mit einem Fuß auf die Schnur steigen, erst danach wieder den Schnabel öffnen und ein weiteres Stück Schnur heraufziehen.

Da der Versuch einfach durchführbar – praktisch jeder Vogelzüchter könnte das zu Hause mit seinen Ziervögeln tun – und von großem Erkenntniswert ist, gibt es dazu viele Studien. Margaret A. Vince [423] hat nach dem Testen von Kohlmeisen, Grünfinken, Kanarienvögeln und Buchfinken geschlossen, dass Vögel nach dem Prinzip des Versuch-und-Irrtum-Lernen vorgehen. Auch Wellensittiche, Indische Stare und Dohlen hatten große Probleme [424]. Am Max-Planck-Institut für Vergleichende Verhaltensforschung im bayrischen Seewiesen wurde eine große Zahl Finken – Stieglitze und Erlenzeisige – von Uta Seibt und Wolfgang Wickler getestet und es wurden große individuelle Unterschiede beobachtet [425]. Etwa die Hälfte der Tiere lernte das Problem zu lösen, andere lernten es durch Zusehen bei erfolgreichen Tieren, manche lernten es nie.

Wir haben Keas mit dieser Aufgabe konfrontiert, weil wir aus früheren Untersuchungen wussten, dass diese Vögel ein Verständnis für bestimmte Funktionen von neuen Gegenständen nur durch Zusehen von Artgenossen erwerben. Auch bei anderen manipulatorischen Aufgaben bewiesen sie eine hochentwickelte technische Intelligenz [426]. Der Kea ist ein winterfester Großpapagei aus der Familie der Strigopidae, einer alten Papageienfamilie, die nur aus fünf noch lebenden Arten besteht, darunter der Kaka und der Kakapo. Ungewöhnlich für Papageien, leben die Keas in den rauen Bergen und Gletschern der Südinsel Neuseelands. Bekannt wurden sie durch ihre unbändige Neugier und Verspieltheit, mit der sie bei enormer Ausdauer Autos, Campervans, Zelte und Berghütten beschädigen. Sie machten sich auch bei den heimischen Schafbauern unbeliebt, nachdem sie eines Tages begannen, nicht nur bereits verendete Schafe zu fressen, sondern nachzuhelfen und deren Tod gewaltsam herbeizuführen. Als explorative Opportunisten weisen sie ein enorm großes und erweiterbares pflanzliches Nahrungsspektrum auf. Zwar sind sie geborene Vegetarier, aber mit ihren enormen technischen Fähigkeiten und ihrer Ausdauer können sie Nahrungsquellen erschließen, die anderen Tieren verborgen bleiben, was ihnen das Überleben im schneereichen Winter ermöglicht. Dabei schrecken sie auch nicht vor dem Stehlen von Eiern von in Felsenklippen brütenden Zugvögeln zurück. Mit ihrem langen, gebogenen Oberschnabel und dem kurzen, starken Unterschnabel können sie graben, stechen, bohren, ziehen, knacken und vieles mehr. Mit dieser Art Schweizer Taschenmesser ausgestattet, meistern sie ihr Leben unter den harschen Bedingungen in den neuseeländischen Bergen. Werkzeuggebrauch oder Nestbau ist bei diesen Vögeln allerdings nicht bekannt.

In Wien wurden die Tiere schon seit Jahrzehnten am Konrad-Lorenz-Institut für Vergleichende Verhaltensforschung gehalten und auf ihre sozialen und kognitiven Fähigkeiten untersucht. Trotz des Nachweises ihrer Intelligenz im Umgang mit Artgenossen zur Lösung eines Schaukelproblems [427] waren wir erstaunt, mit welcher Geschicklichkeit sie das Schnurproblem lösten [428]. Ohne jegliche Erfahrung mit Schnüren – die Tiere hatten keine

Schnüre oder schnurähnliche Gegenstände mit freiem Ende in ihrer Voliere – konnten alle Tiere (bis auf eines) das Problem im ersten Versuch lösen. Die Ausnahme war ein Jungvogel, dem noch die erforderliche motorische Koordination fehlte. Die Detailanalyse zeigte, dass die einzelnen Handlungen der anderen Tiere in einer schnellen und nahezu fehlerlosen Abfolge ausgeführt wurden. Obwohl wir eine sehr lange Schnur verwendeten, um eine größere Anzahl von Schöpfakten zu erzwingen, zeigten vier Vögel eine rasante und fehlerlose Handlungsfolge, die jegliche Anzeichen von ahnungslosem Herumprobieren vermissen ließ. In weniger als fünfzehn Sekunden brachten sie die Futterdose in ihren Besitz. Diese Vögel konnten die Effizienz des Schöpfens in weiteren neun Versuchen nicht mehr steigern, was nahelegt, dass bereits der erste Anlauf perfekt gelang. Das aber wohl bemerkenswerteste Ergebnis dieser Untersuchung war, dass sich manche Vögel immer wieder neue Lösungsvarianten ausdachten und damit auch erfolgreich waren. Entweder nahmen sie einen Fuß anstatt des Schnabels zum Schöpfen, oder sie schmissen die Schnur ans andere Ende des Astes, oder sie bewegten die Schnur so stark, dass sich diese um den Ast wickelte, und schließlich ließen sie, die sicherlich effizienteste Methode wählend, die Schnur lose durch den Schnabel gleiten, während sie zur Seite stiegen, wodurch das Ende der Schnur mit dem Futter ganz von alleine in ihrem Schnabel landete. Zwar steht außer Zweifel, dass die Bergpapageien hier ein gehöriges Maß an Exploration und Bewegungsfreude an den Tag legten, aber die Spontaneität und Schnelligkeit der Ausführung sowie die fast hundertprozentige Erfolgsquote bezeugen einen beachtlichen Grad an motorischem Geschick und technischer Intelligenz. Wir haben es hier nach den Saatkrähen bereits mit einer zweiten Vogelart zu tun, die in freier Wildbahn keine Werkzeuge benutzt und dennoch enorme Fähigkeiten im sensomotorischen Bereich aufweist.

Das Lösen des Schnurproblems erfordert zumindest zwei Fähigkeiten. Einmal muss das Tier einen hohen Grad an Bewegungskoordination mitbringen. Nicht nur müssen zwei Körperteile – Schnabel und Fuß – zusammenspielen, die Einsätze müssen auch ein exaktes Timing aufweisen. Ich habe viele Vögel beobachtet, die zwar die Schnur zum Fuß legten, aber den Schnabel bereits öffneten, bevor der Fuß die Schnur fixierte. Sie erinnern dabei etwas an Sisyphos. Zu diesem motorischen Teil kommt dann noch ein kognitives Element, ein Verständnis für *Verbindung*. In nachfolgenden Tests wollten wir dieses Verständnis untersuchen und konfrontierten dazu die Keas mit einer Reihe von Variationen des Schnurproblems. Darunter gab es Anordnungen mit zwei Schnüren, wovon an einer das Futter, an der anderen ein Holzstück befestigt wurde. Davon ließen sich die Keas nicht beirren. Sie zogen nicht blindlings, sondern erst, nachdem sie überprüft hatten, wo das Futter hing. Ebenso blieben sie erfolgreich, wenn die beiden Schnüre zur Seite gezogen waren, wodurch das Ende der Schnur mit dem Futter genau unterhalb der Stelle am Ast war, wo die Schnur mit dem Holzstück befestigt war. Nur wenn die beiden Schnüre über Kreuz angeordnet waren, schlichen sich Fehler ein. Offenbar war die Wahrnehmung der Kontinuität der Schnur vom Ast bis zum Futterstück für die Feststellung der Verbindung wichtig [428]. Diese Kontinuität macht die Schnur zum vermittelnden Element und damit zum Mittel für die Zielerreichung. Viele »Mittel-zum-Zweck«-Lösungen sind von einer ähnlichen Art, weil sie eine Verbindung zwischen Akteur und Ziel über einen vermittelnden Gegenstand enthalten.

Wie wichtig ist dabei die uneingeschränkte und ungebrochene Sicht auf das Ziel? Genügt es, dass dieses einmal erfasst wird, oder muss der Kontakt zwischen Akteur und Ziel immer aufrechterhalten bleiben? Ein Experiment mit Geradschnabelkrähen fand eine überraschende Antwort. Zumindest beim Schnurziehen scheint für diese Vögel ein unmittelbares Feedback wichtig zu sein [429]. Obwohl selbst naive Tiere das Problem in einer einzigen, fließenden Aktion bereits im ersten Versuch lösten, scheiterten sie, wenn ihnen durch eine Platte mit Loch ein visuelles Feedback zum Ende der Schnur genommen wurde. Dann probierten sie nur an der Schnur, zogen diese aber nicht herauf. Sogar die Leistung von erfahrenen Tieren wurde massiv beeinträchtigt. Die Wichtigkeit des visuellen Feedbacks wurde auch bei Schimpansen gezeigt [430], allerdings konnten diese, wenn sie das Problem einmal gelöst hatten, danach auch ohne direktes Feedback erfolgreich sein. Offenbar hatten sie die Konsequenz ihrer Handlung auf Dauer abrufbar gespeichert. Somit mag das visuelle Feedback zwar bei Geradschnabelkrähen, nicht aber bei Schimpansen ein notwendiges Element zielgerichteter Handlungen sein. Das »Ende von Einsicht«, wie es manche proklamierten [431], ist das aber in keinem der Fälle, auch wenn schnelle und spontane Lösungen nicht immer und gänzlich aus einem vorher gefassten Plan erfolgen [401, 411]. Denn einerseits erzeugen experimentelle Manipulationen des Geschehens, wie die Einschränkung der Sicht auf das Ende der Schnur, einen ziemlich unnatürlichen Effekt, der Tiere aus der Bahn werfen kann. Und andererseits verweist die Wichtigkeit des Feedbacks auf ein anderes Merkmal zielgerichteter Handlungen. Ganz offensichtlich ist das Schöpfen keine einfache, präformierte Instinkthandlung (wie etwa die von Lorenz beschriebene Eirückholbewegung der Graugans, welche selbst dann noch fortgeführt wird, nachdem das Ei schon weggenommen wurde [432]). Denn auch wenn Feedback notwendig ist und die Lösung selbst der erfolgreichsten Tiere nicht auf totaler Einsicht oder gar vorausgehender Planung beruht, sind wichtige Komponenten von einsichtsvollem Handeln bei Keas und Krähen gegeben.

Der Handtuch-Test

Es ist sicherlich so, dass Handlungen, die nur dann aus- und fortgeführt werden, wenn es einen wiederholten Effekt auf die Belohnung gibt, den Charakter des Ausprobierens (»*Trial and Error*«) aufweisen. Sie entsprechen dann Thorndikes *Gesetz der Wirkung*

[433], weil – wie er sagte – Reaktionen, die für das Tier von Befriedigung begleitet oder gefolgt werden, stärker mit der Situation verbunden werden, sodass, wenn die Situation erneut eintritt, auch jene Reaktionen erneut auftreten. Daher wurden immer wieder Experimente ersonnen, bei denen Tiere vor eine spontane Wahl gestellt wurden, also nicht durch Versuch und Irrtum lernen konnten. Die richtige Entscheidung, wenn sie nicht zufällig, sondern von Beginn an (statistisch) signifikant erfolgt, erfordert die korrekte Vorstellung der Handlungskonsequenz. In der Frage von »Mittel zum Zweck« eröffnet das Mittel die Möglichkeit, anhand seiner das Ziel zu erreichen. Damit kann das Verständnis für physikalische Eigenschaften, die auch beim Werkzeuggebrauch eine Rolle spielen, geprüft werden. Auch Werkzeuge sind in diesem Sinne Mittel zum Zweck. Beim Angeln nach Gegenständen außer Reichweite ist es das Prinzip der *Verbindung*. Wir haben es bereits beim Schnurziehen kennengelernt. Eine Variante davon ist das Prinzip der *Unterstützung*. Hier wird die Verbindung durch Schwerkraft erzeugt. Ein Gegenstand, der auf einem anderen Gegenstand liegt, wird mit diesem bewegt. Auch wenn die Schwerkraft, die als physikalische Kraft die Verbindung herstellt, nicht verstanden wird, so kann doch das Prinzip als Regel mithilfe wiederholt gemachter Erfahrungen gelernt werden.

Wir haben das Problem der Unterstützung (*support* oder auch *on / off problem*) schon einmal im Kapitel zur Informationssammlung erwähnt. Seinen Ursprung hat diese Aufgabe in der Theorie der kognitiven Entwicklung des Kindes von Jean Piaget [366]. Wie das Schnurziehen ist es eine Aufgabe, die mit geringen Anpassungen bei vielen Tierarten untersucht werden kann. Im Kern besteht sie aus einer erzwungenen Wahl zwischen zwei Möglichkeiten: einer funktionalen oder wirksamen und einer nichtfunktionalen oder untauglichen Version. In der Version mit Kindern liegt ein Spielzeug entweder auf oder neben einem Handtuch [434]. Bei Tieren verwendet man stattdessen ein Futterstück als Zielobjekt; dieses liegt entweder auf oder neben einem Brettchen.

Das Tier kann das Brettchen erreichen, nicht aber das Futter an dessen hinterem Ende. Somit haben wir es wieder mit einer Mittel-zum-Zweck-Aufgabe zu tun. Wenn das Tier versteht, dass das Brettchen, wenn es herangezogen wird, das auf ihm liegende Futter mitnimmt, nicht aber das daneben liegende, ist die Kernaufgabe gelöst.

Tauben benötigten im Durchschnitt 160 Wiederholungen, um statistisch signifikant richtig zu wählen [435]. Sie orientierten sich ausschließlich an einfachen optischen Merkmalen, die sie durch Versuch und Irrtum mit Erfolg oder Misserfolg assoziieren lernten, und konnten kein Verständnis für das funktionale Merkmal »Unterstützung« entwickeln. Hingegen zeigten Menschenaffen ein statistisch signifikantes Ergebnis nach nur wenigen Versuchen [436]. Allerdings wählten sie nicht von Beginn an richtig und blieben bei einer niedrigen Trefferquote von unter 70 Prozent. Die meisten unserer Keas hingegen waren sich von Beginn an ihrer Sache sicher [437]. Sie schafften bereits im ersten Versuchsdurchgang mit 10 Einzelversuchen eine Quote von über 90 Prozent als Gruppe, und sechs von acht Tieren waren schon beim ersten Mal korrekt. Diese enorme Leistung behielten sie auch in den nachfolgenden, schwierigeren Tests bei. Beim Test mit einem »zerteilten Brett« lag zwar Futter auf diesem, es war aber von dem Teil des Brettes, den das Tier erreichen konnte, durch einen sichtbaren Spalt getrennt. Das »richtige« Hilfsmittel war ein ungeteiltes Brett. Hier wurde überprüft, ob die Vögel – wie schon beim Schnurziehen – das Prinzip der »Verbindung« verstehen. Noch schwieriger waren die Tests zum Prinzip der »Umschließung«. Hier lag das Futterstück bei der »richtigen« Wahl nicht direkt auf dem Brett, sondern in einer Aussparung des Bretts am hinteren Ende, sodass es auch mitgezogen wurde. Die Aussparung am »falschen« Brett war hingegen hinten offen. Wieder wählten die meisten Tiere schon beim ersten Versuch richtig und schafften in den folgenden Versuchen überragende Quoten. Selbst die vier untersuchten Menschenaffenarten (Schimpanse, Bonobo, Gorilla und

Orang-Utan) blieben in ihrer Leistung hinter den Keas zurück [436]. Zwar ist bei einem direkten Vergleich immer Vorsicht geboten, weil die Affen möglicherweise visuelle Probleme hatten und die notwendigen Details nicht präzise genug sahen, aber dennoch ist diese Leistung bei einem Vogel, der eigentlich keine Werkzeuge gebraucht, erstaunlich. Anders als Tauben konnten die Bergpapageien sofort und durchgehend das für die Wirksamkeit des Hilfsmittels entscheidende Merkmal erkennen und nutzen.

Wann kollabiert die Plattform?

Ein weiteres Beispiel für diese Fähigkeit lieferten Saatkrähen bei einem Versuch mit der kollabierenden Plattform. Hier hat das physikalische Prinzip der *Verschiebung* mit Gewicht und Druck zu tun. Ein Gegenstand lässt sich zum Beispiel verschieben, wenn er nach unten gedrückt wird. Dieser Druck kommt auch zustande, wenn andere Gegenstände mit entsprechendem Gewicht auf ihm lasten. (Einige Tiere können etwa mit der Zeit lernen, dass Äste nicht nur nach unten gedrückt werden können, sondern auch nachgeben, wenn man sich auf sie setzt.) Im Experiment wurde jeweils ein Futterstück auf eine herunterklappende Plattform – sie hatte ein Scharnier an einer Seite – am unteren Ende einer Röhre gelegt [438]. Dieses Futterstück konnte daher nicht direkt erreicht werden, man musste einen Weg finden, die Plattform nach unten zu drücken. Zunächst konnten die Tiere das Problem nicht lösen. Aber im Training lernten sie, kleine Steinchen, die am Rand der Röhre lagen, in diese zu schubsen, was die Plattform nach unten drückte und das Futterstück freigab. Die Autoren waren sich der Möglichkeit bewusst, dass die erste erfolgreiche Handlung des Hineinschubsens ein Zufallsprodukt sein konnte. Aber was lernten die Tiere aus den weiteren erfolgreichen Handlungen und dem diesen gemeinsamen Effekt? Haben sie etwas über die funktionale Ursache für das Herunterklappen der Plattform, nämlich

Gewicht und Druck, verstanden? Tatsächlich konnten sie in einem darauffolgenden Test die zuvor gelernte Lösung verallgemeinern und mit anderen Gegenständen und anderen Aktionen zum Ziel kommen. Sie holten Steinchen, wenn es keine in der Nähe der Apparatur gab, wählten diese so, dass für die jeweilige Größe der Öffnung der schwerste Stein bevorzugt wurde, und vermieden es, Gegenstände einzuwerfen, die zu leicht waren. Noch interessanter ist das Ergebnis des Tests, bei dem keine geeigneten, schweren Gegenstände, sondern nur ein langes, leichtes Stöckchen vorhanden war. Anstatt es hineinzuwerfen, stießen sie es nach unten auf die Plattform und brachten diese durch Druck zur Freigabe des Futters. Das ist ein Indiz dafür, dass sie eine funktionale Verallgemeinerung durchführten, vom Gewicht eines Gegenstands zum Druck mit dem eigenen Körper [438].

Äsops Krähe und der Krug

Ein der *Verschiebung durch Druck* verwandtes physikalisches Prinzip ist die *Verdrängung*. Das wird bei Flüssigkeiten sichtbar, die von dichteren Gegenständen verdrängt werden. In einem Gefäß führt das dazu, dass die Flüssigkeit nach oben steigt. Das Prinzip der Verdrängung könnten Tiere eventuell lernen, wenn sie in Wasserpfützen steigen. Unsere Keas baden gerne in den kleinen Wasserbecken ihrer Volieren. Wenn ein Tier am Morgen (nachdem die Becken von unseren Tierpflegern wieder bis zum Rand gefüllt wurden), hineinsteigt, schwappt das Wasser über den Rand hinaus. Dieses Prinzip ist auch Gegenstand einer berühmten Fabel, die Äsop zugeschrieben wird. In »Die Krähe und der Krug« findet eine durstige Krähe einen halbgefüllten Krug Wasser, jedoch ist ihr Schnabel trotz gestrecktem Hals nicht lang genug, um aus dem Gefäß zu trinken. Kraft ihrer Intelligenz findet sie aber eine Lösung. Sie wirft Kieselsteine in das Gefäß, wodurch der Wasserspiegel steigt und sie ihren Durst stillen kann.

Diese Fabel war Vorbild für mehrere Experimente. Oben habe ich schon von der schlauen Lösung der Orang-Utans berichtet, die an die schwimmende Erdnuss gelangen wollten [351]. Wie bei Äsop kamen aber auch Krähen zum Einsatz, nämlich die schon von früheren Versuchen als besonders schlau bekannten Saatkrähen [438]. Den Vögeln wurde ein halb mit Wasser gefüllter Plexiglaszylinder vorgesetzt, in dem ein Wurm auf der Wasseroberfläche trieb. Daneben wurden Steine platziert. Tatsächlich warfen die Saatkrähen nach und nach die Steine hinein, bis der Wurm in Reichweite kam. Das Problem war somit gelöst. Aber was haben die Tiere dabei verstanden? Haben sie tatsächlich ein Verständnis für Verdrängung erworben oder in thorndikescher Manier gelernt, den positiven Effekt ihres Handelns immer öfter herzustellen?

Wiederum sollten weitere Tests und Kontrollexperimente Aufklärung bringen. Anstatt mit Wasser war eine Röhre mit Sand gefüllt. Die Tiere vermieden das Hineinwerfen der Steine nicht spontan, aber sie lernten sehr schnell. Sie achteten offenbar gezielt auf den Effekt ihres Handelns auf die Wasseroberfläche. Wenn sich der Wurm durch ihre Handlung näherte, machten sie weiter, sonst nicht. Später wurden auch Versuche mit blickdichten und miteinander verbundenen (»kommunizierenden«) Röhren unternommen. Auch hier lernten die Vögel wieder rasch. Handeln auf der Basis eines Verständnisses der zugrunde liegenden physikalischen Prinzipien konnte zwar ausgeschlossen werden, aber im Unterschied zu vielen anderen Tieren müssen sie nicht Hunderte von Fehlern machen, um zu lernen, auf bestimmte wahrnehmbare Eigenschaften zu achten, sondern scheinen sehr schnell, manchmal nach nur einem einzigen Versuch, Ursache-Wirkung-Zusammenhänge zu erfassen.[30]

---

30 An dieser Stelle muss nun ein Wort der Vorsicht folgen. Das schnelle Auffüllen mit Steinen kann als Verständnis für das Prinzip der Verdrängung interpretiert werden. Aber welche Erfahrungen hatten die Tiere mitgebracht? Waren es Individuen, die schon in den Versuchen mit der

Vor Kurzem haben meine Mitarbeiter, angeführt von Raoul Schwing, ein ähnliches Experiment zur Wasserverdrängung mit Keas durchgeführt [439]. Diese Tiere hatten keine Erfahrung mit dem Einwerfen von Steinen in Glaszylinder, sie hatten aber schon Erfahrung mit Wasser, wie vorhin diskutiert, und ebenso mit röhrenförmigen Gegenständen, in welche sie ab und zu Gegenstände einführten oder einwarfen. Mit der Äsop-Aufgabe konfrontiert, lernten sie innerhalb von nur fünf Versuchen, Steine in jenen von drei äußerlich gleichen Zylindern zu werfen, welcher halb mit Wasser anstatt mit Sand oder mit Steinen gefüllt war. In einem zweiten Experiment verallgemeinerten sie das Verhalten auf anders gefärbte Flüssigkeiten, und zwar jeweils im allerersten Versuch. Sie nutzten also offenbar nicht die Farbe oder Durchsichtigkeit des Wassers als Hinweis, denn manche Zylinder hatten nun Flüssigkeiten in der gleichen Farbe wie Sand oder Steine oder wurden undurchsichtig. Schließlich bekamen sie als dritte Aufgabe einen noch schwierigeren Test. Einer von zwei mit Wasser gefüllten Zylindern hatte ein Loch an der Seite, sodass Wasser auslief, sobald es durch die eingeworfenen Steine stieg. Würden die Keas lernen, diesen kaputten Zylinder zu meiden? Sie taten es nicht, womit feststeht, dass sie die ersten beiden Aufgaben anhand bestimmter Merkmale des Wassers oder der Steine im Wasser lösten, nicht jedoch auf die Veränderung des Wasserspiegels achteten. Ähnlich wie die Saatkrähen lernten sie extrem schnell, offenbar weil sie schon viel Erfahrung mit den verschiedenen Trägermedien hatten, aber von einem kausalen Verständnis blieben sie weit entfernt.

Diese Schlussfolgerung muss wohl auch für alle anderen Äsop-Experimente gelten, die in den letzten Jahren mit verschiedenen Tierarten durchgeführt wurden. Dabei wurde nicht nur unter-

---

kollabierenden Plattform geprüft wurden? Hatten diese Tiere schon früher Steine in Plexiglaszylinder geworfen? Immerhin wurden die Tests im gleichen Labor, von den gleichen Experimentatoren und im gleichen Jahr publiziert [236, 438].

sucht, was Tiere über 1) das Verdrängungspotenzial der Trägermaterialien verstehen, sondern auch, was sie über 2) die Wirksamkeit von Gegenständen als Mittel der Verdrängung verstehen. Für die erste Frage wurde die klassische Unterscheidung zwischen Flüssigkeiten und festen Materialien geprüft. Manche Tierarten lernten das relativ rasch, darunter Eichelhäher [440], Geradschnabelkrähen [441-444] und Waschbären [445], andere wiederum gar nicht (Westliche Buschhäher [446]). Für die Beantwortung der zweiten Frage wurden wirksame Gegenstände, welche die Flüssigkeit verdrängen, und unwirksame Gegenstände, die auf der Flüssigkeit aufschwimmen, benutzt. Doch selbst die gewohnheitsmäßigen Werkzeugnutzer aus Neukaledonien lernten nur durch Erfolg und Misserfolg. Als in einem äußerst raffinierten Experiment die physikalische Natur von Gegenständen hinsichtlich ihrer Wirksamkeit als Mittel der Verdrängung gegen die Futterbelohnung ausgespielt wurde, handelten die Krähen auf der Basis des früheren Erfolgs [444]. Zunächst wurden sie für die Wahl eines Objekts belohnt, das für die Äsop-Aufgabe nicht geeignet war. Wenn sie dann mit der Äsop-Aufgabe konfrontiert wurden, zeigten die Vögel schlechte Leistungen: Sie ließen die ungeeigneten Objekte bei ihren ersten Versuchen in die Röhre fallen. Das deutet darauf hin, dass sie kein A-priori-Verständnis der Wasserverdrängung haben, sondern nach bereits bestehenden Objektpräferenzen handeln. Dies mag allerdings nicht überraschen, wenn man bedenkt, dass selbst Kinder unter sieben Jahren die gleichen Schwächen zeigen. Sie lernten zwar schnell, aber verstanden das Problem nicht vollständig. Erst achtjährige Kinder ließen sich nicht mehr täuschen, denn sie scheinen ein echtes Verständnis für die Wirksamkeit der verschiedenen Materialien entwickelt zu haben [444, 447, 448].

Das Hakenbasteln

Aus all den bisher beschriebenen Beispielen zur Frage des Verständnisses von physikalischen Eigenschaften von Gegenständen im Sinne ihrer Wirksamkeit als Hilfsmittel zum Erwerb von unerreichbarem Futter kann man mindestens drei generelle Schlüsse ziehen. Erstens haben alle bisher ausführlich und systematisch getesteten Tierarten (und auch Kleinkinder) nur ein sehr rudimentäres angeborenes Verständnis für bestimmte physikalische Eigenschaften wie Verbindung, Unterstützung, Verdrängung und ihre Wirkungen. Zweitens bleiben manche Tierarten auch nach langen Lernfolgen bei der Orientierung nach gewissen oberflächlichen Merkmalen, während andere Tierarten das rudimentäre Verständnis für die Wirkungen verbessern. Diese Fähigkeiten sind aber, drittens, nicht auf natürliche, gewohnheitsmäßige Werkzeugnutzer und -bastler beschränkt. Bei Vögeln zählen die Spechtfinken wohl zur ersten Gruppe, die Geradschnabelkrähen sicherlich zur zweiten. Und manche Vogelarten aus den Familien der Rabenvögel, wie die Saatkrähen, und der Papageien, wie die Keas, können mit Letzteren sicherlich mithalten, obwohl sie ganz ohne Werkzeuge bei ihrer natürlichen Futtersuche auskommen.

Es gibt aber einen Bericht, der die Fachwelt in Erstaunen versetzt und so manchen Vogelliebhaber entzückt hat, denn er schien die drei eben gemachten Schlussfolgerungen aufs Trefflichste zu widerlegen. Und er machte Betty zu einer Berühmtheit [298]. Diese im Labor von Alex Kacelnik an der University of Oxford (GB) lebende Geradschnabelkrähe bekam in einem geplanten Experiment einen Leckerbissen (ein Stückchen Lammherz) angeboten, allerdings außer Reichweite. Er befand sich in einem kleinen Körbchen am Boden einer Plexiglasröhre. Als Hilfsmittel erhielt sie dazu noch zwei Stücke Draht, wovon der eine gerade, der andere zu einem Haken gebogen war. Mit dem Haken ließ sich das Futterkörbchen am Henkel nach oben aus der Röhre ziehen, doch eine andere Krähe, Abel, ist schneller und schnappt sich den Haken. Betty starrt auf das Fleisch, nimmt dann in der Not den geraden Draht und versucht das Stückchen Lammherz aufzuspießen. Doch das misslingt, wodurch sie zu einer anderen Handlung gezwungen wird. Sie nimmt den geraden Draht an einem Ende in den Schnabel und steckt das entfernte Ende in eine Fußbodenritze, bewegt sich dann zur Seite und biegt dadurch dieses Ende zu einem Haken. Mit dem Haken zuerst führt sie den modifizierten Draht in die Röhre, bringt diesen unter dem Henkel des Körbchens in Stellung, und als der Haken greift, zieht sie das Körbchen heraus [298]. Da es das erste Mal war, dass sie überhaupt einen Draht gesehen hatte, sie aber schnell erkannte, dass sie daraus einen Haken formen kann und wo und wie sie ihn biegen muss, damit er passt, schlossen die Forscher auf eine hoch entwickelte Kognitionsfähigkeit, zumal Betty später auch Haken aus einem flachen Stück Aluminium herstellte und auch andere Biegetechniken verwendete [449]. Verfügte sie womöglich über ein mentales Abbild des Gegenstandes, den sie machen wollte?

Jedenfalls wurde das Verhalten als neu, absichtlich und spezifisch beschrieben [449], weil der Vogel davor zwar ein zu einem Haken geformtes Drahtstück gesehen, aber nie selbst hergestellt hat. Der Haken wurde auch nur zu diesem Zweck geformt. Doch wie neu war das Verhalten wirklich? Wir haben ja schon gesehen, dass diese Vögel Haken auch in freier Wildbahn basteln. Sie machen das dort zwar auf gänzlich andere Weise (indem sie bei Zweigen alle Teile bis zu einer Gabelung abzwicken und diese dann noch etwas modellieren, jedenfalls nichts biegen), aber das Endprodukt sieht ähnlich aus. Das mentale Abbild des Hakens könnte Betty sozusagen schon angeborenerweise im Kopf gehabt haben und es könnte durch den Haken aus Draht, der ihr vorgelegt wurde, aktiviert worden sein. Damit würde sich die Neuheit auf die Herstellung reduzieren. Man ging davon aus, dass es drahtähnliche Materialien mit der Eigenschaft, sich biegen zu lassen und diese Veränderung beizubehalten, in der natürlichen Umgebung dieser Vögel nicht gibt. Somit wäre es immer noch eine beachtliche Leistung, wenn sie gänzlich ohne diese Vorerfahrung und ohne Herumprobieren den geraden Draht so meisterlich verformt hätten.

Vor wenigen Jahren bekam die Geschichte eine unerwartete Wendung. Ein Forscherteam um Christian Rutz an der University of St. Andrews (GB) entdeckte, dass Geradschnabelkrähen eine natürliche Begabung zum Verbiegen von Gegenständen zu Haken haben. Zunächst konnten sie bei achtzehn kurzzeitig gefangenen Krähen die Produktion einer Serie von insgesamt fünfundachtzig hakenförmigen Zweigen beobachten. Unerwarteterweise begannen zehn Tiere, diese Haken nicht auf die übliche Weise durch Abbrechen von Seitenzweigen herzustellen, sondern durch Biegen des Schaftes am Ende [450]. Das konnte in weiteren Feldstudien bestätigt werden. Das Verbiegen geschieht schnell und gekonnt; die Zweige[31] werden dabei sehr stark über die endgültige Form hinweg gebogen, genauso, wie es Betty mit dem Drahtstück tat [451]. Insgesamt drei verschiedene Biegetechniken wurden beobachtet, davon war eine die von Betty gezeigte; das Ende des Schaftes wird in ein Loch gesteckt und der Schaft zurückgebogen. Auch Betty kam aus Neukaledonien, was den Schluss nahelegt, dass sie die Biegetechnik schon kannte. Ihre »Erfindung« in Oxford dürfte das Resultat eines natürlichen, artspezifischen Verhaltens gewesen sein.

Haken waren eine Schlüsselerfindung von Steinzeitmenschen vor circa neunzigtausend Jahren, denn mit ihnen konnten sie deutlich effizienter fischen und damit ihr Beutespektrum beträchtlich erweitern [452]. Offenbar haben auch Geradschnabelkrähen die Hakentechnologie vor langer Zeit entwickelt und in ihr Verhaltensrepertoire integriert. Es scheint, als müssten wir Bettys Einsicht und Innovationskraft damit zu Grabe tragen. Aber gilt dies

31 Die Krähen verwenden dazu die biegsamen Seitenzweige der mehrjährigen Staude *Desmanthus virgatus*, die unter vielen gebräuchlichen Namen bekannt ist, darunter Wilder Tantan, Prostata-Bündelblume, Zwergkoa und Desmanto.

generell? Könnten Vögel das Hakenbiegen auch ohne jegliche Disposition der Art für dieses Verhalten schaffen?

Tatsächlich fanden Christopher Bird und Nathan Emery von der University of Cambridge (GB) [236] eine positive Antwort darauf. Vier Saatkrähen, die uns schon beim Test mit der kollabierenden Plattform begegnet sind, wurden zunächst mit demselben Problem wie Betty konfrontiert, ein kleines Körbchen mit Futter aus einer 15 cm hohen Röhre zu angeln. Dazu bekamen sie ein 16 cm langes Stöckchen mit einem Haken am Ende. Die Tiere lernten in insgesamt dreißig Einzelversuchen, das Werkzeug richtig zu verwenden, nämlich das Stöckchen mit dem Haken voraus in die Röhre zu schieben, im Henkel des Körbchens einzuhaken und dieses dann vorsichtig herauszuziehen. Danach bekamen sie zwei Werkzeuge zur Auswahl, eines mit einem wirksamen Haken und ein anderes mit einem untauglichen – die Seitenteile waren verkehrt herum angeordnet. Diese Aufgabe meisterten die Tiere spontan. Drei von vier Tieren wählten das funktionierende Werkzeug bereits im ersten Versuch.

Zu guter Letzt wurden die Tiere auch noch mit der krönenden Aufgabe der Hakenherstellung konfrontiert. Dazu erhielten sie ein 17 cm langes, gerades Drahtstück. Erstaunlicherweise bogen sich alle vier Krähen einen Haken und kamen damit zum Erfolg. Drei Tiere schafften das bereits im ersten Versuch, das vierte Tier im vierten. In einem Video im Anhang zur Publikation sieht man eine Krähe namens Cook den geraden Draht in die Röhre schieben, danach, die Hebelwirkung nutzend, diesen am Ende über die Kante der Röhre biegen, den gebogenen Draht herausnehmen, mit dem Haken voran wieder hineinschieben und schließlich das Körbchen am eingehakten Henkel herausziehen.

Da die Vorgeschichte der Saatkrähen in Cambridge bekannt war und sie demnach erwiesenermaßen weder Erfahrung mit Haken hatten noch in ihrem natürlichen Verhalten Anzeichen von Hakenbiegen erkennen lassen, wurde diese Leistung als echte Innovation gepriesen. Bemerkenswert ist auch die Tatsache, dass dieses unerwartete Verhalten von allen Versuchstieren gezeigt wurde und somit kein singuläres Meisterstück darstellt. Obwohl sie im Experiment zuvor – in insgesamt 60 Einzelversuchen oftmals erfolgreich – Hakenwerkzeuge aus Holz verwendet hatten, waren diese Werkzeuge nur funktional, nicht aber materiell vergleichbar mit den selbstgeformten. Ähnlich wie Betty könnten sich die Saatkrähen aber die zuvor erfolgreich verwendeten Haken eingeprägt und mit diesem Bild vor Augen ihre Hakenwerkzeuge aus Draht nachgebaut haben.

Die Schnabelfertigkeit von Geradschnabelkrähen, Hawaiikrähen und Saatkrähen legt nahe, dass wir es hier mit einer besonderen Form der Werkzeugintelligenz bei Rabenvögeln zu tun haben. Die Verwendung von Stocherwerkzeugen bei Spechtfinken wurde als angeborene Spezialanpassung ohne besondere kognitive Höherentwicklung entlarvt. Könnte man daher eine singuläre Entstehung des flexiblen Werkzeuggebrauchs in jeweils einer Vogel- und einer Säugergruppe, hier Rabenvögel, dort Affen, vermuten? Obwohl der Schluss naheliegt, wäre es unwahrscheinlich, weil man gleichzeitig ein oftmaliges Verschwinden dieses Merkmals in den beiden Wirbeltierklassen annehmen müsste. In beiden Fällen ist es nur eine kleine Anzahl von Arten, bei denen das Merkmal unstrittig nachgewiesen wurde. Vermutlich liegt hier der Fall einer multiplen, konvergenten Evolution von besonderer Intelligenzleistung vor [453]. Die Sache wird aber noch komplizierter, wenn man die jüngsten, sensationellen Berichte über eine Vogelart berücksichtigt, die weder zu den Rabenvögeln gehört noch Werkzeuge in der Natur verwendet, aber in den entsprechenden Fähigkeiten den bisher genannten Rabenvögeln in nichts nachsteht.

Der Goffinkakadu: die neue Modellspezies für technische Intelligenz

Der Goffinkakadu ist eine schneeweiße Papageienart aus der Familie der Kakadus, und zwar eine der kleinsten Arten aus der Gattung der Eigentlichen Kakadus. Wiederum haben wir es mit einem Inselvogel südlich des Äquators zu tun, denn diese Tiere sind auf den beiden Inseln Yamdena und Larat heimisch, die zu den indonesischen Tanimbarinseln in der südöstlichen Molukkenregion gehören. Dort leben sie in den Wäldern, brüten in Baumhöhlen und fliegen in Schwärmen auch zu den Feldern der einheimischen Bauern, um sich an deren Feldfrüchten, wie zum Beispiel Mais, zu delektieren [454]. Mit ihrem kurzen, stark gebogenen Schnabel und den seitenständigen Augen liegen keine sichtbaren anatomischen Anpassungen für den Werkzeuggebrauch vor. Diesen Papageien fehlen auch die verhaltenstypischen Veranlagungen: Weder liegen bestimmte vererbbare Dispositionen für Werkzeuggebrauch, wie etwa bei den Geradschnabelkrähen [413] oder den Spechtfinken [320], vor, noch bauen sie komplexe Nester [455], noch haben sie Vorfahren, die Nahrung sammeln und verstecken [303]. Man kann daher, ohne zu zögern, schließen, dass habitueller Werkzeuggebrauch bei dieser Vogelart nicht vorhanden ist (zumindest wurde er in freier Wildbahn noch nicht beobachtet). Allerdings weist ihr Nahrungserwerbsverhalten zwei Merkmale auf, die für Werkzeuggebrauch und -innovation charakteristisch sind. Einerseits gehen sie bei der Nahrungssuche als Generalisten extrem opportunistisch vor, sie nehmen, was sie kriegen können. Ihr starker Explorationstrieb lässt sie immer wieder neue Nahrungsquellen erschließen, begünstigt durch die von Menschen eingeschleppten oder angebauten Pflanzen. Andererseits ist der Nahrungserwerb vorwiegend »extraktiv«, weil Nahrung erst nach ausdauernden und manchmal aufwendigen Manipulationen freigelegt werden kann. Genau diese Merkmale wurden bei Menschenaffen mit dem Beginn von Werkzeugnutzung in Verbindung gebracht [456-459]. Und es mag ihren spielerischen Drang, Gegenstände auf unterschiedliche Weise zu kombinieren [460], gefördert haben, was ebenfalls als eine wichtige psychologische Komponente für Werkzeuggebrauch und -innovation bei Primaten angesehen wird [461, 462].

Die Kakadus sind beliebte Heimtiere, weil sie sich auch in größeren Gruppen – entsprechend große Volieren vorausgesetzt – halten und züchten lassen. Wichtig dabei ist allerdings, dass die Tiere nicht nur ein natürliches Gruppenleben entwickeln können, sondern auch in vielfältig ausgestatteten Volieren kognitiv herausgefordert werden, um ihren Explorationstrieb und ihre Spielfreude mit Objekten ausleben zu können. Meine Mitarbeiterin Alice Auersperg, die schon bei ihrer Doktorarbeit Erfahrung mit den technisch versierten Keas sammeln konnte, errichtete im Jahre 2011 eine Forschungsstation mit großen und gut ausgestatteten Innen- und Außenbereichen in Niederösterreich, die nicht nur dem natürlichen Verhalten der Tiere gerecht wird, sondern auch interessante Verhaltensstudien unter kontrollierten Bedingungen erlaubt.

Nicht alles, zu dem die Vögel imstande sind, offenbart sich in minutiös geplanten Experimenten; manchmal hilft der Zufall gehörig nach. So auch eines Tages, als eine Studentin ohne experimentelle Absichten einen Vogel beobachtete, der mit einem Steinchen an der Gitterwand der Voliere spielte und dem dieses dabei durch das Gitter herausfiel. Nicht nur behielt er sein Interesse für das außer Reichweite gefallene Steinchen bei, er wollte es zurückhaben. Figaro hielt sich nicht lange am Gitter auf, sondern kam nach kurzer Zeit mit einem kleinen Bambusstöckchen zurück, mit dem er durch eine Gittermasche hindurch nach dem ersehnten Spielzeug angelte. Aufgeregt berichtete die Studentin von ihrer Beobachtung, worauf die überraschte Alice die Sache selbst unter die Lupe – oder besser gesagt vor die Videokamera – nahm. Nun bekam Figaro anstelle des Steinchens Cashewnüsse vorgesetzt, und zwar auf einem Trägerbalken wenige Zentimeter außerhalb der Voliere. Nach kurzem Suchen in der Voliere machte er sich an der Innenseite des Holzbalkens zu schaffen, auf dem das Volierengitter montiert war, durch das er die Nuss sehen konnte. Mit wenigen kräftigen Bissen brach Figaro an der Innenkante des Balkens einen etwa sieben Zentimeter langen Span ab und angelte sich mit diesem das begehrte Futter. Dieses Verhalten wiederholte er in neun weiteren Versuchen, wobei die Späne in ihrer Länge kaum variierten. Nur einmal war der Span zu lang und musste nachträglich von ihm gekürzt werden. Ein einziges Mal holte er sich ein Bambusstück aus der Voliere, ansonsten fertigte er sich sein Angelwerkzeug selbst. Im zehnten Versuch wählte er noch eine Alternative; er nahm einen Zweig vom Boden der Voliere auf und kürzte ihn in vier Schritten auf die gewohnte Länge. Das Angeln der Nuss bewerkstelligte der Kakadu trotz seines dafür ungeeigneten, kurzen und gekrümmten Schnabels ähnlich geschickt. Entweder setzte er das Ende des Spans hinter die Nuss und zog sie zu sich, oder er wischte die Nuss seitlich zum Gitter hin.

Wenig überraschend erzeugten Alice Auersperg und ihr Team mit dem Bericht von diesem Fall der Werkzeugherstellung einer in dieser Hinsicht völlig unbedarften Vogelart gehöriges Interesse in der Fachwelt [463]. Anders als bei den Laboruntersuchungen an Saatkrähen wurde es dem Kakadu im wörtlichen Sinn nicht »nahegelegt«, ein technisches Hilfsmittel zu verwenden, denn Figaro fand die Lösung ja ganz spontan und von selbst. Obwohl Kakadus wie viele andere Vögel auch an Holz knabbern, war ein gezieltes Abbrechen eines Spans zuvor nie beobachtet worden. Da der Bau seines ersten Werkzeuges etwa viermal so lange dauerte wie der aller weiteren und da die Volierenbalken vor diesem Tag noch intakt waren, kann man das auch mit großer Sicherheit ausschließen. Somit können wir dem Titel des Berichts von Alice und ihrem Team [450] zustimmen, dass Figaro eine spontane Innovation im Bereich der Werkzeugherstellung zeigte. Sein Erfindungsgeist wurde von seinen Volierengenossen bestätigt, die es wie Pipin nie versuchten oder wie Figaros Partnerin Heidi kläglich scheiterten. Offensichtlich angespornt von Figaro brach Heidi kleine Holzsplitter ab, die aber als Angelwerkzeuge völlig unbrauchbar waren.

Ihre enorme Schnabelfertigkeit bewiesen alle Tiere in einer Reihe weiterer Volierenexperimente. Das Öffnen einer kleinen Kiste mit fünf Verschlüssen gelang ihnen problemlos [464]. Dabei legten sie nicht nur eine große Ausdauer an den Tag, sondern auch eine unbändige Neugier, wobei sie neben dem Schnabel auch Zunge und Füße einsetzten. Interessanterweise war es Pipin, der ja zuvor kein Interesse am Nussangeln gezeigt hatte, welcher nun in nur wenigen Versuchen alle fünf Hindernisse überwand, darunter eine Schraube, ein Drehrad, einen Splint, einen Bolzen und einen Riegel. Die Tiere bewiesen nicht nur große Erkundungsfreude und manipulatives Geschick, sondern auch funktionale Verallgemeinerungsfähigkeit für veränderte Schließmechanismen und ein Verständnis für die Wirkungen der Verschlüsse aufeinander (etwa Blockaden). Ihr Lernen zeichnete sich zudem durch eine »wagenheberähnliche« Steigerung aus, da sie kaum Fehler bei schon gelösten Aufgaben machten.

Nicht alle Tiere lernten die sequenziellen Manipulationen individuell, manche erwarben die Fähigkeit durch Abschauen bei erfolgreichen Artgenossen, wie auch in einem nachfolgenden Experiment gezeigt werden konnte [465]. Zwölf Kakadus wurden in zwei Gruppen zu je sechs Tieren aufgeteilt, die jeweils einzeln unterschiedliche Demonstrationen von Futterbeschaffung zu sehen bekamen. Die sechs Tiere der ersten Gruppe bekamen dreimal die Möglichkeit, Figaro beim erfolgreichen Angeln einer Cashewnuss aus einer Kiste mit Gitter zuzusehen. Die sechs Tiere der Kontrollgruppe sahen entweder eine mechanische Lösung, bei der ein von einer unter dem Tisch befindlichen Person bedienter Magnet Figaros Wischbewegung des Holzstücks simulierte, oder einen Fall, in dem die Nuss mit dem Magneten direkt aus der Kiste zu Figaro gezogen wurde. Man nennt diese Kontrollbedingung in der Fachsprache eine »Geisterhand-Kontrolle«, weil es hier keinen Demonstrator gibt, aber die Gegenstände ähnliche Veränderungen mit identischen Effekten erfahren. Tatsächlich zeigten die drei Männchen der ersten Gruppe einen deutlichen Beobachtereffekt. Zwar unterschieden sich ihre Handlungen mit dem Angelwerkzeug von jener Figaros, aber auch mit ihren eigenen Aktionen konnten sie seinen Erfolg wiederholen. Die drei Weibchen dieser Gruppe und alle Mitglieder der Kontrollgruppe scheiterten an dieser Aufgabe. Zwei von den erfolgreichen Männchen erwarben danach auch die Werkzeugherstellungskompetenz.

Wie wir bei Schimpansen und Geradschnabelkrähen sowie teilweise auch bei Spechtfinken gesehen haben, können Werkzeugbastler ihre Hilfsmittel aus unterschiedlichen Materialien erzeugen. Das spricht für eine gewisse Abstraktion von der spezifischen Handlung und für eine Flexibilität in der Zielerreichung. Alice und ihr Team haben überprüft, ob auch die Goffinkakadus dazu imstande sind [466]. Die Aufgabe bestand darin, eine Cashewnuss aus einer durchsichtigen Kiste herauszuholen. Die Nuss befand sich auf einer kleinen Plattform in der Mitte der Kiste, und an der Frontseite war eine kleine runde Öffnung, durch welche man einen länglichen Gegenstand schieben konnte. Wenn man die Nuss damit von der Plattform stieß, rollte sie über eine Schräge aus der Kiste. Zur Herstellung des erforderlichen Werkzeugs bekamen die Kakadus in einzelnen Tests jeweils eines von vier verschiedenen Materialien. Drei etwa 5 mm dünne Platten (der Größe 15 mal 5 cm) bestanden entweder aus Lärchenholz, aus Karton oder aus Bienenwachs mit Kammern. Als viertes Rohmaterial wurde ihnen ein 20 bis 30 cm langer Buchenzweig mit Blättern offeriert. Jedes dieser Rohmaterialien erforderte eine andere Herstellungstechnik. Auch diese Prüfung bestanden sie eindrucksvoll. Alle Tiere konnten das erforderliche Stäbchen aus der Lärchenplatte und aus dem Buchenzweig formen, im ersten Fall durch längliches Abbeißen über die ganze Länge, im zweiten Fall durch Abbrechen der Seitenzweige. Etwas schwieriger war die Fertigung aus dem Karton, aus welchem sie einen länglichen Streifen entlang der Kante herausbissen, der dann als Stock genutzt wurde. Ein interessantes Detail dabei war, dass sie den Karton nicht über die ganze Länge anknabberten, sondern nur knapp über die minimale Länge, mit der die Nuss erreicht werden konnte. Das legte die Vermutung nahe, dass die Vögel die Distanz zum unerreichbaren Futterstück abschätzen und diese dann auf die Länge des zu fertigenden Werkzeugs übertragen. Nur die Versuche, das Wachs zu formen, misslangen, denn die Wachsstücke blieben an ihren Schnäbeln kleben, wodurch sie bald die Motivation verloren, mit diesem Material weiterzumachen.

Für einen wirksamen Einsatz eines Werkzeugs zum Erreichen eines räumlich entfernten Ziels ist eine korrekte Längenabschätzung wichtig. Geradschnabelkrähen, die Stocherwerkzeuge aus Blättern des Schraubenbaums herstellen, scheinen dies bei der aufwendigen Fertigung zu berücksichtigen [305]. Ein Laborexperiment hat dies bestätigt [297]. Nachdem die Goffinkakadus ein erstes Anzeichen dafür bei der Bearbeitung verschiedener Grundmaterialien gezeigt hatten [466], lag es nahe, diese Fähigkeit genauer zu prüfen. Dazu wurde wieder eine durchsichtige Box mit Loch und schräger Bodenplatte gewählt, die Nuss konnte aber unterschiedlich weit entfernt von der Öffnung – 4, 10 oder 16 cm – positioniert werden [467].

Um zu testen, ob die Tiere auch die Dicke ihres Angelwerkzeugs anpassen können, wurde in einer zweiten Bedingung der Durchmesser des Lochs variiert (10, 15 oder 20 mm). Dieses Mal wurden den Versuchstieren – sechs erwachsene Kakadus, davon zwei mit Erfahrung aus dem Vorversuch (Dolittle und Figaro) – nur Kartonplatten als Rohmaterial angeboten (Abb. 9).

Die Tiere setzten zwei unterschiedliche Strategien ein. Entweder brachen sie aus der Platte Streifen über die volle Länge der Platte heraus, oder sie beendeten das Abbrechen frühzeitig, meist bei einer Länge, welche der aktuellen Distanz der Nuss zum Eingangsloch entsprach. Manchmal verwarfen sie bereits gefertigte

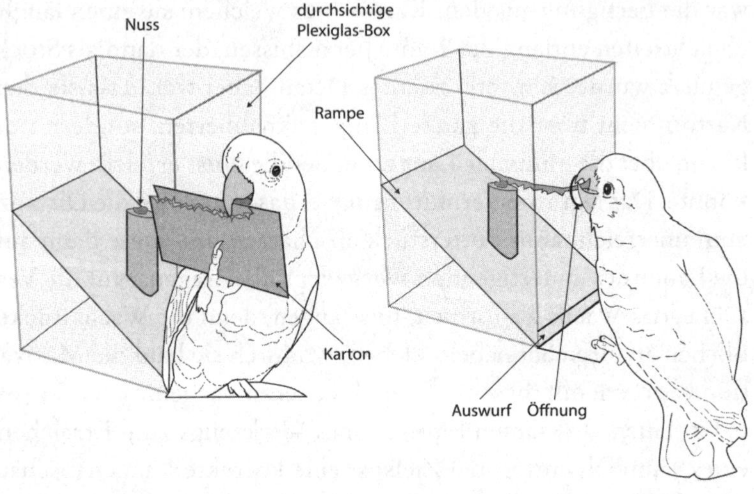

Abb. 9: Längenabschätzung bei der Herstellung eines Angelwerkzeugs von Goffinkakadus. Links bricht ein Kakadu mit wiederholten Bissen einen länglichen Streifen von einem Karton ab, rechts führt er diesen durch das Loch in der durchsichtigen Plexiglas-Box ein, um die Nuss von der kleinen Holzsäule zu stoßen. Die Nuss rollt danach über die Rampe durch einen Spalt hinaus und kann gefressen werden. Aus [467].

Streifen vor ihrer Verwendung (wie die Überprüfung der Experimentatoren ergab, waren diese tatsächlich zu kurz). Die Breite der Werkzeuge wurde dagegen nicht dem Lochdurchmesser angepasst. Ein Grund dafür könnte eine morphologische Einschränkung sein, weil die Breite des Kartonstreifens exakt der Länge des Oberschnabels entsprach. Die zielgenaue Längenanpassung allerdings war bemerkenswert und beweist einmal mehr, dass diese Vögel eine hohe technische Kreativität aufweisen.

Das Paradebeispiel für kreative Werkzeugmanufaktur war nach dem sensationellen Bericht von Betty das Biegen von Draht zu einem Haken [298]. Obwohl die Kreativität dieser Tätigkeit später deutlich relativiert wurde, weil Geradschnabelkrähen in ihrem natürlichen Futtersuchverhalten biegsame Zweige zu Haken formen [450, 451], wurde das Paradigma aus mindestens zwei

Gründen aufrechterhalten. Einerseits konnten Saatkrähen trotz fehlender natürlicher Disposition zum Werkzeuggebrauch Haken formen [236], andererseits scheitern Kinder ohne Erfahrung damit bis zu einem Alter von fünf Jahren kläglich und zeigen die Fähigkeit erst ab acht Jahren zuverlässig [468]. Die Aufgabe scheint deshalb so schwer zu sein, weil nur die Anfangs- und Endbedingung vorliegen, der Weg dazwischen aber völlig im Dunkeln liegt. Erst wenn man gewisse einschlägige Erfahrungen gemacht hat, kann man das Problem lösen. Es steht außer Zweifel, dass Kinder bis zu ihrem achten Lebensjahr nicht nur schon viele Haken gesehen, sondern auch verwendet haben, zum Beispiel Kleiderhaken oder Schürhaken. So gesehen und nach all dem, was Goffinkakadus schon geleistet haben, wäre es ein großes Versäumnis gewesen, diese Tiere nicht auch mit dem Hakenproblem zu konfrontieren.

Insgesamt dreizehn Mitglieder der Goffin-Kolonie von Alice Auersperg wurden mit einer »Betty-Aufgabe« getestet [469]. Alle hatten schon Erfahrungen mit geraden Stocher- beziehungsweise Angelwerkzeugen, hatten aber davor weder biegsames Material noch Haken gesehen, geschweige denn verwendet. Das unterschied die Aufgabe auch von jener der Saatkrähen, da diese vor der Hakenfertigung schon mit Haken arbeiten durften [236]. Vor dem eigentlichen Experiment wurden alle Tiere einzeln mit dem Problem des Herausholens von Futter aus Plexiglasröhren vertraut gemacht. In dieser Gewöhnungsphase (Habituation) waren die Röhren entweder vertikal angeordnet und die Cashewnuss befand sich in einem kleinen Futterbecher mit Henkel (Abb. 10A) oder die Röhren waren horizontal angeordnet und die Cashewnuss lag offen darin (Abb. 10B). Die Plexiglasröhren waren sehr kurz (3 cm) und daher konnte das Futter mit dem Schnabel erfasst und herausgezogen werden. Zudem konnten sie einen Experimentator beobachten, der das Material um einen Stift wickelte, um den Kakadus die Information zu geben, dass der Draht, aber nicht die Schnur die Form nach dem Biegen beibehält.

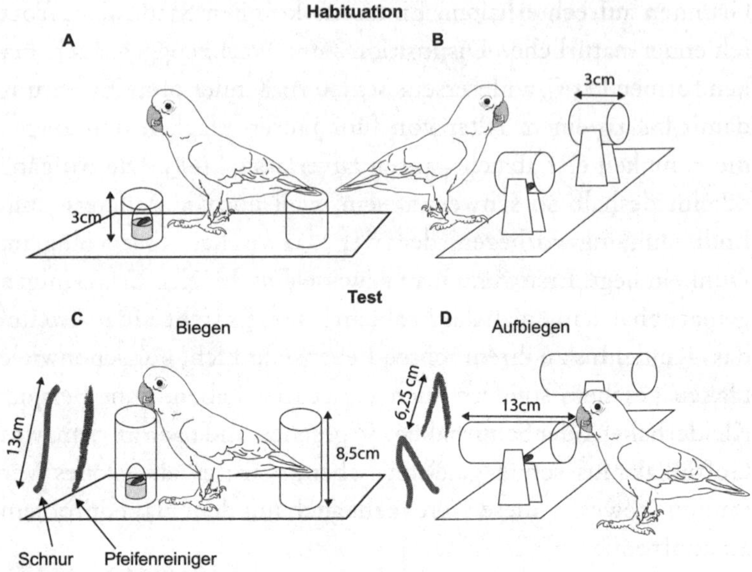

Abb. 10: Die Versuchsanordnungen für die Überprüfung der Werkzeugmodifikation von Goffinkakadus. Entweder musste ein Draht gebogen werden, um als Hakenwerkzeug dienen zu können, oder aufgebogen werden, um als Angelwerkzeug Verwendung zu finden. Aus [470].

Im Test waren die Röhren deutlich verlängert und die Cashewnuss somit außer Reichweite. Ohne Hilfsmittel hatten die Tiere also keine Chance, an die begehrte Nuss zu kommen. Daher bekamen sie zwei Materialien, ein Stück Schnur und einen Pfeifenreiniger (mit einem biegsamen Draht im Inneren) angeboten. Um zu überprüfen, wie innovativ und flexibel die Tiere sind, wurden sie mit zwei Aufgaben konfrontiert: Bei der Biegeaufgabe waren die Röhren vertikal angeordnet und die beiden Hilfsmittel lagen in gerader Form vor (Abb. 10C), bei der Aufbiegeaufgabe waren die Röhren horizontal angeordnet und die beiden Hilfsmittel waren in der Mitte gebogen (Abb. 10D).

Um den Einfluss von Vorerfahrung zu ermitteln, wurden die Tiere in zwei Gruppen geteilt. Während die Tiere der Kontrollgruppe über die gesamte Testphase völlig unbedarft an diese beiden Aufgaben herangehen mussten, konnten die Tiere der anderen Gruppe, nennen wir sie die Erfahrungsgruppe, nach der ersten Testphase, in der sie die beiden Aufgaben auch noch ohne Vorerfahrung erhielten, später relevante Erfahrungen durch entsprechende Hilfestellungen sammeln. Beide Gruppen wurden dennoch gleich oft mit den beiden in Abbildung 10C und 10D dargestellten Aufgaben konfrontiert.

Zunächst bekamen alle Tiere in einer ersten Testphase je zehnmal die Gelegenheit, die Aufgabe zu lösen, um zu überprüfen, ob ein Vogel spontan erfolgreich sein würde. Dazu musste einerseits die Schnur ignoriert werden, andererseits der Pfeifenreiniger für die spätere Verwendung zurechtgebogen werden. Um an die Nuss in der vertikalen Röhre zu kommen, musste der gerade Pfeifenreiniger am Ende zu einem Haken gebogen werden, um an die Nuss in der horizontalen Röhre zu kommen, musste der hakenförmige Pfeifenreiniger aufgebogen werden.

Obwohl in der ersten Testphase alle Tiere an beiden Aufgaben scheiterten, konnten in den darauffolgenden Testphasen drei Tiere die Biegeaufgabe und vier Tiere die Aufbiegeaufgabe lösen. Interessanterweise war darunter beide Male ein (jeweils anderes) Tier aus der Kontrollgruppe. Diese beiden Vögel lernten offenbar ohne jegliche Hilfestellung, das Biege- bzw. Aufbiegeproblem zu lösen. Die Tiere der Erfahrungsgruppe erhielten nach der ersten Testphase nacheinander zwei Arten von Hilfestellungen. Zunächst lagen neben den vertikalen Röhren (Biegeaufgabe) ein vorgefertigtes Hakenwerkzeug und bei den horizontalen Röhren (Aufbiegeaufgabe) ein vorgefertigtes gerades Werkzeug (und jeweils noch eine gleich geformte Schnur). Später wurde die Hilfe noch gesteigert, indem das vorgefertigte Drahtwerkzeug und die Schnur bereits in die Röhre mit Futter eingeführt war (bei der Biegeaufgabe wurde sogar der Haken in den Henkel des Futterbechers im Inneren der vertikalen Röhre eingehängt). Die ursprüngliche Biegeaufgabe konnte von einem Tier nach der ersten und von einem weiteren Tier nach der zweiten Hilfestellung gelöst werden. Das Problem des Aufbiegens meisterten drei Tiere nach der ersten Hilfestellung. Alle anderen Tiere der Erfahrungsgruppe konnten die Herstellung der richtigen Werkzeuge selbst nach der Verwendung derselben nicht bewerkstelligen.

Die großen individuellen Unterschiede bei diesem Experiment machten deutlich, dass es sich hier um eine Aufgabe handelt, die nahe an der Grenze der kognitiven Möglichkeiten von Goffinkakadus liegt. Selbst die erfolgreichen Tiere agierten nicht sofort fehlerfrei. Die Haken wurden nicht im ersten Anlauf richtig gebogen, ihre Form wurde schrittweise verbessert, und Fehler bei der Benutzung des neuen Werkzeugs, insbesondere bei der Orientierung, legen eine unvollkommene Lösungsfindung nahe. Dennoch ist dies bemerkenswert, wenn man bedenkt, dass die Kakadus weder Erfahrung mit biegsamen Materialien noch mit Haken, noch mit Biegetätigkeiten haben und selbst zwei Tiere aus der Kontrollgruppe die Aufgabe lösten. Alle Tierarten, die bisher mit dem Hakenproblem konfrontiert wurden, sahen und nutzten davor schon fertige Hakenwerkzeuge. Und was eine eventuelle natürliche Disposition zum Biegen von dünnen, länglichen Gegenständen betrifft, sind nicht nur die Geradschnabelkrähen auf Biegen und Brechen »vorbelastet« [451], sondern auch die Saatkrähen [236]. Sie bauen Nester aus dünnen Zweigen, die sie immer wieder herausziehen und drehen, und in der Nestmitte gibt es viele gebogene Zweige [471]. Die Haken der drei Goffinkakadus können somit mit größerer Berechtigung als echte Verhaltensinnovationen angesehen werden. Ähnliches gilt übrigens auch für zwei Orang-Utans, die im Leipziger Zoo beim Biegeproblem erfolgreich waren [470].

Die bemerkenswerten Ergebnisse der Laborstudien zum technischen Verständnis und Problemlöseverhalten der Goffinkakadus motivierte Alice Auersperg, die Fähigkeiten der Tiere in freier Wildbahn zu erforschen. Nachdem wir im Jahre 2018 eine österreichisch-indonesische Kooperation zwischen der Veterinärmedizinischen Universität Wien und dem Forschungszentrum für Biologie des indonesischen Instituts für Wissenschaften vereinbart hatten, errichteten Mark O'Hara, mein ehemaliger Doktorand im Kea-Labor, und seine Partnerin Berenika Mioduszewska, Doktorandin am Max-Planck-Institut für Ornithologie in Seewiesen, mit tatkräftiger Hilfe von heimischen Bauern eine kleine Forschungsstation in der Nähe des Dorfes Lorulun auf der größten Insel der Tanimbar-Gruppe, Yamdena. Von dort aus haben sie die Tiere unter Einsatz modernster Hilfsmittel wie Drohnen und Videofallen über fast drei Jahre hinweg beobachtet. Sie fahndeten besonders nach Werkzeuggebrauch, doch der kam ihnen nicht vor die Linse (da die Tiere in Baumhöhlen brüten, ist auch Nestbau kein Anwendungsgebiet für manipulativen Umgang mit Zweigen und Ästen [472]).

Obwohl einschlägige Sichtungen ausblieben, musste dies nicht bedeuten, dass einzelne Tiere nicht doch innovativ genug sind, ihren extraktiven Nahrungserwerb mit technischen Hilfsmitteln zu erleichtern. Hinweise, dass die Kakadus kleine Zweige oder Aststücke manipulieren, fanden sich, als die beiden gelegentlich beobachten konnten, wie die Vögel kleinere Zweige von den Bäumen warfen. Doch konnte die Funktion dieses Verhaltens nicht geklärt und auch nicht in Zusammenhang mit Nahrungserwerb gebracht werden, vor allem, weil es kaum möglich war, die Tiere in zwanzig Meter Höhe oder mehr zu beobachten. Als Ausweg ersann man die kurzzeitige Haltung von Wildtieren in einer im Wald errichteten Versuchsvoliere, in der eine kleine Gruppe von Tieren für einige Wochen aus nächster Distanz beobachtet und auch mit speziellen Problemstellungen getestet werden konnte. Das Einfangen der Vögel auf den reifen Maisfeldern war einfach und stressfrei, und nach wenigen Wochen wurden die Tiere wieder ins Freie entlassen.

Im Sommer 2020 gelang dem Forscherpaar schließlich doch noch eine sensationelle Entdeckung. Die aus fünfzehn Tieren bestehende Gruppe bekam im Rahmen der täglichen Fütterung auch Wawai-Früchte, eine weit verbreitete lokale Frucht des Meeresmango (auch Selbstmordbaum genannt), die für Menschen giftige Samen enthält.[32] Die Früchte sind eiförmig, fünf bis zehn Zentimeter lang und färben sich bei der Reife leuchtend rot. Sie bestehen aus einem dünnen Exokarp und einem faserigen Mesokarp. Innerhalb des harten, holzigen Endokarps sind bis zu drei Samen jeweils von einer zentralen holzigen Platte und einem peripheren lederartigen Mantel umschlossen. Für die Kakadus sind die Samen nicht giftig, sondern stellen einen Leckerbissen dar.

Als diese Früchte zum ersten Mal angeboten wurden, machte sich ein Tier sofort daran, mit gezielten, starken Manipulationen des Schnabels in das Innere der Frucht vorzudringen. Dabei konnte beobachtet werden, wie der Kakadu mit einem Holzstück im Schnabel in die Frucht bohrte. In zwei darauffolgenden Fütterungen ließ ein weiteres Tier ähnliche Aktionen an den Früchten erkennen. Das veranlasste Mark und Berenika, die beiden Tiere in einem abgetrennten Volierenbereich genauer zu beobachten. Zum großen Erstaunen der beiden konnte nicht nur filmisch festgehalten werden, wie die Tiere mit gezielten und effizienten Handlungen unter Einsatz von Zweigstücken die Samen aus dem harten Inneren der Frucht freilegten, sondern auch, wie sie davor ihre Werkzeuge durch Abbrechen von Zweigen und nachfolgender Modifikation selbst herstellten. Die beiden Vögel wurden mehrfach in einem abgetrennten Bereich in der Voliere kontrolliert mit Wawai-Früchten versorgt, sodass die Reihenfolge und Anzahl der hergestellten und verwendeten Holzstücke exakt

32 Der Gattungsname *Cerbera* ist von Cerberus, dem Höllenhund aus der griechischen Mythologie, abgeleitet, weil er auf die tödliche Giftigkeit der Samen hinweist. Mit diesen Samen wurden in Madagaskar Gottesurteile gefällt und in Strafritualen Könige und Königinnen vergiftet. In den vorigen Jahrhunderten waren sie dadurch für den Tod von über 3000 Menschen pro Jahr verantwortlich und wurden für Mord und Suizid weitaus öfter genutzt als jede andere Pflanze.

bestimmt werden konnten. Immer begannen die Vögel mit der Abspaltung eines Fragments von einem geeigneten Zweig. Noch ehe sie auf die Frucht angewendet wurden, modifizierten und verfeinerten die beiden Tiere die Holzstücke, indem diese mit der Zunge innerhalb des Schnabels gedreht und selektiven Modifikationen unterworfen wurden, bis ein Objekt mit charakteristischen Eigenschaften hergestellt war.

Weil das menschliche Auge die Details der Handlungen mit den Werkzeugen nicht erfassen kann, bedienten sich die Forscher einer aufwendigen Bild-für-Bild-Analyse aller Videoaufnahmen. Die daraus gewonnenen Daten über die Herstellung und Verwendung der Werkzeuge konnte damit quantitativ erfasst und minutiös dokumentiert werden. Für das Aufbrechen einer Frucht wurden im Durchschnitt sieben Werkzeuge verwendet, und jedes Werkzeug wurde im Durchschnitt sieben Mal auf die Frucht angesetzt, bevor es fallen gelassen wurde. Ein unerwartetes Ergebnis brachte die genaue Videoanalyse des Gebrauchs, denn dabei stellte sich heraus, dass jenes Stück Holz, mit dem schließlich der Samen extrahiert wurde, in einer bei nichtmenschlichen Tieren bisher unbeschriebenen Weise eingesetzt wurde. In der entsprechenden Publikation haben die Autoren diese Tätigkeit »Löffeln« genannt [473] und den zweiundzwanzig Gebrauchstypen von Shumaker, Walkup und Beck [200] hinzugefügt.

Nicht weniger spektakulär war der Befund, welcher die Herstellung von drei verschiedenen Werkzeugen, die in einer bestimmten Reihenfolge eingesetzt wurden, belegte. Von den insgesamt siebenundsiebzig Werkzeugen, die von den Vögeln während der kontrollierten Fütterungen hergestellt wurden, konnten fünfzig nach ihrem Gebrauch eingesammelt und weiter untersucht werden. Um eine Klassifikation der Werkzeugtypen nach den an der Variation wesentlich beteiligten Merkmalen vorzunehmen, wurden 3-D-Rekonstruktionen erstellt. Für jedes der fünfzig aufgesammelten Holzstücke wurde auf der Grundlage von insgesamt 108 Makroaufnahmen ein eigenes 3-D-Modell erstellt, mit denen physikalische Eigenschaften wie Größe, Volumen und Form genau bestimmt werden konnten. Eine Cluster-Analyse dieser Messungen erbrachte drei gut voneinander abgrenzbare Arten von Werkzeugen; wir nannten sie »Fine« (dünn, scharf, geringes Volumen), »Medium« (mitteldick, mittelscharf, mittleres Volumen) und »Sturdy« (dick, stumpf, großes Volumen). Eine Kombination aus qualitativen Beobachtungen darüber, wie die beiden Vögel die verschiedenen Werkzeugtypen manipulierten – vor allem auch die Bewegungsrichtungen und Einführungswinkel sowie präzise Bestimmungen der Reihenfolge, in der die drei verschiedenen Typen eingesetzt wurden –, legen nahe, dass mindestens zwei der drei verschiedenen Werkzeuge unterschiedlichen Zwecken dienen. Während Fines zum Spießen und Stochern eingesetzt wurden, um die lederartige Beschichtung, die den Samen umhüllt, zu durchstechen, wurden Mediums erst danach und eher als löffelartige Werkzeuge mit vertikalen und horizontalen Bewegungen verwendet, um embryonales Material durch den offenen Schlitz zu schöpfen. Sturdy schließlich wurde wie ein kräftiger Meißel eingesetzt, um den Spalt zu erweitern.

Wenn man die drei Techniken in Beziehung zur »Tooling-Theorie« von Fragaszy und Mangalam [254] bewertet, wird man unschwer erkennen können, dass wir es hier nicht mit einer einfachen, spontanen oder zufälligen Aktionskette zu tun haben. Sie erfordert nämlich nicht nur die Herstellung eines funktionellen und spezifischen Werkzeugtyps, sondern die Berücksichtigung zweier Arten von räumlichen Beziehungen (das gleichzeitige Halten der Frucht mit der Kralle und das des Werkzeugs mit dem Schnabel mit unterschiedlicher Kraft und Position) sowie der sequenziellen Anwendung des Werkzeugs auf die Frucht in mehreren aufeinanderfolgenden Schritten. Die Aktionen des Werkzeugs an der Frucht sind dynamisch und vor allem allozentrisch, das heißt nach objektiven Maßstäben ausgerichtet und sehr spezifisch in der Platzierung. Wir glauben, dass vor allem das »Löffeln« der beiden Goffinkakadus eine der komplexesten

Arten der Werkzeuganwendung darstellt, die bisher bei Tierarten ohne Hände festgestellt wurde [473].

Diese Befunde stellen die eingangs aufgeworfene Schlüsselfrage des Werkzeuggebrauchs bei Tieren in ein neues Licht. Bisher kannten wir die Verwendung von Werkzeugsätzen mit unterschiedlichen Funktionen und genauen Gebrauchsabfolgen nur von Schimpansen. Wilde Schimpansen im Nordkongo arbeiten mit Werkzeugsätzen, um an den Honig in stachellosen Bienennestern zu gelangen oder um an Termiten in deren Bauten heranzukommen [247, 474, 475]. Doch im Unterschied zu den Schimpansen haben wir hier – soweit wir wissen – keine populationsweiten, regelmäßig auftretenden Werkzeugtraditionen. Eher sind wir offenbar bei beiden Vögeln Zeuge einer echten Verhaltensinnovation geworden, die das Ergebnis einer seltenen Kombination von mehreren förderlichen Verhaltensdispositionen ist. Sie wurde hervorgebracht durch das Zusammenspiel von Kreativität und Explorationsfreude, Spieltrieb und hoher Motivation zur Objektmanipulation, erheblicher Ausdauer, präziser sensomotorischer Kontrolle und der Fähigkeit, komplexe, aber effiziente Verhaltensabläufe sofort zu speichern und zu wiederholen [350, 460-462]. Es ist allerdings sehr unwahrscheinlich, dass die beiden Tiere den innovativen Schritt in der Waldvoliere vollzogen. Viel eher dürften sie die Techniken zur Öffnung der Wawai-Frucht schon zuvor entwickelt haben [473]. Der Umfang und die Komplexität der Herstellung und präzisen Anwendung von Werkzeugsätzen sind zu groß, um in einem einzigen Geistesblitz erzeugt zu werden. Anders als Figaro (der ja im Labor in Niederösterreich einen Holzspan abbrach, um damit eine Cashewnuss zu angeln [463]) scheinen wir es hier mit dem Ergebnis einer Serie von kreativen Akten zu tun zu haben, die über die Zeit verbessert, verfeinert und vervollständigt wurden. Da nur zwei von fünfzehn Tieren diese enormen Leistungen an den Tag legten, scheint die Annahme berechtigt, dass es sich hier um eher seltene Ausnahmeerscheinungen handelt, vielleicht sogar von nur einem der beiden Tiere entwickelt und vom anderen abgeschaut. Jedenfalls war das nur möglich auf der Basis von artspezifischen Dispositionen, die konvergent zu jenen Tierarten entstanden sind, die ich im Kapitel zum »kreativen oder flexiblen Werkzeuggebrauch« beschrieben habe.

5. In die Zukunft schauen

Die Verwendung von Werkzeugen erfordert nicht nur besondere sensorische und motorische Fähigkeiten, sondern auch erhöhte Handlungskontrolle und -flexibilität. Einfache Reiz-Reaktions-Ketten reichen nicht aus, um Werkzeuge effizient einzusetzen. Der Einsatz eines Werkzeugs ist insbesondere dann effizient, wenn er in einen größeren Handlungszusammenhang eingebettet wird. Oft müssen mehrere Handlungen kombiniert und in der richtigen Reihenfolge ausgeführt werden. Damit erstreckt sich derartiges Verhalten über größere Zeiträume als Einzelaktionen.

Handlungsketten müssen nicht zwangsläufig als Ganzes repräsentiert werden. Sie müssen nicht von Anfang bis Ende vorausgedacht werden, sondern könnten auch Assoziationsketten entspringen. Wenn Tiere einen langen, komplexen Weg, zum Beispiel zurück zu ihrem Bau, beschreiten, müssen sie nicht den ganzen Weg schon im Kopf haben, wenn sie starten. Sie können sich etwa auch an Wegmarken orientieren, welche das jeweils nächste Wegstück vorgeben. Es müssen dann nur die einzelnen Wegmarken mit den dazugehörigen Richtungsentscheidungen gemerkt werden.

Ganz allgemein kann man sich Handlungsketten als natürliche Abfolgen von einzelnen Ursache-Wirkung-Ketten vorstellen, wenn nämlich das Resultat einer Handlung den Hinweis für die nächste Handlung gibt. Erforderlich ist dann nur mehr, zu Beginn die richtige Entscheidung zu treffen. Diese kann auf bloßem Zufall beruhen oder von der zu diesem Zeitpunkt vorherrschenden Situation abhängen. Ein äußerer Reiz als Hinweis, zum Beispiel eine gerade wahrgenommene Beute, oder ein innerer Antrieb, zum Beispiel ein starkes Hungergefühl, sind starke Wirkfaktoren auf die Entscheidung für die erste Handlung. Manchmal ist es aber sinnvoll (im Sinne von ökonomisch), zukünftige Ereignisse, Situationen oder Handlungen vorherzusehen und für die aktuelle Entscheidung heranzuziehen. Anders gesagt, es wäre sinnvoll, sich auf zukünftige Ereignisse vorzubereiten und aktuelle Handlungen darauf abzustimmen.

Im Tierreich gibt es viele gute Beispiele für vorbereitendes oder in die Zukunft gerichtetes Verhalten. Das Sammeln von Futter im Herbst für den Winter, das Überwintern, Absenken des Stoffwechsels oder Einschränken energieverbrauchender Tätigkeiten, und auch das Bauen von Nestern fällt in diese Kategorie. Allesamt sind es auf die Zukunft orientierte Tätigkeiten. Aber wiederum ist es wichtig festzuhalten, dass dafür keine Vorausschau und keine Repräsentation zukünftiger Ereignisse notwendig sind. Es handelt sich um artspezifische, angeborene Verhaltensweisen mit entsprechenden Auslösemechanismen und dazu passenden Instinkthandlungen.

Können manche Tiere dennoch in die Zukunft schauen? Anders gesagt, können sie zukünftige Ereignisse oder Situationen, in denen sie sich einmal befinden werden, vor dem geistigen Auge erblicken? Aus der Sicht der Kognitionsforschung sind solche Fähigkeiten insofern problematisch, als die Zukunft nicht auf die Gegenwart wirkt, da es keine aus der Zukunft zurückwirkende Kausalität gibt. Worte wie Vorausschau und zukunftsorientiertes Handeln sind bloß Metaphern aus dem Bereich der visuellen, räumlichen Kognition. Ein Tier kann etwas in der Ferne erblicken und sich an räumlich entfernten Dingen orientieren, aber es sieht nichts in der und nicht in die Zukunft. Sein Verhalten ist von der Gegenwart und der Vergangenheit bestimmt. Aktuelle Einflüsse, sensorische Reize, Erinnerungen, Erfahrungen bestimmen sein Handeln.

Unter Philosophen, Anthropologen und Humanpsychologen

ist die vorherrschende Meinung, dass nur Menschen die Zukunft antizipieren und entsprechende Vorbereitungen treffen können. Nur sie können sich zukünftige Bedürfnisse vorstellen, die von den aktuellen Bedürfnissen abweichen. Die Ansicht, dass Tiere nicht über die entsprechenden kognitiven Fähigkeiten verfügen, wodurch es ihnen unmöglich ist, vorausschauend zu denken und Handlungsketten zu planen, wird in der Literatur als Bischof-Köhler-Hypothese bezeichnet. Sie geht auf die deutsche Kinderpsychologin Doris Bischof-Köhler [476] und ihren Mann, den Züricher Psychologen Norbert Bischof [477], zurück und wird besonders stark vom deutschen Psychologen Thomas Suddendorf (University of Queensland, Australien) und dem neuseeländisch-kanadischen Psychologen Michael Corballis (University of Auckland, Neuseeland) vertreten.

> [A]ndere Tiere als Menschen können zukünftige Bedürfnisse und Antriebszustände nicht vorhersehen und sind daher an eine Gegenwart gebunden, die durch ihren aktuellen Motivationszustand definiert ist [478, S. 150].

Ein (nichtmenschliches) Tier scheint sich nicht vorstellen zu können, wie es sein wird, am nächsten Tag hungrig zu sein, wenn es gerade gefressen hat und satt ist. Hinzu kommt die von vielen Forschern wiederholte Mahnung, dass wir das subjektive Erleben der Tiere und auch ihre Vorstellungen nicht erfahren werden und nicht erforschen können [zum Beispiel: 479]. Wir können nur funktionale Gemeinsamkeiten oder Unterschiede feststellen. Auch Neurobiologen müssen beim Vergleich von Tieren und Menschen auf dieser funktionalen Ebene bleiben. Außerdem ist die Suche nach einer Ja-oder-Nein-Antwort auf eine Frage nach der menschlichen Einzigartigkeit kein produktiver Weg für die vergleichende Kognitionsforschung. Dieser Weg führt zur Suche nach einem Existenznachweis – ein einziges Tier mit »der Fähigkeit« würde reichen, gefolgt von endlosen Streitigkeiten darüber, ob »die Fähigkeit« tatsächlich bewiesen wurde. Weit produktiver ist und im Einklang mit dem evolutionären Denken steht es, schrittweise vorzugehen und zunächst einfachere, aber leichter feststellbare Bestandteile zu überprüfen. Gerade so komplexe kognitive Phänomene wie Planen oder Zukunftsdenken sollten dekonstruiert werden, sollten aufgelöst werden in Fragen wie den folgenden: Welche Komponenten des Prozesses X treten bei welchen Tierarten auf und warum, welche Funktionen erfüllen sie, wie könnten sie stammesgeschichtlich und individualgeschichtlich entstanden sein, und wie könnten sie funktionieren?

Beim Planen von Handlungen kann man prinzipiell zwei Bereiche unterscheiden: das Planen von sequenziellen Handlungsketten für aktuelle und für zukünftige Bedürfnisse. Im ersten Fall würde das Tier Handlungen ausführen, die sein aktuelles Bedürfnis stillen. Wenn dabei zwei oder mehr aufeinanderfolgende Handlungen in der richtigen Reihenfolge ausgeführt werden müssen, muss das Tier auch zielgerichtet handeln, aber nicht in die Zukunft schauen. Der Affe holt einen Stein, dann legt er die Nuss auf den Amboss, dann hämmert er und verschafft sich eine leckere Mahlzeit. Wie sieht es aber mit Planungen von Handlungen für aktuell noch nicht vorhandene, aber später zu erwartende Bedürfnisse aus? Bevor wir diese Frage beantworten können, wenden wir uns einer Zwischenstufe zu. In diesem Fall ist das zukünftige Bedürfnis identisch mit dem aktuellen, es müssen aber Handlungen ausgeführt werden, die nicht auch das aktuelle Bedürfnis stillen, sondern nur das spätere.

Werkzeuge aufbewahren

Wenn man annimmt, dass der Gebrauch von Werkzeugen ein aufwendiges Verhalten ist, das dem Akteur neben einem kognitiven auch einen großen körperlichen Einsatz abverlangt, sollte der sparsame Umgang damit vorteilhaft sein. Denken wir nur an die

Kapuzineraffen, die Steine des halben Körpergewichts verwenden. Nun sollten sie die Steine nicht nur sorgsam auswählen, da diese oft über größere Distanzen zur »Werkstatt« gebracht werden müssen, sondern auch nach der Verwendung für spätere Einsätze aufbewahren. Tatsächlich findet man solche Anhäufungen, wie ich schon besprochen habe, nicht nur bei diesen Affen, sondern auch bei Javaneraffen und Schimpansen. Allerdings muss dabei nicht viel überlegt werden. Die Steine werden einfach – wie in einer schlecht aufgeräumten Werkstatt – liegen gelassen.

Wenn das Werkzeug und seine Beschaffung kostbar sind und sich eine Wiederverwendung lohnt, aber die Aufbewahrung nicht durch einfaches Liegenlassen gewährleistet ist, weil man zum Beispiel auf einem Baum arbeitet, muss man Mittel und Wege finden, das Werkzeug aktiv bis zum nächsten Einsatz zu bewahren. Genau das fand man bei den Geradschnabelkrähen. Zunächst hat man mithilfe von Minikameras, die man an einigen frei lebenden Vögeln befestigte, nachgewiesen, dass Grashalme, die erfolgreich als Werkzeug zum Aufstöbern von Insekten benutzt wurden, im Schnabel mitgenommen werden, wenn die Vögel zu einem anderen Futterplatz fliegen [480]. Die Werkzeuge sind kostbar, denn damit beschaffen sich die Krähen einen erheblichen Anteil ihrer täglichen eiweiß- und fetthaltigen Nahrung. Wenn das Werkzeug am gleichen Ort wiederverwendet werden soll, haben sie verschiedene Strategien dafür. Im einfacheren Fall lassen sie ihr Stocherwerkzeug im aktuellen Astloch stecken. Hier weiß man allerdings nicht, ob dahinter wirklich eine Intention steckt oder einfach nur Bequemlichkeit. Anders ist es, wenn sie das Werkzeug in ein anderes Loch stecken und von dort wieder holen, wenn sie weiterarbeiten. Das Problem dabei ist, dass das Ästchen oder das Schraubenbaumblatt leicht zu Boden fallen kann. Daher kommt es auch vor, dass die Vögel das Werkzeug mit ihren Füßen fixieren und so aktiv aufbewahren [450]. Diese Methode des Aufbewahrens ist nicht so sicher wie das »Verstecken« in Astlöchern, aber offenbar gut genug, wenn es schnell gehen muss. Wenn der Vogel allerdings Mühe mit der Verarbeitung und dem Verzehr von Nahrung hat, wodurch der Körper stärker involviert ist, ist die Gefahr des Verlierens groß. In diesem Fall wäre es nützlich, die etwas aufwendigere Variante des Versteckens zu wählen. Genau das konnte in Laborexperimenten nachgewiesen werden [450].

Nun habe ich aber schon mehrfach darauf hingewiesen, dass die Geradschnabelkrähen bei ihrem nahezu exzessiven Werkzeuggebrauch auf eine lange evolutionäre Erfahrung zurückgreifen können und daher auch dieses so augenscheinlich zweckdienliche Verhalten über lange Zeiträume entstanden und in ihrem Verhaltensrepertoire verankert ist. Wiederum ist der Vergleich mit Vögeln, die keine Werkzeuge verwenden, nützlich, um allgemeinere Aussagen machen zu können. Die Goffinkakadus waren uns dafür gerade recht. Wir wählten also eine Anordnung, bei der sich die Tiere am selben Ort mehrmals hintereinander beliebtes Futter mit dem Stocherwerkzeug erarbeiten mussten [481]. Auf einer Tischplatte befanden sich nebeneinander fünf Kisten mit einem Loch an der Vorderseite und dem Futter im Inneren. Davor diente eine Holzstange als Sitzgelegenheit. Beim Verzehr des Futters nach erfolgreichem Angeln konnte das Werkzeug zu Boden fallen, sodass es für die nächste Kiste wieder aufgehoben werden musste. Um den unterschiedlichen Aufwand zu simulieren, befanden sich die Kisten in der einen Versuchsbedingung auf einem ein Meter hohen Tisch, in der anderen Versuchsbedingung am Boden. Um die Gefahr des Verlustes des Werkzeugs zu variieren, bekamen die Tiere ein Sechstel einer Cashewnuss entweder lose oder in eine Gelatinekapsel eingeschlossen, aus der es mühsam extrahiert werden musste.

Acht Tiere wurden in diesem Experiment getestet. Um das Werkzeug (ein Stöckchen) zu sichern, hielten sie es entweder mit einem Fuß oder schoben es in ein Loch und fixierten es dort mit einem Fuß. Da beides sehr schwierig und wahrscheinlich auch anstrengend war, verloren sie das Stöckchen immer wieder. Dabei zeigte sich aber ein klarer Effekt des Aufwands, ein verlorenes

Stöckchen wiederzuholen. Wenn die Sitzstange nahe am Boden war, hielten sie das Stöckchen öfter im Fuß, aber sie sicherten es weniger oft, als wenn sich die Sitzstange in einem Meter Höhe befand. Offenbar wollten die Tiere vermeiden, das Stöckchen zu holen, wenn das mit größerem Aufwand verbunden war. Hingegen sicherten sie das Werkzeug insgesamt öfter beim einfach als beim umständlich zu verzehrenden Futter. Das klingt im ersten Moment unlogisch, erklärt sich aber aus der Tatsache, dass es sehr schwierig ist, auf einem Fuß balancierend das Futter aus der Gelatinekapsel herauszulösen. Auch bei Geradschnabelkrähen verhält es sich so [450].

In Summe zeigen die Ergebnisse der Goffinkakadus, dass Tiere auch ohne Spezialanpassungen für Werkzeuggebrauch fähig sind, ihre Handlungen mit Hilfsgegenständen auf der Basis einer Kosten-Nutzen-Abwägung zu wählen, wobei der relative Aufwand verschiedener Handlungsoptionen untereinander und in Relation zu der jeweils zu erwartenden Belohnung verglichen wird. Dieses der Entscheidung vorausgehende Abwägen in unterschiedlichen Situationen ermöglicht ein hohes Maß an Flexibilität und situationsadäquatem Verhalten. Der Handlungsspielraum ergibt sich aus einer nicht geringen Anzahl von Optionen: 1) sofort oder später?; 2) welches Ziel (verschiedene Nahrungsmittel)?; 3) welche Handlung (mit oder ohne Werkzeug)?; 4) wenn Werkzeug, welches (unterschiedliche Wirksamkeit)?; 5) mit oder ohne Modifikation? Wie wir noch sehen werden, ist der Abwägungsprozess von Tieren bei diesem hohen Ausmaß an Optionen beschränkt. Dies kann an Begrenzungen sowohl des Arbeitsgedächtnisses als auch der Exekutivkontrolle liegen. Und schließlich wird die Ausdehnung der Zeit in die Zukunft beschränkt sein, welche für die Entscheidung über die nächsten Schritte erforderlich ist. Für längere Handlungsketten wäre es aber nützlich, weiter voraus zu sehen. Gibt es dafür Hinweise bei nichtmenschlichen Lebewesen?

Zwei Schritte voraus

Obwohl wir es schon mit einer Vorausschau zu tun haben, wenn der nächste Schritt von einem zu erreichenden Ziel abhängt – für welches das beste Mittel gewählt werden muss –, bewegen wir uns zeitlich noch in sehr kurzen Distanzen. Eine Steigerung erfährt die Angelegenheit, wenn ein weiterer Schritt hinzukommt. Zum Beispiel müssen manchmal Zwischenschritte ausgeführt werden, bevor das eigentliche Mittel zur Erreichung des Ziels verwendet werden kann. Wie wir schon gesehen haben, schlagen Kapuzineraffen mit einem kleinen Stein einen eingeschlossenen großen Stein heraus, mit dem sie dann Nüsse aufschlagen. Das Herausschlagen des kleinen Steins ist der Zwischenschritt, der noch nicht unmittelbar zum Ziel führt. Sind sich die Affen dessen bewusst, wenn sie damit beginnen? Hatten sie zunächst das Ziel, die begehrte Nuss, vor Augen und dachten danach zurück an das Aufschlagen mit einem Stein, und, um diesen zu bekommen, an das Herausschlagen aus dem Konglomeratfelsen [245]? Analog dazu kann man sich fragen, ob der Affe die Nuss und das Hämmern im Kopf hat, wenn er sich auf die Suche nach guten Werkzeugen macht [285]. Bei Schimpansen an der Elfenbeinküste wurde jedenfalls beobachtet, dass sie ihre Hammerwerkzeuge zu Stellen bringen, die weit außer Sichtweite sind [482], und im Kongo nehmen sie ihre Werkzeugsets mit zu den Stellen, an denen sie Honig sammeln [252]. Aber dennoch kann man durch reine Beobachtung nur schwer feststellen, mit welchen Motiven die Tiere handeln und welche Entscheidungsgrundlagen sie dafür hatten. Daher wurden wiederum Simulationen im Labor durchgeführt.

Auch Geradschnabelkrähen gehen bei der Futtersuche schrittweise vor, vor allem, wenn sie bei der Herstellung ihrer Stocherwerkzeuge mehrere Handlungen nacheinander ausführen. Im Labor von Alex Taylor an der University of Auckland (Neuseeland) wurde die Frage, ob diese Vögel Werkzeuge sequentiell nutzen können, anhand von sieben Krähen untersucht [239]. Die Aufgabe bestand darin, einen frei zugänglichen Gegenstand zum Angeln eines außer Reichweite befindlichen Gegenstandes zu verwenden, der dann wiederum das außer Reichweite befindliche Futter erreichbar machte. Dazu wurde ein kleines Stück Fleisch in eine kleine, schmale Kiste (die »Fleischbox«) in 15 cm Entfernung von der Vorderseite unzugänglich, aber gut sichtbar platziert (Abb. 11).

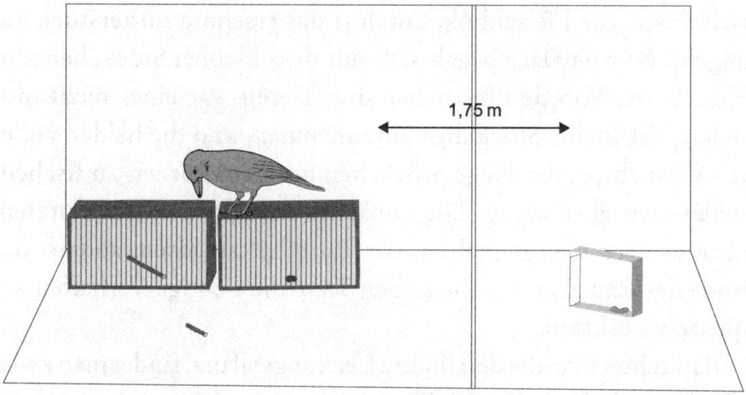

Abb. 11: Versuchsanordnung für sequenzielle Werkzeugnutzung bei Geradschnabelkrähen. Aus [239].

In freier Wildbahn lösen die Tiere das Problem durch Zuhilfenahme eines Zweiges oder Stöckchens. Ein adäquates, weil ausreichend langes Stöckchen (18 cm) wurde den Tieren auch hier geboten. Allerdings war es nicht offen zugänglich. Es befand sich in einer etwa 2 m von der ersten entfernten zweiten Kiste, deren Vorderseite mit vertikalen Stäben verschlossen war. Das Stöckchen lag 4 cm dahinter, gerade so weit, dass es nicht mit dem Schnabel erreicht werden konnte. In der Nähe der Kiste lag ein kurzes Stöckchen von 5 cm Länge, also ausreichend lang, um sich das lange Stöckchen in der Kiste zu angeln, aber deutlich zu kurz, um an das Fleischstückchen zu gelangen. Neben der Kiste mit dem langen Stöckchen befand sich außerdem noch eine zweite, identisch aussehende Kiste mit einem Steinchen. Diese diente zur Kontrolle, ob die Krähen wahllos das kleine Stöckchen zum Angeln eines außer Reichweite befindlichen Gegenstandes verwenden oder ob sie sich gezielt das große Stöckchen nehmen würden.

Von den sieben Krähen zeigten drei gleich im ersten Anlauf die richtige Verhaltenssequenz: Sie nahmen zuerst das kurze Stöckchen auf, fischten damit das lange Stöckchen heraus und begaben sich damit zur Fleischbox, um dort das ersehnte Futterstück zu angeln. Nur ein Tier begab sich mit dem kleinen Stöckchen zur Fleischbox. Von den restlichen drei Tieren war eines nicht motiviert, das kleine Stöckchen aufzunehmen, und die beiden anderen versuchten, das lange Stöckchen mit dem kurzen zu fischen, scheiterten aber daran. Die zunächst erfolglosen Tiere nutzten aber weitere Gelegenheiten, das Problem zu lösen, sodass am Ende des Experiments alle sieben Tiere die richtige Verhaltenssequenz ausführten.

Betrachtet man die detaillierte Leistungsbilanz, findet man zwei absolut fehlerlos agierende Tiere und zwei weitere mit nur einem Fehler bei zehn Versuchen. In Bezug auf die Frage der Kompetenz der Vögel zur schrittweisen Verwendung mehrerer Werkzeuge ist das Ergebnis noch eindeutiger: Insgesamt verwendeten sechs von sieben Tieren das kleine Stöckchen, sobald sie es zum ersten Mal im Schnabel hatten, zum Angeln des langen Stöckchens, anstatt damit direkt zur Futterbox zu fliegen oder sich das Steinchen zu schnappen. Somit haben die Krähen anscheinend eine Aufgabe mit Bravour bestanden, die selbst Menschenaffen vor größere Probleme stellt. Fünf von sechs Gorillas, drei von fünf Orang-Utans und ebenso drei von fünf Schimpansen waren zwar in ähnlichen Versuchsanordnungen erfolgreich [240]. Allerdings nahmen die drei erfolgreichen Schimpansen zunächst den falschen, direkten Weg zum Futter, bevor sie in weiteren Tests den richtigen Weg zum Zielwerkzeug einschlugen. Bei Tieraffen ist die Leistungsbilanz noch schlechter. Nur zwei von insgesamt acht Kapuzineraffen lösten das Problem im ersten Anlauf [483], Japanmakaken nur nach vielen (erfolglosen) Versuchen [484].

Bei näherer Betrachtung müssen allerdings auch die Erfolge bei den Versuchen mit den Geradschnabelkrähen mit gewissen Einschränkungen versehen werden. Warum etwa wurde die Fleischbox fast zwei Meter vom kleinen Stöckchen und der Werkzeugkiste entfernt aufgestellt [239]? Liegt es da nicht buchstäblich viel näher, das kleine Stöckchen zur Werkzeugkiste anstatt zur Futterbox zu bringen? Und wussten die Tiere überhaupt über die unterschiedliche Funktionalität der beiden Stöckchen Bescheid? Aus der Veröffentlichung geht nicht hervor, ob die Krähen zuerst die Futterbox in Augenschein nahmen, dann die beiden Stöckchen und erst danach, nach Sammlung aller relevanten Informationen, zur Tat schritten. Die Ausführung der richtigen Handlungskette alleine ist nicht ausreichend, um die Denkweise der Tiere zu identifizieren.

Auch die Kontrolle für das Versuch-und-Irrtum-Lernen muss mit Vorsicht genossen werden. Die Tatsache, dass alle Tiere – bis auf eine einzige Ausnahme – immer die Werkzeugkiste mit dem langen Stöckchen anstatt jene mit dem Stein aufgesucht haben, nachdem sie das kleine Stöckchen aufgenommen hatten, kann, muss aber nicht als überlegte Handlung gedeutet werden. Eine starke Präferenz für Stöckchen gegenüber Steinen kann bei Geradschnabelkrähen wohl angenommen werden, ebenso wie eine Präferenz für ein langes gegenüber einem kurzen Stöckchen als Angelwerkzeug [297]. Wir wissen auch nicht, wie oft die Tiere bei der Kiste mit dem langen Stöckchen verweilten und auf dieses schielten, bevor sie das kurze aufnahmen. Immerhin hatten sie vor dem Experiment mehrfach Gelegenheit, das lange Stöckchen mit dem Schnabel aus der Werkzeugkiste zu holen. Selbst wenn sie das kurze Stöckchen gleich in den Schnabel nahmen, ist es naheliegend, sich damit gleich das bevorzugte, attraktive Werkzeug zu holen – noch dazu, wo sie schon vor dem eigentlichen Experiment Erfahrungen mit dem langen Stöckchen sammeln konnten und daher wussten, wie gut es funktioniert, das Fleischstückchen zu angeln [235]. Wir wissen zwar nicht, wie die Tiere im Detail vorgingen, aber eine Kontrolle mit umgekehrten Verhältnissen, bei denen ein langes Stöckchen für den Erwerb eines kurzen Stöckchens als Zielwerkzeug eingesetzt werden muss, wäre aufschlussreich. Auch nachfolgende Studien wiesen diesen methodischen Mangel auf.

Allerdings fügten die Forscher ein zweites Experiment an, das diesem Kontrollversuch stark ähnelt. Sie vertauschten dabei die Positionen der beiden Stöckchen. Nun lag tatsächlich das längere Stöckchen frei zugänglich vor den Kisten und das kurze Stöckchen unzugänglich in einer Kiste. Allerdings war das kurze Stöckchen nicht notwendig, um an Futter zu kommen, sondern das lange Stöckchen blieb das Zielwerkzeug. Diese Anordnung sollte überprüfen, ob die Krähen automatisch oder unüberlegt ein frei erhältliches Werkzeug zum Erwerb eines verschlossenen Werkzeugs nützen beziehungsweise ob ein Stöckchen im Schnabel die Tiere dazu verleitet, sofort bei nächster Gelegenheit zu stochern. Interessanterweise machten zwei Drittel der getesteten Tiere genau diesen Fehler. Nur zwei Tiere nahmen das lange Stöckchen auf und begaben sich sofort zur Fleischbox. Die anderen Tiere besserten den Fehler rasch aus, aber die Versuchung, mit dem langen Stöckchen in der Werkzeugkiste zu stochern, blieb noch eine gewisse Zeit bestehen, selbst bei einem Tier, das gleich im ersten Anlauf das korrekte Verhalten gezeigt hatte.

Wie ist nun zusammenfassend das Verhalten der Krähen zu bewerten? Ist es gerechtfertigt, der bevorzugten Interpretation der Forscher zu folgen und den Tieren sowohl analoges Denken als auch Kausalverständnis zuzusprechen? Ersteres, da sie Erfahrung mit Werkzeugen dazu verwenden, ein strukturell ähnliches, aber doch neues Problem – anstatt Futter ein anderes Stöckchen zu angeln – zu lösen? Handelt es sich dabei nicht bloß um eine Verallgemeinerung? Denn der Analogieschluss ist ein logisches Schlussverfahren, bei dem von der Übereinstimmung zweier

Dinge in einigen Punkten auf Gleichheit auch in anderen Punkten geschlossen wird. Es geht hier also nicht bloß um Ähnlichkeit, sondern um Gleichheit aufgrund einer logischen Operation nach dem Muster: A hat Ähnlichkeit mit B, B hat die Eigenschaft C, also hat auch A die Eigenschaft C. Die Autoren sagen leider nicht, welche Merkmale oder Handlungen im gegenständlichen Experiment die Einheiten A, B und C füllen. Somit muss man diese Frage einstweilen offenlassen.

Die Antwort zur Frage der Kausalität wird etwas besser ausgeführt, allerdings auch hier wieder nur andeutungsweise. Das Kausalverständnis, das die Tiere hier wie bei üblichen Werkzeughandlungen einsetzen und also nicht erst erworben haben, bezieht sich auf die Funktion des Stöckchens als Mittel zum Herbeischaffen von außer Reichweite befindlichen Gegenständen. Dafür wird (wieder) ein starker Begriff (Kausalität) bevorzugt. Die weichere Alternative wäre Funktionalität, also die Eigenschaft des Gegenstandes, eine bestimmte Funktion oder Gruppe von Funktionen zu erfüllen. Hier wäre also die Funktion des Stöckchens das Herbeischaffen von entfernten Gegenständen. Es steht außer Zweifel, dass die Tiere diese Eigenschaft von Stöckchen kennen und in diesem Test einsetzten. Es ist meines Erachtens nicht notwendig, auch noch ein Verständnis dafür zu haben, wie diese Funktion ermöglicht wird, sprich, was die genaue Beziehung zwischen Ursache und Wirkung ist. Ich werde darauf noch später zurückkommen und ausführlicher die Problematik behandeln, wie locker Begriffe von manchen Autoren verwendet werden. Hier aber wollen wir uns weiter fragen, welche kognitive Leistung hinter dem Erfolg der Krähen bei der »Meta-Werkzeug«-Aufgabe[33] stehen könnte.

---

33 Wie im Abschnitt »Werkzeuggebrauch« erörtert, handelt es sich hier streng genommen um *sequentiellen* Werkzeuggebrauch. Bei echtem Meta-Werkzeuggebrauch wirkt ein gleichzeitig verwendetes Werkzeug auf ein anderes, wie der Wiegestein auf den Amboss.

Ganz sicher ist anzuerkennen, dass die Krähen das kurze Stöckchen mehrheitlich nicht als Zielwerkzeug einsetzen, sondern als Werkzeug zum Erwerb eines besseren Werkzeugs. Aber abgesehen von der Problematik des großen Distanzunterschieds zwischen Futter und anderem Werkzeug stellt auch die große Attraktivität eines langen Stöckchens die Interpretation in Richtung Überlegung »Was brauche ich wofür und wann?« in Frage. Die Forscher versuchen einen Ausweg mithilfe des indirekten Arguments, dass Kausalität das schnelle Korrigieren von vorschnell gemachten Fehlern beinhaltet. Dieses Argument wurde zur Erklärung des fehlerhaften Verhaltens im zweiten Experiment in Anschlag gebracht, da die Krähen sehr rasch ihren Fehler, mit dem langen Stöckchen in die Kiste mit den kurzen Stöckchen zu stochern, korrigierten. Doch dieses Argument steht auf sehr wackeligen Füßen. Erstens haben die Tiere mit den anfänglichen Fehlern gezeigt, dass sie nicht ausschließlich überlegt und vorausdenkend handeln beziehungsweise dass sie Schwierigkeiten haben, das im ersten Experiment oft wiederholte Verhalten – zunächst in der Werkzeugkiste stochern, dann erst bei der Fleischbox – für eine bessere Handlung aufzugeben. Und zweitens könnte die Korrektur in den weiteren Versuchen schlicht darauf beruhen, dass sie wieder bestärkt wurden, das lange Stöckchen für das Angeln in der Futterbox zu verwenden, während das Stochern in der Werkzeugkiste erfolglos blieb.

Handlungsketten

Die entscheidende Frage lautet somit, was die Zuschreibung von »Meta-Werkzeuggebrauch«, wie es Alex Taylor und Co-Autoren vorschlugen, tatsächlich bedeutet. Welche kognitiven Prozesse erklären das Verhalten der Krähen in diesem Experiment am besten? Die Verwendung von Werkzeugen für Werkzeuge ist hier das Schlüsselereignis. In der Hominiden-Evolution haben unsere

Vorfahren die Funktionalität von Steinen verbessert, indem sie mit anderen Steinen darauf eingeschlagen und sie so geschärft haben [485, 486]. Wie bereits erwähnt, scheinen Schimpansen kleine Steine zu verwenden, um große Steinblöcke, die sie als Amboss zum Aufschlagen von harten Nüssen benutzen, zu stabilisieren [487]. In beiden Fällen verändert der Gebrauch des einen Werkzeugs die Funktionalität des anderen. Dies ist im Krähenversuch nicht der Fall. Das kurze Stöckchen verändert oder verbessert nicht die Funktionalität des langen Stöckchens, sondern macht es verfügbar. Was bleibt, ist die Besonderheit, dass ein Werkzeug, das gewohnheitsmäßig zum Erwerb von Futter verwendet wird, nun zum Erwerb von Nichtfutter genutzt wird. Das erfordert mit Sicherheit eine gewisse Flexibilität und das Ausbrechen aus gewohnten Handlungsverläufen – wobei gesagt werden muss, dass die Handlung selbst, nämlich das Stochern und Angeln, gleich bleibt. Wenn man nun aber weiß, dass längere Stöckchen für Geradschnabelkrähen äußerst attraktive Objekte darstellen – in der Natur fertigen sie ihre Angelwerkzeuge aus Blättern von Schraubenbäumen ziemlich exakt in der Länge des hier verwendeten langen Stöckchens [306] – und dass sie schon vor dem Experiment positive Erfahrung mit dem langen Stöckchen machen konnten, dieses also wie ein sekundärer Verstärker wirkt [235], kann man argumentieren, dass dieses lange Stöckchen selbst zum Zielobjekt wurde. Und was die Anwendung eines Werkzeugs – hier: das kurze Stöckchen – auf ein anderes Objekt – hier: das lange Stöckchen – anstatt auf Futter betrifft, weiß man mittlerweile, dass diese Vögel Stöckchen nicht nur zum Angeln von Futter verwenden, sondern auch ganz generell zur Exploration ihrer Umgebung [237]. Auch das Argument, dass sie die unmittelbar zum Futter führende Zielhandlung zu Gunsten der auf das andere Werkzeug gerichteten Handlung unterdrücken müssen, ist durch den großen Distanzunterschied (siehe oben) und wiederum durch die Attraktivität des langen Stöckchens geschwächt. Noch weiter hergeholt ist schließlich das dritte Argument der Autoren, nämlich dass die Krähen eine neue, innovative Handlung (Werkzeug auf Werkzeug) in übliche Handlungsketten hierarchisch als Nebenziel unter das Hauptziel (Werkzeug auf Werkzeug auf Futter) integrieren müssen. In weiterer Folge würde das bedeuten, dass die Tiere rekursive Denkschleifen bilden, wie sie beim menschlichen Sprachgebrauch erforderlich und üblich sind. Im Wissen um die Schwierigkeit von rekursiven Denkschleifen bei Tieren ist das dann schon eine ziemlich kühne Behauptung.

Unbestritten bleibt zwar, dass die Tiere eine zweigliedrige Handlungskette ausführen mussten, um ans Ziel zu gelangen. Das klassische Gegenargument seit dem Experiment von Robert Epstein, Robert P. Lanza und Burrhus F. Skinner von der Harvard University (USA) [103] mit Tauben ist aber, dass es sich dabei um eine erlernte Kettenbildung (*chaining*) handelt. Mit Einsicht, Planung oder Innovation habe das nichts zu tun. Und tatsächlich hat eine weitere Studie gezeigt, dass die Geradschnabelkrähen nach der erfolgreichen Lösung des Meta-Werkzeug-Problems fortfuhren, mit dem kurzen das lange Stöckchen zu ergattern, selbst wenn es gar kein Futter gab. Offenbar war das lange Stöckchen tatsächlich attraktiv genug (siehe oben) oder die einmal eingelernte Handlungskette wird weiter ausgeführt, mit oder ohne Zielobjekt.

In einem Folgeexperiment mussten die Krähen von Alex Taylor sogar drei unterschiedliche Werkzeuge in der korrekten Reihenfolge einsetzen, um ans Ziel zu gelangen [238]. Das letzte Glied der Kette war eine ihnen bekannte Aufgabe: mit einem Stöckchen ein Stück Fleisch aus einem Loch angeln. Doch wiederum lag dieses nicht frei herum, sondern in der vergitterten Werkzeugkiste. Ein kurzes Stöckchen sollte dieses Problem wiederum lösen. Doch diesmal lag es nicht frei vor der Kiste mit dem langen Stöckchen, sondern musste an einer Schnur herangezogen und dann durch Abbrechen von dieser gelöst werden, bevor es zum Angeln des großen Stöckchens aus der Kiste verwendet werden konnte. In einem weiteren Unterschied zum früheren Experiment [239] wurde das Meta-Werkzeug in vorgängigen Trainingssitzungen zudem unattraktiv gemacht. Es wurde als Werkzeug für das Angeln des außer Reichweite gelegten Futters angeboten, war aber aufgrund seiner Kürze untauglich; das Futter konnte damit nicht erreicht werden. Die Tiere sollten also nicht damit beginnen, sich das kurze Stöckchen an der Schnur heranzuziehen, davon abzubeißen und es dann weiterzuverwenden. Die Verkettung von früher gemachten positiven Erfahrungen, präzise gesagt von Assoziationen zwischen Reiz, Reaktion und positiver Konsequenz, sollte nicht mehr möglich sein, sehr wohl aber eine Planung mit Rückwärtsschritten vom Ziel weg: Für das Futter brauche ich ein langes Stöckchen, für das lange Stöckchen brauche ich ein kurzes Stöckchen, dieses bekomme ich durch Ziehen der Schnur.

Da die Forscher primär diese Planhandlung überprüfen wollten, trainierten sie zunächst vier frisch gefangene Tiere jeweils auf die drei Teile der Handlungskette, bevor sie sie vor die gesamte Aufgabe stellten. (Wir erinnern uns, wie Tauben in ähnlicher Weise trainiert wurden, eine kleine Box zu schieben und auf dieser auf eine Papierbanane an der Decke zu picken [103]). Wenig überraschend fanden die Krähen sehr schnell die Lösung als Verkettung der einzelnen Aufgaben. Der Unterschied war nur, dass hier drei statt zwei Komponenten in die richtige Reihenfolge gebracht werden mussten. Das wäre allerdings eine bloß quantitative Verbesserung der Taubenleistung und würde weder Planung noch Einsicht rechtfertigen. Hierfür müssten Tiere spontan erfolgreich sein, ohne vorher die Teilaufgaben geübt zu haben.

Tatsächlich haben die Forscher, angespornt durch die Leistung der trainierten Tiere, drei weitere Krähen in dieser Weise getestet. Ohne Fehler gelang es zwei Tieren, die richtige Handlungskette auszuführen, das dritte Tier musste davor etwas herumprobieren. Interessant war, dass alle die Gegenstände für eine Weile betrachteten, bevor sie zur Tat schritten.

Eine andere Arbeitsgruppe von der University of Oxford war gegenüber diesen Versuchen skeptisch und führte ein eigenes Experiment zur gleichen Fragestellung durch. Auch hier mussten

Geradschnabelkrähen eine Abfolge von zwei und einmal sogar von drei Schritten mit Gegenständen meistern, um an Futter zu gelangen [237] (drei Schritte haben eine deutlich geringere Zufallswahrscheinlichkeit für die korrekte Handlungsfolge als zwei). Wiederum wurden mehrere Gegenstände angeboten, welche die Tiere auswählen oder manipulieren konnten. Diese unterschieden sich in ihrer Funktionalität, womit überprüft werden sollte, ob die Tiere Gegenstände bloß wegen früherer Belohnungen oder tatsächlich wegen ihres Nutzens zum Erreichen des Ziels ausgewählt werden. Um zielgerichtetes, planvolles Handeln zu überprüfen, wurden als sogenannte Kontrollen Bedingungen ohne Futter eingesetzt, unerreichbare Gegenstände durch erreichbare ersetzt und Handlungssequenzen unnötig gemacht. Schließlich wurde das Ausmaß an Vortraining variiert, damit spontanes, überlegtes Handeln von erlernten Reiz-Reaktions-Folgen unterschieden werden konnte.

Im ersten Experiment boten die Forscher zusätzlich zu einer Röhre mit disloziertem Futter – wobei der Abstand vom Eingang variierte (von 7 bis 25 cm) – noch vier Kisten mit einem Rechen ähnelnden Werkzeugen, ein langes (20 cm) und drei von mittlerer Größe (10 cm), auch alle außer Schnabel-Reichweite, und schließlich ein sogenanntes Tischplatten-Werkzeug, ein kleiner, frei am Tisch liegender Rechen (6 cm). Die einzelnen Tests, die randomisiert durchmischt wurden, unterschieden sich in ihrer Schwierigkeit und den oben erwähnten Kontrollbedingungen. Und während drei Tiere Vorerfahrung mit den Werkzeugen sammeln konnten, wurden drei andere Tiere ohne jegliche Vorerfahrung getestet.

Vorerfahrung spielte tatsächlich eine große Rolle. Nur die Tiere mit vorangegangenem Training anhand einzelner Handlungskomponenten konnten die sequenzielle Werkzeugsverwendung meistern. Wenn nur ein unerreichbarer Rechen mit dem kleinen Tischplatten-Werkzeug geangelt werden musste, waren die Tiere vom ersten Versuch an erfolgreich. Aber nur ein Individuum

(Betty) konnte die dreifache Handlungsfolge meistern, etwas, was davor noch von keinem nichtmenschlichen Lebewesen gezeigt worden war. Dabei musste Betty mit dem kleinen, freiliegenden Tischplatten-Rechen einen von drei angebotenen mittleren Rechen angeln, mit diesem den langen Rechen und damit schließlich das weit hinten (25 cm) in der Futterkiste liegende Futter.

Die beiden anderen erfahrenen Tiere schafften nur die Zweifachsequenz, diese aber überzeugend. Die unerfahrenen Tiere blieben weit unter dieser Leistung. Nur ein einziges Tier von fünf holte sich einen außer Reichweite liegenden Rechen, um mit diesem das Futter zu ergattern, und auch dieser Erfolg stellte sich erst nach vielen Fehlversuchen ein. Dieser gewaltige Unterschied zwischen trainierten und nichttrainierten Tieren widerlegt nicht nur die Schlussfolgerung der Autoren aus Neuseeland [239], dass die Geradschnabelkrähen zu spontanem, zielgerichtetem Handeln auf der Basis von Analogieschlüssen und Planen fähig sind, sondern hebt die Bedeutung von Vorerfahrung und erlernten Handlungsfolgen hervor. Es scheint den Vögeln nicht leicht zu fallen, das Angeln von Futter auf das Angeln von anderen Gegenständen zu übertragen – oder anders gesagt: das Angeln in seiner vollen Funktionalität zu verstehen, als Mittel für unterschiedliche Zwecke. Auch lassen die Ergebnisse von Oxford [237] keine Schlüsse auf detaillierte Planhandlungen zu. Selbst bei den erfahrenen Tieren konnte nur gezeigt werden, dass sie verstehen, wann sie einen weiteren Rechen brauchen, aber nicht welchen. Die immer wieder auftauchenden Fehler, im Futterkasten mit dem kurzen, freiliegenden Tischplatten-Werkzeug zu stochern, wenn gar kein Futter vorhanden war, oder das falsche, weil zu kurze Werkzeug zu angeln, zeigt, dass überlegtes Planen für die Verwendung von Werkzeugen bei Geradschnabelkrähen eine eher unplausible Erklärung darstellt. Vielmehr zeigen die Fehler, dass die Tiere nicht alle erforderlichen Details der Aufgaben beachten, dass sie nicht immer gewohnheitsmäßige Handlungen überwinden oder unterdrücken können und dass sie ihre Vorerfahrungen nicht in vollem Umfang nutzen.

Es wäre allerdings verfrüht, den Tieren aufgrund der Fehlleistungen jegliche Überlegung beim Handeln in Werkzeugverwendungssequenzen abzusprechen. Die Oxforder Forscher waren sich bewusst, dass sensorische und motorische Schwierigkeiten das Auftreten von Fehlern begünstigt haben könnten. So könnte es für die Vögel etwa schwierig gewesen sein, die Länge der Gegenstände durch das reflektierende Acrylglas abzuschätzen. Außerdem könnte ihr Handeln von eingeschränkter Aufmerksamkeit für die Werkzeugkästen beeinträchtigt gewesen sein. Daher führten die Oxforder ein zweites Experiment mit drei Tieren durch und berücksichtigten dabei diese Probleme. Tatsächlich stellte sich ein weit höherer Erfolg als im ersten Experiment ein. Nun konnten alle Tiere die sequenzielle Aufgabe mit zwei Werkzeugen lösen, und zwar bereits im ersten Versuch und eines sogar gänzlich ohne Vorerfahrung (Corbeau, die beiden anderen Tiere wurden schon im ersten Experiment getestet). Besonders überzeugend war der Erfolg mit drei Werkzeugen, allerdings schaffte das nur Betty, die wir schon beim Hakenbasteln als besonders schlau kennengelernt haben. Bei dieser von den Autoren »Tertiary« genannten Aufgabe musste das kurze (6 cm), freiliegende Tischplatten-Werkzeug verwendet werden, um aus einer Werkzeugkiste ein etwas längeres Instrument (10 cm) herauszufischen, und dieses wiederum, um ein noch längeres (20 cm) aus einer weiteren Werkzeugkiste zu holen, um damit schließlich das Futter aus der Futterkiste zu holen, das dort – 25 cm von der offenen Seite entfernt – platziert wurde. Die Tiere berücksichtigten dabei die jeweilige Distanz des Futters in der Futterkiste, was belegt, dass das Angeln von weiteren Werkzeugen nicht auf Frustration oder der Unerreichbarkeit des Futters beruhte.

Zusammenfassend kann gesagt werden, dass Geradschnabelkrähen die sequenzielle Werkzeugverwendung meistern können, dass diese zwar stark von Vorerfahrung beeinflusst, aber nicht notwendigerweise ermöglicht wird, und dass sie dabei auf einige, wenn auch nicht auf alle relevanten Aspekte achten. Wiederum gibt es eine große interindividuelle Varianz, mit Vögeln, die trotz langem Training scheitern, und anderen, die ganz ohne Training die Aufgaben auf Anhieb meistern. Was die kognitiven Prozesse bei diesen Leistungen anbelangt, sollten wir das Vorliegen von analogen Denkvorgängen als sehr unwahrscheinlich, aber nicht unmöglich, betrachten. Einzelnen Individuen dieser Tierart (hier Betty und Corbeau) können wir bei aller Vorsicht das Abwägen von Handlungsoptionen inklusive der Vorstellung der Konsequenzen der nächsten Schritte zugestehen. Entscheidend dabei ist, welche Information ihnen dabei zur Verfügung steht, ob sie fehlende Information selektiv einholen, bevor sie zur Tat schreiten, oder ob sie eher mit der einfacheren Zwei-Wege-Strategie fahren, nämlich zuerst das zu probieren, was vorhanden ist, und eine andere Option zu wählen, wenn dieses nichts taugt. Es scheint also, als würden zumindest einige Tiere (wie Betty und Corbeau) zielgerichtet und vorausschauend agieren, während andere eher explorativ und auf gewohnte Handlungswege vertrauend vorgehen.

Gleich oder später?

Kann man das Verhalten von Betty und Corbeau schon als echtes Planen verstehen? Wenn Menschen planen, setzen sie dafür zwei im weitesten Sinne kognitive Fähigkeiten ein. Sie sind fähig, aktuelle Bedürfnisse zu unterdrücken, um spätere Bedürfnisse zu stillen. Wir sprechen dabei von Selbstkontrolle oder Hemmungskontrolle. Und sie können sich mögliche oder zukünftige Ereignisse vorstellen. Für die Frage des tierischen Bewusstseins ist das zweite Vermögen wichtiger, aber wir wollen auch das erste betrachten, zumal es dazu bereits sehr viele Versuche und auch interessante Theorien gibt. Diese nehmen ihren Anfang in den Untersuchungen von Walter Mischel – Stichwort »Marshmallow-Test«, wie im Eingangskapitel zum Thema Selbstkontrolle bereits dargestellt. Mischel und seine Kollegen konnten in Langzeitstudien zeigen, dass die Fähigkeit des Belohnungsaufschubs mit Erfolg im späteren Leben zusammenhängt [145]. Diese Erfolge schienen daher zu kommen, dass diese Personen besser mit Frustration und Stress umgehen sowie Versuchungen widerstehen konnten. Was die Frage des Zeitreisens betrifft, haben wir Menschen jedenfalls, auch wenn es große individuelle Unterschiede dabei gibt, die Fähigkeit, nicht nur Minuten oder Stunden, sogar Tage, Wochen und sogar Jahre zu warten, um einen größeren Lohn einzufahren.

Gewiss hängt diese Entscheidung davon ab, wie groß der Unterschied der beiden Belohnungen und wie lange die Wartezeit ist. Einige Affenarten, Hunde, Rabenvögel und Papageien haben bereits solche Warteentscheidungen in Tests gezeigt [150, 165]. Sie haben dabei eine schnelle Triebbefriedigung zu Gunsten einer besseren Option für einige Sekunden bis zu wenigen Minuten unterdrückt. Man könnte vermuten, dass sie dafür eine flexible Abschätzung von relativen Kosten und Nutzen vor der Entscheidung vorgenommen haben.

Obwohl die Experimente zu aufgeschobener Belohnung beziehungsweise verzögerter Gratifikation (*delayed gratification*) [488] ein erster Ansatz zur Überprüfung der zugrunde liegenden Fähigkeiten ist, bleibt die Komplexität der Entscheidung mit dem bloßen Kontrastieren von zwei Alternativen hinter der in der Natur vorfindlichen Realität zurück. Um seinen Profit zu maximieren, muss der Handelnde möglicherweise mehrere Faktoren berücksichtigen. Dazu zählen die Vorhersehbarkeit beziehungsweise Erwartbarkeit der höheren Belohnung, ebenso die Erreichbarkeit, schließlich die Verfügbarkeit oder Wirksamkeit der Mittel, die man zur Erreichung benötigt. Wenn eine dieser Bedingungen nicht oder nur eingeschränkt gegeben ist, kann die Wahl der unmittelbaren Belohnung die bessere Alternative sein: »Besser den Spatz in der Hand als die Taube auf dem Dach.«

Obwohl es zu dieser Thematik viele Experimente gibt, wurden nur wenige in den Kontext des Werkzeuggebrauchs eingebettet. Dies ist aber sinnvoll, weil der Einsatz von Hilfsmitteln nicht nur die Zeit bis zur Zielerreichung verlängert, sondern weil man damit das bessere Endziel selbst herbeiführt. Anstatt weniger nahrhafte Früchte vom Baum zu pflücken, könnte man in das Aufschlagen von Nüssen investieren. Obwohl diese Alternative nicht sofort verfügbar ist, wird die zeitliche Verzögerung durch die höhere Qualität der Nuss wettgemacht. Tatsächlich haben Kapuzineraffen diese Fähigkeit im Experiment bestätigt [158]. Sie konnten entweder eine längliche Sellerie- oder Laugenstange sofort essen oder damit eine viel höher geschätzte Erdnussbutter aus einer Röhre fischen. Dies taten sie, gerade auch im Unterschied zu einer Kontrollsituation, bei der die Röhre leer war und sie das weniger beliebte Futter sofort verzehrten. Menschenaffen konnten dieses Verhalten noch steigern. Schimpansen und Orang-Utans zogen einen langen Plastikschlauch einer sofort erreichbaren Weintraube vor, um mit diesem siebzig Minuten später eine noch wesentlich beliebtere Früchtesuppe aus einer Flasche zu saugen [489].

Alle genannten Affen sind auch bekannt für ihre Fähigkeit, Werkzeuge zu verwenden oder gar herzustellen. Es wäre daher denkbar, dass es einen Zusammenhang zwischen dieser Fähigkeit und der Fähigkeit zur Selbstkontrolle und zur Abwägung von Alternativen mit zeitlicher Differenz gibt. Statt einer direkten Kausalverbindung mit gewohnheitsmäßigem Werkzeuggebrauch könnte es aber auch eine indirekte geben, wenn allgemeine kognitive Mechanismen diese beiden Fähigkeiten ermöglichen. Dafür sind Goffinkakadus eine ideale Testgruppe. Sie haben bereits starke Indizien für Selbstkontrolle gezeigt, da sie nicht nur auf besseres Futter warten können, sondern das umso eher tun, je besser dieses ist [162]. Somit spielen motivationale und kognitive Fähigkeiten für ihr Wahlverhalten zusammen.

Um die Entscheidungsprozesse im Angesicht von unterschiedlichen Futterqualitäten in variierenden Wartebedingungen genauer zu prüfen, wurden die Kakadus mit einer Reihe von Werkzeugwahlen und dazugehörigen Einsatzmöglichkeiten konfrontiert [163]. Können sie die Qualitäten von Futter, die Erreichbarkeit mit und ohne Werkzeug und die Wirksamkeit ihrer Mittel zueinander abwägen, bevor sie zur Tat schreiten? Dazu wurden einzelne binäre Entscheidungen zunehmender Komplexität geprüft (Werkzeugwahl, Präferenzen für bestimmte Futterbelohnungen, Vorlieben für bestimmte Werkzeuge, Arbeitseinsatz, individuelle Motivation und die Fähigkeit, auf die relevanten Erfordernisse der Aufgabe zu achten, um den Gewinn zu steigern).

Zunächst mussten sich die Vögel, ähnlich wie die zuvor erwähnten Affen, zwischen zwei unterschiedlich bevorzugten Futterbelohnungen im Zusammenhang mit der Verwendung von Werkzeugen entscheiden, die die eingeschlossene Belohnung verfügbar machten. Dieser Vortest ergab, welches von zwei Futtern beliebter ist. Danach mussten sie in diese Entscheidung auch noch die Wirksamkeit des Werkzeugs einbeziehen. Die Überlegung war die folgende: Um in ökonomisch optimaler Weise zu handeln, würden sie ein Werkzeug einer direkt verfügbaren Belohnung nur dann vorziehen, wenn das beliebtere Futter nur mit diesem Werkzeug zu bekommen war. Damit kann man überprüfen, ob das Werkzeug in jedem Fall, quasi aus Manipulationsfreude, gewählt wird oder ob der höhere Arbeitsaufwand nur dann in Kauf genommen wird, wenn es sowohl ein besseres Ziel gibt als auch eines, das mit den verfügbaren Mitteln erreicht werden kann.

Die Experimentatorinnen dachten sich dazu fünf verschiedene Tests aus [163]. Im Werkzeugtest sollten die Vögel zwischen zwei Werkzeugen wählen, einem kleinen Stock und einem kleinen Ball – und das angesichts entweder einer Futterkiste, bei welcher der Stock nützlich ist (durch ein Loch kann man mit ihm die Belohnung erreichen), oder einer Futterkiste, bei welcher nur der Ball etwas nützt (durch eine Röhre eingeworfen, wirft er die Belohnung aus der Kiste). Mit etwa achtzigprozentiger Sicherheit wählten die Kakadus den Stock für die Kiste mit Loch beziehungsweise den Ball für die Kiste mit Röhre. Im Motivationstest waren in aufeinanderfolgenden Versuchen entweder die Loch- oder die Röhrenkiste und das dazugehörige Werkzeug vorhanden. Zusätzlich gab es das beliebte Futter sowohl innerhalb als auch außerhalb der Kiste. Wie man erwarten konnte, bevorzugten sie die unmittelbar erreichbare Belohnung und verzichteten auf den Einsatz des Werkzeugs für die gleiche Belohnung. Allerdings taten sie das nicht immer, sondern nur in etwa drei Viertel aller Fälle. Der dritte Test überprüfte die Abwägung von Belohnungsqualitäten unter vier verschiedenen Bedingungen. Entweder war das beliebtere Futter frei verfügbar oder in der Kiste, welche entweder mit dem Stock oder dem Ball zu kombinieren war. Wiederum wählten die Tiere entsprechend einer ökonomischen Entscheidung, nämlich in etwa achtzig Prozent der Fälle das Werkzeug, wenn damit das beliebtere Futter erreicht werden konnte. Im Werkzeug-Funktionalitätstest war das weniger beliebte Futter immer frei verfügbar und das beliebtere Futter immer in einer Kiste verschlossen. Allerdings war nur in der Hälfte der Fälle das wirksame Werkzeug vorhanden, in der anderen das untaugliche. Griffen die Vögel in dieser Situation auch zum untauglichen Werkzeug? Die Vögel sollten, wenn sie ökonomisch entscheiden, das weniger beliebte Futter wählen, wenn das falsche Werkzeug vor der Kiste liegt, unabhängig ob es der Ball oder das Stöckchen ist, aber das Werkzeug nutzen, wenn sie damit an die beliebte Cashewnuss kommen. Auch hier wählten die Tiere wieder in annähernd achtzig Prozent der Fälle richtig im zuvor beschriebenen ökonomischen Sinn, und zwar unter allen vier Bedingungen. Schließlich wurden die Tiere noch mit einer Kombination aller drei Faktoren konfrontiert, da beide Kisten, beide Werkzeuge und beide Belohnungsqualitäten vorhanden waren. Doch anders als in allen vorherigen Tests waren ihre Entscheidungen hier nicht besser als eine zufällige Entscheidung. Sie wählten den Ball nicht (statistisch) signifikant öfter als das Stöckchen, wenn das beliebte

Futter in der Kiste mit Röhre lag und das weniger beliebte Futter in der gleichzeitig vorhandenen Kiste mit dem Loch. Das Gleiche galt umgekehrt. Es ist zu vermuten, dass die Menge an Information, die hier für eine optimale Entscheidung zu berücksichtigen ist, die Abwägungskapazität der Kakadus überschritt. Möglicherweise waren die Vögel hier geistig überfordert.

Die Leistungen in den vier anderen Aufgaben waren allerdings erstaunlich. Wenn das richtige Werkzeug vorhanden war, wählten sie es, um an das beliebtere Futter zu kommen, und ignorierten das frei verfügbare, aber weniger beliebte Futter. Wenn aber das vorhandene Werkzeug nicht taugte, um das bevorzugte Futter aus der Kiste zu holen, wählten sie die weniger beliebte, aber immerhin erreichbare Belohnung. Das zeigt, dass die Kakadus die Folgen ihrer Handlungen – kann ich die Kiste mit dem vorhandenen Werkzeug öffnen oder nicht? – und die damit später erreichbaren Ziele – gibt es dann mein bevorzugtes Futter oder das weniger beliebte? – im Kopf durchspielen, bevor sie zur Tat schreiten. Eine Alternativerklärung wäre, dass die Tiere in den einzelnen Tests langsam die richtige Entscheidung durch Erfolg und Misserfolg lernten. Doch das war nicht der Fall. Obwohl sie in keinem Test optimal, nämlich immer richtig wählten, steigerte sich ihre Trefferwahrscheinlichkeit innerhalb der Tests nicht.

Wenn man solche anscheinend »ökonomischen« oder gar »rationalen« Entscheidungen bei Tieren in freier Wildbahn feststellt, kann man nie sicher sein, ob die Tiere im Lauf der Zeit gelernt haben, in den einzelnen Situationen richtig, das heißt belohnungswirksam, zu entscheiden. Nach hunderten Versuchen würde sich ein Vorgehen nach Versuch und Irrtum immer mehr in Richtung der Entscheidungen bewegen, die größeren psychologischen oder physiologischen Gewinn bringen. Über viele Generationen hinweg können sich auch genetische Dispositionen für bestimmte Handlungen, wie etwa das Stochern und Angeln mit Zweigen in Astlöchern, entwickeln. Aber all das konnte im Laborversuch ausgeschlossen werden.

Die Kraft der Vorstellung

Nachdem wir nun ausführlich die erste wichtige Fähigkeit im Zusammenhang mit der Planung, nämlich die Unterdrückung einer aktuellen Bedürfnisbefriedigung zu Gunsten einer zukünftigen, besprochen haben, wollen wir uns nun der zweiten zuwenden. Sie kommt, wie schon gesagt, der Frage des Bewusstseins bei Tieren noch deutlich näher, denn sie betrifft die Frage, ob sich Tiere zukünftige Ereignisse vorstellen können. Denn es gibt, wie wir noch sehen werden, prominente Zeitgenossen, die diese Fähigkeit den Tieren absprechen und zu einem alleinigen Merkmal des Menschen machen [490-492].

Jedenfalls scheint das Denken und Vorstellen der Zukunft einen großen adaptiven Wert zu besitzen, denn es ermöglicht uns, jetzt zu handeln, um zukünftige Vorteile zu sichern und zukünftige Schwierigkeiten zu vermeiden. Tatsächlich scheint die Fähigkeit, sich zukünftige Ereignisse vorzustellen, ein wesentlicher Bestandteil der menschlichen Kognition zu sein, da ein Großteil unseres Verhaltens von Voraussicht geleitet wird. Wir richten unser Handeln auf entfernte Ziele aus und schmieden dafür geeignete Pläne.

Wie aber verhält es sich bei Tieren? Können sich zumindest einige Tierarten vom Hier und Jetzt entfernen und eine Zeitreise in die Zukunft unternehmen? Können sie also an nicht existierende Dinge denken? Auch hier gilt wieder die schon oft strapazierte Logik, anstatt solcher Prinzipienfragen mit einfacheren Fragen zu beginnen. Anstatt über die Fähigkeit der Imagination zu sprechen, könnten wir uns vorerst damit begnügen, die Fähigkeit der Extrapolation zu betrachten. Möglicherweise genügt es nämlich, Dinge, die man aus der Vergangenheit kennt, in die Zukunft zu projizieren.

Wenn man es mit Erfahrungen zu tun hat, muss man die Fähigkeit des Gedächtnisses ins Spiel bringen. Dabei muss man zwei Formen unterscheiden [493]. Das *semantische* Gedächtnis oder auch Wissensgedächtnis betrifft Dinge, die man weiß, ohne dass man dazu einen persönlichen Bezug herstellen muss. Man kann zum Beispiel aus Filmen wissen, dass es in London oft regnet, jedenfalls öfter als in Kairo. Dieses Wissen muss aber nicht mit einer persönlich gemachten Erfahrung verknüpft sein. Das wiederum ist die charakteristische Eigenschaft des *episodischen* Gedächtnisses. Man weiß vielleicht, dass es in London oft regnet, weil man selbst mehrmals dort war und es dabei meistens geregnet hat. Ich erinnere mich gut daran, bei einem Aufenthalt in London von einem Regenguss überrascht worden zu sein, weil in der Früh noch die Sonne schien. Diese Erinnerung beinhaltet sowohl den Ort (London), das Geschehen (ein sogenanntes Discussion Meeting der Royal Society über soziale Intelligenz) und die ungefähre Zeit (das Jahr 2006). Vor allem aber haftet an diesem Geschehen der subjektive Eindruck, womit das Selbstbewusstsein ins Spiel kommt. Man unternimmt eine Reise in seine persönliche Vergangenheit und verbindet damit auch eine emotionale Komponente. Das besagte Ereignis in London war besonders unangenehm, weil ich die ersten Vorträge stark durchnässt anhören musste. Das episodische Gedächtnis wurde von seinem Entdecker, dem in Estland geborenen kanadischen Psychologen Endel Tulving von der University of Toronto, immer wieder aufgrund dieses selbstbewussten, »autonoetischen« Chrarakters, als menschliche Einzigartigkeit der anderen Form des semantischen Gedächtnisses, das etwa auch Vögel besitzen, gegenübergestellt [493].

Bei der Erinnerung an am eigenen Leib erfahrene Ereignisse tritt der Mensch eine Zeitreise in seine eigene Vergangenheit an. Die Projektion in die Zukunft wurde entsprechend als Reise mit umgekehrtem Vorzeichen gesehen. Sie beruht auf der Fähigkeit, Ereignisse in der persönlichen Zukunft anschaulich vorab zu erleben. Die Zeitreise wird also aus der sogenannten »Erste-Person-Perspektive« unternommen. Daher sollten ähnliche kognitive Prozesse wie beim episodischen Gedächtnis beteiligt sein –

das scheinen jedenfalls neurologische Untersuchungen beim Menschen zu bestätigen [494]. Einerseits gibt es ein Netzwerk im frontalen und medialen Scheitellappen, das bei beiden Prozessen aktiv ist, aber es gibt auch ein anderes Netzwerk (im linken, lateralen prämotorischen Kortex, im linken Präkuneus und im rechten, posterioren Kleinhirn), das eher bei der Simulation von Bewegungen und der Vorstellung eines zukünftigen Ereignisses in Erscheinung tritt [495]. Ähnliche Aktivierungen der beiden Netzwerke für die auf die Vergangenheit und die Zukunft bezogenen Aufgaben scheinen darauf zu beruhen, dass sie beide eine Reaktivierung von zuvor erfahrenen räumlich-visuellen Situationen erfordern. Es scheint also so zu sein, dass die zukünftigen Ereignisse in die wohlbekannten räumlich-visuellen Situationen eingebettet werden.

Wir werden auf die Frage, ob Tiere ein episodisches Gedächtnis haben, im nächsten Kapitel zurückkommen. Unbesehen davon wurde aber auch erwogen, dass die Prospektion in die Zukunft auf einem Pendant zum semantischen Gedächtnis beruhen könnte, wobei das »kalte«, unpersönliche Wissen extrapoliert wird [492]. Dieses Wissen ist regelbasiert, abstrakt und neutral, beinhaltet also keine persönlichen Sonderfälle oder Eigenheiten und nimmt nur Bezug auf Wiederholtes, auf Regularitäten oder gleichbleibende Vorgänge. Gewiss kann man damit auch in die Zukunft sehen, aber die Frage bleibt, wie dieses semantische Wissen gespeichert ist und wie es verfügbar wird. Die Theorie des semantischen Gedächtnisses von Tulving geht davon aus, dass das Wissen über die Welt eine sprachliche Struktur benötigt [490]. Er hat es als einen »geistigen Thesaurus« bezeichnet, eine organisierte Sammlung von Symbolen, ihre Bedeutung, ihre Bezugspunkte, ihre Beziehungen untereinander, dazu Regeln der Verwendung, Formeln und Algorithmen. Diese Dinge sind Fakten, sie sind abstrakt, weil die spezifischen Wahrnehmungen, auf denen diese Gedächtnisinhalte beruhen, nicht enthalten sind. Im Gegenzug sind die Inhalte des episodischen Gedächtnisses konkret, denn sie speichern zeitlich strukturierte Episoden (Ereignisse). Sie sind sowohl an die Wahrnehmungen als auch an das Subjektive gebunden.

Obwohl sich die beiden Formen des Gedächtnisses überlappen und sie im geistigen Leben des Menschen gut zusammenspielen, wahrscheinlich sogar parallel in der Evolution entstanden sind, wurde angenommen, dass sie von unterschiedlicher Art sind [490]. Auf der einen Seite ermöglicht uns ein sogenanntes *noetisches* Bewusstsein, der Dinge gewahr zu werden, die aktuell nicht sensorisch erfasst werden können. Wir können sie als Fakten in Gebrauch nehmen, Beziehungen herstellen und Regeln ableiten. Es vermittelt damit ein Gefühl des Wissens. Im Unterschied dazu benötigt das episodische Gedächtnis ein *autonoetisches* Bewusstsein, eines, das autobiografisch ist, weil es auf persönliche Erlebnisse Bezug nimmt. Hierbei werden Erinnerungen wach und quasi neu erlebt. Der Mensch kann sich selbst in der Zeit positionieren.

Die Existenz dieser beiden Formen von Bewusstsein in Verbindung mit den beiden Formen von Gedächtnis wurden bei einem Patienten (K. C.) sichtbar, der bei einem Motorradunfall eine schwere Hirnverletzung erlitt und eine hochgradige Amnesie davontrug. Er konnte sich an keine persönlichen Erlebnisse erinnern, nicht einmal an solche, die nur Minuten zurücklagen, während andere geistige Tätigkeiten, inklusive Faktenwissen und sogar Perspektivenübernahme, nahezu ungestört blieben. Sein Zeithorizont war, wie er selbst angab, leer [496]. Aber er konnte offenbar sein noch intaktes semantisches Gedächtnis nutzen, um Entscheidungen für die Zukunft zu treffen. Diese Dissoziation des Gedächtnisses konnte später auch an anderen Patienten mit ähnlichen Krankheitsbildern bestätigt werden und schließlich auch an Testpersonen überprüft werden, die in spezieller Weise zu Dingen in der Vergangenheit und in der Zukunft befragt wurden.

Ein möglicher Zusammenhang von Prospektion und episodischem Gedächtnis wurde in der Zeitschrift *Science* im Jahr 2007 als wissenschaftliche Entdeckung des Jahres gefeiert. Nicht nur die zuvor erwähnten Hirnstudien, die ähnliche Aktivierungsmuster bei beiden Denkprozessen lieferten, scheinen dies nahezulegen, sondern auch der parallele Entwicklungsgang bei Kindern. Beide Fähigkeiten treten etwa zur selben Zeit, im Alter von etwa drei Jahren auf, was die Autoren der betreffenden Studie zur Bezeichnung »episodisches Zukunftsdenken« bewog [497]. Im vergangenen Jahrzehnt hat die Forschung über die Rolle des Gedächtnisses in der Vorstellungskraft und im Zukunftsdenken weitere Einsichten hervorgebracht. Sie hat nicht nur die Ähnlichkeiten zwischen der Erinnerung an die Vergangenheit und der Vorstellung oder Simulation der Zukunft bestätigt, sondern das sogenannte Standardmodus-Netzwerk (das den Titel »*default network*« bekam) entdeckt, das sowohl dem Gedächtnis als auch der Phantasie, etwa in den Tagträumen, zugrunde liegt [498]. Dieses wurde nicht nur beim Menschen, sondern mittlerweile auch bei Affen, Ratten und Hunden nachgewiesen [499-502].

Zusammen führten diese Erkenntnisse zur sogenannten »Janus-Hypothese«, bezugnehmend auf Janus, den römischen Gott des Neuen Jahres, der sowohl in die Vergangenheit als auch in die Zukunft schaut [492]. Insgesamt scheinen nicht nur diese beiden Prozesse des Zeitreisens zusammenzuhängen, sondern auch andere Prozesse, mit denen Simulationen des phänomenalen Bewusstseins bewerkstelligt werden, wie etwa Perspektivenübernahme und räumliche Vorstellung. Das zuvor beschriebene Netzwerk kann sich flexibel mit anderen Netzwerken koppeln, um komplexe zielgerichtete Simulationen zu unterstützen. Die enge Verbindung zwischen der Erinnerung an die Vergangenheit und der Vorstellung von der Zukunft legt nahe, dass eine Schlüsselfunktion des Gedächtnisses darin besteht, eine Grundlage für die Vorhersage der Zukunft durch imaginäre Szenarien zu schaffen. Jedenfalls scheint aus evolutionärer Sicht die Fähigkeit, Elemente vergangener Erfahrungen flexibel in Simulationen neuer zukünftiger Ereignisse zu rekombinieren, ein adaptiver Prozess zu sein.

Was aber ist der fitnesserhaltende oder sogar -erhöhende Wert von erinnerungsbasierten Simulationen? Es wurde vorgeschlagen, dass die Fähigkeit, in der Zeit zu reisen, eine motivationale Bremse für aktuelle Triebe zu Gunsten zukünftiger Belohnungen darstellt [503]. Die sensorische Erfahrung in einer bewussten, episodischen Erinnerung ruft die Emotion hervor, die mit dieser Episode verbunden ist. Diese steht im Wettstreit mit anderen Emotionen, die weiter zurückliegen. Man kann den Wettstreit zwischen sofortiger und verzögerter Belohnung mit diesem Kampf zwischen den Emotionen gleichsetzen. So kommt die Zukunft in die Gegenwart. Die Erinnerung an eine Belohnung wird in die Zukunft projiziert und kann mit einer aktuellen Belohnung wetteifern. Wenn die Erinnerung stark genug ist, kann damit eine Entscheidung für die Zukunft gefällt werden. Man könnte auch sagen, dass kortikale Strukturen damit die subkortikalen austricksen, denn diese werden getäuscht, um emotional und motivational so auf eine Simulation zu reagieren, als wäre diese eine wirkliche Erfahrung. Die Frage bleibt aber bestehen, welchen Einfluss das Bewusstsein dabei hat und möglicherweise sogar vor der Entstehung des Menschen dabei hatte. Könnten zukunftsbezogene Entscheidungen auf den »primitiven« Systemen des sensorischen Inputs und der Emotionen beruhen oder bedarf es eines reflektierenden Selbstbewusstseins?[34] Manche meinen, ein einfaches phänomenales Bewusstsein ohne Selbstbezug könnte ausreichen [504] und es könnte sich um einen einfachen, unreflektierten Akt handeln, der auf der stärksten Motivation beruht. Nicht nur mögen die Gründe, warum die Emotion entstand, für das Bewusstsein unentdeckt bleiben, sondern auch die bloße Tatsache, dass eine Emotion entstand. Sogar die Erzeugung eines episodischen Konstrukts kann ein bewusstloser Prozess sein. Ein auf einer autonoetischen Simulation basierender Entschluss kann im selben

34 Die äußerst umstrittene Frage des Selbstbewusstseins bei Tieren werde ich im vorletzten Kapitel ausführlich diskutieren.

Maße für das Bewusstsein blind sein wie ein »im Moment« und ohne Simulation gefasster [505]. Es ist jedenfalls so, dass die Mitwirkung von Bewusstsein bei episodischen Vorgängen eine nichttriviale Sache ist und die Forschung noch lange beschäftigen wird.

Planhandlungen

Wir hatten eingangs die Frage gestellt, ob sich Tiere vom Hier und Jetzt entfernen und eine Reise in die Zukunft unternehmen können. Nach einigen theoretischen Überlegungen, die um die Frage der Vorstellung von nichtexistierenden Dingen und um die Mitwirkung des Bewusstseins kreisten, wollen wir uns nun fragen, wie man aus dem Verhalten von Tieren ableiten kann, ob sie Entscheidungen mit Blick auf die Zukunft treffen können. Vom experimentellen Standpunkt her sollte es einfacher sein, Einflüsse auszuschließen, die von nichtexistierenden Dingen stammen, als Einflüsse, die aus der Vergangenheit kommen. Daher sollten Reisen in die Zukunft leichter bestimmbar sein als spezifische Erinnerungen, die von vielen vergangenen und gegenwärtigen Faktoren überlagert werden können. Die Vorschau kann nämlich nur durch die gegenwärtige Situation bestimmt sein, somit kann der Experimentator eine wesentlich bessere Kontrolle darüber ausüben. Aber dennoch braucht er auch noch klare Verhaltenskriterien, welche wiederum auf klaren Definitionen beruhen müssen.

Alle bisherigen Kriterien wurden für den Akt des *Planens* geschaffen. Wenn dabei Entscheidungen getroffen werden, denen Handlungen folgen, kann man von *Planhandlungen* sprechen [506]. Dies schließt zwar bloße Vorstellungen und Gedankensprünge von der empirischen Untersuchung aus, aber der Nachweis von Planung beweist zumindest eine Form der geistigen Reise in die Zukunft. Das abstrakte Planen ist eine kognitive Fähigkeit, die in der Humanpsychologie und in der Kognitionswissenschaft eine lange Tradition hat, schließlich zählt planmäßiges Vorgehen zu den wesentlichen Kriterien für Rationalität und Intelligenz. Auch in der Neuropsychologie ist Planen ein wichtiger Forschungsgegenstand, vor allem, weil diese Fähigkeit den sogenannten »exekutiven Funktionen« zugerechnet wird.

Man kann Planen einfach als das Treffen von Entscheidungen im Kopf, die zukunftsgerichtet sind, definieren. Genauer gesagt, beruhen diese Entscheidungen auf einer gedanklichen Vorwegnahme von Handlungsschritten, die zur Erreichung eines Zieles notwendig scheinen. Wichtig dabei ist, dass nicht nur mehrere Schritte und ihre jeweiligen Konsequenzen vorausgedacht werden, sondern auch die notwendigen Maßnahmen, die erforderlichen Mittel und die Wege zur zukünftigen Zielerreichung. Dabei wird auf externe Informations- und Erfahrungsquellen zurückgegriffen. Jedenfalls muss eine Entscheidung unter mehreren Möglichkeiten getroffen werden, um als Entscheidung erkennbar zu werden. Erst dann kann man davon ausgehen, dass eine gedankliche Vorwegnahme zukünftigen Handelns durch Abwägen verschiedener Handlungsalternativen vorgenommen wurde. Man könnte auch sagen, dass ein »Plan B« gedanklich vorbereitet werden muss, falls der ursprüngliche Plan nicht umgesetzt werden kann bzw. erwartete Ereignisse nicht oder anders eintreten. Aber wenn das Hauptziel A ohnedies erreicht würde, wird es schwierig festzustellen, ob ein Plan B gedanklich vorbereitet wurde. Und selbst wenn Plan A nicht zum Erfolg führt, könnte der Plan B erst dann entstehen. Ohne Befragung ist das alles also schwer überprüfbar.

Im Prinzip kann es auch ein einziger Schritt sein, der aus der Planung folgt, aber dann besteht die Gefahr, den Unterschied zum zielgerichteten Handeln zu verwischen. Anders als bei bloßem zielgerichteten Handeln ist bei der Planung nicht nur das Ziel und die Konsequenz von Handlungen, sondern auch eine zukünftige Situation gedanklich zu berücksichtigen. Das zeigt sich besonders dann, wenn ein Verhalten gezeigt wird, das nicht direkt zum Ziel führt (wir erinnern uns an die Mittel-zum-Zweck-Aktionen, zum Beispiel an das Heranziehen eines Brettes oder das Heraufziehen einer Schnur). Hier sind alle Aktionen direkt auf das Ziel gerichtet. Bei der Planung aber ist das anders. Wenn man erahnt, was in der Zukunft passieren oder welche Situation eintreten könnte, kann man bereits mit den »Vorarbeiten« beginnen. Diese Tätigkeiten würden sich klar von anderen Tätigkeiten unterscheiden, die in der aktuellen Situation sinnvoll wären, und im Idealfall sind es Tätigkeiten, die für einen außenstehenden Betrachter das Ziel gar nicht erkennen lassen.

Wolfgang Köhler hat in seinem Aufsatz »Zur Psychologie des Schimpansen«, der dem Buch »Intelligenzprüfungen an Menschenaffen« in der zweiten Auflage im Jahre 1921 als Anhang beigefügt wurde, bereits eine solche Vorbereitungshandlung als Hinweis auf echtes Planen beschrieben:

> Früher habe ich die Vermutung ausgesprochen, daß »die Zeit, in welcher der Schimpanse lebt«, nach rückwärts und vorwärts eng bemessen sei. Vor allem ist die Zahl derjenigen Beobachtungen gering, welche eine Berücksichtigung in Zukunft zu erwartender Situationen erkennen lassen, und es erscheint mir theoretisch wichtig, daß noch die deutlichste Rücksichtnahme auf Zukünftiges dann auftritt, wenn auch dieses Zukünftige eine »geplante« Handlung des Tieres selbst ist. In diesem Falle kann es wirklich zu länger dauernder Vorarbeit in eindeutigem Sinn kommen, so wenn Sultan geraume Zeit damit verbringt, ein Holzbrett an einem Ende so weit zuzuspitzen, daß es nachher in ein Rohr hineinpaßt und die geplante Doppelstocktechnik ausführbar wird. Wo eine solche Vorbereitung längere Zeit dauert, sicherlich um des Endzieles willen vorgenommen wird, aber selbst und für sich genommen keine anschauliche Annäherung an dieses Ziel bedeutet, sind Ansätze zu einem Leben mit wenigstens einiger Zukunft vorhanden [101, S. 195 f.].

Vorsichtig genug spricht Köhler von erkennbaren Ansätzen und gesteht die dadurch notwendige Revision seiner früheren pessimistischen Haltung ein. Aber er geht noch weiter und entwirft ein Szenario, das für die Untersuchung planvollen Handelns bei Schimpansen verwendet werden könnte. Er beschreibt dabei eine Situation, bei der ein Affe gezwungen wird, vorauszuplanen, wenn er bei einer späteren Gelegenheit das Ziel, ein begehrtes Futter, erreichen will.

> Ein Anthropoide, welcher Kisten oft zum Erreichen von Zielen gebraucht hat, wird in einem Raum gehalten, wo ihm Kisten zur Verfügung stehen, aber kein Ziel Gelegenheit gibt, sie zu verwenden. Seine Nahrung ist knapp bemessen, jedoch nach einer Weile wird er in einen anderen Raum gebracht, wo Futter genug zu erreichen wäre, wenn sich dort nur Kisten fänden. Der Rückweg in Raum 1 ist versperrt. [...] Hungrig muß das Tier nach einer Weile in den ersten Raum zurückkehren, später wird es abermals in den zweiten gelassen usw., bis möglicherweise eine Kiste im ersten Raum schon als Werkzeug für die Situation im zweiten angesehen, vor allem also mit hinübergeschleppt wird. (Es kommt jedoch nicht nur auf das grobe Faktum des Hinübernehmens an, sondern auf alles Verhalten Affe > Kiste in Raum 1, insbesondere darauf, wie das Hinübernehmen einsetzt.) So das Grundschema, dessen Ausgestaltung und Variation in der Praxis sich von selbst ergibt [101, S. 196f.].

Da Köhler zum Zeitpunkt des Schreibens nicht mehr auf Teneriffa war und das Experiment somit nicht mehr selbst durchführen konnte, blieb es lange Zeit bloße Theorie. Thomas Suddendorf [507] erweiterte es in seiner Masterarbeit schließlich zu einem Zwei-Räume-Szenario, bei dem auch die Entscheidung zwischen unterschiedlichen Motivationen eine Rolle spielt. Tulving [490] entwarf ein ebenfalls nichtsprachliches Modell, das er als »Löffel-Test« bezeichnete. Dabei träumt ein Mädchen vom

Besuch einer Geburtstagsparty. Es gibt Schokoladenpudding, den alle Kinder mit einem mitgebrachten Löffel verzehrten. Das Mädchen selbst hat keinen Löffel dabei und geht daher leer aus. Am nächsten Abend nimmt es einen Löffel mit ins Bett, um auf einen ähnlichen Fall vorbereitet zu sein. Tulving definiert dabei drei Kriterien für den Test. Einerseits soll das Verhalten nicht aus einem momentanen Bedürfnis entspringen oder von aktuellen physiologischen Bedürfnissen begleitet sein. Das Kind nimmt den Löffel nicht mit ins Bett, weil es gerade Hunger hat. Weiters sollen in der Planungsphase keine Reize aus der Umwelt die Planung hervorrufen oder leiten: Am Bett sollte kein Becher Schokopudding stehen. Und drittens soll das Verhalten ein zukünftiges Bedürfnis befriedigen. Der Löffel sollte ausschließlich für das Essen aus einem Becher dienen und beim Besteigen des Bettes keine andere Funktion haben. Der Löffel könnte ein Geschenk oder ein Andenken sein, etwas, was das Kind gerne ins Bett mitnimmt.

Autoren, die der möglichen Fähigkeit von Planung bei Tieren besonders kritisch gegenüberstehen, haben diesen Kriterien später noch weitere hinzugefügt. Bei den untersuchten Tieren sollte die Planung weder auf assoziativem Lernen noch auf angeborenen Reaktionen beruhen dürfen [508]. Daher sollten die Tiere mit Problemstellungen, bei denen unterschiedliche Lösungsstrategien gefordert waren, konfrontiert werden, sodass angeborene Verhaltensweisen ausgeschlossen werden konnten. Die Planhandlung sollte ferner in einem einzigen Akt sichtbar werden, um Lernen durch Versuch und Irrtum auszuschließen. Außerdem sollten die in die Zukunft gerichtete Handlung und ihre Konsequenz zeitlich und räumlich klar getrennt sein, um Lösungshinweise oder Langzeitgedächtnisstrategien zu vermeiden. Und schließlich sollte die Fähigkeit des Planens in verschiedenen Verhaltenskategorien – nicht nur bei der Futtersuche oder -beschaffung – möglich sein, damit eine gewisse Flexibilität und Verallgemeinerung erkennbar wird.

Das schwedische Autorenpaar Mathias und Helena Osvath von der Universität Lund (Schweden) hat zudem gefordert [489], die bei der Planung vorherrschende Motivation solle sich von jener bei der Zielerreichung unterscheiden. Es genügt nicht, dass der Trieb, nehmen wir zum Beispiel Hunger, nur in reduzierter Form auftritt – zum Beispiel könnte man fordern, dass das Tier bei der Planung nicht hungrig ist (eine Forderung, die allerdings auch etwa bei Menschen, die einkaufen gehen, nicht immer erfüllt ist). Die Osvaths gehen aber einen Schritt weiter und fordern, dass ein Motivkonflikt bei der Planung auftreten soll, weil gerade dieser den funktionellen Wert der Fähigkeit, vorauszudenken, unterstreicht [489]. Wenn die zukünftigen Belohnungen größer sind als die momentan erhältlichen, sollten die aktuellen zu Gunsten der zukünftigen unterdrückt werden. Dabei geht es – wie beim Marshmallow-Test – um Selbst- oder Hemmungskontrolle. Besser wäre es aber, wenn zwei starke Motive während der Zeit der Planung vorhanden wären und das Tier sich für jene Handlung entscheidet, welche die zukünftige Belohnung betrifft. Wir haben schon ein Experiment mit den Goffinkakadus erörtert, bei dem diese mit einer Reihe von Werkzeugwahlen und dazugehörigen Einsatzmöglichkeiten konfrontiert wurden [163]. Für die ökonomisch optimale Entscheidung mussten sie die Qualitäten von Futter, die Erreichbarkeit mit und ohne Werkzeug und die Wirksamkeit ihrer Mittel abwägen. Wir erfuhren, dass sie ein Werkzeug einer direkt verfügbaren Belohnung nur dann vorzogen, wenn das bevorzugte Futter in einer Apparatur steckte, die mit diesem Werkzeug geöffnet werden konnte. Der Wettstreit der Motive herrschte somit zwischen Nahrungsaufnahme mit frei verfügbarem Futter und Werkzeuggebrauch, vielleicht auch motiviert durch Manipulationsfreude. Jedenfalls wurde der höhere Arbeitsaufwand nur dann in Kauf genommen, wenn das Ziel lohnender war und mit den verfügbaren Mitteln erreicht werden konnte. Die Osvaths argumentieren, dass im Fall der Vorausschau auf einen zukünftigen motivationalen Zustand episodische

Elemente ins Spiel kommen. Sich zu überlegen, wie es sein wird, wenn man am nächsten Tag hungrig ist, erfordere, dass man selbst in der Vergangenheit erlebt hat, wie es ist, hungrig zu sein. Diese Erinnerungen an bereits früher erlebte Zustände ermöglichten es, den Zustand in die Zukunft zu projizieren. Semantisches Wissen genüge nicht, um einen aktuellen Trieb zu unterdrücken.

In der Literatur dominieren Experimente zur Fähigkeit der Planung, bei denen ein Bedürfnis in der Zukunft antizipiert werden muss, das aber beim Akt der Planhandlung nicht vorhanden ist, weil es gerade gestillt wurde. Diese sogenannten »Sättigungsexperimente« beruhen auf der Überlegung, dass die ausgeführten Handlungen dann nicht durch vorhandene Antriebe motiviert sein können, sondern einzig durch die Vorstellung des Bedürfnisses zu einem späteren Zeitpunkt [492, 509]. Doch dafür würde das generelle, semantische Gedächtnis genügen. Das »kalte« Wissen, dass man auf Wanderungen immer wieder durstig wird und dass es gut ist, sich entsprechend vorzubereiten, reicht als Motivation aus, die Trinkflasche zu füllen. Man muss sich nicht in den Zustand des Durstigseins versetzen. Daher schlagen die Osvaths eine Selbstkontroll-Prozedur vor. Anstatt einen durch einen Reiz ausgelösten Trieb zu unterdrücken und zu warten, erfordert diese, dass zwei Reize simultan vorhanden sind. Diese evozieren zwei unterschiedliche Triebe oder Bedürfnisse, zwischen denen sich das Individuum entscheiden muss. Anders als bei den Sättigungsexperimenten sind die Bedürfniszustände nicht reduziert oder fehlend, sondern induziert und vorhanden. Der Wettstreit zwischen den beiden vorhandenen Bedürfniszuständen öffnet die Möglichkeit, das der zukünftige Zustand mit einer episodischen Erfahrung verknüpft wird. Wenn die Vorerfahrung mancher Aspekte des zukünftigen Zustands die Motivation hervorruft, auf dessen Erreichung hinzuarbeiten, wäre das ein Beispiel für die Verbindung einer Erste-Person-Erfahrung mit dem zukünftigen Ereignis. Die Information über die Emotion bei einem aus der Erinnerung geholten Ereignis, das dem zukünftigen entspricht, definiert einen Schlüsselaspekt eines episodischen Vorausschau-Systems [491].

Mitte der 2000er Jahre erschienen die ersten Berichte über Planungsexperimente bei Tieren. Einerseits angespornt durch die immer noch weit verbreitete Meinung, nur der Mensch wäre zur Planung und Vorstellung zukünftiger Ereignisse fähig, und andererseits von Tulving [490] herausgefordert, seinen Löffeltest als Paradigma für den Nachweis von Planung zu verwenden, führten Call und ein Mitarbeiter einen Versuch mit fünf Bonobos und fünf Orang-Utans durch [510]. Alle Tiere lernten zunächst, mit einem bestimmten Werkzeug eine Kiste zu öffnen, um an das Futter im Inneren zu gelangen. Im ersten Experiment kamen jeweils drei Individuen der beiden Arten (die andern wurden erst in späteren Versuchen getestet) in den Testraum, wo die Kiste sichtbar, aber nicht zugänglich war. Dort befanden sich auch mehrere Werkzeuge, sechs untaugliche und zwei taugliche, die dem bekannten Werkzeug aus dem Vortraining ähnelten. Sie hatten fünf Minuten Zeit, ein Werkzeug zu wählen, und wurden dann in einen anderen Raum gescheucht. In diesem Warteraum mussten sie eine Stunde ausharren, bevor sie wieder in den ersten Raum zurückdurften. Dort war die Kiste nun zugänglich, aber es waren keine Werkzeuge mehr vorhanden. Wie das Mädchen mit dem Löffel sollten sie das richtige Werkzeug in den Warteraum mitgenommen und dann in den Testraum zurückgebracht haben, um nun die Kiste damit öffnen zu können. Dieses augenscheinlich planvolle Verhalten zeigten die Tiere in überzufälliger Häufigkeit (70 Prozent). In einem zweiten Experiment wurde die Wartezeit drastisch verlängert. Nun durften die beiden erfolgreichsten Tiere des ersten Experiments, je ein Bonobo (Kuno) und ein Orang-Utan (Dokana), erst am Morgen des nächsten Tages in den Testraum zurück, nachdem sie die Nacht in ihrem Schlafraum verbracht hatten. Auch diese Aufgabe meisterten die beiden Tiere erfolgreich. Zwar nahmen sie im ersten Versuch kein Werkzeug mit, aber danach fast immer. Ein weiteres Experiment überprüfte, ob die Tiere auch dann Werkzeuge mitnehmen würden, wenn die Kiste während der Auswahl der Werkzeuge keine Nahrung enthielt oder gar nicht vorhanden war. Damit sollte überprüft werden, ob die Tiere in den früheren Tests die Werkzeuge nur mit sich nahmen, um ihren momentanen Hunger zu stillen. Doch auch diese Aufgabe lösten die Tiere, wenn auch nicht mehr so eindrucksvoll. Schließlich wurde mit neuen Tieren überprüft, ob die Affen in den früheren Tests tatsächlich eine Verbindung zwischen einem Werkzeug und dessen späterer Funktion zur Lösung einer Werkzeugaufgabe herstellten. Diese Tiere wurden für das Mitnehmen und Zurückbringen des richtigen Werkzeugs mit einem Leckerbissen belohnt, ähnlich wie eine Taube in der Skinnerbox für das willkürliche Picken einer Scheibe, aber nach der Rückkehr war gar keine Kiste mehr vorhanden, das Werkzeug hatte also gar keinen Funktionswert. Hatten die Tiere vielleicht nur gelernt, dass das Mitnehmen des Werkzeugs, das bei der Auswahl zur vorhandenen Apparatur passte, belohnt werden würde? Anders gesagt: Hatten sie dieses Verhalten nur assoziativ gelernt, als eine Verbindung, die sozusagen blind durch Verstärkung entsteht (»Nimm Werkzeug A mit, wenn du Kiste A siehst!«), nicht aber vorausschauend und im Wissen um den funktionellen Wert des Gegenstandes als eines Werkzeugs zur Ausübung einer späteren Handlung? Tatsächlich konnten diese Tiere mit jenen im dritten Experiment nicht mithalten, womit die Vermutung bestätigt wurde, dass die Affen die Werkzeuge für den späteren Einsatz ausgewählt und mitgenommen hatten, nicht aber bloß für eine willkürliche Belohnung.

Ein ähnliches Experiment mit Schimpansen und Orang-Utans, durchgeführt vom Ehepaar Osvath, brachte stärkere Daten in Bezug auf Planhandlungen von Menschenaffen, weil dabei auch Kontrollen für den Motivationszustand der Tiere eingeführt wurden [489]. Zunächst bekamen die Tiere einmal die Gelegenheit, aus einer Apparatur mithilfe eines Strohhalms Fruchtsaft zu saugen. Dann mussten sie in einem anderen Raum aus einem Angebot von vier bekannten Werkzeugen eines wählen, darunter war der Strohhalm. Den gewählten Gegenstand konnten sie dann in einen Bereich mitnehmen, wo sie mit den anderen Tieren der Gruppe zusammen waren. Nach siebzig Minuten wurden sie wieder in den Testraum gelassen, wo die Apparatur zwischenzeitlich installiert wurde. Nur mit dem mitgebrachten Strohhalm konnten sie sich am Fruchtsaft delektieren. Anders als in der Studie von Mulcahy und Call [510] gelang ihnen die Wahl des richtigen Gegenstandes (des Strohhalms) fast fehlerlos und auch die Rate des Behaltens und Zurückbringens war hoch. In einem zweiten Experiment wurde überprüft, ob die Tiere eine aktuelle Motivation zu Gunsten des späteren Werkzeugeinsatzes, der zu einer größeren Belohnung führte, unterdrücken würden. Die Prozedur des ersten Experiments blieb identisch, allerdings wurde neben den Gegenständen nun auch eine beliebte Frucht, eine Weintraube, angeboten. Die Tiere ließen sich davon allerdings wenig beeindrucken und wählten deutlich häufiger den Strohhalm. Ein drittes Experiment überprüfte, ob die Planhandlungen nicht doch auf gelernten Assoziationen beruhten. Der Strohhalm könnte durch seinen häufigen früheren erfolgreichen Einsatz einen positiven Wert bekommen haben, der seine bevorzugte Wahl gegenüber der Weintraube erklären würde. Daher boten die Experimentatoren den Tieren, wenn sie aus dem Angebot der Gegenstände den Strohhalm gewählt hatten, danach wieder dieselben Gegenstände und die Weintraube. Die Tiere wählten nun ausnahmslos die Weintraube und nicht noch einmal das gleiche Werkzeug, das sie ja schon besaßen, um die zukünftige Aufgabe zu lösen. Das vierte Experiment überprüfte das Verhalten gegenüber einem ganz neuen Gegenstand, der als Werkzeug verwendet werden konnte. Dieser wurde gleichzeitig mit anderen Gegenständen angeboten, die teilweise dem bekannten Strohhalm aus den früheren Experimenten ähnelten, aber untauglich waren. Dieser Versuch wurde mehrmals wiederholt, wobei immer wieder neue Kombinationen aus neuen tauglichen und vertrauten untauglichen Gegenständen eingesetzt wurden. Die Tiere ließen sich abermals nicht täuschen und wählten statistisch signifikant häufiger das jeweils taugliche Werkzeug. Somit hätten sie den Autoren die Daten geliefert, die diese zur Schlussfolgerung bewog, Menschenaffen würden die Fähigkeit zur episodischen Voraussicht aufweisen.

Wie schon erwähnt, ist ein Einwand gegen die zuvor beschriebenen Experimente, dass die Planhandlungen, so sie überhaupt solche sind, nur in dem engen Kontext des Werkzeuggebrauchs gezeigt werden. Tatsächlich waren Versuche mit Schimpansen zur Planung sozialer Episoden deutlich weniger erfolgreich [511]. Die Tiere mussten dabei Tauschobjekte wählen und aufbewahren, um sie später gegen Leckerbissen einzutauschen. Nicht nur zeigten diese Tiere insgesamt sehr bescheidene Leistungen, sie waren auch deutlich besser, wenn sie in einem Werkzeugversuch nach dem Vorbild der Studie von Mulcahy und Call getestet wurden. Diese Studie muss allerdings mit Vorsicht genossen werden, da sie einerseits bestimmte methodische Probleme aufwies, vor allem eine starke Abhängigkeit vom vorausgegangenen Training, und da andererseits eine ähnlichen Studie zu deutlich besseren Ergebnissen kam [160]. Schließlich konnten die Schimpansen in weiteren Studien sogar zeigen, dass sie zu Planung im Rahmen von Auseinandersetzungen und sogar zu Täuschungsmanövern imstande sind [512, 513].

Ein anderer, oft gemachter Einwand bezieht sich auf die Künstlichkeit der Laborexperimente. Gibt es irgendwelche Hinweise, dass Tiere Handlungen planen, wenn sie nicht von Experimentatoren dazu ermutigt werden? Tun sie das auch spontan? Die Antwort darauf ist von enormer Bedeutung für die Evolution der Fähigkeit von Voraussicht und Planung, weil man nur dann versteht oder zumindest erahnen kann, warum diese Fähigkeit entstanden ist, wofür sie nützlich war. Bis vor rund einem Jahrzehnt gab es nur sehr spärliche Hinweise darauf, die auch nur unter Vorbehalt erwähnt wurden. Erst ein Schimpanse in einem schwedischen Zoo änderte das Bild.

Drei Jahre nachdem dieses Männchen mit dem Namen Santino die dominante Stellung in der dortigen Gruppe eingenommen hatte, begann es, Steine auf Besucher zu werfen [512]. Dieses feindselige Verhalten ist an sich nicht ungewöhnlich; es wird immer wieder beobachtet, dass dominante Tiere dieses Verhalten zeigen, offenbar, um ihre Stellung in der Gruppe zu festigen oder sogar zu steigern. Schimpansen in Zoos zeigen das Verhalten gegenüber Besuchern aber wahrscheinlich nicht, weil sie ihnen gegenüber ihren Rang behaupten müssen, sondern weil dieses Verhalten ihre Stellung in der Schimpansengruppe festigt. Dass Zoobetreiber daran keine Freude haben, versteht sich von selbst. Daher versuchten die Wärter, alle Steine aus dem Freigelände zu entfernen, woraufhin der Schimpanse begann, sich Steine aus dem Wassergraben, der das Freigelände umgibt, zu holen. Diese sammelte er zeitig am Morgen, noch bevor der Zoo öffnete, und stapelte sie zu kleinen Haufen am Rande des Wassergrabens, der sein Gelände von den Besuchern trennte. Stunden später verwendete er sie als Wurfgeschosse. Als ihm auch diese Steine ausgingen, brach er Splitter von einem künstlichen Felsen im Freigelände ab. Der Beton, welcher zum Bau des künstlichen Felsen verwendet worden war, begann durch das Auffrieren von eingedrungenem Wasser lose zu werden. Dies nutzte der Schimpanse aus, indem er zunächst hohle Stellen durch vorsichtiges Klopfen aufspürte und dann dort mit starken, gezielten Schlägen Splitter und Scheiben abschlug.

Zwei Merkmale dieses Verhaltens sind Indikatoren für eine planende Vorgehensweise [512]. Einerseits geschah das Sammeln der Steine und das Absplittern von Betonscheiben mit ruhigem Gemüt, deutlich verschieden von dem aggressiven und emotional aufgeladenen Zustand während des Werfens. Damit ist ein wichtiges Kriterium des Planens erfüllt, dass sich nämlich die bei der Planung vorherrschende Motivation von jener bei der Zielerreichung unterscheidet. Auch das zweite Kriterium, eine deutliche zeitliche und räumliche Trennung zwischen der vorbereitenden

Handlung und der Zielhandlung, wurde erfüllt. Das Werfen der Projektile geschah Stunden nach der Sammlung und zumindest die Herstellung geschah an einem anderen Ort. Und schließlich wurde weder das Sammeln noch das Abschlagen der Betonsplitter durch äußere Reize beeinflusst oder gar induziert, denn zu diesem Zeitpunkt waren die Zuschauer noch nicht im Zoo. Die gesamte Abfolge vom Erzeugen von Wurfgeschossen über das Sammeln und Vorbereiten bis zum Werfen entspricht einer idealtypischen Planhandlung und widerlegt die Bischof-Köhler-Hypothese eindrucksvoll. Da das Sammeln der Geschosse über 50-mal und das Absplittern der Betonscheiben 18-mal beobachtet und dokumentiert wurde, kann das Phänomen als gesichert und dem bloß Anekdotischen entzogen gelten. Weder wurde dieses Verhalten in einem anderen Kontext als im Zuge des Werfens beobachtet noch geschah es außerhalb der Besuchszeiten und -saison. Auch die Position der Sammelstellen spricht dafür, dass diese Handlungen nur und genau zum Zwecke des späteren Werfens ausgeführt wurden.

Gewiss können die Beobachtungen und Analysen des Verhaltens von Santino nicht erklären, wie das Sammeln der Steine ursprünglich entstanden ist. 2010 wurden jedoch bis dato unbeobachtete Verhaltensweisen dokumentiert, die sowohl Täuschung als auch Neuerung in Bezug auf die Projektilplanung des Schimpansen umfassen [513]: Santino begann damit, seine Sammlungen von Wurfgeschossen zu verheimlichen und die Tierpfleger zu täuschen. Einerseits machte er Heuhaufen, die den Steinhaufen ähnelten, andererseits versteckte er die Steine unter solchen Heuhaufen. Darüber hinaus schien der Schimpanse konsequent zwei irreführende Strategien zu kombinieren: das Verstecken von Geschossen und das Unterdrücken des Dominanzverhaltens. Die Schaffung zukunftsweisender Verheimlichungen deutet darauf hin, dass sich Schimpansen das Verhalten anderer – in diesem Fall der Tierpfleger und Zoowärter – vorstellen können, während diese (noch) nicht anwesend sind. Dabei ergreifen sie Maßnahmen in Bezug auf deren potenziell zukünftiges Verhalten. Besonders interessant im Vergleich zu den bisherigen Studien über die Planung bei Tieren ist, dass das Verhalten des Schimpansen ein zukünftiges Ereignis hervorrief, anstatt sich nur auf ein Ereignis zu beziehen, das in der Vergangenheit zuverlässig aufgetreten war. Diese Ergebnisse deuten darauf hin, dass der Schimpanse episodische Erinnerungen in Wahrnehmungssimulationen rekombinierte.

Der Akt des Sammelns zum späteren Gebrauch ist nicht unbekannt. Das Sammeln und Verstecken von Futter im Herbst für den Verzehr im nahrungsarmen Winter ist ein Markenzeichen vieler Futter hortender Tiere, wie Eichelhäher oder Eichhörnchen. Doch stellt dieses überlebenswichtige Verhalten, das von allen Individuen der jeweiligen Arten gezeigt wird, ein angeborenes, über Millionen von Jahren evolviertes Verhalten dar, bei dem Absicht und Willkür – nach allem, was wir momentan wissen – fehlen. Das Sammeln von Nüssen in Bäumen, um später am Boden durch Aufschlagen mit Steinen an das nahrhafte Innere zu gelangen, ist hingegen mit ziemlicher Sicherheit in die Kategorie der Planhandlung einzuordnen. Steine und Nüsse werden nicht nur von Schimpansen, sondern auch von Kapuzineraffen gesammelt und an geeignete Stellen gebracht, wo später die Zielhandlung erfolgt [514].

Mit großer Wahrscheinlichkeit sind die Affen während des Sammelns der Nüsse in den Bäumen bereits hungrig, womit die Trennung der Motivationen der vorbereitenden und der abschließenden Handlungen nicht gegeben ist. Würden Tiere aber auch Gegenstände für den Nahrungserwerb sammeln und aufbewahren, wenn sie bereits gesättigt sind? Dazu wurde ein Orang-Utan im Zoo getestet, nachdem er eine Menge Saft zu sich nahm, die zuvor als ausreichend für seine Sättigung bestimmt wurde [504]. Ein mit Saft gefüllter Karton wurde außerhalb des Gitters in einem anderen Gehege platziert. Danach wurde ein Stück Schlauch in seinem Gehege versteckt, den er durch Zufall fand. Eineinhalb

Stunden später wurde er in das Gehege gelassen, wo er den Saftkarton durch das Gitter mit dem Schlauch hätte erreichen können. Zu diesem Zeitpunkt hatte er aber seinen Schlauch schon zerlegt und für das Extrahieren des Saftes untauglich gemacht. Beim zweiten Versuch am nächsten Tag ging er überlegter ans Werk. Nachdem er wiederum einen Schlauch gefunden hatte, wartete er, bis der Karton mit Saft erreichbar war, und nutzte dann sein Werkzeug. Dieses behielt er im Anschluss für volle drei Tage, auch während der Nacht, bei sich. Leider tat er das erst, nachdem er es einmal zerstört und danach schmerzlich seinen Mangel festgestellt hatte. Der Schlauch wurde dadurch ein begehrter Gegenstand. Es wäre insofern günstig gewesen, in einer Kontrollsituation den Schlauch und danach Nahrungsquellen, die mit anderen Werkzeugen erschließbar sind, anzubieten. Genau mit diesen Kontrollen wurde in den Laborversuchen mit Schimpansen und Orang-Utans ein bloß assoziatives Erlernen erfolgreicher Handlungsketten ausgeschlossen [489, 510].

Wir hatten uns gefragt, ob es gute Hinweise darauf gibt, dass Tiere Handlungen planen, wenn sie nicht von Experimentatoren dazu ermutigt oder sogar gezwungen werden. Die bisherigen Beispiele dafür stammen allesamt aus Zoos, also von Tieren, die meist intensiven und jahrelangen Kontakt mit Menschen hatten und viele von Menschen gestellte oder beeinflusste Aufgaben gelöst hatten. Eine zusätzliche Schwierigkeit für Tiere ist der Entscheidungsdruck, besonders bei binären Aufgaben. Wenn sie per Zufall durchschnittlich in der Hälfte der Fälle Erfolg haben, könnte das durchaus befriedigend sein und eine Steigerung der Erfolgsquote durch Nachdenken obsolet werden lassen. Genau das könnte eine mögliche Erklärung für den »Misserfolg« von Schimpansen in der »Zwei-Röhren«-Aufgabe sein. Schimpansen wurden – zusammen mit Kindern von zwei bis vier Jahren – mit einer Aufgabe konfrontiert, bei der eine Belohnung unvorhersehbar aus einer von zwei Röhren herauskam [515-517]. Die vierjährigen Kinder hielten die Hände sofort und immer wieder unter beide Öffnungen. Sie waren demnach in der Lage, sich auf zwei einander ausschließende Versionen eines bevorstehenden Ereignisses vorzubereiten. Die zweijährigen Kinder, einige dreijährige Kinder und alle Schimpansen hielten ihre Hände jedoch nur unter eine Röhre und hatten daher nur in der Hälfte der Fälle Erfolg. Während manche der Kinder im Lauf der Zeit die richtige Strategie lernten und mit beiden Händen den Erfolg maximierten, taten das die Schimpansen nie. Ist damit bewiesen, dass nur Menschen höhere Formen von Voraussicht entwickeln können, insbesondere einen der grundsätzlichsten Aspekte des Nachsinnens über die Zukunft, nämlich die Erkenntnis, dass sie unsicher ist? Besitzen nur wir die Fähigkeit, uns auf verschiedene Möglichkeiten vorzubereiten und Alternativpläne zu schmieden?

Gibt es keine Beispiele aus der Wildnis, von Tieren, die natürliche, für sie und ihr Überleben wichtige Probleme lösen und dabei zukunftsorientierte Entscheidungen treffen? Doch. Ein gutes Beispiel wurde wiederum ausgerechnet von Schimpansen geliefert. An der westafrikanischen Elfenbeinküste wurden fünf erwachsene Weibchen über zwei Jahre hindurch während der nahrungsarmen Zeit beobachtet, um herauszufinden, nach welchem Muster sie Bäume mit schneller oder langsamer verderblichen Früchten sie aufsuchen [518]. Manche Früchte, wie etwa Feigen, sind nur für sehr kurze Zeit reif und sind auch bei vielen anderen Waldbewohnern begehrt. Daher muss man früh genug am Tag dort sein, während man bei jenen Bäumen, die Früchte mit langer Reifedauer tragen, auch später eintreffen kann. Tatsächlich verließen die Weibchen ihre Schlafnester früher – oft schon vor Sonnenaufgang, wenn es im Wald noch dunkel war –, wenn sie zu Bäumen aufbrachen, die schnell verderbliche Früchte trugen, und besonders, wenn diese weiter weg waren. Darüber hinaus bauten die Weibchen auch ihre Schlafnester eher näher bei diesen Bäumen. Andere Erklärungen für diesen Unterschied, wie etwa die Temperatur am Morgen, konnten ausgeschlossen werden. Offenbar planen wilde Schimpansen die Zeit, die Nahrung und den

Ort für ihr Frühstück flexibel, wobei sie verschiedene Informationen berücksichtigen. Die Funktion und der Nutzen dieser vorausschauenden Handlungen liegt auf der Hand. Mit dem frühen Zugang zu nahrhaften Lebensmitteln können die Auswirkungen saisonaler Nahrungsengpässe und des gleichzeitig verstärkten zwischenartlichen Wettbewerbs abgefedert werden.

Semantische Prospektion

Im bisherigen Abschnitt über Planhandlungen bei Tieren wurden ausschließlich Menschenaffen in den Blick genommen, welche die Forschung zu diesem Thema dominieren. Diese Primatozentrik wurde wiederum zunächst von Rabenvögeln durchbrochen. Westliche Buschhäher haben bereits gezeigt, dass sie zu episodischen oder episodisch-ähnlichen Gedächtnisleistungen fähig sind [519-522]. Wenn es stimmt, dass die Zukunftsplanung eng mit diesem episodischen System zusammenhängt, sollten diese Tiere auch zu Planungen in die Zukunft fähig sein. Vor dem Hintergrund dieser Überlegung planten Nicola Clayton und ihr Team von der University of Cambridge (GB) das sogenannte »Frühstücksraum-Experiment« [523]. Die Buschhäher bekamen die Gelegenheit zur Planung des Versteckens von Futter. Wie viele andere Häher verstecken sie Futter als Vorrat für nahrungsärmere Zeiten. Aber wie viel Überlegung und Voraussicht ist dabei im Spiel?

Zunächst wurden die Tiere mit zwei Käfigabteilen vertraut gemacht. In einem davon gab es am Morgen nach einer Nacht ohne Futter immer Pinienkerne in Pulverform als Futter, das sie essen, aber nicht verstecken konnten. Das war also der Frühstücksraum. Im anderen Abteil bekamen sie nach einer Nacht ohne Futter nie etwas. Nach diesem Training wurden den Tieren in einem dritten, mittleren Abteil am Abend Pinienkerne, die sie verstecken konnten, angeboten. Dabei konnten sie eines der beiden aus dem Training bekannten Abteile wählen, denn in beiden gab es mit Sand gefüllte Eiswürfelbehälter, die sie schon in früheren Experimenten für das Eingraben der Kerne benutzt hatten. Die Hypothese war nun, dass sie – falls sie mit Voraussicht handeln konnten – das Futter im Abteil verstecken würden, in dem es kein Frühstück gab. Genau das taten sie, zwar nicht ausschließlich, aber statistisch signifikant häufiger, als Verstecke im Frühstücksraum anzulegen.

Nun lag allerdings der Einwand nah, dass die Tiere einfach eine Präferenz haben, Verstecke da anzulegen, wo sie hungrig sind. Als Regel oder Präferenz wäre das ein semantisches Wissen oder eine Gepflogenheit, sie müssten dafür keine spezifische, subjektive Erinnerung einbringen und müssten nicht vorausplanen und überlegen, was sie am nächsten Morgen an welchen Orten erwarten würde, sondern nur die Räume mit Hunger assoziieren. Um diesem Einwand zu begegnen und nachzuweisen, dass die Vögel nicht nur Vorkehrungen für ein zukünftiges Bedürfnis treffen, indem sie bevorzugt Nahrung an einem Ort ablegen, von dem sie gelernt haben, dass sie am nächsten Morgen dort nichts vorfinden werden – und somit hungrig bleiben –, sondern auch ein bestimmtes Futter an einem Ort aufbewahren, an dem dieses am nächsten Morgen nicht verfügbar sein wird, führten die Forscherinnen um Clayton ein zweites Experiment durch [523]. Die Logik des Experiments fußt auf der Annahme, dass die Häher beim Frühstück lieber eine Wahl zwischen verschiedenen Futtersorten haben wollen, als sich nur mit einer einzigen begnügen zu müssen. Diese Annahme basiert auf dem Befund, dass die Häher, wenn sie die Wahl zwischen zwei Futtersorten haben, die sie fressen (oder lagern) können, bevorzugt jene Futtersorte fressen (und lagern), die sich von der unterscheidet, die ihnen gerade vorgesetzt wurde [524]. Daher bekamen die Buschhäher nun in beiden Räumen Frühstück, aber jeweils unterschiedliches: Hundefutter in einem, Erdnüsse im anderen. Mit dieser neuen Erfahrung sollten sie nur dann ökonomisch umgehen können, wenn sie Überlegungen hinsichtlich der Zukunft anstellen können. Wenn sie zum Frühstück ihre Wahlfreiheit behalten wollen, sollten sie am Vorabend im Abteil mit Hundefutter eher Erdnüsse verstecken und umgekehrt. Wiederum bestätigten die Häher diese Hypothese mit ihren Handlungen. Die Autoren schlossen daraus, dass die Vögel zum Zeitpunkt des Versteckens an den nächsten Morgen denken und strategisch sowie planvoll handeln.

Eine weitere Studie des Teams von Clayton sollte klären, ob die Tiere auch ein anderes Kriterium für planvolles Handeln erfüllen [509]. Könnten sie die Motivation beziehungsweise das Bedürfnis zum Zeitpunkt der Vorbereitungshandlung – hier Futter verstecken – zu Gunsten des zukünftigen Bedürfnisses, jenes, das zum Zeitpunkt der Zielhandlung – hier Verstecke ausheben – auftritt, unterdrücken? Häher verstecken vorwiegend jenes Futter, das sie lange nicht gefunden haben und entbehren mussten, solches, das somit besonders begehrenswert ist. Um die Hypothese zu überprüfen, dass sie ihre Handlungen nach dem zukünftigen Bedürfnis ausrichten, bekamen die Häher genügend Futter der Sorte A, bevor sie Futter von zwei Sorten, A und B, verstecken durften. Sie waren zu diesem Zeitpunkt mit Futter A gesättigt und sollten daher – entsprechend unserer oben beschriebenen Wahlfreiheitshypothese – eher Futter B verstecken. (Da sie zu diesem Zeitpunkt keinen Hunger hatten, würden sie dieses auch nicht gleich verzehren. Das wurde in einem Vortest überprüft und bestätigt.) Vor dem eigentlichen Test bekamen die Häher noch ein Training: Bevor sie ihr früher angelegtes Futterversteck ausheben durften, wurden sie immer mit Futter der anderen Sorte, in unserem Beispiel also der Sorte B gefüttert. Mit diesem Wissen sollten die Häher Futter A im Test verstecken, denn dann hätten sie nach dem Ausheben von Futter B beide Sorten zur Verfügung. Mit diesem ausgeklügelten Arrangement brachten die Forscherinnen die Häher in eine Konfliktsituation, genauer gesagt in einen Wettstreit der Motive. Was würden die Häher verstecken: das andere Futter, das aus ihrer momentanen Sättigung heraus ökonomisch gesehen besser wäre, oder das gleiche Futter, das zum Zeitpunkt des zukünftigen Aushebens des Verstecks begehrter ist? Wir hätten von diesem Experiment nichts erfahren, wenn die Häher nicht auch diesmal das Verhalten gezeigt hätten, das der Hypothese des vorausschauenden Handelns entspricht. Obwohl sie gerade Futter A bekommen hatten, versteckten sie mehrheitlich gerade dieses – ganz entgegen ihrer natürlichen Präferenz. Im Sinne eines ausgeklügelten Experimentdesigns variierten die Forscher die Futtersorten für das Verstecken und das Wiederfinden und ebenso, ob bei diesen beiden Aktionen dasselbe Futter oder – wie gerade beschrieben – verschiedene Futtersorten im Spiel waren. Mit den diversen Kontrollen konnte das Ergebnis und demzufolge die Hypothese des vorausschauenden Handelns bestätigt werden.

So beeindruckend die Ergebnisse der Buschhäher auch waren, sie riefen wiederum die Standardkritik hervor, dass dieses eindrucksvolle Verhalten auf den Kontext des Futterversteckens beschränkt sei und man daher nicht wissen könne, ob die Vögel auch abseits davon planen und strategisch handeln können. Menschliches Planen sei flexibel und kontextunabhängig, von der Planung einer Grillparty bis hin zur Erstellung von Berufsplänen. Das Verhalten der Buschhäher jedoch, so bemerkenswert es sei, entspreche eher einem Laserstrahl, gebündelt und mit einem ganz engen Fokus auf dem Futterverstecken und -wiederfinden [525]. Diesem sehr berechtigten Einwand begegneten die schwedischen Forscher Can Kabadayi und Mathias Osvath in einem kürzlich veröffentlichten Experiment mit Kolkraben [526]. Sie konnten dabei zeigen, dass die Tiere Ereignisse planen, die nichts mit der Nutzung von Futterverstecken, sondern mit dem Werkzeuggebrauch und Tauschhandel zu tun haben. Wie gingen die beiden Forscher dabei vor?

In insgesamt vier Experimenten testeten sie dieselben fünf Raben hinsichtlich ihrer Fähigkeit, in unterschiedlichen Bereichen zu planen. Jedes Experiment enthielt zwei Aufgaben, für die Raben keine angeborenen Verhaltensdispositionen haben: eine technische (Werkzeuggebrauch) und eine soziale (Tauschhandel mit Menschen). Raben sind keine gewohnheitsmäßigen Werkzeugverwender, und Tauschhandel wurde in der Wildnis nie beobachtet. Im ersten Experiment prüften die Forscher, ob Raben entweder ein Werkzeug zum sofortigen Gebrauch oder ein Tauschobjekt für den späteren Gebrauch auswählen würden. Der zweite Gegenstand, ein Flaschenverschluss, erlangte seine Wirksamkeit als Tauschobjekt erst 15 Minuten nach der Auswahl und noch dazu an einem anderen Ort.

In der Werkzeug-Aufgabe erhielten die Raben fünf Trainingseinheiten, um die Funktionalität eines Werkzeugs (ein Stein einer bestimmten Größe) an einer schachtelförmigen Apparatur durch eine Belohnung zu erlernen. Anschließend hatten sie die Möglichkeit zu erfahren, dass andere Objekte, die später als Ablenkungen dienten, die Apparatur nicht öffneten. Am nächsten Tag durften sie eine Weile mit der mit Futter gefüllten Schachtel verbringen, hatten dabei aber kein Werkzeug zur Verfügung. Dies diente dazu, einen möglichen Anreiz für eine spätere Planung zu schaffen. Danach wurde die Schachtel in Anwesenheit des Raben entfernt. Eine Stunde später wurde den Raben, die natürlich immer einzeln getestet wurden, an einem anderen Ort ein Tablett mit dem tauglichen Werkzeug und drei untauglichen Gegenständen angeboten. Nachdem sie gewählt hatten, mussten sie 15 Minuten warten, bevor die Schachtel vor ihren Augen installiert wurde. Wenn sie den (richtigen) Stein gewählt hatten, konnten sie die Schachtel öffnen und die Belohnung erhalten. Dieser Test wurde 14 Mal wiederholt, aber nur beim ersten Test wurde den Raben die gefüllte Schachtel vorweg gezeigt, damit sie sehen konnten, wofür der Stein nützlich war.

Bei der Tauschhandel-Aufgabe erhielten die Vögel zunächst 35 Trainingseinheiten, damit sie lernten, dass ein Gegenstand gegen einen Leckerbissen eingetauscht werden konnte. Der Tauschpartner war einer der beiden Forscher, der nach dem Gegenstand fragte und bei Erhalt im Gegenzug den Leckerbissen reichte. Um einen Planungsanreiz zu schaffen, wurden die Raben einem anderen Forscher ausgesetzt, der das Tauschobjekt wollte, wenn sie es gerade nicht besaßen. (Denn sie sollten die Erfahrung machen, dass es Zeiten gibt, wo sie etwas brauchen, aber gerade nicht besitzen.) Daher sollten sie schlussfolgern, dass sie entsprechende Vorkehrungen treffen sollten, nämlich, möglicherweise in der Zukunft benötigte Sachen aufzubewahren. Wie beim Werkzeugtest durften die Raben eine Stunde später an einem anderen Ort von einem Tablett, das von einer neuen Person angeboten wurde, das Tauschobjekt oder einen von drei anderen, ablenkenden Gegenständen wählen. Aber anders als beim Werkzeugtest durften sie von drei Tabletts hintereinander wählen (um diese Studie mit einigen Studien an Menschenaffen vergleichbar zu machen), womit sie bis zu drei Tauschobjekte sammeln und später verwenden konnten. Wiederum erfolgte der Test – insgesamt waren es zwölf – 15 Minuten später an einem anderen Ort.

Die Ergebnisse zeigten allesamt beeindruckende Leistungen der Raben. Sie hatten das richtige Werkzeug im Durchschnitt in 86 Prozent der Fälle und ein Tauschobjekt im Durchschnitt in 91 Prozent der Fälle zur Verfügung. Mehr noch, sie wählten und sammelten 143 von 144 angebotenen Tauschobjekten. Besonders eindrucksvoll und wichtig für die Interpretation der Ergebnisse ist, dass alle Tiere im ersten Versuch erfolgreich waren. Im zweiten Experiment dehnten die Forscher die Zeit zwischen der Wahl und dem Einsatz des Gegenstandes in beiden Bedingungen auf 17 Stunden aus. In jeweils sechs Tests waren die Tiere mindestens fünf Mal erfolgreich und erzielten wieder Erfolgsraten von 90 Prozent und mehr.

Danach testeten die Forscher die Fähigkeit der Planung mit Selbstkontrolle. Würden die Tiere eine unmittelbare, wertvolle Belohnung zu Gunsten eines Gegenstands ignorieren, der ihnen später Zugang zu einer noch wertvolleren Belohnung geben würde? In zehn Kontrollversuchen, bei denen die Tiere auf dem Tablett nur ein Futterstück präsentiert bekamen, nahmen sie dieses, ohne zu zögern. Als sie das Futterstück in weiteren 14 Versuchen pro Bedingung – entweder zusammen mit einem funktionierenden Werkzeug oder einem Tauschobjekt und jeweils einigen Ablenkungen – präsentiert bekamen, wählten sie in drei Vierteln der Fälle den Gegenstand für den späteren Gebrauch und nur in einem Viertel der Fälle das Futterstück. Im vierten und letzten Experiment überprüften die Forscher die Hypothese, dass die Häufigkeit, mit der die Tiere den funktionalen Gegenstand der unmittelbaren Futterbelohnung vorziehen, noch gesteigert werden kann, wenn sie darauf weniger lange warten müssen. Denn je näher die größere Belohnung zum Zeitpunkt des Erhalts der kleineren Belohnung kommt, desto eher sollten sie bereit sein, die Verzögerung zu akzeptieren. Sollte hingegen der Gegenstand, sei es das Werkzeug oder der Tauschgegenstand, einen inneren Wert haben, zum Beispiel, weil er oft genug eine große Belohnung ermöglichte, dann würde er unabhängig von diesen Verzögerungsvariationen gewählt werden und es gäbe keinen Unterschied zum dritten Experiment. Die Raben verhielten sich so, wie es die Forscher vorhergesagt hatten, denn sie zogen bei der verkürzten Verzögerung in allen Fällen die Gegenstände der unmittelbaren Belohnung vor. Man könnte sagen, sie berücksichtigten die zeitliche Distanz zu zukünftigen Ereignissen.

Es ist nicht überraschend, dass auch diese Ergebnisse zu Widerspruch anregten. Die Vögel, so der erste Einwand, seien vorab mit Belohnungen darauf trainiert worden, ein richtiges Werkzeug und einen Tauschgegenstand den Ablenkungsgegenständen vorzuziehen [527]. Im Test wählten sie diese Gegenstände bereits im ersten Anlauf, allerdings ohne das Wissen, ob sie später eine Belohnung dafür erhalten würden. Somit scheint die Wahl bloß auf gelernte Assoziationen aus dem Training zurückführbar zu sein. Als Kontrollversuch müsste man daher entweder auch die Ablenkungsgegenstände belohnen oder die Apparatur vor den Augen der Vögel zerstören, sodass die Werkzeuge unbrauchbar wären. Ihre Flexibilität könnte man testen, indem man dieselben

Gegenstände in einem zukünftigen Kontext brauchbar und in einem anderen unbrauchbar macht. Und die Tatsache, dass sie im vierten Experiment, bei dem das Zukunftsereignis früher eintrat, das funktionale Werkzeug noch öfter wählten als im dritten Experiment, sei auf einen Folgeeffekt – die Tiere haben einfach aus dem vorhergegangenen Experiment gelernt – zurückführbar. Besser wäre es, entweder eine Kontrollgruppe zu haben, bei welcher der kürzere Zeitabstand des vierten vor dem längeren des dritten Experiments getestet wird, oder die Raben beide Zeitabstände alternierend erfahren zu lassen. Die Kritiker meinen, dass die bisherigen Tierstudien nicht den konservativen Kriterien zum Nachweis der Kompetenz bei Kindern entsprachen [517, 528]. Sie führen dazu insgesamt vier Kriterien an. Erstens sollte man die Tiere nur jeweils einmal testen, um einen kontinuierlichen Erfahrungsstrang mit denselben Reiz-Belohnung-Beziehungen zu verhindern und die Erinnerung an ein vergangenes Problem zu verhindern, das bei einer bestimmten zukünftigen Gelegenheit verwendet werden kann. Zweitens sollte man mehrere Probleme aus verschiedenen Bereichen stellen, um Flexibilität und bereichsübergreifende Kompetenz zu testen. Drittens sollte man die Tiere mit unterschiedlichen zeitlichen und räumlichen Distanzen zwischen der Zeit und dem Ort der Entscheidung und dem zukünftigen Handeln prüfen, um Lösungshinweise zu verhindern und die Fähigkeit nachzuweisen, vergangene und zukünftige Ereignisse zu verbinden. Und schließlich sollte man neuartige Probleme schaffen, um den Effekt des Lernens auszuschließen und um den Einsatz von zukunftsgerichteten kognitiven Prozessen zu erfordern [528].

In ihrer Antwort betonen die Autoren der Rabenstudie die Wichtigkeit folgender Unterscheidung. Man könne planen aus einem Langzeitwissen heraus und mit unbestimmten Erwartungen Vorbereitungen treffen, ohne dass man dabei auf einen bestimmten, prognostizierten Zeitpunkt in der Zukunft hin plant. In analoger Weise packt man einen Regenschirm ein, wenn man dunkle Wolken aufziehen sieht, aber man nicht wissen kann, wann genau es regnen wird. Die Raben hätten ebenso lediglich vorbereitende Handlungen getroffen, mit gelerntem Wissen, was funktioniert und was nicht. Außerdem wären sie nicht sofort vom Training in die Testsituation gebracht worden, sondern seien eine Stunde vor dem Test mit einer Situation konfrontiert worden, in der sie mit dem Werkzeug oder mit dem Tauschgegenstand ein Problem hätten lösen können, dieses bzw. diesen aber nicht bei sich hatten. Aus diesem Mangel hätten sie gelernt und im darauffolgenden Test das Werkzeug oder den Tauschgegenstand gewählt, um für weitere Gelegenheiten gerüstet zu sein.

Insgesamt sind die Einwände nur auf den ersten Blick stimmig, denn bei genauer Betrachtung erfordert zukunftsorientiertes Verhalten sowohl Erfahrungen (ob nun gezielt antrainiert oder zufällig gemacht) als auch Hinweise auf das zukünftige Ereignis. Ohne Erfahrungen mit Werkzeugen ist eine Planung des Werkzeugeinsatzes nicht möglich. Es handelte sich dann nur um Imagination oder Spekulation, nicht um Planung. Diese Erfahrungen beziehungsweise Erinnerungen können unterschiedlich erworben worden sein und damit auch in unterschiedlicher Qualität oder Intensität vorliegen. Beiläufige, einmalige oder zufällige Ereignisse werden weniger stark in Erinnerung bleiben als Erinnerungen an Ereignisse oder Tätigkeiten, die gewollt und wiederholt passiert sind. Sowohl bei Kindern als auch bei mehreren Menschenaffenarten wurde nachgewiesen, dass die zweite Form der Erfahrung von größerem Wert für spätere Werkzeugtätigkeiten und -planungen ist [529].

Was den zeitlichen Abstand zu zurückliegenden Ereignissen betrifft, so können diese durchaus Jahre zurückliegen und auch nur einmal passiert sein, um bei der Lösungsfindung eines Problems einschließlich einer Planhandlung aus dem Gedächtnis hervorgeholt zu werden und wirksam zu sein. Wie wir im Kapitel zum episodischen Gedächtnis noch genauer betrachten werden, konnten sich Schimpansen und Orang-Utans an eine Aufgabe zum Finden eines Werkzeugs erinnern, die drei Jahre zurücklag [530]. Wie beim autobiografischen Gedächtnis des Menschen kann ein durch bestimmte Reize in Gang gesetzter, assoziativer Abrufprozess die Erinnerungen der Affen auslösen. Die Forderung der vollkommenen Kontextbefreiung als Kriterium des Nachweises zukunftsorientierten Handelns muss dementsprechend fallengelassen werden. Die Handlung muss, wie man sagt, »getriggert« werden und muss damit Erfahrungen, Wissen und eventuell episodische Erinnerungen hervorrufen, um im Hier und Jetzt Lösungen von zukünftigen Ereignissen vorzubereiten.

Es muss nicht nur Reize für das Hervorrufen von Erinnerungen geben, es sind auch Anreize für den Akt des Planhandelns nötig. Anders als beim Träumen, das tatsächlich ohne sensorischen Einfluss abläuft, ist die Planhandlung von der aktuellen Situation und den gegenwärtigen Einflüssen bestimmt. Es muss ein Grund vorliegen, warum man zu planen beginnt. Zum Beispiel findet ein Schimpanse einen für das Aufschlagen von Nüssen geeigneten Stein, der ihn dazu bewegt, sich zu überlegen, ob er nun Nüsse suchen soll, ob er den Stein für die spätere Verwendung aufheben oder ob er ihn gar zu einem Amboss bringen soll, um dort für spätere Einsätze gerüstet zu sein [531]. Umgekehrt könnte der Affe Nüsse finden und in Ermangelung eines Steins die weiteren Handlungen planen.

Der Einwand, der Akt des Planens sollte in einem anderen motivationalen Zustand als bei der zukünftigen Zielhandlung stattfinden, ist berechtigt, aber nicht zwingend. Für den Nachweis zukunftsorientierter Entscheidungen ist das sicherlich günstig, für ihre Existenz aber nicht erforderlich. Es kommt sehr auf die Handlungen an, die als Resultat von Planungsüberlegungen ausgeführt werden. Wenn ein Schimpanse eine Kolanuss findet und überlegt, was er alles tun muss, um sie aufzubekommen, und so eine Handlungskette in Gang setzt, muss diese nicht in einem anderen motivationalen Zustand beginnen als bei der zukünftigen Zielhandlung des Hämmerns.

Anders verhält es sich bei vorbereitenden Handlungen, die typischerweise anders motiviert sind als die Endhandlungen. Wenn Menschen am Freitag für das Wochenende einkaufen gehen, müssen sie dabei nicht unbedingt hungrig sein. Für ein ökonomischeres Kaufverhalten ist es in der Regel sogar besser, wenn sie es nicht sind. Der Affe im schwedischen Zoo muss am frühen Morgen nicht schon aggressiv sein, wenn er Steine für den Nachmittag hortet. In diesem Fall ist die Unterdrückung der Motivation eine Begleiterscheinung der Planung, sie erlaubt ökonomisches Handeln und macht das Zeitreisen noch erfolgreicher [503]. Sie ist aber weder notwendig noch ursächlich, wie ein Patient mit episodischer Amnesie, aber intakter Selbstkontrolle bewiesen hat [532]. Somit sind auch Tiere, die oftmals impulsiv agieren und nur bedingt zur Selbstkontrolle fähig sind, nicht unbedingt »in der Zeit gefangen«, wie ein kritischer Autor bemerkte [533].

Zusammenfassend kann man sagen, dass Vorausschau, zukunftsgerichtete Entscheidungen und Planung eine Vielzahl von kognitiven Fähigkeiten erfordert, darunter gute (exekutive) Kontrollsysteme, um aktuelle sensorische Eingaben zu Gunsten eines nicht beobachtbaren Ziels zu unterdrücken, sowie Mittel-zum-Zweck-Denken, um zu entscheiden, welche Handlungen schließlich zum Ziel führen würden. Schließlich muss den Entscheidungen auch ein gut ausgeprägtes Gedächtnis zugrunde liegen. Um nicht in der Gegenwart stecken zu bleiben, muss das Tier Erfahrungen und Erinnerungen abrufen können, um diese in die Zukunft zu projizieren. Erfahrungen basieren auf semantischem Wissen, einem, das durch Lernen erworben wurde. Je größer dieser Wissensschatz ist, desto umfangreicher und langfristiger kann der Plan ausfallen. John F. Kennedy hätte nicht großspurig verkünden können, innerhalb weniger Jahre einen Mann zum Mond zu schicken, wenn dafür nicht bereits umfangreiche Vorarbeiten geleistet worden wären. Auch individuelle Berufsplanungen können nur auf der Basis von Wissen über Ausbildungswege, Arbeitsmöglichkeiten, eigene Fähigkeiten, Erfahrungen anderer usw. erfolgen. Es erscheint daher durchaus möglich, dass die Planungsfähigkeit von Tieren eher durch die Armut des semantischen Wissens als durch die mangelnde Erinnerung an subjektive Erlebnisse eingeschränkt ist.

Trotz der Bedeutung des semantischen Gedächtnisses wurde die Forschung zu Planung und Voraussicht von der Frage überlagert, welche Rolle das episodische Gedächtnis, das selbstbezügliche Bewusstsein und das subjektive Erleben dabei spielen. Heute neigt man zu der Ansicht, dass sowohl subjektive Erinnerungen als auch Vorstellungen über zukünftige Ereignisse eher auf ungenauen Konstrukten vergangener Eindrücke als auf getreuen Rekonstruktionen der damaligen Erlebnisse beruhen [534]. Episodische Erinnerungen und semantische Erfahrungen fließen dabei zusammen. Diese neuen Konstrukte werden Teil der Planungen und lassen damit die Unterscheidung zwischen Erinnerung und Voraussicht verschwimmen. Je umfangreicher der Erfahrungsschatz ist, je leichter episodische Erinnerungen abgerufen und je besser diese neu kombiniert werden können, desto weitsichtiger und kreativer wird ein Tier handeln können. Wenden wir uns daher nun dem episodischen Gedächtnis zu.

6. Episodisches Gedächtnis

In der Gedächtnisforschung setzte ein Paradigmenwechsel ein, als Endel Tulving [493] das episodische Gedächtnis dem generellen, faktenbasierten Gedächtnis, das er »semantisch« nannte, gegenüberstellte. Für ihn bezieht sich nur das episodische Gedächtnis auf die Vergangenheit, während sich das andere auf die Gegenwart richtet. Revolutionär war dabei die Idee der »mentalen Zeitreise« durch die subjektive Zeit.

> Mit einer einzigen Ausnahme verläuft der Zeitpfeil geradlinig. [...] Der Zeitfluß ist irreversibel. Die einzige Ausnahme stellt das menschliche Vermögen der Erinnerung an vergangene Dinge dar. Wenn jemand daran denkt, was er gestern getan hat, dann wird der Zeitpfeil zu einer Schlaufe umgebogen. [...] Das episodische Gedächtnis ermöglicht die geistige Zeitreise durch die subjektive Zeit, von der Vergangenheit in die Gegenwart, und erlaubt uns, durch das autonoetische Bewußtsein unsere vergangenen Erfahrungen wiederzuerleben. [535, S. 1f., 5]

Wie wir schon besprochen haben, ermöglichen mentale Zeitreisen es dem Besitzer des episodischen Gedächtnisses nicht nur, sich durch das Medium des autonoetischen Bewusstseins an die eigenen früheren »Gedanken über« Erfahrungen zu erinnern, sondern auch, an die eigenen möglichen zukünftigen Erfahrungen zu »denken«. Die adaptive Funktion des episodischen Gedächtnissystems liegt nicht so sehr in der Führung genauer Aufzeichnungen der Vergangenheit, sondern in dem, was es der gegenwärtigen und zukünftigen Fitness bieten kann [490, 492, 494, 536]. Fast alle späteren Arbeiten über das Gedächtnis bei Menschen und Tieren haben Tulvings Idee der Trennung in ein semantisches – quasi unsere Datenbank des Wissens über die Welt – und ein episodisches – eine Sammlung zeitlich datierter Episoden oder Ereignisse und ihrer zeitlich-räumlichen Beziehungen – Gedächtnis übernommen. Allerdings ist bis heute umstritten, wie eigenständig und unabhängig diese Gedächtnissysteme arbeiten, wie groß die funktionale Überlappung ist und welchen Einfluss sie auf das prospektive Denken haben. Besonders die Beteiligung des autonoetischen Bewusstseins und die geistige Vorstellung von Zeit sind sehr umstritten. Manche definieren episodisches Gedächtnis überhaupt als jene Art von Gedächtnis, welche es dem Menschen erlaubt, über seine persönlichen Erfahrungen zu reflektieren [537]. Es ist klar, dass damit der Vergleich zu Tieren erschwert, wenn nicht sogar verhindert wird.

Wir wollen daher die Frage der mentalen Zeitreise und der damit verbundenen subjektiven Phänomene vorerst zurückzustellen und die aktuelle Forschung zum episodischen Gedächtnis bei Tieren betrachten. An der langen Liste der Studien zum Gedächtnis bei Tieren fällt schnell die große Varianz der dabei zum Vorschein gebrachten Speicherleistungen selbst innerhalb der gleichen Tierart auf. Bei manchen Aufgaben scheinen sich die Tiere im Detail und für lange Zeit an relevante Ereignisse zu erinnern, während sie anderes überraschend schnell zu vergessen scheinen. Zum Beispiel können sich Eichelhäher viele Monate lang an den Ort versteckter Nahrung erinnern [538], haben aber Schwierigkeiten, sich an einfache Farbreize für mehr als fünfundzwanzig bis maximal vierzig Sekunden zu erinnern [539]. Wie kann man diese großen Unterschiede in der Speicherleistung unter einen Hut bringen?

Für manche sind die großen Unterschiede ein Beleg für die Problematik von Laborexperimenten mit allzu künstlichen Reizen und Aufgaben. Für andere wiederum sind sie ein Indiz für eine sehr eingeschränkte, bereichsspezifische Gedächtnisleistung.

Anstatt eines einzigen, allgemeinen Systems könnten Tiere demzufolge zwei Arten von Speichersystemen besitzen. Neben einem *allgemeinen* Arbeitsgedächtnis für alle Arten von Reizen und Ereignissen hätten manche Tierarten auch noch ein *spezialisiertes* Speichersystem, welches Anpassungen zur Verarbeitung bestimmter Arten von Informationen widerspiegelt [540]. Diese könnten in verschiedenen ökologischen Nischen an unterschiedliche Aufgaben und an die dafür notwendigen Zeiträume und Bedürfnisse angepasst sein [539].

Was, wann und wo?

Wie schon erwähnt, wurden manche Tiere für ihre Leistungen beim Verstecken von Futter berühmt. Sowohl die Dauer von mehreren Monaten als auch die Anzahl der Verstecke, die mehrere Hundert zählen können, zeugen von hochspezialisierten Anpassungen [538]. Bei Nagetieren sind die Erinnerungsleistungen an gegessene Lebensmittel, die je nach Bedarf stundenlang andauern, eindrucksvoll. Offenbar ist es notwendig, die mögliche toxische Wirkung neuartiger Lebensmittel mit diesen in Verbindung zu bringen, denn diese zeigen sich oft erst einige Stunden nach dem Verzehr. Die berühmten Versuche von John Garcia (University of California, Los Angeles, USA), welche die bis dahin gültige behavioristische Lerntheorie zum Einsturz brachten, haben gezeigt, dass sich Ratten an spezifische Merkmale des Geschmacks erinnern, ohne dafür lange Lernsequenzen durchlaufen zu müssen [541-543]. Vögel können anstatt olfaktorischer und gustatorischer Merkmale visuelle Hinweise für die Gedächtnisbildung verwenden [544]. Schließlich kennen wir verschiedene Arten von Prägungen, die ebenfalls als Produkt eines speziellen Speichersystems betrachtet werden können. Bei der sexuellen Prägung etwa können Erkennungsmerkmale potenzieller Sexualpartner zu lebenslangen Erinnerungen führen [545, 546].

Im Gegensatz zum spezialisierten scheint das allgemeine Gedächtnissystem artübergreifend sehr ähnlich zu sein. Zwar kann dieses Informationen über viele Arten von Ereignissen speichern, allerdings nur mit einer sehr kurzen Speicherdauer von einigen Sekunden bis zu einigen Minuten. Zum Nachweis und zur Feststellung seiner Leistungsfähigkeit bei vielen Tierarten wurden standardisierte Testverfahren für den Einsatz im Labor entwickelt; das bekannteste ist der verzögerte Vergleich-nach-Muster-Test (*delayed-matching-to-sample*). Dabei wird ein einziger Reiz für kurze Zeit dargeboten, daran schließt eine reizfreie Pause an und schließlich folgt der Test mit der Präsentation von zwei Reizen, wovon einer mit dem Beispielreiz identisch ist [547]. Die Aufgabe besteht also darin, sich den ersten Reiz, das Muster, über die reizfreie Pause hinweg zu merken, um ihn danach im Beisein eines Ablenkungsreizes wiederzuerkennen. Über die Manipulation der reizfreien Zeit kann man die Wiedererkennungsrate als Funktion der Gedächtnisdauer bestimmen. Man nimmt an, dass hier das allgemeine Gedächtnissystem die Hauptrolle spielt, da sich die Tiere künstliche Reize wie abstrakte Bilder oder farbige Lichter merken müssen. Allerdings kann die Aufgabe auch mit dem spezialisierten Gedächtnissystem gelöst werden, wenn das Erkennungsmerkmal aus dem natürlichen Reizbereich entnommen wird. Zum Beispiel können Ratten mit ihrer ausgeprägten Raumorientierung auf Positionsmerkmale zurückgreifen und sich damit im Durchschnitt länger als die meisten Primaten erinnern [zum Beispiel 548, 549].

Es stellt sich nun die Frage, ob das spezialisierte Gedächtnissystem in der Lage ist, mehr als nur einzelne sensorische Merkmale des Gegenstandes oder Ortes, der nach einer bestimmten Zeit wiedergefunden werden muss, speichern zu können. Sind Tiere darüber hinaus beispielsweise noch in der Lage, sich an das Ereignis des Versteckens selbst zu erinnern? Ganz unabhängig von der subjektiven, persönlichen Erfahrung dabei meinen nicht wenige, dass Tieren ein System für explizite Erinnerungen an vergangene Ereignisse fehlt [533, 550]. Nur der Mensch soll in der

Lage sein, sich sehr lange Zeit an praktisch willkürliche Ereignisse zu erinnern, ohne dass die Leistung spürbar abnimmt, insbesondere bei Aufgaben, bei denen die meisten anderen Arten schlecht abschneiden [551]. Für andere Forscher ist das längst nicht ausgemacht, denn ihnen zufolge gibt es mittlerweile genügend Belege dafür, dass auch (manche) Tierarten »episodenartige« Erinnerungen haben, die sich gar nicht so sehr von denen des Menschen unterscheiden [522, 552, 553]. Klar ist, dass der Nachweis von Bewusstsein für die Demonstration des episodischen Gedächtnisses bei Tieren ein enormes Hindernis darstellt, weil in Ermangelung eines gut entwickelten Sprachsystems nicht klar ist, wie ein solcher Nachweis überhaupt aussehen sollte (mehr dazu aber später in Kapitel 9).

Wie sehen nun Belege für ein »episodenartiges Gedächtnis«, also Gedächtnisprozesse mit analogen, funktional ähnlichen Eigenschaften bei Tieren aus?

Welche funktionalen Eigenschaften müssten die Erinnerungen aufweisen, anders gesagt, was genau muss erinnert werden und wie würde sich das Erinnern im Verhalten des Tieres äußern? Zunächst ist es einleuchtend, dass sich episodische Erinnerungen auf vergangene Ereignisse (Episoden) beziehen müssen. Erfahrungen hingegen beziehen sich auf aktuelles Wissen, auch wenn der Akt des Erfahrens oder des Erwerbs weit zurückliegt. Ich »weiß«, wo meine Hausschlüssel liegen, aber ich muss mich nicht an den Akt des Ablegens meiner Schlüssel am Vorabend erinnern. Ich könnte die Schlüssel beim nächsten Mal an anderer Stelle ablegen und am darauffolgenden Tag wissen, wo sie aktuell liegen. Mein Wissen wird aktualisiert, aber die vergangenen Ereignisse verschwinden aus meinem Gedächtnis. Das nannten Tulving und Lepage [554] »proskopisches Gedächtnis« und unterschieden es vom »palinskopischen Gedächtnis«, bei dem das vergangene Ereignis erinnert wird (ich erinnere mich, dass ich gestern, als ich nach Hause kam, zuerst die Schuhe auszog und dann die Schlüssel auf das Schlüsselbrett hängte).

Beim Menschen wurde diese Unterscheidung experimentell überprüft, indem Versuchsteilnehmer, nachdem sie eine Liste von Worten gelesen hatten, in einem anschließenden Test angeben sollten, welche Worte nicht auf der Liste standen [555]. Außerdem wurden sie gefragt, ob sie sich an die Worte, die sie als nicht neu empfanden, tatsächlich erinnerten oder ob sie ihnen nur vertraut erschienen. Tatsächlich waren die Probanden nicht nur sehr treffsicher, sich gaben auch mehrheitlich an, sich an das Lesen der Worte zu erinnern. Dies korreliert nicht nur mit Variablen des episodischen Gedächtnisses (wie Worthäufigkeit, geteilte versus ungeteilte Aufmerksamkeit) [537], sondern bestätigte sich auch bei Studien mit Amnesie-Patienten [556]. Diese Unterscheidung zwischen Vertrautheit und Erinnerung wird uns bei mehreren der folgenden Tierstudien beschäftigen. Davor aber ist es notwendig, noch andere Merkmale des episodischen Gedächtnisses zu betrachten.

Auf der Basis von Tulvings Beschreibung des episodischen Gedächtnisses wurde offensichtlich, dass die Erinnerung an Episoden mindestens drei Typen von Informationen enthalten: den Inhalt des Geschehenen, die Zeit, zu der es passierte, und den Ort des Ereignisses [493, 557]. Was, Wann und Wo sind die drei zentralen Bestandteile der Erinnerung an ein persönliches Erlebnis, womit sie als verhaltensbasierte Kriterien für das episodische oder episodenhafte Gedächtnis eingesetzt werden sollten [519]. Wie ich schon im Kapitel zur Vorstellungskraft exemplarisch erläutert habe, kann ich mich an einige Umstände meines Besuchs der Royal Society in London zum Zwecke einer Diskussion über soziale Intelligenzen von Tieren erinnern. Dabei ist mir das Was und Wo sehr präsent, das Wann jedoch nur vage, es muss im Frühjahr des Jahres 2006 gewesen sein. Dabei hilft mir das semantische Gedächtnis weiter, denn erstens finden diese Diskussionen meistens im Frühjahr statt und zweitens war ich gerade 2006 mit denjenigen Forschungen zur Imitation beschäftigt, die ich in London diskutierte.

Während Menschen von ihren Erinnerungen berichten können, müssen wir bei Tieren und Kleinkindern indirekte Methoden des Nachweises zur Anwendung bringen. Wenn man zum Beispiel Säuglingen bestimmte Körperbewegungen zeigt und sie später manche davon getreu kopieren, könnte man annehmen, dass sie bestimmte episodische Aspekte ihrer Erfahrung abrufen müssen [558]. Der wesentliche Punkt dabei ist, dass die Imitation ohne explizites Training erfolgte, das semantisches oder assoziatives Wissen erzeugen würde.

Ganz anders ist es, wenn Training ins Spiel kommt. Ein Tier, das in einem Vergleich-nach-Muster-Experiment gelernt hat, bei einem vertikalen Linienreiz als Muster später den roten Vergleichsreiz zu wählen und bei einem horizontalen Linienreiz als Muster später den grünen, muss dafür kein episodisches Gedächtnis bemühen, sondern lernt das assoziativ. Jedes Lernen, das als Erwerb einer Regel – hier etwa: »Wenn vertikal, dann rot, wenn horizontal, dann grün« – beschrieben werden könnte, kann nicht ausschließen, dass semantisches Wissen angelegt wurde, selbst wenn die Erinnerung an den Musterreiz Informationen über das Was, Wo und Wann enthält.

Tom Zentall und seine Mitarbeiter von der University of Kentucky (USA) haben sich ein elegantes Experiment mit Tauben ausgedacht, um die Fähigkeit des Abrufens episodischer Gedächtnisinhalte ohne Training, also bei plötzlicher Aufforderung, zu überprüfen [559]. Da die Tiere nicht verbal angeleitet werden können, muss man indirekte Methoden anwenden, und zwar muss man das Tier darauf trainieren, auf eine Frage mit einer bestimmten Reaktion und auf eine andere Frage mit einer anderen Reaktion zu antworten. In diesem Fall mussten die Tauben lernen, bei Präsentation einer vertikalen Linie als Musterreiz auf den Bildschirm zu picken (Abb. 12). Danach wurden zwei Vergleichsreize, ein roter und ein grüner, präsentiert und nur die Reaktion auf den roten Reiz mit Futter belohnt. In Gegenwart einer horizontalen Linie musste die Taube lernen, auf das

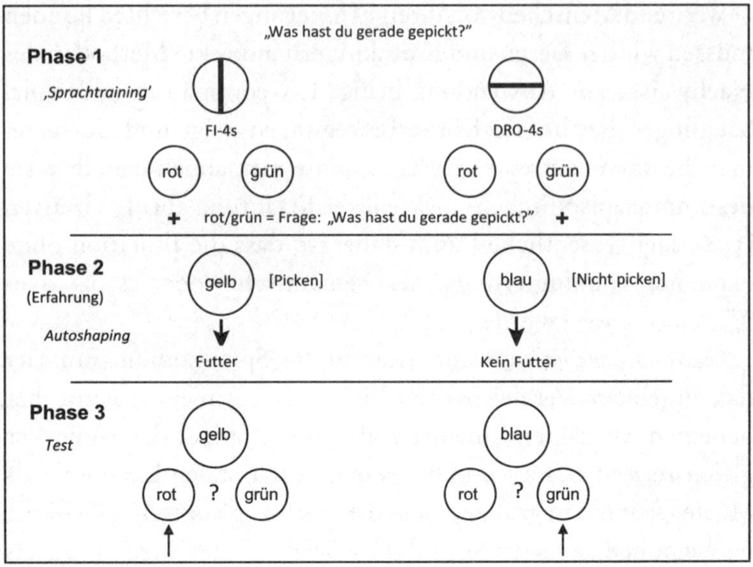

Abb. 12: Der unerwartete Fragentest für das episodische Gedächtnis. Aus [560].

Hacken zu verzichten, anschließend führte die Wahl des grünen Reizes zur Belohnung.

Die Regeln dieser sogenannten bedingten Unterscheidungsaufgabe können wie folgt beschrieben werden: »Wenn du gerade gepickt hast, wähle Rot; wenn du gerade das Picken unterdrückt hast, wähle Grün«. Die Wahl des roten oder grünen Vergleichsreizes wäre somit analog zur Frage: »Hast du gerade gepickt oder hast du es gerade unterlassen?« Man kann also mit dieser Frage das semantische Wissen des Tieres, das Erlernen der assoziativen Regel, überprüfen. Die vorausgegangene Präsentation der vertikalen oder horizontalen Linie sollte dementsprechend eine »Erwartung« wecken, dass bei einer richtigen Antwort – Picken oder Nichtpicken – eine Entscheidung zwischen Rot und Grün zu treffen sei und die richtige Wahl belohnt würde.

Im nächsten Schritt muss man die Taube ein Verhalten ausführen lassen, das keine Frage-Erwartung auslöst. Wenn ich heute etwas esse, erwarte ich in der Regel nicht, am nächsten Tag dazu befragt zu werden. Der Taubenversuch ist simpler, denn das abgefragte Verhalten war wiederum: »Hast du gerade gepickt oder hast du es gerade unterlassen?« Um eine Situation herzustellen, in der Tauben picken oder nicht, bedienten sich die Forscher des Prinzips der »Selbstkonditionierung« (*autoshaping*). Auf der Basis der Pawlow'schen Konditionierung beginnen Tauben auf einen Lichtpunkt zu picken, der knapp vor einer Futterspende erscheint. Umgekehrt picken sie auf einen Lichtreiz, der nie im zeitlichen Zusammenhang mit Futter auftaucht, nicht.[35] Diese bekannte Tatsache haben sich Zentall und Mitarbeiter zunutze gemacht [559]. Sie trainierten die Tauben in zwei Phasen. Zuerst erlernten die Tauben eine symbolische Wahl-nach-Muster-Aufgabe nach dem Prinzip »wenn vertikal, dann Rot, wenn horizontal, dann Grün«. Danach bekamen sie die Möglichkeit der Selbstkonditionierung, wobei ein gelber Lichtreiz von Futter und nach kurzer Zeit auch von der automatisch eintretenden Pickreaktion der Taube gefolgt wurde. Alternativ war ein blauer Lichtreiz nie von Futter begleitet und löste daher kein Picken aus.

Im Test wurden nun die beiden Phasen kombiniert (Abb. 12). Zunächst sahen die Tauben entweder den gelben oder den blauen Lichtreiz, danach die beiden Vergleichsreize Rot gegen Grün. Entsprechend sollten die Tiere jetzt nach dem gelben Anfangsreiz picken und danach Rot wählen. Umgekehrt sollten sie bei Blau nicht picken und danach Grün wählen. Tatsächlich zeigten die Tauben dieses Verhalten.

---

35 Man nannte das Prinzip *autoshaping*, weil es eine Form der Konditionierung ist, bei der ein Individuum, das öfters nach dem Anschalten eines Lichts Futter erhält, sich dann selbst darauf konditioniert, am Licht zu picken, obwohl das Picken nicht notwendig ist, um das Futter zu erhalten. Das Entstehen dieser bedingten Reaktion (das Picken) erfolgt (nach dem Pawlow'schen Prinzip) aufgrund der wiederholten Abfolge von bedingtem (Licht) und unbedingtem Reiz (Futter).

Um dem Einwand zu begegnen, dass das Picken bei der Selbstkonditionierung nicht spontan, sondern durch Futter induziert war und somit einen semantischen Anteil aufweisen könnte, wurde ein zweites Experiment nachgeschoben. Nun wurde auf Selbstkonditionierung verzichtet und stattdessen im Test ein neuer Reiz, ein Kreis, mit der Erwartung gezeigt, dass Tauben möglicherweise darauf picken. Was sie tatsächlich auch immer wieder taten. Ebenso neu war das Abdunkeln des Monitors, auf den die Tauben dann nicht mehr pickten. Diese beiden Situationen folgten im Zufallsverfahren aufeinander. Interessant war nun, dass die Tauben den roten Vergleichsreiz wählten, wenn sie davor auf den Kreis gepickt hatten, und den grünen Vergleichsreiz wählten, wenn sie vorher nicht auf den dunklen Bildschirm gepickt hatten. Für die Autoren der Studie suggerieren diese Ergebnisse die Fähigkeit der Tauben, Wissen über einmalige und einzigartige Erfahrungen unter Bedingungen hervorzuholen, bei denen sie die Aufforderung dazu nicht erwartet haben konnten. Damit ließe sich dann vielleicht zeigen, dass Sprache nicht notwendig dafür ist, episodische Erinnerungen anzulegen. Allerdings muss man zugestehen, dass die Tauben nur über solche Erinnerungen nichtsprachliche Auskunft geben mussten, für die es nur zwei Möglichkeiten gab. Noch kritischer aber ist die Zeitkomponente, denn die Ereignisse fanden nur Sekunden davor statt, wofür auch das Arbeitsgedächtnis ausreichen würde. Ebenso mussten sie keine Auskunft über das Wo des Ereignisses geben, alles spielte sich in einer kleinen Skinnerbox ab. Unter diesen Umständen verwundert es nicht, dass diese Experimente nur wenige Zweifler vom Vorhandensein eines episodischen Gedächtnisses bei Tieren überzeugten.

Plötzlich nachahmen

Ein weiterer Einwand lautet, dass hier die Erinnerung an sehr einfache Verhaltensweisen, zu picken oder nicht zu picken, abgefragt wurde. Auch in anderen Studien wurden Labortiere auf der Grundlage der Erinnerung an einfache Ereignisse wie Objekterkundung oder Fütterung getestet. Menschen können sich an sehr viele und sehr außergewöhnliche Dinge erinnern, und auch die Alltagserlebnisse von Tieren können komplexer und inhaltsschwerer sein, als sich zu bewegen oder nicht. Bei Haustieren kommt noch dazu, dass sie im Kontakt mit Menschen noch ganz andere Dinge erleben. Wenn man bedenkt, was ein Hund im Laufe seines Lebens in der menschlichen Umgebung wahrnimmt, wäre es interessant zu wissen, woran sich dieser dabei erinnern kann. Leider kann man ihn dazu nicht befragen, daher muss man sich andere Methoden der Beurteilung einfallen lassen. Claudia Fugazza und Mitarbeiter von der Eötvös Loránd University in Budapest haben sich dazu ein Imitationsexperiment einfallen lassen [561]. Zunächst wurden Hunde nach dem Prinzip »Mach, was ich dir vormache!« darauf trainiert, willkürliche Aktionen eines Menschen auf das Kommando »Do it!« nachzuahmen. Um sicher zu sein, dass der Hund die Bewegung und nicht die Orientierung zum Gegenstand lernt, wurden immer zwei Aktionen am selben Gegenstand durchgeführt. Zum Beispiel stieg die Demonstratorin auf einen Stuhl oder legte beide Hände auf den Stuhl. Die Hunde lernten nach einiger Zeit, immer nur die jeweils davor gezeigte Aktion auf Kommando auszuführen, in diesem Fall, auf den Stuhl zu klettern und mit allen vier Pfoten darauf zu stehen oder den Stuhl auf den Hinterbeinen sitzend mit beiden Pfoten zu berühren. Um sicherzugehen, dass der Hund im Erinnerungstest nicht schon die Erwartung hatte, eine vorgezeigte Aktion nachzuahmen, wurde eine weitere Aktion trainiert, nämlich auf einen anderen Befehl hin sich hinzulegen. Im Test wurde nun eine neue Aktion, eine, die vorher nicht im Imitationstraining enthalten war, vorgeführt. Dann wurde der Hund für eine gewisse Zeit (entweder eine Minute oder eine ganze Stunde) hinter einen Paravent geführt, damit er den Zielgegenstand nicht mehr sehen konnte. Anschließend wurde er wieder in die Nähe des Gegenstandes gebracht und aufgefordert, abzulegen. Dann folgte das Kommando »Do it!«. Nur wenn sich der Hund erinnern kann, was er zuvor gezeigt bekommen hat, kann er getreu nachahmen.

Schon eine frühere Studie derselben Autorinnen hat gezeigt, dass sich Hunde an vorgeführte Aktionen im Rahmen des »Mach es wie ich«-Trainings über 24 Stunden hinweg erinnern können [562]. Der Unterschied war nun, dass zwischen dem Vorzeigen und dem Befehl des Nachmachens noch eine andere Tätigkeit eingeschoben wurde, in Anlehnung an die Taubenstudie mit dem Kriterium des Erinnerns, ohne die Aufforderung dazu erwarten zu können. Die Hunde seien sogar überrascht gewesen, als sie beim Liegen plötzlich das »Do it!«-Kommando hörten. Die Überraschung wurde mit dem verlängerten Blickkontakt zum Demonstrator belegt (so, wie auch Kleinkinder bei Überraschungen, zum Beispiel bei einem Zaubertrick, gebannt zuschauen).

Beim Ansehen des mit der Publikation mitgelieferten Beispielvideos fällt auf, dass sich der Hund sofort, nachdem er hinter dem Paravent wieder hervorkommt, niederlegt. Offenbar weiß er bereits, was zu tun ist, immerhin wurde er mehrmals mit derselben Prozedur getestet. Insgesamt scheinen die Hunde das Imitationsspiel – diese Art von Training mit Besitzer und vielen Leckerlis ist für Hunde ein großer Spaß – verinnerlicht zu haben. Immer wieder wurden sie aufgefordert, eine zuvor von einem Menschen gezeigte Aktion zu wiederholen. Das Ablegen dazwischen ist eine weitere Facette dieses Spiels, es führt den Hund aber nicht in eine ganz andere Erwartungshaltung. Der Hund wird im selben Raum, in dem er trainiert wurde, getestet, und dort befindet sich auch der Gegenstand, auf den sich die Testaktion bezieht, zum Beispiel der Stuhl, in unmittelbarer Nähe. Somit liegt ein Teil des Erlebnisses, an das er sich erinnern soll, direkt vor seinen

Augen. Und schließlich muss man dieselbe Einschränkung wie bei den Tauben machen, dass nämlich die Aktion, an welche sich das Tier erinnern soll, die letztgezeigte vor dem Erinnerungsintervall war. Keine andere Nachahmungsaktion konnte diese Erinnerung stören. Die Erinnerung an die letztgezeigte Aktion ist jedenfalls einfacher als die Erinnerung an die drittletzte oder viertletzte Aktion.

Nichtsprachliche Belege für Reisen in die Vergangenheit?

Bei den Studien zum episodischen Gedächtnis von Tauben und Hunden war das Erinnern stark kontextualisiert, eingebettet in ein explizites Training mit wenigen Wahlmöglichkeiten. Zwei der drei Kriterien für episodisches Gedächtnis nach Tulving [557], das »Wo« und das »Wann«, standen gar nicht zur Disposition. Der Zeitpfeil in die Vergangenheit endete jedes Mal schon bei der letzten relevanten Aktion, dem Pickverhalten oder der vorgezeigten Aktion eines Menschen, alles immer am selben Ort. Anders als im Video der ungarischen Forscher suggeriert, steigt der Hund nicht plötzlich auf dem Weg in die Stadt auf einen roten Ball und muss sich später und an einem anderen Ort an dieses Erlebnis erinnern. Er muss sich nicht daran erinnern, wann und wo er am Weg zum Testlabor im Uni-Gebäude eine Person gesehen hat, die ihre Hände auf einen Sessel gelegt hat. Auch wenn die Aktionen des Erinnerungstests vorher noch nicht gezeigt wurden, so wurden sie doch von derselben Person, im selben Raum, angesichts desselben Gegenstandes und als Teil eines gut trainierten und in derselben Form wiederkehrenden Ablaufs abgefragt.

Schon vor über zwanzig Jahren wurden Delfine mit einer ähnlichen, aber doch viel komplexeren Aufgabe konfrontiert [563]. Zunächst trainierten die Forscher zwei Delfine mit einer bestimmten Handgeste darauf, eine Aktion auszuführen, die neu oder in letzter Zeit nicht ausgeführt worden war. Diese Delfine waren es gewohnt, immer wieder neue Sprünge und Bewegungen unter und über Wasser vorzuführen. Tatsächlich lernten sie diesen abstrakten Befehl und bemühten sich, immer wieder etwas Neues zu zeigen. Außerdem wurden sie mit einer anderen Handgeste darauf trainiert, immer die zuletzt ausgeführte Aktion zu zeigen. Auch das lernten sie. Schließlich wurden die beiden Befehle kombiniert. Auf die Geste »Tu etwas, was du noch nicht getan hast!« und die entsprechende neue Aktion folgte unmittelbar die Geste »Wiederhole die letzte Aktion!«. Um dabei erfolgreich zu sein, mussten die Delfine ihr eigenes Verhalten als Grundlage für die zweite Aktion verwenden, anstatt die Geste aus der vorherigen Studie als Grundlage für die aktuelle Reaktion zu verwenden, denn die vorherige Geste zeigte nur, dass die Delfine eine relativ neue Reaktion durchführen können. Tatsächlich waren die Delfine in der Lage, diese Abfolge aus neu und wiederholend korrekt durchzuführen. In gewisser Weise erfüllten sie ein von Thomas Suddendorf und Janie Busby (University of Queensland, Brisbane, Australien) [550] vorgeschlagenes Kriterium, nämlich die Nachstellung von Ereignissen durch Pantomime als nichtsprachlichen Nachweis von subjektiven Zeitreisen. Doch auch die Delfine entkommen nicht der zuvor erwähnten Problematik: Wie schon bei den Tauben und Hunden war der Inhalt der Erinnerung nur das letzte Ereignis, das zudem nicht verortet werden musste.

Von den Kritikern der Tierstudien wird immer betont, dass sich Menschen an Episoden ihres Lebens erinnern können, die schon Jahre zurückliegen [564]. Es sind eben nicht nur die letzten Handlungen oder Ereignisse in einem strengen, experimentellen Korsett mit wenig Möglichkeiten, sondern es sind Dinge, die in ein riesiges Meer anderer Ereignisse und Erlebnisse eingebettet sind. Durch eine gezielte Frage oder einen kleinen Hinweis kann die Erinnerung an ein Erlebnis aus dem Gedächtnis hervorgeholt werden. Ein Experiment mit fünfzehn Schimpansen und vier

Orang-Utans kommt dieser Anforderung schon bedeutend näher [530]. Ihre Aufgabe war es, sich an Suchaktionen mit Werkzeugen zu erinnern. In einem früheren Experiment wurden in vier Einzelversuchen zwei Werkzeuge an zwei Orten versteckt, wobei diese Verstecke unvorhersehbar abwechselten. Nun, drei Jahre später, wurden die Tiere aufgefordert, diese Werkzeuge wiederzufinden. Nur ein einziges Tier suchte nicht an den beiden richtigen Orten. Um zu überprüfen, wie groß die Wahrscheinlichkeit ist, an diesen Orten ohne jegliche Erfahrung damit zu suchen, wurde eine Kontrollgruppe in derselben Weise getestet. Diese Tiere hatten an dem früheren Experiment nicht teilgenommen, waren also ahnungslos. Kein einziges Tier suchte – wie man vermuten konnte – an den beiden Orten. Die Tiere der ersten Gruppe hatten sich also an Ereignisse erinnert, die drei Jahre davor und nur viermal wiederholt stattgefunden hatten. In einem weiteren Experiment wurde getestet, ob sie auch in der Lage waren, sich an singuläre Ereignisse zu erinnern, und auch dieser Nachweis gelang überzeugend.

Ein interessanter Aspekt dieser Studie ist die Art und Weise, wie die Erinnerung hervorgerufen wurde. Anders als bei Menschen, die man gezielt fragen kann, geschah es hier durch Hinweise, die spezifisch genug sein mussten, um das Ereignis von anderen, ähnlichen Ereignissen zu unterscheiden. Die einzigartige Kombination aus den Räumen, in denen die Tiere getestet wurden, dem Versuchsaufbau und dem Experimentator erfüllte diese Funktion. Doch anders als im Nachahmungsexperiment mit Hunden wurden die Affen vom selben Experimentator auch in anderen Aufgaben (zum Beispiel Werkzeuggebrauch, Objektauswahlparadigmen) getestet, wurden dieselben Räume für andere Tests mit anderen Experimentatoren in anderen Versuchsaufbauten (zum Beispiel Kooperationsaufgaben, Werkzeuggebrauchsaufgaben) genutzt und legten andere Experimentatoren die benutzten Gegenstände in anderen Experimenten vor. Somit war jedes Merkmal für sich genommen nicht spezifisch genug, nur in

Kombination waren die Merkmale hinreichend. Die Tiere mussten daher diese Elemente miteinander verbinden und eine Reihe von irrelevanten Assoziationen ignorieren, um das Gedächtnis für das entsprechende Ereignis aktivieren zu können. Die Verknüpfung relevanter zeitlicher und räumlicher Komponenten als Auslöser für den Abrufprozess ist auch ein wichtiges Merkmal des autobiografischen Gedächtnisses des Menschen.

Bereits in früheren Studien wurde die Erinnerung von Menschenaffen an singuläre Ereignisse nach relativ langer Zeit überprüft. In den 1970er Jahren wurden mehrere Versuche zum Wiederfinden von zuvor von Menschen versteckten Futterstücken unternommen. Zum Beispiel wurden vor den Augen eines jungen Schimpansen, der sich am Rücken von Emil Menzel, einem bekannten Affenforscher am Yerkes National Primate Research Center der Emory University in Atlanta (USA), festhielt, achtzehn Futterstücke nacheinander in einem ein Hektar großen Areal versteckt. Danach wurde der Schimpanse in seine Gruppe zurückgebracht, um wenige Minuten später zusammen mit allen anderen Tieren wieder in das Areal gelassen zu werden. In sechzehn derartigen Versuchen fand der Schimpanse schnell und zielsicher den Großteil (ca. 70 Prozent) des versteckten Futters, während die unwissenden Gruppenmitglieder nur fünf Prozent durch zielloses Suchen aufstöberten [565]. Diese Leistung des Wiederfindens wurde später von einem dreijährigen Bonobomännchen namens Kanzi übertroffen. In einem zwanzig Hektar großen Waldstück an der Feldstation des Sprachforschungszentrums der Georgia State University in Atlanta (USA) wurden verschiedene Futterstücke an siebzehn weit verstreuten Orten in seiner Anwesenheit vergraben. Vier Monate später durfte er einen Pfleger, der weder die Verstecke noch deren Inhalt kannte, durch den Wald führen und die Verstecke aufsuchen. Mit Fotos und grafischen Symbolen, die ihm an bestimmten Positionen entlang der Wege geboten wurden, konnte er die Orte beziehungsweise das dort versteckte Futter anzeigen. In allen Fällen waren seine Mitteilungen korrekt, und er bewegte sich direkt und zielsicher von einem Versteck zum nächsten [566].

Neben Kanzis exzellentem (Orts-)Gedächtnis für weit verstreute Verstecke war das Besondere an der Studie der erstmalige Einsatz einer Tastatur mit grafischen Symbolen (*lexigram*), eines Vorläufers des Tablets, zur symbolhaften Verständigung mit Menschen. Sie enthielt insgesamt 256 Symbole für Objekte, Spielsachen, Orte, Wünsche und Handlungen. Kanzi und andere Menschenaffen am Sprachforschungszentrum lernten die Symbole teilweise durch Beobachten bereits kompetenter Tiere und nutzten dieses Wissen zur einfachen Kommunikation mit ihren Betreuerinnen und Experimentatorinnen. Durch Drücken der Symbole für »Holen«, Cola und Kühlschrank konnten sie zum Beispiel ihrer Pflegerin den Wunsch mitteilen, eine Dose Cola aus dem Kühlschrank haben zu wollen.

Auch eine Schimpansin namens Panzee erwarb diese vorsprachliche Kompetenz für 120 Symbole [567]. Mit elf Jahren durfte sie Charles Menzel, einem Wissenschaftler an der Georgia State University (nicht zu verwechseln mit Emil Menzel), vom Laborgebäude aus beim Verstecken von Futter im Außenareal beobachten [568]. In dem Außenbereich, wo das Futter versteckt wurde, war Panzee sechs Jahre zuvor das letzte Mal gewesen. Da ihr der unmittelbare Zugang versperrt wurde, versuchte sie einem unwissenden Pfleger den Inhalt und den Ort des Verstecks mitzuteilen, um ihn auf diese Weise zu bitten, ihr das versteckte Futter zu bringen. Für die verschiedenen Futtersorten und auch für die Plätze im Außenbereich gab es Symbole auf dem Tablet, außerdem deutete sie mit diversen Gesten an, Kenntnis vom Ort versteckter Nahrung zu haben. Sie hielt eine Hand vor die Augen, eine Geste, die sie beim Versteckenspielen mit den Pflegern gelernt hatte. Mit der ausgestreckten Hand zeigte sie wiederholt in die Richtung des Verstecks und führte den Pfleger zur Tür ins Freie. Ein besonderer Aspekt dieser Studie ist, dass ihre Erinnerungen nicht durch andere, sondern von ihr selbst initiiert wurden. Sie versuchte den unwissenden Tierpflegern, sobald sich die Gelegenheit ergab, mittels Symbolen mitzuteilen, wo welches Futter versteckt war (und sie tat das nicht, wenn davor nichts versteckt worden war). Noch wichtiger für die Frage des episodischen Gedächtnisses ist, dass sie von den Verstecken oft erst am nächsten Tag (und einmal sogar erst neunzig Stunden später) berichtete, weil sie erst dann das Tablet bekam. Da sich ihre Erinnerungen auf einmalige, episodenhafte Ereignisse und nicht auf allgemeines Wissen über Futterverstecke bezogen, Panazee auch nicht selbst an den Orten war oder dort das Futter versteckte, sondern nur entfernte Zeugin des Geschehens wurde und darüber in abstrakter Weise berichten konnte, anstatt eine Auswahl von wenigen Alternativen zu treffen, stand für Menzel das Vorliegen eines episodischen Gedächtnisses bei ihr fest [568]. Allerdings kann man einwenden, dass es sich bloß um proskopisches Wissen über Ort und Inhalt des Verstecks, das über die Zeit hin aktualisiert wurde, handeln könnte. Die Schimpansin teilt den Wärtern »Apfel – Felsen« mit, was diese als »Bitte hol mir den Apfel vom Versteck hinter dem Felsen« verstehen. Dieser Hinweis enthält aber streng genommen keine Information darüber, was sie Stunden zuvor beobachtet hat.

Auch ein Westlicher Flachlandgorilla namens King konnte im *Monkey Jungle* in Miami (USA) zwei Merkmale von episodischem Gedächtnis, die Person (das Wer) und den Inhalt (das Was) einer Futterspende anzeigen [569]. Auch er lernte, sich mithilfe von Symbolen – Holzkärtchen mit Grafiken – zu verständigen. Aber die entsprechende Studie weist einen entscheidenden Vorteil gegenüber der Schimpansenstudie auf. Der sprachähnliche Bericht mit Symbolen bezog sich auf ein einzigartiges, nicht wiederholbares Ereignis, das zum Zeitpunkt der Mitteilung vergangen war und keine Spuren hinterließ. In Abständen bekam King nämlich eine von fünf verschiedenen Obstsorten gereicht. Wenn er sieben Minuten danach von seinem Tierpfleger gefragt wurde, welches Obst er bekommen hatte, war er in siebzig Prozent der Fälle erfolgreich, wurde er nach einem ganzen Tag gefragt, steigerte er sich sogar auf zweiundachtzig Prozent. In einem zweiten Experiment wurde er zudem gefragt, von welchem von zwei Tierpflegern er welche von drei Obstsorten bekommen hatte. Nun lag seine Trefferquote für das richtige Obst bei fünfundfünfzig und dreiundsiebzig Prozent nach kurzem beziehungsweise nach langem Intervall, was signifikant über der Zufallswahrscheinlichkeit von dreiunddreißig Prozent lag. Bei der Angabe der Person war der Gorilla mit jeweils über achtzig Prozent Trefferquote noch deutlich genauer.

Die Ergebnisse der Beobachtungen und Verhaltenstests mit Schimpansen, Bonobos, Orang-Utans und Gorillas sind eindrucksvoll und bestätigen die Vermutung, dass Tierarten in der phylogenetischen Nähe des Menschen auch zu eindrucksvollen Gedächtnisleistungen fähig sind. Die Gefahr dabei ist allerdings, dass man die Suche nach Hinweisen auf episodisches Gedächtnis im Tierreich auf unsere nächsten Verwandten einschränkt und andere Tiergruppen, vor allem in stammesgeschichtlicher Ferne aus den Augen verliert. Bisher habe ich in diesem Kapitel nur Wirbeltiere erwähnt, wäre es aber möglich, ein episodenhaftes Gedächtnis auch bei wirbellosen Tieren zu finden? Tatsächlich haben Forschungen an Tintenfischen im letzten Jahrzehnt erstaunliche Ergebnisse im Hinblick auf die Frage des Reisens in der Zeit erzielt. Gewöhnliche Tintenfische erinnern sich an das »Was, wo und wann« vergangener Ereignisse, denn wenn sie nach Beute suchen, kann das davon abhängen, was und wo sie zuvor gefressen hatten und wie viel Zeit seit dieser Mahlzeit vergangen war [570]. Weiters passen sie ihr Futtersuchverhalten daran an, ob sie die Beute bei einer früheren Gelegenheit gesehen oder gerochen haben [571], und sie haben auch Erwartungen, um ihr Verhalten zu ändern: Wenn sie erwarten, dass später Garnelen zur Verfügung stehen, werden sie jetzt weniger Krabben fressen [572]. Zusammenfassend kann man also sagen, dass diese Weichtiere tatsächlich imstande sind, Erfahrungen über die Zeit hinweg zu integrieren, um ihr Verhalten zu steuern.

Verderbliches Futter

Die bisher genannten Beispiele tragen erheblich dazu bei, den Zweifel daran auszuräumen, dass neben dem Menschen auch andere Tiere Langzeiterinnerungen haben. Diese weisen bestimmte, wenn auch nicht alle Merkmale des episodischen Gedächtnisses auf. Eine wichtige Einschränkung bezog sich in den bisher genannten Studien noch nicht auf die umstrittene Frage nach dem Bewusstseinsaspekt, sondern auf die Vorstellung von Zeit. Wie wird die Zeit bei Tieren repräsentiert?

Wir Menschen stellen uns die Zeit als eine lange Schnur vor, auf der sozusagen Perlen aufgefädelt sind. Die Perlen sind dabei die spezifischen Ereignisse, an die wir uns erinnern und die mit mehr oder weniger Detailreichtum ausgestattet sind. Und diese sind auf der Schnur angeordnet, wenn schon nicht in absoluter, so doch mindestens in relativer Weise. An (manche) Ereignisse können wir uns in absoluter Weise erinnern, sprich, wir können ihren genauen Zeitpunkt in der Vergangenheit bestimmen [478, 492]. Aber auch wenn wir nicht mehr wissen, wann genau ein bestimmtes Ereignis stattfand (am Montag der Vorwoche um 12 Uhr), so können wir es oft in Relation zu anderen Ereignissen einordnen. Dazu verwenden wir einerseits semantisches Wissen (zum Beispiel frühstücke ich nur am Morgen und kann daher so den Zeitraum des Frühstücks eingrenzen), andererseits Erinnerungen an damit zusammenhängende Ereignisse. Wenngleich ich zum Beispiel nicht mehr genau das Jahr angeben kann, in dem ich meine erste wissenschaftliche Konferenz besucht habe, so weiß ich doch, dass es zu einem frühen Zeitpunkt meines Doktoratsstudiums war, weil ich damals einen noch nicht veröffentlichten Teil meiner Masterarbeit vorstellte. Ich erinnere mich auch, dass es in Bergamo (IT) war und dass ich im Auto meines Doktorvaters Rupert Riedl mitfahren durfte.

Eine Episode wie die eben beschriebene ist mit vielen Details des Geschehens angereichert, wodurch ich eine Zuordnung zu meinem vergangenen Leben herstellen kann, ohne auf einer abstrakten Zeitdimension zu reisen. Daher wurde argumentiert, dass das episodische Gedächtnis nicht darauf abzielt, sich auf eine Zeitreise zu begeben, sondern komplexe Ereignisse voneinander zu unterscheiden. Diese Unterscheidung solle auf der Zuordnung von Elementen zu einem bestimmten Anlass beruhen [573, 574]. Das zeitliche Element (das Wann) der episodischen Triade wäre somit ein zu enges Konzept und sollte erweitert werden, um auch andere, nichtzeitliche Merkmale, die ein bestimmtes vergangenes Ereignis identifizieren helfen, aufzunehmen. Urteile über den Zeitpunkt des Eintretens eines Ereignisses könnten aus einer Vielzahl von Hinweisen abgeleitet werden, einerseits aus Informationen aus der scheinbaren Entfernung des Ereignisses von der Gegenwart – zum Beispiel die Erinnerungsstärke oder die kontextuelle Überschneidung mit der Gegenwart –, andererseits aus Hinweisen, die die relative zeitliche Abfolge der Ereignisse sowie zugehörige kontextuelle Informationen (zum Beispiel semantisches Wissen über Elemente des Inhalts) nahelegen. Oder noch radikaler gedacht: Es gibt gar keinen natürlichen Zeitcode im menschlichen Gedächtnis, und daher ist eine lineare Chronologie, wie es die Idee der geistigen Zeitreise nahelegt, eine Illusion [575]. Chronologische Informationen wären demgemäß entbehrlich und würden uns auch von der Verpflichtung entbinden, das episodenartige Gedächtnis mit einem Nachweis von bewusster Erfahrung zu versehen.

Lässt sich immerhin nachweisen, dass Tiere eine relative, vielleicht sogar perlenschnurartige Zeitvorstellung haben? Können Tiere Ereignisse zumindest grob in der Vergangenheit verorten? Haben sie Erinnerungen, die entsprechend der ursprünglichen Definition von episodischem Gedächtnis durch Tulving [557] Informationen über Episoden oder Ereignisse und deren zeitliche und räumliche Beziehungen zueinander speichern? Tatsächlich wurden diese Fragen in der ersten experimentellen Studie zum Thema episodisches Gedächtnis bei Tieren gestellt. Clayton und ihr Team, die wir schon bei den Frühstücksexperimenten kennengelernt haben, stellten ihren Buschhähern die dadurch berühmt gewordene Was-Wo-Wann-Frage [519]. Wie im Unterkapitel »Planhandlungen« schon beschrieben, sind diese Häher ausgezeichnete Futterverstecker, die ihre Vorräte im Sommer und Herbst nicht nur an Hunderten von Orten platzieren, sondern diese auch im Winter in großer Zahl wiederfinden. Somit lag es nahe, zu überprüfen, woran sich die Tiere erinnern, wenn sie die Verstecke einige Zeit später wiederfinden müssen. Wissen sie noch, was sie versteckt haben, wo sie es versteckt haben und wann? Wissen sie das in dieser Kombination oder erinnern sie sich unabhängig voneinander an einzelne Orte, an bestimmte Zeiten und an bestimmte Futtersorten? Und wenn die Erinnerungen alle drei Merkmale integrieren, sind sie dann auch flexibel genug, um in neuartigen Situationen, die zum Zeitpunkt der Speicherung nicht vorhersehbar waren, genutzt zu werden?

Das Experiment folgte einem ausgeklügelten Plan (Abb. 13). Und obwohl es mit im Labor gehaltenen Tieren, mit künstlichen Verstecken – wir erinnern uns: mit Sand gefüllte Eiswürfelschalen – und mit erzwungenen Abläufen durchgeführt wurde, konnten die natürlichen Fähigkeiten der Tiere hervorgeholt werden. Die Häher wurden in zwei Gruppen geteilt, eine sogenannte »Verfalls-Gruppe« und eine »Wiederauffüll-Gruppe«. Alle bekamen im satten Zustand Futter, das sie in den Behältern verstecken konnten. Die beiden gefütterten Sorten unterschieden sich aber in ihrer Beliebtheit: Häher mögen besonders gerne Wachsmaden (die Larven der großen Wachsmotte, ein Falter der Familie der Zünsler, sind besonders energie- und eiweißreich und daher beliebte Futtertiere), nicht ganz so gerne Erdnüsse. In einem Vortraining konnten die Mitglieder der Verfalls-Gruppe lernen, dass die toten Wachsmaden zwar nach wenigen Stunden noch ganz schmackhaft, aber nach fünf Tagen ungenießbar sind.

Im ersten von zwei Versuchen bekamen diese Tiere nacheinander die einmalige Gelegenheit, Maden und Nüsse zu verstecken, wobei jeweils eine Hälfte der Eisbehälter abgedeckt war. Zunächst durften sie Nüsse auf der linken Seite des Behälters verstecken. Genau fünf Tage später erhielten sie Gelegenheit, die Maden in der rechten Hälfte der Behälter zu vergraben. Das Verstecken erfolgte also nach dem Schema P / W : zuerst Nüsse (*peanuts*), dann Maden (*waxworms*). Vier Stunden nach diesem Ereignis folgte der erste Test. Wo würden die Tiere, sobald sie wieder Zugang zu ihren Verstecken hatten, suchen? Würden sie zufällig, nach einem angeborenen Muster oder vielleicht doch strategisch vorgehen? Wenn sie sich erinnerten, wo sie ihr Lieblingsfutter versteckt hatten, würden sie dieses zuerst ausgraben. Tatsächlich wählten 80 Prozent der Tiere zuerst die Seite mit den Maden und führten im Durchschnitt sieben Sichtungen auf der rechten und nur fünf auf der linken Seite durch (Abb. 13).

Ganz anders verhielten sich die Tiere, wenn zuerst die Maden und fünf Tage später die Nüsse versteckt wurden, also nach dem Schema W / P. Nun wählte kein einziges Tier die Madenseite zuerst, und auch von den nachfolgenden Sichtungen waren im Durchschnitt weniger als drei auf dieser Seite (Abb. 13). Dieser große Unterschied legt die Vermutug nahe, dass die Tiere wussten, dass die Maden bereits ungenießbar waren und sie daher mit den Nüssen vorliebnehmen sollten. Um das zu bestätigen, muss man Tiere testen, die dieses Wissen nicht haben, und genau zu diesem Zweck gab es die Wiederauffüll-Gruppe. Deren Mitglieder inspizierten zwar die Madenseite im zweiten Fall etwas weniger oft, aber in beiden Fällen waren alle Tiere zuerst auf dieser Seite.

Ein drittes Experiment sollte überprüfen, ob die Tiere eine angeborene Fähigkeit für den richtigen Umgang mit verderblichen Nahrungsmitteln haben. Häher wissen, dass ihre Verstecke immer wieder von Artgenossen geplündert werden, und ergreifen daher eine Gegenmaßnahme: Sie lösen manche ihrer Verstecke frühzeitig auf und legen neue an [576]. Sie sollten daher wissen, dass die Verstecke umso eher geplündert werden, je mehr Zeit nach dem Verstecken vergeht. Um den Vögeln beizubringen, dass

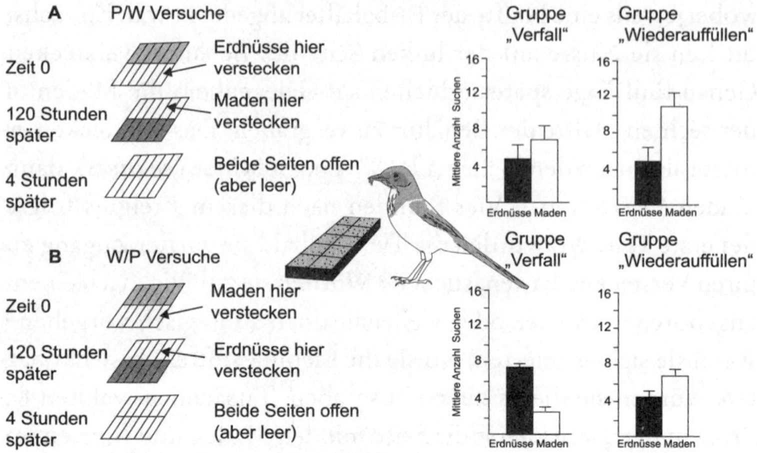

Abb. 13: Das experimentelle Design und die Ergebnisse der Häher in den Gruppen »Verfall« und »Wiederauffüllen«. Während der Versteckphasen wurde durch Abdeckungen verhindert, dass Vögel Futter in den schattierten Hälften der Eiswürfelbehälter verstecken konnten. In P/W-Versuchen (A) versteckten Vögel zuerst Erdnüsse, 120 Stunden später Maden. Vier Stunden nach Ende der zweiten Versteckphase standen den Vögeln beide Seiten der Behälter zur freien Verfügung. In der Testphase waren die Verstecke leer, um visuelle oder olfaktorische Hinweise zu beseitigen, sodass nur die Erinnerung der Vögel getestet wurde. In W/P-Studien (B) wurde die Reihenfolge, in der Maden und Erdnüsse versteckt werden konnten, umgedreht. Die Histogramme zeigen die durchschnittliche Anzahl von Nachschauaktionen auf der Erdnuss- und Madenseite der Behälter (Fehlerbalken stellen einen mittleren Standardfehler dar) während der Suche in den P/W- und W/P-Tests. Aus [522].

die Wahrscheinlichkeit, dass die Madenverstecke geplündert werden, mit der Zeit seit dem Verstecken zunimmt, wurde eine dritte Gruppe von Hähern (»Versteckens-Gruppe«) vortrainiert: Sie mussten dabei erfahren, dass ihre Madenverstecke nach fünf Tagen leer waren – die Maden wurden von der Experimentatorin aus der Aufbewahrungsschale entfernt. Diese Gruppe sollte sich beim Verstecken von Nüssen und Maden genauso verhalten wie die Verfalls-Gruppe und ebenso eine stärkere Präferenz für die Erdnüsse entwickelt haben, wenn sie die Wachsmaden zuerst verstecken durften und somit 5 Tage bis zur Möglichkeit des Wiederauffindens vergangen waren. Dies traf im Wesentlichen auch zu. Obwohl sie in der 4-Stunden-Bedingung (die Wachsmaden wurden 120 Stunden nach den Erdnüssen versteckt) keinen Unterschied in ihrem Suchverhalten erkennen ließen und eine gleich starke Präferenz für die Madenverstecke zeigten wie die anderen Gruppen, änderten sie ihre Wiederauffindungsstrategie in der 5-Tage-Bedingung. Wenn die Häher der Versteckens-Gruppe tatsächlich gelernt hatten, dass die Wahrscheinlichkeit, dass die Verstecke geplündert werden, mit der Zeit zunimmt, die zwischen dem Verstecken und dem Wiederauffinden verstreicht, indem sie sich relativ gut daran erinnern, wie lange es her ist, dass sie die Maden versteckt haben, dann sollte ihre Vorliebe für die Madenverstecke im 5-Tage-Versuch im Vergleich zu der von der Wiederauffüll-Gruppe gezeigten Vorliebe vermindert worden sein. Und tatsächlich machten nun 29 Prozent ihre erste Sichtung auf der Seite mit den Nüssen. Zur Erinnerung: Kein einziges Tier machte das in der Wiederauffüll-Gruppe.

Zusammenfassend kann man also sagen, dass die Buschhäher etwas darüber wussten, was sie versteckt hatten (nämlich Maden oder Nüsse), wo sie es versteckt hatten (nämlich links oder rechts im Eisbehälter) und wann sie es versteckt hatten (nämlich vor 4 Stunden oder vor 124 Stunden). Noch dazu hatten sie diese Informationen aus der Erfahrung eines einmaligen Versteckenserereignisses gewonnen. Häher scheinen also Erinnerungen an spezifische, singuläre Ereignisse in ihrer Vergangenheit abrufen zu können, nämlich das Verstecken von Würmern beziehungsweise von Nüssen zu einem bestimmten Zeitpunkt und an einem bestimmten Ort. Obwohl die einzelnen Informationsteile Fakten sind und die Erinnerungen daher semantisches Wissen enthalten, sind sie doch in ihrer Kombination singulär und spezifisch [519-522].

Man kann diese Ereignisse wohl Episoden nennen. Aber waren es auch Erlebnisse? Kommen in diesen Episoden die Tiere und ihre Handlungen selbst vor? Obwohl die Ergebnisse die meisten Kriterien für das episodische Gedächtnis erfüllen, können sie dennoch nicht beweisen, dass die Vögel autonomes Bewusstsein in ihrer Erinnerung an vergangene Ereignisse verwenden. Dieses autonoetische Bewusstsein selbst gemachter Erfahrungen oder eigener Erlebnisse ist ein besonderer Aspekt des phänomenalen Bewusstseins. Die Autoren gestehen zu, dass dies bei Tieren wahrscheinlich nicht testbar ist, da diese Form des Bewusstseins keine offensichtliche Manifestation im nichtsprachlichen Verhalten habe. Daher nennen sie ihre Befunde einen Beleg für ein »episodenähnliches« Gedächtnis und machen das »episodische« Gedächtnis, wie schon Tulving [557], zu einem einzigartig menschlichen Phänomen.

Manche Philosophen fragen sich, ob es tatsächlich keine nichtsprachliche Manifestation subjektiver Erlebnisse im Allgemeinen und des spezifischen, episodische Erinnerungen begleitenden Bewusstseins im Besonderen gibt [74]. Existiert keine ausgearbeitete Theorie des Bewusstseins, die es uns ermöglichen würde, den Hähern aufgrund der von ihnen an den Tag gelegten kognitiven Leistungen phänomenales Bewusstsein zuzuschreiben? Ich wende mich dieser Frage ausführlich im Kapitel 10 (»Haben Tiere Bewusstsein?«) zu. Clayton räumt jedenfalls die Möglichkeit ein, dass Tiere trotz beträchtlicher kognitiver Leistungen keine bewussten Erlebnisse haben. Es könnte sein, dass Tiere zwar intentionale Zustände haben, diese auch verbinden und sich aufgrund dieser Verbindungen in Zuständen des Wissens und des Erinnerns befinden, dass sich aber alle diese kognitiven Prozesse in völliger oder großer »mentaler Dunkelheit« abspielen.

Wie viel Zeit ist schon vergangen?

Buschhäher sind – wie wir Menschen – tagaktiv und orientieren sich stark visuell. Die einzelnen Vertiefungen der Eiswürfelbehälter wurden daher mit bunten Legosteinen an der Seite unterscheidbar gemacht, sodass sich die Buschhäher beim Wiederfinden ihrer Verstecke an diesen orientieren konnten. Ratten hingegen sind nachtaktive Tiere, deren visuelles System nicht so gut ausgebildet ist wie jenes der gefiederten Wirbeltiere. Dagegen ist ihr olfaktorisches System ausgezeichnet. Mit ihrer feinen Nase erkunden sie die Gegend und spüren Futter auf. Dabei merken sie sich viele verschiedene Gerüche, die sich oft nur in Nuancen unterscheiden. Es lag daher nahe, bei diesen Tieren die Erinnerungsfähigkeit geruchsbasiert zu untersuchen. In einem Experiment lernten die Nagetiere die Standorte verschiedener Lebensmittel innerhalb eines radialen, achtarmigen Labyrinths [577]. Die Tiere mussten sich ohne visuelle Hinweise die räumliche Anordnung und die Orte, an denen Lebensmittel hinterlegt waren, merken. Neben anderen Futtermitteln in drei zufällig ausgewählten Gängen bekamen sie in einem Arm Schokolade, die sie bevorzugt konsumieren. Später konnten sie das Labyrinth wieder besuchen und zeigen, ob sie sich gemerkt hatten, wo sich die Schokolade befand. Es wurden zwei unterschiedlich lange Pausen geprüft, eine kurze, einstündige und eine lange, einen Tag und eine Stunde lange Pause. Tatsächlich fanden sie die Schokolade schnell und sicher, allerdings besser nach langer als nach kurzer Pause. Offenbar war der Schokoladenstandort mittlerweile gut im Gedächtnis gespeichert worden. Anschließend wurde die Schokolade während der langen Pause mit Lithiumchlorid ungenießbar gemacht. Auch das merkten sich die Tiere und besuchten den Arm mit der Schokolade fortan seltener. Wurde aber statt der schlechten Schokolade eine Weintraube in den Gang gelegt, war die frühere Besuchshäufigkeit sofort wieder gegeben. Die Autoren schlossen aus diesen Ergebnissen, dass sich die Ratten wie die Buschhäher in den zuvor beschriebenen Versteckexperimenten an das Was (die Nahrung), das Wann (vor Kurzem oder vor längerer Zeit gefunden) und das Wo (den Gang im Labyrinth) erinnerten.

In einem weiteren Versuch von Jonathan Crystal von der Indiana University (USA) gelang es zu zeigen, dass die Ratten unterschiedliche Komponenten des Ereignisses des Auffindens von Schokolade im Labyrinth (nämlich, wo sie es gefunden haben, in welcher Weise – haben sie die Schokolade selbst dorthin gebracht? – und in welcher Umgebung) kombinieren und zu einer einheitlichen, sprich episodischen Erinnerung formen können [578].

Wie aber codieren sie das Wann, den Zeitpunkt des Auffindens von Schokolade in ihrem Gedächtnis? Wir kommen damit abermals auf die Frage zurück, wie Tiere Ereignisse oder Tätigkeiten in der Vergangenheit verorten können. Im Triumvirat der Tulving'schen Kriterien für episodisches Gedächtnis scheint das Wann eine zentrale Stellung innezuhaben. Haben Tiere Erinnerungen, deren Position – um unser Perlenschnurmodell zu strapazieren – in absoluter oder relativer Weise bestimmbar ist? Die Hinweise darauf, wann genau und wie lange etwas her ist, wurden in den frühen Studien zu episodenartigem Gedächtnis bei Tieren nicht unterschieden. Die Buschhäher und die Ratten mussten nur zwischen der kurzen und der langen Zeit, seitdem die Maden versteckt beziehungsweise die Schokolade gefunden wurde, unterscheiden, sie mussten nicht wissen, ob es vier oder 124, eine oder 25 Stunden waren. Menschen können [478, 492] zumindest für manche besonderen Episoden den genauen und absoluten Zeitpunkt speichern beziehungsweise die vergangenen Erfahrungen innerhalb einer absoluten zeitlichen Dimension rekonstruieren.

Wie könnten Tiere das Wann in relativer Weise bestimmen? Zum Beispiel, indem sie sich merken, wie viel Zeit vergangen ist, seit das Ereignis stattgefunden hat. Das wiederum kann auf unterschiedliche Weise realisiert werden. So können sich die Tiere vielleicht daran erinnern, wie lange ein Ereignis zurückliegt, indem sie die verstrichene Zeit mithilfe von sogenannten Akkumulatoren oder zirkadianen Uhren, mithilfe ihres eigenen Verhaltens oder der Stärke einer verfallenden Gedächtnisspur abschätzen. Das episodenartige Gedächtnis bei Tieren könnte ganz anders im Gehirn realisiert sein als das menschliche episodische Gedächtnis.

Mithilfe von Laborexperimenten mit Ratten wurde versucht, die Frage des Inhalts des Wann-Merkmals tierischer Erinnerungen zu beantworten. In zwei Experimenten fragten William A. Roberts und sein Team von der University of Western Ontario (Kanada), ob die zeitlichen Hinweise, die Ratten verwenden, entweder den genauen Zeitpunkt des Ereignisses beinhalten, oder wie lange es her ist oder vielleicht sogar beides [579] (Abb. 14). Das Ereignis, an welches sich die Ratten erinnern sollten, war das Auffinden eines überaus beliebten Futters, nämlich Käse, im achtarmigen Sternlabyrinth.

An den einzelnen Versuchstagen des Trainings durften die Ratten vier zufällig ausgewählte Arme betreten. Drei Arme enthielten jeweils zwei Pellets des üblichen Rattenfutters, der vierte Arm jedoch enthielt den Leckerbissen, einen Käsewürfel. In der Testphase wurden die Ratten in das Labyrinth zurückgebracht. Nun standen alle acht Arme offen, und die Ratten konnten frei unter ihnen wählen. Die vier während des Trainings geschlossenen Arme enthielten nun jeweils zwei Pellets, und die drei Arme, die während des Trainings Pellets enthielten, waren nun leer. Für das Wiederfinden des Käsewürfels gab es zwei Bedingungen; entweder er wurde für den Test wieder platziert (W) oder nicht, somit also »gestohlen« (G).

Die Ratten wurden in drei Gruppen von je 10 Tieren eingeteilt und mit je unterschiedlichen Informationen versehen. Bei der sogenannten Gruppe »Wann?«, war der Hinweis auf den genauen Zeitpunkt relevant und jener, wie lange das Training her ist, wurde irrelevant und daher nutzlos gemacht (Abb. 14). Es gab in allen drei Gruppen jeweils zwei Untergruppen (A und B), die sich in der Reihenfolge der beiden Bedingungen (W und G)

Training → Testintervall	Gruppe					
	Wann		WLH		Wann + WLH	
	A	**B**	**A**	**B**	**A**	**B**
9.00 → 9.30 Uhr	G	W	G	W		
9.00 → 13.00	G	W	W	G	W	G
12.30 → 13.00	W	G	G	W	G	W
12.30 → 16.30	W	G	W	G		

Abb. 14: Design des ersten Experiments von Roberts und Co-Autoren zum episodenhaften Gedächtnis von Ratten. Details im Text. Aus [579].

unterschieden, um einen Einfluss der Reihenfolge zu überprüfen. Wenn die Untergruppe A ihr Training in der Früh (um 9:00 Uhr) hatte, wurde der Käse beim späteren Test, egal, ob dieser gleich danach oder vier Stunden später stattfand, nicht wieder hingelegt. Wenn sie jedoch das Training am Mittag (12:30 Uhr) hatte, wurde im Test, egal, ob dieser gleich danach oder vier Stunden später stattfand, der Arm wieder mit Käse befüllt. Genau umgekehrt war das Design bei der Untergruppe B, damit man einen Tageszeiteffekt (ob die Bedingung »Vormittag oder Nachmittag« einen Einfluss hatte) ausschließen konnte. Jedenfalls konnten die »Wann?«-Ratten nur dann Käse im Käsearm erwarten und diesen damit gezielt aufsuchen, wenn sie sich gemerkt hatten, zu welcher Tageszeit sie dort Käse fanden, nicht aber, wie lange zuvor. Die Tiere der Untergruppe A sollten sich also merken: »Wenn du Training um 9 Uhr hattest, darfst du später am Tag keinen Käse mehr erwarten, hole dir aus einem anderen Arm die Pellets. Wenn du aber zu Mittag Training hattest, kannst du dir später am Tag dort wieder den Käse holen.«

In der zweiten Gruppe, der sogenannten Gruppe »Wie lange her?« (WLH), war die Zeit, die seit dem Training verstrichen war, entscheidend für das Vorhandensein von Käse im späteren Test. So konnte sich die Untergruppe A nach folgender Regel orientieren: »Wenn du vor Kurzem Training hattest, darfst du keinen

Käse mehr erwarten. Wenn du aber vor längerer Zeit Training hattest, kannst du dir jetzt den Käse holen.« Bei Untergruppe B war es umgekehrt.

In der dritten Gruppe schließlich konnten beide Hinweise, »Wann« und »Wie lange her?«, genutzt werden (Wann + WLH). Diese Tiere wurden nur um 13:00 Uhr getestet, wobei die Untergruppe A Käse im Käsearm vorfinden konnte, wenn sie Training um 9:00 Uhr, und die Untergruppe B, wenn sie Training um 12:30 Uhr hatte. Sie konnten sich daher an beiden Zeitmarken orientieren.

Was die Auswertung der Tests betrifft, muss man beachten, dass nur die Tests um 13:00 Uhr die entscheidenden Daten lieferten, denn nur da war der Testzeitpunkt irrelevant. Wurden die Ratten nämlich um 9:30 Uhr oder 16:30 Uhr getestet (die erste und letzte Zeile in der Abbildung), konnten Tiere in den beiden Gruppen »Wann« und »Wie lange her?« die Tageszeit des Tests als Hinweis auf die Wiederauffüllung der Käseprämie verwenden. Für die Bekundung wurden zwei Messungen herangezogen, einerseits die Wahrscheinlichkeit, innerhalb der ersten vier Arme, die besucht wurden, in den Käsearm zurückzukehren, und andererseits der mittlere Rang des Eintritts in den Käsearm bei aufeinanderfolgenden Armentscheidungen. Eine frühe Rückkehr in den Käsearm ergab eine hohe Wahrscheinlichkeit und einen niedrigen Rang.

Die Ergebnisse waren aufschlussreich. Zunächst einmal zeigte sich, dass die Ratten in den Tests die Arme, die im Training Pellets enthielten, kaum aufsuchten. Sie gingen entweder in die vier Arme, die im Training verschlossen geblieben waren, oder in den Käsearm. Wenn man das Verhalten der Tiere über alle Tests hinweg betrachtet, insbesondere wie oft und vor allem wann sie den Käsearm aufsuchten, erkennt man, dass die Tiere aller Gruppen den Käsearm öfter und früher aufsuchten, wenn dieser wieder befüllt wurde, als wenn er leer blieb. Doch dieses Bild ändert sich, wenn man nur die Tests um 13:00 Uhr analysiert. Denn da versagt die Erinnerung der »Wann?«-Gruppe – sie machen keinen

Unterschied zwischen wieder befüllten und leeren Käsearmen –, während die Unterscheidung bei den anderen beiden Gruppen nach wie vor intakt ist. Offenbar orientierten sich die Ratten also an der Dauer, die seit dem Training verstrichen war, nicht aber am genauen Tageszeitpunkt des Trainings. Die Autoren der Studie zogen in Erwägung, dass sich die Tiere besser erinnern, wenn sich die beiden Intervalle zwischen Training und Test stärker unterschieden und dabei auch ein langes Intervall von über einem Tag Länge berücksichtigt wurde. Doch auch bei einem zweiten Experiment mit Intervallen von einer Stunde und von achtundzwanzig Stunden änderte sich am Gesamtbild wenig. Wieder blieben die Tiere der »Wann?«-Gruppe beim Test um 13:00 Uhr erfolglos. Somit deuten diese Versuche darauf hin, dass sich Ratten nicht daran erinnern können, zu welcher Tageszeit ein wichtiges Ereignis, nämlich das Auffinden eines sehr begehrten Futters, stattfand, sondern nur, wie viel Zeit seither verstrichen ist. Das verleitete die Autoren zur Schlussfolgerung, dass zumindest Ratten kein episodisches Gedächtnis haben, jedenfalls keines, das mit dem des Menschen vergleichbar wäre. Menschen können nämlich angeben, wann ein Ereignis innerhalb eines vergangenen zeitlichen Rahmens von Stunden, Tagen und Jahren aufgetreten ist, und das in absoluten Zahlen, nicht nur relativ.

Nur Vertrautheit?

Man könnte das Ergebnis der Rattenstudie auch so deuten, dass es den Tieren nicht drauf ankommt, wann genau ein bestimmtes Ereignis stattfand, sondern nur, ob es überhaupt jemals passiert ist oder nicht. Anders gesagt, das Gedächtnis der Ratten speichert Information über die Vertrautheit mit Ereignissen, Gegenständen, Sozialpartnern und anderen wichtigen Dingen. Es ist nicht unbedingt notwendig, das Ereignis präzise auf der Zeitlinie zu verorten. Das Gedächtnis von Menschen hingegen kann für ein zuvor erlebtes Ereignis, wie zum Beispiel die Wahrnehmung eines bestimmten Objekts, sowohl ein Gefühl der Vertrautheit mit dem Objekt als auch eine Erinnerung an diese Wahrnehmung bei einer bestimmten Gelegenheit beinhalten. Erinnerung und Vertrautheit können selektiv beeinträchtigt werden und dürften demnach auf unterschiedlichen neuronalen Systemen beruhen. Viele Aufgaben, die zum Testen des Gedächtnisses bei nichtmenschlichen Tieren verwendet werden, prüfen das Wiedererkennen, wobei der Erfolg dazu ausschließlich auf Vertrautheitshinweisen beruhen kann. Ohne die Möglichkeit, Erinnerung und Vertrautheit selektiv zu untersuchen, war es bis vor Kurzem schwierig, die neuronale Basis dieser Prozesse bei Tieren zu bestimmen.

Menschen haben ein phänomenales Gedächtnis für Bilder: Wenn man Testpersonen eine Liste von 2500 Bildern vorlegt, die jeweils nur kurz gezeigt werden, unterscheiden sie bei einem drei Tage später stattfindenden Test gesehene von ungesehenen Bildern mit einer Genauigkeit von über neunzig Prozent [580]. Diese beachtliche Fähigkeit beruht zweifellos auf einem hoch entwickelten Sehsystem, das sich in der Stammeslinie der Affenartigen für die visuelle Aufnahme und Speicherung von Objekten und Szenen als besonders vorteilhaft erwiesen hat.

Die Vertrautheit eines Bildes kann von unterschiedlichen Merkmalen abhängen. Wenn eine Versuchsperson eine Reihe von Gesichtern vieler verschiedener Personen nacheinander vorgelegt bekommt, werden später einige Bilder vertrauter erscheinen, weil sie ganz zu Beginn der Liste gesehen wurden, andere weisen sogar eine noch größere Vertrautheit auf, weil sie gegen Ende und daher erst vor Kurzem drankamen, und wiederum andere Gesichter werden vertraut erscheinen, weil sie mit Erfahrungen oder Erinnerungen verknüpft wurden. Die Präsentation einer historischen Figur, nehmen wir zum Beispiel Maria Theresia, wird semantische oder referentielle Informationen über die Herrschaft der Habsburger oder die theresianische Schulreform wachrufen. Weiters könnten Bilder episodische Erinnerungen hervorrufen.

Das Bild eines engen Freundes ruft wahrscheinlich mehrere Erinnerungen an gemeinsame Erfahrungen und besondere gemeinsame Erlebnisse hervor, die zu unterschiedlichen Zeiten und in unterschiedlichen Zusammenhängen auftraten. Neuere experimentelle Studien mit Ratten haben gezeigt, dass manche dieser für Menschen typischen Merkmale unserer Erinnerungen auch in das Langzeitgedächtnis dieser Nagetiere Eingang finden. Auch sie scheinen sich gleichzeitig an mehrere episodische Ereignisse, die mit verschiedenen Kontexten verbunden sind, erinnern zu können. Wie hat man das gezeigt?

Wir haben schon von den Studien mit Buschhähern gelernt, dass Informationen über das Was, Wann und Wo eines Ereignisses kombiniert gespeichert werden können. Zusätzlich scheinen auch Informationen über die dabei existierenden Umstände, wir sprechen auch vom »Kontext des Geschehens«, in die Erinnerung einzugehen. Sobald Tiere solche situationalen Hinweise bekommen, wird in ihnen die Erinnerung an das Ereignis wachgerufen. So können etwa Verstecke am Tag oder in der Nacht angelegt werden. Tiere ordnen dann beim Wiederfinden der Verstecke deren Inhalt und deren Ort in Abhängigkeit davon, ob es hell oder dunkel ist, zu. Dies wurde in einem Experiment dadurch überprüft, dass zwei Futtersorten A und B an den Enden eines E-förmigen Labyrinths versteckt wurden, ihre Positionen aber wechselten, abhängig davon, ob dies in einer hellen oder einer dunklen Umgebung geschah. Zum Beispiel war von den Experimentatoren A im linken Arm in der hellen und im rechten Arm in der dunklen Situation – und B umgekehrt – versteckt worden. Die Ratten wurden dann im Test nach bestimmten Gewöhnungsbedingungen – sie bekamen ständig nur B und wollten dadurch endlich einmal auch das Futter A – dazu gebracht, A zu suchen. Wenn es in einer Prüfungseinheit hell war, suchten sie bevorzugt im linken Arm, wenn es dunkel war, im rechten Arm. Sie erinnerten sich also, unter welchen Umständen welches Futter wo versteckt worden war [581].

Nun könnte man einwenden, dass diese binäre Aufgabe im Vergleich zum natürlichen Futtersuchverhalten von Tieren allzu einfach ist. Ratten können sich ja an eine große Anzahl von kürzlich erfahrenen Gerüchen erinnern [582], ähnlich wie wir Menschen viele visuelle Eindrücke speichern können [580]. Ein großer olfaktorischer Bulbus mit vielen feinverzweigten Verbindungen zum Vorderhirn und zum Hirnstamm scheint diese Leistung bei den Ratten zu ermöglichen [583]. Daher sollte man bei der Frage, ob Ratten mehrere episodische Erinnerungen im Gedächtnis bewahren können, mehr als nur zwei verschiedene Gerüche einsetzen. Analog zum Bildertest bei Menschen überprüfte eine neuere Studie mit Ratten, ob sie sich viele verschiedene Gerüche und konzeptuelle Information dazu merken können [584]. Das dabei eingesetzte Verfahren, der sogenannte Geruchs-Spannweite-Test (*odor span task*) wird typischerweise zur Untersuchung des Arbeitsgedächtnisses bei Nagetieren – Ratten oder Mäusen – eingesetzt [585]. Er besteht aus einem verkehrten Wahl-nach-Muster-Test, bei dem die Anzahl der zu merkenden Reize im Laufe einer Testeinheit zunimmt und nur die Wahl jenes Reizes belohnt wird – oft mit einem kleinen Stück Schokolade –, der in dieser Einheit neu hinzugekommen ist. Das Tier muss sich also merken, welche Düfte es an diesem Tag schon gerochen hat. Dieses Verfahren wird üblicherweise in einer runden Versuchsarena mit Bechern oder Vertiefungen durchgeführt, die entweder durch mit verschiedenen Geruchsstoffen gesättigten Deckeln verschlossen oder die mit einem mit Duftstoff versetzen Sand gefüllt sind. (Abb. 15).

Im Gedächtnistest konnten die Ratten siebzig und mehr verschiedene Gerüche, die in einer einzigen Testeinheit präsentiert wurden, unterscheiden [584]. Die verwendeten Gerüche waren handelsübliche Düfte oder Gewürze wie Zimt, Lavendel oder Vanille. Die Nager bewiesen ein enormes Arbeitsgedächtnis, denn sie wählten einen Deckel mit einem neuen Geruch beziehungsweise vermieden Deckel mit schon bekannten Gerüchen mit einer

Genauigkeit von über achtzig Prozent Trefferquote. Um schließlich das multiple episodische Gedächtnis untersuchen zu können, verwendeten die Forscher zwei Arenen (A und B), welche zwei verschiedene Umgebungen simulieren sollten (Abb. 15).

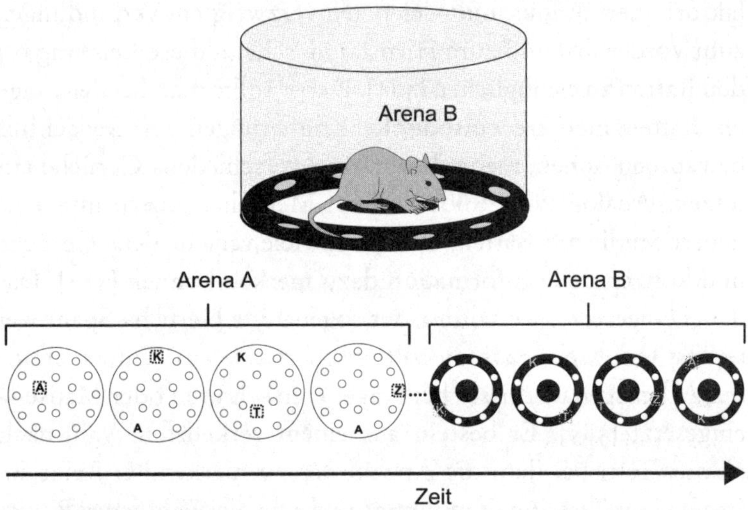

Abb. 15: Schematische Darstellung der Abfolge neuer Gerüche (dargestellt als Buchstaben) in Experiment 1 von Panoz-Brown und Co-Autoren [584] mit zwei Umgebungsänderungen (Arena A und Arena B). Der »neue« Geruch in jedem Durchgang wurde belohnt (gekennzeichnet durch eine strichlierte Umrandung), während der »alte« Geruch nicht belohnt wurde. Zunächst wurden die Ratten in Arena A mit 8 von 16 Gerüchen konfrontiert (nur 4 sind dargestellt), danach wurden in Arena B dieselben 8 und 8 weitere Gerüche als »neu« präsentiert, obwohl diese Gerüche im anderen Kontext bereits präsentiert worden waren. Schließlich kehrten die Ratten in Arena A zurück und bekamen dort jene 8 Gerüche, die sie dort zuvor noch nicht präsentiert bekamen. Jeden Tag wurden 16 Gerüche nach dem Zufallsprinzip aus einem Pool von 40 Gerüchen ausgewählt, und die Gerüche wurden in zufälliger Reihenfolge präsentiert. Aus [584].

Die große Arena A war weiß und enthielt achtzehn Vertiefungen, die in zwei konzentrischen Kreisen angeordnet waren. Die kleinere Arena B hatte abwechselnd schwarze und weiße Kreise auf ihrem Boden und enthielt acht Vertiefungen, die entlang der Plexiglaswand im gleichen Abstand voneinander angeordnet waren. In diesen Arenen mussten die Ratten immer zwischen zwei Deckeln wählen, die auf zufällig ausgewählte Vertiefungen gesetzt waren. Insgesamt gab es vierzig verschieden riechende Deckel.

Im ersten von zwei Experimenten wechselten die Tiere zwischen den beiden Arenen hin und her, und zwar von der großen zur kleinen und zurück oder umgekehrt. Nachdem sie gelernt hatten, den jeweils neuen Geruch in der ersten Arena zu wählen, wechselten sie in die zweite Arena und bekamen dort wieder andere Gerüche präsentiert. Der entscheidende Test erfolgte dann in der ersten Arena. Dabei wurden Gerüche getestet, die entweder in beiden Arenen vorkamen oder nur in der zweiten. Bezogen auf die Vertrautheit mit diesen Gerüchen sollte das keinen Unterschied machen. Wenn sie sich aber auch gemerkt hatten, in welcher Umgebung sie einen Geruch wahrgenommen hatten, sollten sie bei der Rückkehr in die erste Arena jenen Geruch wählen, den sie nur in der zweiten Arena riechen konnten. In der ersten Arena wäre dieser neu und damit korrekt. Mit einer Trefferquote von über fünfundsiebzig Prozent wählten sie deutlich besser als zufällig. Das auf ein multiples episodisches Gedächtnis hinweisende Ergebnis wurde zusätzlich mit verschiedenen Kontrollen abgesichert, durch die man die Möglichkeit ausschließen konnte, dass die Wahl auf einem Unterschied in der relativen Vertrautheit beruhte. Zur Steigerung der Überprüfung der Kontextabhängigkeit der Erinnerung wurden die Ratten in einem zweiten Experiment zuerst nach fünfmaligem Wechseln zwischen den beiden Arenen getestet, am Ende sogar nach fünfzehn Wechseln. Wann getestet wurde, welcher Geruch dann und dort neu war, konnte das Tier nicht vorhersehen. Es musste somit nicht nur alle Gerüche im Gedächtnis haben, sondern auch, wo es diese wahrgenommen hatte. Diese für Mensch und Tier aufwendigen Experimente haben somit gezeigt, dass Ratten eine große Anzahl von episodischen Erinnerungen speichern und gezielt abrufen können, wenn das gleiche Ereignis – der Geruch – in verschiedenen Kontexten wahrgenommen wird.

Bei Menschen spielt ein Hirnareal bei episodischen Erinnerungen eine entscheidende Rolle – der Hippocampus. Patienten mit Ausfällen in diesem Teil des Gehirns haben große Probleme bei der Erinnerung an frühere Ereignisse oder Erlebnisse [586]. Bei Säugetieren interagiert der Hippocampus eng mit praktisch dem gesamten Neokortex, aus dessen hochrangigen Assoziationsgebieten er stark verarbeitete Informationen empfängt. Ausgeprägte, für den Hippocampus spezifische Oszillationsmuster (die sogenannten Thetawellen und die scharfen Wellen), die auf einem Elektroenzephalogramm (EEG) während der Ruhe oder des Schlafes beobachtet werden, koordinieren die Aktivität zwischen Hippocampus und den Assoziationsgebieten während der Codierung und des Wiederhervorholens von Informationen, die zu episodenartigen Erinnerungen beitragen. Ursprünglich, nämlich schon bei Fischen, hatte der Hippocampus die Aufgabe, Räumlichkeit darzustellen (die »Wo«-Funktion). Später wurden immer mehr Merkmale und Informationen der Ereignisse verbunden und immer umfangreichere, lebendigere Erinnerungen ermöglicht. Interessanterweise erhält die äquivalente Struktur der Vögel, im Gegensatz zum Säugetier-Hippocampus nur visuellen und olfaktorischen Input, nicht jedoch vorbearbeitete Informationen aus den höheren Assoziationsgebieten. Auch wurden die bei Säugern bekannten Oszillationsmuster, die an der Kommunikation zwischen dem Hippocampus und den neokortikalen Assoziationsgebieten höherer Ordnung beteiligt sind, bei Vögeln nicht gefunden. Dies hat zu Diskussionen über das episodenhafte Gedächtnis der Buschhäher geführt [587].

Wie ich schon im Unterkapitel über die Kraft der Vorstellung erwähnt habe, findet sich bei Menschen ein Netzwerk im Gehirn, das den Strom von Erinnerungen und Tagträumen ermöglicht [498]. Dieses sogenannte Standardmodus-Netzwerk ist mittlerweile auch bei Ratten nachgewiesen [500]. Wenn nun tatsächlich das episodische Gedächtnis von einem gut funktionierenden Hippocampus abhängig ist, könnte man einen indirekten Nachweis auch mit Hilfe von gezielten Störungen dieses Hirnareals führen [588].

In einem 2018 durchgeführten Experiment haben die Rattenforscher um Crystal ihre früheren, ohnedies schon sehr aufwendigen Testprozeduren nochmals erweitert und dabei auch die Auswirkungen von pharmakologischen Störungen des Hippocampus untersucht [589]. Die funktionale Erweiterung bezog sich auf die Überlegung, dass das episodische Gedächtnis des Menschen nicht nur durch viele »Was, Wo, Wann und in welchem Kontext«-Erinnerungen charakterisiert ist, sondern dass wir uns auch an die Reihenfolge der damaligen Geschehnisse erinnern können. Beispielsweise erinnert sich meine Frau nicht nur im Detail an die vielen Ereignisse bei unserer Hochzeit, sondern auch an die genaue Abfolge, obwohl unser »schönster Tag« schon fast drei Jahrzehnte zurückliegt. Sie kann diesen Tag wie einen Film vor ihrem geistigen Auge abspielen. Könnten auch Ratten die Erinnerungen an wahrgenommene Düfte in den Versuchsarenen getreu ihrer zeitlichen Abfolge geistig durchspielen und bei plötzlicher Aufforderung entsprechende Entscheidungen treffen? Können sie ihren Gedächtnisraum so gezielt durchsuchen, dass sie eine bestimmte Perle auf der zeitlichen Perlenschnur entsprechend ihrer Position finden, auch wenn alle anderen mit diesem Ereignis verbundenen Informationen unzureichend sind?

Die amerikanischen Forscherinnen und Forscher überprüften insgesamt fünf Kriterien des episodischen Gedächtnisses in einem einzigen Experiment. Erstens sollten die Tiere die Reihenfolge mehrerer einzigartiger Ereignisse wiedergeben können, dies sollten sie zweitens ohne Zuhilfenahme von nichtepisodischen, sprich semantischen Gedächtnisalternativen schaffen, die Wiedergabe sollte drittens ein Teil des Langzeitgedächtnisses sein, diese sollte viertens resistent gegen Störungen durch andere Gedächtnisinhalte und fünftens von einem gut funktionierenden Hippocampus abhängig sein. Der Trick der Untersuchung bestand darin, dass die Ratten zu einem nicht vorhersehbaren Zeitpunkt »gefragt« wurden, welchen Duft sie als vorletzten oder viertletzten in der zuvor absolvierten Abfolge von Düften – noch dazu in Abhängigkeit des dabei existierenden Kontexts – wahrgenommen hatten. Die sich jeden Tag ändernden Sequenzen bestanden aus fünf bis maximal zwölf unterschiedlichen Gerüchen [589].

Weil sich deren Längen täglich und unvorhersehbar änderten, konnten die Ratten nicht vorhersagen, wann die Sequenz enden würde und sie daraufhin in einen anderen Kontext, sprich eine andere Arena, gebracht werden würden. In dieser Arena mussten die Ratten den vorletzten oder den viertletzten Duft der gerade absolvierten Sequenz gegenüber einem anderen Duft aus derselben Sequenz wählen. Ob es der vorletzte oder der viertletzte Duft war, hing von der Umgebung ab – in der einen Arena war es der vorletzte, in der anderen der viertletzte Duft. Die hohe, vom Zufall signifikant abweichende Trefferquote von im Durchschnitt rund achtundachtzig Prozent lässt den Schluss zu, dass die Ratten die Duftsequenzen vollständig speichern und bei der Frage, welcher der vor- oder viertletzte Duft war, diese Sequenzen nochmals im Kopf verkehrt herum durchlaufen lassen (*reverse replay*). Das würde jedenfalls dem menschlichen Vorgehen beim episodischen Gedächtnis entsprechen.

Die Experimentatoren führten auch verschiedene Kontrollexperimente durch, um das erstaunliche Ergebnis abzusichern. So streuten sie Tests ein, bei denen die richtige Vertiefung keine Belohnung enthielt, um auszuschließen, dass sich die Ratten nur am Geruch der Schokolade orientierten (was nicht der Fall war). Weiters verlängerten sie manchmal die Pausen zwischen den letzten vier Duftproben, worunter das Arbeitsgedächtnis litt. Die Ratten zeigten hier aber keinen Leistungsabfall, ein weiterer Hinweis auf das Vorliegen eines episodischen Gedächtnisses. Drittens führten die Forscher noch sogenannte Interferenztests durch, bei denen die Ratten zwischen dem Erlernen der Sequenz und den Tests zusätzlich einundzwanzig neue Düfte in einer ganz neuen, dreieckigen Arena präsentiert bekamen. Dieser Einschub hätte das Erinnern an die Sequenz im Test stören müssen, wenn das zuvor Gelernte in das allgemeine, auf Vertrautheit basierende Gedächtnis eingehen würde. Das episodische Gedächtnis hingegen, das auf einzigartigen Kombinationen von Inhalten, Orten, Zeiten und Kontexten beruht, sollte diesbezüglich nicht verletzbar sein. Und tatsächlich ließen sich die Ratten auch nicht beeindrucken.

Zu guter Letzt überprüften die Forscher die Auswirkungen von pharmakologischen Störungen jenes Teils des Gehirns auf die Testleistungen, der beim episodischen Gedächtnis eine besonders starke Rolle spielt. Neuere neurobiologische Untersuchungen des Hippocampus von Ratten bestätigen, dass die sogenannten Ortszellen (*place cells*), die für das Wo eines Ereignisses codieren, indem sie jeweils einen Bereich einer Umgebung repräsentieren, tatsächlich sequenziell aktiviert werden können [590]. Diese Neuronen codieren auch das aktuelle Vorliegen von Emotionen (Hunger, Neugier, Angst) und in welcher Phase eines komplexen Verhaltensablaufs sich ein Tier gerade befindet. Sie bestimmen offenbar die Lage in einer zeitlichen Sequenz, wobei die Inhalte variabel sind. Da die Tests das Speichern und Abrufen von Duftfolgen adressierten, manipulierten die Forscher den Hippocampus der Ratten mit einem chemogenetischen Verfahren. Sie implantierten in diesen seepferdchenförmigen Gehirnteil gezielt Designer-Rezeptoren (DREADD), die später ausschließlich von bestimmten Designerdrogen aktiviert werden konnten. Diese Aktivierung löste eine vorübergehende Unterdrückung des Hippocampus aus. Tatsächlich sank daraufhin die Leistung bei den Tests zur Wahl des vor- oder viertletzten Dufts der zuvor präsentierten Serie beträchtlich. Im Gegensatz dazu gab es praktisch keine negativen Auswirkungen der Hippocampus-Deaktivierung auf andere Lern- und Gedächtnisleistungen, bei denen semantisches Wissen erworben wird. Mit diesen ausgefeilten experimentellen Tests konnte das Vorliegen eines episodischen Gedächtnisses bei Ratten neben und unabhängig von einem semantischen Gedächtnis bestätigt werden. Natürlich müssen wir dabei die übliche Einschränkung erwähnen, dass diese Schlussfolgerung auf den üblichen verhaltensmäßigen Kriterien beruht, nicht aber auf einem Nachweis von Erinnerungen an subjektive Erlebnisse. Dieser Hinweis ist deshalb wichtig, weil bei Tulving und einigen anderen Wissenschaftlern, die sich seiner Argumentation anschlossen, das Konzept der mentalen Zeitreise eine enge Verbindung zwischen episodischem Gedächtnis für vergangene Ereignisse und Denken über persönliche zukünftige Ereignisse vorsieht. Andere haben allerdings argumentiert, dass das Konzept des mentalen Zeitreisens subjektive Phänomene wie das Bewusstsein beinhaltet und daher nicht hilfreiche und letztlich unnötige Einschränkungen für die Arbeit an episodischem Gedächtnis und Zukunftsdenken mit sich bringt [574]. Daher sind alternative Sichtweisen auf die Szenenkonstruktion entstanden, die die Arbeit an der episodischen Erinnerung an vergangene Ereignisse und das Nachdenken über zukünftige oder fiktive Ereignisse zusammenführen könnten und darüber hinaus die Ergebnisse bei Menschen und Tieren vergleichbar machen. Allerdings muss man sich dann von der Idee der mentalen Zeitreise verabschieden.

7. Metakognition

In vielen Ländern ist eine Fernsehshow populär, bei der eine Kandidatin oder ein Kandidat nach gewonnener Eingangsfrage auf einem Stuhl Platz nimmt und nacheinander Fragen mit steigendem Schwierigkeitsgrad beantworten muss. Mit jeder richtigen Antwort erhöht sich die Gewinnsumme, aber eine falsche Antwort kann zu erheblichem oder sogar totalem Verlust des bisher gewonnenen Betrags führen. Am Ende, nach der letzten und schwierigsten Frage, wartet eine Million Euro als Belohnung. Die Antworten erfolgen nach dem Prinzip der Mehrfachwahl, das heißt, zu jeder Frage gibt es bereits vier Antworten, von denen aber nur eine richtig ist. Mit der Zeit werden die Kandidaten unsicherer, nicht nur, weil die Fragen immer schwieriger werden, sondern auch, weil eine falsche Antwort den großen Geldsegen verschwinden lässt. Die Spannung wird noch dadurch gesteigert, dass die Person auf dem Stuhl auch aufhören – sprich: aussteigen – kann, wenn sie denkt, dass sie die Frage nicht richtig beantworten kann. In diesem Fall behält sie das bis dahin angehäufte Geld. Im Wesentlichen beruht die Faszination der Show darauf, dass Menschen vor Publikum ihren Wissensstand überprüfen müssen. Sie müssen möglichst genau einschätzen, wie sicher sie sein können, die Antwort zu wissen. Oft wissen die Spieler die Antwort, aber sie sind sich nicht ganz sicher. Manchmal haben sie ein nur vages Gefühl, die Antwort schon einmal gewusst zu haben oder dass ihnen die Antwort »auf der Zunge liegt«. Daher bekommen sie in begrenztem Ausmaß die Möglichkeit, Hilfe zu suchen beziehungsweise weitere Information einzuholen. Entweder werden zwei falsche Antworten gelöscht oder das Publikum oder eine bekannte Person kann befragt werden.

Zu wissen, was man weiß und was nicht, ist eine sehr wichtige geistige Fähigkeit, die nicht so sehr ein Nachdenken über einen Gegenstand oder ein Ereignis in der Umwelt betrifft, sondern über etwas in der eigenen geistigen Welt. Schon seit Langem ist es unter Philosophen umstritten, was es bedeutet, über das Denken nachdenken zu können oder etwas über das Wissen zu wissen. So hat etwa René Descartes mit der Aussage »Ich denke, also bin ich« diese Form des selbstbezüglichen Nachdenkens in die Nähe des Selbstbewusstseins gerückt. Viele sind ihm dabei gefolgt, denn zu wissen, was der Verstand bereithält, könnte eine Voraussetzung sein, um zu wissen, wessen Verstand es ist, was wiederum wichtig ist, um ein Konzept des Selbst, der Selbstwahrnehmung und schließlich des voll reflektierenden Bewusstseins zu haben.

Mit oder ohne Selbst, diese Art des abstrakten Denkens, die als Metakognition bezeichnet wird, könnte ein wichtiger erster Schritt auf der Leiter des Bewusstseins sein. Jedenfalls konkurriert sie mit Sprache und Werkzeuggebrauch in ihrem Potenzial, Gemeinsamkeiten und Übergänge zwischen menschlichem und tierischem Geist aufzuzeigen. Wir Menschen zweifeln nicht daran, dass unsere Reise in die eigene Gedankenwelt Bewusstsein erfordert. Aber wie ist es bei Tieren? Können sie überhaupt über ihr Wissen oder ihren Gedächtnisinhalt nachdenken?

Etwas weiter gefasst, geht es hier um eine besondere Form der sogenannten »kognitiven Kontrolle«. Bestimmte kognitive Mechanismen sorgen für die Steuerung von Denken und Handeln in Übereinstimmung mit aktuellen Zielen und Absichten. Im einfacheren Fall geschieht dies auf der sogenannten Objektebene. Es werden Repräsentationen von Objekten, von anderen Reizen oder auch von Ereignissen erstellt und diese steuern Verhalten in Richtung auf ein aktuelles Ziel oder eine Absicht. Dies geschieht implizit, das heißt, die Träger dieser Repräsentationen sind sich dieser Vorgänge nicht bewusst [591]. Eine höhere Form der kognitiven Kontrolle beruht auf der Erstellung von Repräsentationen auf einer höheren Ebene, der sogenannten Metaebene. Hier werden Repräsentationen gebildet, die nicht Eigenschaften der äußeren Umwelt darstellten, sondern Eigenschaften des eigenen internen Prozesses der Verarbeitung. Sie enthalten Informationen über eine Eigenschaft eines kognitiven Prozesses, zum Beispiel die Varianz des Feuerns einer Gruppe von Neuronen im visuellen Kortex. Weniger neuronal, mehr funktional ausgedrückt nehmen solche metakognitiven Repräsentationen Bezug auf eine Eigenschaft eines kognitiven Prozesses, zum Beispiel die Zuverlässigkeit einer Repräsentation eines gerade wahrgenommenen Inhalts [592]. Die Feuerungsrate der Neuronen beispielsweise ist offenbar ein Indikator dafür, mit welcher Wahrscheinlichkeit die Objektrepräsentation korrekt ist [593, 594]. Ein empirisches Indiz dafür lieferten Versuche mit Rhesusaffen, bei denen Neuronen im parietalen Kortex sowohl die Bildung einer Entscheidung als auch den Grad der Sicherheit dieser Entscheidung widerspiegelten [592].

Die große (theoretische) Frage lautet nun, ob (manche) nichtmenschliche Tiere Metakognition besitzen. Abhängig davon lautet die zweite (praktische) Frage, wie man das überprüfen oder gar beweisen könnte. Bei Menschen war und ist das primäre Mittel die Analyse ihrer verbalisierten Selbsteinschätzung, die detaillierten Berichte ihrer introspektiven Reflexionen. Diese Vorgehensweise ist aber bei nichtsprachlichen Geschöpfen nicht anwendbar. Daher muss man indirekte Methoden ersinnen. Interessanterweise hat man genau die drei wichtigsten Merkmale der oben erwähnten Quizshow als Testparameter verwendet: Unsicherheit zeigen, aussteigen können und zusätzliche Informationen suchen. Die empirischen Belege dafür wollen wir uns nun genauer ansehen.

Die eigene Unsicherheit mitteilen

Die Überprüfung der Unsicherheit hat erstmals der amerikanische Psychologe David Smith von der University at Buffalo, The State University of New York (USA) unternommen. Er hatte einen Großen Tümmler namens Natua in einem Hafen in Florida trainiert, beim Abspielen eines Tons mit der Höhe von 2100 Hertz eine bestimmte Taste – »High« – zu drücken, hingegen beim Ertönen eines tieferen Tons die Taste »Low« [595]. Dies bereitete dem Tümmler keine Schwierigkeiten, solange die Töne genügend unterschiedlich waren. Schnell und zielsicher schwamm der Tümmler zur richtigen Taste und drückte sie, ohne zu zögern. Doch je höher – und damit dem 2100-Hertz-Ton ähnlicher – der zweite Ton wurde, desto öfter machte er Fehler. Die Fehlerrate kumulierte bei Tönen um 2086 Hertz, das sind nur 0,11 Halbtöne unter dem hohen Ton, offenbar die Wahrnehmungsgrenze dieser Tiere. Bei dieser Tonhöhe drückte der Tümmler die beiden Tasten nicht nur gleich oft (Abb. 16), sondern zeigte interessanterweise auch ein neues Verhalten: Er zögerte, verlangsamte sein Anschwimmen und schwamm zwischen den Tasten hin und her. Damit zeigte er ganz offensichtlich seine Unsicherheit.

Um dem Vorwurf der anthropomorphen Deutung zu entgehen, führte Smith noch eine weitere Möglichkeit ein, mit welcher der Tümmler seine potenzielle Unsicherheit bekunden konnte. Der Trick bestand in der Einführung einer dritten Taste, welche den Ton sofort abschaltete und ohne Belohnung den nächsten, aber immer leichten Versuch startete. Zunächst zeigte der Experimentator die Wirkung dieser Taste bei schweren Aufgaben, aber bald verstand der Tümmler ihre Funktion und benutzte sie von da an regelmäßig, jedoch vorwiegend bei Tönen nahe der Ununterscheidbarkeitsgrenze (die dünne Linie in Abb. 16A). Diese Reaktion – manchmal auch Unsicherheitsreaktion (UR) genannt – ermöglicht es dem Tümmler, indirekt über seine Schwierigkeit zu berichten oder damit umzugehen (Abb. 16B). Denn wenn Tiere

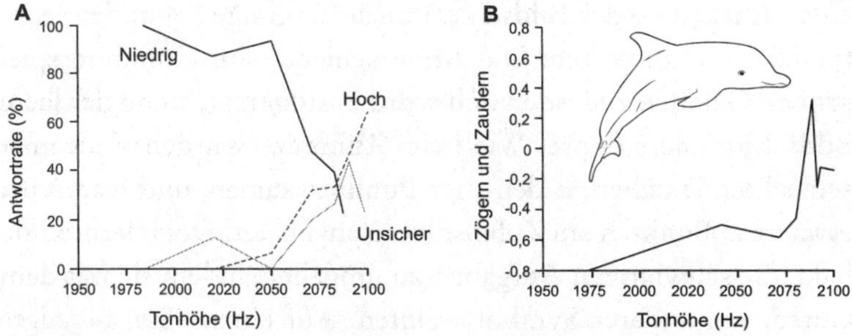

Abb. 16: (A) Die Leistung eines Großen Tümmlers bei der Unterscheidung von Tönen. Die dicke Linie zeigt die Häufigkeit an, mit der die Taste »Low« gedrückt wurde, die punktierte Linie steht für das Drücken der Taste »High«. Die Tonhöhe der tiefen Töne wurde dynamisch angepasst, um die Wahrnehmungsgrenze des Delfins für die Unterscheidung von tiefen und hohen Tönen zu manipulieren und um sein Reaktionsmuster innerhalb dieses Bereichs maximaler Schwierigkeit detailliert zu untersuchen. Auf der x-Achse ist die Tonhöhe der vorgespielten Töne angegeben. Die zarte Linie stellt die Häufigkeit der Versuche dar, bei denen die Unsicherheitstaste gedrückt wurde. (B) Die Einschätzung des Verhaltens des Delfins bei Tönen unterschiedlicher Frequenzen, das in den Augen von menschlichen Beobachtern Unsicherheit (Zögern, Verlangsamen, Schwanken) anzeigte. Aus [595].

ihren Wissensstand überwachen können, sollten sie schwierige Aufgaben prospektiv als Fehlerrisiko erkennen und diese selektiv ablehnen.

Die Ergebnisse von Experimenten mit einem einzigen Tümmler sind zu wenig, um generelle Rückschlüsse auf nichtmenschliche Tiere zu ziehen, daher entwarf Smith mit seinen Kolleginnen und Kollegen einen ähnlichen Versuch mit Rhesusaffen [596]. Die Tiere mussten auch hier eine Unterscheidungsaufgabe mit unterschiedlichen Schwierigkeitsgraden meistern. Die zu unterscheidenden Reize bestanden aus Feldern auf einem Computerbildschirm mit unterschiedlich großen Anzahlen von weißen Punkten, sodass sie entweder als dichte oder eher lockere Punktwolken erschienen. Die Tiere sollten mit einem Joystick entscheiden, ob das Feld sehr dicht gefüllt war – es enthielt 2950 Punkte – oder dünner. Sie erhielten Futterpellets für korrekte Antworten und eine »Auszeit« – der Bildschirm blieb für einige Sekunden leer – für falsche Antworten. Die Affen schienen am Computerspiel großen Gefallen zu finden und wurden aufgeregt, wenn der leere Bildschirm sie stoppte. Wie beim Tümmler wurden sie immer schlechter, je näher sie den 2950 Punkten kamen, und waren bei etwa 2700 Punkten am Zufallsniveau angelangt. Doch lernten sie bald, die schwierigen Aufgaben zu umgehen, indem sie mit dem Cursor ein anderes Symbol wählten. Auf einen »Stern« folgte nämlich weder eine Belohnung noch eine Auszeit, sondern sofort der nächste Versuch. Analog zum Großen Tümmler nützten die Makaken diese Möglichkeit gezielt bei den schwierigen Aufgaben, nämlich bei Bildern mit 2400 bis 2900 Punkten.

Rechtzeitig aussteigen

Einige Fachkolleginnen und -kollegen waren dennoch nicht überzeugt, dass Smith die Entdeckung der Metakognition bei Tieren mit den Studien am Tümmler und den Rhesusaffen nachgewiesen hatte. Die Alternativerklärung für die Wahl des Ausstiegssymbols lautet, dass die Tiere einfach nur eine Auszeit verhindern und schnell weitermachen wollten. Es könnte eine einfache, konditionierte Reaktion sein, bei der die Affen das Verhalten gelernt haben, das zur größten Belohnung führt. Jedoch hat diese Argumentation mindestens zwei Schwächen. Erstens erklärt es nicht, warum die Affen den Ausstieg selektiv bei schwierigen Aufgaben wählten. Und zweitens erklärt es nicht, warum andere Tiere – zum Beispiel Tauben – bei derselben Aufgabenstellung den Ausstieg nicht wählen. Und schließlich konnte Smith mit neueren Experimenten zeigen, dass Affen, die lernen, den Ausstiegsknopf in einem ursprünglichen Test zu benutzen, diese Reaktion sofort auf eine brandneue Aufgabe übertragen können, die ebenso Schwierigkeiten und Unsicherheiten für sie schafft. Das bedeutet, dass diese Unsicherheitsreaktion nicht einfach eine konditionierte sein kann.

Es könnte allerdings sein, dass die Unsicherheitsreaktion ein Spezifikum von Unterscheidungsaufgaben ist. Daher hat eine Gruppe von Forschern um Robert Hampton an der Emory University in Atlanta (USA) eine andere Aufgabe gewählt, um Rhesusaffen hinsichtlich der Unsicherheitsreaktion zu testen [597]. Sie wählten Gedächtnisaufgaben nach dem Prinzip der verzögerten Wahl nach Muster. Dabei zeigten sie Affen ein Bild und nach einer Pause mussten die Tiere zwischen zwei Bildern wählen, wovon eines sich von dem zuvor gezeigten »Muster« unterschied, das andere nicht (Abb. 17). Um das richtige Bild, nämlich das schon vorhin als Muster gezeigte, wählen zu können, müssen die Tiere dieses Bild im Gedächtnis behalten und das Prinzip der Aufgabe erfassen. Je länger die Pause, desto schwieriger die Aufgabe, denn desto länger mussten sich die Tiere ja das Bild merken. Es war also zu erwarten, dass die Erinnerung an das Muster bei längeren Pausen abnimmt und die Tiere mehr Fehler machen. Die Logik des Experiments beruhte folgerichtig darauf, dass Tiere, die in der Lage sind, das Vorhandensein oder das Fehlen ihrer Erinnerung zu erkennen, ihre Leistung verbessern können, indem sie Gedächtnistests ablehnen dürfen, und zwar genau dann, wenn sie – wie in der Millionenshow – das Musterbild vergessen haben oder sich unsicher sind. Die Affen sollten also bessere Leistungen zeigen, wenn sie aus dem Test aussteigen können, anstatt erwartbare Fehler zu machen.

Diese Verbesserung der Leistung wurde mit einem Vergleich zwischen zwei Bedingungen überprüft. In einem Drittel aller Versuche hatten die Affen keine Wahl, sie mussten eines der beiden Vergleichsbilder wählen und konnten damit entweder richtig liegen und mit einem Leckerbissen belohnt werden oder falsch liegen und eine Auszeit in Kauf nehmen. Jedoch in zwei Dritteln aller Versuche konnten sie aussteigen, indem sie ein Symbol drückten, dass nur in diesen Versuchen präsentiert wurde. Diese Reaktion führte dazu, dass sie mit einer kleinen Belohnung zum nächsten Versuch wechselten. Tatsächlich nützten auch diese Af-

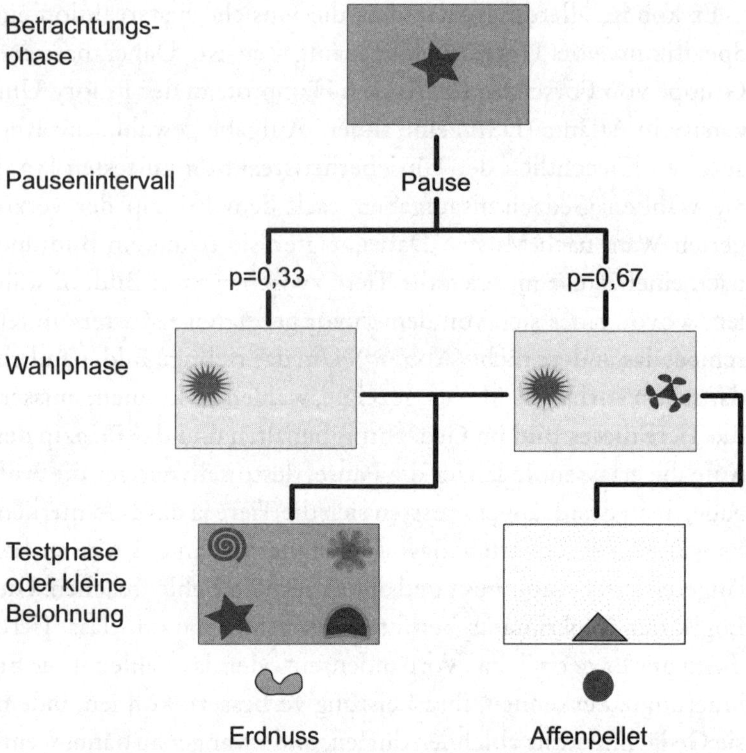

Abb. 17: Wahl-nach-Muster-Verfahren zur Beurteilung, ob Affen wissen, wann sie sich erinnern. Jedes Viereck stellt dar, was Affen auf einem berührungsempfindlichen Computer-Monitor zu einem bestimmten Zeitpunkt in einem Versuch gesehen haben. Zu Beginn jedes Einzelversuchs betrachteten sie ein zufällig ausgewähltes Bild (hier einen Stern). Es folgte eine Pause, in der Affen manchmal dieses Musterbild vergaßen. In zwei Dritteln der Fälle konnten die Tiere frei entscheiden, ob sie sich dem Gedächtnistest unterziehen (Wahlphase, rechts, Symbol Sonne) oder nicht (rechts, Symbol Drohne), um stattdessen ein wenig bevorzugtes Pellet zu erhalten. In einem Drittel der Versuche waren Affen gezwungen, den Test zu absolvieren (linke Seite). Wählten sie in der Testphase den Stern, erhielten sie eine Erdnuss. Aus [597].

fen – zumindest teilweise – die Möglichkeit gezielt. Mehr noch, sie verbesserten damit ihre Leistung bei den Versuchen, wo sie aussteigen konnten, es aber nicht taten, im Vergleich zu den erzwungenen Versuchen. Die Affen bewiesen damit, dass sich Aussteigen lohnt, wenn die Aufgabe zu schwierig ist. Außerdem lehnten sie die Tests am häufigsten ab, wenn das Gedächtnis durch eine experimentelle Vorgabe – die Verlängerung der Pause – abgeschwächt wurde. Obwohl nur einer von zwei Affen diese beiden Kriterien unter allen Testbedingungen erfüllte, scheint die Wahrnehmung ihres eigenen Vergessens der wahrscheinlichste Mechanismus zu sein, der den Fähigkeiten der Affen zugrunde liegt.

Ein immer wieder erhobener Einwand gegenüber dem Vorliegen von Metakognition für die Erforschung des eigenen Wissensstandes ist die Nutzung von Information aus der Umwelt, um Unsicherheit zu zeigen oder vor einer Aufgabe zu kapitulieren [598]. Die Reaktion des Tieres erfolgt dann auf diesen äußeren Reiz hin, nicht auf die interne Repräsentation dieses Reizes oder die Erinnerung an denselben. Dieser Problematik war sich Hampton bewusst, daher hat er in jüngerer Zeit noch weitere Versuche mit Rhesusaffen unternommen. Sein Ziel dabei war zu zeigen, dass sich Tiere ihres Gedächtniszustandes gewahr sind – man spricht dann von Gedächtnisbewusstsein (*memory awareness*) [599]. Sich seines Gedächtnisses gewahr zu werden, ist ein expliziter Vorgang, der sich von impliziten Entscheidungen, die der kognitiven Kontrolle und dem Bewusstsein nicht zugänglich sind, unterscheidet [600, 601]. Verallgemeinerungs- oder Generalisierungstests sind eine Möglichkeit, um den Einfluss von externer Information, die spezifisch für eine gegebene Testsituation ist, auszuschließen. Zum Beispiel könnten die Tiere deshalb aussteigen, weil die Testsituation für sie neuartig oder unerwartet ist. Ein Ausweg daraus wäre eine Änderung der Erinnerungsstärke. Diese ändert nichts an der Neuartigkeit der Testsituation, sollte aber die metakognitive Reaktion selbst, wenn diese tatsächlich auf dem Gedächtnisbewusstsein basiert, ändern. Genau das zeigten die neueren Versuche mit Rhesusaffen [602]. Einmal wurde die Erinnerung an das Muster erhöht, indem es zweimal gezeigt wurde, ein anderes Mal wurde sie durch unvorbereiteten Ausfall des Musters verringert. Die Tendenz, auszusteigen, wurde entsprechend verändert, im ersten Fall verringert, im zweiten Fall erhöht. Dies kann nicht durch die immer gleiche Ungewöhnlichkeit oder Unerwartbarkeit der Testsituation erklärt werden, somit ist der Zugriff auf den internen Wissens- oder Gedächtnisspeicher wahrscheinlicher.

Doch ganz gaben sich die Zweifler noch immer nicht zufrieden. Vor allem wurden Argumente ins Feld geführt, die eine Erklärung auf einfacherem Niveau, nämlich durch bloße assoziative Lernvorgänge anstatt durch Introspektion ermöglichen [603, 604]. Affen könnten sowohl die Stärke des Gedächtnisses als auch die Geschwindigkeit, mit der sie eine Antwort wählen, als Hinweis für ihre Entscheidung verwenden. Sie müssten demnach nicht ihr Gedächtnis überprüfen, sondern nur die Schnelligkeit, mit der ihnen eine Antwort oder Entscheidung einfällt, als Hinweis verwenden. Eine weitere nichtmetakognitive Möglichkeit ist, dass die Tiere einfach auf die Angst reagieren, die sie in unsicheren Situationen empfinden können, ohne jedoch ihren Angstzustand ins Bewusstsein zu holen und dort zu überprüfen. Auch bei der Millionenshow könnte eine Kandidatin, anstatt in sich zu gehen, einfach die Schnelligkeit, mit der eine erste Antwort auftaucht, oder die Angst bei einer schweren Frage für die Entscheidung heranziehen. Wie wir wissen, ist das nicht der Fall, aber es ist eine Möglichkeit und daher zumindest für das äffische Verhalten denkbar.

Leider haben es die Untersuchungen zur Informationssuche bei Affen bisher verabsäumt, alternative Hypothesen auf strikte Weise zu testen, und so enden die Berichte oft mit dem vagen Schluss, dass einige Tierarten möglicherweise ein Gedächtnisbewusstsein haben [605]. Jedenfalls fehlen konkrete und genaue Bestimmungen, welche Hinweise die Probanden – ob Menschen oder Tiere – zur Lösung von Metakognitionsaufgaben verwenden.

Assoziative Erklärungen und Simulationen sind aber ebenfalls noch zu unbestimmt. Zum Beispiel können sie nicht erklären, warum es so große Unterschiede zwischen den Arten, die bisher getestet wurden, gibt. Tauben etwa scheitern an megakognitiven Aufgaben nach dem Wahl-nach-Muster-Schema, bei denen sie ihre Leistung mit einem selektiven Ausstieg, wie es die Rhesusaffen gezeigt haben [597], verbessern könnten [606]. Außerdem wären die assoziativen Modelle, welche die Leistung über alle Paradigmen und Tierarten hinweg erklären könnten, unannehmbar komplex. Selbst wenn manche megakognitiven Leistungen des Menschen auf einfacheren, assoziativen Vorgängen beruhen [607, 608], muss das noch nicht bedeuten, dass deshalb auch alle nichtmenschlichen Tiere mit diesen Mechanismen ihr Auslangen finden. Ein Ausweg wäre daher, Versuchsanordnungen und Kontrollbedingungen zu schaffen, die eine präzise Bestimmung der Information erfordern, welche die Probanden für die Lösung der megakognitiven Aufgabe verwenden. Im Wesentlichen wären das Unterscheidungsaufgaben, wie sie in der Psychophysik seit langer Zeit Tradition sind. Denn die Reaktion auf interne Signale, wie beispielsweise die Stärke der Erinnerung, sollte auf die gleiche Weise wie externe Signale, wie beispielsweise Licht oder Ton, bestimmbar sein. So müssten die Probanden belohnt werden, um auf eine Weise zu reagieren, wenn die Erinnerung stark ist, und auf eine andere Weise, wenn sie schwach ist. Die Ausstiegsreaktion wäre ein Beispiel dafür [597]. Entsprechend gestaltete Experimente könnten zudem messen, ob es die Stärke, der Inhalt oder die einfache Abrufbarkeit des Gedächtnisses ist, welche die Unterscheidungsreaktion steuert. Jedenfalls ist es wichtig zu unterscheiden, ob Tiere auf der Grundlage öffentlich beobachtbarer (»äußerer«) Reize oder auf der Grundlage privater mentaler Ereignisse (durch Introspektion und Metakognition) handeln.

Auf das eigene Wissen wetten

Ein weiterer Ansatz zu zeigen, dass Tiere auf metakognitive Information anstatt auf Hinweise aus der Umwelt oder nichtkognitive Hinweise aus dem eigenen Körper zurückgreifen, betrifft die Flexibilität ihrer Verwendung. Menschen können metakognitive Informationen schnell und ansatzlos, ohne vorheriges Training, verwenden und auf neue Situationen übertragen. Vor allem können sie das sowohl in retro- als auch prospektiven Aufgaben tun. Retrospektive Aufgaben sind solche, bei denen Information aus vergangenen Ereignissen zur Entscheidungsfindung beiträgt. Das sind zum Beispiel Vetrauensbeurteilungen wie »Ich bin mir sicher, dass ich richtig entschieden habe« oder Erinnerungsbeurteilungen wie »Ich erinnere mich an die Zeit, als ich das gelernt habe« oder Beurteilungen über die Informationsquelle wie »Ich weiß es, weil ich es im Radio gehört habe«. Prospektive Aufgaben sind solche, bei denen Urteile über Vertrauen gegenüber zukünftigen Ereignissen gefällt werden, wie Gefühle des Wissens (»Ich bin mir sicher, dass ich die richtige Antwort geben kann«).

Eine sehr elegante Methode, zu testen, ob Tiere solche Urteile über das Vertrauen in das eigene Wissen abzugeben imstande sind, haben Nate Kornell und Mitarbeiter vom Williams College in Massachusetts (USA) entwickelt. Sie ließen Affen darauf wetten, wie gut die Entscheidung war, die sie zuvor in einem Erinnerungs- beziehungsweise einem Wahrnehmungstest gefällt hatten [609]. Zuerst trainierte Kornell Rhesusaffen zu beurteilen, welche von zwei Linien auf einem Touchscreen die längere (bzw. die kürzere) ist. Dann wurde ihnen beigebracht, ihr Vertrauen in ihre Antworten zu zeigen, indem sie auf sie wetteten. Die Affen hatten eine gewisse Anzahl virtueller Münzen, die in der Ecke des Bildschirms abgebildet waren, und durften entweder ein Symbol am Bildschirm, das für hohes Risiko stand, oder ein Symbol, das für niedriges Risiko stand, wählen. Sie mussten diese »Wette« eingehen, nachdem sie ihre Entscheidung in der Längenabschätzung getroffen hatten, aber noch bevor sie ein Feedback darüber bekamen. Wenn sie mit wenig Risiko spielten, bekamen sie eine garantierte, aber geringe Belohnung. Wenn sie hingegen mit hohem Risiko spielten, weil sie sich ihrer Sache sicher waren, bekamen sie einen großen Gewinn, wenn sie davor tatsächlich richtig lagen, aber nichts, wenn sie falsch lagen. Mit diesen Wetten mussten sie also mitteilen, wie sicher sie sich ihrer Entscheidungen waren.

Eine zweite Aufgabe bestand aus einer Mengenabschätzung. Die Tiere mussten lernen, entweder die größere oder die kleinere Menge von Objekten in einer Konfiguration zu wählen. Und als dritte Aufgabe bekamen sie einen Gedächtnistest, bei dem sie angeben mussten, ob ein Bild in einer zuvor gezeigten Bildsequenz vorhanden war oder nicht. Auch in diesen Tests mussten die Tiere mit ihren virtuellen Münzen Wetten abschließen. Sie lagen in allen Fällen sehr genau, denn sie wetteten mit sehr wenig Risiko, wenn ihre Entscheidung tatsächlich sehr wahrscheinlich falsch war, aber mit hohem Risiko, wenn ihre Entscheidung wahrscheinlich richtig war. Mit diesem Verfahren konnten die Tiere »befragt« werden, wie sicher sie sich in ihren Entscheidungen waren, ohne darauf trainiert worden zu sein.

Einige Jahre später wurden diese Versuche fortgesetzt, diesmal wurden die Rhesusaffen aus dem ersten Experiment auch mit einer prospektiven Befragung konfrontiert [610]. Nun mussten die Tiere ihre Wette abgeben, nachdem sie die Aufgabe sahen, aber noch bevor sie sich entschieden hatten (Abb. 18). Sie sollten quasi ihr Vertrauen in ihre Lösungskompetenz angeben. Und auch dabei lagen sie meistens richtig. Wichtig ist dabei auch noch, dass sie ihre metakognitiven Wetten zu einem Zeitpunkt abgeben mussten, bei dem die Reize der Aufgabe nicht vorhanden waren. Damit konnte man ausschließen, dass ihre Wetten auf diesen Reizen beruhten. Ihre Vertrauensurteile scheinen daher darauf zu beruhen, dass sie etwas über ihren eigenen Wissenszustand und den darauffolgenden Entscheidungsprozess wissen. Auch haben diese Versuche gezeigt, dass die Tiere sehr flexibel metakognitive

Urteile bilden können, unabhängig von der Problemstellung und äußeren Reizen. Die Affen übertrugen ihre metakognitiven Überwachungsfähigkeiten auf eine neue Gedächtnisaufgabe und replizierten damit die einige Jahre zuvor beschriebenen Übertragungsfähigkeiten [609].

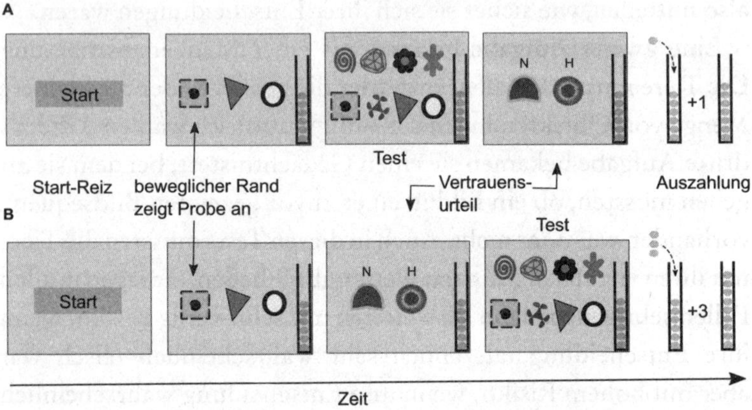

Abb. 18: Versuchsdesign für retrospektive (a) und prospektive (b) Vertrauensabschätzung. Rhesusaffen mussten zuerst den Start-Knopf drücken. Danach sahen sie das zu merkende Bild (das sogenannte Musterbild oder Probe) eingerahmt. Im späteren Wahl-nach-Muster-Test sollten sie das zuvor gesehene Musterbild auswählen. Entweder nach diesem Test (A) oder vor diesem Test (B) sollten sie wetten, ob ihre Entscheidung richtig war (A) oder richtig sein würde (B). Wenn sie das Symbol für hohes Risiko (H) wählten und die Entscheidung davor oder danach richtig war, bekamen sie 3 Münzen, war die Entscheidung davor oder danach falsch, bekamen sie nichts. Wenn sie das Symbol für niedriges Risiko (N) wählten, bekamen sie immer, unabhängig von ihrer Testleistung, eine Münze. Bei einer gewissen Anzahl von Münzen bekamen sie eine Futterbelohnung. Aus [610].

Lieber nachsehen als raten

Eine weitere Vorgehensweise zur Bestimmung von Metakognition ist die Überprüfung, ob – und wenn ja, welche – Informationen oder Hinweise, die die Leistung verbessern können, die Tiere einholen, ohne dazu angestiftet oder gar gezwungen zu werden [611]. Die Logik dahinter ist, dass diese Informationssuche nur dann gestartet wird, wenn die Aufgabe zu schwer erscheint beziehungsweise zu wenig Information zu ihrer Lösung vorliegt, was wiederum bedeutet, dass das eigene Wissen nicht ausreicht. Eine erste Studie zu dieser Überlegung wurde von Josep Call und Malinda Carpenter am Max-Planck-Institut für Evolutionäre Anthropologie in Leipzig durchgeführt. Sie stellten Schimpansen, Orang-Utans und zweieinhalb Jahre alten Kindern eine Suchaufgabe, bei der begehrte Objekte – Futter für die Affen, Aufkleber für die Kinder – in einer von zwei (oder drei) Röhren versteckt wurden [108]. Die viereckigen, 30 cm langen und 5 mal 5 cm breiten Röhren waren an beiden Seiten offen und so ausgerichtet, dass die Probanden in sie hineinsehen konnten, wenn sie sich entsprechend orientierten (Abb. 19). Nachdem die Röhren zunächst kurz inspiziert werden konnten, damit sichergestellt wurde, dass diese in ihrer Funktion verstanden wurden, versteckten die Experimentatoren ein Objekt in einer der beiden Röhren und ließen die Affen beziehungsweise Kinder wählen. Dabei variierten sie, ob die Probanden das Verstecken sehen konnten, ob sie durch die Röhren hindurchsehen konnten und ob es eine Verzögerung zwischen dem Verstecken und der Wahl gab. Das entscheidende Maß für das Verhalten im Sinne einer Überprüfung des eigenen Wissens und der Einholung zusätzlicher Informationen war der Vergleich zwischen dem offenen und dem verdeckten Verstecken. Tatsächlich schauten die meisten Affen und Kinder in eine oder beide Röhren, wenn sie das Verstecken nicht beobachten konnten, weil ein Paravent die Sicht versperrte (Abb. 19A). Interessanterweise wählten sie oft auch richtig, wenn sie nur in die leere Röhre schauten, offenbar weil sie dann daraus schlossen, dass das Zielobjekt in der anderen Röhre versteckt worden war. Das Nachschauen konnte leicht festgestellt werden, da sich die Röhren weit unten befanden und sich die Probanden also hinunterbeugen mussten, um hineinsehen zu können. Außerdem sahen sie öfter nach, wenn es eine Pause zwischen der Präsentation der Röhren und ihrer Wahl gab, vermutlich, weil sie die zusätzliche Zeit nutzen konnten, um den Inhalt der Röhren genau zu untersuchen. Hingegen sahen sie kaum nach, wenn sie zuvor sehen konnten, in welche Röhre das Objekt gelegt wurde. Diese Befunde entsprechen genau der Erwartung im Hinblick auf eine effiziente Suchstrategie und lassen vermuten, dass sich die Affen und Kleinkinder in derselben Weise an dem eigenen Wissensstand entsprechend des davor Gesehenen orientierten, bevor sie eine Entscheidung trafen. Unaufgefordert holten sie weitere Information ein, bevor sie zur Tat schritten, wie Detektive, die nicht Zeuge des Geschehens waren.

Einige Jahre später wiederholte Call das Suchspiel mit Menschenaffen und führte dazu weitere Kontrollen ein, um Alternativerklärungen auszuschließen [611]. Eine Alternativhypothese zur selektiven Nachschau bei Unwissenheit ist die des Antwortwettbewerbs [612]. Nach dieser Hypothese sollten die Affen, ohne zu zögern, entscheiden, wenn die Tendenz, nach der Belohnung zu greifen, stark ist. Das ist der Fall, wenn sie das Verstecken sehen konnten und somit den Ort des Zielobjekts wussten. Die starke Tendenz übersteuert das Nachsehen. Wenn aber diese Tendenz schwächer ist, weil sie das Verstecken nicht sehen konnten und somit den Ort des Zielobjekts nicht kannten, könnte es sein, dass das Nachschauen nicht unterdrückt wurde. Call hat nun zwei unterschiedlich stark bevorzugte Futterarten variiert. Die Antwortwettbewerbs-Hypothese konnte ausgeschlossen werden, da die Tiere beim bevorzugten Futter, das eine stärkere Tendenz zu wählen, ohne nachzusehen, fördern sollte, sogar noch öfter nachschauten. Weiters manipulierte Call die Kosten des Nachsehens und fand, dass auch diese von den Tieren für ihre Entscheidungen mitberücksichtigt wurden. Somit legen die Suchspielergebnisse nahe, dass die Tiere drei Faktoren in Betracht ziehen: die Kosten für das Einholen zusätzlicher Informationen, den Wert des Zielobjekts und ihren Wissensstand. Die Kombination dieser drei Faktoren erfüllt drei wichtige Kriterien für Metakognition: Komplexität (der Entscheidung), Flexibilität und Kontrolle [613]. Die Flexibilität haben die Affen auch dadurch bewiesen, dass sie das Futterstück nicht unbedingt sehen mussten, um ihre Entscheidung für die eine oder andere Röhre zu treffen. Nachdem sie in die leere Röhre blickten, wählten sie sofort die andere Röhre, ohne auch in diese hineinzusehen (Abb. 19B). Sie zogen damit eine logische Schlussfolgerung, nämlich jene, die auf dem Ausschlussprinzip (*inference by exclusion*) beruht.

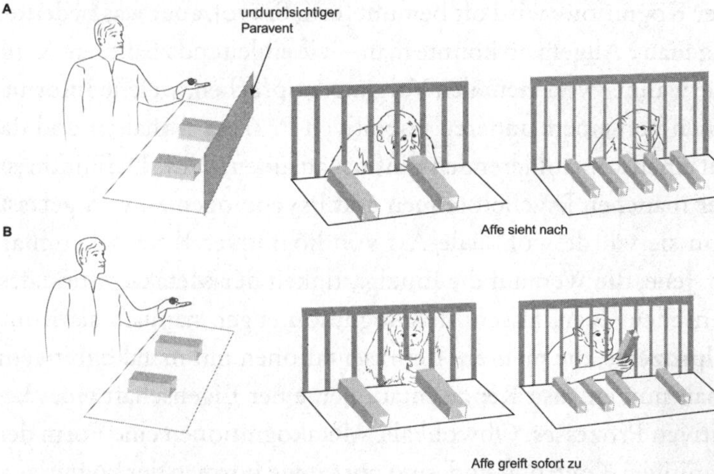

Abb. 19: Das Verhalten von Affen (hier Orang-Utan und Rhesusaffe) bei der Suche nach verstecktem Futter. A) Wenn die Affen das Verstecken eines Futterstücks nicht beobachten konnten, sahen sie zuerst in den Röhren nach, bevor sie eine Entscheidung trafen. B) Dies unterließen sie, wenn sie den Versteckvorgang sehen konnten. Aus [108, 612].

Nicht nur Menschenaffen und Menschenkinder verhalten sich im Suchspiel so, als würden sie sich metakognitiv dafür entscheiden, weitere Informationen einzuholen, wenn das für eine sichere Entscheidung hilfreich ist. Auch Rhesusaffen hielten in einer vergleichbaren Aufgabe Nachschau und steigerten mit dieser Maßnahme ihren Erfolg [612]. Anders hingegen verhielten sich

Kapuzineraffen [605]. Nicht nur schauten nicht alle Tiere verlässlich nach, wenn sie das Verstecken nicht beobachten konnten, sie blieben auch – anders als die Menschenaffen – von der Erhöhung der Kosten für das Nachsehen unbeeindruckt [611].

Metakognition als zwischenmenschliche Kognitionskontrolle

Die weit gefasste Definition von Metakognition als »Kognition über Kognition« wird oft bemüht [614, S. 170], aber was bedeutet sie genau? Allgemein könnte man – wie einleitend zu diesem Kapitel erwähnt – von mentalen Vorgängen sprechen, welche Informationen von einem anderen kognitiven Prozess enthalten und darauf einen kontrollierenden Einfluss ausüben. Diese Definition ist aber manchen Psychologinnen und Psychologen zu weit gefasst, denn sie würde wohl jede Art von kognitiver Kontrolle umfassen. Jene, die Wert auf die Einzigartigkeit der Metakognition des Menschen legen, fassen Metakognition enger, nämlich als Kontrollprozesse, die mehrere Repräsentationen mit metakognitivem Inhalt nutzen, also Repräsentationen einer Eigenschaft eines kognitiven Prozesses. Obwohl alle Metakognitionen eine Form der kognitiven Kontrolle sind, sind nur einige Formen der kognitiven Kontrolle metakognitiv. Kognitive Steuerung kann sich auch bloß an Objektrepräsentationen orientieren, zum Beispiel an Werten oder abstrakten Zielen [615, 616], aber nur wenige Kontrollprozesse nutzen metakognitive Repräsentationen, zum Beispiel, indem sie intern repräsentieren, dass inkonsistente Handlungen gesetzt wurden und daher den Einsatz kognitiver Kontrollprozesse für die Entscheidungsfindung erfordern [617, 618].

Eine Möglichkeit, zwei verschiedene Arten von Metakognition (eine einfache, welche auch bei nichtmenschlichen Tieren, und eine höhere, welche nur bei Menschen vorkommt) zu unterscheiden, ist der Blick auf die zwischenmenschliche oder überperso-

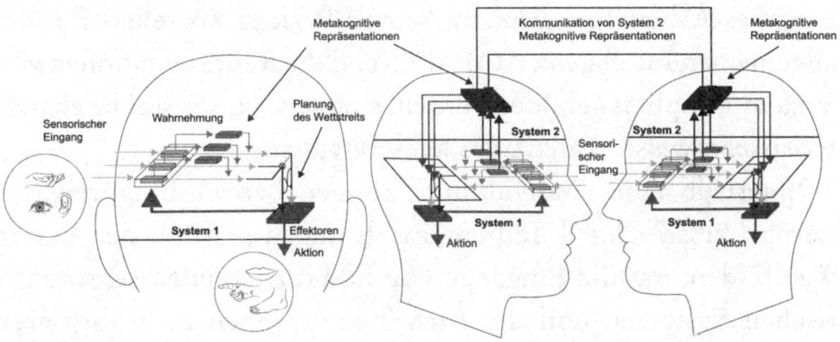

Abb. 20: Die zwei Systeme von Metakognition schematisch dargestellt. Im linken Kopf nur das System 1, in den beiden Köpfen rechts zusätzlich das System 2 der Metakognition. Während die metakognitiven Repräsentationen des Systems 1 die Repräsentationen der Wahrnehmungen enthalten, enthalten jene des Systems 2 die metakognitiven Repräsentationen des Systems 1 und teilen diese anderen Individuen mit beziehungsweise werden von diesen beeinflusst, womit sie zur Koordination beitragen. Aus [619].

nale Ebene (Abb. 20). Ein Modell dazu wurde vom Philosophen Nicholas Shea vom King's College London (GB) und Co-Autoren, darunter meine langjährige Kollegin und Co-Autorin Cecilia Heyes von der University of Oxford (GB) und vom Neuropsychologen Chris Frith vom Wellcome Trust Centre for Neuro-Imaging in London (GB), vor wenigen Jahren vorgeschlagen [619]. Während die einfache Form – System 1 – nur die Steuerung innerhalb eines Individuums betrifft, steuert die höhere Form – System 2 – Kontrollprozesse zwischen mehreren Individuen.

Entsprechend der allgemeineren Theorie des dualen Kontrollsystems im menschlichen Gehirn [620] beruht das System 2 auf einer ausgeprägten Form der kognitiven Verarbeitung, die verschiedene funktionale Merkmale bündelt, die sich alle durch die Abhängigkeit von einem kapazitätsbegrenzten, generalisierten Arbeitsgedächtnis auszeichnen [620-622]. System 1 arbeitet schnell, indem viele Prozesse autonom und parallel ablaufen und von der allgemeinen Auslastung des Arbeitsspeichers wenig betroffen sind. System 2 behandelt Probleme seriell, benötigt mehr Zeit für die Verarbeitung und hängt von der allgemeinen Auslastung des Arbeitsspeichers ab. Seine Effizienz korreliert mit der allgemeinen Intelligenz (IQ). Während die Repräsentationen von System 1 implizit gebildet werden, sind jene von System 2 charakteristischerweise explizit, das heißt bewusst.

Innerhalb eines Individuums können bereichsübergreifende Lernprozesse schnell und auf Erfahrungen gestützt den besten Weg finden, um die Eingänge von konkurrierenden sensomotorischen Systemen und die Ausgänge zu ihnen zu priorisieren (Abb. 20). Solche Prozesse stützen sich auf metakognitive Informationen – zum Beispiel auf die Varianz einer Verteilung der Arbeitsprozesse im Gehirn, die Dauer bis zum Abschluss eines Verarbeitungsprozesses oder die Aktivierung inkompatibler Reaktionstendenzen, um beste Kompromisse zu erzielen. Diese Kontrollprozesse werden mit der Zeit durch Erfahrung verbessert, genauso wie diese Prozesse lernen können, jede andere Art von relevantem Hinweis zu verwenden. Das Ergebnis wird eine Form der Kontrolle sein, die innerhalb der Verarbeitung von System 1 implementiert ist und sich auf metakognitive Repräsentationen stützt [619].

Die Vertreter dieser Theorie gehen offenbar implizit davon aus, dass die verschiedenen metakognitiven Leistungen von Tieren, die wir in diesem Kapitel besprochen haben, implizite, automatische Lernprozesse unter Verwendung interner Hinweis sind, also keine Introspektion oder bewusstes Nachdenken über den eigenen Wissensstand oder die Stärke der eigenen Erinnerung erfordern. Der Vergleich zur Fernsehshow oder zu der Schülerin, die erst aufzeigt, nachdem sie sich überlegt hat, ob sie die vom Lehrer gestellte Frage auch wirklich sicher weiß, wäre daher nicht angebracht. Bewusstsein kommt erst im System 2 ins Spiel, das dem Menschen eigen ist. Dieses ist imstande, sensomotorische Repräsentationen zwischen zwei oder mehreren Personen zu koordinieren und metakognitive Informationen, die sich irgendwo innerhalb der verschiedenen interagierenden Personen befinden, zu nutzen [619].

Die besondere Funktion der Metakognition des Systems 2 ist

die Auswahl metakognitiver Informationen für die Übertragung im Dienste der Steuerung der sensomotorischen Systeme von zwei oder mehr Personen, die an einer gemeinsamen Aufgabe beteiligt sind. Sie dienen also der überpersönlichen kognitiven Kontrolle (Abb. 20, rechts). Metakognitive Repräsentationen von System 2 werden aus Informationen in System 1 abgeleitet, liegen aber in einer Form vor, die für mündliche Berichte zur Verfügung steht. Zum Beispiel kann die Zuverlässigkeit eines sensorischen Signals in Form von Vertrauen berichtet werden, was die Bildung eines Urteils über gemeinsame Wahrnehmungen verbessert, wenn man dem zuversichtlicheren Beobachter mehr Gewicht verleiht [623].

Entsprechend der Theorie der beiden Metakognitionssysteme liegt der besondere Nutzen und evolutionäre Vorteil des Systems 2 in seiner Rolle für Gruppenentscheidungen [619]. Offenbar ist die gemeinsame Entscheidungsfindung bezüglich Wahrnehmungen und anderen Dingen viel wirksamer, wenn sich die Teilnehmer ihre metakognitiven Repräsentationen darüber (verbal) mitteilen [623, 624]. Wenn entschieden werden muss, wem man in einem Gerichtsprozess eher trauen soll, machen die Schöffen von der Vertrauenswürdigkeit des Zeugen und anderen megakognitiven Repräsentationen – wie zum Beispiel der Kalibrierung von Vertrauen und Genauigkeit – Gebrauch.

Die überpersonale oder zwischenmenschliche Koordination metakognitiver Inhalte erinnert sehr stark an die sogenannte »Theorie des Geistes« [625], welche ich im nächsten Kapitel erörtern werde. Damit ist eine kognitive Fähigkeit gemeint, mithilfe derer man geistige Inhalte anderer erfassen kann und, mit diesem Wissen über andere ausgestattet, diese zu seinen eigenen Gunsten – quasi »machiavellistisch« – manipulieren kann [57]. Jedoch verweisen die Verfechter der dualen Metakognitionstheorie auf wichtige Unterschiede. Einerseits betreffen die Repräsentationen zunächst die eigenen kognitiven Prozesse und nicht die eines anderen. Andererseits spielt die Vermittlung metakognitiver Darstellungen eine zentrale Rolle, nicht die Erfassung bestimmter geistiger Zustände des anderen durch Perspektivenübernahme [619]. Vereinfacht gesagt ist die Theorie der Geistes-Fähigkeit dazu da, es Individuum A zu erlauben, aus der Perspektivenübernahme den Schluss zu ziehen, dass Individuum B ein Kaninchen gesehen hat. Hingegen ermöglicht System-2-Metakognition es dem Individuum A zu kommunizieren, dass seine visuomotorische Fixierung auf das Kaninchen derzeit ziemlich zuverlässig ist. Damit wurde es den Menschen der Vorzeit möglich, sich an komplexeren Kooperationsprojekten – denken wir etwa an das gemeinschaftliche Jagen – und Koordinationsaufgaben – zum Beispiel Wissens- und Arbeitsteilung in der Sippe – zu beteiligen. Der Selektionsdruck darauf wäre für die frühen Menschengattungen plausibel, er ist es aber – nach Ansicht der Autoren – nicht für nichtmenschliche Lebewesen [619]. Für sie würde System 1 vollkommen ausreichen.[36] Für den Fall, dass diese Theorie und das davon abgeleitete evolutionäre Szenario stimmen, wäre es aber immer noch die Frage, ob nichtmenschliche Tiere eventuell die andere überpersonale Fähigkeit besitzen. Zwar unfähig, metakognitive Inhalte verbal auszutauschen, wären sie dann aber immerhin noch in der Lage, die Perspektive anderer einzunehmen und sich damit Zugang zu deren Wissen, Wünschen und sogar Gedanken zu verschaffen.

36 Dies wird allerdings von neuesten Befunden von auf Kooperation basierenden Konzepten bei männlichen Delfinen in Frage gestellt. Die Forscher konnten auf der Basis von über 30 Jahre gesammelten Verhaltensdaten in Kombination mit Tonwiedergabe-Experimenten an 14 Männchen zeigen, dass diese ein soziales Konzept der kooperativen Teamzugehörigkeit auf der Allianz-Ebene zweiter Ordnung bilden (auf der ersten Ebene kooperieren die Männchen in Paaren oder Trios, auf der zweiten Ebene kooperieren sie in Teams von bis zu 14 Männchen). Es gelang damit der Nachweis einer Klassifizierung sozialer Beziehungen bei einer nichtmenschlichen Spezies, bei denen nichtverwandte Individuen ein umfangreiches, mehrstufiges soziales Netzwerk mit einem hohen Maß an Kooperation bilden [626].

8. Gedankenlesen

Gordon Gallup von der State University of New York at Albany (USA), der Erfinder des Spiegeltests für die Selbsterkennung bei Tieren (siehe Kapitel 10), hat argumentiert, dass das Selbstbewusstsein auch die Zuschreibung von Bewusstsein bei anderen impliziert [627]. Das Selbst sei im Kern sozial, es verstehe sich aus seiner Stellung in der sozialen Matrix heraus [628]. Eine empirische Bestätigung dieser Ansicht kommt von Untersuchungen an Patienten. Menschen mit Schwierigkeiten, sich die Gedanken und Wünsche anderer vorzustellen, haben auch Probleme, in sich selbst hineinzusehen, introspektiv ihre eigenen Handlungen zu reflektieren oder die Konsequenzen ihrer eigenen Handlungen vorauszusehen [629]. Natürlich ist es auch denkbar, dass man ein Selbstbewusstsein hat und dennoch nicht in der Lage ist, sich in andere hineinzudenken oder zu -fühlen. Ein solches Bewusstsein wäre aber leer, gefangen in einem solipsistischen Geist, unfähig, sich mit anderen auszutauschen, seine Handlungen mit denen anderer zu koordinieren oder gar mit ihnen zu kooperieren. Gerade das ist aber ein Markenzeichen menschlicher Vernunft. Menschliche Kultur wäre ohne Theorie des Geistes nicht vorstellbar.

Was aber ist der Vorteil einer Theorie des Geistes? Dass man dadurch erkennen kann, dass sich das Wissen oder die Überzeugung einer anderen Person von unserem eigenen Wissen und unseren eigenen Überzeugungen unterscheidet? Ich weiß, was hinter dem Felsen ist, aber die andere Person nicht, denn von dort hinten kann sie nicht sehen, dass hier ein Skorpion sitzt. Eine Theorie des Geistes zu haben erlaubt es uns, das Verhalten anderer Menschen nicht nur zu deuten, zu interpretieren, sondern auch zu manipulieren, indem wir ihre Überzeugungen manipulieren. Wenn er mein Freund ist, kann ich ihn vor dem Skorpion warnen. Wenn er mein Feind ist, kann ich ihm sagen, dass er hinter dem Felsen sicher ist. Letzteres wird als taktische Täuschung bezeichnet. Wie Chris und Uta Frith vom University College London (GB) mit Recht argumentieren, beinhalten menschliche Interaktionen überwiegend den Austausch von wahrem oder falschem Wissen zum Guten oder zum Schlechten [630].

Die Interpretation anderer ist alltägliche Routine und für manche Menschen der primäre Inhalt einer Unterhaltung. Unsere Sprache ist reich an Hunderten von Begriffen, um die Psychologisierung anderer zu beschreiben. Wir sprechen von Wünschen, Absichten, Denken, Vorstellung und Glauben und beschreiben unser Handeln durch vielfältige Verben wie vermuten, erwarten, zweifeln, verdächtigen etc. (für epistemische Zustände) und wollen, wünschen, hoffen, müssen, sollten etc. (für Wünsche). Schon dreijährige Kinder beginnen, solche Begriffe und die damit verbundenen alltagspsychologischen Schemata zu verwenden [631]. Sie verwenden diese, um zu diskutieren, warum andere so handeln, wie sie selbst es tun, was sie in Zukunft wahrscheinlich tun werden und so weiter.

Diese Neigung zum Interpretieren des Verhaltens anderer ist bei uns Menschen so stark, dass wir es oftmals übertreiben. Wir schreiben Gedanken, Wünsche und Ziele nicht nur anderen Menschen zu, sondern auch Tieren und sogar leblosen Objekten wie Puppen und Autos. Menschen »anthropomorphisieren« sogar einfache geometrische Figuren, wenn sich diese am Computerbildschirm bewegen, und schreiben ihnen willentliche Handlungen zu. Ein berühmtes Experiment dazu wurde bereits in den Vierzigerjahren des vorigen Jahrhunderts veröffentlicht. Die Probanden sahen einen kurzen Zeichentrickfilm mit einem an einer Seite offenen Quadrat und verschiedenen Dreiecken und Kreisen, die sich in unterschiedlicher Weise bewegten [632]. Eine typische

Beschreibung der Vorgänge, viele Jahre später noch einmal repliziert, lautete:

> Und dann jagte das große Dreieck das kleine Dreieck herum. Schließlich gelangte es hinein, nun waren sie hinter dem Kreis her, dieser bekam es mit der Angst zu tun [...] und sie wandten sich ab und das große Dreieck war verstimmt und versuchte die Box aufzubrechen [633, S. 473].

Ganz anders liest sich die Beschreibung eines ähnlichen Vorgangs durch einen Autisten:

> Das große Dreieck bewegte sich in das Viereck. Da waren ein kleines Dreieck und ein Kreis. Das große Dreieck bewegte sich hinaus. Die Formen prallen aufeinander. Der kleine Kreis bewegte sich in das Viereck [634, S. 840].

Wenn ich den Film sehe, kann ich mich der Vermenschlichung kaum entziehen, selbst in so offensichtlich nicht lebenden Objekten scheine ich Intentionen und sogar Emotionen zu erkennen. Ich ertappe mich, den Figuren Eigenbewegungen zuzuschreiben, wenn ich schreibe, dass sie »sich in unterschiedlicher Weise bewegten«.

Sally und Anne

Kinder entwickeln die Fähigkeit, anderen geistige Zustände zuzuschreiben, schon im zweiten Lebensjahr [635], aber diese Entwicklung ist danach noch lange nicht abgeschlossen [636]. Eine Reihe von Tests wurde mit dem Ziel entwickelt, herauszufinden, ab wann Menschen ihre eigenen Überzeugungen von bestimmten Geschehnissen mit denen anderer Personen in Beziehung bringen können. Besonders gut überprüfbar ist das, wenn sich diese unterscheiden. Tatsächlich können sich Kinder schon mit zwei Jahren das Fehlen von Wissen über ein Ereignis bei einer anderen Person vorstellen, zum Beispiel, wenn diese Person erst nach dem Ereignis erscheint [637]. Noch spannender ist aber die Frage, wann Kinder die Kompetenz erwerben, einer anderen Person eine Überzeugung zuzuschreiben, die sich von ihrer eigenen unterscheidet. Hier geht es um das Verständnis des Kindes für die falsche Überzeugung einer anderen Person. Diese Fähigkeit entwickelt sich langsam und ist erst mit etwa fünf Jahren so ausgeprägt, dass Kinder ihre Interpretation anderen mitteilen und auch erklären können [638].

Um das bei Kindern, die noch keine volle Sprachkompetenz entwickelt haben, zu überprüfen, muss man sich kluge Tests ausdenken. Heinz Wimmer von der Universität Salzburg hat mit seinem Kollegen Josef Perner von der University of Sussex einen Test für Kinder entwickelt, der zu einem Klassiker in der Erforschung der Theorie des Geistes wurde [639]. Wichtig bei diesem »Test der falschen Überzeugung« (*false belief task*)[37] war, dass der Test keine Testfrage mit mentalen Verben enthält (zum Beispiel »Was glaubt Maxi?«), da eine bloße Zeigegeste als »Antwort« genügt. Dazu wurde Kindern in Salzburger Kindergärten und Sommerschulen im Alter von drei bis neun Jahren eine Geschichte in Form eines Puppenspiels vorgeführt. Zunächst beobachteten die Kinder, wie ein kleines Mädchen sein Lieblingsbuch an einem bestimmten Ort versteckt. Dann entfernt es sich und ein kleiner Bub findet das Buch und versteckt es an einem anderen Ort. Bei der Rückkehr des Mädchens werden die Kinder aufgefordert, auf das Versteck zu zeigen, wo das Mädchen ihr Buch vermutet. Keines der drei- bis vierjährigen Kinder, etwa die Hälfte der Vier- bis Sechsjährigen und 86 Prozent der sechs- bis neunjährigen Kinder

---

37 In der deutschsprachigen Literatur werden folgende Ausdrücke synonym verwendet: falsche Überzeugung, falsche Auffassung, falsche Vermutung, falscher Glaube.

zeigte auf den richtigen Ort. Diese Ergebnisse deuten darauf hin, dass erst im Alter von vier bis sechs Jahren die Fähigkeit entsteht, auf der Grundlage seiner eigenen Erfahrung einem anderen eine Überzeugung zuzuschreiben – obschon man die davon abweichende Realität sehr wohl kennt. Diese Kinder können demnach zwischen Glauben und Realität unterscheiden, sie verstehen also, dass es Überzeugungen geben kann, die nicht der Realität entsprechen.

Auch da, wo ein normaler Vorgang eine plötzliche Wendung nimmt – eine Schachtel, die üblicherweise Süßigkeiten enthält, bringt plötzlich Malstifte zum Vorschein –, beginnen Kinder mit etwa vier Jahren einer neu hinzukommenden Person eine falsche Vermutung zuzuschreiben [640]. Interessanterweise verhalten sich autistische Kinder in beiden Fällen anders. In einer Art »epistemischer Egozentrik« gestehen sie der anderen Person nur ihre eigene Vermutung zu [641]. Kinder mit Autismus erwarten bis zum Alter von etwa zehn Jahren, dass das Mädchen nach seinem Buch dort sucht, wo es zuletzt versteckt wurde. Für komplexere Probleme, die eine Notlüge (eine eher prosoziale Form der Unehrlichkeit, um anderen Unangenehmes zu ersparen und die Beziehung stabilisieren) oder einen doppelten Bluff enthalten, brauchen sie noch länger, und manche Kinder mit Autismus werden sie nie ganz deuten können [630, 642]. Bei einer besonderen Form des Autismus, dem Asperger-Syndrom, wird ein Teil des Gehirns, der linke, mediale, präfrontale Kortex, nicht wie bei neurotypischen Menschen in Tests, wo sie sich bei Geschichten wie der zuvor beschriebenen in andere Menschen geistig hineinversetzen, aktiviert [643, 644]. Offenbar ist die eingeschränkte Perspektivenübernahme (neben bekannten idiosynkratischen Wahrnehmungen und Verhaltensweisen – stereotypische Bewegungen, Zwänge, repetitives Verhalten, Schwierigkeiten bei der Stimmenmodulation, Sprachdefizite, Schmerztoleranz) ein besonderes Kennzeichen des Autismus.

Nicht nur im Bezug auf den Autismus sondern ganz allgemein

für das Verständnis des menschlichen Denkens besteht ein großes Interesse an der Identifizierung des »sozialen Gehirns«, einem Netzwerk von Gehirnregionen, die auf den sozialen Bereich spezialisiert sind. Gedankenlesen oder – in der Fachsprache »Mentalisierung« – ist nur eines von einer Reihe von Problemen, mit denen unser Gehirn konfrontiert ist. Bei der Messung der Hirnaktivität während der Ausführung einer Vielzahl von Aufgaben, die Perspektivenübernahme und Gedankenlesen betreffen, wurden regelmäßig zwei Regionen im menschlichen Gehirn lokalisiert: eine mediale präfrontale Region (paracingulärer Kortex) und der temporär-parietale Übergang im oberen temporalen Sulkus [645]. Die mediale Frontalregion wird auch dann einbezogen, wenn die Probanden über ihre eigenen mentalen Zustände nachdenken. Der temporär-parietale Übergang hingegen scheint eine besondere Rolle zu spielen, wenn es darum geht, Wahrnehmungshinweise zu nutzen, um die Handlungen und Absichten von Akteuren zu erkennen. In Zukunft sollte es möglich sein, die entsprechenden Hirnregionen bei nichtmenschlichen Tieren bei der Ausführung ähnlicher mentaler Prozesse mit Hilfe bildgebender Verfahren zu untersuchen. Dann wird man sehen, ob den funktionalen Ähnlichkeiten auch neuronale entsprechen.

Psychologen und Simulanten

Dass manche nichtmenschliche Tiere auch ohne Sprache und Kultur zu einer zumindest basalen Form des Gedankenlesens fähig sind, wurde schon früh aufgrund funktionaler Überlegungen postuliert. Einige einflussreiche Primatologen stellten die Hypothese auf, dass die Primatenintelligenz in erster Linie eine Anpassung nicht so sehr an die physischen Probleme wie Nahrungssuche und Beutefang, sondern an die besonderen Komplexitäten des gesellschaftlichen Lebens war und etwa der Bildung optimaler Koalitionen in einer inhärent dynamischen Gesellschaft diente

[646-648]. In dem berühmt gewordenen Aufsatz »Die soziale Funktion des Intellekts« [648] erläuterte Nicholas Humphrey von der Universität Cambridge (GB), dass das soziale Leben von Primaten einer Schachpartie gleicht, die in der Regel von denjenigen gewonnen wird, die sozial kompetent genug sind, um die Züge ihrer Gegner vorauszusehen. Besonders in den komplexen Primatengesellschaften erfordert dieses Hinterfragen nicht nur, das sichtbare Verhalten (die sogenannten Oberflächenaktionen) anderer zu unterscheiden, sondern auch ihre Geisteszustände zu erkennen und sie so im »Primatenschach sozial zu überlisten« [649]. Als dafür verantwortlichen Mechanismus postulierte Humphrey [650] das, was wir schon bei der Metakognition diskutierten, nämlich den direkten Zugang zu eigenen psychologischen Prozessen mithilfe des »inneren Auges« zu nutzen, um die entsprechenden Prozesse ihrer Gruppenmitglieder zu simulieren. Diese Idee wurde später von Philosophen und Psychologen zur sogenannten »Simulationstheorie« weiterentwickelt [651, 652].

In ganz analoger Weise sehen die beiden Oxforder Ethologen John Krebs und Marian Stamp Dawkins den Wert des Gedankenlesens in der Manipulation anderer, insbesondere zur Verfolgung ihrer eigenen Zwecke [653]. Bei der innerartlichen Kommunikation werden daher nicht nur ehrliche Informationen ausgetauscht, sondern oft auch unehrliche, die den anderen täuschen und in die Irre führen sollen, wenn das im eigenen Interesse ist. Doch im Gegensatz zu Humphrey schlugen sie keine Simulation mit dem inneren Auge als Mechanismus vor, sondern vielmehr, dass

> die Erfahrung der Gesetzmäßigkeit des Verhaltens der Opfer im Gehirn des Gedankenlesers verinnerlicht wird [...]. Der Gedankenleser ist in der Lage, seine eigenen Verhaltensentscheidungen im Hinblick auf die wahrscheinlichen zukünftigen Reaktionen seines Opfers zu optimieren [653, S. 386f.].

Die Antizipation des Verhaltens anderer basiert demnach auf der Sammlung einer großen Anzahl von Erfahrungen, wie sich Artgenossen in bestimmten Situationen verhalten, auf der Schlussfolgerung allgemeiner Tendenzen und der Extrapolation in die Zukunft. Später wurde diese Hypothese als alternative Haupthypothese des Gedankenlesens jener des inneren Auges gegenübergestellt [654] und dann sogar noch auf die metakognitive Introspektion der eigenen Gedanken und Zustände angewendet [614].

Ein weiterer Anstoß zur Frage des Gedankenlesens bei Affen kam von Berichten über Täuschungsmanöver. Richard Byrne und Andrew Whiten von der University of St. Andrews (GB) trugen gut dokumentierte Episoden von trügerischem Verhalten bei Pavianen zusammen, die einerseits den Postulaten von Humphrey entsprachen, andererseits nahe an die Untersuchungen der Zuerkennung falscher Vermutungen bei Kindern (»Sally und Anne«) kamen [655, 656]. Später erstellten sie eine umfangreiche Datenbank solcher Berichte, die von Feldprimatologen beigetragen wurden, und schlossen aufgrund wiederkehrender Muster, dass viele Menschen- und Tieraffen in der Lage zu sein scheinen, das zu berücksichtigen, was andere sehen oder nicht sehen können [657]. Nicht nur scheinen die Täuschungsmanöver auf der Überwachung und Manipulation der visuellen Aufmerksamkeit anderer zu beruhen [658], sondern auch auf der Fähigkeit, sehr genau zu beurteilen, wie man begehrte Objekte oder Teile des eigenen Körpers vor dem Blick anderer verstecken kann [655, 657].

Hat der Schimpanse eine Theorie des Geistes?

Plausibilitätsargumente aufgrund sorgfältiger ethologischer Betrachtungen und Theorien aufgrund funktional-logischer Analysen sind das eine, harte empirische Belege sind das andere. Wie also könnte man zeigen, dass Affen tatsächlich in die Gedankenwelt anderer eintauchen beziehungsweise deren zukünftige Handlungen antizipieren können? Bereits vor vierzig Jahren fragten David Premack und Guy Woodruff von der University of Pennsylvania (USA), ob der Schimpanse eine »Theorie des Geistes« hat, und stellten einem dazu entsprechende Aufgaben [625]. Nach ihrer Ansicht hat ein Individuum dann eine Theorie des Geistes, wenn es sich selbst und anderen mentale Zustände unterstellt. Die etwas seltsame Bezeichnung der Fähigkeit als »Theorie des Geistes« (oder »Theorie des Mentalen«) wurde gewählt, um zu unterstreichen, dass es sich hier um Schlussfolgerungen handelt, weil solche Zustände nicht direkt beobachtbar sind. Außerdem könne man damit, wie mit einer wissenschaftlichen Theorie, Vorhersagen machen, nämlich Vorhersagen über das Verhalten anderer. Um nun festzustellen, ob Schimpansen mentale Zustände wie Wünsche oder Überzeugungen unterstellen können oder nicht, zeigten sie einem erwachsenen Schimpansen eine Reihe von Videosequenzen eines menschlichen Akteurs, der mit einer Vielzahl von Problemen zu kämpfen hatte. Inspiriert von den Intelligenztests von Wolfgang Köhler [360] stellten sie zunächst einfache »Außer-Reichweite«-Probleme dar. Später zeigten sie Videos mit immer komplexeren Problemen, so etwa einen Mann, der sich nicht selbst aus einem verschlossenen Käfig befreien konnte, wegen einer defekten Heizung vor Kälte zitterte oder keine Musik hören konnte, weil der Plattenspieler nicht angeschlossen war. Nach jedem Video erhielt der Schimpanse mehrere Fotos, wovon eines die Lösung des Problems enthielt, wie zum Beispiel einen Stock für die unzugänglichen Bananen, einen Schlüssel für den eingesperrten Mann, oder einen brennenden Docht für die defekte Heizung. Tatsächlich wählte der Schimpanse in den meisten Fällen das richtige Bild, was die Vermutung unterstützte, dass das Tier das Problem im Video erkannt hatte, das Ziel des Akteurs verstand und das Mittel wählen konnte, das zu diesem Ziel führte.

Premack und Woodruff vermuteten, dass der Schimpanse dem menschlichen Akteur mindestens zwei Geisteszustände unterstellte, nämlich Absicht oder Zweck auf der einen Seite und

Wissen oder Glauben auf der anderen Seite. Er schien zu verstehen, dass der Mann die Banane will und auch weiß, wie man sie bekommt. Man könnte allerdings einwenden, dass Premack und Woodruff nur ein Verständnis des Schimpansen für Ziele, die auf *physikalischen* Problemen beruhen, zeigen konnten. Anstatt die Fähigkeit des Schimpansen als »Psychologe«, wie sie meinten, ist es eine schon von Köhler vermutete Kompetenz als »Physiker«, die hier zur Probe stand. Denn es ist fraglich, ob man sich in den Menschen hineinversetzen muss, um zu verstehen, dass ein Stock das beste Mittel ist, eine außer Reichweite liegende Banane zu angeln. Damit blieb die Frage offen, ob der Schimpanse anderen überhaupt mentale Zustände unterstellen kann.

Dennoch löste diese Pionierarbeit eine Welle von Untersuchungen und Debatten aus, die zunächst eher auf Kinder und später dann auch auf andere Tiere wie Rabenvögel und Hunde überschwappte. Die Antworten auf die Ursprungsfrage schwankten stark zwischen Forschergruppen und über die Jahrzehnte, und auch vierzig Jahre später gibt es noch keine eindeutige oder gar unumstrittene Antwort. Ein Fortschritt, der in den letzten Jahren erzielt wurde, ist die Erkenntnis, dass es viele verschiedene Möglichkeiten gibt, wie Tiere andere einschätzen können, wie sie diese interpretieren, ihr Verhalten voraussagen oder ihnen bestimmte geistige Zustände wie Wünsche, Vorlieben oder Vermutungen zuschreiben können.

Ich weiß, was du weißt

Während in der Folge von Premacks und Woodruffs Arbeit die Entwicklungspsychologen – wie oben dargestellt – untersuchten, ob Kinder anderen Menschen (richtige oder falsche) Überzeugungen unterstellen können, konzentrierten sich die Primatologen zunächst auf die Zuschreibung von Wissenszuständen. Im einfachsten Fall kann das Wissen eines anderen daraus geschlossen werden, ob dieser etwas gesehen hat oder nicht. Wenn man wahrnimmt, dass der andere Zeuge eines Versteckvorganges ist, sollte man annehmen können, dass er das Versteck kennt, somit Wissen über das Versteck hat und für einen Unwissenden zum Informanten werden kann. »Ich weiß, was du weißt«, wäre eine Metapher für diese mentale Zuschreibung.

Wiederum versuchte Premack die Frage, ob nichtmenschliche Lebewesen dazu fähig sind, mit Schimpansen, die mit Menschen interagierten, zu beantworten [659]. Vier junge Schimpansen durften zusehen, wie ein Stück Futter in einen von zwei Behältern gelegt wurde. Allerdings konnten sie nicht sehen, welcher der Behälter befüllt wurde, denn das verhinderte ein Paravent. Während des Versteckvorgangs konnten die Schimpansen auch zwei menschliche Trainer sehen, von denen nur einer beobachten konnte, wo das Futter genau versteckt wurde, denn die Sicht des anderen war wiederum blockiert. Im Anschluss durften die Schimpansen einen der beiden Trainer mit einer Schnur zu sich heranziehen. Während der Zeuge des Geschehens das Versteck öffnete und den Schimpansen mit dem Futter belohnte, wählte der andere Trainer den leeren Behälter und der Schimpanse blieb unbelohnt. Während zwei Tiere konsequent den informierten Trainer auswählten, und das schon nach nur 24 Versuchen, schwankten die beiden anderen in ihren Entscheidungen. Ihr mehrdeutiges Ergebnis schwächte die Schlussfolgerung, die Schimpansen wären in der Lage, den Blickwinkel der Trainer einzunehmen.

Unabhängig von dieser Studie entwickelte Daniel Povinelli von der Yale University (USA) die Idee des Tests mit wahren und falschen Informanten und publizierte bahnbrechende Experimente, die in die Literatur unter dem Titel »Wissender oder Ratender« eingingen [414]. Auf den ersten Blick glaubten er und seine Co-Autoren von der Ohio State University (USA) das Ergebnis der beiden erfolgreichen Schimpansen von Premack bestätigt zu sehen [660]. Getestet wurden drei jüngere Tiere zwischen sieben und zehn Jahren (Sheba, Darrell und Kermit) und das ältere

Weibchen Sarah. Sarah war in der Fachwelt schon sehr bekannt durch ihre über zwei Jahrzehnte dauernde Teilnahme an Studien zur Erforschung linguistischer Fähigkeiten [661], einfacher mathematischer Konzepte [662] und der Fähigkeit der Zuschreibung in der berühmten Arbeit von Premack und Woodruff [625], die wir weiter oben schon besprochen haben.

Die Tiere waren auch hier Zeuge des Versteckens von Futter, dann aber änderte sich das Experiment. Ein Experimentator, wir nennen ihn den »Wissenden«, versteckte das Futter in einem von vier Behältern, die von einer Schachtel abgedeckt waren und so die Sicht der Schimpansen blockierten. Der zweite Experimentator, der »Ratende«, war während des Versteckvorgangs nicht anwesend, sondern kam erst danach hinzu. Nun positionierten sich beide Experimentatoren hinter den vier Behältern und zeigten jeweils auf einen, der Wissende auf jenen, wo er zuvor das Futter versteckt hatte, der Ratende auf einen der drei anderen. Die Schimpansen durften dann einen der Behälter auswählen. Die Entscheidung für den richtigen brachte ihnen das Futter ein, entschieden sie sich dagegen für einen anderen Behälter, öffnete der Wissende seinen Behälter und enthüllte das Futter darin, aber die Affen gingen leer aus.

Die Tiere wurden mehrere Wochen lang zehn Mal hintereinander pro Tag getestet. Dabei wechselten die beiden Experimentatoren immer wieder ihre Rollen, sodass sich die Schimpansen nicht einfach nach der Identität des Wissenden richten konnten, um den richtigen Behälter zu wählen. Nach Zufallsprinzip änderten sie auch die Positionen des Verstecks und der beiden Experimentatoren und auf welchen Behälter der Ratende deutete.

Darüber hinaus wurde in einem anschließenden Test das Verfahren verändert, um weitere Erklärungen ausschließen zu können. Nun blieben beide Experimentatoren während des Versteckens im Raum und ein dritter Experimentator versteckte das Futter, aber der Ratende hatte während des Versteckvorgangs eine Papiertüte über dem Kopf, sodass er nichts sehen konnte.

Die Ergebnisse dieser Tests wurden von den drei Autoren sehr positiv beurteilt, und dies wird bis in die heutige Zeit oft so übernommen [zum Beispiel: 663]. Allerdings gibt eine genauere Betrachtung, vor allem der Lernkurven, weniger Anlass zur Euphorie. Die in Lernaufgaben sehr erfahrene Sarah blieb auch nach dreihundert Versuchen immer noch auf Zufallsniveau und versagte auch im anschließenden Test. Sheba und Kermit brauchten mehr als hundert, Darrel über zweihundertfünfzig Versuche, um den Wissenden deutlich zu bevorzugen. Aber alle drei Tiere zeigten auch nach Wochen täglichen Trainings eine sehr bescheidene – zwischen sechzig und siebzig Prozent schwankende – Bevorzugung des Wissenden in beiden Tests. (Schade nur, dass uns die Autoren nicht darüber informieren, wann sie dieses Verhalten innerhalb der dreißig Versuche zeigten, nämlich gleich von Beginn an oder erst später.)

In den folgenden Jahren führte Povinelli mit wechselnden Co-Autoren weitere Tests durch. Er stellte fest, dass zwar Vierjährige, nicht aber Dreijährige die Tests bestehen, die zuvor für Schimpansen entwickelt wurden [664]. Rhesusaffen scheiterten daran, die kommunikativen Hinweise eines sachkundigen Informanten zu nutzen, um versteckte Lebensmittel zu finden [665]. Aber spätere Tests mit frei lebenden Rhesusaffen, die anstatt in einer kommunikativen in einer Wettbewerbssituation mit Menschen getestet wurden, waren erfolgreicher darin zu verstehen, was ein menschlicher Konkurrent sehen kann und was nicht [666]. Die auf der Insel Cayo Santiago frei lebenden Affen sind bekannt dafür, gerne an die Lebensmittel kommen zu wollen, die Menschen für Verhaltensexperimente auf die Insel mitbringen. Obwohl sie Angst haben, Menschen zu nahe zu kommen, versuchen sie gelegentlich, Futter zu stehlen. Dabei scheinen sie den Grad der Aufmerksamkeit der Bestohlenen einzuschätzen. Das konnte in sechs Tests mit Variationen dessen, was Menschen sehen können, bestätigt werden. Immer war dabei ein Affe mit zwei Experimentatoren konfrontiert, bei denen jeweils eine

Weintraube lag, wobei aber nur einer der beiden diese auch sehen konnte.

Rund zwanzig Affen nahmen an den einzelnen Versuchen teil. Jeder Affe hatte eine Minute Zeit, die Weintraube zu stehlen. In den ersten zwei Tests drehte einer der beiden Menschen der Traube den Rücken zu, im dritten und vierten sah einer – entweder mit dem Kopf oder nur mit den Augen – zur Seite, im fünften und sechsten Test schließlich hielten sich beide Menschen eine Tafel vor den Körper, jedoch nur einer jeweils vor das Gesicht beziehungsweise die Augen, der andere vor die Brust oder den Mund. In allen sechs Varianten des Tests stahlen deutlich weniger Affen die Weintraube von jenem Menschen, der sie in seinem Blickfeld hatte. Ganz offensichtlich nützten die Affen ihr Wissen über den Zusammenhang von Körper- oder Augenposition und Aufmerksamkeit, um spontan, in einem einzigen Versuch, die richtige Entscheidung zu treffen. Die Autoren der Studie erklärten dies damit, dass Affen eine natürliche Sensibilität für den Blick anderer haben [666], nicht zuletzt, weil sie spezifische Neuronen besitzen, die es ihnen ermöglichen, die Blickrichtung anderer zu erkennen [667].

Weiß sie es oder rät sie?

Die spezielle Sensitivität für die Blicke anderer scheint eine weitverbreitete Eigenschaft des Säugetiergehirns zu sein. Etwa zur selben Zeit wie Povinelli unternahm meine damalige Mitarbeiterin Christine Schwab ähnliche Tests mit Hunden. Auch sie wurden mit sehr schmackhaftem Futter, in diesem Fall einem Stück Wurst, in Versuchung geführt. Sie lud Hundebesitzerinnen und -besitzer ein, ihren Hund darauf zu testen, ob (und wenn ja wann) dieser trotz Verbots die vor ihm liegende Wurst stibitzt [668]. Anders als in der Studie mit den Rhesusaffen zählten wir nicht, ob sie der Versuchung unterliegen oder nicht, sondern wie schnell das passierte, und zwar abhängig davon, wie stark die Aufmerksamkeit ihrer Besitzerin auf die Wurst gerichtet blieb, nachdem das Verbot ausgesprochen worden war. Entweder war deren Blick dabei direkt auf die Wurst, zur Seite, in ein Buch oder von der Wurst weg gerichtet. In der extremsten Form verließ die Person den Raum und ließ den Hund mit der Wurst alleine. Eigentlich war niemand überrascht, dass die Hunde umso schneller der Versuchung erlagen, je geringer die Aufmerksamkeit der Besitzerin oder des Besitzers war. Es war aber dennoch interessant zu sehen, dass die Hunde nicht nur den Anblick des Gesichts oder der offenen Augen zur Einschätzung der Aufmerksamkeit nutzten, sondern auch die Blickrichtung.

Meine Mitarbeiterinnen und Mitarbeiter und ich hatten damals nicht die Frage des Gedankenlesens im Fokus unserer Untersuchung, sondern, wie in vielen Arbeiten danach, die Fähigkeit der Blickverfolgung als Form des Teilens von Interesse [669] und die Beziehung des Hundes zum Menschen mit dem dabei zum Einsatz kommenden Wissen über seine Gesten [670], seine Identität [671], seine Emotionen [672] und ganz allgemein über sein Verhalten [673]. Erst vor kurzer Zeit haben wir uns wieder der Frage zugewandt, wie Hunde unsere Aufmerksamkeit einschätzen und ob sie dabei ein Verständnis für die Bedeutung des Sehens als Grundlage von Wissen im anderen mitbringen. Dazu angeregt wurden wir durch eine Studie von Michelle E. Maginnity und Randolph C. Grace von der University of Canterbury (Neuseeland), die Povinellis Paradigma des Wissenden und Ratenden für Tests mit Hunden aufgegriffen hatten [674].

Im ersten von vier Experimenten wiederholten sie die ursprüngliche Versuchsbedingung mit einem wissenden Experimentator, der zugleich auch das Futter versteckt, und einem ratenden, der währenddessen den Raum verlässt. Auch die Hunde mussten einen von vier Behältern wählen, wovon zwei durch Zeigegesten der Experimentatoren markiert wurden. Um zu überprüfen, ob sich die Hunde mehr am Verstecken und weniger am Wissen des

Informanten orientierten, führten sie den Versuch durch, bei dem beide Personen während des Versteckens im Raum blieben. Tatsächlich bevorzugten die Hunde den Behälter, auf den der Wissende, der zugleich der Verstecker war, zeigte. Über die jeweils 24 Versuche der beiden Tests zeigten sie diese Präferenz in beiden Bedingungen ähnlich stark, also auch dann, wenn die Person, die nicht versteckte, im Raum blieb und zusah. Offenbar war ihre Wahl des Informanten stark von der Tätigkeit des Versteckens beeinflusst. Mindestens zu Beginn der Tests war aber auch die Anwesenheit beim Verstecken wichtig, denn über achtzig Prozent der Hunde wählten im allerersten Versuch den Verstecker, wenn der Ratende abwesend war, aber nur fünfzig Prozent, wenn er anwesend war [674].

In weiteren Versuchsbedingungen manipulierten die Autoren das Wissen der Informanten, während eine dritte Person das Futter versteckte. Ähnlich wie beim Experiment mit den Rhesusaffen [666] manipulierten sie das Sehen des Versteckens durch das Abdecken von unterschiedlichen Teilen des Gesichts oder durch unterschiedliche Blickrichtungen; während die wissende Person die Hände an die Wangen hielt oder aufmerksam den Versteckvorgang beobachtete, hielt sich die ratende Person die Hände vor die Augen oder starrte zur Decke. Selbstredend tauschten die beiden Personen mehrmals ihre Rollen, ebenso wurden der Behälter, der als Versteck diente, und andere Versuchsparameter in zufälliger Weise im Laufe des Versuchs verändert. Um zu überprüfen, ob das Zeigen auf den richtigen Behälter selbst einen versteckten Hinweis lieferte oder die Hunde das Versteck mit ihrer Nase fanden, wurden auch dazu die entsprechenden Kontrollen – Einzelversuche, in denen die Informanten nicht auf einen Becher zeigten oder in denen alle Becher leer waren – ausgeführt. In beiden Versuchsbedingungen schwankte die Präferenz der Hunde für die wissende Person zwischen sechzig und siebzig Prozent, im Durchschnitt über alle 24 Einzelversuche jeweils knapp über sechzig Prozent. Dieses Ergebnis ist zwar nicht berauschend, aber immerhin statistisch signifikant. Elf von sechzehn Hunden (69 Prozent) wählten die Person mit den Händen an den Wangen und nur fünf die Person mit den verdeckten Augen im ersten Versuch. Diese spontane Präferenz für den Wissenden ist aber wahrscheinlich auf die Sichtbarkeit von Augen zurückführbar, denn diese ist ein wichtiges Signal für Aufmerksamkeit bei Hunden [668]. Im Vergleich dazu gab es keine statistisch signifikante Präferenz für den Wissenden im ersten Versuch mit unterschiedlicher Blickrichtung (54 Prozent).

Trotz des mageren Ergebnisses im Test mit den unterschiedlichen Blickrichtungen rief das Verhalten der Hunde, das insgesamt die spontane Fähigkeit der Unterscheidung zwischen richtigen und falschen Informanten erkennen ließ, in der Fachwelt Erstaunen hervor. Immerhin war ihre Leistung deutlich besser als jene der Schimpansen in den frühen Tests von Premack und Povinelli. Wir erinnern uns, dass nur drei von vier Schimpansen zwischen richtigen und falschen Informanten unterschieden, und das auch erst nach weit über hundert Versuchen [660]. Spätere Versuche mit diesen Menschenaffen verliefen sogar überwiegend negativ [675]. Auch andere Tierarten wie Kapuzineraffen [676] und Schweine [677] scheiterten bei der Zuschreibung von Wissen in analogen Tests wie den zuvor beschriebenen. Das forderte uns dazu heraus, die Fähigkeit der Hunde nochmals zu überprüfen.

Um Zweifel an der Art und Weise, wie die Ergebnisse erzielt wurden, auszuräumen, ist es äußerst wichtig, die Ergebnisse zu replizieren. Leider geschieht dies (auch) in der vergleichenden Kognitionsforschung viel zu wenig. Bei manchen Tieren kommt noch erschwerend hinzu, dass bei Interaktionen mit Menschen als Demonstratoren ungewollte Hinweise gegeben werden, die sie zur Lösung der Aufgabe verwenden können (siehe den berühmten Fall des »Klugen Hans« [678]). Nur sehr ausgefeilte Testprozeduren und die Anwendung möglichst vieler Kontrollexperimente können hier helfen [670].

Meine Masterstudentin Amélie Catala hat zu Beginn unserer

Versuche zur Perspektivenübernahme bei Hunden das erste Experiment von Maginnity und Grace [674], den Vergleich zwischen anwesendem und abwesendem Rater, exakt kopiert [679], inklusive der Anzahl der Hunde und Versuche. Wir waren erstaunt, wie ähnlich die Ergebnisse dieser beiden unabhängig voneinander durchgeführten Studien waren. Die mittlere Häufigkeit der Wahl des Wissenden unterschied sich in beiden Studien um nicht mehr als zwei Prozent!

In der neuseeländischen Studie erzielten die Hunde die besten Ergebnisse, wenn der Rater entweder den Raum verließ oder seine Augen verdeckte. Gerade noch signifikant, aber deutlich schwächer war die Bevorzugung des Wissenden, wenn die Augen beider Informanten während des Versteckens offen und für den Hund sichtbar waren. Offenbar haben Hunde Schwierigkeiten, die Perspektive der Informanten einzunehmen, um daraus zu erkennen, wer etwas sehen kann und wer nicht. Das ist nötig, wenn beide Informanten mit offenen Augen schauen, nicht aber, wenn bei einem die Augen verdeckt sind oder dieser den Raum verlässt. Man nennt die Fähigkeit, die Welt aus dem Blickwinkel eines anderen zu betrachten, »geometrische Blickverfolgung« [680]. Hunde folgen dem Blick des Menschen in den Raum [669], aber diese Orientierungsreaktion kann auf einem relativ einfachen Mechanismus beruhen, um ihre Sichtweise mit der eines anderen Individuums in Einklang zu bringen, das auf etwas schaut [681]. Doch Hunde sind besonders sensibel und lernbereit, was die kommunikativen Signale des Menschen betrifft, wie etwa Zeigen und Blicke folgen [jüngste Zusammenfassungen in 673, 682, 683, 684]. Tatsächlich sind zumindest einige Hunde (etwa ein Drittel der getesteten Tiere) in der Lage, dem Blick des Menschen hinter eine Sichtbarriere in einem Kontext der Nahrungssuche zu folgen [685].

Die geometrische Blickverfolgung würde es den Hunden ermöglichen, nach etwas zu suchen, das sie aus ihrer Position nicht sehen können. Eine solche Überwindung der egozentrischen

Perspektive konnte man in einem Test zur Fähigkeit des Stehlens überprüfen. Dieser Test verlangte von Hunden, aus der Geometrie des Raumes zu schließen, dass ein Mensch sie sehen konnte, obwohl sie selbst den Menschen nicht sehen konnten. Obwohl Hunde zu verstehen scheinen, wie Barrieren die Wahrnehmung anderer beeinträchtigen [392], bestanden sie diesen Versteckenstest im visuellen Kontext nicht. Allerdings konnten sie ihren Diebstahl im akustischen Bereich verheimlichen, indem sie sich leise verhielten [686]. Möglicherweise verlassen sich Hunde nur darauf, was sie selbst wahrnehmen können, wenn sie beurteilen sollen, was Menschen sehen und hören können. Allerdings legt der Erfolg in der Unterscheidung von Wissendem und Ratendem in der Studie von Maginnity und Grace [674] nahe, dass sie bestimmte offensichtliche Hinweise über das Sehen des Menschen – wie die offenen Augen oder die Anwesenheit im entscheidenden Moment – nutzen können.

Die Frage bleibt, ob sie auch aus indirekten Hinweisen ableiten können, was Menschen sehen oder nicht sehen. Dafür spricht: Wenn Hunde in Versuchung gebracht wurden, Wurst in der Anwesenheit des Menschen, der das verboten hatte, zu stibitzen, berücksichtigten sie die Helligkeit um sich herum – sie stahlen nur, wenn sie dabei selbst im Dunkeln blieben [687].

Anschließend ersonnen wir einen zweiten Test, um zu überprüfen, ob bei Hunden die Beurteilung des Wissens von zwei konkurrierenden Informanten über die direkt beobachtbaren Unterschiede zwischen diesen beiden hinausgehen kann [679]. Damit hätten wir zwar noch keinen vollwertigen Nachweis der Fähigkeit zum Gedankenlesen (*mind reading*) im Unterschied zum Verhaltenlesen (*behaviour reading*) geliefert [688], würden diesem aber immerhin einen wichtigen Schritt näher kommen. In diesem neuen Test sollten sich beide Informanten während des Versteckens durch eine dritte Person identisch verhalten: Sie schauten beide in die gleiche Richtung, nämlich auf einen speziellen Punkt an der Wand, unterschieden sich aber darin, auf welcher Seite des

Versteckers sie positioniert waren und somit, ob sie das richtige Versteck sehen konnten oder nicht (Abb. 21). Der Blick auf den Punkt an der Wand sollte verhindern, dass sich die Informanten dadurch unterschieden, dass die Wissende mit ihrem Blick den Versteckvorgang verfolgt, während die andere Person in die Ferne starrt und somit einen Verhaltensunterschied erkennen lässt. Ein weiteres wichtiges Merkmal dieser Anordnung war, dass das Futter für die Hunde nicht sichtbar war und sie deshalb nicht einfach die Augen-Objekt-Linie benutzen konnten [689, 690]. Um zu erkennen, welcher Informant über das Versteck Bescheid wissen konnte, mussten sie aus der Blickrichtung der Menschen ableiten, was diese sehen konnten, also die geometrische Blickverfolgung durchführen. Amélie implementierte zudem alle wichtigen Kontrollen, um zu verhindern, dass die Hunde unbeabsichtigte Hinweise, wie zum Beispiel unterschiedlich selbstbewusstes Zeigen der beiden Informanten, Geruchsspuren oder Positionshinweise zur Lösung der Aufgabe verwenden konnten.

Abb. 21: Zwei Informantinnen blicken zur Seite, während von einer dritten Person (dem Verstecker) für den Hund unsichtbar Futter versteckt wird. Danach zeigen die beiden Informantinnen auf je einen anderen Becher. Der Hund muss nun entscheiden, welchem Hinweis er folgen soll, um das Futter zu finden. Aus [679].

Über alle vierundzwanzig Versuche gemittelt bevorzugten die Hunde die wissende Person in knapp 62 Prozent und damit statistisch gesehen signifikant. Bemerkenswert dabei war allerdings, dass bereits im allerersten Versuch 82 Prozent der Hunde den Behälter der wissenden Person wählten und dass sich die Hunde im Laufe der weiteren dreiundzwanzig Versuche nicht mehr steigerten. Diese beiden Werte schließen ein assoziatives Lernen eines möglichen Hinweiszeichens, wie etwa die Positionsbeziehung von Wissendem und Verstecker, aus. Die Hunde haben ganz offensichtlich von Beginn an durch Einnahme der Perspektive der beiden Informantinnen erkannt, wer Zeuge des Versteckens und damit eine vertrauensvolle Informantin sein kann. Natürlich muss dieses Vermögen nicht auf einem Geistesblitz basieren; wir nehmen an, dass es im Laufe des bisherigen Lebens der getesteten Hunde durch kumulativen Erfahrungszuwachs erworben wurde [siehe auch 691]. Ähnlich wie sie die Emotionen von Menschen durch Erlernen ihrer Gesichtsausdrücke lernen [672], könnten sie auch lernen, was die Richtung des Blicks oder die Position des Körpers von Menschen bedeutet.

Mit der Deutung von Blicken in einer kooperativen Situation befindet sich das »Gedankenlesen« von Hunden auf einer niedrigeren Repräsentationsebene als die ausgeprägte Kompetenz der Zuschreibung des Konzepts »Sehen«, weil dieses auch die Fähigkeit umfassen sollte, ohne Hinweiszeichen auszukommen [692]. Finden wir Hinweise im Tierreich, dass diese Fähigkeit der Zuschreibung ohne Hinweise, also durch Schlussfolgerung aufgrund eigener Erfahrungen, erworben wurde?

Machiavellistische Gedankenleser

Nachdem die weiteren Tests mit – allerdings sehr jungen – Schimpansen im Labor von Daniel Povinelli eher ernüchternde Ergebnisse zutage förderten – die Tiere konnten nicht zwischen einem sehenden Menschen und einem mit verbundenen Augen unterscheiden [675] – und Povinelli dadurch zum Skeptiker der Theorie des Geistes bei nichtmenschlichen Wesen wurde [414, 693], ersonnen andere Labors um die Jahrhundertwende einen neuen Ansatz. Es war bereits bekannt, dass Menschenaffen dem Blick eines Experimentators auf bestimmte Ziele hin folgen können [694], und sie folgen auch dem Blick hinter Sichtbarrieren, selbst wenn sie dabei ihren Standort stark verändern müssen [680]. Schimpansen wissen ebenfalls, dass eine Barriere die Sicht blockiert, es sei denn, sie hat ein Fenster, und sie können beurteilen, ob sie gesehen werden können oder nicht, und sich im Kontext des Futterbettelns zu einer sichtbaren Position bewegen [Übersicht in 695]. Es gilt somit als gesichert, dass sie in der Lage sind, verschiedene Zustände der Aufmerksamkeit mit Hilfe von Merkmalen der Körper- und Gesichtsorientierung zu unterscheiden, wobei die Gesichtsorientierung wichtiger zu sein scheint als die Augen des Menschen [696].

Der neue Ansatz in Bezug auf Gedankenlesen machte sich dieses Wissen zunutze, der entscheidende Schritt war aber der Wechsel von einer eher künstlichen, alltagsfremden Situation zu einem Schimpansen viel vertrauteren Kontext. Anstatt sie hilfesuchend mit Menschen zu konfrontieren, sollten sie ihre Fähigkeiten im Wettbewerb um Futter mit Artgenossen unter Beweis stellen. Brian Hare und seine Kollegen vom Max-Planck-Institut für Evolutionäre Anthropologie, allen voran Josep Call und Mike Tomasello, dachten sich eine Reihe von eleganten Tests aus, welche den machiavellistischen Geist von Schimpansen, der schon Jahrzehnte zuvor theoretisch postuliert worden war, zum Vorschein bringen sollten [zusammengefasst in 695, 697, 698]. Diese Tests verbanden das ethologisch fundierte Wissen über soziale Interaktionen und andere Aspekte konkurrierender Tiergesellschaften mit der Logik der Tests zum Gedankenlesen aus den entwicklungspsychologischen Laboren. Der Wettbewerb um wichtige Ressourcen in der streng hierarchischen Gemeinschaft von Schimpansen, vor allem bei unterlegenen Tieren, sollte ihre höchsten kognitiven Fähigkeiten in Gang setzen, darunter auch das Verständnis dafür, was andere sehen oder gesehen haben und was sie daher wissen und folglich als Nächstes tun werden.

In mehreren Tests nahmen die Forscher das strategische Verhalten eines niederrangigen und daher unterlegenen Affen gegenüber einem höherrangigen und daher dominanten Artgenossen im Wettbewerb um begehrtes Futter in den Fokus [699]. Wenn es für beide Tiere nur ein Futterstück gibt, wird es das dominante Tier monopolisieren und das unterlegene Tier geht leer aus – oder riskiert, zum Opfer körperlicher Aggression zu werden. Was aber passiert, wenn das unterlegene Tier ein Futterstück sieht, dass das dominante Tier nicht sehen kann, weil sich auf seiner Seite eine Trennwand befindet – oder besser: wenn es zusätzlich noch ein zweites Stück Futter gibt, das beide Tiere sehen können? Ist das unterlegene Tier in der Lage, diesen Wissensvorsprung strategisch zu nutzen, indem es das erste Futter bevorzugt? Da sich die beiden Kontrahenten in gegenüberliegenden Abteilen befanden, von wo sie in einen zentralen Testraum sehen konnten, musste der untergeordnete Schimpanse berücksichtigen, was der dominante Wettbewerber sehen konnte und was nicht, obwohl dessen Sicht von seiner eigenen abwich. Der untergeordnete Schimpanse wurde mit einem kleinen Vorsprung in die Arena gelassen und zeigte eine klare Präferenz, das Futterstück zu nehmen, das für das dominante Tier nicht sichtbar war. Offenbar hatte das unterlegene Tier die Perspektive seines dominanten Gegenübers eingenommen, so erkannt, welches Futterstück dieses sieht, daraus geschlossen, wo es hinlaufen würde, und dann strategisch das andere Futterstück für sich selbst gewählt.

Einer alternativen Erklärung auf einer kognitiv einfacheren Ebene zufolge könnte das unterlegene Tier im Lauf der Zeit auch gelernt haben, dass es länger dauert, bis der dominante Artgenosse zum Futterstück an der Trennwand gelangt. Ebenso könnte der Untergebene auch einfach gelernt haben, dass das dominante Tier – aus welchem Grund auch immer – zum offen sichtbaren Futterstück läuft. Schließlich könnte es noch gelernt haben, dass es günstiger ist zu warten, bis sich das dominante Tier entschieden hat, um danach zum anderen Futterstück zu laufen. Mit einer Reihe von Kontrollbedingungen in weiteren Experimenten konnten die Leipziger Forscher diese Möglichkeiten ausschließen. Zum Beispiel machten sie ein Futterstück nicht durch eine Trennwand, sondern durch Dunkelheit für den Dominanten unsichtbar oder sie ließen den untergeordneten Schimpansen vor dem Dominanten wählen, womit sich dieser nicht an dessen Verhalten orientieren konnte. Und um zu testen, ob sich der Untergebene nur an der Trennwand orientierte, ersetzten die Forscher die undurchsichtige durch eine transparente Barriere. Nun verschwand die Präferenz des Untergebenen für das Futter hinter der Barriere. Dementsprechend wurden die Ergebnisse der gesamten Versuchsreihe von den Leipziger Primatologen als überzeugend und konsistent in Bezug auf ein Verstehen dessen angesehen, was ein anderer sieht und weiß. Zusammen mit den Ergebnissen von zusätzlichen Kontrolltests und zahlreichen Beobachtungsdetails sowohl des Verhaltens der untergebenen als auch der dominanten Tiere lag die Schlussfolgerung nahe, dass Schimpansen solche Wettbewerbssituationen durch Einnahme der visuellen Perspektive eines konkurrierenden Individuums, welches sich von der eigenen Perspektive unterscheidet, zu ihren Gunsten lösen können.

Wie zu erwarten, waren allerdings nicht alle von dieser Schlussfolgerung überzeugt. Vor allem wurde immer wieder eingewendet, dass sich die vermeintlichen Gedankenleser an irgendwelchen Details der aktuellen Wettbewerbssituation orientieren, nicht aber an ihrem Wissen über den anderen. Wie wir später noch ausführlicher erörtern werden, ist die wichtigste alternative Hypothese, dass Schimpansen bestimmte Verhaltensregeln anwenden, die bestimmen, wie man auf das Verhalten anderer – in diesem Fall auf orientierende Verhaltensweisen – reagiert. Orientierende Verhaltensweisen sind solche, welche die Aufmerksamkeit auf ein Objekt hin kennzeichnen oder begleiten: Blicke, Körperorientierung, Ausdrucksweisen. Diese Regeln für entsprechende Ge-

genreaktionen sind entweder angeboren oder wurden im Laufe des individuellen Lebens, manchmal sogar im Laufe eines Experiments, erlernt. Jedenfalls setzt die Anwendung dieser Regeln kein Verständnis der Wahrnehmung oder gar des Wissens anderer voraus.

Zur Widerlegung dieser Alternativhypothese hat man Experimente ersonnen, in denen Schimpansen zeigen sollten, dass sie verstehen, was ihr Konkurrent in der unmittelbaren Vergangenheit gesehen hat und daher weiß. So nämlich müssen sie sich an ihrer Erinnerung an das Verhalten des anderen orientieren und auf aktuelle Hinweiszeichen in der Entscheidungssituation verzichten. Die Leipziger Primatologen gingen daran zu untersuchen, ob Schimpansen verstehen, was ein anderer Akteur sieht, und zwar nicht nur, woran er sich orientiert, sprich an seinem »oberflächlichen Verhalten«, sondern was er in seiner Umwelt, die sich von der des Gedankenlesers unterscheidet, registriert, sodass sie sein aktuelles oder zukünftiges Handeln beeinflusst. Das betrifft somit ein Wissen des Konkurrenten darüber, wo Futter ist, obwohl dieser es jetzt nicht mehr sehen und mit seiner Orientierungsreaktion darauf beziehen kann. Mit dem Fehlen einer Orientierungsreaktion des Konkurrenten werden angeborene oder gelernte Reaktionen des getesteten Individuums darauf ausgeschlossen. Das Verstehen falscher Vermutungen, wie es bei Kleinkindern untersucht wurde, beruht auf dieser Überlegung.

Die Leipziger Primatologen veränderten das ursprüngliche Design ihres Schimpansenwettbewerbs um Futter in zweierlei Hinsicht [700]. In einer Version sah der dominante Schimpanse entweder den Ort, an dem das Futterstück platziert wurde, weil seine Tür zu diesem Zeitpunkt offen war (informierter Zustand), oder er sah ihn nicht, weil seine Tür zu diesem Zeitpunkt geschlossen war (uninformierter Zustand). In einer anderen Version sah der Dominante immer das ursprüngliche Versteck, aber dann wurde das Futter vom Experimentator an einen anderen Ort gebracht und dort versteckt. In einigen Versuchen war der

Dominante Zeuge dieser Veränderung (informierter Zustand), während in anderen seine Tür verschlossen blieb und er die Veränderung nicht sehen konnte (Zustand falscher Information). Diese zweite Situation wurde den Kinderversuchen zum falschen Glauben nachempfunden. Somit verglich die erste Situation Informiertheit mit Uninformiertheit, die zweite hingegen Informiertheit mit der Weitergabe falscher Information. Wenn die untergeordneten Schimpansen nur verstehen, ob ein anderer informiert ist oder nicht, könnten sie die erste Aufgabe lösen, die zweite aber nicht, denn sie können dann nicht vorhersagen, wo der Dominante im falschen Glauben hinläuft. Die Ergebnisse zeigten, dass sich Schimpansen genauso verhielten. Sie konnten zwar zwischen den informierten und den uninformierten Bedingungen unterscheiden und damit ein Verständnis des Unwissens ihres Konkurrenten zeigen, aber sie vermochten nicht zwischen den uninformierten und den falschinformierten Bedingungen zu unterscheiden. (Sie liefen nicht sofort zu dem neuen, zweiten Versteck, wohin der Experimentator das Futter verlegte.)

Gefiederte Gedankenleser

Ich habe bisher ausschließlich von Gedankenlese-Experimenten mit Menschen, Schimpansen und Hunden berichtet. Dies könnte zu dem Gedanken verleiten, dass die Fähigkeit der Perspektivenübernahme, wenn schon nicht allein dem Menschen, so doch eine nur Säugetieren zukommende ist. Primatologen neigen sogar dazu, von einer speziellen Primatenintelligenz auszugehen, denn nur diese Säugetiergruppe soll bestimmte kognitive Fähigkeiten erworben haben, die allgemein zur machiavellistischen Intelligenz zusammengefasst wurden [57]. Obwohl die Hypothese der sozialen Intelligenz für Primaten entwickelt wurde, basiert sie auf allgemeinen evolutionären Prinzipien und sollte daher auch für andere Gruppen gelten, die vor ähnlichen sozialen Herausforderungen stehen. Unterstützung für dieses Argument liefert der Nachweis, dass die relative Größe des Neokortex mit der Gruppengröße auch bei anderen Säugergruppen korreliert [701]. Wenn dies so ist, könnte man fragen, ob diese Beziehung auch für andere Tiergruppen zumindest innerhalb der Wirbeltiere gilt, sofern es sich nicht nur um große, sondern auch individualisierte Gruppen handelt und sie eine funktionell ähnliche neuronale Struktur aufweisen. Tatsächlich erfüllen manche Vogelarten diese Kriterien. Am besten untersucht sind, wie wir nun schon oft sehen konnten, die Rabenvögel [453, 702-704]. Nicht nur haben sie eine funktionell dem sechsschichtigen Neokortex der Säugetiere entsprechende Gehirnstruktur, das Nidopallium, daher auch Vogelkortex genannt [705], sie weisen auch mehrere Arten auf, die sich durch komplexe Gemeinschaften auszeichnen. In dieser Hinsicht wohl am besten untersucht sind die Westlichen Buschhäher [706] und die Kolkraben [704, 707].

Beide Vogelarten sind bekannt für ihre ausgefeilten Strategien beim Verstecken von Futter. Zur Aufgabe des Wiederfindens, welches eine gute räumliche Intelligenz erfordert, kommt noch die soziale Herausforderung des innerartlichen Wettbewerbs. Tiere legen nicht nur selbst Verstecke an, manchmal plündern sie auch Verstecke von Artgenossen. Das setzt eine Spirale von Strategien und Gegenstrategien in Gang, da die Vorhersage des nächsten Zugs des anderen einen Vorteil bringt. Diese Fähigkeit entstand nicht zufällig, denn die Vorhersage des Verhaltens von Individuen ist ein Merkmal sozialer Interaktionen hoch entwickelter Gemeinschaften. Mehr noch, es haben sich die Hinweise darauf verstärkt, dass der Grad der Raffinesse, den Tiere bei der Vorhersage des Verhaltens anderer durch Integration beobachtbarer Merkmale ihres aktuellen und vergangenen Verhaltens erreichen können, mit dem Grad der Komplexität im sozialen Leben der Art verknüpft ist [708, 709]. Es lag somit nahe, zu überprüfen, inwieweit diese Informationsintegration Vorstellungen geistiger Zustände anderer erfordert, wie das vor allem für Schimpansen nachgewiesen wurde. Insbesondere das Versteckspiel bei futterhortenden Rabenvögeln könnte jenen Kontext bilden, der wie bei Schimpansen die Fähigkeiten zur Unterscheidung von Gesehenem und Nichtgesehenem beziehungsweise von Wissen und Nichtwissen entstehen ließ.

In der Gruppe der Rabenvögel gibt es einige Arten, die Nahrungsdepots anlegen, entweder für den Tag, weil sie nicht alles bei sich halten können, oder für die bevorstehenden Wintermonate, in denen sie nur mehr wenig Futter finden können. Eichelhäher etwa legen umfangreiche Vorräte aus Eicheln und anderen Nussfrüchten an. Besonders gut untersucht ist das Futterverstecken der nordamerikanischen Kiefernhäher (*Nucifraga columbiana*). Dieser Vogel ist auf die Samen verschiedener Kiefernarten spezialisiert, die er das ganze Jahr über im Boden für den späteren Verzehr versteckt [710]. Diese Verstecke enthalten durchschnittlich nur 3-4 Samen, dennoch kann ein einzelner Kiefernhäher in einer Saison bis zu 33 000 Samen in über 7000 einzelnen Depots speichern [711]. Um zumindest einen großen Teil davon – man schätzt über achtzig Prozent – im Winter wiederzufinden, braucht dieser Vogel ein bemerkenswertes räumliches Langzeitgedächtnis [712]. Die Samenverstecke findet er mit bemerkenswerter Genauigkeit bis zu neun Monate später und selbst dann, wenn diese unter bis zu einem Meter Schnee vergraben sind – erstaunlich, wenn man bedenkt, dass sie die Verstecke in weniger als 30 Sekunden anlegen [713], jeden Herbst Tausende Verstecke machen, zu diesen Monate nach ihrer Erstellung zurückkehren und diese in einem Substrat liegen, das zwischen dem Zeitpunkt des Anlegens und Wiederfindens stark verändert wurde. Interessant ist, dass die Häher regelmäßig mehr verstecken, als sie tatsächlich brauchen. Offenbar stellt das eine Art Versicherung gegen das Vergessen, den Saatgutdiebstahl durch andere Tiere wie zum Beispiel Eichhörnchen oder Spechte und vor allem auch durch Artgenossen dar.

Der Schutz vor Versteckplünderern ist sehr wichtig, da die Futterreserven in den harschen Wintermonaten über Leben und

Tod entscheiden. Dazu legen die Tiere nicht nur überschüssige Verstecke an, sondern schützen die Verstecke auch aktiv vor Dieben. Die größte Gefahr von Diebstahl geht dabei weniger von Zufallsfunden artfremder Tiere aus, sondern von Artgenossen, die das Anlegen der Futterdepots beobachten konnten. Dies gilt insbesondere für gesellige Arten, bei denen die Tiere in größeren Gemeinschaften leben, denn hier ist es aufgrund des Zusammenlebens besonders schwer, beim Futterverstecken nicht beobachtet zu werden. Eine relativ einfache Strategie ist es, dort zu verstecken, wo die Dichte der Artgenossen am niedrigsten ist [714]. Noch schlauer ist es, wenn man wartet, bis die potenziellen Diebe abgelenkt sind oder einen nicht beobachten können, weil etwas ihre Sicht versperrt [715].

Nicht nur in der Wildnis, auch in Gefangenschaft kann man die Vögel dabei beobachten, wie sie Futterverstecke anlegen und vor den aufmerksamen Augen anderer schützen. Die Tiere legen dabei nicht nur ein gutes Gedächtnis für ihre eigenen Verstecke an den Tag, sondern auch eines für die Verstecke anderer. Daher können sie deren Verstecke plündern, nachdem diese verschwunden sind und sie keine Auseinandersetzung mit ihnen befürchten müssen [715-717]. Interessant dabei ist, dass ein und derselbe Vogel sowohl Verstecker als auch Plünderer sein kann und somit beide Seiten des Versteckspiels kennt [718].

Eine weitere Schutzstrategie vor Plünderung scheint das wiederholte Versteckwechseln zu sein. Dieses könnte angewandt werden, da es entweder den potenziellen Plünderer verwirrt oder ihn vor spezielle Gedächtnisprobleme stellt. Diese Taktik könnte in der Evolution auch durch Zufall entstanden sein, aber es könnte auch Absicht dahinterstehen, wenn die Vögel imstande wären, Artgenossen zu täuschen. Letzteres würde allerdings erfordern, die Befindlichkeit oder den Kenntnisstand des anderen einzuschätzen, um ihn manipulieren zu können. Aber sind Vögel dazu überhaupt in der Lage? Können sie, wie es Schimpansen in den Versuchen von Hare, die ich oben beschrieben habe, gezeigt haben, unterschiedliche Kenntnisstände von Artgenossen erkennen?

Im Labor von Nicola Clayton in Cambridge wurden dazu einige aufsehenerregende Versuche durchgeführt. Ihre Studentin Joanna Dally hat in einem ersten Test mit ihr und ihrem Kollegen Nathan Emery die Schutzstrategien für Futterverstecke von Westlichen Buschhähern experimentell überprüft [719]. Wie wir schon im Kapitel zum episodischen Gedächtnis gelernt haben, verstecken diese Vögel auch im Labor, wobei mit Sand gefüllte Eiswürfelbehälter mit daneben platzierten Legosteinen als unterscheidbare Verstecke dienen. Einige Vögel, die in die Gruppe der »Verstecker« kamen, erhielten die Möglichkeit, Wachsmottenlarven in zwei verschiedenen Schalen zu verstecken. Eine zweite Gruppe von Vögeln, die »Beobachter«, konnten aus dem Nachbarkäfig zusehen. Es gab zwei unterschiedliche Testbedingungen, immer mit einem Verstecker und einem Beobachter, aber einmal mit einer teilweise durchsichtigen Trennwand und einmal mit einer undurchsichtigen Trennwand (Abb. 22A). Daher konnte der Beobachter in der ersten Bedingung eine der beiden Schalen sehen, in der zweiten Bedingung hingegen keine. Tatsächlich zeigte der Verstecker in der ersten Bedingung eine Präferenz – in etwa drei Viertel aller Fälle – für den Behälter hinter der Barriere, den der Beobachter nicht sehen konnte, aber keine Präferenz, wenn der Beobachter kein Versteck sehen konnte. Somit schienen diese Vögel eine ähnliche Schläue wie Schimpansen aufzuweisen, nämlich die Sichtweise des Artgenossen bei den eigenen Handlungen zu berücksichtigen.

Allerdings wiesen die Autoren vorsichtigerweise darauf hin, dass das Ergebnis auch anders zu erklären ist. Anstatt die Sichtweise des anderen zu bedenken, könnten die Verstecker einfach ihre eigene Sicht als Grundlage ihres Handelns verwenden. Nach dem Motto »Aus den Augen, aus dem Sinn« verstecken sie dort, wo sie keinen anderen sehen. Eine elegante Möglichkeit, das zu überprüfen, ist die partielle Verdunklung der Verstecke

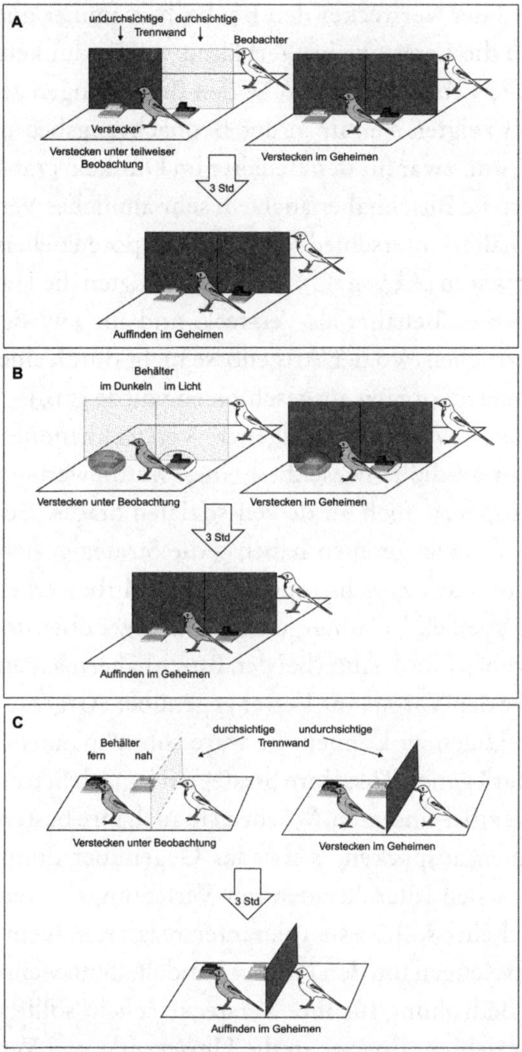

Abb. 22: Schema der Versuche zu den Versteckensstrategien von Buschhähern. Die Verstecker wurden immer in zwei Bedingungen getestet, in einer (links) konnte ein Beobachter den Versteckraum (teilweise) einsehen, in der anderen (rechts) wurde dies durch eine undurchsichtige Trennwand verhindert. Wenn der Artgenosse etwas sehen kann, verstecken die Tiere eher in jenen Behältern, die von einem Sichtschutz verdeckt sind (A), im Schatten liegen (B) oder weiter vom Beobachter entfernt sind (C). Weitere Erklärungen im Text. Aus [706].

(Abb. 22B). Während der Verstecker den Beobachter immer gut sehen konnte, waren die Verstecke im Verhältnis 1:4 verdunkelt. Wiederum wurden die Verstecker in den beiden Bedingungen getestet und wiederum zeigten sie nur in der Beobachtungsbedingung eine Präferenz, und zwar für den Behälter im Dunkeln [720].

Schließlich zeigten die Buschhäher auch ein sehr ähnliches Verhalten, wenn die Behälter unterschiedlich weit vom potenziellen Beobachter entfernt waren (Abb. 22C). Hier bevorzugten die Häher den weiter entfernten Behälter als Versteck, und auch wiederum nur in jenen Versuchen, wo der Artgenosse nicht durch eine Trennwand vom Versteckvorgang ausgeschlossen wurde [719].

Die Strategien zum Vertuschen eigener Versteckhandlungen können nicht nur an die Anwesenheit eines Wettbewerbers angepasst werden, sondern auch an dessen sozialen Status. Bei Schimpansen war – wie wir gesehen haben – die Strategie, sich bevorzugt jenes Futterstück zu schnappen, das der Mitbewerber nicht sehen konnte, speziell bei untergeordneten gegenüber dominanten Tieren gegeben [700]. Auch bei den Buschhähern haben die dominanten Tiere den Vorteil, ihr Futter gegenüber Artgenossen erfolgreich verteidigen zu können. Es wäre somit spannend zu sehen, ob die unterlegenen Tiere ihre Strategien je nach Status des Konkurrenten flexibel einsetzen. Würden sie auch ihre besten Verteidigungsstrategien auspacken, wenn das Gegenüber dominant ist, um so möglichen Interaktionen mit Verletzungsrisiken zu entgehen? Umgekehrt sollten sie toleranter reagieren, wenn es sich beim einzigen Zeugen um den Partner handelt, denn wenn sie diesen nicht als Bedrohung für ihre Verstecke sehen, sollten sie besser darauf verzichten, Energie in die Umsetzung von Verteidigungsstrategien zu investieren. Genau das hat man in Freilandbeobachtungen sowohl bei Kolkraben [715] als auch Buschhähern [721] finden können. Schließlich wurde es dann auch experimentell abgesichert. Konfrontiert mit ihrem Partner und im Vergleich dazu mit einem dominanten und einem untergeordneten Vogel, bevorzugten die Häher signifikant häufiger den weiter entfernten gegenüber dem nahen Behälter als Versteck bei dem dominanten Beobachter (und deutlich weniger ausgeprägt beim untergeordneten Vogel), nicht aber beim Partner, und ebenfalls nicht, wenn sie hinter einer blickdichten Trennwand verstecken konnten [576]. Das lässt vermuten, dass sie zwischen Gefährten und anderen Individuen unterscheiden und auf Schutzverhalten in Gegenwart ihres Gefährten verzichten. Somit scheint das spezifische Risiko, das ein Beobachter darstellt – und nicht nur die Anwesenheit oder Abwesenheit eines Beobachters –, darüber zu entscheiden, ob Strategien zum Schutz seiner Futterverstecke eingesetzt werden oder nicht.

Inspiriert durch Beobachtungen des natürlichen Futterversteckverhaltens wurde ein weiteres Laborexperiment ersonnen. Im Freiland ändern Häher ihre Verstecke wie gesagt immer wieder, indem sie das Futter wieder hervorholen und an neuen Orten verstecken. Es lag die Vermutung nahe, dass das eine Schutzstrategie darstellt, weil dadurch mögliche Diebe verwirrt werden. Diese an das »Hütchenspiel« erinnernde Verhalten macht besonders dann Sinn, wenn man seine Verstecke nicht ganz oder dauerhaft verbergen kann. Dally und ihre Kollegen haben sich auch dazu ein Experiment ausgedacht [719]. Sie ließen die Buschhäher unter zwei Bedingungen verstecken, welche sich in der Vorhersehbarkeit der Position des Beobachters und damit dessen, was er sehen konnte und was nicht, unterschieden. Im »eingeschränkten« Zustand war ein Versteck ständig im Blickfeld des Beobachters, das andere immer uneinsehbar. Im Gegensatz dazu war die Sichtbarkeit der Verstecke im »freien« Zustand abhängig von der aktuellen Position des Beobachters und somit mit einem größeren Risiko behaftet, dass sie von diesem gefunden werden könnten. Tatsächlich veränderten die Häher ihre Verstecke im Fall der »freien« Bedingung bis zu sechs Mal, aber kaum in der eingeschränkten und vorhersehbaren Bedingung. Es liegt somit nahe, hier von einer Strategie der Verwirrung des Gegners als Reaktion auf die Unvorhersehbarkeit seiner Beobachtungsmöglichkeit auszugehen.

Diese Annahme konnte auch dadurch bestätigt werden, dass die Häher viel eher das Versteck wechselten, wenn sie beim Anlegen von einem Artgenossen beobachtet wurden. Durch diese Taktik der ständigen Umlagerung von Futter reduzieren sie die Wahrscheinlichkeit eines Diebstahls erheblich, da sich die Beobachter nicht auf ihre Beobachtungen verlassen können, um gezielt ein Versteck zu plündern.

In der Natur ist es eher selten, dass nur ein Beobachter in der Nähe ist, wenn ein Häher Futter versteckt. Viel häufiger sind bei diesen geselligen Tieren mehrere Artgenossen und damit potenzielle Diebe in der Nähe. Damit drängt sich die Frage auf, ob die Häher den Überblick darüber behalten, wer wann beim Verstecken zugesehen hat. Diese Situation wurde im Labor an der University of Cambridge dadurch hergestellt, dass zwei Beobachter zu unterschiedlichen Zeiten anwesend waren und diese daher das Anlegen unterschiedlicher Verstecke sahen [576]. Im ersten Test durfte ein Verstecker in Anwesenheit von je einem Beobachter hintereinander in unterschiedlichen Eiswürfelbehältern verstecken – beim Beobachter A in Behälter A und beim Beobachter B in Behälter B. Drei Stunden später durfte er zu seinen Verstecken zurückkehren. Er durfte sein Futter unter einer von vier Bedingungen abholen, entweder unter Beobachtung von A, von B, ohne Anwesenheit eines Vogels oder aber in Gegenwart eines Dritten (Beobachter C), der beim Verstecken nicht zugeschaut hatte. Wie vorhergesagt, gingen die Vorratsanleger beim Versteckwechsel sehr selektiv vor und holten in Gegenwart des Beobachters A Futter aus Behälter A beziehungsweise in Gegenwart des Beobachters B Futter aus Behälter B und lagerten es um. In Gegenwart eines neuen Beobachters C wurde, wenn überhaupt, nur wenig neu versteckt.

Obwohl die Ergebnisse dieses Experiments darauf hindeuten, dass sich die Häher daran erinnern, wer anwesend war, als Futter versteckt wurde, ist es möglich, dass der Verstecker lediglich auf bestimmte Hinweise vonseiten des Beobachters reagiert. Zum Beispiel könnten Beobachter einen Ort aufmerksamer betrachten, an dem sie einen Vogel Futter verstecken gesehen haben. So würde Beobachter A eher auf den Behälter A starren, und dies könnte den Verstecker zum Wechseln dieses Verstecks veranlassen. Um zu überprüfen, ob der Häher tatsächlich nur dieses gezielte Hinschauen als Hinweis verwendet, wurde ein weiteres Experiment durchgeführt, bei dem man einen Kontrollbeobachter auf einen Behälter schauen ließ (weil er zuvor einen Kontrollverstecker dort verstecken gesehen hatte) und dann überprüft, ob das Versuchstier dieses Hinschauen als Hinweis nahm oder nicht [576].

Entscheidend war der Vergleich zwischen zwei Bedingungen, der Hauptbedingung, genannt »Beobachtung«, und der Kontrolle. Zunächst waren die Prozeduren in beiden Bedingungen ident (Abb. 23). Wie zuvor durfte der Verstecker in Anwesenheit je eines Beobachters hintereinander in unterschiedlichen Eiswürfelbehältern verstecken. Während jeder Versteckperiode wurden beide Behälter in den Käfig des Versteckens gestellt, aber Plexiglasstreifen bedeckten einen der Behälter, um ein Verstecken dort in diesem Behälter zu verhindern (in Abb. 23 durch einen Kreis symbolisiert). Versteckt wurde daher im anderen Behälter (bei Beobachter A in Behälter B und umgekehrt). Somit waren beide Behälter nach diesen beiden Versteckperioden gefüllt.

In der Bedingung »Beobachtung« folgt drei Stunden danach ein Auffinden-Test mit Beobachter A. Jetzt sollte sich der Verstecker erinnern, dass ihm Beobachter A beim Verstecken in Behälter B zugesehen hat (in Abb. 23 durch ein Rechteck symbolisiert) und er daher das Futter umlagern sollte. Aber da sich Beobachter A dieses Versteck (B) gemerkt hatte und nun auch besonders interessiert beobachtete, wäre die einfachere Erklärung, dass der Verstecker jenes Futter umlagert, das vom Beobachter angesehen wird. Um diese Erklärung des Beobachter-Blicks zu entkräften, wurde eine Kontrollbedingung eingeführt, bei der nach den beiden Versteckphasen einem Kontrollbeobachter die Möglichkeit gegeben wurde, einen zweiten Verstecker dabei zu beobachten, wie er Futter in Versteck A versteckt (Behälter B war verschlos-

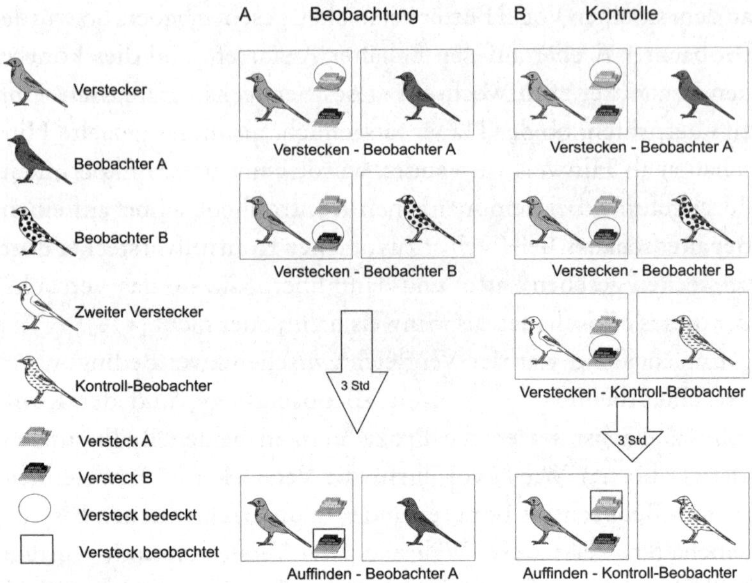

Abb. 23: Schematischer Ablauf der beiden Experimente von Dally und Co-Autoren [576]. In der Spalte A ist das erste Experiment mit der Bedingung »Beobachtung«, in der Spalte B das Kontrollexperiment mit einem Kontroll-beobachter dargestellt. Erklärungen dazu im Text. Aus [706].

sen). Wenn nun der ursprüngliche Verstecker nach 3 Stunden in Anwesenheit des Kontrollbeobachters zurückkehrt, sieht er diesen auf Behälter A starren. Würde er nun diesen Beobachter-Blick als Hinweis verwenden, dann sollte er das Futter B umlagern. Aber das geschah nicht, der Verstecker lagerte aus beiden Behältern vielmehr unselektiv um. Die Ergebnisse dieser Experimente unterstützen daher die Hypothese, dass sich die Häher daran erinnern, von wem sie während ihrer Versteckhandlungen beobachtet wurden, und dass sie diese Information nutzen, um das Risiko zu verringern, das Beobachter für ihre Verstecke darstellen.

Nimmt man all diese Ergebnisse zum Futterverstecken von Westlichen Buschhähern zusammen, wird es sehr plausibel, dass diese Vögel über die Fähigkeit des Gedankenlesens verfügen. Offensichtlich reagieren sie beim Anlegen von Futterdepots für den

Winter empfindlich darauf, welche Informationen Artgenossen, die zuweilen als Diebe auftreten, haben und welche nicht, und setzen dafür verschiedene Schutz- und Verteidigungsstrategien flexibel ein. Sie berücksichtigen dabei nicht nur, ob jemand beim Verstecken anwesend ist oder nicht, sondern auch, wer das ist, ob er über- oder unterlegen ist, bekannt oder unbekannt, ein partnerschaftliches Verhältnis aufweist oder nicht. Dafür müssen sie verschiedene Individuen erkennen, sich an diese erinnern und das nutzen, um entsprechende Schutzmaßnahmen zu ergreifen. Die Tatsache, dass sie dies auch dann tun können, wenn diese Beobachter gar nicht anwesend sind, bedeutet nicht nur, dass sich die Vögel daran erinnern müssen, wer zum Zeitpunkt des Versteckens anwesend war, sondern auch, dass sie das aktuelle Verhalten der Konkurrenten nicht als Hinweis für ihre strategischen Handlungen nützen können. Der Versteckwechsel in Abwesenheit der Konkurrenten ist keine blinde Vorsorge- oder Verwirrungsstrategie, sondern eine ganz gezielte Maßnahme unter Berücksichtigung der Umstände beim Verstecken und danach. Die Konkurrenz im Auge behalten bedeutet bei diesen Vögeln nicht bloß, ihr Verhalten zu lesen, sondern verschiedenste Informationen, die in unterschiedlichen Umständen und zu unterschiedlichen Zeiten gesammelt wurden, zu kombinieren, um damit bestimmte Handlungsentscheidungen zu treffen. Das macht den Einsatz angeborener Verhaltensweisen und einfacher Konditionierungsmechanismen höchst unwahrscheinlich.

Plausibilität ist das eine, der Nachweis das andere. Nicola Clayton und Nathan Emery wollten es genau wissen und die Rolle der Erfahrung gezielt überprüfen. Sie hatten bemerkt, dass nicht alle Tiere ihre Futterdepots umlagerten, sondern besonders jene Vögel, die schon zuvor als Diebe in Erscheinung getreten waren [722]. Es war daher eine naheliegende Frage, ob es den Vögeln bei perspektivischen Aufgaben leichterfällt, die Situation zuerst aus Sicht des Diebes zu erleben. Mit einer kontrollierten Aufzucht von drei Gruppen von Buschhähern wollten sie testen, welchen Einfluss die Erfahrung bei den beiden Tätigkeiten des Versteckens und des Stehlens hat. Eine Gruppe, die »Beobachter«, durfte einem anderen Vogel beim Verstecken zuschauen, eine weitere Gruppe, die »Räuber«, durfte die Verstecke ausräumen (und anderen beim Verstecken nur zuhören), und eine dritte Gruppe durfte beides (beobachten und stehlen). Dann durften alle Tiere Futtervorräte in verschiedenen Behältern anlegen, einmal in Gegenwart eines Artgenossen, ein anderes Mal im Geheimen. Die Frage war nun, welche Tiere nun die Verwirrungsstrategie »Versteckwechsel« einsetzen würden. Interessanterweise taten das die reinen Beobachter kaum, die Mitglieder der beiden anderen Gruppen aber häufig und selektiv. Vögel ohne Stibitzerfahrung wenden die Anti-Diebstahl-Strategien nicht an, selbst wenn sie anderen zusahen, wie sie ihr Futter versteckten.

Die Tatsache, dass nur erfahrene Vögel die Verwirrungstaktik einsetzen, hat eine Reihe wichtiger Auswirkungen [706]. Das Erste ist, dass dieses Verhalten nicht angeboren sein kann, andernfalls sollten alle Buschhäher sie anwenden. Auch eine einfache Konditionierung kann ausgeschlossen werden, da die Vögel nie eine positive Verstärkung oder eine Strafe für das Versteckwechseln erhalten haben. Somit ist es am wahrscheinlichsten, dass die Häher Informationen, die während des eigenen Versteckens und Stehlens gewonnen wurden, einsetzen, um vorherzusehen, ob die Verstecke sicher sind oder nicht, und somit die entsprechende Schutzstrategie einsetzen. Diese Antizipation des zukünftigen Risikos verleiht auch der Idee, dass sie für die Zukunft planen können, weitere Nahrung. Schließlich haben Emery und Clayton [723] auch noch argumentiert, dass die Wichtigkeit der eigenen Erfahrung darauf hindeutet, dass die erfahrenen Häher nicht nur zur Zukunftsplanung, sondern auch zur Erfahrungsprojektion fähig sind. Konkret geht es um die Erfahrung mit dem Ausrauben eines Verstecks, die den Vogel vorhersagen lässt, wie ein anderes Individuum denken oder sich verhalten könnte, in diesem Fall, was der potenzielle Dieb tun könnte.

Erhalten Vögel mit Stibitzerfahrung die Möglichkeit, ihre Verstecke zu schützen, scheint das Denkmuster des Stehlens aktiviert zu werden, welches sie auf einen Häher in der Beobachterposition projizieren, und sie beginnen mit dem Versteckwechsel. Bei Menschen wurde diese Fähigkeit, sich die Handlung eines anderen zum Beispiel zu nehmen, als Form der Selbstbeobachtung oder Täuschung gehandelt. Für die Cambridger Kognitionsforscher sind die Buschhäher damit so nah an einem Theory-of-Mind-Szenario, wie es bei Vögeln bis dahin noch nicht beobachtet wurde. Und weitere Forscher meinen, dass es kaum vorstellbar ist, dass sie damit in der Vogelwelt alleine bleiben. Zumindest andere Rabenvögel sollten ähnliche Fähigkeiten aufweisen.

Rabenintelligenz

Thomas Bugnyar, mein langjähriger Kollege an der Universität Wien, hat sich schon in seiner Doktorarbeit für die strategischen Interaktionen von Kolkraben interessiert. Sowohl im österreichischen Almtal als auch im US-Bundesstaat Vermont hat er Kolkraben beobachtet, wie sie Futterstücke für sich und vor anderen verstecken und dabei offfenbar sehr schlau vorgehen.

Aus den Beobachtungen der konkurrierenden Kolkraben konnte man bereits schließen, dass die Vögel zur Perspektivenübernahme fähig sind. Aber Thomas wollte es genau wissen und hat – angestachelt durch die Versuche mit Menschenkindern und Schimpansen – begonnen, Tests mit Volierenraben durchzuführen [714, 718, 724-726]. Da diese Tiere als Aasfresser eine natürliche Tendenz zeigen, sich auch um das Verhalten anderer Arten, die im Besitz von Nahrung sind – vorwiegend große Beutegreifer wie Wölfe und Bären –, zu kümmern, um davon selbst etwas abzubekommen, kann man als Experimentator leicht selbst am Geschehen teilnehmen. Thomas konnte daher selbst den Verstecker spielen und die Raben dabei zusehen lassen.

In einem Experiment zur Fähigkeit der Unterscheidung von wissenden und unwissenden Konkurrenten konnte er so genau bestimmen, wer was wann sieht [727]. Mit Vorhängen konnte er die Sicht der beteiligten Raben manipulieren, und zwar nicht nur betreffend die von ihm angelegten Verstecke, sondern auch betreffend anderer Zuseher. Durch gezieltes Öffnen und Schließen der Vorhänge konnte Thomas also bestimmen, wann ein Rabe zusehen kann und damit welche Information er über die Verstecke und über die anderen Zuseher bekommt – ähnlich wie Povinelli und seine menschlichen Informanten [660] oder Hare und seine konkurrierenden Schimpansen [699].

Es wurden mehrere Versuche durchgeführt [727]. An allen nahmen drei Raben teil, die in getrennten Abteilen einer großen Voliere saßen. In der Mitte war das Testabteil, in welchem Thomas als Experimentator zuerst die Verstecke anlegte und dann das Fokustier testen konnte. Diesem vermeintlichen Gedankenleser saßen zwei Beobachter in getrennten Abteilen auf der anderen Seite des Testabteils gegenüber. Sie wurden später mit dem Fokustier in das Testabteil gelassen und konkurrierten somit um das dort platzierte Futter. Die Rolle des Fokustiers und die Rollen der beiden Konkurrenten nahmen dabei immer wieder andere Tiere ein.

Im Detail war die Logik des ersten Experiments wie folgt (siehe Abb. 24). Das Fokustier, das zunächst beobachtet hatte, wie der Experimentator nacheinander zwei Verstecke (V1 und V2) anlegte, wurde danach mit einem Konkurrenten konfrontiert. Die Konkurrenten unterschieden sich im Ausmaß der Information, die sie über die Versteckvorgänge erhielten. Ein Konkurrent konnte entweder bei beiden, bei keinem oder nur bei einem der Versteckvorgänge zusehen und somit vollständige, keine oder nur partielle Informationen über die Verstecke besitzen. Während vollständig informierte Konkurrenten ein hohes Risiko darstellten, ein Versteck zu plündern, stellten teilweise informierte Konkurrenten nur ein Risiko bezüglich des Futterstückes dar, dessen Verstecken sie gesehen hatten. Somit sollte sich das Fokustier beeilen, die Verstecke auszuheben, wenn es kurz vor einem vollständig informierten Konkurrenten in die Testarena gelassen wurde – im Gegensatz zur Situation bei einem völlig ahnungslosen Konkurrenten. Außerdem sollte es sorgfältig zwischen den beiden Verstecken wählen, wenn es mit einem teilweise informierten Konkurrenten konfrontiert wurde; das Tier sollte sich dann sofort zu jenem Versteck begeben, das dem Konkurrenten bekannt war.

Wichtig war – wie bei den Schimpansentests von Hare –, dass das Fokustier einen Vorsprung bekam, also etwas früher in die Testarena gelassen wurde. Erst wenn es durch Berühren eines Deckels seine Erstentscheidung getroffen hatte, wurde der Konkurrent in die Arena gelassen. Wichtig dabei ist, dass das Fokustier noch in sein Abteil gesperrt ist, für den Konkurrenten aber sichtbar ist. Durch die schräge Positionierung der Abdeckungen auf den Verstecken wird es außerdem dem Konkurrenten, nicht aber dem Fokustier ermöglicht, jedes der »versteckten« Käsestücke zu sehen (Abb. 24). Das bedeutet, dass sich das Fokustier nicht auf ein Verhalten oder andere Signale wie Blicke des Konkurrenten stützen konnte, um seine Wahl zu treffen. Da der Konkurrent beide Futterstücke sehen kann, zeigt er keine Blickpräferenz. All das zusammen bedeutet, dass das Fokustier nur dann strategisch handeln konnte, wenn es sich erinnerte, wer was zuvor gesehen hatte.

Die Ergebnisse dieses ersten Experiments wiesen stark in die Richtung tatsächlicher Perspektivenübernahme, aber sie waren nicht eindeutig. Die Fokustiere waren tatsächlich schneller bei jenem Konkurrenten, der zusehen konnte. Sie wählten auch das Versteck, das der partielle Beobachter sehen konnte, allerdings nur, wenn es sich um das erste der beiden handelte (V1). Wenn der partielle Beobachter nur das Anlegen des zweiten Verstecks (V2) sehen konnte, blieben die Fokustiere unentschieden. Das lässt auf ein spezifisches Gedächtnisphänomen schließen, nämlich das bessere Erinnern an das erste Ereignis in einer Sequenz (der sogenannte *primacy effect*). Das stützt aber wiederum die Annahme,

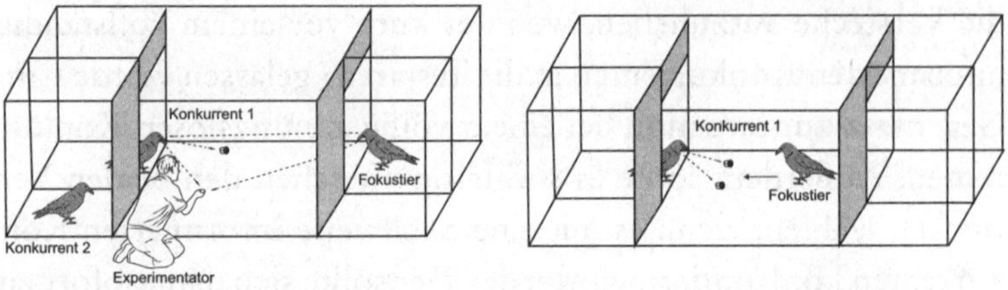

Abb. 24: Skizze des Experiments zur Fähigkeit der Unterscheidung von wissenden und unwissenden Konkurrenten bei Kolkraben [727]. Links: Der Experimentator versteckt Käse in Gegenwart von drei Raben, zwei potenziellen Konkurrenten auf der linken Seite und dem Fokustier auf der rechten Seite. Die undurchsichtigen Vorhänge an den Türen der hinteren Abteile sind hochgezogen, sodass Konkurrent 1 und das Fokustier das Verstecken und sich gegenseitig sehen können (Sichtlinien sind durch Pfeile mit gestrichelten Linien dargestellt); der Blick von Konkurrent 2 auf den zentralen Testraum bleibt durch den Vorhang versperrt. Rechts: Beim Test nähert sich das Fokustier den Verstecken, während Konkurrent 1 offen sichtbar, aber noch in sein Abteil gesperrt bleibt. Die schräge Positionierung der Abdeckungen auf den Verstecken ermöglicht es dem Konkurrenten, nicht aber dem Fokustier, beide Käsestücke zu sehen (symbolisiert durch Pfeile mit gestrichelten Linien).

dass sich das Fokustier auf seine Erinnerung bezieht, wenn es in die Arena gelassen wird. Zu diesen Ergebnissen kam dann noch ein zweites Problem, dessen sich Thomas bewusst wurde. Sein Experiment konnte nicht entscheiden, ob die Erinnerung der Fokustiere die Vorstellung enthielt, was die Konkurrenten sahen, oder nur die einfache Tatsache, wer bei den Versteckvorgängen sichtbar war. Der zweite, perspektivenlose Gedächtnisinhalt würde genügen, die Regel zu bilden: »Pass bei jenen auf, die du gesehen hast, als versteckt wurde!« Und diese Regel würde alle Ergebnisse erklären.

Die unvollständige Evidenz für strategisches Handeln auf Basis der Erinnerung beziehungsweise Vorstellung dessen, was andere gesehen haben, veranlasste Thomas zu einem zweiten Experiment. Nun sollte es um Konkurrenten gehen, die für den potenziellen Gedankenleser sichtbar waren, das Verstecken aber selbst nicht sehen konnten. Das bewerkstelligte er mit einem einfachen

Trick. Während der sichtbare Konkurrent im ersten Experiment am Boden stand, saß er nun auf einem Ast eineinhalb Meter über dem Boden, und in der Hälfte der Versuche wurde ein Vorhang mit einem Fenster über das Abteil des Beobachters gezogen. In diesen »Fensterversuchen« konnte das Fokustier den Beobachter sehen, aber der untere Teil des Vorhangs versperrte dem Beobachter die Sicht darauf, wo die Käsestücke versteckt wurden. Somit ist der Konkurrent zwar frei sichtbar, aber dennoch kein Beobachter der Versteckvorgänge. Würde das Fokustier das verstehen? Würde es sich die Sicht beziehungsweise Sehlinie des Konkurrenten aus seiner Perspektive vorstellen können, um zu wissen, dass der frei sichtbare Konkurrent dennoch kein Beobachter ist? Der Vergleich mit der anderen Hälfte der Versuche, bei der es keinen Fenstervorhang gab, sollte das entscheiden.

Nun waren die Ergebnisse eindeutig. Die beiden Bedingungen mit und ohne Fenster unterschieden sich gewaltig. In den fensterlosen Versuchen zeigten die Fokustiere eine deutliche Tendenz, Verstecke mit Konkurrenten abzugleichen; sie wählten Versteck V1, wenn sie in Anwesenheit des Konkurrenten getestet wurden, der bei der Herstellung von V1 sichtbar war, und V2 in Anwesenheit des Konkurrenten, der bei der Herstellung von V2 sichtbar war. Im Gegensatz dazu gab es bei den Fensterversuchen keinen systematischen Zusammenhang zwischen der Identität des Mitbewerbers (K1 oder K2) und dem ersten vom Fokustier ausgewählten Versteck. Es liegt auf der Hand, dieses Ergebnis als starkes Indiz dafür zu sehen, dass Raben ihre Strategien nicht oder zumindest nicht nur am Verhalten anderer oder an deren Anwesenheit zum Zeitpunkt des Versteckens ausrichten, sondern (auch) daran, was die anderen tatsächlich sehen konnten. Daher müssen die Raben »Sichtlinien« oder »Augen-Objekt-Linien« verwendet haben [728]. Wenn das Fokustier beispielsweise im Test mit Konkurrent 1 konfrontiert wurde, musste seine Wahl auf einer Erinnerung daran beruhen, ob es davor eine ungehinderte Gerade zwischen den Augen von K1 und dem ersten Versteck

V1 oder dem zweiten Versteck V2 gegeben hatte. Wenn das für K1-V1 zutraf, flog das Fokustier sofort zu V1, wenn es für K1-V2 zutraf, zu V2 usw. Jedenfalls müssen die Raben dafür ein ausgefeiltes Verständnis von visuellen Barrieren haben und in der Lage sein, die Sichtweise des anderen im Verhältnis zur eigenen zu beurteilen.

Tatsächlich konnte schon früher nachgewiesen werden, dass Raben die Fähigkeit der geometrischen Blickverfolgung besitzen, also den Blick eines anderen hinter eine Barriere zu verstehen [729]. Dass diese Fähigkeit eine höhere kognitive Angelegenheit ist, beweist die Tatsache, dass Raben sie im Alter von etwa sechs bis acht Monaten entwickeln [730], während das einfache Blickefolgen bereits nach zwei bis drei Monaten gezeigt wird [731]. Dieses geometrische Blickefolgen als Basis für die Perspektivenübernahme habe ich schon im Fall unseres Versuches mit Haushunden, die einen wissenden Informanten einem unwissenden oder ratenden Informanten für das Auffinden von verstecktem Futter vorziehen, vorgeschlagen [679]. In der Primatenliteratur wurde eine solche Fähigkeit als »Intentionalität der 1,5. Ordnung« [656] oder als »Erklärung der dritten Art« [732] bezeichnet. In der Kinderpsychologie wurde die gleiche Fähigkeit oft als Vorstufe oder sogar als Element einer Bewusstseinstheorie betrachtet [733].

Die Interpretation zu Gunsten der Fähigkeit, das Verhalten und die Absichten anderer während der Nahrungssuche genau vorherzusagen, würde auch hervorragend zu der mehrfach nachgewiesenen Fähigkeit der Raben passen, ihre eigenen Absichten strategisch zu kontrollieren, wie etwa durch selektive Zurückhaltung von Informationen [726] oder bei taktischer Täuschung [714]. Wenn man nun alle experimentell gezeigten Fähigkeiten der Kolkraben zum taktischen Verhalten, insbesondere im Umgang mit Artgenossen beim Verstecken oder Plündern von Futterverstecken zusammennimmt, drängt sich die Vermutung auf, dass sie ihr Gegenüber nicht nur auf Basis von aktuell gezeigtem Verhalten, sondern mindestens auf Basis von Erinnerungen an deren Sichtmöglichkeiten auf die entscheidenden Objekte während kritischer Ereignisse einschätzen. Falls dieses Verstehen von Sichtmöglichkeiten einem Verstehen der Perspektive des anderen gleichkommt, hätten wir eine Basis für eine echte Theorie des Geistes.

Für eine der schärfsten Kritikerinnen der Theorie des Geistes bei nichtmenschlichen Lebewesen, Cecilia Heyes, welche die beiden Experimente von Thomas als außergewöhnlich in der Sorgfalt und Präzision, mit der sie entworfen, interpretiert und berichtet wurden, gelobt hat, käme das einem »minimalen Gedankenlesen« gleich [734]. Aber sie zögert dennoch, den Tieren diese Minimalversion, geschweige denn ein »vollständiges Gedankenlesen« zuzugestehen. Beide Versionen des Experiments wären nämlich ein glasklarer Beleg dafür, dass die Raben tatsächlich die Augen-Objekt-Linie als Indikator dafür verwendet haben, was andere Raben gesehen und somit gewusst haben. Anders gesagt: Raben könnten Assoziationen zwischen spezifischen Ereignissen – wohin schaut der andere, was kann ich selbst sehen, wo ist das Futter, wann blickt der andere wohin usw. – auf einer höheren kognitiven Ebene integrieren, um die Komplexität sozialer Interaktionen zu reduzieren, indem sie abstrakte »intervenierende Variablen« benutzen, die für mentale Zustände bei anderen codieren. Solche Variablen stehen dann für »Sehen« oder »Wissen« [727, Seite 639]. Andrew Whiten hält es für eine weitaus sparsamere Erklärung, solche intervenierenden Variablen anzunehmen, als sich die jeweiligen Einzelassoziationen zu merken, weil sich die Anzahl der möglichen beobachtbaren Bedingungen in allen möglichen Situationen im Leben eines Raben vervielfachen würde [688]. Ein einfaches Beispiel früherer Ethologen ist »Durst« als Bezeichnung eines Zustandes im Trinkverhalten von Ratten. Schon drei unabhängige Zustände (Stunden der Entbehrung, Fütterung von Trockenfutter, Injektion mit Salzwasser) und drei mögliche abhängige Variablen (Anzahl der Hebeldrucke in der Skinnerbox, Volumen des getrunkenen Wassers, Chinintoleranz) ergeben neun mögliche Verbindungen. Genauso wäre »Sehen« eine Form der Repräsentation für Zustände bei Artgenossen, die auf viele Situationen im Kontext des Futterversteckens und -verteidigens anwendbar ist.

Cecilia ist davon nicht überzeugt, denn es bliebe noch eine Interpretationslücke offen. Sie verweist auf Einsichten der Kognitionswissenschaft in Bezug auf Alternativen im Sinne von bereichsübergreifenden, »submentalisierenden« Prozessen, also solchen, die unterhalb des Verständnisses für geistige Zustände (bei sich oder anderen) liegen [735]. Der Effekt der Fenstermanipulation würde nicht ausreichen, um den Schluss zu ziehen, dass die Raben entweder minimale (Augen-Objekt-Linie) oder gar vollständige Gedankenlesefähigkeiten verwendet haben müssen [734]. Es wäre möglich, dass die Raben in den Tests der Versuche ohne Fenster das physische Erscheinungsbild des Konkurrenten, wie er im Abteil auf der gegenüberliegenden Seite sitzt, aus dem Gedächtnis abrufen und dieses Bild wiederum den Ort, an dem Futter in Gegenwart dieses Konkurrenten versteckt wurde, anzeigt. Auch wir Menschen finden manchmal einen Schlüssel plötzlich wieder, wenn wir ein Bild des Ortes sehen, wo wir ihn verloren haben. Man spricht hier von »Codierungshinweisen«. Da die Wahl des Verstecks in der Vergangenheit belohnt wurde, hat das Fokustier fortan immer das Versteck gewählt, das diesem Konkurrenten entsprach. So weit die Erklärung für die Ergebnisse des ersten Experiments und der Hälfte der Versuche des zweiten, bei dem es keinen Vorhang mit Fenster gab. Cecilia räumt allerdings ein, dass es unwahrscheinlich ist, dass die Raben das im Rahmen der wenigen Versuche des Experiments gelernt haben. Aber es gäbe keinen Grund, warum sie dies nicht im Laufe ihres Lebens, wo es vielleicht viele solche Wettbewerbssituationen gab, gelernt haben sollten. Dies hat aber im Prinzip auch Thomas zugestanden. Viel interessanter ist daher, wie Cecilia die Ergebnisse der Versuche mit dem Fenster mit bloßen Verhaltensregeln erklären könnte. Sie meint, die Tatsache, dass die Raben in den Fenstertests die Verstecke nicht mit dem Konkurrenten abgleichen konnten, könnte ein Effekt der Codierungsspezifität [557] gewesen sein. Denn in den Fensterversuchen, nicht aber in den fensterlosen Versuchen erschien der Konkurrent im Test in einem anderen Kontext (ohne Vorhang) als in der Versteckensphase davor (hinter einem Fenster in einem Vorhang). Daher ist es möglich, dass im Test, wenn das Fokustier wählen muss, es weniger Codierungshinweise zur Verfügung hat, die beim Abruf aus dem Gedächtnis vorhanden sind. Somit wären die physischen Merkmale des Konkurrenten weniger effektiv, um eine Darstellung der Position des passenden Verstecks zu aktivieren – und die Raben wählen zufällig.

Man mag diese Alternativerklärung keineswegs plausibler oder sparsamer finden, als einfach anzunehmen, dass sich die Raben vorstellen, was der andere sieht (und weiß). Aber sie genügt, um Perspektivenübernahme bei den Vögeln nicht mehr zwingend annehmen zu müssen. Im wissenschaftlichen Wettstreit war die Gegenseite gefordert, sich wieder neue Experimente auszudenken, um auch die letzten »Spielverderberhypothesen« [479] zurückzuweisen. Also ersann Thomas zusammen mit einem Studenten, Stephan Reber, und einem amerikanischen Philosophen, Cameron Buckner, der schon viel zur Frage der Theorie des Geistes gearbeitet hatte, ein weiteres Experiment [736]. Das Ziel war zu zeigen, dass die Raben nicht die aktuelle, sondern die potenzielle Sichtweise anderer berücksichtigen, wenn sie den Artgenossen gar nicht sehen können. Die Frage war, ob die Vögel ihre Futterverstecke vor der Entdeckung durch andere schützen, allerdings nur als Reaktion auf die Geräusche von Artgenossen, und zwar dann, wenn ein Guckloch durch eine Trennwand geöffnet ist, aber nicht, wenn es geschlossen ist (Abb. 25). Was man durch das geöffnete Guckloch in der Wand sehen kann, haben sie zuvor selbst erlebt.

Das Experiment wurde in zwei Abteilen einer großen Rabenvoliere durchgeführt, die durch eine Holzwand getrennt waren (Abb. 25). Die Wand hatte zwei Funktionsfenster, die die Sicht von einem Raum in den anderen ermöglichten. Beide Fenster

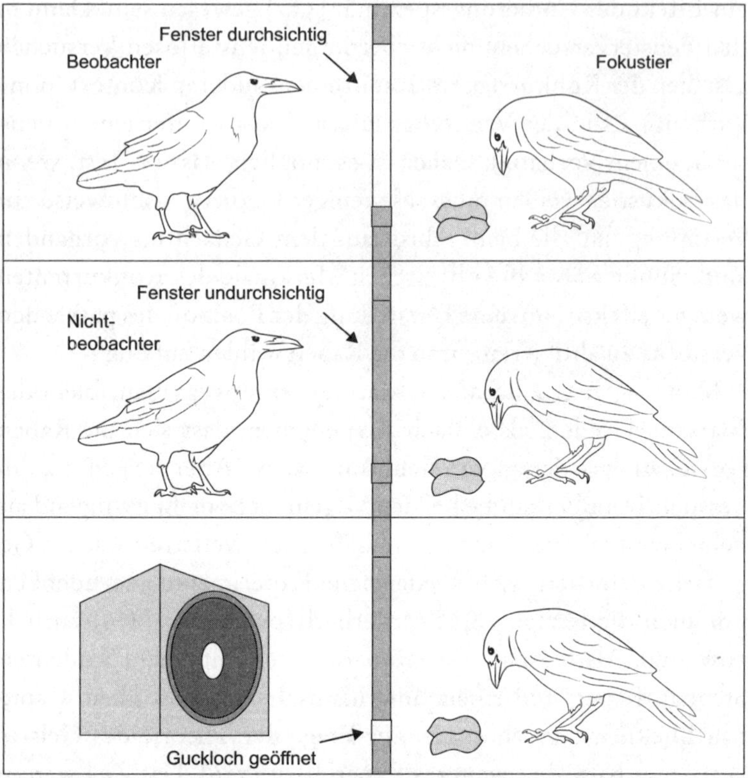

Abb. 25: Skizze des Versuchsaufbaus von Bugnyar und Kollegen [736]. Oben: Beobachtetes Verstecken: Das Fokustier versteckt ein Futterstück vor den Augen des Beobachters, weil die Abdeckung des Fensters in der Trennwand offen ist (weiße Leiste). Mitte: Unbeobachtetes Verstecken: Das Fokustier versteckt ein Futterstück unbemerkt vom Artgenossen (Nichtbeobachter), weil die Abdeckung des Fensters in der Trennwand geschlossen ist. Sowohl Beobachter als auch Nichtbeobachter machen in ihrem Abteil Geräusche, die für das versteckende Fokustier hörbar sind. Unten: Verstecken mit Guckloch: Die Abdeckung des Fensters ist geschlossen, aber eines der beiden Gucklöcher ist geöffnet; daher versteckt das Fokustier in Abwesenheit von Verhaltenshinweisen wie Blick und Blickrichtung, aber das Vorhandensein eines Artgenossen wird durch die Wiedergabe von Geräuschen aus unbeobachteten Versteckensversuchen nachgeahmt.

konnten mit Abdeckungen geschlossen werden. Darüber hinaus hatte jedes Fenster ein Guckloch, das geöffnet oder geschlossen werden konnte. Zu Beginn der Studie waren alle Raben damit vertraut, dass Experimentatoren die Fenster zwischen den Räumen öffneten oder schlossen, waren mit den Gucklöchern aber noch unvertraut. In einem ersten Schritt wurde die Versteckrate einzelner Raben bestimmt, die in ihrem Abteil Futterstücke bekamen und dabei von Artgenossen beobachtet (die Fenster zum angrenzenden Raum blieben offen) oder nicht beobachtet werden konnten (die Fenster blieben geschlossen). Entscheidend war, dass unter diesen beiden Bedingungen die Gucklöcher geschlossen wurden. Im nächsten Schritt wurde jeder Rabe individuell geschult, durch eines der beiden Gucklöcher die von Menschen geschaffenen Verstecke im Nebenraum zu beobachten und später aufzufinden.

Im Test wurde jeder Rabe dann mit den beiden Ausgangsbedingungen (Fenster geöffnet oder geschlossen) und einem Testzustand konfrontiert, bei dem die Fenster geschlossen waren, aber eines der beiden Gucklöcher offen blieb. Das Besondere an diesem Testzustand war, dass sich im Nebenraum gar kein Rabe befand. Um aber die Anwesenheit eines Konkurrenten akustisch zu simulieren, wurden über einen versteckten Lautsprecher Geräusche abgespielt, die früher einmal von einem Konkurrenten in diesem Nebenraum aufgenommen worden waren.

Die Ergebnisse zeigten eindeutig, dass Raben sich im Test so verhalten, als würden sie gesehen werden können, weil sie ihre Erfahrung mit Gucklöchern auf den potenziellen Konkurrenten projizieren. Raben beenden im Gucklochzustand das Verstecken schneller und verbessern ihre Verstecke schneller als im nichtbeobachteten Zustand. Offenbar benötigen sie keine direkten Hinweiszeichen wie Blicke, um sich den anderen als Beobachter vorstellen zu können. Damit verstehen sie den Zustand des Sehens in einer allgemeinen, abstrakten Weise, wofür sie indirekte Hinweise wie Hören und ihre eigene Erfahrung heranziehen.

Man könnte daraus folgern, dass sie nicht auf bloße Verhaltensleser reduziert werden können, da sie offenbar die Fähigkeit haben, sich von ihren Vorstellungen leiten zu lassen. Aber es bleibt die Frage offen, ob sie sich einen geistigen Zustand eines anderen vorstellen, das Sehen als eine Fähigkeit oder mentale Eigenschaft des anderen, ja sogar als aktuelle Triebfeder seines Handelns. Wenn sie verstecken, denken sie dann, »der andere könnte mich sehen« oder eher »ich könnte gesehen werden«? Man hat versucht, sich dieser Frage mit der Überprüfung der Negation anzunähern: können Tiere erahnen, was der andere nicht weiß! Können sich Tiere vorstellen, dass anderen Wissen fehlt oder sie einem Irrtum anheimfallen? Wie wir schon im Unterkapitel »Sally und Anne« besprochen haben, waren an der Entwicklung der entsprechenden Tests für Kinder die beiden Salzburger Kinderpsychologen Heinz Wimmer und Josef Perner beteiligt [639], und die ersten Versuche mit nichtmenschlichen Lebewesen wurden wieder von den Leipziger Primatologen unternommen.

Schimpansenschach

Die Experimente von Brian Hare und Kollegen [700] haben nahegelegt, dass Schimpansen Menschenkindern im Erkennen von falschen Vermutungen unterlegen sind. Die Leipziger Primatologen, diesmal angeführt von Juliane Kaminski, gaben sich mit dieser Einschätzung nicht zufrieden und ersonnen neue Experimente, bei denen nun Schimpansen und Menschen parallel und auf die gleiche Art und Weise getestet wurden [737]. Ziel der Studie war es, in vergleichender Weise die Fähigkeit des Verständnisses oder Erkennens von zwei verwandten geistigen Zuständen anderer zu testen: Unwissenheit (*knowledge-ignorance*) und falsche Vermutung (*false belief*). Die Tests wurden in nahezu identischer Weise mit zehn Schimpansen (zwischen vier und neunundzwanzig Jahren), zwölf Kindern (im Alter von sechs Jahren) und zwölf Erwachsenen (zwischen einundzwanzig und einundvierzig Jahre alt) durchgeführt. In diesem Vergleichsexperiment, das später unter dem Namen »Schimpansenschach« bekannt wurde [738], fand der Wettbewerb um begehrte Objekte (bei Schimpansen beliebtes Futter wie Weintrauben oder Bananenstücke, bei den Kindern kleine Spielzeuge und bei den erwachsenen Testpersonen Karton-Münzen) auf einer tischähnlichen Plattform statt, die zwischen den beiden Kontrahenten hin und her geschoben wurde.

Auf der Plattform standen drei Becher, unter denen die Objekte versteckt werden konnten. Im ersten Test wurden zwei Becher vom Experimentator befüllt, einer blieb leer. Der Versteckvorgang spielte sich vor den Augen der beiden Kontrahenten ab, allerdings konnte einer der beiden – wir nennen ihn den Unwissenden – nur sehen, wie das erste Versteck mit einem Objekt – wir nennen es daher das bekannte Objekt – befüllt wurde, danach wurde seine Sicht durch eine Trennwand blockiert. Sein Konkurrent sah alles und wusste daher, unter welchen Bechern sich das bekannte und auch das – für den Unwissenden – unbekannte Objekt befand. Nach dem Versteckvorgang bekamen beide Kontrahenten die Chance, ein Objekt durch Zeigen auf den Becher ihrer Wahl zu bekommen. Wer zuerst drankam, war abhängig von der Testbedingung – einmal war es der eine, einmal der andere –, jedenfalls blieb diese Wahl für den anderen im Verborgenen, denn dessen Sicht wurde dabei blockiert. Die entscheidende Frage war nun, wie sich die mit dem vollen Wissen über die Verstecke ausgestatteten Konkurrenten in den beiden Bedingungen der ersten oder zweiten Wahl entscheiden würden. Im Fall der ersten Wahl sollte der Unwissende das ihm bekannte Versteck wählen. Aber wenn der Unwissende erst nach dem Konkurrenten seine Chance bekommt, sollte er, um seinen Gewinn zu maximieren, einen der beiden anderen Becher wählen, denn er muss davon ausgehen, dass der Konkurrent das ihm bekannte Versteck bereits geleert hat.

Etwas anders liegen die Verhältnisse für den Wissenden. Er sollte bemerkt haben, dass der Unwissende nur das erste Versteck sah, nicht aber das zweite. Wenn er erst nach dem Unwissenden seine Chance bekommt, sollte er unter der Annahme, dass der Unwissende das ihm bekannte Versteck bereits geleert hat, gezielt das zweite Versteck wählen. Im Falle der Chance auf die erste Wahl spielt diese Überlegung keine Rolle, hier kann der wissende Konkurrent gefahrlos eines der beiden ihm bekannten Verstecke leeren. Tatsächlich fand sich dieser Unterschied bei allen drei Testgruppen, zwar deutlicher bei Erwachsenen und Kindern, aber immerhin auch signifikant bei den Schimpansen.

Diese Ergebnisse sind damit ein weiterer Beleg dafür, dass nicht nur Menschen, sondern auch Schimpansen in der Lage sind, das Wissen anderer im eingeschränkten Sinn von »etwas gesehen haben« einzuschätzen. Hier haben die Tiere richtig gefolgert, was ein anderes einige Momente zuvor getan hat, und zwar nicht aufgrund seines Verhaltens, sondern aufgrund dessen, was es zuvor gesehen hatte. Da er nie sehen kann, was der Wettbewerber gewählt hat, muss der Betreffende dessen mentalen Zustand verstehen – was er oder sie weiß – und daraus dessen Wahl eines Bechers ableiten und diesen Becher danach meiden. Mit dieser eleganten Prozedur konnte man ausschließen, dass das Verhalten eines Schimpansen (oder eines Kindes) nur vom aktuellen Verhalten des Kontrahenten bestimmt ist. Auch konnte ein Argument gegen die früheren Studien entkräftet werden, das unter dem Titel »Böses Auge« in die Literatur einging. Hier käme eine simple Verhaltensregel zur Anwendung, nämlich immer das Objekt zu vermeiden, das vom anderen angeschaut und somit »gefährlich« wird. Die Konkurrenten im Schimpansenschach wählten genau dieses gefährliche Objekt, wenn sie die erste Wahl hatten.

Nachdem also erneut gezeigt werden konnte, dass sich Schimpansen am Wissen beziehungsweise am Unwissen von Kontrahenten orientieren, genau wie sechsjährige Kinder und Erwachsene, benutzten Juliane und ihre Kollegen das Schimpansenschach zur Überprüfung der Orientierung an falschen Überzeugungen.

Diese liegt vor, wenn ein Individuum etwas glaubt, das sich von der Realität unterscheidet. Im Gegensatz zu Wissen oder Unwissen verlangt das Verständnis einer falschen Überzeugung, sich nicht nur vorzustellen, *ob* sich der Einzelne des tatsächlichen, aktuellen Zustands seiner Umgebung bewusst ist oder nicht, sondern auch, *wie* er die Welt so konstruiert, dass sie anders ist, als sie ist. Beim Menschen scheint diese Fähigkeit eng mit der Sprachentwicklung verbunden zu sein [739].

Im zweiten Test von Juliane und Kollegen [737] sah der wissende Konkurrent in manchen Fällen, wie der Experimentator den Unwissenden irreführte, indem er zuerst ein Versteck vor dessen Augen anlegte, aber dieses dann verlegte, als dessen Sicht blockiert war. Manchmal hingegen öffnete der Experimentator das Versteck und nahm das Futter heraus, legte es dann aber wieder dorthin zurück. Versteht der wissende Konkurrent diese Vorgänge und nutzt sie aus? Kann er dem Unwissenden die Unkenntnis des Täuschungsmanövers und die daraus folgende falsche Überzeugung hinsichtlich des Futterverstecks zuschreiben? Wird er folgerichtig annehmen, dass sich der Unwissende bei seiner ersten Wahl falsch entscheidet wenn das Versteck in dessen Unkenntnis verändert wurde und daher die Belohnung noch wartet, wenn er selbst an die Reihe kommt? Und wird er umgekehrt annehmen, dass der Unwissende die Belohnung genommen hat, wenn das Versteck nicht verändert wurde, weil der Experimentator das Futterstück wieder in das ursprüngliche Versteck zurückgelegt hat?

In diesem Experiment wurden neben Schimpansen auch dreijährige Kinder und – wie schon zuvor – sechsjährige Kinder getestet. In allen Tests bekam der Unwissende die erste Wahl und der Wissende musste danach entscheiden, ob er den Behälter mit dem tatsächlichen Versteck wählen sollte. Alternativ konnte er sich auch für eine weniger attraktive Belohnung entscheiden, die für beide Kontrahenten sichtbar angelegt wurde. Die Ergebnisse brachten allesamt eine Bestätigung früherer Studien. Die Schimpansen zeigten wiederum ein Verständnis für den Wissenszustand des Kontrahenten aufgrund dessen, was dieser davor sehen konnte. Aber sie verstanden nicht, dass das Gesehene auch zu einem falschen Wissen, zu falschen Annahmen führen kann, wenn es nur einen Teil der tatsächlichen Vorgänge umfasst. Konkret wählten die wissenden Schimpansen den Becher, in den das Futterstück schlussendlich gelegt wurde, wenn ihr mit Halbwissen ausgestatteter Konkurrent die endgültige Platzierung nicht gesehen hatte. Sie unterschieden jedoch nicht zwischen jenen beiden Fällen, in denen der Experimentator das Versteck in Unkenntnis des unwissenden Kontrahenten manipulierte; jenem Fall, wo die Belohnung an ihrem ursprünglichen Standort blieb, weil der Becher nur angehoben wurde, sodass der unwissende Wettbewerber wissen konnte, wo sie sich noch befand, und dem Fall, wo das Versteck geändert wurde, sodass der Wettbewerber nicht wissen konnte, wo sich die Belohnung befand. Sie konnten den falschen Glauben ihres Konkurrenten nicht ausnutzen. Auch die dreijährigen Kinder scheiterten an dieser höheren Form der Zuschreibung geistiger Zustände, nicht jedoch die sechsjährigen Kinder. Dieser Befund deckt sich im Wesentlichen mit einer früheren Studie, an der neben Kindern und Schimpansen auch Orang-Utans teilnahmen [740].

In der Kinderpsychologie hat man erkannt, dass sich die Fähigkeit der Perspektivenübernahme langsam entwickelt, und hat deshalb weitere Unterscheidungen eingeführt. John Flavell und Kollegen von der Stanford University (USA) haben zwei Stufen unterschieden [741]. Auf der ersten Stufe können Kinder ihre eigene Perspektive von der anderer insofern unterscheiden, als sie verstehen, dass sie manchmal Objekte sehen können, die andere nicht sehen können und umgekehrt. Auf der zweiten Stufe entwickeln sie ein tieferes Verständnis der Perspektive des anderen, weil sie verstehen, dass das gleiche Objekt aus einer anderen Perspektive anders erscheinen kann [638]. In den Leipziger Studien konnte mehrfach nachgewiesen werden, dass Schimpansen zur

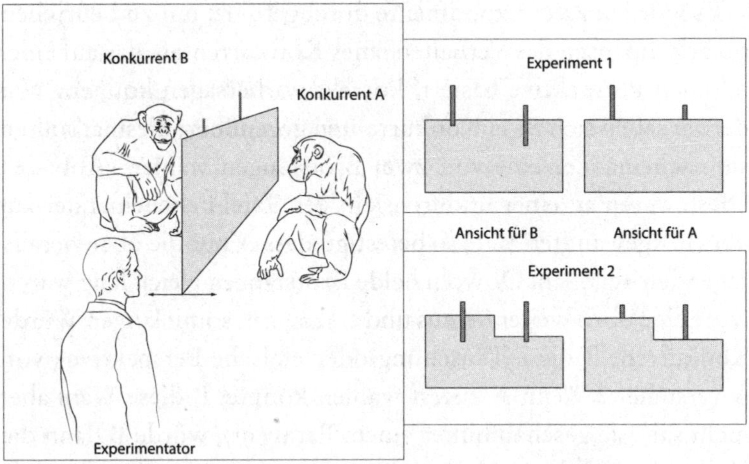

Abb. 26: Wettbewerb um Brotstangen. Die beiden Brotstangen waren in beiden Experimenten gleich lang, aber sie ragten im ersten Experiment weiter nach oben. Während sie aus der Sicht des Konkurrenten A unterschiedlich lang erschienen, sahen sie aus der Sicht des Konkurrenten B gleich lang aus. Dennoch zeigten die Schimpansen, anders als die Kinder, eine Präferenz für die weiter nach oben ragende Stange, wenn sie in der Rolle des Konkurrenten B in der Kontrolle ohne Konkurrenten waren. Aus [738].

Perspektivenübernahme der Stufe 1 fähig sind, nicht aber zu derjenigen der Stufe 2.

Einige Jahre später wurde das Konzept des Schimpansenschachs nochmals verwendet, um zu überprüfen, ob Schimpansen zu einer Wissenszuschreibung im erweiterten Sinn fähig sind [738]. Vor allem wurde versucht, Verhaltensweisen auszuschließen, die einen Einfluss auf die Entscheidung der Tiere haben könnten. Dies wurde dadurch erreicht, dass sich die beiden Schimpansen während des Tests überhaupt nicht sahen und somit gar keine Chance hatten, auf das Verhalten des Mitbewerbers zu reagieren. Ihre Entscheidungen mussten daher aus früheren Wahrnehmungen und aus eigenen Erfahrungen abgeleitet werden. Außerdem zielte man auf die Überprüfung eines Niveaus zwischen Stufe 1 und 2 der Wissenszuschreibung ab – nicht auf eine falsche Überzeugung, sondern auf eine falsche Perspektive.

Es wurden zwei Experimente durchgeführt, um zu beurteilen, ob Schimpansen das Verhalten eines Konkurrenten, das auf einer falschen Perspektive basiert, korrekt vorhersagen können. Wiederum saßen sich zwei Konkurrenten gegenüber; diesmal sollten sie nacheinander eine von zwei Brotstangen wählen (Abb. 26). Diese waren an einer undurchsichtigen Tafel nebeneinander auf der B zugewandten Seite so befestigt, dass A nur die oben herausragenden Teile sah. Obwohl beide Brotstangen gleich lang waren, ragte eine oben weiter heraus und erschien A somit länger. Würde Konkurrent B diese Täuschung oder »falsche Perspektive« von A verstehen? Wenn A zuerst wählen konnte, B diese Wahl aber nicht sah (sie geschah hinter einem Paravent), würde B dann die Brotstange wählen, welche A kürzer erschien? B sah anfänglich die Brotstangen, aber bei seiner Seitenwahl sah er sie nicht mehr. Er musste sich die Positionen merken und dann eventuell eine Annahme darüber treffen, welche Brotstange A gewählt haben könnte. Als wichtige Kontrolle wurde neben diesem sozialen Wettbewerb noch eine Bedingung getestet, bei der es keinen Konkurrenten gab.

Die Ergebnisse des ersten Experiments waren zweideutig; obwohl Schimpansen genau wie sechsjährige Kinder öfter in der sozialen Bedingung als in der Bedingung ohne Konkurrenten jene Seite vermieden, auf der sich die aus der Sicht des Konkurrenten A längere Brotstange befand, war ihre Wahl in der sozialen Bedingung dennoch nicht signifikant vom Zufall verschieden. Hingegen wählten die Kinder in dieser Bedingung die aus der Sicht des anderen längere Stange nur mehr in einem Viertel der Fälle. Um zu überprüfen, ob die Schimpansen die aus der Sicht des anderen längere Brotstange in der Kontrollbedingung ohne Konkurrenten deswegen wählten, weil sie höher hinausragte, wurde ein zweites Experiment durchgeführt. Obwohl die Täuschung für A aufrechterhalten blieb, ragten die Stangen für B nun ebenfalls gleich hoch hinaus (Abb. 26). Doch die Resultate änderten sich kaum, es verschwand lediglich die Präferenz für die aus der Sicht des anderen längere Brotstange in der nichtsozialen Bedingung. Diese Ergebnisse lassen vermuten, dass Schimpansen erfolgreich vorhersagen, was der Konkurrent wählen würde, wenn sie sich von ihrer eigenen Präferenz leiten lassen. Wenn sie jedoch selbst keine Präferenz haben und die falsche Perspektive des anderen verstehen müssen, können sie dies nicht tun. Im Gegensatz dazu können sechsjährige Kinder ihre eigene, den Tatsachen entsprechende Perspektive mit der falschen Perspektive des Konkurrenten vergleichen und so erfolgreich ein Verständnis für dessen Perspektive Stufe 2 entwickeln.

Diese Studie hat im Prinzip das bestätigt, was schon mehrere Studien zuvor gefunden haben, dass nämlich Schimpansen Probleme mit kontrastierenden Perspektiven haben [737, 742, 743]. Es gelingt ihnen auch nicht, andere mit irreführenden Informationen hinters Licht zu führen, indem sie Lebensmittel vor Wettbewerbern verstecken [744]. Obwohl sie anderen erfolgreich Wissen und Unwissen zuschreiben, auch, um Gruppenmitglieder über eine drohende Gefahr zu informieren [745], schienen sie bei anderen keine falschen Einschätzungen erkennen zu können, selbst wenn ihnen das strategische Vorteile bringen würde. Offenbar scheint das eine wirklich (zu) große kognitive Herausforderung zu sein.

Wenn die Vorstellungskraft nicht ausreicht, Perspektiven und Erscheinungen durch Kombination unterschiedlicher Erfahrungen einzuschätzen, könnten vielleicht konkrete Erfahrungen helfen? So hatten die Schimpansen in der Studie mit den Brotstangen keine Erfahrung mit der Perspektive des Wettbewerbers, während sie in anderen Studien zum Verständnis des Unterschieds zwischen Erscheinung und Wirklichkeit (*appearance / reality tasks*) zuvor die wahre Perspektive erfolgreich eingenommen hatten [746, 747]. Wenn durch konkrete Selbsterfahrung die unterschiedliche Perspektive aus dem Gedächtnis abgerufen werden kann und nicht erst durch entsprechende Vorstellungskraft erzeugt werden muss, könnte auch die Perspektivenübernahme auf der zweiten Stufe gelingen.

Das Brillen-Experiment

Obwohl schon vor Jahrzehnten vorgeschlagen, gab es bis vor Kurzem kaum Experimente mit dem Ziel, auf direkte Art zu überprüfen, ob Tiere ihre eigenen Erfahrungen auf andere übertragen können, um so deren Perspektive und schließlich deren mentale Zustände zu erahnen. Wie ich schon erwähnt habe, waren Schimpansen in den frühen Studien zur Unterscheidung von wissendem und ratendem Experimentator an der Aufgabe mit den Eimern über dem Kopf gescheitert, und die Affen waren auch nicht erfolgreicher, wenn sie Erfahrung mit durchsichtigen und undurchsichtigen Visieren sammeln konnten [748]. Ganz anders verhielten sich Kinder, die bereits mit 18 Monaten die eigene Erfahrung mit durchsichtigen und undurchsichtigen Augenbinden auf ihr Gegenüber übertragen konnten [749]. Beide Augenbindentypen sahen von außen undurchsichtig aus, aber durch die eine Augenbinde konnte man dennoch hindurchsehen. Nachdem zwei Gruppen von Kindern entweder die eine oder die andere Augenbinde ausprobieren konnten, wurde ihr Verständnis für das Sehen eines Erwachsenen in einer Blickverfolgungsaufgabe getestet. Ein Experimentator saß mit verbundenen Augen dem Kind gegenüber und wandte sich einem Zielobjekt links oder rechts von ihm zu. Die Kinder, die die undurchsichtigen Augenbinden getestet hatten, folgten dem Blick des Experimentators weniger als diejenigen, die vorher die durchsichtigen Augenbinden ausprobiert hatten. Offenbar nutzten die Kinder ihre Selbsterfahrung, um daraus abzuleiten, was der Experimentator sehen konnte. (Das Experiment mit Kindern folgte im Wesentlichen dem Vorschlag von Cecilia Heyes [728], welcher als »Brillentest« in die Literatur einging [750].)

Katja Karg und Martin Schmelz haben mit ihren Leipziger Betreuern Josep Call und Mike Tomasello das Kinderexperiment in einer leicht abgewandelten Form mit Schimpansen wiederholt [751]. Anstelle von Augenbinden verwendeten die Leipziger Primatologen gelbe oder blaue »Gesichtsmasken«, die vor die Augen der Schimpansen (beim Erfahrungensammeln) oder des Experimentators (beim Test) gehalten wurden (Abb. 27). Im ersten Experiment testeten sie, ob die Schimpansen wie die Kinder dem Blick eines Experimentators seltener folgten, wenn sie ihn mit der undurchsichtigen Gesichtsmaske sahen. Obwohl Schimpansen eine gewisse Flexibilität im Blickfolgeverhalten haben (inklusive dem geometrischen Blickfolgen [680]), fiel das Ergebnis enttäuschend aus. Anders als die 18-monatigen Kinder machten sie keinen Unterschied im Blickfolgeverhalten.

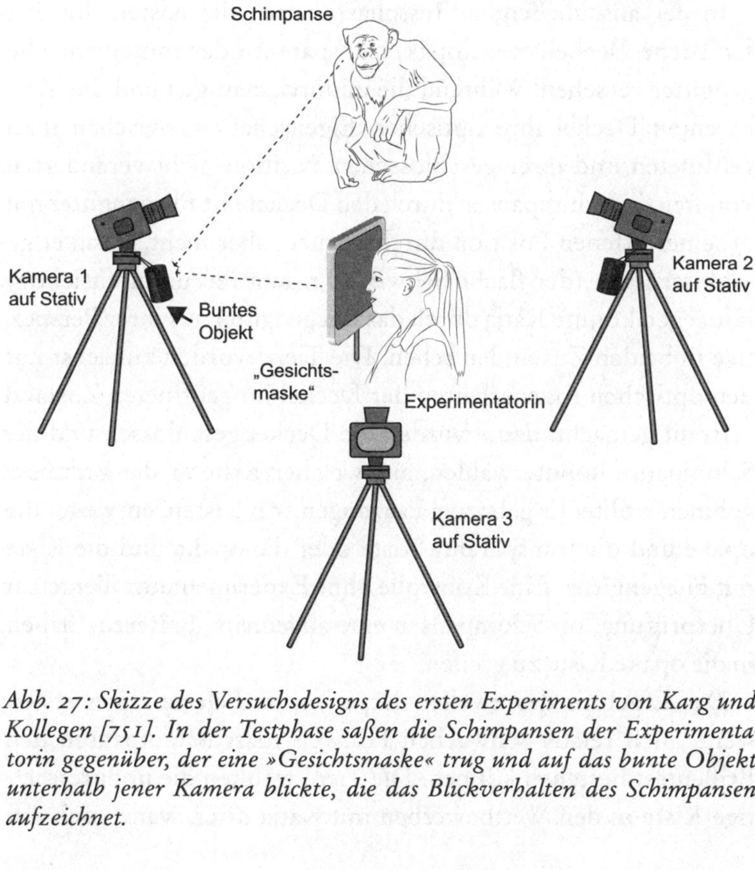

Abb. 27: Skizze des Versuchsdesigns des ersten Experiments von Karg und Kollegen [751]. In der Testphase saßen die Schimpansen der Experimentatorin gegenüber, der eine »Gesichtsmaske« trug und auf das bunte Objekt unterhalb jener Kamera blickte, die das Blickverhalten des Schimpansen aufzeichnet.

Im zweiten Experiment wählten die Forscher eine Wettbewerbsaufgabe, weil man bereits wusste, dass Schimpansen hier strategischer handeln als bei kooperativen Aufgaben [752]. Wenn Katja im Training einem gerade getesteten Schimpansen gegenübersaß, versuchte sie Erdnüsse aus einer von zwei Kisten auf der linken und der rechten Seite zu stehlen, sobald der Schimpanse danach griff. Das gelang ihr bei der Kiste, die mit einem durchsichtigen Deckel verschlossen war, nicht aber bei der mit einem undurchsichtigen Deckel, denn hier konnte Katja die Hand des Schimpansen nicht sehen. Die Schimpansen konnten lernen, welcher Deckel durchsichtig und welcher undurchsichtig war und welche Konsequenzen das im Wettbewerb hat.

In der anschließenden Testphase hatten die Kisten drei verschiedene Deckeltypen: opak, transparent oder mit einem Fliegengitter versehen. Während die undurchsichtigen und die transparenten Deckel ihre optischen Eigenschaften zwischen ihrer geöffneten und ihrer geschlossenen Position nicht veränderten, konnten die Schimpansen durch den Deckel mit Fliegengitter nur in seiner offenen Position durchschauen, aber nicht, wenn er geschlossen war (der flache Sehwinkel macht ihn undurchsichtig). Hingegen konnte Katja durch das Fliegengitter aus ihrer Perspektive in beiden Zuständen sehen. Die Tiere wurden zunächst mit den optischen Eigenschaften der Deckel im geöffneten Zustand vertraut gemacht, dann wurden die Deckel geschlossen und der Schimpanse konnte wählen, aus welcher Kiste er die Erdnüsse nehmen wollte. Es gab zwei Paarungen von Kisten, entweder die opake und die transparente Kiste oder die opake und die Kiste mit Fliegengitter. Eine Kontrolle ohne Experimentator diente zur Überprüfung, ob Schimpansen eine allgemeine Präferenz haben, in die opake Kiste zu greifen.

Das Ergebnis des zweiten Experiments lieferte einen ersten, wenn auch relativ schwachen Hinweis, dass Schimpansen den Brillentest bestehen können. Die Tiere wählten die undurchsichtige Kiste in den Wettbewerben mit Katja öfter, wenn auch nur knapp über Zufall: zu 55 Prozent in der Paarung mit der durchsichtigen Kiste und zu knapp 60 Prozent in der Paarung mit der Kiste mit Fliegengitter im Deckel. Hingegen gab es keine Präferenz für eine Kiste in der Kontrolle ohne menschlichen Konkurrenten. Diese Ergebnisse haben die Primatologen so interpretiert, dass Schimpansen ihre eigenen Erfahrungen mit den optischen Eigenschaften der Deckel nutzen können, um daraus abzuleiten, in welcher Kiste ihre Hand vor dem Experimentator verborgen bleibt. Entscheidend für die Interpretation im Sinne der Perspektivenübernahme ist dabei, dass im Moment der Wahl zwischen dem undurchsichtigen Deckel und dem Deckel mit Fliegengitter beide aus ihrer Perspektive undurchsichtig erscheinen, wobei sie allerdings früher die Erfahrung gemacht haben, dass man aus einem anderen Winkel durch das Fliegengitter schauen kann. Das bedeutet, dass die Schimpansen offenbar deshalb erfolgreich konkurrieren konnten, weil sie ihre Selbsterfahrung mit einem Objekt – und zwar mithilfe eines willkürlichen Merkmals wie seiner Position – auf den menschlichen Konkurrenten projizierten, um vorherzusagen, was der andere sehen kann.

Erklärungen auf der Basis von erlernten Verhaltensregeln sind in dieser neuartigen und hochgradig künstlichen Situation unwahrscheinlich. Regeln konnten sich nicht ausbilden, denn die Schimpansen verhielten sich von Beginn an gleich und es gab keine Verbesserung über die Zeit. Man könnte eventuell noch argumentieren, dass sie Regeln nicht im Laufe des Experiments, sondern schon früher ausgebildet haben. Aber die Schimpansen in diesem Experiment lebten auf Ngamba Island, einer Insel im Victoriasee in Uganda, die als Schutzgebiet für konfiszierte Schimpansen dient. Daher ist es unwahrscheinlich, dass die getesteten Tiere jemals solchen Erfahrungen ausgesetzt waren.

Eine weitere nichtperspektivische Erklärung wäre die Orientierung bloß an den Deckeln und ihren optischen Merkmalen. Doch auch das kann ausgeschlossen werden, denn dann hätten die Schimpansen auch in der Kontrolle ohne Konkurrenten vorrangig die Kiste mit dem undurchsichtigen Deckel gewählt. Schließlich scheidet auch das Verhaltenslesen als Erklärung auf niedrigerer kognitiver Stufe aus, denn die Tiere konnten sich nicht an der Körperhaltung oder der Blickrichtung eines Gegenübers orientieren, denn die Schimpansen sahen ihre Konkurrentin während des Wettbewerbs um die Erdnüsse nicht.

Antizipatives Schauen

Im Jahre 2016 haben Christopher Krupenye von der Duke University (USA) und Fumihiro Kano von der University of Kyoto (JPN) (zusammen mit Satoshi Hirata, Josep Call und Mike Tomasello) insgesamt 40 Menschenaffen (19 Schimpansen, 14 Bonobos und 7 Orang-Utans) mit einem Augenbewegungsmessgerät (*eye tracker*) auf das implizite Verständnis falscher Überzeugungen getestet [753]. Implizit deshalb, weil die Affen keine expliziten Entscheidungen im Sinne von Objekten, die sie durch Körperbewegungen oder Handzeichen wählen konnten, geben mussten. Stattdessen wurde anhand Ihres Sehverhaltens geprüft, ob sie verstanden, dass andere ein falsches Bild der Realität haben können. Frühere Studien hatten bereits gezeigt, dass Menschenaffen dorthin schauen, wo sie ein Ereignis erwarten, noch bevor dieses tatsächlich eintritt. In diesem Experiment wurden die Tiere trainiert, kurze Videofilme anzusehen. Die prinzipielle Logik der Filme wurde von einem früheren Experiment zum falschen Glauben mit Kindern übernommen [754], nur die Inhalte der Filme wurden abgeändert. In zwei Experimenten wurden Szenen mit zwei Akteuren gezeigt, einem Menschen und einer einem Gorilla ähnelnden Figur (»King Kong«). Diese Szenen hatten sich bereits früher bewährt, weil sie bei den Zuschauern eine starke Aufmerksamkeit erzielen. Da man annehmen kann, dass die Szenen für Menschenaffen sehr ungewöhnlich und neuartig sind, sowohl was die Darsteller als auch ihre Aktionen betrifft, sind Reaktionen auf der Basis eingeübter Verhaltensregeln unwahrscheinlich. Zunächst sahen die Tiere zwei Gewöhnungsfilme, in denen King Kong entweder sich selbst in einem von zwei Heuhaufen (Experiment 1) oder einen Stein in einer von zwei Schachteln (Experiment 2) versteckte, während der menschliche Akteur im Hintergrund zusah. Danach folgte jeweils ein Testfilm, in dem das Zielobjekt (entweder King Kong selbst oder der Stein) aus dem ersten Versteck in das zweite Versteck wechselte.

Einmal war der menschliche Akteur dabei anwesend und somit Zeuge des Wechsels, ein anderes Mal war er abwesend. Die (verschiedenen) Filme endeten immer gleich: Der menschliche Akteur verschwindet hinter einer Tür, dann verlässt das Zielobjekt das Versteck – King Kong kommt aus dem Heuhaufen und verschwindet oder er nimmt den Stein aus der Box und verschwindet damit – und schließlich kommt der Akteur wieder zurück und macht sich auf die Suche nach dem Zielobjekt. Der Film endet, bevor er sich entschieden hat, wo er suchen soll. Das ist die kritische Phase des Experiments, denn nun wird gemessen, wohin der Affe vorausschauend blickt – dorthin, wo das Zielobjekt am Schluss versteckt war, oder dorthin, wo der menschliche Akteur es vermutlich sucht. Wenn der Versteckwechsel vom menschlichen Akteur beobachtet wurde, sollte das derselbe Ort sein, in der anderen Bedingung jedoch nicht [753].

Von den insgesamt 52 Tieren, welche in beiden Experimenten bei beiden Bedingungen auf einen der beiden Orte blickten – 18 Tiere machten in dem einen oder anderen Fall keine antizipatorische Blickbewegung –, sahen 37, das sind über 70 Prozent, auf jenes Versteck, das der menschliche Akteur aus seinem Wissen heraus durchsuchen sollte. In der kritischen Bedingung, wo der menschliche Akteur den Versteckwechsel nicht sah, blickten 19 Tiere zu dem Ort, an welchem der menschliche Akteur fälschlicherweise das Versteck vermutete, weil er das Zielobjekt dort zuletzt gesehen hatte, aber nur 9 Tiere zum tatsächlichen Versteck. Somit scheinen mehr als doppelt so viele Menschenaffen in ihrem antizipatorischen Schauen von der falschen Annahme des menschlichen Akteurs geleitet worden zu sein. Sie konnten sich damit offenbar nicht nur vorstellen, was er sehen konnte und daher wusste, sondern auch, was er glaubte zu wissen, selbst wenn dieses Wissen von der Realität abwich. Die Perspektivenübernahme dieser Menschenaffen hätte damit Stufe 2 erreicht [638], auf der sie nicht nur verstehen, *dass*, sondern auch, *warum* die Welt für andere anders erscheinen kann.

Obwohl dieses Ergebnis selbst die notorisch kritischen Gutachter von *Science* überzeugte, blieben Zweifel übrig. Es könnte sein, dass die Menschenaffen einer einfachen Verhaltensregel vertrauten, dass nämlich (menschliche) Akteure am ehesten dort suchen, wo sie Dinge zum letzten Mal gesehen haben. Die Möglichkeit der Anwendung dieser Regel, die entweder angeboren ist oder die man aus vielen Beobachtungen abgeleitet hat, wurde sowohl bei Kinderstudien als auch ganz generell bei Studien mit nichtmenschlichen Probanden als Argument gegen die Perspektivenübernahme vorgebracht [755, 756]. Wie bereits mehrfach erwähnt, kann man fast immer die Möglichkeit in Betracht ziehen, dass sich die Probanden an subtilen Verhaltensweisen, Gesten und Blicken der Akteure orientieren, um daraus Regeln abzuleiten, was diese in der Folge tun werden, ohne dass man dafür den Inhalt ihrer Gedanken erkennen müsste.

Was der andere denkt und in der Folge tun wird, kann man auch erraten, wenn man die eigene Erfahrung, die man in ähnlichen Situationen gemacht hat, einbringt und sie auf das Gegenüber projiziert. Perspektivenübernahme durch Selbsterfahrungsprojektion nennt man das. Wie schon ausgeführt, etablierte sich der »Brillentest« als eine einfache Variante zur Überprüfung dieser Fähigkeit [728]. Nicht nur Kinder nutzen ihre Selbsterfahrung mit unterschiedlich durchsichtigen Materialien (Brillen, Barrieren), um daraus abzuleiten, was ein mit verbundenen Augen operierender Experimentator sehen kann, sondern auch Schimpansen [751].

Als besonders lohnend für den Nachweis des Verständnisses für eine falsche Vermutung einer anderen Person hat sich die Kombination eines Brillentests mit einem Blickfolgetest erwiesen. Auch das wurde erstmals [749] und wiederholt [757] bei Menschenkindern durchgeführt. Obwohl alle Kinder im Alter von 18 Monaten die gleiche Videosequenz vorgeführt bekamen, in der ein Schauspieler sehen konnte, wie ein Objekt an einer Stelle versteckt wurde, und danach eine Augenbinde aufgesetzt bekam, während das Objekt entfernt wurde, erwarteten nur jene Kinder, dass der Schauspieler später das Objekt an seinem ursprünglichen – und jetzt falschen – Ort suchen wird, welche vorher selbst die Erfahrung machten, dass die Augenbinde undurchsichtig ist. Hingegen antizipierten jene Kinder, die zuvor die gleich aussehende Augenbinde als durchsichtig erlebten, das Suchen am richtigen, nämlich zweiten Ort [757]. Sie haben offensichtlich aus ihrem Vorwissen geschlossen, dass auch der Schauspieler durch die Brille durchsehen und so den Positionswechsel des Objekts sehen konnte. Ein wichtiges Detail bei diesem Experiment ist, dass nichts am Verhalten des Schauspielers diesen Unterschied zwischen den beiden Bedingungen verrät.

Vor Kurzem wurde dieser Brillentest mit 47 Menschenaffen (29 Schimpansen, 14 Bonobos und 4 Orang-Utans) wiederholt, allerdings machten diese die relevanten Erfahrungen mit einer Platte anstatt mit Brillen [758]. Während eine Gruppe von 24 Tieren die Platte als durchsichtig erlebte, war die zunächst identisch anmutende Platte für eine zweite Gruppe von 23 Tieren undurchsichtig. Danach sahen beide Gruppen das gleiche Video, in der wie bei der Kinderstudie ein menschlicher Schauspieler, abhängig von der Durchsichtigkeit einer Platte, hinters Licht geführt wurde oder nicht. Im Video konnten die Affen einen in einem Gorillakostüm steckenden Menschen (diesmal wird er nur als »Kong« bezeichnet) im Käfig (im Vordergrund) sehen, wie er ein Objekt unter einer Schachtel im linken Bildbereich versteckt. Im hinteren Bildbereich außerhalb des Käfigs sieht man einen Menschen (Schauspieler) den Gorilla dabei beobachten. Danach begibt sich der Schauspieler hinter eine an der Gitterwand, welche den Schauspieler vom Gorilla trennt, angebrachte Platte, die genauso aussieht wie jene, die die Affen vorher selbst erkunden konnten. Während der Schauspieler hinter der Platte bleibt, nimmt Kong das Objekt aus dem Versteck, legt es zunächst in ein zweites Versteck auf der rechten Bildseite, um es schließlich ganz zu entfernen. Die Augenbewegungen der Affen wurden am Ende des Videos gemessen, als der Schauspieler »mehrdeutig«, das heißt geradewegs in der Mitte durch die Gitterstäbe in den Käfig greift. Wenn die Menschenaffen ihre Erfahrungen mit der Platte nutzen konnten, um die Perspektive des Schauspielers herzuleiten, sollten diejenigen, die die Platte als undurchsichtig wahrgenommen haben, dem Schauspieler eine »falsche Überzeugung« zuschreiben und dessen Suche beim alten Versteck antizipieren. Genauer gesagt, sie sollten ihren Blick in Richtung des ersten, linken Verstecks richten.

So kam es auch [758]. Etwas komplizierter verhielt es sich mit den Tieren, welche die Platte als durchsichtig kennengelernt hatten. Sie sollten vermuten, dass auch der Schauspieler alle Vorgänge im Käfig beobachten konnte, dementsprechend nicht nur sehen konnte, wie Kong das Objekt von der ersten in die zweite Schachtel verlagert, sondern dieses dann auch dort wieder hervorholt und mitnimmt. Aus dem Wissen heraus, dass das Objekt ganz verschwunden ist, sollten sie ihren Blick auf keine Schachtel verstärkt richten, wenn der Schauspieler seine Hand durch die Gitterstäbe steckt. Und tatsächlich verteilten sich die Blicke der Affen zufällig über den Bildschirm.

Helfen

Obwohl Affen den Brillentest in impliziter Weise, nämlich durch antizipatives Schauen bestanden haben und dabei ein Verständnis von falschen Vermutungen an den Tag legten, ist die Fachwelt noch nicht endgültig überzeugt. Es gibt weiterhin Vorbehalte vonseiten der Philosophie, aber auch vonseiten der Kognitionsforschung. Was vor allem fehlt, ist ein expliziter Test, einer, bei dem die Tiere zeigen, dass sie über die implizite Vorhersage des Verhaltens anderer – durch antizipatives Schauen – hinausgehen und ihr Verständnis von Vermutungen auch in realen sozialen Interaktionen angemessen nutzen können. Frühere Studien mit Menschenaffen waren dabei ja nur mäßig erfolgreich [738]. Ein Grund dafür könnte sein, dass die Affen den Glauben des anderen erkennen mussten, um Nahrung für sich selbst zu bekommen. Das könnte sie ablenken oder ein höheres Maß an hemmender Kontrolle erfordern, was die Anwendung ausgefeilter sozial-kognitiver Fähigkeiten eventuell behindern würde. Eine Methode, das zu verhindern, wäre, den Erhalt einer Belohnung in solchen Tests nicht direkt von ihren Entscheidungen abhängig zu machen, sondern sie unabhängig davon zu belohnen. Leipziger Forscher um David Buttelman (MPI für Evolutionäre Anthropologie) haben dafür einen impliziten Falschglaubenstest mit aktiven Verhaltensentscheidungen anstatt bloßem Schauen entwickelt. Diesen Test führten sie zunächst mit eineinhalbjährigen Kindern durch [759], wobei vereinfachte Überprüfungsmethoden Kindern unter zwei Jahren das Bestehen des Falschglaubenstests ermöglichte, was früher nur fünfjährigen Kindern möglich war [756].

Die Kleinkinder bekamen die Möglichkeit, einem Experimentator beim Öffnen einer Schachtel zu helfen, das ein Spielzeug für sie enthielt. Wie in solchen Tests üblich, gab es zwei Schachteln und nur ein Spielzeug, das zunächst in die erste Schachtel gelegt wurde, danach aber wieder herausgeholt und in die zweite Schachtel befördert wurde. Während der Experimentator vor den Augen der Kinder in der einen Bedingung die Umlagerung durch eine zweite Person beobachten und somit wissen konnte, wo sich das Spielzeug am Ende befand (Bedingung »wahre Vermutung«), konnte er das in der zweiten Bedingung (»falsche Vermutung«) nicht, da er während der Umlagerung den Raum verließ. Nun folgte der Test für die Kinder. In beiden Bedingungen versuchte der Experimentator nach seiner Rückkehr, das Spielzeug aus der leeren ersten Schachtel zu nehmen, erst dann wandte er sich der zweiten Schachtel zu. Die entscheidende Frage war, ob die Kinder ihm beim erfolglosen Öffnen der ersten Schachtel helfen würden oder nicht.

Tatsächlich bestanden die Kinder den Falschglaubenstest. In der Bedingung »falscher Glaube« half die Mehrheit der Kinder nicht, die erste Schachtel zu öffnen. Sie konzentrierten ihre Hilfe auf das Öffnen der zweiten Schachtel. Im Gegensatz dazu halfen die Kinder in der Bedingung »wahre Vermutung«, in der der Experimentator die Umlagerung des Spielzeugs beobachtet hatte, die erste Box zu öffnen. Die Kinder schlossen offenbar daraus, dass der Experimentator in den beiden Bedingungen unterschiedliche Motivationen oder Ziele hatte, die erste, leere Schachtel zu öffnen. Eine logische Erklärung dafür wäre, dass sie verstanden, dass seine Versuche im ersten Fall auf das Spielzeug gerichtet sein mussten, aber aufgrund seines Unwissens über die Verlagerung von einem falschen Glauben geleitet waren und er somit die falsche Schachtel öffnen wollte. Hier zu helfen wäre sinnlos. In der zweiten Bedingung hatte der Experimentator die Umlagerung gesehen und sollte daher wissen, dass die Schachtel leer war. Hilfe könnte sich hier für ein anderes, dem Kind unbekanntes Ziel lohnen. Mit dem unterschiedlichen Hilfsverhalten zwischen den Bedingungen zeigten die Kinder, dass sie die Fähigkeit besitzen, dem Experimentator aufgrund seiner wahren und falschen Vermutungen unterschiedliche Ziele zuzuschreiben.

Auch Menschenaffen haben mehrfach bewiesen, dass sie die Ziele anderer antizipieren können, zum Beispiel wenn sie mit absichtlichen und unabsichtlichen Handlungen konfrontiert werden [760, 761]. Somit war es folgerichtig, sie auch mit dem Test zu konfrontieren, den die Kleinkinder bestanden hatten. Schimpansen, Bonobos und Orang-Utans sollten zeigen, dass auch sie über das Verstehen der verschiedenen zugrunde liegenden Vermutungen des Akteurs verschiedene Ziele oder Motive desselben erschließen können und danach ihre Hilfe gezielt einsetzen können [762]. Im ersten von zwei Experimenten konnten die Menschenaffen in der Mehrzahl tatsächlich das Ergebnis der Kinder wiederholen. Im zweiten Experiment wurde überprüft, ob sie zwischen falschem Glauben und Ignoranz unterscheiden können. In der Bedingung »falscher Glaube« könnten die Affen einfach der Regel gefolgt sein, »wenn du nicht weißt, wo das Spielzeug ist, weil du eine Zeit lang weg warst, schaue überall nach«. Doch die Tiere verhielten sich in einer entsprechenden Ignoranz-Kontrollbedingung anders als in der Bedingung »falscher Glaube« und zeigten damit, dass sie in der zweiten Bedingung tatsächlich von der Annahme des falschen Glaubens beim Experimentator ausgingen. Diese Ergebnisse wurden von den Autoren als Bestätigung der Hypothese gesehen, dass die Affen den Inhalt der Vermutung des Experimentators hinsichtlich des Orts des Objekts in den beiden Bedingungen bestimmen konnten.

Schlaue Terrier

Es ist naheliegend zu denken, dass die Lösung der Falschglaubensaufgabe, wenn schon keine rein menschliche Fähigkeit, so zumindest eine ist, die wir nur mit unseren nächsten Verwandten, den Menschenaffen, teilen. Um diese Vermutung zu überprüfen, habe ich in einem neuen Projekt zur Evolution des sozialen Geistes im Herbst 2019 mit meinem Kollegen von der psychologischen Fakultät der Universität Wien, Claus Lamm, begonnen, die Frage der Konvergenz solcher Fähigkeiten anhand des Vergleichs von Menschen und Hunden zu überprüfen [763]. Schon davor haben wir mit zwei Doktorandinnen, Sabrina Karl und Magdalena Boch, Fragen der Hund-Mensch-Beziehung, der Empathie und des Verständnisses zielgerichteter Handlungen mithilfe von funktioneller Magnetresonanztomographie bei speziell trainierten Hunden untersucht. Für dieses nichtinvasive Verfahren der bildgebenden Neurowissenschaft werden Hunde in einem einfühlsamen, langsamen Training auf die Umgebung und den Lärm im MRT-Scanner vorbereitet, wobei das Tragen eines Lärmschutzes und das Stillhalten für ein paar Minuten eine große Herausforderung für die Hunde darstellt [764]. Dennoch konnten wir bereits zwei Dutzend Hunde erfolgreich mit visuellen Aufgaben – der Reaktion auf den Anblick von Menschen, die unterschiedliche Emotionen zeigen – im Scanner testen [765, 766]. Damit konnte gezeigt werden, dass die Hunde auf den Anblick ihrer Besitzerin anders reagieren als auf den Anblick einer anderen bekannten Person oder einer fremden Person, und dass die dabei beteiligten Gehirnareale genau jene sind, die auch beim Menschen bei starken positiven Beziehungen (zum Beispiel von Mutter und Kind) aktiviert werden [766]. Und ebenfalls wurde damit nachgewiesen, dass Hunde sensibel auf sozial-affektive Interaktionen zwischen einem Menschen und einem Hund reagieren. So etwa zeigen sie eine höhere Erregung und emotionale Bewertung in einer Situation, die möglicherweise als potenzielle Bedrohung für die Bindung zu ihrer Bezugsperson wahrgenommen wird, was von manchen Leserinnen der Arbeit als »Eifersucht« interpretiert wurde [767].

In unserem neuen Projekt zur Evolution des sozialen Geistes steht auch die Frage des Gedankenlesens bei Hunden im Fokus. Im Verhaltenstest sollte dabei überprüft werden, ob Hunde – nachdem sie schon deutliche Hinweise für die Perspektivenübernahme geliefert hatten [679] – auch den Falschglaubenstest bestehen. Dabei orientierten sich meine Doktorandin Lucrezia Lonardo, mein Assistent Christoph Völter und ich zunächst am Paradigma von Wimmer und Perner [639], wo durch aktive Wahl zwischen dem wahren und dem falschen Glauben eines menschlichen Akteurs unterschieden werden soll.[38] Im Unterschied zu

38 Siehe dazu das Unterkapitel »Sally und Anne«.

vielen Tests, in denen nur der Blick der Probanden – vor allem von Kindern, aber auch von Menschenaffen – einen Hinweis auf diese Unterscheidung gibt, wollten wir das Vermögen der Hunde durch eine aktive Wahl überprüfen. Dazu adaptierten wir eine Verstecksuchaufgabe, die erfunden wurde, um das Falschglaubensverständnis von Kindern, Schimpansen und Orang-Utans zu testen [740]. Wir baten HundebesitzerInnen, ihren Hund zwischen zwei weit voneinander im Raum platzierten Eimern wählen zu lassen, nachdem die Hunde sowohl das Verstecken von begehrtem Futter (Würstchen) durch eine Experimentatorin (die Versteckerin) als auch den Hinweis für das (vermeintliche) Versteck von einer zweiten Person (der Informantin) wahrnehmen konnten [768] (Abb. 28).

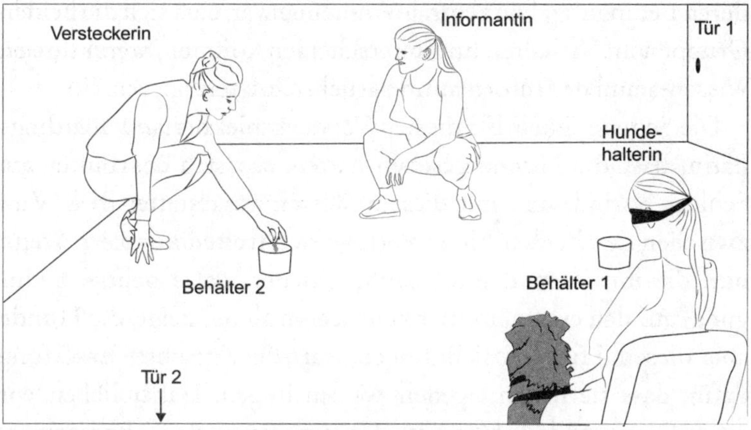

Abb. 28: Anordnung des Falschglaubenstests mit Hunden. Im Bild ist die »true belief«-Bedingung dargestellt, in welcher die Informantin die Umlagerung des Futterstücks in den Behälter 2 beobachtet. Der Hund sieht sowohl die Umlagerung der Versteckerin als auch die Beobachtung der Informantin [768].

Zunächst konnten die Hunde das Würstchen im undurchsichtigen Eimer nur finden, wenn sie dem Hinweis der Informantin – sie geht zum Eimer, hebt diesen mehrmals hoch und blickt dabei dem

Hund in die Augen – folgten. In diesem Vortest konnte nur die Informantin das Verstecken sehen, nicht aber der Hund. Der Hund konnte Vertrauen zur Informantin, die das Versteck durch deutliche Hinweiszeichen bekannt gab, aufbauen. Im Test aber konnten die Hunde selbst sehen, wo das Würstchen versteckt wurde. Analog zum »Sally und Ann«-Paradigma [639, 641] wurde das Versteck gewechselt, indem das Futter von der Versteckerin vom ersten Eimer vor den Augen des Hundes in einen zweiten, entfernt stehenden Eimer umgelagert wurde. Die Informantin sah diese Veränderung nur in der »true belief«-Bedingung (Abb. 28), nicht aber in der »false belief«-Bedingung, in der sie im entscheidenden Moment des Versteckwechsels im Nebenraum war.[39] Wir teilten die Hunde nach dem Zufallsprinzip in zwei Gruppen und konfrontierten sie in einem einzigen Test mit der einen oder anderen Bedingung. Die zentrale Annahme war, dass sich die beiden Gruppen im Verhalten nur unterscheiden konnten, wenn sie den Wissensstand der Informantin berücksichtigten.

Die Schwierigkeit bei diesem Versteckspiel bestand allerdings darin, dass die Hunde gesehen hatten, wo sich das Futter am Schluss befand, und mit diesem Wissen ausgestattet ihre Wahl zwischen den beiden Eimern erfolgreich treffen konnten. Wenn nun die unwissende Informantin (in der »false belief«-Bedingung) auf den ersten, mittlerweile leeren Eimer zeigt, die Hunde aber diesem Hinweis nicht folgen, wäre die einfachste Erklärung dafür, dass sie ihrem eigenen Wissen folgen. Daher ließen wir auch die wissende Informantin (in der »true belief«-Bedingung)

39 Man beachte, dass wir im Unterschied zu den bisherigen »false belief«-Tests die Informantin nicht nur in der »false belief«-Bedingung aus dem Raum gehen ließen, sondern auch in der »true belief«-Bedingung, allerdings mit dem zeitlichen Unterschied, dass der Versteckwechsel nicht während ihrer Abwesenheit erfolgte (in ihrer Abwesenheit passierte nichts). Somit kann ein möglicher Unterschied der beiden Hundegruppen nicht durch die Tatsache der Abwesenheit der Informantin erklärt werden (auch die zeitliche Abfolge der Abwesenheit wurde mit einer Kontrollgruppe überprüft und hatte keinen Einfluss).

auf den ersten Eimer zeigen. Nun konnten die Hunde diese Information als Hinweis verstehen, dass es im ersten Eimer vielleicht noch etwas anderes gab, eventuell dieser schon davor mit noch mehr oder besserem Futter gefüllt worden war, und es sich daher auszahlen würde, diese Möglichkeit zu überprüfen. Erst damit konnten wir – ähnlich wie Buttelmann und Kollegen [762] in der zuvor beschriebenen Helferstudie – einen Kontrast zwischen den beiden Gruppen herstellen, der nur auf dem Wissen (oder Unwissen) der Informantinnen beruht, während alles andere gleich bleibt, vom Wissen des Hundes bis zum Hinweis der Informantin. Würde dennoch ein signifikanter Unterschied im Verhalten der beiden Gruppen erkennbar werden, könnte er nur auf den Wissensunterschied der Informantinnen zurückführbar sein.

Tatsächlich fanden wir in der groß angelegten Studie mit mehr als 200 Hunden einen signifikanten Unterschied zwischen den beiden Gruppen [740]. Obwohl 62 Prozent aller Hunde ihrem Wissen folgten und den zweiten Eimer aufsuchten, ließen sich doch genügend Hunde (insgesamt 38 Prozent) vom Hinweis der Informantin leiten und wählten den ersten Eimer. Doch anders als das Zuschreiben einer falschen Vermutung erwarten ließe, folgten deutlich mehr Hunde der unwissenden (48 Prozent) als der wissenden (29 Prozent) Informantin. Dieser Unterschied war allerdings nur als Gruppeneffekt über die gesamte Kohorte der Hunde signifikant. Wenn man hingegen die Hunde entsprechend ihre Rassenzuordnung betrachtet, fällt auf, dass dieser Unterschied eigentlich nur in vier FCI-Gruppen[40] (in den Gruppen 2, 7,

40 Die FCI (Fédération Cynologique Internationale) ist mit 99 Mitgliedsländern der größte internationale kynologische Dachverband. Er systematisiert die mit dem CACIB (Certificat d'Aptitude au Championnat International de la FCI) anerkannten Rassen durch Aufteilung in Gruppen und Sektionen. Die FCI unterscheidet demnach Gruppe 1: Hütehunde und Treibhunde (ausgenommen Schweizer Sennenhunde); Gruppe 2: Pinscher und Schnauzer – Molosser – Schweizer Sennenhunde; Gruppe 3: Terrier; Gruppe 4: Dachshunde; Gruppe 5: Spitze und Hunde vom Urtyp; Gruppe 6: Laufhunde, Schweißhunde und

8 und 10) ausgeprägt war, in drei (1, 5 und 6) nicht vorhanden und in einer (3) sogar ein umgekehrtes Verhältnis erkennbar war. Tatsächlich entschieden sich die Terrier (FCI-Gruppe 3) ganz anders. Nur vier von zwanzig Terriern der »false belief«-Gruppe wählten, dem Hinweiszeichen der Informantin folgend, den ersten Eimer, dagegen zehn von zwanzig Terriern in der »true belief«-Gruppe (die restlichen sechsundzwanzig Terrier ignorierten das Hinweiszeichen und wählten den zweiten Eimer).

Aus diesem Ergebnis lassen sich zwei Schlussfolgerungen ableiten. Erstens scheint die Mehrheit der Hunde auf den Zeitpunkt der Abwesenheit der Informantin während der Umlagerung zu reagieren. Dies ist kaum anders erklärbar, als dass die Hunde das Wissen der Informantin bei ihrer Entscheidung berücksichtigten, und damit erfüllen sie eine zentrale Bedingung für die Theorie des Geistes. Zweitens reagieren Terrier offenbar wie Menschen und (andere) Menschenaffen, da vier Fünftel von ihnen die Informantin mit »falschem Glauben« ignorierten.

In der zuvor beschriebenen Helferstudie folgerten Buttelmann und Coautoren [762], dass Affen und Kinder das Wissen des Experimentators über die Lage des Objekts bestimmen konnten und mit dieser Zuordnung und dem Verhalten des Experimentators erschlossen haben, was dieser wünscht. Ob die Hunde ebenso mehr als nur das Wissen der Informantin, nämlich ihre Motive und Ziele für ihren »falschen« Hinweis erschlossen haben, bleibt vorläufig offen. Das und die Frage, warum ausgerechnet Terrier von allen anderen Hunderassen so stark abweichen, können nur weitere Experimente klären.

Obwohl die Tests immer ausgeklügelter werden, bleibt es eine Herausforderung für die Vergleichende Kognitionswissenschaft, die zugrunde liegenden Motive des Handelns von Lebewesen zu

---

verwandte Rassen; Gruppe 7: Vorstehhunde; Gruppe 8: Apportierhunde – Stöberhunde – Wasserhunde; Gruppe 9: Gesellschafts- und Begleithunde; Gruppe 10: Windhunde. Achtung: in der beschriebenen Studie wurden keine Hunde aus den Gruppen 4 und 9 getestet.

bestimmen, die man nicht befragen kann, ob Säuglinge, Hunde oder Schimpansen. Zwar ersinnen Kognitionsforscher immer neue Tests, aber bis diese abgeschlossen sind, haben gewiefte Philosophinnen bereits neue Einwände ersonnen. Kristin Andrews von der York Universität in Toronto (Kanada) ist zwar überzeugt, dass die Affen wussten, wie die Menschenaffen (und Säuglinge) der Person mit einem falschen Glauben helfen können, aber sie brauchen vielleicht kein Konzept des Glaubens, um dies zu tun [769, 770]. Damit sind wir mit einer kniffligen philosophischen Frage konfrontiert: Was meinen wir, wenn wir sagen, dass Affen die Überzeugung (beziehungsweise die Vermutung oder den Glauben) eines Akteurs erkennen? Philosophen neigen zu der Ansicht, dass eine Überzeugung als eine Art von »propositionaler Haltung« verstanden werden muss [4, 771]. Eine Überzeugung ist demnach eine funktionale Wahrheitsrepräsentation, das heißt, sie kann wahr oder falsch sein, und sie ist funktional, weil sie – zusammen mit einem Verlangen – zum Handeln veranlasst. Aber um zu wissen, wie eine Überzeugung zusammen mit einem Verlangen jemanden zum Handeln bringt, braucht man auch Informationen darüber, wie Glauben und Verlangen zusammenwirken, um ein bestimmtes Verhalten zu bewirken. Diese Informationen können durch Erfahrung oder durch das Nachdenken darüber, wie man selbst in der entsprechenden Situation handeln würde, gewonnen werden. Andrews meint nun, dass eine Überzeugung im Sinne einer propositionalen Haltung, die wahr oder falsch sein kann und die zusammen mit dem Begehren Verhalten verursacht, etwas ist, das »kognitive Raffinesse« erfordert. Angesichts dieser vermeintlich hohen kognitiven Anforderungen behaupten manche Kritiker der *false belief*-Aufgabe, dass Tiere diese Art von Problemen nur lösen können, indem sie »submentalisieren«, sprich über eine Verhaltenstheorie verfügen statt über eine Glaubenszuordnung. Dieser Einwand wurde schon gegenüber den Rabenstudien von Thomas Bugnyar vorgebracht [735] und bei den Affenstudien zum antizipatorischen Schauen [772, 773] wiederholt [774]. Demnach würden die Affen auf den ursprünglichen Ort des Zielobjekts vor der Umlagerung nicht deshalb schauen, weil sie dem Akteur eine falsche Überzeugung darüber zuweisen, sondern weil das grüne Trikot, welches dieser trug, bei der Rückkehr des Akteurs eine Erinnerung an den ursprünglichen Ort des Zielobjekts hervorruft. Es wären also einfache Reize, die das Schauen der Affen bestimmen, nicht Zuordnungen geistiger Zustände zu anderen Lebewesen. Dieses Argument der submentalen, bereichsübergreifenden Prozesse könnte in dieser Form auf viele, wenn nicht sogar alle Falschglaubensaufgaben angewendet werden.

Andrews [769, 770] stimmt dieser Meinung nicht zu und schlägt einen Mittelweg zwischen Glaubenszuweisung und Submentalisierung vor: Affen können in ihren sozialen Interaktionen eine nichtpropositionale Zuordnung eines geistigen Zustands vornehmen. Damit ist dieser Mittelweg eine »mentalistische« Hypothese – sie gesteht den Tieren zu, die Absichten des Akteurs zu erkennen, aber sie enthält keine propositionale Haltung mit Logik und Satzstruktur und der Unterscheidung von wahr und falsch. Es spielt keine Rolle, wie der Experimentator das Objekt und seinen Standort repräsentiert; es ist nur wichtig, dass der Affe das Ziel des Experimentators erkennt, etwas, was sowohl die Kinderpsychologen als auch die Affenforscher als nachgewiesen ansehen. Letztere können sich dabei auf spezielle Tests zur Submentalisierung, welche das oben beschriebene Argument der Erinnerung an das grüne Trikot aufgriffen, stützen [773]. Wenn Affen den Falschglaubenstest in Form einer Animation mit (grünen) geometrischen Figuren statt Personen sehen, antizipieren sie nicht beziehungsweise schauen sie nicht mehr überwiegend auf den richtigen Ort [772]. Das deckt sich auch mit anderen Studien, in denen die Affen gut zwischen zielgerichteten Handlungen von Menschen und gleichförmigen Bewegungen von leblosen Körpern unterschieden [775]. Die Submentalisierungshypothese wird dadurch so gut wie widerlegt.

Die Fähigkeit zum Einnehmen einer propositionalen Haltung mit Logik und Satzstruktur zeichnet uns Menschen aus. Dazu braucht es jedenfalls zwei kognitive Zutaten, die für viele die Krönung des menschlichen Geistes darstellen: Sprache und Bewusstsein. Diesen wollen wir uns nun zuwenden, insbesondere mit der Frage, ob es ähnliche, wenn schon nicht gleiche Fähigkeiten bei nichtmenschlichen Lebewesen gibt, bevor wir abschließend ein Resümee über den Geist der Tiere ziehen.

9. Haben Tiere Sprache?

Diese Frage mag seltsam erscheinen, wenn man die vielfältigen Formen der Kommunikation betrachtet, mit denen Tiere mit Körpersignalen, Duftstoffen, Lauten, ihrer Farbgebung und vielen anderen Methoden Informationen über sich oder die Umwelt an Artgenossen und auch Artfremde übermitteln. Zwar kann man einwenden, dass die entsprechenden Informationen als artspezifische Signale rigide festgelegt sind, weil sie nicht ohne Weiteres zu neuen Bedeutungen oder Aussagen erweitert werden können, doch damit wird nicht die grundlegende Funktion von Sprache als Mittel der Informationsweitergabe und (sozialen) Interaktion hinfällig. Wie vorsichtig man außerdem mit allzu schnellen Zuschreibungen bezüglich Starrheit der Form, Einseitigkeit der Funktion und Dürftigkeit der Wissensweitergabe sein sollte, zeigt der Fall des Schwänzeltanzes der Honigbiene. Lange Zeit musste die vom österreichischen Verhaltensphysiologen Karl von Frisch entdeckte »Tanzsprache« der Honigbiene [776, 777] als Lehrbuchbeispiel für diese eingeschränkte, tierische Kommunikation herhalten. Heute wissen wir allerdings, dass sie einen hohen Informationsgehalt aufweist,[41] neben einer Darstellungs- auch eine

41 Im Falle des Schwänzeltanzes (es gibt auch noch andere Tänze) werden vom Kundschafter bis zu vier Arten von Information über eine Rohstoffquelle den im Stock verbliebenen Sammlerinnen mitgeteilt: die grundsätzliche Tatsache, dass Ressourcen in einer ausreichenden Menge gefunden wurden (sowie die Aufforderung, ebenfalls dort zu sammeln); die Art des gefundenen Rohstoffs (per Geruch und Geschmack); Ergiebigkeit und Qualität der Quelle (per Intensität des Tanzes) und die Lage

Appellfunktion und einen Lernanteil hat, Dialekte aufweist und zu guter Letzt auch noch über die Artgrenze hinweg weitergegeben werden kann.[42]

Sprache als Kommunikationswerkzeug

Wenn wir Sprache als Kommunikationswerkzeug verstehen, schließt sich der Kreis zur eingangs erörterten, kognitiven Leistung des Werkzeuggebrauchs. Denn auch hier könnten wir im Tierreich zwischen eher starr festgelegtem Gebrauch und flexibler, kreativer Anwendung unterscheiden, wobei der Vergleich zur menschlichen Sprache am kreativen Ende Fahrt aufnimmt. Wenn man – mit Platon [780] – das Reden als Benennen und die Namensgebung ebenso als ein Werkzeug versteht, kann man mit Hinweis auf die teilweise ausgefeilten Methoden der Kategorisierung, wie ich sie im Eingangskapitel skizziert habe, hier ebenfalls Gemeinsamkeiten erkennen. Allerdings dient die Namensgebung bei Platon vor allem dem Zweck, andere zu belehren und das Wesen der Dinge zu erkennen. Dieses wirkmächtige Werkzeug findet sich auch im sogenannten »Organonmodell« des Wiener Psychologen Karl Bühler [781], der dabei besonders auf die Darstellungsfunktion der Sprache hinweist. Doch neben der Dar-

---

des Fundorts vom Stock aus gesehen (per Entfernungs- und Richtungsangabe). Siehe [778].

42 Videoaufnahmen von einem gemischten Bienenvolk, das sich aus der asiatischen Honigbiene und der europäischen Honigbiene zusammensetzte, bestätigen, dass die beiden Unterarten signifikant unterschiedliche Tanzdialekte haben, selbst wenn sie in identischer Umgebung auf Futtersuche gehen. Wenn sie in derselben Kolonie aufgezogen werden, sind sie aber in der Lage, miteinander zu kommunizieren: Acc-Sammlerinnen könnten die Tänze der Aml-Kundschafter entschlüsseln, um erfolgreich eine angezeigte Nahrungsquelle zu lokalisieren. Die Autoren weisen auf die Existenz einer Lernkomponente in der Tanzsprache der Honigbienen hin und sehen sogar die Möglichkeit des sozialen Lernens. Siehe [779].

stellung (mit Symbolen) dient Sprache in seiner pragmatischen Funktion auch dem Appell (mit Signalen) und dem Ausdruck (mit Symptomen). Während Bühler annahm, dass die menschliche Sprache grundsätzlich alle drei Aspekte beinhaltet, von denen einer je nach Sprechsituation dominant werden kann, sollte man bei nichtmenschlichen Kommunikationssystemen von zunächst getrennten, und vor allem auf Appell und Ausdruck beschränkten Funktionen ausgehen.

Unzweifelhaft ist die verbale Sprache des Menschen eine sehr effektive Kommunikationsmöglichkeit. Gerade beim Verweis auf »versetzte« Objekte und Sachverhalte, die nicht im Hier und Jetzt auf einfache Weise geteilt werden können, hat sie große Vorteile. Philosophen betonen daher, dass Sprache als zentrales Mittel zwischenmenschlicher Verständigung Träger von Sinn und Überlieferung sowie Schlüssel zum Welt- und Selbstverständnis ist. Nach der Definition von Edward Sapir (Yale University, USA) [40] ist Sprache »eine ausschließlich dem Menschen eigene, nicht im Instinkt wurzelnde Methode zur Übermittlung von Gedanken, Gefühlen und Wünschen mittels eines Systems von frei geschaffenen Symbolen«.

Sprache als Medium des Denkens

Weniger philosophisch, sondern mehr kognitiv-psychologisch betrachtet, dient Sprache der Repräsentation oder auch Übermittlung mentaler Entitäten wie Konzepte und Begriffe, wobei Letztere heute von vielen Psychologen und Biologen als unabhängig von der Sprache gedacht werden [16, 782-784]. Man spricht deshalb von Repräsentationsmitteln. Wenn man allerdings wie Humboldt davon ausgeht, dass Sprache für alle komplexeren Tätigkeiten und Denkvorgänge des Menschen unverzichtbar ist, so gelangt man umgekehrt zur Einsicht, dass Sprache nicht erst ein »nachträgliches« Mittel zur Verständigung zwischen Menschen ist, sondern dass jede Auffassung von Dingen und Sachverhalten in der Welt schon sprachlich strukturiert ist. Dinge und Sachverhalte werden durch die sprachliche Auffassung der Welt in Sinnzusammenhänge gebracht. Sprache ist somit – wie schon Humboldt formulierte [43] – ein »Medium des Denkens und der Weltauffassung schlechthin«.

Wenn man dieser kognitiv aufgeladenen Bestimmung von Sprache beim Menschen zustimmt, muss man sich fragen, wie sie sich entwickeln konnte. Besonders für Biologen wie mich ist es wichtig, die evolutionären (Hinter-)Gründe zu kennen. Mein Wiener Kollege Tecumseh Fitch vom Department für Kognitionsbiologie an der Universität Wien hat in seinem umfassenden Buch über die Evolution von Sprache [785] die Einzigartigkeit der menschlichen Sprache, trotz der vielen Gemeinsamkeiten mit nichtmenschlichen Tieren, damit begründet, dass sie uns Menschen ermöglicht, unbegrenzte Gedanken zu repräsentieren und mit anderen zu teilen. Damit ist sie nicht nur für alle menschlichen Gesellschaften von entscheidender Bedeutung, sondern spielte eine zentrale Rolle beim Aufstieg unserer Spezies von einem kleinen und peripheren Mitglied der ökologischen Gemeinschaft Afrikas südlich der Sahara zu der heute dominierenden Spezies auf dem Planeten. Die Sprache ist so zentral für die Menschheit, dass sie alle Aspekte der menschlichen Kognition, des Verhaltens und der Kultur durchdringt. Das Resümee von Fitch lautet, dass es kein Kommunikationssystem von gleichwertiger Kraft im Tierreich zu geben scheint.

Ein Sack voller Tricks

Sprache ist ein ungeheuer komplexes System, zusammengesetzt aus vielen Komponenten, die in unterschiedlichen Disziplinen (großteils unabhängig) erforscht werden. Obwohl sich Sprache durch eine nahtlose Interaktion zwischen diesen Komponenten auszeichnet, ist sie kein monolithisches Ganzes und kann aus biologischer Sicht besser als ein »Sack voller Tricks« betrachtet werden, die durch einen evolutionären Bastelprozess zusammengefügt wurden. Aus einer solchen Mehrkomponenten-Perspektive betrachtet, wie sie Fitch propagiert, sind Argumente darüber, welche Komponente das zentrale Merkmal von Sprache ist, unproduktiv und irreführend. Wohl aber ist es sinnvoll, die Frage zu verfolgen, wie die Elemente in der Evolution entstanden sind und zusammengefügt wurden.

Der Vergleich mit den Sprachen anderer Tiere bleibt dabei schwierig. Denn viele Komponenten der menschlichen Sprache teilen wir zwar mit anderen Tieren, etwa die erforderlichen Fähigkeiten aus den Bereichen Hörvermögen, Gedächtnis, Kategorisierung, Sequenzlernen, (Bewegungs-)Imitation und Vokalisation, aber einige wenige unterscheiden den Menschen (auch von unseren nächsten Verwandten, den Primaten) grundlegend, wie etwa stimmliches Lernen[43] oder komplexe Syntax. Eine ausschließliche Konzentration auf Primaten ist jedoch verfehlt und birgt das Risiko, viele Arten zu übersehen, die uns wichtige Lektionen über die menschliche Sprache vermitteln können. Zum Beispiel wird die menschliche Fähigkeit zum komplexen Vokallernen, die es Kindern ermöglicht, die Wörter der Sprache ihrer Gemeinschaft zu lernen, mit vielen Vögeln, Walen und Robben geteilt, nicht aber mit Schimpansen oder anderen Primaten. Mehr noch, die vergleichende Sprachforschung hat ergeben, dass viele dieser genannten Komponenten der Sprache eine eigene Evolutionsgeschichte haben und auf ganz unterschiedlichen neuronalen und genetischen Mechanismen beruhen.

Um eine lange Forschungsgeschichte verkürzt wiederzugeben, kann man sehr vereinfacht drei Schlüsselkomponenten für die

---

43 Allerdings wird dieser Unterschied teilweise auch in Frage gestellt, weil man zum Beispiel herausfand, dass Orang-Utans in Gefangenschaft zur Lautimitation in der Lage sind und sogar völlig neue, menschliche Pfeiflaute in ihr Repertoire aufnehmen können [219, 786].

menschliche Sprache nennen, nämlich Signale, Syntax und Semantik, oder schlicht die Fähigkeiten, viele verschiedene Sprachlaute zu artikulieren, weiters komplexe Sätze zu bilden und schließlich diese dann mit Bedeutung zu füllen. Es wird vermutet, dass eine »lexikale Protosprache« zuerst nur aus einzelnen gesprochenen Wörtern bestand und die Syntax dann später als Schlüsselinnovation hinzukam.

Eine wichtige Frage der Sprachentwicklung ist, wie ihre generative Kraft entstand. Diese Kraft, die die Kommunikation grenzenloser Gedanken und Ideen ermöglicht, ist ein Ergebnis der kombinatorischen Natur der menschlichen Sprache: Bedeutungslose Laute können zu bedeutungsvollen Wörtern und diese zu übergeordneten, bedeutungsvollen Strukturen kombiniert werden.[44] Die Flexibilität dieser Kombinationen verwandelt unsere motorischen und perzeptuellen Systeme in ein unbegrenztes Denk- und Kommunikationssystem. Wilhelm von Humboldt charakterisierte dies treffend als unbegrenzten Gebrauch mit begrenzten Mitteln [787]. Wie und warum diese kombinatorische Explosion geschah, insbesondere die Ausstattung mit mehreren semantischen Hierarchien, bleibt vorerst unklar. Schließlich musste mit dieser Entwicklung der menschlichen Sprache auch die (kognitive) Fähigkeit einhergehen, das Gesprochene zu entschlüsseln oder zu interpretieren, vor allem bei mehrdeutigen Wörtern oder Sätzen. Nur durch wechselseitige Erhellung mit Blick auf die Obersysteme (Satz) und Untersysteme (Wort, Silbe) kann dies erfolgreich sein.

---

44 Sprachwissenschaftler unterscheiden dementsprechend Phonologie und Syntax, und zwar durch unterschiedliche Zeitskalen. Auf der kürzeren phonologischen Ebene werden bedeutungslose Laute (Phoneme) zu bedeutungsvollen Wörtern kombiniert, während auf der längeren syntaktischen Ebene Wörter zu Sätzen kombiniert werden. Mit dieser linguistischen Terminologie und Unterscheidung kann man auch Tierkommunikationssysteme als primär phonologisch oder primär syntaktisch verstehen.

Die vergleichende Sprachforschung versucht in gezielten experimentellen Tests herauszufinden, welche dieser Fähigkeiten auch bei nichtmenschlichen Tierarten vorkommen und in welchem Ausmaß. Insgesamt neigt heute die Mehrheit der Wissenschaftler der Ansicht zu, dass wir es weniger mit qualitativen als mit quantitativen Unterschieden zu tun haben. Dies soll allerdings nicht das Kind mit dem Bade ausschütten und das Ende der Einzigartigkeit[45] der menschlichen Sprache einläuten. Denn obwohl sich diese auf eine breite Palette biologischer Mechanismen stützt, die mit anderen Spezies geteilt werden, steht sie in ihrer vollen Form nur dem Menschen zur Verfügung. Schließlich gibt sie uns die Fähigkeit, alles auszudrücken, was wir denken können, und diese Gedanken über eine Reihe von gegenseitig verständlichen Signalen mitzuteilen. Auch viele andere Tierarten kommunizieren und teilen Emotionen oder sogar Wissen mit, aber die grenzenlose Ausdrucksfähigkeit der menschlichen Sprache hebt sie von allen anderen Kommunikationssystemen ab.

Sprache, eng und weit

Der pluralistische, vergleichende Mehrkomponentenansatz für die Sprache unterscheidet zwischen Sprachfähigkeit in einem weiten und einem engen Sinn [788, 789]. Im weiten Sinn umfasst Sprache alle Mechanismen, die am Spracherwerb und -gebrauch

---

45 Man solle sich von der Stärke des Begriffs »Einzigartigkeit« nicht blenden lassen. Manche Menschen denken dabei sofort an eine Art Gottebenbildlichkeit, in Wahrheit bedeutet es nicht mehr als ein artspezifisches Merkmal. Biologen mit einem basalen Verständnis von Evolution sind nicht überrascht, einzigartige oder ungewöhnliche Merkmale im Tierreich zu finden, denken wir etwa an den Elefantenrüssel, die Echolokation der Fledermaus oder das »Radar« beim Elektrofisch. Die Tatsache, dass der Mensch allein auf unserem Planeten eine besondere Sprachfähigkeit besitzt, ist also um nichts bemerkenswerter, noch dazu wo bestimmte Komponenten mit anderen Organismen geteilt werden.

beteiligt sind, sowohl biologische als auch psychologische, und von diesen werden viele mit anderen Tierarten oder mit anderen kognitiven Fähigkeiten des Menschen wie Musik oder Sehvermögen geteilt. Sprache im engeren Sinn bezeichnet eine viel spezifischere Untergruppe von – im Wesentlichen linguistischen – Mechanismen, die sowohl einzigartig für den Menschen als auch für die Sprache sind. Wichtig bei dieser Unterscheidung der allgemeinen und spezifischen Sprachmechanismen ist die aus der modernen Evolutionstheorie gewonnene Erkenntnis, dass nur einige Aspekte der Sprache als Anpassungen für Kommunikation verstanden werden können, während sich andere eher aus kognitiven, historischen oder entwicklungsbedingten Zwängen ergaben.[46] Auch Noam Chomsky von der Harvard University betonte diese evolutionsbiologisch wichtige Unterscheidung, bezog sich aber in seinem Werk im Wesentlichen auf die für die Syntax zentralen »Berechnungsmechanismen«. Diese nämlich erlauben es, eine unbegrenzte Menge von Strukturen durch eine endliche Menge von Regeln zu bilden, die auf einem endlichen Vokabular beruhen [794]. Damit legte Chomsky seinen Fokus für eine biologisch fundierte Theorie der Linguistik auf das komplexe kognitive System, das der Sprache zugrunde liegt und eine Eigenschaft des Gehirns eines Individuums ist. Er nannte dieses System »interne Sprache« oder »Ich-Sprache« [794].

Wenn wir uns in der Folge auf diese kognitiven Elemente von Sprache beschränken und die neuronal-anatomischen Bedingungen der Lautproduktion und -perzeption bei Säugetieren und Vögeln einmal außer Acht lassen, weil das eine noch viel umfangreichere Darstellung im Rahmen einer vergleichenden Sprachfor-

---

46 Die Unterscheidung zwischen Anpassungen und Zwängen (*constraints*), welche die beharrenden Kräfte der Evolution von Organismen bezeichnen, erfolgte im Rahmen der Erweiterung der neodarwinistischen Selektionstheorie hin zu einer Systemtheorie der Evolution, wie sie auch in Wien von meinem Lehrer Rupert Riedl mitentwickelt wurde. Siehe dazu [790-793].

schung erfordern würde, ergibt sich im Vergleich zum Menschen auf den ersten Blick eine beträchtliche Diskrepanz. Vögel singen, Schimpansen grunzen, aber Menschen schreiben Sonette. Nicht wenige Philosophen pflegen diese für Tiere wenig schmeichelhafte Charakterisierung bis heute.

Aber liegt das vielleicht weniger an den Tieren selbst als an unserem Unvermögen, sie zu verstehen? *»Are we smart enough to know how smart animals are?«* [783]. Sollten wir nicht abstrakte Zeichensysteme verwenden, die Tiere lernen können, um dann mithilfe dieser Symbole die Qualität ihrer Kommunikationsfähigkeiten bewerten zu können?

Sprachtraining im Labor

Nachdem Anfang der 1960er Jahre die ersten Versuche, Affen und Delfinen die menschliche Sprache beizubringen, gescheitert waren [795], verwendeten verschiedene Labors in den späten Sechziger- und den Siebzigerjahren unterschiedliche Techniken einer Zwei-Wege-Kommunikation, unter anderem die amerikanische Gebärdensprache ASL, mit Schimpansen [796-799], einem Orang-Utan [800] und einem Gorilla [801].[47] In der Öffentlichkeit wurde vor allem das Projekt LANA bekannt [807], bei dem am Yerkes National Primate Research Centre der Emory-Universität unter der Leitung von Duane Rumbaugh das Schimpansenweibchen Lana zwischen Lexigrammen unterscheiden, Wörter gram-

47 Die berühmte Papageienforscherin Irene Pepperberg von der Harvard-Universität in den USA, die mit ihren Untersuchungen an dem Graupapagei namens »Alex« weltweite Bekanntheit und weit über die Wissenschaft hinausgehende Popularität erlangte [113], fasste in einem sehr persönlichen Aufsatz die Geschichte der vergleichenden Sprachforschung bei nichtmenschlichen Tieren mittels Symbolen wie Bildern, Gesten und Objekten zusammen [802]. Gute Übersichten finden sich weiters in [785, 803-806].

matikalisch ordnen und neuartige Äußerungen lernen sollte.[48] Später wurde der Bonobo Kanzi für seine viel umfangreichere Kommunikation mit seiner Adoptivmutter, der Forscherin Sue Savage-Rumbaugh, bekannt, da er lernte, mit einer Lexigrammtafel nicht nur viel mehr Symbole zu verwenden, sondern auch längere Fragen zu beantworten und – wenn auch in sehr einfacher Weise – selbst Fragen zu stellen [566, 808, 809]. Um mitzuteilen, wohin er gehen oder was er haben wollte, drückte er zuerst sein Ziel (Ort oder Gegenstand) mit einem Lexigramm und dann eine Handlung (gehen, jagen, tragen, geben) mit einer Geste aus. Die Wortkombinationen waren aber nicht syntaktisch strukturiert, sondern bestanden aus Listen bevorzugter Handlungen in Kanzis bevorzugter Reihenfolge.

Auch mit Delfinen führte man artifizielle Sprachtrainings durch, vor allem, um deren referentielles Verständnis zu überprüfen [810]. Das Gesangslernen bei Singvögeln und die erstaunlichen Ähnlichkeiten zwischen dem Prozess des Gesangserwerbs dieser Vögel und dem menschlichen Spracherwerb inspirierten Pepperberg dazu, den Graupapagei Alex zum Gebrauch der referentiellen Sprache auszubilden [113]. Anders als die Studien mit Affen und Delfinen, bei denen Gebärdensprache, Plastikchips als Benennungsmittel oder sogar modifizierte Skinnerboxen zum Einsatz kamen, trainierte Pepperberg ihren Papagei, die Laute der englischen Sprache zu verwenden, um Objekte, Farben und Formen zu benennen. Selbst einfache Fragen konnte Alex stellen, unter anderem die Frage, welche Farbe er selbst habe. Dabei wurden auch Erkenntnisse darüber gewonnen, wie sich Sprache und komplexe Kognition bei unseren Vorfahren entwickelt ha-

48 Das »Lexigramm« war eine von Duane Rumbaugh und dem Österreicher Ernst von Glasersfeld entwickelte Tastatur mit grafischen Symbolen und einer speziellen Grammatik, die Lana zu verwenden lernte. Diese künstliche Sprache wurde Yerkish genannt, zu Ehren von Robert M. Yerkes, dem Gründer des Labors, in dem das LANA-Projekt konzipiert und durchgeführt wurde.

ben könnten. Aber noch grundlegender erschien manchen die Erkenntnis, dass Geschöpfe, die durch 300 Millionen Jahre Evolution voneinander getrennt sind, parallel eine gewisse symbolische Repräsentationsebene erreichen und sogar basale syntaktische Regeln für die Verknüpfung der Symbole verwenden können. Obwohl einige bekannte Kognitionsforscher, angeführt von Herbert Terrace von der Columbia University (USA), nicht überzeugt waren, dass die Bildung von Sätzen durch explizites Training mit der Sprachfähigkeit eines erwachsenen, normal sprechenden Menschen vergleichbar ist [811-813] und andere sogar von Schwindel sprachen [814], blieb im Allgemeinen doch genügend Evidenz dafür bestehen, dass zumindest einige Tierarten zur spontanen Erzeugung von Symbolen und zur bedeutungsgenerierenden Verkettung von Zeichen fähig sind.[49]

Nach diesen frühen Untersuchungen von Aspekten der symbolischen Kommunikation begannen andere Psychologinnen und Psychologen, alternative »Zwei-Wege-Kommunikationssysteme« zu verwenden, um verschiedene Formen der kognitiven Verarbeitung zu untersuchen, die sich auf symbolische Repräsentation stützen. Es kumulierten dadurch die Belege für sprachrelevante kognitive Fähigkeiten, wie zum Beispiel numerische Konzepte [815-817], relationale Konzepte [818], regelgesteuertes Verhalten [819, 820] und symbolische Äquivalenz [821] bei Delfinen, Seelöwen und Graupapageien. Zur Frage der Syntax untersuchten manche Labors die Bildung oder zumindest die Verwendung von sequenziellem und regelgesteuertem Verhalten in Form geordneter Handlungsabfolgen. Der Nachweis von basalem Syntax-Verständnis gipfelte später im Nachweis des Lernens von künstlichen Grammatiken bei Staren [822] und Lisztäffchen

49 Das Training von Tieren, willkürliche Zeichen zu lernen und für einfache Formen der Kommunikation mit Menschen konsistent zu produzieren, hat immer noch seine Anhänger, wobei nun auch andere Tiere, wie etwa Hunde, trainiert werden, Lexigramme zu verwenden. Siehe [802].

[823]. Dabei stand besonders die Frage des Verständnisses von rekursiven Mustern im Fokus, das als Schlüsselelement menschlicher Sprache gilt. Linguisten wie Chomsky blieben allerdings bei ihrer schon anlässlich des Sprachtrainings von Kanzi und anderen Affen geäußerten Kritik, dass man zwar Tiere darauf trainieren kann, einige oberflächliche Aspekte der Sprache nachzuahmen, dies aber weder mit dem schnellen und mühelosen Erwerb der Sprache bei Menschenkindern noch mit der generischen Produktion von Sprache in komplexer syntaktischer Weise verwechselt werden darf.

Analyse tierischer Kommunikation in freier Wildbahn

Während Laborpsychologen für die Erforschung der Sprachfähigkeiten bei nichtmenschlichen Tieren künstliche Sprachen und die Überprüfung von sprachrelevanten kognitiven Fähigkeiten vorantrieben, versuchten parallel dazu Biologinnen und Biologen, den artspezifischen »Code« der Kommunikation bestimmter Tierarten zu entschlüsseln [805, 806, 824, 825]. Ihr Fokus lag dabei auf der Analyse von natürlichen Kommunikationsformen durch Aufnahme und Auswertung von Signalen auf Seite des Senders und der kontingenten Reaktionen aufseiten der Empfänger. Auf der einen Seite entstanden Mechanismen, welche die Effizienz und Zuverlässigkeit des Informationsempfangs erhöhen, auf der anderen Seite Signale, welche die Effizienz der Kommunikation und die Zuverlässigkeit der Manipulation des empfangenden Individuums zum Nutzen des Senders erhöhen. Ein Forschungsschwerpunkt war die Analyse all jener Faktoren, die die Qualität des empfangenen und verarbeiteten Signals beeinflussen: wie das Signal erzeugt und ausgestrahlt wird, wie es sich während der Übertragung durch Luft, Wasser oder ein anderes Substrat verhält, wie es von den sensorischen und kognitiven Systemen des Empfängers empfangen und verarbeitet wird und welche Faktoren die

Fitnesskonsequenzen beeinflussen [826, 827]. Nicht zu vergessen sind dabei auch die evolutionäre Entstehungsgeschichte und der Zeitraum, den eine Art in verschiedenen Signalumgebungen verbracht hat. Für die Aufklärung all dieser komplexen Fragen müssen Methoden aus vielen verschiedenen Bereichen zur Anwendung kommen, und nur die Beantwortung der vier Tinbergen'schen Fragen [828, 829] – nach stammesgeschichtlicher und individualgeschichtlicher Entstehung, nach Funktion und nach dem zugrunde liegenden Mechanismus[50] – ermöglicht es uns, das Design und die Entwicklung von Signalen und Signalsystemen zu verstehen.

Es würde zu weit führen, hier einen umfassenden Bericht über die teils spektakulären Erfolge bei der Aufdeckung von Tierkommunikationssystemen zu liefern, daher soll der Verweis auf entsprechende Übersichten in der Fachliteratur genügen [802, 804, 825, 830-833]. In diesen Übersichten wird man nicht nur von Signalsystemen im akustischen Bereich, wie etwa bei den singenden Vögeln [834-837], oder auch unter Wasser bei der Kommunikation von Delfinen und Walen [838, 839], sondern auch von ganz anderen Sinnesmodalitäten, wie etwa dem chemischen Sinn [840], und schließlich von multimodalen Systemen [841, 842] fasziniert sein. Die in unzähligen Feldexperimenten gesammelten Daten haben detaillierte Informationen über Form und Funk-

---

50 Niko Tinbergen, der zusammen mit Konrad Lorenz und Karl von Frisch den Nobelpreis für Medizin für die Begründung der vergleichenden Verhaltensforschung erhielt, beschrieb im Jahre 1963 in einem Artikel mit dem Titel »Über Ziele und Methoden der Ethologie« die vier »Hauptfragen der Biologie«: Funktion (Wozu dient das Merkmal), Evolution (Wie hat es sich in der Stammesgeschichte entwickelt?), Ontogenese (Wie hat es sich in der Individualgeschichte entwickelt?) und Mechanismus (Wie funktioniert es?). In diesem Aufsatz, den er seinem Freund Lorenz zu dessen 60. Geburtstag widmete, betonte er die Notwendigkeit der Beantwortung aller vier Fragen für ein umfassendes Verständnis eines biologischen Phänomens, wobei die Antworten auf jede Frage komplementäre Einsichten liefern [828].

tion der Signale von Tieren, insbesondere über die Situationen, die sie auslösen, und die Informationen, die die Artgenossen daraus ableiten, geliefert. Obwohl sich diese Signale radikal von den Lauten der menschlichen Sprache[51] unterscheiden, können ihre Form und Bedeutung mit allgemeinen Werkzeugen der formalen Linguistik (Lautgestalt, Syntax, Semantik) beleuchtet werden. In der Folge möchte ich mich zunächst den Alarmrufen zuwenden, einer Klasse von Kommunikationssignalen, die nicht nur besonders gut untersucht ist, sondern auch aus Gründen der Funktion – durch den engen Zusammenhang mit relevanten Ereignissen in der Umwelt – und der Kognition – den zugrunde liegenden psychologisch-neuronalen Mechanismen, die bei Sendern und Empfängern ablaufen – für unsere Fragen besonders interessant ist [843].

Alarmrufe

Bei Affen beziehen sich Alarmrufe normalerweise auf allgemeine Gefahren, in einigen Fällen auf bestimmte Raubtiere. Bereits Ende der 1970er Jahre revolutionierte die Entdeckung von Warnrufen für drei Raubfeinde bei Grünen Meerkatzen die vergleichende Sprachforschung. Das Forscherehepaar Dorothy Cheney und Robert Seyfarth von der Rockefeller Universität (USA) – später an der Universität von Pennsylvania in Philadalphia (USA) tätig – hatte entdeckt, dass diese Affen nicht nur aus Angst unfreiwillig Geräusche ausstießen, sondern auch, um eine bestimmte Botschaft über eine bestimmte Bedrohung zu vermitteln. Sie versteckten im Amboseli-Nationalpark (Kenia) Lautsprecher in Büschen, spielten zuvor aufgezeichnete Rufe ab und beobachteten die Reaktion

51 Ich verwende hier in sehr verallgemeinernder und vereinfachender Form den Singular, wohl wissend, dass es viele (ca. 6000) natürliche (und auch konstruierte) Sprachen gibt, die ganz unterschiedliche Lautmuster enthalten, ganz zu schweigen von den unterschiedlichen Grammatiken.

der Affengruppe. Mit diesen sogenannten Playback-Experimenten konnten sie zeigen, dass jeder Alarmruf eine andere Reaktion hervorruft. Tiere am Boden reagieren auf den Leopardenalarm, indem sie auf Bäume klettern, auf den Adleralarm, indem sie nach oben schauen, und auf den Schlangenalarm, indem sie nach unten schauen. Zusammen mit dem Vogelgesangsforscher Peter Marler von der Rockefeller Universität (USA) argumentierten die Forscher dafür, dass weder Eigenschaften des Rufers noch der Kontext systematische Determinanten der Reaktion sind, sondern allein die Rufe (selbst in Abwesenheit tatsächlicher Raubtiere), die Artgenossen mit genügend Informationen versorgen, um richtig zu reagieren [844, 845]. Man kann demnach vermuten, dass sich die Affen so verhalten, als bezeichne jeder Alarmruf bestimmte Objekte oder Ereignisse in der Umwelt – in diesen Fällen also Schlangen, Raubvögel und Leoparden. Mit diesen sensationellen Befunden stießen Cheney und Seyfarth die Tür zum Verstehen nichtmenschlicher Kommunikation – und damit auch zur Geisteswelt von Tieren – weit auf [73].

Heute wissen wir, dass Warnrufe verschiedener Tierarten außerdem die Größe, die Entfernung, den Standort oder sogar den Bedrohungsgrad mitteilen können [843]. Die kleinen Schwarzstirn-Springaffen liefern ein überzeugendes Beispiel dafür, dass ein Warnruf sogar zwei Merkmale einer drohenden Gefahr auf einmal mitteilen kann. Sie kommunizieren in ihren Lautfolgen nicht nur, welcher Räuber gefährlich nahe ist, sondern auch, wo die Bedrohung lauert [846, 847]. Wie machen sie das? Indem sie Sequenzen produzieren, die aus zwei Hauptalarmruftypen bestehen, die in verschiedenen Teilen der Äußerung Informationen über den Typ (Säugetier oder Raubvogel) und den Aufenthaltsort eines Raubtieres (am Baum oder am Boden) enthalten. Diese Beobachtung war die erste Demonstration eines sequenzbasierten Alarmrufsystems bei einem nichtmenschlichen Tier [848, 849].

Was bedeutet dieser Befund für die Evolution von Sprache, insbesondere für die Evolution von Syntax? Hier muss man Vorsicht walten lassen. Zunächst ist festzustellen, dass die Lautgestalt (Morphologie) meist aus einfachen Rufen besteht und nur sehr selten eine kompositorische Semantik aufweist. Ebenso ist die Syntax in allen bisher gut aufgeklärten Fällen einfach und ziemlich limitiert [850]. Eine Schlüsselfrage dabei ist, wie die Arbeitsteilung zwischen Semantik, Pragmatik und Umweltkontext (besonders bei Kontextwechsel) funktioniert. Beispielsweise wurde gezeigt, dass Sequenzen der Schwarzstirn-Springaffen, in denen zwei Rufe neu arrangiert werden, keine komplexe Syntax/Semantik-Schnittstelle, sondern eher eine feinkörnige Interaktion zwischen einfachen Rufbedeutungen und dem Umgebungskontext beinhalten.

Primatenlinguistik

Seit der Erforschung der Warnlaute von Grünen Meerkatzen haben sich Primatologen bemüht, einerseits die taxonomische Breite zu vergrößern und Rufe anderer Affenarten mit denselben Freilandmethoden aufzunehmen, und diese andererseits mit immer ausgefeilteren Techniken zu analysieren. So hat sich eine »Primatenlinguistik« [851] etabliert, welche besonders in den letzten Jahren große Fortschritte bei der Entzifferung natürlicher, nichthumaner Kommunikationssysteme gemacht hat. Manche »Biolinguisten« haben gezielt die analytischen Methoden der zeitgenössischen Linguistik angewendet, insbesondere im Bereich der Semantik und Pragmatik. Die in Feldexperimenten gesammelten Daten konnten detaillierte Informationen über Form und Funktion der Affenrufe liefern, insbesondere über die Situationen, die sie auslösen, und die Informationen, die die Artgenossen daraus ableiten [852]. Zudem konnten erste Erkenntnisse gewonnen werden, was die »lexikalische Bedeutung« einzelner Rufe ist, welche Syntax Lautsequenzen aufweisen [853], wie die Bedeutungen der einzelnen Rufe kombiniert werden

[852], wie Rufe oder Rufsequenzen miteinander konkurrieren, wenn mehrere in einer bestimmten Situation angemessen sind, und schließlich, wie sich Form und Bedeutung der Signale entwickelt haben. Vor allem das Team um Klaus Zuberbühler von der Universität Neuchatel (Schweiz) hat sich darum verdient gemacht, die Lautkommunikation bei bestimmten Altweltaffen – Große Weißnasenmeerkatze, Campbell-Meerkatze und Mantelaffen – als auch bei einem Vertreter der Neuweltaffen, den bereits erwähnten Schwarzstirn-Springaffen, zu klären [850, 854, 855].

Anhand von Langzeitbeobachtungen und Raubtiersimulationsexperimenten an Campbell-Meerkatzen haben die Forscher zwei aufsehenerregende Merkmale der Lautkommunikation zutage gefördert, die akustische Modulation und die Sequenz-Variation. Die Alarmrufe der Männchen bestehen aus einem akustisch variablen Stamm, dem ein akustisch unveränderliches Suffix folgen kann. Dieses Suffix (*oo*) erweitert die Bedeutung der Rufe, indem es einen Adleralarm (*hok*) in einen allgemeinen Ruf für Gefahr aus Bäumen (*hok-oo*) oder einen Leopardenalarmruf (*krak*) in einen allgemeinen Alarmruf (*krak-oo*) umwandelt. Zudem vermögen die Campbell-Meerkatzen verschiedene Ruftypen auf situationsspezifische Weise zu verschiedenen Sequenzen zu kombinieren. Diese Sequenzen sind mit Gruppenzusammenhalt und Bewegung, umstürzenden Bäumen, benachbarten Gruppen, nichträuberischen Tieren, unspezifischer räuberischer Bedrohung und spezifischen Raubtierklassen assoziiert, aber in relativ flexibler Weise. Der Anblick von Adlern löst vier, jener von Leoparden drei verschiedene Sequenzen aus, abhängig davon, wie der Rufer von ihrer Anwesenheit erfährt. Bei der Verkettung von Sequenzen folgen sie nicht nur bestimmten Prinzipien, wie zum Beispiel bestimmten Übergangswahrscheinlichkeiten, sondern auch bestimmten Regeln für das Hinzufügen von speziellen Rufen in eine bestehende Sequenz, um eine andere zu bilden, oder bei der Rekombination von zwei Sequenzen, um eine dritte zu bilden. Die Wissenschaftler vermuten, dass diese Primaten die Einschränkung der begrenzten Stimmkontrolle durch kombinatorische Kreativität überwunden haben. Da die verschiedenen Sequenzen so eng mit bestimmten äußeren Ereignissen verknüpft sind, ist das Rufsystem der Campbell-Meerkatzen vielleicht das bisher beste Beispiel für eine »Protosyntax« im Tierreich.

Primaten mögen in ihrer stimmlichen Flexibilität begrenzt sein, aber das trifft nicht auf Singvögel (oder auch Wale) zu. Im Gegensatz zur längeren, *syntaktischen* Ebene, auf der Menschen Wörter zu Sätzen – und in viel bescheidenerem Ausmaß Campbell-Meerkatzen ihre Rufe – kombinieren, werden auf der kürzeren, *phonologischen* Ebene bedeutungslose Laute zu bedeutungsvollen Einheiten (Wörtern) kombiniert. Die Fähigkeit, neue Bedeutung zu erzeugen, indem man Laute neu anordnet, ist ein grundlegender Bestandteil der Sprache. Zwar kennen wir bei Vogelgesängen Kombinationen von bedeutungslosen akustischen Elementen zur Genüge, aber meist fehlt der Nachweis, dass die Neuanordnung solcher Kombinationen funktionell unterschiedliche Bedeutungen erzeugt. Dies wurde aber vor wenigen Jahren bei einem Vogel der australischen Trockenzone, dem Rotscheitel-Säbler, experimentell nachgewiesen [856]. Zwei tonale Ruf-Elemente A und B, die sich im Spektrogramm (zeitlicher Verlauf des Frequenzspektrums) unterscheiden, signalisieren entweder Flucht (in der Sequenz AB), indem sie zu erhöhter Aufmerksamkeit und Fluchtbereitschaft anregen, oder regen während der Nestbeschaffung zum Betteln an (in der Sequenz BAB) und erhöhen damit die Effizienz der Nahrungsweitergabe an den Nachwuchs. Interessant ist nun, dass die Bettelsequenz BAB Veränderungen im Verhalten der Empfänger stimuliert, die weder als Reaktion auf das B-Element allein noch als Reaktion auf die Flucht-Sequenz AB beobachtet werden. Dementsprechend argumentierten die untersuchenden Forscher, dass die Hinzufügung des B-Elements zur Sequenz AB die Bedeutung des Rufs ändert, genau wie ein zusätzliches *Phonem*[52] die Bedeutung eines Wortes ändert. Das Hinzufügen (oder Weglassen) eines kontextuell bedeutungslosen akustischen Elements an einer einzigen Position erzeugt somit einen phonemartigen Kontrast, der ausreicht, um die Bedeutung zwischen den beiden Rufen zu ändern.

Dennoch ist der Versuch, eine Parallele zur menschlichen Sprache zu ziehen, mit Vorsicht zu genießen, da mehrere Schlüsselunterschiede bestehen [857]. Erstens kommen die Elemente A und B in keinen Rufen außer jenen für Flucht und Betteln vor, während menschliche Phoneme in einer Sprache weit verbreitet sind. Zweitens sind diese Elemente akustisch isoliert (durch Stille getrennt), während die meisten menschlichen Phoneme zu Silben verschmolzen sind. Und drittens ist der Unterschied zwischen AB und BAB ein Fall von An- oder Abwesenheit, während menschliche Phonemkontraste typischerweise diskriminierend sind (wie »Bein« versus »Pein«). Und schließlich dürfen wir nicht übersehen, dass in der menschlichen Sprache ein und dieselbe Phonemfolge mit unzähligen verschiedenen Intonationen und Verzierungen ausgesprochen wird, wodurch subtil unterschiedliche emotionale und pragmatische Absichten vermittelt werden.

Mittlerweile besteht ein vermehrtes Interesse an phonologischen Aspekten der Tierkommunikation, an Lautsequenzen und -kombinationen, nach einer Zeit der Konzentration auf einzelne Rufe oder Fragen der Syntax. Möglicherweise liegt in der phonemischen Kapazität bei Tieren eine ähnliche oder sogar höhere kombinatorische Kraft als in syntaxähnlichen Konstruktionen. Immerhin sind einige der komplexesten und variabelsten Tierkommunikationssysteme die als »Gesang« bezeichneten Lautmuster von Vögeln (und Buckelwalen). Daher ziehen Autoren

52 In der Linguistik ist ein Phonem als die kleinste Einheit im Lautsystem einer Sprache, die zur Bedeutungsunterscheidung dient, definiert. Die Phoneme /r/ und /t/ zum Beispiel unterscheiden die Lexeme (Wörter) »rot« und »tot« als Minimalpaar voneinander; sie selbst tragen keinerlei Bedeutung.

wie Marler [858] und Fitch [859] Parallelen zur Musik, der es an propositionaler Bedeutung fehlt, und halten die Musik für eine vielleicht sogar profitablere Quelle für das Verständnis der Entwicklung kombinatorischer Kommunikationssysteme als die »bedeutungsvollen« Alarmrufe oder die Rufe beim Auffinden neuer Nahrungsquellen.

Soziale Kommunikation

Alarmrufe werden weiterhin einen prominenten Platz in der Decodierung nichtmenschlicher Kommunikation einnehmen, weil sie besonders gut sichtbar machen, welche Aspekte der Umwelt für einen Rufer von Bedeutung sind und durch welche kognitiven Prozesse die Empfänger Bedeutung extrahieren. Außerdem sind sie aus evolutionärer Sicht interessant, weil sie ein gewisses Paradoxon darstellen – welcher Selektionsdruck könnte die Entwicklung von auffälligem Rufen in der Gegenwart eines Raubtiers begünstigen? Für Untersuchungen zum Ursprung der menschlichen Sprache scheinen sie aber ohnehin von untergeordneter Bedeutung zu sein [843]. Es ist mittlerweile Konsens, dass Lautkommunikation im Tierreich nicht nur ganz andere Informationen als Gefahren enthalten kann, sondern in anderen Zusammenhängen, die ich in der Folge erläutern möchte, sogar noch flexibler, umfangreicher und feingliedriger gestaltet ist.

Menschliche Sprache ist eingebettet in ein Netz sozialer Interaktionen und hat in erster Linie soziale Funktionen. Es ist daher naheliegend, wenn man die Ursprünge der menschlichen Sprache in komplexen Primatengesellschaften vermutet.[53] Cheney

53 Allerdings findet man auch ausgefeilte Kommunikationssysteme in komplexen sozialen Beziehungen auch bei Delfinen. Große Tümmler erfinden willkürliche vokale Bezeichnungen für die Erkennung von Individuen, die Überwachung des individuellen Verhaltens und die Verfolgung der individuellen Beziehungen [860, 861]. Darüber hinaus kön-

und Seyfarth haben sich daher nach den Meerkatzen den für ihre großen und komplexen Sozialsysteme bekannten Pavianen zugewandt. Diese Altweltaffen scheinen eine Menge über die sozialen Beziehungen und die Dominanzverhältnisse ihrer Gruppe zu wissen, und die soziale Komplexität scheint, jedenfalls oberflächlich betrachtet, menschlichen Gesellschaften zu ähneln. In den ungewöhnlich großen Gruppen[54] sind die Paviane dazu gezwungen, eine Mischung aus kurzfristigen Bindungen für die Paarung und längerfristigen Freundschaften zu bilden, die auf sorgfältigen Abwägungen des Status und der individuellen Bedürfnisse beruhen.[55] Die zentrale, davon abgeleitete Hypothese ist, dass Schlüsselelemente der menschlichen Sprache aus der Notwendigkeit entstanden, komplexe soziale Interaktionen zu entschlüsseln und

---

nen sie neuartige, willkürliche Signale verwenden, um sich auf Objekte zu beziehen, über Objekte zu berichten, auch wenn sie nicht anwesend sind, und damit relationale Konzepte entwickeln [862].

54 Paviane leben in Gruppen von bis zu 150 Tieren, die aus einer Handvoll Männchen und acht oder neun Familien von Weibchen (Matrilinien) bestehen. Die Weibchen bleiben ihr ganzes Leben lang in ihren Geburtsgruppen, wo sie in eine stabile, lineare Dominanzhierarchie eingeordnet werden. Sie unterhalten enge soziale Bindungen zu ihren Verwandten und bestimmen die Prioritäten für den Zugang zu Ressourcen. Die Nachkommen erwerben ähnliche Ränge wie ihre Mütter. Man kann die Sozialstruktur der Paviane daher als eine Hierarchie von Matrilinien beschreiben, in der alle Mitglieder einer Matrilinie allen Mitgliedern einer anderen Matrilinie über- oder untergeordnet sind. Die Ränge innerhalb und zwischen den Matrilinien sind stabil.

55 Robert Seyfarth und Dorothy Cheney haben zusammen mit vielen Kollegen auf der Grundlage ihrer jahrzehntelangen, im Jahr 1992 begonnenen, bahnbrechenden Forschungen an freilaufenden Pavianen im Okavango-Delta von Botswana die wesentlichen kognitiven Mechanismen, wie diese Affen die Lautkommunikation zur Modulation sozialer Dynamiken einsetzen, entschlüsseln können. Die Ergebnisse und Schlussfolgerungen haben sie in einem Bestseller der vergleichenden Kognitionsforschung niedergeschrieben [863]. Der überraschende Titel des Buches bezieht sich auf das berühmte Zitat von Charles Darwin: »Wer den Pavian versteht, würde mehr für die Metaphysik tun als Locke.«

zu codieren. Verkürzt gesagt: die soziale Kommunikation ist die biologische Grundlage, auf der die Evolution eine komplexere Sprache aufbaute.

Wenn diese Hypothese stimmt, müsste man Merkmale in der Paviankommunikation finden, die typisch für die menschliche Sprache und relevant für die Theorien der Sprachentwicklung sind. Tatsächlich haben Cheney und Seyfarth sechs solcher Merkmale identifiziert [864-866]. Erstens ist Wissen gegenständlich, denn der Empfänger erwirbt in bestimmten Rufen spezifische Informationen über eine bestimmte Art der Interaktion zwischen bestimmten Individuen. Zweitens basiert das Wissen auf diskreten Eigenschaften wie Identität, Geschlecht, Verwandtschaft und Rang. Drittens vermitteln die Paviane durch Kombination dieser Merkmale ein Wissen über soziale, hierarchisch strukturierte Beziehungen. Das setzt eine Kategorisierungsleistung voraus, bei der gleichzeitig Individuen in einer linearen Ordnung geordnet und nach matrilinearer Verwandtschaft gruppiert werden. Viertens wird Wissen regelgesteuert und offen verwaltet. Empfänger können zum Beispiel darauf vertrauen, dass Schreie nur von Untergebenen an Dominante abgegeben werden. Die Klassifikation wird laufend aktualisiert, weil Individuen hinzukommen oder wegfallen können, aber die zugrunde liegende Struktur bleibt unverändert. Fünftens ist Wissen nicht an eine sensorische Modalität gebunden. Obwohl Informationen über soziale Interaktionen durch Laute vermittelt werden können, können Individuen soziales Wissen auch visuell, durch die Beobachtung von Interaktionen, erwerben. Und sechstens weisen die Informationen eine propositionale Natur auf, da mit Rangumkehrung-Tests nachgewiesen werden konnte, dass die Empfänger auf eine Rufsequenz reagieren, die einen Akteur, eine Handlung und einen Empfänger beinhaltet, etwa nach der Art »Sylvia bedroht Hannah, und dies veranlasst Hannah zu schreien«.

Vor allem das sechste Merkmal zeigt die hoch entwickelte Natur der »Paviansprache«. Obwohl Akteur und Aktion nicht wie in der Menschensprache durch Subjekt und Verb codiert sind (Sylvia grunzt aggressiv, Hanna schreit ängstlich) und auch die Reihenfolge der Rufe relativ unwichtig erscheint, interpretieren die Zuhörer die Rufsequenz richtig: Sylvia droht Hanna. Cheney und Seyfarth wagten infolgedessen die Hypothese, dass die propositionale Information, die Paviane erhalten, wenn sie solche Lautsequenzen hören, ein Verständnis der kausalen Zusammenhänge zwischen dem Drohgebrüll eines Senders und dem Schrei eines Empfängers beinhaltet.

Ich habe den Ausdruck »Paviansprache«, wenn auch in Anführungszeichen, deshalb verwendet, weil Lautsequenzen der Paviane in gewisser Weise einem Satz in unserer Sprache ähneln. Obwohl die Autoren zugestehen, dass die Rufe der beiden Tiere für sich genommen nicht einmal annähernd als sprachlich beschrieben werden können, interpretiert der Empfänger die Kombination der beiden in der Art und Weise, wie wir Sätze interpretieren. Indem sie ihr Wissen über Ruftypen (Drohgebrüll, Angstgeschrei usw.), die Identität und die Stellung der Rufer im sozialen Netzwerk kombinieren, nehmen sie einen kausalen Zusammenhang zwischen den Lauten des einen und den Lauten des anderen Tieres an. Und damit eignen sie sich propositionale Informationen an. Einschränkend muss aber gesagt werden, dass Paviane zwar über Konzepte verfügen, die kausale Beziehungen und Handlungsverläufe repräsentieren, dass sie diese Informationen aber nicht artikulieren können. Sie verstehen Dominanzbeziehungen und matrilineare Verwandtschaft, haben aber keine Worte dafür.

Mit dieser Feststellung kehren wir an den Beginn des Buches zurück, wo ich die teils komplexe und sogar propositionale Natur tierischer Kategorien und Konzepte erörtert habe. Offenbar, so legen die genannten Befunde der Pavianexperimente nahe, ist Sprache, wie wir sie verwenden, nicht für die interne Repräsentation von Konzepten, Beziehungen und Handlungsabläufen erforderlich. Auch ohne Sprache können Gedanken repräsentiert werden und ist Denken möglich. Sprache hat kein Monopol darauf und möglicherweise ist sie gar nicht zu diesem Zweck entstanden, wie zahlreiche Sprachforscher vermuten [788, 867, 868].

Die Anpassung der Kommunikation an das Wissen der Zuhörerschaft

Interessanterweise geben Vögel und Säugetiere nicht immer Alarm, wenn sie ein Raubtier sehen. In den letzten Jahren mehren sich die Hinweise, dass die Produktion von Alarmrufen durch die Anwesenheit und Zusammensetzung des »Publikums«, also die möglichen Empfänger, beeinflusst wird. Da Rufen insofern riskant ist, als man auch von Raubtieren wahrgenommen werden kann, hat es Fitnessvorteile, wenn man nur alarmiert, wenn man in der Nähe anderer Artgenossen ist, die die Rufe hören können, und wenn man in der Gegenwart von Verwandten und bevorzugten Gefährten ist anstatt in der Gegenwart von Nichtverwandten oder sogar Rivalen. Und tatsächliche haben Feldexperimente gezeigt, dass nichtmenschliche Primaten bei ihren Lautäußerungen subtile Kontingenzen berücksichtigen, darunter den Kontext, die Identität des Empfängers, die Identität anderer Personen in der Nähe und die Art ihrer eigenen jüngsten Interaktionen mit ihrem Empfänger und dessen Verwandten [869-872].

Noch vorteilhafter wäre es allerdings, wenn der Entdecker eines Raubfeindes sein Rufen auch davon abhängig machen könnte, wenn er weiß, ob die anderen bereits über die Gefahr Bescheid wissen. Aber diese Unterscheidung hinsichtlich des Wissensstandes von Artgenossen würde eine gewisse »Theorie des Geistes« erfordern. Solche Fähigkeiten wurden in diversen Situationen und ausgeklügelten Laborexperimenten für eine Reihe von Tierarten gezeigt, wie ich im Kapitel »Gedankenlesen« beschrieben habe. Aber im Rahmen von natürlicher Kommunikation und noch dazu im Freiland fehlte bis 2012 ein entsprechender Nachweis. In diesem Jahr veröffentlichten Catherine Crockford vom Max-Planck-Institut für Evolutionäre Anthropologie in Leipzig mit ihren Kollegen die Ergebnisse eines über 20 Monate langen Feldexperiments, welche darauf hindeuten, dass Schimpansen erkennen, ob andere über eine Gefahr Bescheid wissen und ihre Alarmrufe entsprechend anpassen [745].

Crockford und Kollegen bedienten sich dabei nicht nur ihres Wissens über Schimpansengesellschaften (insbesondere jener im Budongo-Wald von Uganda), sondern auch eines ausgeklügelten Versuchsplans und eines Tricks. Sie konfrontierten Testindividuen mit einem toten, ausgestopften Individuum einer hochgiftigen Schlangenart und nahmen dann ihr Stimmverhalten auf, wenn sich andere Schimpansen näherten. Diese potenziellen Empfänger hatten entweder schon Kenntnis von der Schlange (weil sie diese bereits gesehen hatten oder weil ein früherer Entdecker als Reaktion auf die Schlange bereits ein Alarmsignal abgegeben hatte) oder noch keine Kenntnis von ihr. Abhängig davon, was der rufende Schimpanse, also der Sender, über den Wissenszustand der Empfänger (bezüglich der Schlange) wusste, gab er ein Alarmsignal ab oder nicht. Aus der Perspektive des Rufers waren die Empfänger entweder unwissend, teilweise wissend oder wissend. Sie waren unwissend, wenn der Sender den Empfänger weder jemals dabei beobachten konnte, die Schlange zu sehen (visuelle Kenntnis), noch einen Alarmruf hörte, wenn der Empfänger sich innerhalb von 50 m befand (somit denken konnte, dass auch dieser den Ruf hörte). Wenn Letzteres der Fall war, aber die visuelle Bestätigung ausblieb, war der Empfänger teilweise wissend. Nur wenn der Empfänger für den Sender wahrnehmbar beide Arten von Information über die Schlange hatte, war er aus der Sender-Perspektive bei vollem Wissen. Die statistische Auswertung der Daten dazu, wann Sender Alarmrufe produzierten und wann nicht, ergab, dass der primäre Faktor die Tatsache war, ob der Empfänger den Standort der Schlange vollständig oder nur teilweise kannte, jedoch nicht das eigene Risiko oder die Gewöhnung an den Anblick der Schlange. Die Testindividuen riefen oft, wenn der Empfänger die Schlange nicht gesehen hatte, und am wenigsten, wenn der Empfänger sie gesehen hatte.

Seyfarth und Cheney [873] betonen die Wichtigkeit dieser Befunde, weil sie zeigen, dass sich die Zuschreibung von Wissen an andere im Kontext eines reichen Netzes sozialer Interaktionen entwickelt hat, in dem viele verschiedene Verhaltensweisen und Erinnerungen an vergangene Ereignisse miteinander korreliert sind. Gewiss ist es leichter, solche komplexen und zugleich subtilen Gedankenprozesse unter besser kontrollierbaren Laborbedingungen zu erforschen, aber diese Schwäche der Freilandbeobachtungen wird durch die viel höhere ökologische Validität der Ergebnisse mehr als wettgemacht. Crockford und Kollegen kamen jedenfalls zu dem Schluss, dass Schimpansen sich der Perspektive anderer ausreichend bewusst sind, um Informationen gezielt unwissenden Gruppenmitgliedern zu vermitteln. Es ist daher anzunehmen, dass sich die Integration von Signalisierungs- und sozialen Kognitionssystemen bereits in frühen hominoiden Abstammungslinien ereignete, bevor sprachspezifischere Merkmale wie die Syntax auftraten [874].

Tier- vs. Menschensprache

Bevor ich mich an einer Antwort auf die Frage versuche, wofür und warum die so komplexe menschliche Lautsprache entstanden ist, sei nochmals der Kontrast zu dem aufgezeigt, was wir heute über die kognitiv anspruchsvollsten Tiersprachen wissen. Einerseits können viele Vogelarten und einige Säugetierarten zum Teil komplexe Sprachlaute bilden und sogar Sprachlaute von anderen Arten, nachgewiesenermaßen auch von Menschen, imitieren. Aber andererseits bleibt das Verständnis der Bedeutungen von solchen Lauten, welche dann über ein Verständnis von zusammengesetzten Lauten (Wörtern) zu einem Verständnis von Wortsequenzen und -kombinationen (Sätze) führt, also die Semantik betrifft, bei diesen und anderen Tieren deutlich hinter dem des Menschen zurück. Die Komplexität nichtmenschlicher Lautmuster scheint den höchsten dabei erzielten Informationsgehalt weit zu übertreffen. Manche Vogel- und Walgesänge können ähnlich komplex wie menschliche Satzkonstruktionen sein, sie haben aber – soweit bekannt ist – nur einen sehr bescheidenen Informationswert. Aber auch umgekehrt: Schimpansen und zum Teil auch Hunde sind erstaunlich gut darin, Informationen – auch von menschlichen Lautäußerungen – deuten zu lernen. Selbst dann bilden sie jedoch kaum komplexe Lautkompositionen (Morphologie und Kombinatorik). Was also allgemein im Vergleich zum Menschen fehlt, ist die nahezu grenzenlose Neuschaffung von Bedeutungen, die dann noch mit einer immens hohen Zahl von Lautkombinationen vermittelt wird. Insofern ist eine Unterhaltung selbst mit dem Schimpansen Viki, dem Bonobo Kanzi oder dem Graupapagei Alex relativ kurz und beschränkt.

Aber warum sind die Kommunikationssysteme selbst der kognitiv herausragendsten Tierarten im Vergleich zu jenem des Menschen doch relativ einfach geblieben? Eine Antwort darauf wird nur möglich sein, wenn wir nicht nur die Funktion mit ihrem Informationsgehalt berücksichtigen, sondern auch die neuronalen und genetischen Grundlagen der Sprache entschlüsselt haben. Dabei ist es wichtig, zwischen Fragen zu unterscheiden, die die Sprache als kommunikatives System betreffen, und Fragen, die die diesem System zugrunde liegenden kognitiven Verarbeitungen betreffen, wie vor allem diejenigen, die der Rekursion zugrunde liegen [789]. Sicher scheint mittlerweile, dass jeder der vielen verschiedenen Mechanismen, die bei der Sprache eine Rolle spielen, verschiedene Formen neuronaler Berechnungen erfordert. Beim Menschen werden diese, soweit bekannt ist, auf unterschiedliche Weise und in verschiedenen Regionen des Gehirns durchgeführt. Wissenschaftler, vor allem aus dem jungen Zweig der sogenannten Neurolinguistik, sind gefordert, die spezifischen Unterschiede neuronaler Berechnungen in menschlichen und tierischen Gehirnen aufzudecken, die zum Lernen, Verarbeiten und Produzieren von Sprache erforderlich sind. Sie werden dabei nicht auf die klassischen »Sprachorgane« in der linken Hemisphäre oder in den Broca- und Wernicke-Arealen stoßen, sondern ein viel größeres Netzwerk freilegen, das an der Sprachverarbeitung beteiligt ist. Denn es zeichnet sich ab, dass wichtige Verarbeitungs- und Rechenkapazitäten aus anderen Gründen als im Zuge der Kommunikation entstanden sind. Nachdem sie sich aber als nützlich für die Kommunikation erwiesen hatten, wurden sie aufgrund von Zwängen verändert, die sowohl die Sensorik – zum Beispiel die schnelle Verarbeitung von Lautmustern – als auch die kognitiven Zentren – zum Beispiel konzeptuelle und kognitive Strukturen, Pragmatik und Gedächtnisbeschränkungen betreffen [788]. Genetik und Entwicklungsbiologen sind gefordert, zu untersuchen, wie diese neuronalen Schaltkreise auf der entwicklungsgeschichtlichen und genetischen Ebene entstehen; hier werden auch Erkenntnisse über Veränderungen spezifischer Gene wie etwa FOXP2 eine Rolle spielen (ein Transkriptionsfaktor, der bei allen Säugetieren [875] und Vögeln [876] vorkommt).

Die Evolution der Menschensprache

Sowohl Anthropologen als auch Primatologen gehen mehrheitlich davon aus, dass die Wurzeln der menschlichen Sprache weit in die Entwicklungsgeschichte der Primaten zurückreichen. Innerhalb der nichtmenschlichen Affenarten kann die Evolutionsgeschichte der Rufe manchmal über Millionen von Jahren rekonstruiert werden. Obwohl die evolutionären Verbindungen zwischen Affenrufen und menschlicher Sprache noch im Dunkeln liegen, können plausible Entstehungsszenarien entwickelt werden. So etwa stellten Seyfarth und Cheney die Hypothese auf, dass Hominiden den Rufen anderer Individuen Bedeutungen zuwiesen und aus ihnen regelgesteuerte, propositionale Informationen extrahierten [864, 865]. Ein entscheidender Schritt in der Sprachentwicklung fand ihrer Meinung statt, als Individuen unter starken Selektionsdruck gerieten, ihre Gedanken mitzuteilen, anstatt einfach Informationen aus den Rufen anderer zu extrahieren.

Bereits bei Frühmenschen, die noch nicht über eine konventionelle Sprache verfügten, trat eine erste Form gemeinsamer Intentionalität auf. Gemeinschaftliche Tätigkeiten, etwa die Jagd in Gruppen, erfordern gemeinsame Aufmerksamkeit und ein basales Verständnis für gemeinsame Ziele, die über natürliche, ikonische Zeigegesten kommuniziert werden. Aufgrund der wechselseitigen Abhängigkeit der Kooperationspartner werden nicht nur Informationen zunehmend effektiver ausgetauscht, sondern die Intentionen der Partner werden wechselweise und wiederholt reflektiert. Sozial rekursives Denken setzt ein – wenn auch noch ohne konventionelle Wortsprache – und ermöglicht immer ausgefeiltere Kooperationen [877].

Später – man nimmt an, erst bei *Homo sapiens* und *Homo neanderthalensis*[56] – nimmt der kulturelle Einfluss beträchtlich zu, kollektive Intentionalität steigert das Mitteilungsbedürfnis, Kommunikationsformen werden zunehmend symbolisch, in immer größer werdenden Kollektiven werden Wissen und Fertigkeiten mittels Unterricht weitergegeben und durch bestimmte Darstellungsformen wie Zeichnungen, gegenständliche und gestische Symbole und beginnende Sprache gefestigt. Somit kann das Wissen über Generationen hinweg relativ unverfälscht weitergegeben werden und neues Wissen auf bestehendem Wissen aufbauen. Dieser »Wagenheber-Effekt« ermöglicht kumulativ

56 Heute sind Anthropologen allgemein der Auffassung, dass der Neandertaler sprechen konnte. Die gegenteilige Kehlkopfhypothese ist durch Fossilfunde endgültig widerlegt. Und die Kultur des Neandertalers scheint dem des zeitgenössischen Homo sapiens vergleichbar gewesen zu sein.

wachsende Techniken und eine beschleunigte Vermehrung und Differenzierung von Kultur [877].

Viel später, erst vor wenigen Zehntausend Jahren, wurde die Sprache immer ausgefeilter, wurden die Bezüge immer abstrakter und enthielten die Mitteilungen immer weiter (in Raum und Zeit) entfernte Gegenstände und Ereignisse. In immer höheren Mentalisierungsstufen bezog sich der Sprechende auf imaginäre Welten, Mythen, Gottheiten und Vorfahren. Damit wurden die höchsten Stufen von Intentionalität möglich, ein Maximum an Abstraktion und Dezentrierung, Imagination und Kreativität [193].

Auch wenn es schwer, wenn nicht unmöglich ist, die Evolution der Menschensprache genau nachzuzeichnen, scheint doch eines relativ klar zu sein: Die ausgefeilte Wortsprache entstand nicht über Nacht, nicht durch einen Blitzschlag – in Anlehnung an das Konzept der »Fulguration« von Konrad Lorenz [85], sondern allmählich und in Stufen von rudimentären bis zu komplexen Formen. Eine erste Stufe wäre dort anzusiedeln, wo arbiträre Zeichen und Symbole verwendet wurden. Auf einer nächsten Stufe wurde mithilfe von Zeichen oder Wörtern auf einen Referenten – den damit gemeinten Gegenstand – verwiesen, ohne dass dadurch ein bestimmtes Verhalten ausgelöst werden sollte und ohne dass der Referent anwesend sein musste [74]. Schließlich wurde ein bestimmtes Signal verwendet, ohne auf irgendetwas zu verweisen, allein mit der Absicht, beim Rezipienten eine bestimmte Wirkung zu erzielen. In diesem Sinne – von der nach wie vor schwer feststellbaren Absicht abgesehen – könnte man den Grünen Meerkatzen eine einfache Sprache zugestehen, denn sie verwenden erlernte, flexibel verwendbare, willkürliche Zeichen, die dem Referenten nicht gleichen und die bei den Rezipienten adaptive Verhaltensänderungen auslösen.

Gewiss ist die menschliche Wortsprache in ihrer Komplexität und ihren erweiterten Funktionen viel höher entwickelt. Menschen können mit Sprache argumentieren, sie können Aussagen in unterschiedlichster Bedeutung, von Vermutungen, Wünschen,

Fragen und Bitten bis hin zu festen Überzeugungen äußern, welche wiederum in ein Netz von Meinungen anderer eingebettet sind. Viele Philosophen denken, dass nur Lebewesen, die über Überzeugungen und andere propositionale Einstellungen verfügen, eine Sprache zugeschrieben werden kann. Aber einige von ihnen gehen noch weiter und bestehen darauf, dass jemand erst dann sprechen und sogar erst dann denken kann, wenn er nicht nur eigene Überzeugungen hat, sondern auch die Überzeugungen anderer interpretieren kann [878]. Demnach würden Meerkatzen über keine Sprache verfügen, denn sie haben keine Überzeugungen im strengen Sinn, nämlich propositionale Einstellungen der Form »*Ich glaube, dass …*«, und können somit auch nicht die Überzeugungen anderer interpretieren.

Die konstitutive Natur der Verbindung von Sprechen und Denken wurde schon früh postuliert und als Kriterium der Sonderstellung des Menschen betrachtet. »Der Mensch ist nur Mensch durch Sprache« formulierte bereits Wilhelm von Humboldt [43, S. 44]. Und seit Descartes wurde das Fehlen von sprachlichen Fähigkeiten als Haupteinwand dagegen vorgebracht, Tieren Gedanken und Begriffen zuzuschreiben. Unbestritten ist freilich, dass die Sprache(n) der (heutigen) Menschen eine besondere Denkform ermöglichen, nämlich das diskursive, begriffliche Urteilen, welches nicht bloß auf Vermutungen basiert, sondern auf Überzeugungen. Das urteilende Denken, das sich sprachlich artikulieren und die Antwort auf eine sprachlich formulierte Frage sein kann, hat daher einen besonderen Status und zeichnet sich durch mindestens drei Eigenschaften aus: Die wichtigste Eigenschaft ist, dass mittels eines Urteils auf etwas Bezug genommen werden kann, dass nicht nur außerhalb des Subjekts liegt, sondern sich auch weit vom Hier und Jetzt entfernt befinden kann. Dieser Bezug wird intersubjektiv hergestellt und damit objektivierend, weiters bejahend oder verneinend, und drittens ist er wahr oder falsch [14]. Es wird angenommen, dass Menschen aufgrund dieser Urteilsfähigkeit nach Ursachen fragen, Schlüsse ziehen, Sachverhalte thematisieren, Probleme formulieren und Widersprüche artikulieren können [44].

Allerdings wird durch diesen »lingualistischen« Zuschnitt von Denken auf Sprechen und in weiterer Folge auf symbolisch verfasstes Urteilen die Möglichkeit des Denkens von Tieren ausgeschlossen und der Begriff des Denkens unangemessen verengt. Denn falls der Begriff des Denkens so gestaltet ist, dass er die Anwendung auf nichtsprachliche Lebewesen einfach ausschließt, so kann gar nichts als Beleg für das Vorliegen solchen Denkens gelten [21]. Erklärt wird dann, was man schon vorher festgelegt hat. Diesem Einwand kann man versuchen zu entkommen, indem man sagt, dass es zwar nicht ausgeschlossen ist, dass Tiere sich ohne Sprache bejahend oder verneinend auf etwas Externes beziehen können, aber man im selben Augenblick hinzufügt, dass die Indizien, die dagegen sprechen, überwältigend sind [14].

Die Argumente beruhen auf der Annahme, dass erst die syntaktische Verbindung von mindestens zwei Symbolen in einem bejahenden oder verneinenden Urteil eine semantische oder intentionale, wahre oder falsche Beziehung auf seiende oder nichtseiende »Dinge« außerhalb des Urteils eröffnet. Entscheidend ist nicht bloß die Verbindung mehrerer Symbole, die das Denken in Urteilen auszeichnet, sondern ihre spezifischen Inhalte, nämlich exakte semantische und logisch-syntaktische Strukturen. Man benötigt dabei einerseits einen Subjektbegriff, der auf ein Etwas verweist, andererseits einen Prädikatbegriff, der mittels des Satzsubjekts etwas über das Referenzobjekt aussagt. Im Satz »Der Hund jault« werden das Subjekt (Hund) und das Prädikat (jaulen) formal verbunden und bilden damit ein Urteil, das wahr oder falsch sein kann. Ernst Tugendhat und Ursula Wolf von der Freien Universität Berlin gehen von dem Grundphänomen der prädikativen Struktur der menschlichen Sprache aus, die innerhalb der kulturellen Evolution für den entscheidenden Durchbruch zum Menschlichen gesorgt hat [46].

Selbst wenn wir mittels unserer heutigen Sprachen in einer besonderen Weise konzeptuell und begrifflich, letztlich in Urteilen denken, bedeutet es nicht, dass alles menschliche Denken darauf reduzierbar wäre. Diese intellektualistische Perspektive, von Philosophen während des Verfassens von Büchern eingenommen, übersieht, wie Menschen im Alltag, bei der Lösung einfacher und wiederkehrender Probleme, bei Problemen mit unvollständiger Information und bei Unsicherheit vorgehen. Nicht nur, wie Erwachsene im Alltag, auch wie Kinder im Vorschulalter denken, wird hier übersehen oder marginalisiert. Ganz zu schweigen davon, dass die komplexe Fähigkeit des menschlichen Denkens nicht vom Himmel gefallen ist, sondern in Stufen evolutionär entstanden ist, somit auf einfacheren Vorformen aufbaut [879]. Gerade deshalb, so wird mein geschätzter Kollege, der Biologiedidaktiker Ulrich Kattmann von der Universität Oldenburg, nicht müde zu betonen [880], kann uns die Erforschung der einfachen Vorformen helfen, unsere komplexe Sprache besser zu verstehen.

10. Haben Tiere Bewusstsein?

In diesem Buch habe ich zahlreiche tierische Denkleistungen behandelt, die gute Kandidaten für die Mitwirkung von Bewusstsein darstellen. Es sind dies Denkvorgänge, welche beim Menschen meist nicht ohne Bewusstsein möglich sind, wie logisches Schlussfolgern, kreativer Werkzeuggebrauch und -herstellung, Kausalverständnis und einsichtsvolles Problemlösen, willentliches Handeln, Zeitreisen (episodisches Gedächtnis, Planen), Metakognition und Perspektivenübernahme. (Diese Liste ist nicht vollständig, man könnte auch noch Imitation, Lehren, Selbsterkennen im Spiegel, Mengenabschätzung, Abstraktion, Kategorisierung und Konzeptbildung mit auf die Liste nehmen.) Aber bevor ich die Frage zu beantworten versuche, ob Tiere bei den genannten Denkleistungen bewusst handeln, sollte ich klarstellen, was ich unter dem Ausdruck »Bewusstsein« überhaupt verstehe. Denn dieser Begriff hat viele Bedeutungen und vor allem sehr starke humanwissenschaftliche und alltagssprachliche Konnotationen.

Welche Art von Bewusstsein?

Lange Zeit war die Frage nach dem Bewusstsein eine rein philosophische Angelegenheit, bis sich vor über hundert Jahren die Humanpsychologen »einmischten«. Sigmund Freud [881] tat dies mit der Unterscheidung von Bewusstem / Vorbewusstem / Unbewusstem und William James [882] mit dem physischen, mentalen und spirituellen Selbst. Vor etwa einem halben Jahrhundert gesellten sich die Kliniker und Neurowissenschaftler mit dem Versuch, Bewusstsein als einen Gehirnvorgang zu untersuchen, hinzu. Und in jüngerer Zeit begannen sich Wissenschaftler mit den Grenzfällen zu beschäftigen, der Frage nach dem Vorhandensein von Bewusstsein bei Tieren und Maschinen. Daher ist Begriffsklärung und genaue Phänomenbeschreibung wichtig.[57] Denn, wie der Philosoph Tobias Schlicht [883] treffend bemerkt, birgt die interdisziplinäre Erforschung des Geistes nicht nur Aussicht auf ein umfassenderes Verständnis zahlreicher Phänomene, sondern auch die Gefahr begrifflicher Konfusion. Sprechen alle tatsächlich von demselben Phänomen? Wohl nicht, zumal Bewusstsein keine monolithische Bedeutung hat, sondern ein »Mischbegriff« ist [884]. Im Folgenden möchte ich einige wenige, aber wie mir scheint wichtige Unterscheidungen, die moderne Bewusstseinstheorien auszeichnen, skizzieren.

Eine zentrale Unterscheidung ist jene zwischen *globalen* und *lokalen* Zuständen von Bewusstsein, wobei sich Erstere in kognitiver, verhaltensmäßiger und physiologischer Weise und Letztere hinsichtlich ihrer Inhalte voneinander unterscheiden. Lokale Zustände des Bewusstseins umfassen Wahrnehmungserfahrungen verschiedener Art, Bilderfahrungen, körperliche Empfindungen, affektive Erfahrungen und auftretende Gedanken. Diese lokalen Zustände des *transitiven*, intentional charakterisierten Bewusstseins werden uns in der Debatte um das Bewusstsein bei

57 Vor allem Philosophen kritisieren, dass Naturwissenschaftler oft einen sehr verkürzten oder vereinfachten Begriff von Bewusstsein verwenden, um ihre Forschungen auf ein untersuchbares Maß zu reduzieren. Insbesondere wird angemahnt, dass Bewusstsein in seiner vollen Bedeutung auch den subjektiven, privaten Aspekt des bewussten Erlebens einbeziehen muss, anstatt durch Ausblendung desselben eine Erklärungslücke zu lassen. Denn es scheint fraglich zu sein, ob »geistige Leistungen mit Gehirnprozessen identifiziert oder Beschreibungen aus der subjektiven Erste-Person-Perspektive auf solche aus der objektiven Dritte-Person-Perspektive reduziert werden können« [883].

Tieren stärker beschäftigen, während globale oder *intransitive* (bewusst *sein* statt etwas bewusst *haben*) Bewusstseinszustände und -ebenen eher in der klinischen Forschung eine Rolle spielen. Jedoch wird der Begriff der Bewusstseinsebene nicht nur verwendet, um Zustände zu beschreiben, die mit postkomatösen Störungen, Schlaganfällen, Anästhesie, vegetativen Zuständen und Schlaf verbunden sind, sondern er spielt auch in theoretischen und methodischen Zusammenhängen eine einflussreiche Rolle. Beispielsweise wurde das Bewusstsein von manchen Autoren nicht als eine »Alles-oder-nichts-Eigenschaft« beschrieben [885], sondern als eine Skala, die von völliger Bewusstlosigkeit (Tod und Koma) bis zu lebhaftem Erwachen reicht [886]. Doch mittlerweile hat sich die Einsicht durchgesetzt, dass der auf Ebenen basierende Rahmen sowohl für die Konzeptualisierung globaler Bewusstseinszustände als auch für die Anwendung auf menschliche Säuglinge und nichtmenschliche Tiere unhaltbar ist und durch eine mehrdimensionale Darstellung globaler Zustände ersetzt werden sollte [887].[58] Wenn auch die Dimensionen dieses Zustandsraumes noch nicht alle im Detail bekannt sind, so müssen die diversen Zustände mindestens als Regionen in einem Raum beschrieben werden, der sich nicht bloß zwischen Inhalten und Wachheitsgraden aufspannen lässt.

---

58 Einschränkungen in Bezug auf Inhalte und kognitive/verhaltensbezogene Fähigkeiten, die aus der Vorstellung eines globalen Bewusstseinszustands resultieren, müssen im Verhältnis zu den Fähigkeiten des Organismus verstanden werden. Eine Maus, die ihre Wahrnehmungserfahrungen nicht mitteilen kann, hat dadurch keinen abnormalen globalen Bewusstseinszustand, anders als ein Mensch, der seine Wahrnehmungserfahrungen nicht mitteilen kann, weil er einen Abwesenheitsanfall (kurzer Verlust und Rückkehr des Bewusstseins) erleidet. Obwohl auch nichtmenschliche Tiere und Säuglinge aus den gleichen Gründen wie menschliche Erwachsene eingeschränkte globale Bewusstseinszustände haben können (z.B. Sedierung, epileptische Anfälle), gibt es keinen Grund zu der Annahme, dass sich die globalen Bewusstseinszustände von Säuglingen und nichtmenschlichen Tieren, wenn sie wach und aufmerksam sind, von denen erwachsener Menschen unterscheiden [887].

Eine weitere wichtige Unterscheidung, die in vielen Theorien des Bewusstseins vorkommt, ist jene zwischen »phänomenalem Bewusstsein« und »Zugangsbewusstsein« [884]. Ersteres betrifft die Erlebnisperspektive, nämlich zu erleben, »wie es ist«, zu sehen, zu riechen, zu schmecken oder Schmerzen zu haben. Was einen Zustand phänomenal bewusst macht, ist, wie es sich anfühlt, in diesem Zustand zu sein [888]. Bewusstsein bezieht sich hiermit auf subjektive Erfahrungen im Gegensatz zu dem Zustand, lediglich wach und aufmerksam zu sein und auf äußere Reize zu reagieren. Tatsächlich sind subjektive Erfahrung ja der Stoff, aus dem Romane, Gedichte und Lieder sind, unsere Emotionen und Erinnerungen, man könnte sogar sagen, dass sie das Wesen des Menschseins ausmachen [889]. Aber obwohl es schwer vorstellbar ist, wie es wäre, nicht empfindungsfähig zu sein, ist es schwierig oder sogar unmöglich, diese Empfindungen bei anderen Wesen zu kennen.

Die Unmöglichkeit, die Erlebnisperspektive eines anderen zu erschließen, hat der Philosoph Thomas Nagel von der New York University (USA) am Beispiel der Fledermaus illustriert [890]. Egal, wie viel wir über das Gehirn dieser Tierart wissen, zum Beispiel welche neuronalen Prozesse bei der echolotartigen Wahrnehmung von Gegenständen ablaufen, so wissen wir immer noch nicht, wie es ist beziehungsweise wie es sich für die Fledermaus anfühlt, solche Wahrnehmungen zu haben. Aber auch der Erlebnisgehalt eines mentalen oder emotionalen Zustandes – wie zum Beispiel Angstempfinden – eines anderen Menschen können wir nur erahnen, aber niemals ganz erfassen. Die Qualität von Empfindungen, ihre subjektiven Erlebnisgehalte, auch Qualia genannt, scheint uns immer verborgen zu bleiben.[59]

---

59 Aufgrund dieser Unmöglichkeit des intersubjektiven Zugangs zu den Qualia vertreten manche Philosophen – wie etwa Daniel Dennett oder Paul und Patricia Churchland – einen Qualia-Eliminativismus. Das Problem der Qualia sei eine Art Strohmann, um reduktionistische oder materialistische Perspektiven in die Schranken zu weisen, aber in Wahr-

Wenn eine Person sagt »Ich habe Angst« und dabei auch auf explizite Gedächtnisinhalte, wie auf spezifische Situationen, bei denen sie früher in diesen Zustand geriet, zurückgreifen kann, so ist sich diese Person ihrer Angst im Sinne des Zugangsbewusstseins bewusst. Zugangsbewusstsein bezeichnet demgemäß die Verfügbarkeit von Repräsentationen zur Verwendung beim Denken, bei absichtlichen Handlungen und für sprachliche Mitteilungen.

Leider werden diese beiden Konzepte oft miteinander vermengt, was gerade für die Frage des tierischen Bewusstseins hinderlich ist. Grundsätzlich aber beschäftigt sich die Wissenschaft der tierischen Empfindungsfähigkeit hinsichtlich der von Ned Block (New York University, USA) [884] getroffenen Unterscheidung eher mit dem phänomenalen Bewusstsein, also der Fähigkeit, primäre Repräsentationen etwa von visuellen Reizen oder schmerzhaften Stimulationen zu haben, während die Vergleichende Kognitionsforschung eher das Zugangsbewusstsein und die Fähigkeit, sekundäre Repräsentationen zu bilden, im Fokus hat [891].

Allerdings gibt es Bewusstseinstheorien, vor allem die sogenannten HOTs (*Higher Order Theories*), die in Anlehnung an klassische philosophische Konzepte, zum Beispiel von John Locke und Immanuel Kant, auf den Mechanismus des inneren Bewusstseins als eines inneren Sinns, ähnlich der Wahrnehmung, verweisen [892, 893]. Sie fordern für das phänomenale Bewusstsein einen kognitiven Zugang höherer Ordnung. Anders gesagt, diese Art von »innerem Bewusstsein« entsteht, wenn man sich der eigenen mentalen Repräsentationen bewusst ist. Das muss – wie ich gleich erörtern werde – nicht automatisch Introspektion bedeuten, den Akt der absichtlichen und mühevollen Selbstbeobachtung und Auswertung laufender bewusster Erfahrungen, sondern kann auch ein relativ passiver (kognitiv »schlankerer«)

---

heit nur der Ausdruck veralteter Intuitionen aus der Metaphysik, etwa in der Tradition von René Descartes.

Prozess der Metarepräsentation sein, der unbewusst abläuft. Wie ich noch ausführlicher erörtern werde, wird die innere Wahrnehmung intuitiv mit der Fähigkeit zur Metakognition gleichgesetzt, was jedoch nicht bei allen HOT explizit gefordert wird [889]. Jedenfalls erscheint es den meisten HOT-Theoretikern unwahrscheinlich, dass Tiere (oder auch Säuglinge) die für Gedanken höherer Ordnung (»Ich bin im Geisteszustand M«) oder HOTs (Repräsentationen von Repräsentationen) erforderliche konzeptionelle Raffinesse haben [894].

Ein klassischer Vorschlag, phänomenal bewusste Erfahrung durch kognitive Repräsentation zu ermöglichen, stammt, wie schon im Unterkapitel »Die Kraft der Vorstellung« erörtert, von Endel Tulving [490]. Er unterscheidet zwischen *»noetischem«* (semantischem) Bewusstsein und *»autonoetischem«* (Selbst-) Bewusstsein. Ersteres erzeugt Bewusstseinszustände höherer Ordnung, zum Beispiel Bewusstsein von Wahrnehmungs-, Konzept- oder Gedächtnisrepräsentationen. Das noetische Bewusstsein ermöglicht es, sich der Dinge gewahr zu werden, die aktuell nicht sensorisch erfasst werden können. Sie werden als Fakten in Gebrauch genommen, um Beziehungen herzustellen oder Regeln abzuleiten, zusammengenommen also semantisches Wissen. Wie ich noch genauer erörtern werde, wird diese Art von Bewusstsein manchen Tierarten, vor allem Menschenaffen, zugeschrieben [889]. Im Unterschied dazu wird autonoetisches Bewusstsein von den meisten Bewusstseinstheoretikern nur Menschen zugeschrieben. Es ist Bewusstsein über sich selbst als Subjekt und Besitzer der Erfahrung und nimmt auf persönliche Erlebnisse Bezug. Es stützt sich so gesehen auf das episodische Gedächtnis, das autobiografisch ist, eine explizit bewusste Art des Erinnerns durch »mentale Zeitreisen«. Hierbei werden Erinnerungen quasi neu erlebt. Der Mensch kann sich selbst in der Zeit positionieren.

Den beiden noetischen Bewusstseinsformen von Tulving scheinen evolutionär primitivere, rein erfahrungsmäßige Formen des Bewusstseins – zum Beispiel von Körperzuständen – vorauszugehen, die keine Repräsentation höherer Ordnung beinhalten. Sie enthalten Primärprozess-Erfahrungen und werden als »*anoetisches*« Bewusstsein zusammengefasst. Diese Erfahrungen fußen auf Inhalten des unreflektierten, impliziten prozeduralen, sensorischen und affektiven Gedächtnisses. Sowohl das basale, affektive Bewusstsein in der Konzeptualisierung von Jaak Panksepp (Washington State University, USA) [895, 896] als auch das Wahrnehmungsbewusstsein von Brian Merker (Uppsala University, Schweden) [897] sind auf dieser anoetischen Ebene beheimatet, wie noch ausführlicher zu zeigen sein wird.

Eine dritte Differenzierung – und für die Frage des tierischen Bewusstseins wohl am umstrittensten – ist diejenige von Arten des Bewusstseins entsprechend der klassischen Unterscheidung der Aufmerksamkeit des Individuums entweder nach außen auf die Umwelt (Bewusstsein; *consciousness*) oder nach innen auf das Selbst (Selbstbewusstsein; *self-awareness*). Der Organismus, der wach und aufmerksam, somit »bei Bewusstsein« ist, also nicht schläft oder im Koma liegt, kann Informationen aus der Umgebung verarbeiten und angemessen auf Reize reagieren. Er wird Wahrnehmungen, Empfindungen, Gedanken usw. direkt erfahren, in sie eingetaucht und daher ohne sich (selbst) bewusst zu sein, dass solche Wahrnehmungs- und mentalen Ereignisse stattfinden. Man nimmt an, dass die meisten Tierarten solche unreflektierten Akteure in ihrer Umgebung sind. Auch der Mensch verbringt wohl einen großen Teil seiner Zeit in diesem unreflektierten Bewusstseinszustand, indem er mit Gegenständen und Personen interagiert, spricht, geht oder kohärent denkt, ohne diese Aktivitäten zu überwachen [898].

Selbstbewusstsein im Sinne von Selbsterfahrung und Selbsterkenntnis erfordert hingegen eine nach innen gerichtete Aufmerksamkeit, wo das Individuum sich nicht auf die äußere Umgebung, sondern auf das innere Milieu konzentriert; es wird zum reflektierenden Beobachter, der Selbstinformationen verarbeitet.

Zu dieser Selbstinformation zählen episodische (und somit autobiografische) Gedächtnisinhalte, Selbsteinschätzung (Metakognition) und – jedenfalls beim Menschen – die Fähigkeit der Selbstbeschreibung. Folgen oder Nebenprodukte der Selbstreflexion sind Selbsterkenntnis, *Theory of Mind*, Selbstwertgefühl und Selbstregulierung. Ein sprachkompetentes Lebewesen kann diese Selbstinformation verbalisieren und von seinen Erlebnissen, seinen momentanen Gefühlen und seinen zukünftigen Absichten erzählen.

Man kann nun diese Unterscheidung weiter ausdifferenzieren und im Rahmen einer Entwicklungsperspektive untersuchen, wie sich bei Säuglingen und Kindern allmählich immer höhere Bewusstseinsgrade herausbilden. Das LOC-Modell (*Levels of Consciousness*) von Philip David Zelazo (University of Toronto, Kanada) [899] impliziert, dass mit jeder höheren Ebene des Bewusstseins geistige Erfahrungen qualitativ reicher und leichter abrufbar werden und die (bewusste) Kontrolle über das Verhalten zunimmt. Das deckt sich auch mit neurobiologischen Modellen, die eine Hierarchie modularer Prozesse beschreiben, welche ein zunehmend komplexeres Modell der Welt konstruieren [900]. Das Gehirn würde ein solches Modell schaffen, um effizienter mit der Umwelt zu interagieren und beizutragen, spätere Begegnungen mit dem äußeren und inneren Milieu und Reaktionen darauf zu vereinfachen, zu regulieren und zu beschleunigen. Während die als »sensomotorische Wahrnehmung« bezeichnete Stufe eine Analyse der eingehenden sensorischen Informationen (einschließlich der Körpersignale) durchführt und die Konstruktion einer komplexen Motorik ermöglicht, schafft der Organismus auf der Bewusstseinsstufe des »konsistenten Bewusstseins« ein größeres Weltmodell, das mit der Realität in Einklang steht. Mit Hilfe von exekutiven Funktionen werden die von den sensorischen Systemen gelieferten Informationen integriert und damit zielgerichtetes Verhalten erzeugt. Immer noch fokussiert der Organismus seine Aufmerksamkeit auf die Umwelt und verarbeitet eingehende externe Reize. Erst auf der letzten Ebene (»Selbstbewusstsein«) baut der Organismus ein Selbstmodell auf, das Planung, Beurteilung und Selbstüberwachung erfordert. Er bewertet neue Informationen aus dem Blickwinkel einer persönlichen Geschichte, erinnert sich an die Vergangenheit und projiziert in die Zukunft. Insofern ist dieses Selbstbewusstsein »meta-repräsentativ« [901].

Vom Kern- zum erweiterten Bewusstsein

Der Neurologe Antonio Damasio von der University of Southern California (USA) hat in einflussreichen Büchern eine evolutionäre Entwicklung des Bewusstseins skizziert, dessen wesentlichste Unterscheidung jene zwischen »Kernbewusstsein« (*core consciousness*) und »erweitertem Bewusstsein« (*extended consciousness*) ist [15, 902, 903]. Beide Formen von Bewusstsein ließen sich aus biologischer Perspektive beschreiben und auf ein ihnen zugrunde liegendes, rein biologisches Substrat, das sogenannte Protoselbst, als ihre Basis zurückführen:

> Die Verkettung der Vorbedingungen ist höchst kurios: Die nicht bewussten neuronalen Signale eines individuellen Organismus erzeugen das Proto-Selbst, das die Voraussetzung für Kernselbst und Kernbewusstsein bildet, die wiederum ein autobiografisches Selbst ermöglichen, auf dem das erweiterte Bewusstsein aufbaut. Am Ende dieser Kette erwächst aus dem erweiterten Bewusstsein das Gewissen. [15; S. 278]

Das Protoselbst ist, wie der Name schon andeutet, ein Vorläufer des Kernselbst, aber es ist unbewusst, eine Art »Modell des Körpers im Gehirn«. Seine Hauptaufgabe ist die automatische Steuerung der Lebensprozesse, indem es Störungen aus der Umwelt ausgleicht und somit dafür sorgt, dass sich die Körperzustände in jenem schmalen Bereich relativer Stabilität bewegen, der zum Überleben erforderlich ist. Dieser Ausgangs- und wieder hergestellte Zustand wird in der Physiologie »Homöostase« genannt.[60] Der entscheidende Punkt nach Damasio ist, dass die dabei notwendigen Regulationsmechanismen eine Art Repräsentation des Körpers im Gehirn erzeugen, die fortlaufend den Zustand des Gesamtorganismus signalisieren, dabei zwar kein Bewusstsein erzeugen, aber unentbehrlich für die Systeme sind, die das Kernbewusstsein herstellen.[61]

Wenn der Körper aber bestens durch das Protoselbst reguliert und gesteuert wird, um den Gleichgewichtszustand aufrecht zu halten, wozu bedarf es dann eines Bewusstseins? Für Damasio liegt die Ursache in der Orientierungshilfe der Vorstellungen oder Repräsentationen,[62] welche das Gehirn ständig aktualisiert,

---

60 Der Begriff der Homöostase bezeichnet allgemein einen Gleichgewichtszustand eines sich ständig verändernden, dynamischen Systems und wird so auch in anderen Wissenschaften und vor allem in der Kybernetik verwendet. In der Physiologie wird der Begriff als Konstanthaltung eines inneren Milieus (Soll-Zustand) definiert, der durch verschiedenste automatisch ablaufende Regelungsprozesse des autonomen Nervensystems – von Temperatur, pH-Wert, Sauerstoffkonzentration – zustande kommt. Der Begriff wurde unter anderem vom österreichischen Systemtheoretiker und theoretischen Biologen Karl Ludwig von Bertalanffy als eine besondere Form eines Fließgleichgewichtes, das durch sekundäre Regulation hergestellt wird, geprägt [904].

61 Ein viel beachtetes Merkmal von Damasios biologisch fundierter Bewusstseinstheorie ist die Tatsache, dass er bei der Erforschung des Bewusstseins, vor allem seiner biologischen Grundlagen, den gesamten Organismus einbezieht, somit nicht rein neurokognitiv bleibt. Anders gesagt spielt bei ihm die Verkörperung (*embodiment*) eine wesentliche Rolle [883].

62 Damasio verwendet den Begriff der »Vorstellung« für mentale Ereignisse, also nicht für das Muster neuronaler Aktivitäten. Für den neuronalen Aspekt eines Prozesses verwendet er den Begriff »neuronales Muster« oder »Karte«. Vorstellungen können bewusst oder unbewusst sein und setzen sich aus Elementen der Sinnesmodalitäten zusammen. Bewusste Vorstellungen sind nur in der Perspektive der ersten Person zugänglich, während neuronale Muster nur in der Perspektive der drit-

für die Auswahl der Handlungen, welche zu den Energiequellen führen, ohne die die Erneuerung und Erhaltung der Organismenstrukturen zumindest beweglicher Arten nicht möglich wäre. Sie ermöglichen, eine Auswahl aus einem Repertoire von verfügbaren Handlungsmustern zu treffen und die Ausführung der gewählten Handlung zu optimieren. Vorstellungen helfen auch, Handlungsmuster zu erfinden, die sich auf neuartige Situationen anwenden lassen.

> Die bahnbrechende Neuerung des Bewusstseins bestand in der Möglichkeit, die innere Sphäre der Lebensregulation mit der Verarbeitung von Vorstellungen zu verbinden. Anders gesagt, sie war die Möglichkeit, das System der Lebensregulation [...] auf die Verarbeitung von Vorstellungen zu stützen, die Dinge und Ereignisse innerhalb und außerhalb des Organismus repräsentieren. Warum war das eigentlich ein Vorteil? Weil das Überleben in einer komplexeren Umwelt, das heißt die ökonomische Regulation der Lebensprozesse, von der Entscheidung für die richtige Handlung abhängt und weil diese wiederum durch die zielgerichtete Prüfung und Manipulation von Vorstellungen und optimale Planung erheblich verbessert werden kann. Das Bewusstsein ermöglicht die Verknüpfung zweier disparater Aspekte des Prozesses – der internalen Lebensregulation und der Vorstellungskraft. [15; S. 38f.]

Die neuronalen Repräsentationen von Objekten und Ereignissen alleine reichen nicht aus, es müssen Repräsentationen der Bezie-

---

ten Person beschrieben werden können. »Repräsentation« verwendet Damasio für beide Begriffe synonym, sowohl für Vorstellungen als auch für neuronale Muster oder Karten. Wichtig ist ihm dabei die Feststellung, dass Repräsentationen keine Abbilder der Objekte der Umwelt sind, sondern Konstruktionen des Gehirns, und zwar im Sinne von »Mustern, die durchgehend zu etwas anderem in Beziehung stehen« [15, S. 381-387].

hung zwischen Objekt und Organismus gebildet werden. Hier liegen für Damasio die Anfänge des Bewusstseins. Allerdings wird der Zustand des Organismus durch den Einfluss der Wahrnehmung des Objekts oder Ereignisses in der Umwelt verändert. Auch diese Veränderung muss in den Vorstellungen enthalten sein. Somit werden im Kernbewusstsein zwei Teilmechanismen verbunden, einerseits die Erzeugung des vorgestellten Berichts über die Objekt-Organismus-Beziehung, andererseits die Verstärkung der Vorstellungen von einem Objekt. Sowohl der Organismus – als Einheit aller Strukturen, die das Leben des Organismus regulieren und seine inneren Zustände fortlaufend signalisieren – als auch das Objekt werden in neuronalen Mustern kartiert (»Karten erster Ordnung«), welche sich gegenseitig beeinflussen und so in neuen Karten (»Karten zweiter Ordnung«), welche folglich die Beziehung zwischen Objekt und Organismus repräsentieren, enthalten sind. Alle diese neuronalen Karten sind körperbezogen, somit äußern sich die Vorstellungen, welche die Beziehung zwischen Organismus und Objekt beschreiben, als Gefühle.

> Das Kernbewusstsein liegt vor, wenn die Repräsentationsmechanismen des Gehirns einen vorgestellten, nicht sprachlichen Bericht erzeugen, in dem niedergelegt ist, wie der eine Zustand des Organismus davon beeinflusst wird, dass er ein Objekt verarbeitet, und wenn dieser Prozess die Vorstellung von dem verursachenden Objekt verstärkt, so dass es in einem räumlichen und zeitlichen Kontext hervorgehoben wird. [15; S. 205]

Das Kernbewusstsein ist nicht zu verwechseln mit dem Wachsein (sondern setzt es voraus) und auch nicht mit basaler Aufmerksamkeit, und es ist unabhängig von Gedächtnisleistungen, Urteils- und Sprachvermögen. Es ist auch nicht dasselbe wie das Aufrechterhalten einer Vorstellung für intelligente Manipulation in Prozessen wie Planung, Problemlösung und Kreativität, wofür das Arbeitsgedächtnis wichtig ist. Das Empfinden von Selbst ist so kurz und intensiv, dass es nicht festgehalten werden muss. Erst das erweiterte Bewusstsein benötigt ein gut funktionierendes Arbeitsgedächtnis. Vielmehr ist das Kernbewusstsein mit Emotionen verknüpft, sowohl den Hintergrundemotionen wie Wohlbehagen oder Anspannung als auch mit den primären Emotionen Angst, Furcht, Freude, Ärger, Ekel, welche die Handlungen des Subjekts akzentuieren. Obwohl Emotionen auch unbewusst ausgelöst werden können, ist das Kernbewusstsein so stark mit ihnen verschränkt, dass ihr Ausfall – Emotionslosigkeit, Apathie – auch zum Ausfall des Kernbewusstseins führt. Indem der Organismus in der Lage ist, auf etwas außer ihm emotional zu reagieren und dies im Inneren zu repräsentieren, ergibt sich aus dem Protoselbst die Subjektivität in Form des Kernbewusstseins. Während bei Damasio [15; S. 57f.] Emotionen als nach außen gerichtete und von anderen beobachtbare Reaktion unbewusst bleiben, entsteht das Gefühl als bewusste, private, mentale Erfahrung einer Emotion. Gefühle sind somit Wahrnehmungen von Emotionen [883; S. 348].

Das Kernbewusstsein besteht aus einem impliziten Selbstgefühl im Hier und Jetzt, gleichsam einem »inneren Sinn«, wie das auch von so unterschiedlichen Denkern wie Locke, Brentano, Kant, Freud und James vermutet wurde. Somit ist dieses Kernselbst ein auf die Gegenwart beschränktes »flüchtig konstruiertes« Subjekt, das die »individuelle Perspektive« trägt und ständig aktualisiert wird [883]. Schon vor Damasio, aber in ähnlicher Weise, unterschied Gerald Edelman vom Neurosciences Institute in San Diego (USA) ein »*primäres Bewusstsein*« als gegenwärtiges Bewusstsein von Objekten und Ereignissen von einem »*Bewusstsein höherer Ordnung*«, das auf jenem beruht und von ihm abhängt [905, 906].[63]

---

63 Damasio betont, dass das primäre Bewusstsein nach Gerald Edelman einfacher als das von ihm vorgeschlagene Kernbewusstsein sei, da es nicht zur Entstehung des Selbst führe. Und Edelmans Bewusstsein höherer Ordnung weicht insofern von Damasios erweitertem Bewusstsein

Die erste Bewusstseinsstufe – das primäre oder Kernbewusstsein – ist nach diesen beiden Autoren vielen Tieren eigen, es ist also nicht auf den Menschen beschränkt. Erst das erweiterte Bewusstsein (höherer Ordnung) befreit den Organismus aber von der erlebten Gegenwart [905] und dehnt die Zeitdimension in die Vergangenheit und Zukunft aus. Diese komplexe Form des Bewusstseins, das viele Ebenen und Abstufungen kennt, vermittelt

> dem Organismus einen höheren Selbst-Sinn – Identität und Personalität, ein Sie oder Ich – und verortet ihn an einem bestimmten Punkt in der individuellen historischen Zeit. So ist er in der Lage, sich die gelebte Vergangenheit in vielen Einzelheiten zu vergegenwärtigen, die Zukunft zu antizipieren und die Welt, in der er lebt, seinem rastlosen Erkenntnisdrang zu unterwerfen. [15; S. 29].

Zwar glaubt Damasio, dass auch einige andere Tierarten ein erweitertes Bewusstsein einfacher Art besitzen, seine höheren Formen hat es jedoch nur beim Menschen erreicht. Im Unterschied zum Kernbewusstsein, welches sich nicht verändert, solange der Organismus lebt, und nicht von Gedächtnis, Denken und Sprache abhängt, entwickelt sich das erweiterte Bewusstsein erst im Laufe des Lebens, hängt vom konventionellen Gedächtnis und vom Arbeitsgedächtnis ab und wird auf seiner höchsten Entwicklungsstufe noch durch die Sprache bereichert. Das erweiterte Bewusstsein ist bei Damasio alles, was das Kernbewusstsein auch ist, nur größer und besser. Zudem ist es fähig, mit der Entwicklung und mit der Lebenserfahrung jedes Individuums zu wachsen, während das Kernbewusstsein genetisch angelegt und nahezu unveränderlich ist.

---

ab, als es auf Sprache angewiesen ist und auf den Menschen beschränkt wird [siehe 15; S. 407].

Das Wissen, auf das Menschen aufgrund des erweiterten Bewusstseins zugreifen können, wächst ständig und umfasst ein weites Feld in Raum und Zeit. Vor allem sind es die vielen persönlichen Erinnerungen, auf die wir zurückgreifen können und welche unsere Identität und Persönlichkeit bestimmen. Daher ist die wichtigste Neuerung des erweiterten Bewusstseins die Erweiterung des Gedächtnisses. Während die Zeitskala des Kernbewusstseins nur einen Sekundenbruchteil ausmacht, dehnt das erweiterte Bewusstsein diese um Sekunden und Minuten bis hin zu Stunden und Jahren aus. Verantwortlich für diesen erweiterten Zugriff ist das Langzeitgedächtnis, welches die Fähigkeit mitbringt, über einen beträchtlichen Zeitraum die vielen »Objekte« des Augenblicks parat zu halten, sowohl die wahrnehmbaren als auch die erinnerten und vorgestellten Objekte.

Für Damasio ergeben sich aus den beiden Bewusstseinsformen auch zwei entsprechende Formen des Selbst. Während das Kernselbst, wie schon erwähnt, ein flüchtiges Phänomen des Kernbewusstseins ist, das für jedes Objekt, mit dem das Gehirn interagiert, neu erschaffen wird, erzeugt das erweiterte Bewusstsein das eigentliche Selbst, das dem Individuum ein Gefühl der Identität vermittelt. Da es dauerhaft die besonderen Fakten, Verhaltens- und Existenzweisen des Individuums bereithält und auf die wichtigsten Ereignisse im individuellen Leben zurückgreifen kann, weil es mit dem autobiografischen Gedächtnis in Verbindung steht, wird es von Damasio »autobiografisches Selbst« genannt. Für dieses Selbst, nicht aber für das Kernselbst, scheint Sprache wesentlich zu sein – zumindest glaubt eine wachsende Zahl von Forschern, dass ausgefeiltere Arten der Selbsterkenntnis Sprache, genauer gesagt innere Sprache, erfordern [898].

Wo kommt das erweiterte Bewusstsein mit dem autobiografischen Selbst vor? Für Damasio nur in Organismen, die mit einer beträchtlichen Gedächtnis- und Denkfähigkeit ausgestattet sind; Sprache scheint aber nicht unbedingt nötig zu sein. Kinder erwerben es im Laufe der ersten Lebensjahre, vielleicht schon im zweiten oder noch etwas früher. Interessanterweise denkt Damasio, dass auch Affen wie die Bonobos ein autobiografisches Selbst haben, ja sogar einige Hunde, wie er zu behaupten wagt. Allerdings dürfe das erweiterte Bewusstsein nicht mit Intelligenz gleichgesetzt werden. Während Ersteres dem Organismus einen weiten Wissenshorizont ermöglicht und diesen deutlich und überschaubar darbietet, hat Intelligenz mit der Fähigkeit zu tun, dieses Wissen erfolgreich so zu manipulieren, dass neue Reaktionen geplant und ausgeführt werden können. Somit ist das erweiterte Bewusstsein eine Vorbedingung von Intelligenz, wohingegen das umfangreiche Arbeitsgedächtnis wiederum eine Vorbedingung des erweiterten Bewusstseins ist. Gemeinsam mit der fokussierten Aufmerksamkeit trägt es zum erweiterten Bewusstsein bei, ganz so, wie es das Konzept des »globalen Arbeitsraumes« von Bernard Baars vom Neurosciences Institute in San Diego (USA) [907] beschreibt.

Nun erst kommt für Damasio die Sprache ins Spiel. Mit Sprache ausgestattet, erlaubt das erweiterte Bewusstsein dem Menschen, den Gipfel seiner geistigen Fähigkeiten zu erklimmen. Damasio [9; S. 277f.] zählt dabei zehn mentale Prozesse und Leistungen auf: 1) nützliche Werkzeuge herzustellen, 2) geistige Prozesse anderer zu berücksichtigen, 3) Schmerz zu erleiden, statt ihn nur zu fühlen, und auf ihn zu reagieren, 4) den Tod bei sich selbst und anderen wahrzunehmen, 5) das Leben wertzuschätzen, 6) ein Gefühl für Gut und Böse zu entwickeln, 7) die Interessen anderer und des Kollektivs zu berücksichtigen, 8) Schönheit statt nur Lust zu empfinden, 9) einen Widerspruch zwischen Gefühlen und 10) später auch zwischen abstrakten Ideen wahrzunehmen. Wie ich im Hauptteil des vorliegenden Buches darzustellen versucht habe – und am Ende des Buches zusammenfassen werde –, sind zumindest ein paar dieser Leistungen bei nichtmenschlichen Tieren nachzuweisen, jedenfalls Werkzeugherstellung und Perspektivenübernahme.

Zusammenfassend kann man drei Stufen von Bewusstsein unterscheiden und einem allgemeinen Unbewusstsein gegenüberstellen [898]: Bewusstsein, Selbstbewusstsein und Meta-Selbstbewusstsein. Bewusstsein beginnt mit der Fokussierung der Aufmerksamkeit auf die Umwelt und in Folge der Verarbeitung eingehender externer Reize. Auf dieser Ebene sind Edelmans primäres Bewusstsein [905], Damasios Kernbewusstsein [15] und Zelazos Minimalbewusstsein [899] angesiedelt. Selbstbewusstsein hingegen erfordert die Fokussierung der Aufmerksamkeit auf sich selbst und auf die Verarbeitung sowohl privater als auch öffentlicher Selbstinformationen. Hier kann man Damasios erweitertes Bewusstsein, Edelmans Bewusstsein höherer Ordnung, und Zelazos rekursives Bewusstsein verorten. Auf der höchsten Ebene des Meta-Selbstbewusstseins wird sich der Organismus bewusst, sich seiner selbst bewusst zu sein, und erlangt damit ein erweitertes Selbst [908].

Kriterien für das Vorliegen von Bewusstsein

Wie vom Philosophen Markus Wild (Universität Basel, Schweiz) treffend zusammengefasst, gehören zu den wichtigen Bedeutungsfacetten menschlichen Bewusstseins mindestens so verschiedene Zustände und Vorgänge wie Wachsein, Aufmerksamkeit, Absicht, Selbstbewusstsein und Empfindungsfähigkeit. Wild [909] hat daher folgende Unterteilung vorgeschlagen:

B1. Vigilanzbewusstsein (Wachsein)
B2. Kognitives Bewusstsein (die Aufmerksamkeit auf etwas richten)
B3. Handlungsbewusstsein (etwas mit Absicht tun)
B4. Selbstbewusstsein (sich seiner Zustände oder seiner selbst bewusst sein)
B5. Phänomenales Bewusstsein (fühlen, empfinden, spüren usw.).

Für das Vorhandensein all dieser Zustände und Vorgänge gibt es gute Evidenz beim erwachsenen Menschen im »Normalzustand«, wenn dieser also weder geistig beeinträchtigt ist noch schläft, noch durch Drogen oder andere Mittel in seinem Denken und Fühlen beeinflusst wird. Wenn ich gut ausgeschlafen diese Zeilen schreibe, mir den Rest des Satzes überlege, darüber nachdenke, was ich zu diesem Thema weiß und wie ich es klar und strukturiert wiedergebe, darauf meine volle Aufmerksamkeit lenke und die Nebengeräusche im Zimmer ausblende, sehr wohl aber die zunehmende Hitze des Tages und den schmerzenden Rücken spüre, befinde ich mich in einem Zustand, der alle fünf zuvor genannten Komponenten enthält. Die Frage drängt sich nun auf, welche von diesen Zuständen und Vorgängen man Tieren zuschreiben darf.

Wild fasste vor Kurzem die Datenlage aus seiner Sicht so zusammen, dass man Säugern und Vögeln das Vorhandensein von Bewusstsein im Sinne von (1), (2), und (5) attestieren kann, es aber offenbleibt, ob sie etwas mit Absicht tun können und ob sie über Selbstbewusstsein im Sinne eines Zugangs zu den eignen psychischen Zuständen verfügen [909]. Jedoch verweist er auf Forschungsergebnisse zur sogenannten »intentionalen Kommunikation«, denen zufolge auch manche Tierarten Absichten mitteilen wollen.[64] So konnte gezeigt werden, dass diese kommunikativen Handlungen zielgerichtet sind, dass sie freiwillig produziert wer-

64 Allerdings wird dabei einschränkend festgehalten, dass hier nur eine »Intentionalität erster Ordnung« [910] vorausgesetzt wird, der Signalgeber nämlich beabsichtigt zu signalisieren, um eine Antwort im Empfänger zu erzeugen, nicht aber Intentionalitäten höherer Ordnung, welche die Ergänzung der Signalabsicht durch die Zuschreibung von psychischen Zuständen (durch den Empfänger an den Signalgeber) beinhalten. Das gegenseitige Verstehen von Absichten und Überzeugungen des anderen wurde als Wesensmerkmal menschlicher Kommunikation gesehen [911] und als eine Fähigkeit, welche einen ausgeklügelten, bereits bestehenden metapsychologischen Rahmen voraussetzt [912, 913]. Viele Psychologen und Sprachphilosophen sind diesem von Grice vorgeschlagenen linguistischen Konzept von Sprache gefolgt, aber in

den und als Mittel zur Erreichung des vorgestellten Ziels beim Empfänger dienen, sprich das Verhalten des Empfängers in einer Weise verändern, die der Verwirklichung des eigenen Ziels förderlich ist. Eine umfassende Zusammenstellung aller Hinweise auf solche intentionalen Kommunikationsformen bei Tieren hat ergeben, dass diese mindestens bei Menschenaffen, Walen und Rabenvögeln vorzuliegen scheinen [915] und diese Tiergruppen demnach auch Bewusstsein im Sinne von (3) haben. So etwa informieren Schimpansen Artgenossen über drohende Gefahr [745].

Es gibt darüber hinaus Ansätze dazu, objektive Kriterien für das Vorhandensein von tierischem Bewusstsein zu formulieren, was vor allem für ethische Fragen und gesellschaftliche Entscheidungen einschließlich verbindlicher Gesetze wichtig ist, und um weg von »Alles oder Nichts«-Urteilen zu kommen. Das ist vor allem ratsam, wenn man Entscheidungen über das Vorhandensein von Bewusstsein bei einzelnen Tierarten oder größeren taxonomischen Einheiten treffen möchte. Die am häufigsten vorgeschlagenen Kriterien sind [916]:

K1. Nonverbale oder nichtvokale Verhaltensweisen
K2. Fähigkeit, Sprache zu benutzen;
K3. Ähnlichkeit der Gehirnstruktur mit der des Menschen;
K4. Fähigkeit zu lernen, Probleme zu lösen und kreativ zu sein.

Ohne Zweifel erfüllen Menschen alle und Steine keines der oben genannten Kriterien. Auch Pflanzen, Pilzen, Bakterien und Viren würden wir keine der genannten Fähigkeiten zuschreiben, wiewohl sie jedoch Lebewesen sind. Bei Tieren helfen die Kriterien, Grenzziehungen vorzunehmen, beziehungsweise graduelle Unterschiede zu machen. Einige Tiere erfüllen zwei oder drei Kri-

letzter Zeit wird die Annahme infrage gestellt, dass menschliche Kommunikation darauf abzielen muss, psychische Zustände zu verändern [914].

terien, während andere nur eines erfüllen. Wir dürfen vielleicht annehmen, dass ein Tier umso eher bei Bewusstsein ist, je mehr dieser Kriterien erfüllt sind (auch wenn keines der oben genannten Kriterien notwendig oder ausreichend sein mag). Schwierig wird die Diskussion aber dann, wenn innerhalb der Kriterien noch graduelle Unterschiede vorliegen, was eher die Regel als die Ausnahme ist.

Die in diesem Buch beschriebenen kognitiven Fähigkeiten von Tieren beziehen sich im Allgemeinen auf das vierte Kriterium (K4). Daher möchte ich darauf in der Folge besonders eingehen. Ebenso möchte ich Studien für das dritte Kriterium vorstellen, denn diese haben mit dem Aufschwung der Neurowissenschaften in letzter Zeit großen Auftrieb bekommen. Die beiden ersten Kriterien habe ich schon in früheren Kapiteln des Buches besprochen und werde diese daher hier nur kurz behandeln.

Beim ersten Kriterium wird angenommen, dass Reaktionen und Verhaltensweisen, die Tiere wie wir Menschen ausführen, wahrscheinlich ähnliche Ursachen haben, sprich auf ähnliche Gehirnprozesse zurückgehen. Der Philosoph Rocco Gennaro von der University of Southern Indiana in Evansville (USA) [916] nennt als Beispiel einen Hund, der sich auf eine ähnliche Weise wie ein Mensch verhält, wenn jemand auf sein Bein tritt, und das scheint ein Hinweis darauf zu sein, dass der Hund bei Bewusstsein ist. Besonders bei der Frage des Schmerzempfindens von Tieren werden solche Analogieschlüsse angeführt, jedoch wird man dabei bloß basales Körperbewusstsein in den Blick bekommen. Es mag zwar sinnvoll sein, mit der Annahme zu beginnen, dass psychische Zustände körperliche Bewegungen verursachen, um daraus abzuleiten, dass Erstere (Schmerz, Leiden) vorhanden sind, wenn Letztere beobachtet werden. Aber ohne weitere Belege, zum Beispiel aus dem Bereich der Neurobiologie (Kriterium 3), wird man daraus keine belastbaren Konklusionen ableiten können.

Was das zweite Kriterium, die Fähigkeit, Sprache zu benutzen, betrifft, so gehen die Meinungen dazu weit auseinander, weil für manche die bloße Evidenz irgendeiner Form der Kommunikation genügt, während für andere die menschliche Sprache konstitutiv für Bewusstsein ist. Ohne Zweifel stehen hinter sprachlichen Äußerungen des Menschen in der Regel bewusste Denkakte. Daher unterstützen nicht wenige den Vorschlag des Philosophen Daniel Dennett von der Tufts University in Boston (USA) [917], dass Bewusstsein Sprache im Sinne von »Geschichten erzählen« erfordert und somit nur Menschen bewusst sein können. Tatsächlich wird die Fähigkeit, Ereignisse mit Genauigkeit zu berichten, routinemäßig für wissenschaftliche und medizinische Anwendungen beim Menschen verwendet. Allerdings befinden wir uns damit beim anderen Extrem der Bewusstseinsskala, nämlich dem Selbstbewusstsein. Das bewusste »Selbst« sei eigentlich nur eine Art von Erzählung, so Dennett, die wir uns selbst erzählen. Das Vorhandensein menschenähnlicher Sprache als notwendige Bedingung für das Bewusstsein scheint eine unnötig hohe Hürde zu sein, wenn andere Formen des Bewusstseins gemeint sind.

Obwohl beim Menschen ein expliziter sprachlicher Bericht über eine bewusste Erfahrung als »Goldstandard« in dem Sinne angesehen wird, dass er die Präsenz des Bewusstseins garantiert, müssen Antworten nicht verbal sein, so werden zum Beispiel in Fällen von Lähmung oder luzidem Träumen auch Augenbewegungen eingesetzt [918]. Bei Kleinkindern können zum Beispiel das Drücken von Hebeln oder das Blinzeln mit den Augen den sprachlichen Bericht ersetzen. Analog kann man diesen Ansatz auch bei Tieren wählen, indem man etwa das Tier durch Drücken einer Taste einen »Kommentar« abgeben lässt. Nicht nur bei der Untersuchung des Sehbewusstseins, das für das Phänomen der »Blindsicht« relevant ist und unter anderem bei Makaken ein wichtiges Forschungsthema ist [919], sondern auch bei den bekannten Vergleich-nach-Muster-Experimenten, die bei einer Vielzahl von Arten, einschließlich Primaten, Walen und Vögeln wie Afrikanischen Graupapageien und Wellensittichen, durchgeführt wurden, werden solche Verfahren des genauen Verhaltensberichts zum Nachweis des Bewusstseins eingesetzt [920].

Die Neurobiologie des Bewusstseins

Auch das dritte Kriterium, die Ähnlichkeit von Gehirnstrukturen der untersuchten Tierart mit jenen, die man bei Menschen für kausal notwendig für das Hervorbringen von Bewusstsein hält, hat seine Tücken und wird – wie wir sehen werden – umso problematischer, je weiter wir uns im Stammbaum der Tiere vom Menschen entfernen. Aber da die Frage der materiellen Verursachung von Bewusstsein (nicht nur beim Menschen) ein fixer Bestandteil der immer größer werdenden Literatur zur Neurobiologie des Bewusstseins ist, will ich diesem Kriterium auch etwas mehr Platz einräumen. Mit der Zunahme des Wissens über die neuronalen Vorgänge bei bewussten Handlungen mehren sich auch die Vorschläge, vergleichende neurophysiologische und neuroanatomische Erkenntnisse zu nutzen, um das tierische Bewusstsein zu bestimmen. Philosophisch geschulte Neurobiologen behaupten dabei nicht, dass Bewusstseinszustände mit neurologischen Zuständen identisch sind oder dass sie bloß Epiphänomene sind [909], sondern verwenden stattdessen den Begriff des »neuronalen Korrelats von Bewusstsein« [591, 918, 921].[65]

65 Ein neuronales Korrelat des Bewusstseins ist ein spezifisches Muster neuronaler Aktivität, welches spezifisch mit bewusster Erfahrung korreliert und nicht mit unbewusster Wahrnehmung oder Handlung. Ein solches Muster der Hirnaktivität, quasi ein neuronaler Fußabdruck, ist ein physischer Prozess und daher einer empirischen Untersuchung zugänglich, welche gegenüber Fragen der Kausalität zunächst neutral bleibt. Die Philosophen seit der Antike beschäftigende Frage, wie aus etwas Materiellem phänomenales Erleben wird, bleibt also außen vor.

Einschränkend zu allem, was ich in der Folge über diese neuronalen Korrelate schreiben werde, muss gesagt werden, dass das Bewusstsein, das hier als biologisches Phänomen angesprochen wird, auch eine subjektive und damit private Komponente enthält, die der direkten wissenschaftlichen Beobachtung unzugänglich ist. Das Bewusstsein, um das es hier in der Folge gehen wird, kann jedoch durch verschiedene physikalische Mittel modifiziert werden, darunter Medikamente, Schlafzustände und Schädigungen des Hirngewebes, die alle direkte Auswirkungen auf die neuronale Integrität und Aktivität haben. Damit kann auch das subjektive Phänomen des Bewusstseins direkt durch objektive, quantifizierbare Wirkstoffe beeinflusst werden, die auf Neuronen einwirken. Obwohl die neuronale Grundlage für das Bewusstsein nicht direkt untersucht werden kann, ist es doch möglich, die neuronale Grundlage für Bewusstseinsveränderungen zu untersuchen und daraus Hypothesen über die Ersteren zu formulieren [922].

Am ehesten gelingt der Versuch, die Ähnlichkeit von Gehirnstrukturen, die für das Bewusstsein notwendig erscheinen, nachzuweisen, naturgemäß bei jener Tierklasse, zu denen auch wir Menschen zählen, den Säugetieren. So wurde eine Vielzahl von theoretischen und empirischen Argumenten für die These vorgebracht, dass Bewusstsein bei allen Säugetieren vorhanden ist [923]. Das menschliche Bewusstsein korreliert mit weit verteilten, relativ schnellen Interaktionen niedriger Amplitude im thalamokortikalen Kern des Gehirns, die durch aktuelle Aufgaben und Bedingungen aktiviert werden. Tatsächlich findet man solche neuronalen Muster auch bei anderen Säugetieren, was darauf hindeuten würde, dass das Bewusstsein eine wichtige biologische Anpassung bei Säugetieren ist [924]. Darüber hinaus teilen viele Tiere mit uns einige ursprünglichere Bereiche des Gehirns (wie die Amygdala im limbischen System), die für Emotionen wie Angst verantwortlich sind. Neurobiologen setzen somit große Hoffnungen auf die Entdeckung spezifischer neuronaler Bewusstseinskorrelate beim Menschen, um das tierische Bewusstsein zu beleuchten, insbesondere angesichts unserer gemeinsamen Evolutionsgeschichte.

Doch wie bereits erwähnt, gelingt dieses Vorhaben umso besser, je ähnlicher die relevanten Gehirnstrukturen sind. Das hat manche Neurobiologen zur Annahme verleitet, dass in dem Maße, in dem den Tieren einige der Gehirnstrukturen fehlen, die bei uns Menschen für anspruchsvollere mentale Fähigkeiten verantwortlich sind, sie nicht in der Lage seien, diese Art von mentalen Zuständen zu haben. Besonders evident scheint es beim Fehlen eines präfrontalen Kortex zu sein, der für unser Denken von zentraler Bedeutung ist. Außerdem ist das jener Teil des Gehirns, der im Laufe der Säugetierevolution die größte Wachstumsdynamik zeigte. Mit der Zunahme der Größe des Gehirns ging vor allem eine enorme Zunahme des Kortex einher, dort finden wir auch die größten Unterschiede. Von der Spitzmaus mit weniger als einem Quadratzentimeter Oberfläche bis zum kleinen Schwertwal, der eigentlich ein Delphin ist, mit 7400 Quadratzentimetern finden wir eine zehntausendfache Größenzunahme [925].

Wenn man die Betrachtung auf den frontalen oder präfrontalen Kortex (PFK) beschränkt,[66] welcher beim Menschen der Sitz des Arbeitsgedächtnisses, der Handlungsplanung und -kontrolle und allgemein der Intelligenz ist, so fallen die Unterschiede zwar weniger dramatisch, aber immer noch beträchtlich aus. Tatsächlich haben Menschen, wie Terrence Deacon von der Harvard University (USA) [926] in einem oft zitierten Aufsatz behaup-

66 Obwohl sich die meisten vergleichenden Untersuchungen auf die Komponenten des Vorderhirns, die an der Entstehung eines Bewusstseinszustands am unmittelbarsten beteiligt sind, konzentrieren, ist es dennoch notwendig anzuerkennen, dass eine Reihe von aufsteigenden Systemen, wie die des *Locus coeruleus*, der Raphe-Kerne, des retikulären Aktivierungssystems über die intralaminaren Kerne und des cholinergen Nucleus basalis, entweder wesentlich sind oder zumindest dazu beitragen, einen Bewusstseinszustand aufrechtzuerhalten.

tet, den größten PFK im Tierreich. Zwar ist sein Verhältnis zum Rest des Gehirns mit 38 Prozent nur wenig größer als bei unseren nächsten Verwandten (Gorilla: 37 Prozent, Schimpanse 35 Prozent, Gibbon 30 Prozent), aber absolut gesehen ist das Gehirn des Menschen zweimal größer als jenes des Gorillas und dreimal größer als jenes des Schimpansen [927]. Die enorme Größenzunahme des menschlichen PFK betrifft vor allem den dorsalen Teil.

Was die Frage der kognitiven Fähigkeiten betrifft, wurde argumentiert, dass weniger die Fläche oder das Volumen als vielmehr die Zahl und Größe der Neuronen, die Zahl der Verbindungen und die Leitungsgeschwindigkeit entscheidend sind [925, 928]. Während Delfine und Elefanten sehr große Pyramidenzellen im Kortex besitzen, sind jene der Primaten relativ klein. Aber mit der Größe dieser wichtigen kortikalen Neuronen nimmt deren Dichte ab. Diese ist wiederum bei den Primaten hoch, besonders bei den kleinen Tieraffen, mit 75 000 Neuronen pro Quadratmillimeter bei den kleinen Krallenäffchen, aber mit nur 6000-7000 Neuronen bei den Delfinen und Elefanten. Der Mensch erreicht mit durchschnittlich 50000 eine sehr hohe Dichte, die sich an manchen Orten im Gehirn noch auf bis zu 100 000 Neuronen pro Quadratmillimeter steigern kann.

Wenn man nun die Neuronengröße und -dichte kombiniert, kann man die Zahl der Neuronen im Kortex extrapolieren. Hier haben Menschen die Nase vorne, mit etwa 16,3 Milliarden, gefolgt vom Schimpansen (6,2 Milliarden), Elefanten (5,6 Milliarden) und Gorilla (4,3 Milliarden), dann mit großem Abstand Rhesusaffe (1,7 Milliarden), Totenkopfäffchen (1,3 Milliarden) und Kapuzineraffe (1,1 Milliarden) [929-932].

Insgesamt kann man heute sagen, dass der Vergleich dieser Neuronenzahlen mit den ersten groß angelegten quantitativen Studien zu kognitiven Fähigkeiten über verschiedene Säugetierarten hinweg nahelegt, dass die absolute Anzahl der Neuronen in der Großhirnrinde von Säugetieren gute Korrelate der kognitiven Vielfalt sind: je mehr Neuronen, unabhängig von der Gehirn- oder Körpergröße, desto besser ist die Leistung einer Spezies bei derselben Aufgabe [168, 325, 930].

Einschränkend muss aber gesagt werden, dass die 16,3 Milliarden Neuronen des menschlichen Kortex nur 19 Prozent aller Gehirnneuronen repräsentieren. Das ist erstaunlich, wenn man bedenkt, dass 82 Prozent der menschlichen Hirnmasse aus der Großhirnrinde, einschließlich der subkortikalen weißen Substanz, und 42 Prozent allein aus der zerebralkortikalen grauen Substanz bestehen. Der Grund dafür ist, dass die Großhirnrinde 72 Prozent (bzw. 61 Milliarden) aller nichtneuronalen Zellen im Gehirn beherbergt. Im Gegensatz dazu enthält das Kleinhirn (Cerebellum), das nur 10 Prozent der gesamten Hirnmasse ausmacht, 69 Milliarden Neuronen, also 80 Prozent aller Neuronen im menschlichen Gehirn. Das Team von Suzana Herculano-Houzel von der Vanderbilt University (USA), welches diese Zahlen mithilfe einer Methode ermittelt hat, die es erlaubt, die Anzahl der Zellen, aus denen das gesamte Gehirn besteht, schnell und zuverlässig zu quantifizieren, betonen daher, dass die Verhältnisse zwischen Gliazellen und Neuronen in den menschlichen Hirnstrukturen sehr ähnlich wie bei anderen Primaten sind und die Anzahl der Zellen den Erwartungen für einen Primaten mit menschlichen Proportionen entspricht [929]. Tatsächlich folgt das menschliche Gehirn fast genau den Skalierungsregeln jener sechs Primatenarten, deren Gehirne bisher vollständig quantifiziert sind: die Masse und die zelluläre Zusammensetzung des menschlichen Gehirns weichen nur um 10 Prozent von den für einen Primaten mit einem Gewicht von 75 kg erwarteten Werten ab. Anders gesagt, das menschliche Gehirn ist in Bezug auf die Anzahl neuronaler und nichtneuronaler Zellen ein normales, isometrisch skaliertes Primatengehirn [931].

Sicherlich spielt auch die Zahl der Synapsen zwischen den Neuronen eine Rolle bei der Informationsverarbeitung im Gehirn, aber hier sind die Schätzungen noch sehr vage. Rechnet man die geschätzte Durchschnittszahl von 20000 Synapsen pro Neuron im menschlichen Gehirn hoch, kommt man auf die gewaltige Zahl von 300 Billionen Synapsen. Schätzungen von anderen Säugetieren liegen kaum vor. Schließlich wird noch die Verarbeitungsgeschwindigkeit von Informationen als wichtiges Maß für die Leistungsfähigkeit von Gehirnen diskutiert. Diese hängt von der Distanz zwischen den Neuronen, der Leitungsgeschwindigkeit und der synaptischen Übertragungsgeschwindigkeit ab. Interessanterweise schneiden hier die Wale mit einer unvorteilhaften Kombination aus großem Abstand zwischen den Neuronen und geringer Leitungsgeschwindigkeit schlecht ab, während menschliche Gehirne in dieser Beziehung um das Fünffache überlegen sind.

Neben den genannten metrischen Faktoren als Indikatoren für die Leistungsfähigkeit von Gehirnen wird in zunehmendem Maße die Strukturierung beziehungsweise die Architektur des Gehirns untersucht. Parzellierung in funktional getrennte Einheiten für bestimmte sensorische, motorische und sensomotorische Informationen ist ein gut beobachtbarer Trend in der Evolution des Säugetiergehirns und wird im Sinne der Modularität auch von manchen Philosophen hoch gehandelt [933]. Während die Insektenfresser einen dominant olfaktorischen Kortex haben, wo neben dem großen primären Geruchshirn nur noch zwei somatosensorische, zwei visuelle, ein auditorisches und ein Motorareal, aber kaum Integrationszentren vorhanden sind [934], kann man beim menschlichen Kortex etwa 150 Zentren mit im Durchschnitt ca. 60 Verbindungen zwischen ihnen erkennen, was rund 9000 Areal-zu-Areal-Verbindungen ergibt [935]. Diese Parzellierung ist jedoch kein genereller Trend bei der Größenzunahme von Säugetierhirnen, da wiederum die größten Säuger (Wale, Elefanten) hier abweichen, mit nur einem oder einigen sehr großen sensorischen Arealen – bei Walen das auditorische System, bei Elefanten das somatosensorisch-vibratorische System – und sehr geringer Parzellierung. Somit finden wir bei diesen Tieren insgesamt wenige kortikale Areale mit spezifischer Funktion, große limbische, parietale und temporale Areale, aber keine substantiell in Erscheinung tretenden nichtlimbischen, präfrontalen Kortexareale [936].[67]

Zusammenfassend lässt sich über das Gehirn der Säugetiere sagen, dass es zwar absolut gesehen einen Trend zu größeren Gehirnen gibt (Elefanten und Wale haben die größten Gehirne mit bis zu 10 kg Gewicht), jedoch relativ gesehen nicht, und zwar wegen der sogenannten negativen Gehirnallometrie, sodass in Relation zur Körpergröße Elefanten und Wale eher kleine Gehirne haben (nur 0,01 Prozent beim Blauwal, aber 10 Prozent bei der Spitzmaus) [925]. So gesehen ist das menschliche Gehirn im doppelten Sinne groß, sowohl an Gewicht (ca. 1,35 kg) als auch in Relation zum Körper (2 Prozent). Dazu kommt die enorme Dicke seines Kortex und eine sehr hohe Dichte, was zusammengenommen wie gesagt zur höchsten Anzahl an Neuronen (ca. 16,3 Milliarden) im Tierreich führt. Wenn man dann noch die sehr hohe Verarbeitungsgeschwindigkeit wegen der großen Leitungsgeschwindigkeit der Nervenbahnen und der geringen Distanz zwischen den Neuronen und den hohen Parzellierungsgrad hinzunimmt, erkennt man unschwer die Superlative des menschlichen Gehirns [328]. Schwerer fällt jedoch die Einordnung der Gehirne der anderen Säugetiere. Die Kombination der oben genannten Merkmale lässt die Primaten und insbesondere die Menschenaffen insgesamt sehr gut abschneiden. Schwierig ist jedoch die Einordnung der Elefanten und Wale, die in einigen wichtigen Merkmalen (absolute Gehirngröße, Neuronenzahl) sehr gut, in anderen jedoch (relative Gehirngröße, Kortexdicke, Packungsdichte, Leitungsgeschwindigkeit, Parzellierung) überraschend schlecht abschneiden. Immerhin kann man aber sagen, dass die sehr ähnliche, homologe Architektur der Gehirne den Schluss zulässt, dass bei

67 Viele der genannten Daten zu den Gehirnen von Säugern finden sich in den großen Sammelwerken von Roth [925] und Kaas [934].

allen Säugetieren bestimmte Arten von Bewusstsein (siehe oben) vorliegen.

Superlative bei Gehirnen gibt es allerdings auch in anderen Tiergruppen, auch wenn die direkte Vergleichbarkeit nur eingeschränkt gegeben ist. Bei den Vögeln sind es die Rabenvögel und Papageien, deren Gehirne hervorstechen. Auch diese beiden Vogelgruppen haben sehr große Gehirne – innerhalb der Vögel absolut gesehen, im Vergleich zu Säugetieren relativ gesehen. Besonders das Endhirn, manchmal auch Großhirn genannt (lat. *Telencephalon*) ist vergleichsweise riesig, denn es nimmt 70 bis 80 Prozent des gesamten Gehirns dieser Tiere ein. Durch die Kombination von sehr kleinen Neuronen und einer extrem großen Dichte enthalten diese nur wenige Gramm (Rabenvögel 8 bis 16 Gramm; Papageien bis 25 Gramm) wiegenden Gehirne mehrere hundert Millionen Neuronen, womit Werte von kleineren Neuweltaffen erreicht werden.

Wie sieht es mit der Architektur des Vogelhirns aus? Gibt es Areale, die dem für das menschliche Bewusstsein so wichtigen Kortex entsprechen? Die Antwort zum heutigen Zeitpunkt ist ein vages Jein. Zwar wurden bei Vögeln analoge, das heißt funktionsgleiche, Areale gefunden, aber damit wird die Argumentation auf den Kopf gestellt, denn man kann dann nicht mehr von homologen (gleichen evolutionären Ursprungs) Arealen ausgehend auf gleiche Funktionen, in unserem Fall auf Bewusstsein, schließen. Die Frage der Ähnlichkeit von Gehirnen wird noch dadurch erschwert, dass nicht die großflächige Anatomie für die realisierbaren Funktionen alleine entscheidend ist, sondern auch die Art der Verknüpfung – das sogenannte Konnektom – und selbst die Funktion einzelner Zellen – wie Neuronen, Interneuronen, Glia usw. – maßgeblichen Einfluss auf den kognitiven Output hat. Obwohl es keinen Neokortex (im eigentlichen Sinn) bei Vögeln gibt, gibt es immerhin bestimmte Arten von konstituierenden und alten Neuronenzelltypen, die auch im Neokortex der Säugetiere vorkommen [937]. Der Neokortex der Säuger ist ja schließlich nicht *de novo* entstanden, sondern ist zusammengesetzt aus Zellen und Zellverbänden, die schon seit Langem existieren (wie man mit genetischen Markern nachweisen konnte [938]), sich aber neu organisierten.[68] Selbst die Mikroarchitektur ist vielfach konserviert worden, sodass sowohl deren Funktionen als auch deren Verbindungen zu anderen Teilen des Gehirns, wie dem Thalamus, in diesen Miniaturnetzwerken erhalten blieben [941].

Man mag von der Fähigkeit des Vogelhirns nicht mehr überrascht sein, nachdem man sich von den in diesem Buch beschriebenen Leistungen im Werkzeuggebrauch, bei den Zeitreisen und im Bereich der sozialen Intelligenz bei Vögeln überzeugt hat. Erstaunlich ist allerdings, dass auch im Gehirn von Fischen Ähnlichkeiten zum Neokortex der Säuger zu finden sind. Obwohl deren Ort und Struktur (wie bei den Vögeln) unterschiedlich sind, gibt es eine Reihe von Neuronen, die schon bei Fischen vorhanden sind und im Neokortex der Säuger erhalten blieben [942]. Es mag biophysikalische Gründe geben, warum sich bei Fischen und

---

68 Neuere Forschungen haben allerdings ergeben, dass das Großhirn von Vögeln und Säugetieren eine Mischung aus homologen und analogen Teilen ist [705, 939, 940]. Selbst das, was homolog zu sein scheint, ist sehr unterschiedlich organisiert. Vögel haben keinen Neokortex, sondern mehrere große palliale Aggregate ohne offensichtliche Schichtung (Laminarstruktur). Diese Ansammlungen könnten kortikalen Schichten entsprechen. Unabhängig voneinander haben Vögel und Säugetiere ähnliche Hirnorganisationen entwickelt, die die neuronale Basis ihrer kognitiven Fähigkeiten bilden dürften. Vögel haben eine funktionelle Analogie zum präfrontalen Kortex (PFC), das Nidopallium caudolaterale (NCL), welches ebenso exekutive Funktionen hat. Insgesamt gibt es eine erstaunliche Anzahl von Ähnlichkeiten zwischen dem Pallium von Vögeln und dem Neokortex von Säugetieren. Es ist sehr wahrscheinlich, dass jede der Vogelparallelen zum Säugetier-Neokortex eine Mischung aus homologen Grundelementen und konvergenten Mustern darstellt. NCL und PFC stellen insofern möglicherweise einen spektakulären Fall von evolutionärer Konvergenz dar, als beide im Laufe von 300 Millionen Jahren sehr ähnliche – vor allem ähnliche kognitive – Funktionen entwickelt haben.

Vögeln der vorderste Gehirnteil, das Endhirn nicht wie bei den Säugern massiv aufgewölbt hat; es mag schlicht der Hydraulik geschuldet sein, dass dieser Teil klein blieb [937].

Auch den Reptilien fehlt ein Neokortex, ebenso ein Hippocampus. Doch obwohl Letzterer von zentraler Bedeutung für die Navigation von Säugetieren ist, können beispielsweise auch Schildkröten komplexe räumliche Aufgaben lösen. Meine ehemalige Kollegin Anna Wilkinson (mittlerweile an der University of Lincoln, GB) konnte zeigen, dass sich Köhler-Schildkröten im Radial-Labyrinth ähnlich geschickt orientieren wie Ratten [943, 944]. Und wie im Schlusskapitel (»Wie denken Tiere?«) näher ausgeführt, meisterten diese Tiere auch Aufgaben im perzeptiven und im sozialen Bereich, wie etwa Klassenunterscheidungen und soziales Lernen, trotz Fehlens eines Neokortex und trotz vollständiger Trennung visueller, auditorischer und somatosensorischer Zentren. Vergleichende Neuroanatomen haben festgestellt, dass es im Endhirn von Wirbeltieren außerhalb der Klasse der Säugetiere Populationen von Neuronen gibt, die den Zellgruppen im Neokortex von Säugetieren in Bezug auf Verbindungen, Aktivierungen und Funktionen entsprechen. Man vermutet, dass einige dieser nichtlaminar organisierten Populationen, die innerhalb des dorsalen Ventrikelkamms (Hypopallialregion) liegen, bei Reptilien und Vögeln das homologe Äquivalent zum (laminar organisierten) Neokortex der Säuger darstellen [945, 946].

Bei den Wirbeltieren gab es mehrere dramatische, unabhängige Veränderungen vor allem des Zwischenhirns und des Endhirns, mit deutlichen Vergrößerungen, aber auch Verkleinerungen und Vereinfachungen. Gut sind solche Veränderungen im Zusammenhang mit neuen oder verloren gegangenen Sinnessystemen zu erklären, zum Beispiel die Elektrosensorik oder die Echolokalisation, aber deutlich schlechter im Zusammenhang mit kognitiven Fähigkeiten. Vor allem der dorsale Thalamus und die damit in engem Zusammenhang stehende dorsale Großhirnrinde (Pallium) des Endhirns zeigen dramatische Entwicklungen. Beginnend mit den Amphibien sind zwei Trends der »Ausbeutung« der Großhirnrinde erkennbar; einmal bei den Säugern der sechsschichtige Kortex, der sich vom dorsalen Pallium zu einem multisensorischen und assoziativen Zentrum entwickelt hat, das Reize vor allem vom formalen Thalamus erhält. Unabhängig davon hat sich bei den Sauropsiden die ventrale Großhirnrinde zum dorsalen Ventrikelkamm (Hypopallialregion) bei Reptilien beziehungsweise zum Mesonidopallium der Vögel entwickelt, welche ebenso ihre sensorischen Eingänge aus dem dorsalen Thalamus erhalten und die bei Vögeln in einem kortexartigen Integrationszentrum kulminierte. Man kann also von analogen Entwicklungen auf homologer Basis sprechen: Homoiologie [790].

Angesichts dieser Datenlage ist es schwierig, ein abschließendes Urteil über die verschiedenen Wirbeltierklassen zu fällen. Manchen Ähnlichkeiten, ob homologer oder analoger Natur, stehen viele Unterschiede gegenüber, die das Vertrauen bei der Zuschreibung des Bewusstseins verringern. Ohne eine feste Metrik für Ähnlichkeiten und ein Kriterium, ab wann es für die Annahme von Bewusstsein reicht, sehen selbst Forscher, welche die neuesten Befunde im Bereich des Verhaltens und der Kognition dieser Tiere kennen, keine solide Grundlage für die Annahme, dass Fische, Amphibien und Reptilien über die psychologischen und neuronalen Prozesse verfügen, die für das Bewusstsein erforderlich sind [947].

Wenn wir uns abschließend wirbellosen Tieren zuwenden, so sind Versuche der Feststellung von neuroanatomischer Ähnlichkeit noch um ein Vielfaches schwieriger. Die in der Bewusstseinsliteratur oft genannten Kopffüßer, allen voran der Krake oder Oktopus [948], haben ein weit über den Körper verteiltes Nervensystem und »denken« sogar mit ihren acht Armen – zwei Drittel ihrer Neuronen befinden sich dort![69] Das Strickleiter-

69 Tatsächlich besitzt das Nervensystem eines Kraken ca. 550 Millionen Neuronen, also ähnlich viele wie kleine Affen, aber 350 Millionen davon

nervensystem der Weichtiere ist vollkommen anders gebaut als jenes der Wirbeltiere. Selbst wenn manche Zoologen die frontale Verdickung, welche aus der Verschmelzung der großen Nervenknoten (Ganglien) hervorging, als »Gehirn« bezeichnen, so führt dennoch etwa die Speiseröhre (Oesophagus) mitten hindurch. Und obwohl das Nervensystem der Kopffüßer nicht nur das leistungsfähigste aller Weichtiere, sondern sogar das aller wirbellosen Tiere ist, ist sein Aufbau grundsätzlich anders als bei denjenigen von Wirbeltieren. Das sieht man sehr gut beim Auge, das dem der Säugetiere äußerlich frappierend ähnelt, aber in der Individualentwicklung ganz anders (evers, Rezeptoren nach außen gerichtet, statt invers, nach innen gerichtet) aufgebaut wird. Wir haben es hier mit einer erstaunlichen Konvergenz in der Evolution von zentralisierten Nervensystemen zu tun, denn der gemeinsame Vorfahre reicht bis tief in das Erdaltertum zurück.[70] Somit ist das vierte Kriterium für den Nachweis von Bewusstsein nicht anwendbar, zumindest wenn man dieses als homologe, das heißt stammesgeschichtliche Ähnlichkeit der Gehirnstruktur mit dem Menschen interpretiert.

Eine weitere Gruppe von wirbellosen Tieren, welche große Aufmerksamkeit in der Frage außermenschlichen Bewusstseins erhalten hat, sind die Gliederfüßer. Hier haben vor allem Insekten, aber auch manche Krebs- und Spinnentiere Eingang in die

---

befinden sich in den acht Armen, 160 Millionen in den optischen Loben und bloß 40 Millionen in der als »Gehirn« bezeichneten Verdickung des Supraoesophagialganglions.

70 Der letzte gemeinsame Vorfahre von Wirbeltieren und Kopffüßern lebte im Ediacarium, also vor ca. 600 Millionen Jahren, und war wahrscheinlich ein flacher kleiner Wurm. Leider sind keine fossilen Zeugnisse vorhanden. In den aus diesen frühesten Bilateriern (Zweiseitige) hervorgehenden Gruppen, den Protostomiern (Urmünder) und den Deuterostomiern (Neumünder), sind komplexere Gehirne in nur drei Gruppen entstanden, neben den Vertebrata (Wirbeltiere) auch bei Arthropoda (Gliederfüßer) und bei einer Gruppe der Mollusca (Weichtiere), nämlich Cephalopoda (Kopffüßer).

Philosophie des Geistes gefunden. Immerhin gehören die Gliederfüßer zu den ersten Tieren, die komplexe aktive Körper und Gehirne entwickelten, die sie kontrollieren konnten [949]. Während für manche die Möglichkeit der Entwicklung von Bewusstsein bei diesen Tieren aufgrund funktionaler Überlegungen besteht, nämlich der Fähigkeit, Probleme zu lösen, die durch die Kontrolle komplexer Körper entstehen [950], argumentieren andere sogar auf Grundlage der neuroanatomischen Ähnlichkeit mit dem Säugetier-Mittelhirn. Ausgehend von der Überlegung, dass für die grundlegende subjektive Erfahrung beim Menschen die integrierten Mittelhirn- und Basalganglienstrukturen notwendig sind, die zu den ältesten Gehirnsystemen der Wirbeltiere gehören, und dass das Insektenhirn ähnliche Funktionen wie das Wirbeltier-Mittelhirn unterstützt, wird ihnen manchmal sogar die Fähigkeit zur subjektiven Erfahrung zugesprochen [951].

Obwohl das Gehirn der Honigbiene in einem Volumen von einem Kubikmillimeter fast eine Million Neuronen enthält, steht es dennoch in keiner Relation zum Menschenhirn mit vielen Milliarden Neuronen, aber auch zu Kraken, Vögeln und vielen Säugetieren, mit vielen Millionen Neuronen. Aber vor allem ist das Insektengehirn völlig anders aufgebaut [952].[71] Homologe,

---

71 Das Nervensystem der Insekten weist im vorderen Bereich eines paarigen Bauchmarkstrangs Verdickungen auf. Ganglien sind sowohl zu einem Oberschlundganglion als auch einem Unterschlundganglion verschmolzen, und beide sind miteinander über Schlundkonnektive verbunden. Das Oberschlundganglion wird auch hier wieder funktional mit einem Gehirn gleichgesetzt, weil es einen sehr großen vorderen Bereich, das Protocerebrum, und daneben noch zwei weitere Verdickungen – Deuterocerebrum und Tritocerebrum – erkennen lässt. Das Protocerebrum enthält seitlich die Sehzentren, die ihre Innervation aus den großen Komplexaugen erhalten, vom Deuterocerebrum ziehen Nerven in die Antennen und das Tritocerebrum versorgt den Vorderdarm. Das Protocerebrum zog die Aufmerksamkeit der Kognitionsforscher auf sich, denn es enthält Strukturen, die das neuronale Substrat für Lern- und Gedächtnisleistungen bilden und besonders bei Insekten mächtig

also auf Verwandtschaft zurückgehende Ähnlichkeiten, sind sehr unwahrscheinlich, weil sich die Gliedertiere und die Weichtiere zu einer Zeit von dem Zweig, zu dem die Wirbeltiere gehören, trennten, als erst sehr einfache Nervensysteme (nämlich diffuse Nervennetze) ausgebildet waren.[72]

Jene, die für die Frage des Bewusstseins den Blick auf die neuronalen Strukturen der in Frage kommenden Tierarten werfen, müssen daher auf funktionaler Ebene argumentieren, sprich die Ähnlichkeiten durch konvergente Entwicklungen erklären und für die Erzeugung von Bewusstsein auf das Argument der multiplen Realisierung [953] ausweichen. Die multiple Realisierung ist auch der Hauptgrund, warum eine Identifikation von bewussten Zuständen mit der Aktivität von bestimmten Teilen des Nervensystems fragwürdig scheint [909].

Neurobiologen schlagen daher vor, anstatt – oder zumindest ergänzend zu – neuroanatomischer Spurensuche auf den Nachweis neurophysiologischer Ähnlichkeiten zu setzen. Dieser Vorschlag ist geleitet von dem Bemühen, die neuronalen Bedingungen aufzuklären, unter denen psychische Zustände, einschließlich der verschiedenen Arten von Bewusstsein, im Gehirn von Menschen und wohl auch bei einigen Tierarten entstehen. Man beachte, dass dabei zunächst von notwendigen, aber noch nicht von hinreichenden Bedingungen gesprochen wird, was für die Unterscheidung von korrelativen und kausalen Erklärungsmus-

---

entwickelt sind: der unpaare Zentralkörper und vor allem die paarigen Pilzkörper, die eine Integration mehrerer Sinne durchführen. Die Pilzkörper machen mit 200000 Neuronen 20 Prozent der Neuronen der Honigbiene aus. Innerhalb der Insekten ist das Gehirn der Biene sehr groß; Fruchtfliegen sind mit einem Zehntel der Neuronen 50-mal kleiner.

72 Es wird zwar die Vorstellung diskutiert, dass an der Basis der Zweiseitentiere bereits ein dreigeteiltes, relativ komplexes Nervensystem vorhanden war, aber dann müsste es später sehr oft zu sekundären Vereinfachungen gekommen sein, was unwahrscheinlich ist (siehe dazu [925], Kapitel 7.3).

tern wichtig ist. Ein wesentlicher und durch die verschiedensten neurophysiologischen Verfahren (EEG, MEG, fMRI) gut gesicherter Befund dabei ist, dass »höhere« psychische Zustände und verschiedene Arten von Bewusstsein an die Aktivität des thalamokortikalen Systems gebunden sind, welches in enger Verbindung zu Aktivitäten vieler anderer Gehirnsysteme wie der retikulären Formation, dem basalen Vorderhirn und kortikalen und subkortikalen limbischen Zentren steht. Interessant ist dabei, dass Bewusstseinszuständen beim Menschen (und bei nichtmenschlichen Primaten) immer unbewusste, etwa 200 bis 400 ms dauernde Prozesse vorausgehen [886, 954, 955], und neben einer Mindestintensität der kortikalen Aktivität auch eine Mindestzeit von 100 ms erforderlich ist [956-959]. Letztlich entscheidend ist aber, dass man mit diesen Kenntnissen und mithilfe genauer Hirnstrommessungen bewusste psychische Zustände auf der Grundlage bestimmter Gehirnprozesse mit einer Wahrscheinlichkeit von 60-100 Prozent vorhersagen kann, und umgekehrt [960].

Die Suche nach den neuronalen Korrelaten des Bewusstseins erschöpft sich nicht in der Lokalisation von bestimmten Aktivitäten, sondern versucht, die beteiligten Mechanismen aufzuklären. So wird angenommen, dass während bewusster Zustände Prozesse einer »Neuverdrahtung« bestehender neuronaler Netzwerke, zum Beispiel kurzfristige Modifikationen der synaptischen Kopplung, stattfinden. Das passiert vorwiegend im dorsolateralen präfrontalen Kortex, dem Sitz des Arbeitsgedächtnisses, in enger Interaktion mit assoziativen parietalen und temporalen Regionen, in denen sinnstiftende Informationsverarbeitung stattfindet und entsprechende Erinnerungen lokalisiert sind. Insbesondere im Kontext von Aufmerksamkeit, Bewertung von eintreffender Information und Zielsetzung sind schnelle Umverdrahtungen der synaptischen Kopplung zu messen, auch weil diese Vorgänge metabolisch sehr anspruchsvoll sind und zu einem signifikanten Anstieg des lokalen Glukose- und Sauerstoffverbrauchs, mit dem eine Zunahme des lokalen kortikalen Blutflusses einhergeht, führen [961]. Auch Neuromodulatoren, insbesondere Dopamin und Acetylcholin, spielen dabei eine wichtige Rolle.

Schon vor drei Jahrzehnten entdeckten Neurowissenschaftler auffällige oszillatorische Aktivitäten und Synchronisationen von kortikalen Netzwerken, die mehr oder weniger direkt mit Bewusstseinszuständen einhergehen. Man nahm an, dass dadurch neuronale Aktivitäten in verteilt lokalisierten Netzwerken zu sinnvollen Einheiten »zusammengebunden« werden [962, 963], doch zunächst fehlten gute Hinweise für eine direkte Verbindung zwischen kortikaler Oszillations-Synchronisation und Bewusstsein. Sicher war vielmehr nur, dass diese Phänomene unter anderem bei der Ausrichtung von Aufmerksamkeit beteiligt sind [963], möglicherweise auch eine unspezifische Voraussetzung für Bewusstsein darstellen [886, 964].

Vor allem im visuellen Bereich konnte man mit präziser Stimulation und Messung, zum Beispiel mit dem zeitlich besonders genauen Verfahren des ereigniskorrelierten EEG, den Prozess der »Bewusstwerdung« einer visuellen Wahrnehmung im Primatenhirn nachvollziehen. Das resultierte in der zentralen Annahme der ständig wiederkehrenden auf- und abwärtsgerichteten Aktivierung der primären und sekundären sensorischen und assoziativen Kortexareale entlang der Verarbeitungsbahnen der visuellen Information [965-970]. Solange die Verarbeitung bestimmter Sinneserfahrungen nur aufsteigend erfolgt – vom primären und sekundären visuellen Kortex (V1, V2), gefolgt von einer Aktivierung visueller Areale höherer Ordnung (V4) nach 200-250 ms – und nicht wieder absteigende Verbindungen zurück zu den primären Arealen aktiviert, bleibt sie unbewusst. Erst wenn nach einer kurzen Verzögerung der primäre und der sekundäre visuelle Kortex nach etwa 300 ms wieder aktiviert werden, werden die visuellen Reize bewusst wahrgenommen [954] (Dieser Befund deckt sich gut mit dem Auftreten der P300-Welle im ereigniskorrelierten EEG, das oft als der Moment angesehen wird, in dem unbewusste Prozesse bewusst werden.)

Die Funktion dieser wiederholten auf- und abwärtsgerichteten Verarbeitung ist die Zusammenführung von Details, die noch ohne Bedeutung sind, und Erinnerungen beziehungsweise Interpretationsschemata, denen die Details fehlen. Erst durch wiederkehrendes Durchlaufen der Pfade und durch die Verschmelzung der Aktivität der primären und assoziativen visuellen kortikalen Areale können detaillierte und bedeutungsvolle bewusste Wahrnehmungen entstehen. Zunächst werden die eintreffenden visuellen Reize in den ersten visuellen Kortexarealen (V1 und V2) unbewusst nach grundlegenden visuellen Eigenschaften (zum Beispiel Kontrast, Wellenlängen, Kantenorientierung, Bewegungsrichtung, Disparität) verarbeitet. Die Ergebnisse dieser Detailverarbeitung werden dann an assoziative visuelle Kortexareale gesendet, wo sie mit Hilfe anderer kortikaler und subkortikaler Areale und durch ein adäquates Verbinden mit Gedächtnisinhalten entsprechend ihrer Bedeutung weiterverarbeitet werden. Erst die Interaktion des Kortex mit limbischen Zentren ermöglicht die Evaluation des Inhaltes der Wahrnehmung – entsprechend individueller und auch sozialer Erfahrung – und damit die »Sinnstiftung«. Diese globale und bedeutungsstiftende »Interpretation« wird dann an den primären und sekundären visuellen Kortex zurückgeschickt und erst damit bewusst gemacht. Damit ist der Kortex beim Menschen und anderen großhirnigen Säugetieren eine gigantische Assoziationsmaschine, bei der nicht nur Sinnesinformationen multimodal verbunden werden, sondern auch kurzfristig manipuliert, abstrahiert und interpretiert, mittel- und langfristig gespeichert und schließlich in einer übergeordneten Art und Weise zu »rein mentalen Repräsentationen als eine Art Selbstbeschreibung des Kortex« – wie es der Neurobiologe Gerhard Roth (Universität Bremen, D) ausdrückt [925] – verdichtet werden.

Aufgrund der neuesten Forschungen aus der Neurobiologie kann man heute den Sitz des menschlichen Bewusstseins relativ gut eingrenzen. Aufschlussreich waren dabei vor allem die elektrische Stimulation des kortikalen Gewebes und die Untersuchung von Patienten nach dem Verlust bestimmter Regionen aufgrund von Verletzungen oder Krankheiten. So führte etwa die Entfernung selbst kleiner Regionen der hinteren (posterioren) Hirnrinde zu einem Verlust ganzer Klassen von Bewusstseinsinhalten, wie zum Beispiel Gesichter zu erkennen oder Bewegung, Farbe oder räumlich zu sehen. Es scheint also, dass viele Empfindungen und Erlebnisse von Regionen innerhalb des posterioren Kortex erzeugt werden, ja sogar fast alle bewussten Erfahrungen dort ihren Ursprung haben. Aber dennoch weiß man bis heute nicht genau, was der entscheidende Unterschied zwischen diesen hinteren Regionen und einem Großteil des vorderen, präfrontalen Kortex ist, der interessanterweise nicht direkt zum subjektiven Erleben beiträgt. Und natürlich ist umstritten, ob eine Korrelation einen Sitz oder Ursprung von Bewusstsein bedeutet anstatt einer (bloßen) Beteiligung.

Schließlich weisen jüngste Ergebnisse der funktionellen Bildgebung beim Menschen und die Elektrophysiologie beim wachen Affen darauf hin, dass es wichtige Unterschiede zwischen dem striaten und extrastriaten visuellen Kortex gibt, was die Korrelation der neuralen Aktivität mit dem Bewusstsein betrifft. Zusammenfassend kann man thalamokortikale Signale, schnelle, unregelmäßige, elektroenzephalographische (EEG) Signale mit niedriger Amplitude und eine weit verbreitete kortikale Aktivität als die neuronalen Korrelate des menschlichen Bewusstseins ansehen [971]. Darüber hinaus kann man diese Korrelate menschlichen Bewusstseins auch bei anderen Primaten finden, ja sogar bei allen (bisher getesteten) Säugetieren. Ein häufig eingesetztes Testverfahren ist jenes zur »binokularen Rivalität« (*binocular rivalry*), bei dem dem rechten und dem linken Auge unterschiedliche visuelle Reize präsentiert werden. Wir Menschen sehen dabei anstatt einer Überlagerung der beiden Bilder zuerst einige Sekunden das eine und danach das zweite Bild, dann wieder das erste und so weiter. Die beiden Bilder wechseln sich ab, das Gehirn kann sich bei diesem zweideutigen Input nicht entscheiden. Um dieses Phänomen bei nichtmenschlichen Tieren zu testen, wurden Rhesusaffen zunächst darauf trainiert, einen Hebel zu drücken, um einen bestimmten Reiz zu melden [972]. Neuronen im inferotemporalen Kortex[73] der Makaken zeigten eine Aktivität, die mit dem gemeldeten Eindruck korrelierte, während Neuronen im visuellen Bereich V1 stattdessen auf das visuelle Signal reagierten. Dies deutet auf eine kritische Rolle dieses Kortex für das visuelle Bewusstsein hin. Diese Beobachtung stimmt mit den Befunden von Menschen überein und ist somit ein Beispiel dafür, wie Vergleiche zwischen Menschen und Tierarten im Bereich der Bewusstseinsforschung angestellt werden können.

Gibt es Hinweise darauf, dass die beim Menschen und anderen Säugetieren gefundenen neuronalen Korrelate des Bewusstseins auch bei Vögeln und anderen Tierarten mit komplexen oder großen Gehirnen existieren? Bisher wurden bei Vögeln keine für die thalamokortikalen Neuronen der Säugetiere typische Eigenschaften wie niederschwellige Kalzium^{2+}-Spikes und langsame Oszillationen gefunden [971]. Dennoch deuten Ähnlichkeiten zwischen den EEG-Mustern von wachen Vögeln und Säugetieren sowie die während des Vogelschlafs aufgezeichnete elektrische Aktivität der langsamen Wellen [973] auf eine neuronale Dynamik hin, die die Annahme von Bewusstseinszuständen bei Vögeln unterstützen könnte. Man könnte fragen, welche neuronalen Merkmale, die für die Erzeugung von Bewusstsein bei Säugetieren, insbesondere im Hinblick auf die thalamokortikalen Schleifen, postuliert werden, auch bei Vögeln vorhanden sind. Wie die meisten Wirbeltiere teilen Vögel die sogenannten »aufsteigenden Systeme« – das sind Projektionsbahnen, die von der Peripherie zu den Hirnzentren verlaufen – mit Säugetieren, aber die Diskussion konzentriert

73 Der inferotemporale Kortex ist ein Areal des Schläfenlappens von Primaten, das visuelle Reize auf einer höheren Stufe der Formwahrnehmung verarbeitet und vor allem mit der Gesichtserkennung beschäftigt ist.

sich meist auf die fraglichen Vorderhirnsysteme. Zwar werden komplexe kognitive Fähigkeiten bei Säugetieren und Vögeln eindeutig durch wesentlich unterschiedliche neuronale Strukturen hervorgebracht [453, 702], aber es gibt deutliche Ähnlichkeiten im Bereich der Verbindungsmuster zwischen Gehirnarealen. Ein Vergleich der neuronalen Architekturen und der Konnektivität zwischen Vogel- und Säugetiergehirnen kann daher die entscheidenden neuronalen Merkmale beleuchten, die bei der Erzeugung von Kognition auf höherer Ebene und, in Verbindung damit, von Bewusstsein auf höherer Ebene eine Rolle spielen [974].

Auch bei Vögeln, insbesondere bei Rabenvögeln und Papageien, umfasst das neuronale Substrat für die Erzeugung von höheren kognitiven Leistungen einen ausgeprägten dorsalen Thalamus (oder eine vergleichbare Struktur) und ein ausgeprägtes Pallium, was zu einem relativ hohen Gehirn-Körper-Verhältnis führt. Zudem weisen eine Reihe neuronaler Merkmale des ausgeprägten Vogelpalliums auffällige Ähnlichkeiten mit den entsprechenden Strukturen der Großhirnrinde von Säugetieren auf.[74] Besonders interessant ist in diesem Zusammenhang, dass man auch sehr ähnliche neuronale Aktivitätsmuster, nämlich ein sogenanntes »neuronales Bersten« (*neural bursting*) des Thalamus und die Produktion des 40-Hz-Rhythmus, des Gamma-Bandes, bei Zebrafinken gefunden hat [975], was typisch für die neuronalen Aktivitäten des thalamokortikalen Schaltkreises von Primaten ist, welche mit Bewusstsein korreliert zu sein scheinen [976].

---

74 Butler [922] hat diese Merkmale wie folgt zusammengefasst: (1) große, multipolare, glutamaterge Neuronen mit (2) ausgedehnten dendritischen Bäumen, die (3) dicht mit Spines ausgestattet sind, (4) ausgedehnte lokale und reziproke Verbindungen aufweisen, (5) eine weitergehende regionale Konnektivität haben, (6) GABAergen Input von lokalen Interneuronen bekommen, (7) sensorische und andere Inputs aus dem dorsalen Thalamus erhalten, (8) am GABAergen Schaltkreis mit dem thalamischen Retikularkern beteiligt sind und (9) Teil von doppelt-negativen Schleifen (die zwei GABAerge Synapsen beinhalten) durch die Basalganglien sind.

Deutlich schwieriger sind Vergleiche der Neurodynamiken von Säugerhirnen und den entsprechenden Regionen des Zentralnervensystems bei anderen Tiergruppen. Die größte Ansammlung von Nervenzellen aller Wirbellosen haben, wie schon erwähnt, die Kopffüßer. Besonders aufschlussreich im Zusammenhang mit möglichen Bewusstseinszuständen ist die in frühen elektrophysiologischen Studien gemachte Entdeckung von EEG-Mustern, einschließlich ereigniskorrelierter Potenziale, welche denen von wachen Wirbeltieren ähneln und sich gleichzeitig von denen unterscheiden, die bei anderen Wirbellosen bekannt sind [977]. Allerdings konnten bisher keine EEG-Muster identifiziert werden, die eine schnelle unregelmäßige Aktivität mit niedriger Amplitude widerspiegeln, ähnlich jener, die bei Bewusstseinszuständen des Menschen beobachtet werden. Dies würde zunächst die Eingrenzung der Messung auf geeignete Areale des Gehirns etwa des Tintenfisches erfordern, wobei sich dafür besonders die optischen, vertikalen und superioren Lappen anbieten, die kritisch für Lernen und Gedächtnis sind. Insgesamt ist die Neurophysiologie aber noch nicht in der Lage, die Existenz von Bewusstseinszuständen bei diesen Tieren zu belegen.

Insekten mit ihren Miniaturgehirnen [329, 330, 978] sind noch schwieriger einzuschätzen als Tintenfische. Auch lässt ihre oft sehr einfache Lebensweise, bei vielen Arten – Bienen und Ameisen sind wichtige Ausnahmen – ohne Anzeichen von individualisiertem Sozialleben und ausgereifter Kommunikation, kaum den Verdacht auf höhere kognitive Fähigkeiten und Bewusstsein aufkommen. Auch die Suche nach den neuronalen Korrelaten von Bewusstsein ist bei Insekten problematisch, da diese einen starken anthropozentrischen Einschlag hat – man geht ja von den neuronalen Korrelaten des menschlichen Bewusstseins aus – und dementsprechend komplexe kortikale Strukturen in den Vordergrund rücken. Haben Insekten kein Bewusstsein, weil sie keinen Kortex haben?

An dieser Stelle ist es nützlich, prinzipielle Unterscheidungen zwischen verschiedenen Formen oder Graden von Bewusstsein zu bemühen, denn auch Menschen können ohne oder mit geringer Mitwirkung des Kortex bewusst sein. Zwar haben kortikale Schädigungen tiefgreifende Auswirkungen auf die Bewusstseinsinhalte, aber selbst bei Patienten ohne Kortex kann ein sogenanntes Restbewusstsein erhalten bleiben. Vor allem die grundlegende Fähigkeit zur subjektiven Erfahrung kann trotz massiver Schädigungen eines Teils des Kortex verschont bleiben, selbst wenn diese Patienten sonst nicht mit der Welt in Kontakt kommen können [979, 980]. Auch die Erzeugung von Bewusstlosigkeit durch Anästhetika wird eher auf die Schädigung der Verbindung zu den subkortikalen Strukturen und der damit verbundenen Fähigkeit des Gehirns, Informationen zu integrieren, als auf die Funktionen des Kortex selbst zurückgeführt [981]. Neurobiologen neigen daher heute zur Annahme, dass subkortikale Strukturen der grundlegenden Fähigkeit zur subjektiven Erfahrung beim Menschen zugrunde liegen und kortikale Strukturen danach die Ausarbeitung von deren detaillierten Inhalten übernehmen [982].

Die Fähigkeit zur subjektiven Erfahrung wird als die grundlegende und – evolutionär gesehen – erste Form von Bewusstsein beschrieben. Zwar wurden verschiedene Klassifikationen von Bewusstsein vorgeschlagen [898], aber alle enthalten als die Grundform des Bewusstseins jene, die aus einem direkten Bewusstsein der Welt besteht, ohne dass dieses Bewusstsein weiter reflektiert wird. Das bestimmende Merkmal dieser grundlegendsten Bewusstseinsebene ist das Auftreten der Fähigkeit zur subjektiven Erfahrung. Beim Menschen wird diese Fähigkeit nicht im Kortex, sondern vor allem im subkortikalen Bereich erzeugt. Besonders wichtig scheinen dabei die integrierenden Strukturen des Mittelhirns zu sein, ja sie scheinen sogar bei allen Wirbeltieren auszureichen, um die Fähigkeit zur subjektiven Erfahrung zu ermöglichen [897, 950, 983, 984]. Schädigungen der Strukturen des Mittelhirns haben jedenfalls fatale Auswirkungen auf diese Fähigkeit

[897]. Es wird angenommen, dass eine wichtige Funktion des Mittelhirns in der Kombination von interozeptiven sensorischen Informationen – Reize aus dem Körperinneren, Informationen über körperliche Bedürfnisse – und exterozeptiven sensorischen Informationen – Informationen über die Umwelt, den Standort und die Bewegung des Tieres in der Umwelt – besteht. Beim Menschen und anderen Wirbeltieren werden diese beiden Informationsstränge in Kernen, die sich zwischen diesen Reizquellen befinden, integriert, um ein einheitliches multimodales neuronales Modell der räumlichen Lage möglicher Ressourcen relativ zum Tier zu erstellen. Die interne Gewichtung dieses Modells für die Aktionsplanung hängt vom Ausmaß ab, in dem verschiedene Ressourcen vom Tier benötigt werden [897]. Wirbeltiere organisieren ihr Verhalten durch Bezugnahme auf dieses integrierte Modell der Umwelt und nicht durch Reaktion auf unabhängige sensorische Eingaben [985]. Bei Säugetieren werden die sensorischen topografischen Karten der verschiedenen Sinnessyteme – je nach Tierart: Sehen, Hören, Somatosensorik, Infrarot-, Magnet- und Elektrosinn oder Echoortung – im Mittelhirndach[75] überlagert, was ein integriertes Raumgefühl, das die Position, den Zustand und die Bewegung des Körpers einschließt, ermöglicht [950]. Das integrierte Modell bietet auch eine effiziente neuronale Lösung für das Reafferenzproblem [987], das durch die Eigenbewegung verursacht wird.[76] Somit wird in diesen Teilen des Gehirns die Be-

---

75 Genau genommen erfolgt diese Überlagerung und Integration in verschiedenen Schichten der oberen (vorderen) zwei Hügel (*Colliculi superiores*) der sogenannten Vierhügelplatte (*Lamina quadrigemina*) im Mittelhirndach (*Tectum mesencephali*) [986]. Bei Vögeln sind die vorderen Hügel sehr stark entwickelt, denn hier liegt das primäre Sehzentrum, daher wird es bei ihnen als Sehdach (*Tectum opticum*) bezeichnet.

76 Körperliche Bewegungen verursachen weitreichende Veränderungen des sensorischen Inputs, doch wir können unsere eigenen Bewegungen leicht von den Bewegungen der uns umgebenden Objekte unterscheiden. Obwohl Augen- oder Körperbewegungen eine entsprechende »Bewegung« der Umwelt auf der Netzhaut erzeugen, wird die Umwelt

wegungssteuerung im Raum für die gerichtete Aufmerksamkeit genützt, welche für das Erreichen und Greifen nach Zielen von entscheidender Bedeutung ist.

Für mobile Lebewesen ist nicht nur die Orientierung und Navigation im Raum wichtig, sondern auch die Suche nach Objekten, und zwar nicht nur offensichtlichen, sondern auch verborgenen, inklusive der Auswahl der effizientesten Wege dorthin. Das erfordert einen einheitlichen metrischen Raum, der eine effektive Berechnung der Position in Relation zu sowohl tatsächlichen als auch hypothetischen Zielen innerhalb dieses Raumes ermöglicht. Dies geht über den primären sensorischen Input hinaus, kann aber durch eine aus diesem Input konstruierte Simulation der Umgebung ermöglicht werden [988].

Was die Auswahl des Zieles selbst betrifft, ist die Fähigkeit, zwischen konkurrierenden Verhaltensoptionen oder Motivationen zu entscheiden und die benötigten Ressourcen nach Dringlichkeit und Verfügbarkeit einzuordnen, von großem Nutzen. Diese Teilaufgabe zielgerichteten Verhaltens wird bei uns und allen Säugetieren im Mittelhirn von den hypothalamischen Strukturen und den dazugehörigen Kernen übernommen. Dabei werden Informationen aus dem Nervensystem und dem endokrinen System integriert und somit Informationen über den physiologischen Zustand des Organismus gesammelt. Das ultimative Ziel, die Aufrechterhaltung der Homöostase (physiologisches Gleichgewicht), erfordert aber auch die aktive Suche nach den benötigten Ressourcen mithilfe der Beurteilung der Lage im

nicht als bewegt wahrgenommen. Eine Möglichkeit zur Lösung dieses Problems stellt die Bildung einer Efferenzkopie dar, welche die zu erwartende Veränderung auf der Netzhaut vorwegnimmt und von den Kommandozentren an die Ausführungssysteme (zum Beispiel die Muskeln) geschickt wird. Wenn sich Efferenzkopie und Rückmeldungen von den Sinnesorganen decken, wird die Umwelt als stabil und unverändert wahrgenommen. Dieses als Reafferenzprinzip bezeichnete Modell wurde 1950 von Erich von Holst und Horst Mittelstaedt beschrieben [987].

Raum. Integrative Strukturen innerhalb des Mittelhirns und der Basalganglien[77] kombinieren die Resultate dieser nach innen und nach außen gerichteten Beurteilungen, um konkurrierende Motivationen zusammenzutragen und aufzulösen, Ressourcen zu priorisieren und Ziele und Aktionen auszuwählen [897, 985]. Dieser Prozess der Zielselektion kommt der Volition sehr nahe, die ich eingangs im Unterkapitel »Willentlich Handeln« als Koordination von Wahrnehmung, Aufmerksamkeit, Kognition, Emotion, Motivation, Aktivierung und Bewegungssteuerung beschrieben habe, allerdings ohne Antizipation *zukünftiger* Bedürfnislagen.

Bei Entscheidungen müssen Zielauswahl und Aktionsauswahl interagieren, wobei motivierende Faktoren die Priorisierung von Zielen und damit die Auswahl von Maßnahmen beeinflussen, andererseits die Lokalisation der Ziele beeinflusst, welche Ziele ausgewählt werden und welche Maßnahmen ergriffen werden sollten. Merker [897, 950] hat dies als ein »Kernsteuerungssystem« (*core control system*) für Verhalten beschrieben, innerhalb dessen diese Entscheidungen getroffen werden. Er interpretiert demzufolge das Bewusstsein als eine biologische Funktion, die von mobilen Tieren als Lösung für neuronale Logistikprobleme bei der Kontrolle der Orientierung an ihrer Umgebung entwickelt wurde. Da in der Evolution an verschiedenen Stellen eine hohe Komplexität einzelner sensorischer und motorischer Systeme, begleitet von einer Diversifizierung solcher Systeme in der Ausstattung einer bestimmten Art, entstand, ergaben sich erhöhte Kontrollprobleme und Entscheidungsdilemmata. Dazu gehören

---

77 Dazu zählen auch das periaquäduktale Grau (*Substantia grisea periaquaeductalis*), die schwarze Substanz (Substantia nigra), der ventrale Thalamus, Striatum und Retikulärformation (*Formatio reticularis*). Die Basalganglien (*Nuclei basales*) sind Kerngebiete des Endhirns (*Telencephalon*), die unterhalb der Großhirnrinde (also subkortikal) liegen. Diese subkortikalen basalen Kerne sind für wichtige funktionelle Aspekte motorischer, kognitiver und limbischer Regelungen von großer Bedeutung, so auch für Initiative, Willenskraft, Antrieb, Erwartungen und motorische Selektion.

die Koordination mehrerer Systeme, die gemeinsame Nutzung von und der Wettbewerb um Ressourcen, die Rangfolge der Verhaltensprioritäten und die Entscheidungsfindung. Denn letztlich muss das Verhalten, das Ergebnis des Betriebs dieser vielen Komponenten, kohärent, einheitlich und organisiert bleiben. Diese einfachste und ursprünglichste Form von Bewusstsein, auch primäres [989] oder Kernbewusstsein [990, 991] genannt, entstand demnach als neuronale Lösung der genannten Kontroll- und Entscheidungsprobleme, nämlich als Schnittstelle zwischen den räumlichen Sinnen und den motorischen Anforderungen motivierten Verhaltens [897].

Das Grundprinzip des primären Bewusstseins ist es, wahrnehmende und motorische Ereignisse zu integrieren, mit dem Gedächtnis abzugleichen und schließlich eine multimodale Szene in der Gegenwart zu konstruieren. Das wurde bereits von William James vor über hundert Jahren postuliert und später von Gerald M. Edelman die »erinnerte Gegenwart« genannt [905]. Die multimodale Szene kann auch mit den Wertesystem und dem vergangenen Lernen des einzelnen bewussten Tieres in Verbindung gebracht werden. Auf dieser Grundlage kann das Tier sein Verhalten adaptiv ändern. Ein solches Tier mit primärem Bewusstsein kann planen, sich mit der unmittelbaren Szene in der erinnerten Gegenwart auseinanderzusetzen, und hat damit einen Vorteil gegenüber einem Tier, dem eine solche Fähigkeit zur Planung fehlt.

Wem kann solch ein primäres Bewusstsein zugesprochen werden? Sowohl die Fülle hoch komplexer Verhaltensentscheidungen als auch die Größe und Funktion des zentralisierten Nervensystems legen nahe, dass Insekten dieses Kernsteuerungssystem besitzen [992]. Nicht jedes Nervensystem ist dazu in der Lage, einfache verteilte Nervennetze wie jene der Quallen wohl nicht, aber zentralisierte, solche, bei denen man tatsächlich von einem Gehirn sprechen kann, schon. Das Nervensystem der Insekten enthält ein vergrößertes Ganglion, das auf die sensorische Verarbeitung und Integration spezialisiert ist. Mithilfe dieser oft als »Gehirnganglion« bezeichneten Verdichtung entscheiden sie über Aktion und Zielauswahl, verarbeiten sensorische Informationen und führen Befehlsfunktionen über das Verhaltenssystem aus [993]. Überdies ist ein zentraler Komplex darin spezialisiert auf die Verarbeitung von räumlicher Information und die Organisation von Bewegung. Daher wurde argumentiert, dass dieses Areal analoge Funktionen wie die Vierhügelplatte des Mittelhirndachs der Wirbeltiere ausführt. Wie dieses spielt der zentrale Komplex eine entscheidende Rolle bei der Verarbeitung räumlicher Informationen, die von verschiedenen Sinnen stammen. Der zentrale Komplex repräsentiert den visuellen Raum nicht nur so, dass das Insekt sich orientieren und navigieren kann, es verarbeitet auch topographisch organisierte mechanosensorische und propriozeptive Informationen. Diese Information aus dem eigenen Körper wird mit Hilfe von Reaffarenz korrigiert, sodass die Bewegungen und die Orientierung des Körpers und der Gliedmaßen im Raum ebenso wie die Beurteilung der Entfernung und das Erreichen von Objekten wie etwa Beutetieren korrekt erfolgen kann [994]. Entscheidend bei dieser motorischen Kontrolle von Reaktionen auf Umweltreize ist, dass diese nicht einfach durch den primären sensorischen Input – gleichsam nur von außen – gesteuert werden, sondern – gleichsam von innen – durch egozentrische Merkmale (ob die Bedeutung des Reizes aktualisiert werden muss und ob diese mit dem übereinstimmt, worauf sich das Insekt in diesem Moment konzentriert). Bei Bienen fand man sogar heraus, dass die Aktivität im Sehnervenkopf durch Input aus dem Zentralkomplex beeinflusst wird, um die neuronalen Reaktionen auf Reize, die gerade Orte visueller Fixierung sind, zu verstärken [995]. Zusammengenommen zeigen neue elektrophysiologische Studien überzeugender als Verhaltensstudien allein – wie Andrew B. Barron und Colin Klein von der Macquarie University in Sydney (Australien) [951, 992] betonen – die subjektive und egozentrische Natur der neuronalen

Repräsentation der Umwelt bei Insekten und unterstützen die Behauptung, dass diese die Fähigkeit zur selektiven Aufmerksamkeit und damit eine Fähigkeit zur subjektiven Erfahrung haben.

Wie aber sieht es nun mit den höheren Formen des Bewusstseins aus, welche in philosophischen Debatten und vor allem bei der Frage der Sonderstellung des Menschen die zentrale Rolle spielen? Hier müssen wir wohl oder übel auf Verhaltensstudien zurückgreifen, ob als Leitfaden zum Verständnis der zugrunde liegenden Mechanismen oder als einzige Möglichkeit, sinnvolle Vergleiche mit bewussten Handlungen des Menschen zu erzielen. Zunächst aber soll noch ein weiterer Ansatz beleuchtet werden, nämlich die Verwendung von Analogieschlüssen als Hinweis auf funktionelle Ähnlichkeiten zwischen menschlichen und nichtmenschlichen Hirnzuständen.

Funktionale Kriterien für Bewusstsein

Es ist unbestritten, dass Menschen nach vollständiger Entwicklung und im Vollbesitz ihrer geistigen Kräfte zu komplexeren Bewusstseinsformen fähig sind. Wir können zum Beispiel über unsere eigenen psychischen Zustände nachdenken und diese Zustände und Gefühle anderen mitteilen. Ob die Mitteilungsfähigkeit, die in ihrer Mannigfaltigkeit und Feinheit in der Sprachfähigkeit des Menschen gipfelt, ein konstitutiver Teil dieses höchsten Grades von Bewusstsein selbst ist, bleibt dabei fraglich. Sicher ist aber, dass die sprachlichen Berichte ein unschätzbares Mittel sind, um von diesen Bewusstseinszuständen und -inhalten Zeugnis zu geben.

Ganz ohne Zweifel erfordern die höheren Formen des Bewusstseins mehr als die bloße Fähigkeit zur subjektiven Erfahrung. Sie beruhen auf der Fähigkeit, die eigene subjektive Erfahrung zu repräsentieren und gegebenenfalls zu reflektieren und schließlich ein Bewusstsein von sich selbst als einem Selbst zu haben. Wie schon erwähnt, werden die Ebenen, die diesen höheren Fähigkeiten entsprechen, in der Literatur unterschiedlich als »selbstreflexives Bewusstsein« [898], »Zugangsbewusstsein« [884], »Bewusstsein höherer Ordnung« [989] oder »›Ich‹-Bewusstsein« [996] bezeichnet.

In der Psychologie wurden in der Tradition von William James [882] zwei Formen des Selbst oder Ich unterschieden, im Englischen einerseits das »Me« – das Selbst als Objekt der Wahrnehmung oder Selbstzuschreibung, wie es durch seine physischen und mentalen Eigenschaften bekannt ist – und andererseits das »I« – das Selbst als wissendes Subjekt, als Quelle von Wahrnehmung, Handlung, Kognition und Emotion. Auch in den kognitiven Neurowissenschaften hat man Vorgänge der Selbsterfahrung von Vorgängen der selbstbezogenen Verarbeitung unterschieden. Selbstbezogene Verarbeitung bedeutet, ein Merkmal in Bezug auf das eigene Wahrnehmungsbild oder mentale Konzept seiner selbst zu bewerten oder zu beurteilen [997], während Selbsterfahrung selbstspezifisch ist,[78] das heißt einen Prozess beinhaltet, der das Selbst als Subjekt und Akteur spezifiziert, indem er eine funktionale Selbst / Nichtselbst-Unterscheidung implementiert [999]. Selbstbezogene Verarbeitung ist nicht ausschließlich selbstspezifisch, weil dabei auch eine Vielzahl anderer kognitiver Prozesse

78 Zwei paradigmatische, gut untersuchte Beispiele für selbstspezifizierende Prozesse sind die sensomotorische Integration und die homöostatische Regulation, die beide der Selbsterfahrung, ein körperlicher Akteur zu sein, zugrunde liegen. Man spricht dann von Körperbewusstsein (*bodily awareness*), das auf der grundlegenden Unterscheidung zwischen Signalen, die als Ergebnis der eigenen, hinausgehenden (efferenten) Prozesse des Organismus (Selbst) und ankommenden (afferenten) Signalen, die als Ergebnis von Ereignissen der Umwelt (Nichtselbst) entstehen, beruht. Durch die Implementierung dieser funktionalen Selbst / Nichtselbst-Unterscheidung spezifiziert die Integration afferenter und efferenter Signale implizit das Selbst als körperlichen Akteur [998, 999].

rekrutiert wird, etwa das Abrufen von Informationen aus dem Gedächtnis, schlussfolgerndes Denken und Perspektivenübernahme.

Wie aber kann man nun feststellen, ob nichtmenschliche Lebewesen diese höheren Stufen erreichen können? Letztlich, so der Tenor, ist dies trotz aller Erfolge der modernen Neurowissenschaften nur mithilfe von Verhaltensstudien, die kognitive Leistungen aufdecken, möglich. Das ist ganz besonders dort evident, wo die neuroanatomischen und neurophysiologischen Vergleiche an ihre Grenzen stoßen, also im Wesentlichen im gesamten Tierreich, abgesehen von den Säugetieren, wenn nicht sogar nur den Primaten.

Aber wo suchen? Welche kognitiven Leistungen könnten dafür die entscheidenden Hinweise geben? Die bei Menschen sowohl in der Grundlagenwissenschaft als auch in klinischen Anwendungen beliebte Fähigkeit des genauen, verbalen Berichts kann, wie wir schon gesehen haben, kaum oder nur sehr bedingt als Kriterium für den Nachweis des Bewusstseins höherer Ordnung bei nichtmenschlichen Tieren eingesetzt werden. Tastendruck und ähnliche Reaktionen können zwar zwischen zwei oder einigen wenigen Unterscheidungen als Ersatz für den genauen Bericht herangezogen werden. Aber diese Fähigkeit, zwischen Reizklassen zu unterscheiden und zwischen ihnen zu verallgemeinern, ist im Tierreich weit verbreitet und kann sogar von Computern in einer Weise geleistet werden, die dem genauen Bericht ähnelt, obwohl nur wenige Wissenschaftler diese Maschinen deshalb als bewusst bezeichnen würden.

Für den Test vergleichender Vorhersagen bezüglich des Besitzes höherer Formen von Bewusstsein wurden daher mehr als ein Dutzend zusätzlicher Eigenschaften des menschlichen Bewusstseins vorgeschlagen [923]. Die Liste enthält jedoch fast ausschließlich charakteristische Eigenschaften des menschlichen Gehirns während der Anwesenheit bewusster Zustände, wobei es fraglich ist, wie weit die Analogien strapaziert werden dürfen, um bei nichtmenschlichen Lebewesen einen funktionsgleichen Zusammenhang zwischen Bewusstsein und bestimmten mentalen Eigenschaften oder kognitiven Leistungen erwarten zu können. Drei Eigenschaften stellen besonders wichtige, wenn nicht sogar notwendige Kriterien für das menschliche Bewusstsein dar. Es sind dies erstens eine besondere EEG-Signatur – unregelmäßige, niederamplitudige und schnelle elektrische Aktivität im Gehirn im Bereich von 12 bis 70 Hz, welche sich deutlich von der Hirnaktivität bei unbewussten Zuständen wie Tiefschlaf, epileptischem Bewusstseinsverlust und Vollnarkose unterscheidet, die alle durch regelmäßige, hohe Amplituden und langsame Spannungen bei weniger als 4 Hz gekennzeichnet sind. Die beiden anderen Kriterien sind die Abhängigkeit vom thalamokortikalen Komplex und die weite Verbreitung der Hirnaktivität, die durch aktuelle Aufgaben und Bedingungen bestimmt wird, weil im Gegensatz dazu unbewusste Inhalte nur lokale kortikale Aktivität hervorrufen.

Die weiteren Kriterien sind weniger leicht zu testen, schwer einzugrenzen und eher nur typisch als strikt-definitorisch für das menschliche Bewusstsein zu betrachten. Unter anderem scheint sich das Bewusstsein auszuzeichnen durch eine außerordentliche Bandbreite unterschiedlicher Inhaltswahrnehmung, schnelle Anpassungsfähigkeit und Flüchtigkeit bewusster Szenen, Konsistenzbeschränkung, Kapazitätsbegrenzung und Serialität, Bindung der Sinneseindrücke, Selbstzuschreibung, genaue Berichtsfähigkeit, Subjektivität, Erleichterung des Lernens und Stabilität der Inhalte [923].

Mit Ausnahme des ersten Kriteriums haben wir es hier mit rein funktionaler Betrachtung des menschlichen Bewusstseins zu tun, die zwar zum Teil Bezüge zu den neuronalen Korrelaten herstellt, aber dennoch auch ohne diese auskommt.

In jüngster Zeit wurden zwei informationstheoretische Ansätze vorgeschlagen, einerseits von Giulio Tononi (University of Wisconsin, USA), Christof Koch (Allen Institute for Brain

Science, Seattle, USA) und Kollegen [1000], andererseits von Stanislas Dehaene (Collège de France, Paris, Frankreich) und Kollegen [1001]. Beide Ansätze unterscheiden sich von anderen Theorien des Bewusstseins, insofern sie konsequent rechnerisch (*resolutely computational*) sind. Während aber der erste Ansatz auf rein informationstheoretischen Mengen – der sogenannten integrierten Information Φ – beruht, um Bewusstsein zu definieren, berücksichtigt der zweite auch die Tiefe und Natur (Qualität) der Information, die verarbeitet wird.

Bei diesem zweiten Vorschlag werden zwei Arten von informationsverarbeitenden Berechnungen für Bewusstsein in Anschlag gebracht [1001]. Einerseits soll Bewusstsein auf der Auswahl von Information für globale Verbreitung im Gehirn beruhen, damit diese Information flexibel für Berechnungen und Berichte verfügbar gemacht wird (C1), andererseits soll es auf der Selbstüberwachung dieser Berechnungen beruhen, welche zu einem subjektiven Gefühl von Sicherheit oder Irrtum führt (C2). Auch Maschinen, die über C1 und C2 verfügen, wären demnach bewusst. Dehaene meint, eine solche Maschine, etwa ein anthropoider Roboter, würde wissen, dass er etwas wahrnimmt, würde darauf vertrauen, würde es anderen mitteilen können, könnte unter Halluzinationen leiden, wenn seine Überwachungsmechanismen zusammenbrechen, und würde vielleicht sogar dieselben visuellen Illusionen haben wie Menschen.

Globale Verfügbarkeit (C1) und Selbstüberwachung (C2) sind konstitutive Elemente menschlichen Bewusstseins, über die jedoch auch andere Organismen verfügen, die vor bestimmten kognitiven Herausforderungen stehen. Die erste Herausforderung hängt mit der Vielfalt der eintreffenden und gespeicherten Informationen zusammen. Dabei besteht die Notwendigkeit zu Integration und Koordination. Obwohl die Organisation des Gehirns in viele, spezialisierte Module oder Subsysteme effizient ist, hat sie eine Schattenseite: das Tier muss *eine* Aktion ausführen, muss zu Gunsten eines einzigen Aktionsweges entscheiden, oft sehr schnell und nicht selten, um zu überleben. Die Integration aller verfügbaren Evidenzen für eine einzige Entscheidung erfordert globale Verfügbarkeit. Sie erfordert eine ausgeklügelte Architektur für effiziente Zusammenfassung (Bündelung) aller verfügbaren Informationen aus unterschiedlichen Quellen, von verschiedenen Sinnen und auch vom Langzeitgedächtnis, weiters die Abwägung der verfügbaren Optionen und die Auswahl der besten Option, und schließlich erfordert sie Konsistenz und Persistenz, um bei der einmal getroffenen Entscheidung zu bleiben. Während das Gehirn eines Elefanten auf der Suche nach einem Wasserloch, um ein Beispiel zu nennen, genau diese Erfordernisse erfüllt, findet bei einfacheren Lebewesen nur ein unbewusster Wettbewerb unkoordinierter sensomotorischer Systeme statt.

Eigentlich erfüllt Bewusstsein vom Typ C1 genau die Anforderungen, die ich im Unterkapitel zum willentlichen Handeln beschrieben habe. Nicht nur ist es dabei notwendig, größere zeitliche Verzögerungen zu überbrücken, auch kurzzeitige Tendenzen müssen zu Gunsten langfristiger Gewinnstrategien unterdrückt werden. Die spezifische C1-Architektur des Bewusstseins ermöglicht somit kohärente, vorsichtige Planung. Wann genau dieses C1-Bewusstsein in der Evolution entstanden ist, bleibt fraglich, aber als ein Informationsverarbeitungssystem, welches das Problem der Informationsbündelung lösen konnte, scheint es schon sehr früh entstanden zu sein. Sobald die ersten komplexeren Gehirne mit modularer Arbeitsteilung und paralleler Verarbeitung unbewusster Berechnungsprozesse entstanden, war es nötig, diesen Parallelismus zwecks schneller und zielgerichteter Entscheidungsfindung zu durchbrechen.

Es wurde die Hypothese aufgestellt, dass Bewusstsein in seiner ersten Bedeutung (C1) im Sinne eines internen »globalen Arbeitsplatzes« entstanden ist [907, 1002, 1003]. An der Spitze einer Hierarchie spezialisierter Module entstand ein globaler, neuronaler Arbeitsraum mit begrenzter Kapazität, um Informationen auszuwählen, eine Zeit lang parat zu halten und mit mehreren

Modulen zu teilen. Nur ein kleiner Teil der verarbeiteten Information gewinnt den Wettbewerb um den Zugang zu dieser mentalen Arena, die globale Verbreitung und gezielte Entscheidungsfindung ermöglicht. Und genau diese Repräsentationen werden »bewusst« wahrgenommen. Somit manifestiert sich Bewusstsein durch die zeitliche Dominanz dieser Repräsentationen (über alle anderen im Gehirn ablaufenden Prozesse), welche dadurch viele Verhaltensweisen steuern oder ausgewählte Informationen an bestimmte andere Prozesse, etwa an das episodische Gedächtnis, übergeben.

Man könnte sagen, dass das C1-Bewusstsein wie ein Flaschenhals wirkt, der jeweils nur einen einzigen Inhalt im Sinne einer Alles-oder-nichts-Entscheidung bewusst verfügbar macht [972, 1004]. Hirnscans beim Menschen und neuronale Ableitungen bei Affen haben bestätigt, dass es einen Bewusstseins-Flaschenhals gibt, der aus einem Netzwerk von Neuronen besteht, die vor allem im Kortex verteilt sind, besonders in den höheren assoziativen Zentren. Die enorme Größenzunahme des präfrontalen Kortex beim Menschen könnte damit in Zusammenhang stehen, indem sie eine Vergrößerung der Kapazität für multimodale Konvergenz und Integration ermöglicht hat. Empirische Belege für die serielle Arbeitsweise des Bewusstseins sind Phänomene wie »Aufmerksamkeitsblinzeln« (ein kurzes Aufmerksamkeitsdefizit) [1005] und die »psychologische Refraktionsperiode« [1005, 1006], bei denen der bewusste Zugang zum Inhalt A die Wahrnehmung des Inhalts B verhindert oder verzögert.

Die Vergrößerung des präfrontalen Kortex scheint aber auch mit der zweiten Funktion des Bewusstseins höherer Ordnung im Zusammenhang zu stehen. Das C2-Bewusstsein ist die Fähigkeit, sich reflexiv selbst zu repräsentieren [1007, 1008]. Anders als das C1-Bewusstsein ist es nach innen gerichtet, eine Art Selbstüberwachung. Diese Funktion haben wir (in der psychologischen Literatur) mit dem Begriff Metakognition kennengelernt und bedeutet so viel wie Kognition über Kognition, Wissen über Wissen

[1009]. Tatsächlich ist diese Fähigkeit des Blicks nach innen, um durch korrekte Selbsteinschätzung die richtigen Entscheidungen zu treffen, eine der am häufigsten mit Bewusstsein in Zusammenhang gebrachten kognitiven Fähigkeiten. Damit kehren wir an den Ausgangspunkt dieses Buches zurück, nämlich zur Frage, welche Fähigkeiten die Vergleichende Kognitionsforschung mittlerweile bei nichtmenschlichen Tieren zutage gefördert hat, die die Annahme höherer mentaler Zustände (»Denken«) inklusive Bewusstsein stützen.

Der Hinweis bestimmter kognitiver Fähigkeiten auf Bewusstsein

Nach den neurobiologischen und humanpsychologischen Ansätzen zur Bestimmung von Bewusstsein bei Tieren will ich mich abschließend explizit der Frage widmen, welche kognitiven Fähigkeiten bei nichtmenschlichen Tieren nachgewiesen wurden, die ein Bewusstsein höherer Ordnung (und nicht bloß Körper- oder Kernbewusstsein) nahelegen. Da wir es mit verschiedenen Zuständen, Graden und Formen von Bewusstsein zu tun haben, schließt sich unmittelbar die Frage an, wie man diese im weit verzweigten Baum des Lebens aufspüren und unterscheiden kann. Anders gesagt, wie können wir der Variation des Bewusstseins im Tierreich einen Sinn geben? Ist es sinnvoll zu sagen, dass einige Tiere »bewusster« sind als andere? Kommt das Bewusstsein in Graden vor, und wenn ja, wie können sie gemessen und untersucht werden?

Der Philosoph Jonathan Birch (London School of Economics and Political Science, London, GB) und die zwei vergleichenden Psychologinnen Alexandra Schnell und Nicola Clayton von der University of Cambridge (GB) haben jüngst einen mehrdimensionalen Rahmen für das Verständnis der Variation von Bewusstseinszuständen zwischen verschiedenen Tierarten vorgeschlagen

[1010]. Der Rahmen spannt fünf Schlüsseldimensionen der Variation auf: Wahrnehmungsreichtum, Bewertungsreichtum, Integration zu einer Zeit, Integration über die Zeit hinweg und Selbstbewusstsein. Wenn man damit eine Spezies entsprechend bewertet, erhält man deren charakteristisches »Bewusstseinsprofil«. Dieses Vorgehen unterscheidet sich von herkömmlichen eindimensionalen Zuordnungen, gleichsam einer einzigen Skala, auf der eine Spezies als mehr oder weniger bewusst eingestuft werden kann. Und es fußt auf der Anwendung etablierter experimenteller Paradigmen, mit dem Resultat des Vorliegens einer Batterie konvergenter experimenteller Ergebnisse.

Wir sind im Laufe dieses Buches auf sämtliche der für das fünfdimensionale Profil vorgeschlagenen Fähigkeiten gestoßen, haben diese aber unterschiedlich stark mit Bewusstsein in Verbindung gebracht. Bei der ersten Dimension werden Tiere anhand der Reichhaltigkeit und der Feinkörnigkeit ihrer Wahrnehmungen und ihrer darauf aufbauenden Unterscheidungsfähigkeiten verglichen. Es handelt sich dabei in erster Linie um kognitive Aufgaben, die mit der bewussten Wahrnehmung beim Menschen verbunden sind: spezifische Formen des Unterscheidungslernens [1011], Umkehrlernens [1012] und der Spurenkonditionierung (bei der die beiden Reize weit voneinander getrennt sind) [1013, 1014]. Ein zwar nicht kognitiver, aber neurologischer Weg entlang dieser ersten Dimension ist die Feststellung induzierter Blindsicht. Es wurde gezeigt, dass Affen mit Läsionen des primären visuellen Kortex, V1, genau wie Menschen mit Blindheit reagieren, indem sie, wenn sie darauf trainiert wurden, das Vorhandensein oder Fehlen eines visuellen Reizes zu melden, dessen Abwesenheit in einer Region ihres Gesichtsfeldes (mit der trainierten Reaktion) melden, aber gleichzeitig die Information über diesen Reiz verwenden, um die Handlung bei Aufgaben mit erzwungener Wahl zu lenken. Sie greifen an die richtige Stelle, obwohl sie angezeigt haben, dass sie den Reiz nicht sehen können [919].

Die zweite Dimension betrifft die Reichhaltigkeit affektbasierter Entscheidungsfindung [1010]. Man geht davon aus, dass es im Tierreich eine große Variation hinsichtlich der affektiven Bewertung von Ereignissen und Situationen gibt. Obwohl man annimmt, dass alle bewussten Tiere über ein Bewertungssystem der einen oder anderen Art verfügen, so bleibt doch genügend Raum für Verfeinerungen. Einige Tiere können wie wir ständig kleine Veränderungen in ihren inneren Zuständen und ihrer äußeren Umgebung bewerten und damit nuancierte Entscheidungen treffen, während andere nur auf substantiellere Veränderungen reagieren. Eine reiche affektbasierte Entscheidungsfindung berücksichtigt viele Informationen – von außen und von innen – auf einmal (Bewertungsbandbreite) und reagiert empfindlich auf kleine Unterschiede in diesen Eingaben (Bewertungsschärfe). Als Beispiele für experimentelle Paradigmen, die solche Variablen vergleichend untersuchen, werden genannt: Motivationsabwägung, um flexible Entscheidungen zu treffen [1015-1017], flexible Verhaltensänderung bei Änderung der Wertigkeit einer Belohnung [127, 1018], kognitive Voreingenommenheit, sprich der Einfluss des aktuellen emotionalen Zustandes auf die Entscheidungsfindung [1019, 1020], sowie die Empfänglichkeit für die Emotionen anderer [1021, 1022].

Die dritte von Birch und Koautorinnen beschriebene Dimension betrifft die Einheitlichkeit des Bewusstseins. Sie ist allerdings stark von menschlichen Patienten beeinflusst und lässt sich nur schwer auf Tiere übertragen. Während die bewusste Erfahrung bei gesunden erwachsenen Menschen sehr einheitlich ist, bricht sie bei Patienten mit Spalthirn-Syndrom, bei denen das Corpus callosum ganz oder teilweise durchtrennt wurde, diese Einheit anscheinend zusammen [1023]. Es ist allerdings unklar, ob Tiere, die von Natur aus gar keine Verbindung in Form eines Corpus callosum haben, die Welt uneinheitlich wahrnehmen. Denn obwohl zum Beispiel Vögel keine äquivalente Verbindung zwischen den beiden Hemisphären des Palliums haben und die Sehbahnen völlig getrennt verlaufen, zeigen Tauben im Experiment sehr wohl einen Transfer der Information von einem Auge zum anderen [1024]. Beim Versuch zur »interokularen Übertragung« wird das Tier darauf trainiert, eine Aufgabe als Reaktion auf einen Reiz auszuführen, der einem Auge präsentiert wird; das andere Auge wird verdeckt. Danach wird überprüft, ob die Aufgabe noch ausgeführt werden kann, wenn der Reiz dem anderen Auge präsentiert wird. Noch unklarer wird die Frage der Einheitlichkeit bei Weichtieren, etwa bei Tintenfischen, wo die zerebralen Ganglien zwar miteinander verbunden sind, aber über ein gewisses Maß an funktioneller Autonomie verfügen. Es ist nicht anzunehmen, dass ein Krake neun bewusste Perspektiven auf die Welt hat [948].[79]

Eine weitere Form der Einheitlichkeit des Bewusstseins ist die zeitliche. Sowohl über kurze als auch lange zeitliche Distanzen hinweg erscheinen Ereignisse und Erinnerungen uns Menschen stark integriert, sodass wir die Zeit als kontinuierlichen Strom und nicht als Aufeinanderfolge von Momentaufnahmen wahrnehmen [1025]. Das hat sich die Filmindustrie zu Nutze gemacht, denn die schnelle Aufeinanderfolge von Bildern, ab etwa 25 pro Sekunde, nehmen wir nicht mehr als Einzelbilder wahr. (Ein gut untersuchtes Beispiel der Psychophysik ist die Scheinbewegung, die noch eindrucksvoller mit einem Farbwechsel illustriert werden kann. Bei der Farb-Phi-Illusion werden zwei nebeneinander platzierte, alternierend aufblitzende Punkte unterschiedlicher Farbe als ein einziger sich bewegender Punkt wahrgenommen, der auf halbem Weg die Farbe wechselt [1026]. Weder be-

---

79 Kraken haben neun Gehirne, weil zusätzlich zum zentralen Gehirn jeder der acht Fangarme ein Mini-Gehirn hat, das es diesen ermöglicht, unabhängig zu handeln. Da jeder Arm ein Mini-Gehirn hat, sendet das Zentralgehirn nur ein übergeordnetes Signal an den Arm. Bei uns Menschen würde das Gehirn jede Bewegung des Arms anleiten und kontrollieren. Bei einem Oktopus hingegen agiert jeder Arm fast unabhängig, während er zum Beispiel in eine Spalte vordringt und das Innere erkundet.

wegt sich eigentlich etwas, noch ändert sich irgendwo die Farbe, somit konstruiert unser Gehirn eine ziemlich dramatische Illusion, was in der Philosophie des Geistes starke Debatten ausgelöst hat [917].)

Auch über viel größere Zeiträume hinweg erscheint uns der Strom der Ereignisse als integriert und vereinheitlicht. Auch wenn wir teilweise große Erinnerungslücken haben, können wir uns dennoch an sehr viele Erfahrungen erinnern, manchmal sehr lebendig und detailreich. Zusätzlich können wir auch zukünftige Erfahrungen simulieren, sodass wir einen gewaltigen Zeithorizont aufspannen, in dessen Mitte eine vergleichsweise kurze Gegenwart wahrgenommen wird. Die scheinbar beliebige Distanzierung in beide Richtungen nimmt somit eine Form der mentalen Zeitreise an [1027].

Die – wenn auch im Vergleich zum Menschen begrenzte – Fähigkeit von Tieren, in beide Richtungen des Zeitpfeiles zu reisen, habe ich bereits ausführlich beschrieben (im Unterkapitel »Planhandlungen« und im Kapitel »Episodisches Gedächtnis«). Hier mag es genügen, den Proponenten der fünfdimensionalen Bewusstseinskategorisierung zuzustimmen [1010], dass diese Fähigkeit mit großer Wahrscheinlichkeit eine erhebliche kognitive Raffinesse erfordert und, selbst wenn manche Schlussfolgerungen von Experimenten zu spontaner Planung kritisiert wurden [525, 527], man sie als einen vielversprechenden nonverbalen Indikator für bewusste zeitliche Integration ins Auge fassen sollte.

Im Kapitel zum episodischen Gedächtnis habe ich mich auf die prominenten Beispiele der jüngeren Literatur beschränkt, welche sich durch wiederholte, systematisch variierte und bestens kontrollierte Laborexperimente auszeichnen. Beginnend mit den Befunden bei Tauben, Hunden, Delfinen und allen vier Arten von Menschenaffen habe ich gezeigt, wie man Erinnerungen an vergangene Ereignisse oder eigene Tätigkeiten experimentell nachweisen kann. Besondere Berühmtheit erlangten die Laborexperimente mit Buschhähern und Ratten. Mit diesen ausgefeilten

Tests konnte das Vorliegen eines episodisch-ähnlichen Gedächtnisses neben und unabhängig von einem semantischen Gedächtnis bestätigt werden. Diese Befunde, die auf verhaltensmäßigen Kriterien beruhen, sind deshalb bedeutsam, weil sie alternative Sichtweisen und vor allem bescheidenere Ansprüche auf Szenenkonstruktion ermöglichen und damit die vergleichende Arbeit an der episodischen Erinnerung an vergangene Ereignisse und das Nachdenken über zukünftige oder fiktive Ereignisse zusammenführen könnten.

Die Frage aber bleibt, wie Tiere die Zeit repräsentieren, vor allem, ob sie die vergangenen, gegenwärtigen und zukünftigen Ereignisse so integrieren, dass sie an ihr »entlangreisen« können. Und sind die Ereignisse dieser Reise mit subjektiven Erlebnissen verbunden? Wie oben beschrieben, sieht das Konzept der mentalen Zeitreise bei Tulving und seinen Anhängern eine enge Verbindung zwischen episodischem Gedächtnis für vergangene Ereignisse und Denken über persönliche zukünftige Ereignisse vor. Dieses Konzept des mentalen Zeitreisens beinhaltet demnach subjektive Phänomene wie das Bewusstsein, welches sich von einer noetischen zu einer autonoetischen Form entwickelt. Es ist schließlich das introspektive Selbst, welches uns Menschen die Erinnerung und persönliche Erlebnisse wachhält und die Vorstellung an zukünftige Ereignisse ermöglicht.

Der enge Zusammenhang von Gedächtnis und Bewusstsein ist schon lange kein rein theoretischer mehr, sondern wird durch eine große Zahl empirischer Befunde beim Menschen belegt. Insbesondere die Erforschung der kognitiven Entwicklung des Gedächtnisses des Kindes hat die Zusammenhänge aufgezeigt. Es wird eine graduelle Entwicklung angenommen, beginnend von einem rudimentären Zustand des anoetischen Bewusstseins mit einer ersten Art von »Selbsterfahrung«, die auf implizites Erfahrungs- und prozedurales Gedächtnis zurückgreift, hin zu »noetischem« und »autonoetischem« Bewusstsein, das auf semantischen und episodischen Gedächtnissystemen beruht [1028].

Mit etwa vier Jahren können Kinder verbale Falschglaubensaufgaben kompetent lösen [636], haben ein Bewusstsein für das Selbst erworben, welches über die (subjektive) Zeit hinweg bestehen bleibt [1029] und sind in der Lage, bestimmte zukünftige Ereignisse mental zu konstruieren [1030]. Nach Tulving haben sie ein autonoetisches Bewusstsein ihrer Erfahrungen

> in der Kontinuität der subjektiv wahrgenommenen Zeit, die sich sowohl rückwärts in die Vergangenheit in Form von »Erinnern« als auch vorwärts in die Zukunft erstreckt, in Form von »Denken über« oder Vorstellen oder »Planen für« die Zukunft [1031, S. 1506].

Ab diesem Zeitpunkt sind Kinder auch in der Lage, die Theorie des Geistes auf ihre eigenen psychischen Zustände anzuwenden [1032], indem sie ihr Selbst aus der Perspektive einer dritten Person betrachten. Die Theorie des Geistes ist daher mit mentalen Zeitreisen verbunden; es ist das »introspektive Selbst«, das zu episodischen Erinnerungen und episodischem Zukunftsdenken fähig ist.

Die genannten funktionalen und entwicklungsgeschichtlich unterstützten Zusammenhänge aus mentalen Zeitreisen, Theorie des Geistes und Introspektion sind in der Humanpsychologie mittlerweile weitgehend anerkannt und lehrbuchmäßig verankert. Aber für vergleichende Kognitionsforscher ist diese enge Beziehung zum Bewusstsein problematisch, vor allem, weil es die Erforschung des episodischen Gedächtnisses und des Zukunftsdenkens von nichtmenschlichen Tieren erschwert, wenn es sich zu stark auf subjektive Phänomene stützt [574]. Daher wurden alternative Sichtweisen auf die Szenenkonstruktion und die Unterscheidung vergangener Ereignisse entwickelt, die nicht nur das zeitliche Element als Identifikationsmerkmal infrage stellen, sondern vor allem auch das subjektive, persönliche Erlebnis. Das episodische Gedächtnis würde demnach nicht darauf abzielen, sich auf eine Zeitreise zu begeben, sondern einfach nur komplexe Ereignisse zu unterscheiden [573, 574]. Nichtzeitliche Merkmale wie etwa die Erinnerungsstärke würden genügen, über den Zeitpunkt des Eintretens eines Ereignisses zu entscheiden, und eine lineare Chronologie, wie von der Idee der mentalen Zeitreise nahegelegt, entbehrlich machen [575]. Solche sparsamen Gedächtniskonzepte würden uns darüber hinaus auch von der Verpflichtung entbinden, das episodenartige Gedächtnis mit einem Nachweis von bewusster Erfahrung zu versehen.

Die fünfte und letzte von Birch und Koautorinnen beschriebene Dimension betrifft das Selbstbewusstsein, worunter sie das Bewusstsein verstehen, dass man sich selbst von der Außenwelt unterscheidet [1010]. Wie bei allen vier zuvor genannten Dimensionen könnten hier Abstufungen zulässig und somit minimale Stufen des Selbstbewusstseins bei einer Vielzahl von Tieren vorhanden sein [1033]. Eine basale Fähigkeit ist die Registrierung eines Unterschieds zwischen dem Selbst und dem Anderen, welche sich in getrennten Erfahrungen und Repräsentationen innerer körperlicher Ereignisse gegenüber Ereignissen in der äußeren Welt niederschlägt. Jedes komplexe, aktiv bewegliche Tier braucht diese Möglichkeit, Veränderungen seines sensorischen Inputs, die auf seine eigenen Bewegungen zurückzuführen sind, von Veränderungen aufgrund von Ereignissen in der Welt zu unterscheiden [950, 1034]. Wie schon früher in diesem Kapitel ausgeführt, scheint diese Fähigkeit bereits bei Insekten gegeben zu sein [951, 992]. Diese einfachste und ursprünglichste Form von Selbstbewusstsein, welches meist primäres [989] oder Kernbewusstsein [990, 991] genannt wird, ist die Schnittstelle zwischen den räumlichen Sinnen und den motorischen Anforderungen motivierten Verhaltens. Sein Grundprinzip ist es, wahrnehmende und motorische Ereignisse zu integrieren, mit dem Gedächtnis abzugleichen und schließlich eine multimodale Szene in der Gegenwart zu konstruieren [897].

In der Literatur und vor allem unter Philosophen wird jedoch meist ein anspruchsvolleres Selbstbewusstsein diskutiert, das zwar die Wahrnehmung des eigenen Körpers als ein in der Welt existierendes, fortdauerndes Objekt beinhaltet, aber darüber hinausgeht. Zentral bei diesen Diskussionen ist die Frage, ob es sich bei einem möglichen Selbstbewusstsein bei Tieren bloß um ein körperliches oder vielleicht doch um ein psychologisches Selbstbewusstsein handelt [1035]. Bevor ich diese Frage abschließend behandle, möchte ich noch einige Ansätze beschreiben, welche eine Selbsterkenntnis auf der Basis eines körperlichen Selbstbewusstseins nahelegen.

Das Selbst im Spiegel: körperliches Selbstbewusstsein

Einer der meistzitierten, aber auch umstrittensten Tests für Selbstbewusstsein bei Tieren ist der sogenannte Spiegeltest. Obwohl bereits Darwin die Reaktionen von Kindern und Menschenaffen vor dem Spiegel thematisierte, fand dieser Test erst durch die experimentelle Anwendung von Gordon Gallup im Jahr 1970 Eingang in die Vergleichende Kognitionsforschung [1036]. Es ist bekannt, dass einige Tiere, darunter Katzen und Wellensittiche, Interesse an (bewegten) Spiegelbildern oder reflektierenden Oberflächen zeigen, doch die meisten scheinen das Spiegelbild zu ignorieren (geschweige denn den Spiegel als Werkzeug zu nutzen, um Dinge zu sehen, die sie sonst nicht sehen würden).

Da man die Reaktionen von Tieren vor dem Spiegel sehr unterschiedlich deuten kann – mache Tiere reagieren auf ihr eigenes Spiegelbild nicht nur mit Interesse, sondern in einer Weise, die den Schluss nahelegt, dass sie im Spiegelbild unbekannte Artgenossen vermuten, da sie Furcht- oder aber Angriffsverhalten zeigen, andere scheinen sich selbst zu erkennen –, ersann Gallup ein objektives Verfahren, wobei der Schwerpunkt einerseits auf spontanen Manifestationen der spiegelgesteuerten Selbsterforschung, andererseits auf der spontanen Benutzung des Spiegels zur Untersuchung von Markierungen auf ansonsten nicht sichtbaren Körperteilen lag. Und da er von Beginn an am Vergleich zwischen Menschenaffen und anderen Affen interessiert war, untersuchte er sowohl Schimpansen als auch Makaken. Zunächst reagierten die Individuen beider Tierarten so, als befänden sie sich in Gegenwart eines unbekannten Artgenossen. Doch während Makaken für eine Weile »sozial« auf die Spiegelung reagierten und sich danach an die Anwesenheit des »anderen Affen« gewöhnten, begannen die Schimpansen schon bald, die Spiegelung zu benutzen, um Teile ihres Körpers, die sie normalerweise nicht sehen konnten, sorgfältig zu erkunden. Sie öffneten den Mund und starrten dabei auf den Kopf im Spiegel, sie entfernten Körnchen aus dem Augenwinkel oder untersuchten ihren rückseitigen Anogenitalbereich mit Blick in den Spiegel. Dieses Verhalten zeigten die Schimpansen niemals in Abwesenheit des Spiegels [1037].

Dieses menschenähnliche Verhalten der Schimpansen veranlasste Gallup, die Probe aufs Exempel zu machen. Der Grundgedanke war, dass die Tiere, falls sie sich im Spiegel erkennen würden, unauffällige, vom Experimentator heimlich auf ihrem Körper angebrachte Markierungen als solche erkennen und untersuchen würden. Oder anders gesagt:

> [W]enn ein Organismus global weiß, wie er aussieht und erkennt, dass der Spiegel sein visuelles Körperbild darstellt, dann wird er auf die Gesichtsmarkierung reagieren, weil er die Diskrepanz zwischen seinem erwarteten Bild und dem Spiegelbild erkennt. [1038; S. 229]

Nach zehn Tagen, in denen sie Erfahrung mit Spiegeln sammeln konnten, wurden die Schimpansen und Affen betäubt und mit einem Farbtupfer auf der Stirn und einem Ohr markiert. Wichtig ist, dass die Farbe weder die Haut reizte noch gerochen werden konnte. Dies wurde mit einer Kontrolle ohne Spiegel überprüft: nach dem Aufwachen von der Narkose und noch in Abwesenheit des Spiegels machte kein einziges Individuum irgendwelche Anstalten, die Markierungen zu berühren. Als hingegen der Spiegel ins Spiel kam, berührten die Schimpansen, nicht aber die Makaken,[80] die Markierungen am Kopf und untersuchten diese. Offenbar verstanden die Schimpansen, dass sie sich selbst im Spiegel sahen.

Die oft zitierte Arbeit von Gallup in *Science* mit dem prägnanten Titel »Schimpansen. Selbsterkenntnis« [1036] erzeugte nicht nur unmittelbar viel Aufsehen, sondern leitete auch zwei wichtige Entwicklungen in der Kognitionsforschung ein. Einmal führte sie zu einem regen Interesse an Artenvergleichen, weil Gallups Untersuchung eine kognitive Kluft zwischen Menschenaffen (und Menschen) und allen anderen Tierarten andeutete (was er auch noch fünfundvierzig Jahre danach behauptete [1037]). In den vergangenen Jahrzehnten wurde eine beträchtliche Anzahl von Arten dem Markierungstest unterzogen. Nachdem andere Menschenaffen und sowohl andere Altweltaffen als auch Neuweltaffen mit dem Spiegel konfrontiert wurden, kamen bald auch Delfine und Elefanten, einige Vogelarten und schließlich auch Fische an die Reihe. Die Tests, die von vielen ja als ein Maß für das »Bewusstsein des Selbst« oder die »Idee von mir« [1040] angesehen wurden, lösten eine heftige philosophische und kognitionstheoretische Debatte aus. Im Kern dreht sich diese Auseinandersetzung um den Streit zwischen einer schlanken, weichen und einer weitreichenden, harten Interpretation [1041]. Muss man vor dem Spiegel zum Objekt seiner Aufmerksamkeit und damit sich seiner eigenen Existenz bewusst werden [1042], oder genügt es, zum Bestehen des Markierungstests die Fähigkeit zu besitzen, Rückkopplungen von anderen Wahrnehmungsreizen zu unterscheiden [1043, 1044]?

80 Mittlerweile gibt es aber Hinweise, dass sich auch Makaken im Spiegel erkennen [1039].

Bevor ich die Antworten auf diese schwierige Frage zu rezipieren versuche, sei zunächst ein Blick auf den Menschen, genauer gesagt auf Markierungstests mit Kindern geworfen. Auch diese wurden mit Farbe oder Aufklebern im Gesicht oder am Kopf sowie an zusätzlichen, normalerweise nicht sichtbaren Körperteilen markiert. Durch den Vergleich der Reaktionen in Test- und Kontrollsitzungen mit beziehungsweise ohne Spiegel konnte beurteilt werden, ob die Testpersonen auf die Markierung geachtet hatten. Als Reaktion auf den Spiegel wurden verschiedene Arten von Verhalten beobachtet: spiegelgerichtetes Verhalten (zum Beispiel Berührung, Spiel), kontingente Bewegungen (Bewegung des Kopfes oder des Körpers, während man den Bewegungen im Spiegel visuell folgt), auf den eigenen Körper gerichtetes Verhalten (zum Beispiel Berühren oder visuelle Inspektion von Körperteilen) und auf die Markierung bezogenes Verhalten. Beim Menschen tritt die Spiegel-Selbsterkennung zwischen 18 und 21 Monaten erstmals auf und wird von der Mehrheit der Kinder im Alter von 24 Monaten gezeigt, die die Markierungen im Gesicht oder Sticker auf den Beinen umgehend inspizierten [1045, 1046]. Davor sind sie an ihrem Spiegelbild interessiert, aber berühren die Markierung nicht. Mit zwei Jahren genügt ihnen dann meist ein kurzer Blick, um Veränderungen an ihrem Körper bzw. an Kleidungsstücken [1047] mithilfe des Spiegels festzustellen. Da andere kognitive Fähigkeiten wie absichtliche Täuschung, Perspektivennahme und Empathie zu diesem Zeitpunkt noch nicht vorhanden sind, sprechen die Ergebnisse in diesem Alter eher für eine »schwache« Interpretation im Sinne der Fähigkeit, den Spiegel als Wahrnehmungswerkzeug zu benutzen. So können Kinder in diesem Alter zwar Spiegelbilder von Objekten, nicht aber von sich selbst verstehen. Allerdings impliziert das Bestehen des Markierungstests die Fähigkeit zur visuell-kinästhetischen Abgleichung [1048], was bedeutet, dass man sein eigenes Aussehen kennt und mit dem Spiegelbild vergleichen kann.

Die Schimpansen in Gallups Pionierstudie mussten erst einige Stunden oder Tage vor dem Spiegel verbringen, um Erinnerungsbilder ihres Aussehens zu bilden, die es ihnen später ermöglichten, ungewöhnliche Markierungen als von ihrem normalen Aussehen abweichend zu entdecken. Interessant ist auch, dass Schimpansen einen sehr ähnlichen Zeitverlauf für das Bestehen des Markierungstests wie Kinder zeigen [1049]. Auch das könnte für die »schwache« Interpretation sprechen, denn Kinder entwickeln die Fähigkeit, den Spiegel als Wahrnehmungswerkzeug zu benutzen, bevor sie das Alter erreichen, in dem sie anfangen, ihn zur Selbsterkenntnis zu benutzen, wie es unzweifelhaft durch die Benennung des Selbst gezeigt wird [1040].

Die Tendenz zur Überbewertung der Tests wurde mittlerweile auch durch die zweideutigen Befunde bei anderen Tierarten infrage gestellt. Während Bonobos und Orang-Utans den Markierungstest bestanden,[81] scheiterten Gorillas daran regelmäßig. Nur ganz wenige Individuen zeigten Anzeichen von zuverlässigen Reaktionen auf die Markierung [1050], aber insgesamt bleibt die Evidenz für Spiegelbilderkennung bei Gorillas bis in jüngste Zeit unter Experten umstritten [1037]. Ähnlich unklar ist die Lage bei Kleinen Menschenaffen, wie Gibbons und Siamangs [1047]. Andere Berichte wiederum leiden unter dem Mangel der Nichtwiederholbarkeit. Im Fall der Baumwolltamarine [1051] scheiterte der Versuch, die ursprünglich positiven Ergebnisse zu replizieren, völlig [1052]. Einer bemerkenswert erfolgreichen Elefantenstudie, in der einer von drei getesteten asiatischen Elefanten während oder direkt nach der Spiegelerfahrung vermehrt seinen markierten Kopf mit dem Rüssel berührte [1053], stehen zwei gescheiterte Versuche entgegen [1054, 1055]. Neuere Studien konnten immerhin zeigen, dass Elefanten sich selbst als von anderen Individuen und Objekten getrennt erkennen und zum Beispiel ihr

81 Eine gute Übersicht über sämtliche bis 2015 durchgeführten Spiegelerkennungsstudien bei Primaten findet sich in [1037].

Körpergewicht als Hindernis zum Erreichen eines Objekt verstehen [1056].

Die Zweideutigkeit der Befunde wird nochmals in Studien mit Tierarten übertroffen, welche keine Hände oder andere Körperteile haben, um eine Markierung zu berühren. Innerhalb der Säugetiere sind das vor allem die Wale. Bisher wurden nur zwei Große Tümmler auf Spiegelselbsterkennung getetest und haben nach Meinung der Experimentatoren Reaktionen auf reflektierende Oberflächen gezeigt, die mit der Verwendung des Spiegels zur Untersuchung markierter Körperteile übereinstimmt. Tatsächlich untersuchten sie markierte Körperteile durch ein »eindeutig selbstorientiertes, markierungsorientiertes Verhalten« [1057; S. 5942]. Eine weitere Studie konnte dies bestätigen, mehr noch, es wurde körperbezogenes Verhalten vor einem Spiegel sogar von sehr jungen Tieren gezeigt [1058]. Beide Jungtiere zeigten das Verhalten der älteren Tiere der ersten Studien, und das sogar in noch jüngerem Alter als Menschen- und Schimpansenkinder. Interessanterweise erfolgte es bei ihnen parallel zu ihrer fortgeschrittenen sensomotorischen Entwicklung und zum Entstehen von komplexen und wechselseitigen sozialen Interaktionen. Das Ergebnis ist auch deshalb bemerkenswert, weil Delfine – anders als Schimpansen, die sich gegenseitig pflegen –, nicht auf Markierungen bei Artgenossen achten.

Mag man den großhirnigen, schlauen Delfinen das Bestehen des Spiegeltests ohne Weiteres zutrauen, so ist hingegen ein ähnliches Verhalten, welches alle Charakteristika von Schimpansen vor dem Spiegel aufweist – soziale Reaktionen auf die Reflexion, wiederholtes idiosynkratisches Verhalten gegenüber dem Spiegel und häufige Beobachtung ihrer Reflexion –, bei Knochenfischen äußerst bemerkenswert. Auffallend ähnlich wie auch die Tümmler haben Putzerfische versucht, eine farbige Markierung durch Schaben ihres Körpers vor dem Spiegel zu entfernen [1059] (sie zeigten weder eine Reaktion auf transparente Markierungen noch auf farbige Markierungen in Abwesenheit eines Spiegels).

Die stammesgeschichtliche Distanz von Fischen zu Menschenaffen hat vergleichende Kognitionsbiologen dazu veranlasst, an der Sinnhaftigkeit des Spiegeltests als »Lackmustest« für Selbsterkenntnis zu zweifeln und eine gradualistische Evolution des Selbstbewusstseins anzunehmen [1060].

Besonders interessant sind die Befunde von Vögeln. Auch ihnen fehlen lange Körperteile wie Arme und Rüssel, um Bereiche am Körper zu untersuchen, die nicht einsehbar sind, aber teilweise könnten sie dieses Handicap mit einem langen Schnabel oder auch mit ihren Füßen kompensieren. Ein anderes mögliches Handicap bleibt, beziehungsweise wurde bisher nicht durch entsprechende technische Veränderungen gelöst. Das Erkennen im Spiegel ist nämlich nicht nur ein kognitives, sondern auch ein perzeptuelles Problem. Ganz allgemein haben Tiere eher wenig Erfahrung mit Spiegeln, wie sie in unseren Vorzimmern und Bädern hängen. Hier besteht die reflektierende Oberfläche aus Glas, welches Wellenlängen im UVA-Spektrum (315-400 nm) teilweise oder ganz absobiert. Das ist für Tiere, bei denen UV-Licht eine wichtige Informationsquelle darstellt, wie bei vielen Vögeln, ein ernstzunehmendes Hindernis, denn diese Wellenlängen können für die visuelle Signalgebung von Vögeln wichtig sein [1061]. Zum Beispiel haben Rabenvögel der Gattung Corvus eine gewisse Ultraviolett(UV)-Empfindlichkeit. Daher ist die von einem Vogel gesehene Reflexion möglicherweise keine genaue Wiedergabe seines wahren Aussehens. Außerdem könnte die klare Reflexion eher verwirrend oder störend sein, wenn in der visuellen Umgebung von Vögeln nur matte oder verschwommene Reflexionen vorkommen.

Der Einsatz von Spiegeln untersucht also nicht nur die Selbsterkenntnis, sondern auch, wie Tiere auf Reflexionen reagieren und Informationen über räumlich versetzte Objekte und Handlungen verarbeiten. Wir müssen daher verschiedene Leistungen unterscheiden, die beim Spiegeltest abgerufen werden. Zwar ist er für die Frage der Selbsterkenntnis konzipiert worden, aber in der vergleichenden Kognitionsforschung kamen auch andere perzeptuelle und kognitive Fähigkeiten beziehungsweise deren Defizite zum Vorschein.

Grundsätzlich können Spiegel auch für nichtsoziale Aufgaben verwendet werden, etwa, um verborgene Objekte zu finden. Wenn es sich gezielt zu einem Objekt aufmacht, das ohne Spiegel nicht gesehen werden kann (weil es sich zum Beispiel unter dem Tisch befindet, auf dem das Versuchstier vor dem Spiegel sitzt), hat das Tier die Korrespondenz zwischen dem Ort des Objekts und seiner Reflexion im Spiegel verstanden [1054].

Eine weitere Fähigkeit ist die spiegelvermittelte Objektunterscheidung, bei der das Tier den Spiegel verwendet, um zwischen Objekten zu wählen. Zwei Graupapageien wurden auf diese verschiedenen Arten der Spiegelnutzung getestet und bestanden die meisten davon. Sie konnten versteckte Objekte lokalisieren und Objekte im Spiegel unterscheiden [1062].

Was nun die sozialen, auf die Erkennung von Artgenossen beruhenden Reaktionen betrifft, zeigten die Papageien ein Verhalten, wie man es schon bei Zwergseidenäffchen, verschiedenen Tieraffen, Delfinen, kleinen Kinder (<18 Monate) und bei den ersten, spontanen Reaktionen von Orang-Utans und jungen Schimpansen fand [Übersicht in 1063, 1064]. Es gab allerdings keine Hinweise auf Selbsterkennung im Spiegel. Das wurde auch in einer neueren Studie mit zwei anderen Papageienarten, Keas und Goffinkakadus, bestätigt [1065]. Nach mehreren Wochen der Gewöhnung an Spiegel wurden sie dem Markierungstest unter Verwendung verschiedener Markierungen und Markierungsplatzierungen vor länglichen, horizontal und vertikal angeordneten Spiegeln unterzogen. Die Goffinkakadus zeigten weniger soziale Reaktionen auf ihr horizontales Spiegelbild als auf ihr vertikales Spiegelbild, was darauf hindeutet, dass sie diese möglicherweise anders interpretieren (ähnlich wie verschiedene Rabenvögel, wie ich noch zeigen werde). Auch daran sieht man, wie stark perzeptive oder technische Veränderungen die Wahrnehmung beeinflussen und wie sehr die vermenschlichte Perspektive in die Irre führen kann. Die Keas wurden daher einem zusätzlichen Kontrolltest unterzogen, bei dem ihre Reaktion auf einen markierten oder nichtmarkierten Artgenossen hinter einer transparenten Trennwand mit der auf ihre eigene Reflexion verglichen wurde. Sie reagierten auf beide sehr ähnlich und bestätigen damit, dass sie das Spiegelbild als Artgenosse und nicht als Abbild ihrer Selbst interpretierten. Insgesamt fügt sich damit der Gesamtbefund der Papageien in das Bild, welches schon von früheren, aber deutlich weniger gut kontrollierten Arbeiten mit anderen Vogelarten gezeichnet wurde.[82]

Wie schon mehrfach in diesem Buch gezeigt, haben Rabenvögel neben Papageien primatenähnliche Intelligenz, inklusive Werkzeuggebrauch, Zeitreisen, Perspektivenübernahme und Metakognition, erreicht. Somit sind auch sie gute Kandidaten für Spiegeltests. Die Befunde dieser Vogelgruppe lassen jedoch keinen klaren Trend erkennen. Vier in Gefangenschaft lebende Dickschnabelkrähen zeigten während zweieinhalb Stunden Spiegelexposition häufiges Picken und Flügelschlagen mit Blick auf den Spiegel. Das wurde als aggressives Verhalten gegenüber einem Artgenossen interpretiert [1066]. Selbstbezogenes oder auch nur kontingentes Verhalten blieb hingegen völlig aus. Ganz ähnlich zeigten auch zehn in der Wildnis gefangene Geradschnabelkrähen vor einem großen vertikalen Spiegel eher unfreundliches, agonistisches Verhalten gegenüber dem Spiegelbild, zusätzlich auch Exploration des Spiegels von vorne und hinten, aber ebenso keine Anzeichen von Selbsterkennung [1067]. Allerdings verstanden vier Tiere – eines sofort, die anderen nach einiger Zeit – einen kleineren, horizontalen Spiegel zum Auffinden ansonsten nicht sichtbarer Nahrung zu verwenden.

---

82 Einfache Spiegelversuche wurden mit Wellensittichen, Haussperlingen, Keas, Schwarzkopfmeisen, Zebrafinken, Beringmöwen, Birkhühnern, Zedernschwalben, Juncos und Rosenköpfchen durchgeführt (Übersicht in [1062]).

Ganz anders verhielten sich Aas- und Nebelkrähen, denn diese zeigten kaum aggressives Verhalten gegenüber ihrem Spiegelbild [1068], sondern begannen sofort mit der Untersuchung des Spiegels, was Hoffnung auf Selbsterkennung weckte. Aber keine einzige Krähe zeigte während des anschließenden Markierungstests signifikante auf sich selbst bezogene Verhaltensweisen, geschweige denn Versuche, sich die rote Markierung an der Kehle zu entfernen. Dieser Befund und noch weitere Experimente mit Dohlen haben die Problematik bei der Anwendung des bei Primaten entwickelten Markierungstests bei Vögeln bestätigt [1069].

Umso überraschender sind daher die ganz wenigen positiven Befunde bei Markierungstests. In einem Test mit Kiefernhähern zeigte ein Vogel mehr Aktionen im Bereich der mit einem roten Punkt markierten Kehlkopffedern als unter Kontrollbedingungen [1070]. Doch die Tatsache, dass nur einer von zehn Vögeln dieses merkwürdige Verhalten zeigte, und die Reaktionen auch mit einer taktilen Irritation des Kehlkopfes erklärt werden können, ließen die Forscherinnen zweifeln. Sie ersannen daher einen alternativen Test, der nicht nur methodisch, sondern vor allem ökologisch fundiert ist. Da Kiefernhäher für das Verstecken von Futter ebenso wie für die Verteidigung der Verstecke bekannt sind, wählten die Autorinnen eine Aufgabe, die besser zeigen sollte, ob sich die Häher im Spiegel erkennen können. Dazu erlaubten sie den Tiere entweder alleine, in Gegenwart eines Artgenossen oder in Gegenwart eines Spiegels, Futter zu verstecken. Die Vögel versteckten das Futter vor einem normalen Spiegel nicht, eine typische Verhaltensreaktion, um den Diebstahl durch Artgenossen zu verhindern. Offenbar sahen sie im Spiegelbild einen Artgenossen. Überraschenderweise versteckten sie es hingegen bei einem trüben Spiegel, so, als ob sie sich selbst – wenn auch nur verschwommen – wahrnehmen konnten. Warum aber sollte die Selbsterkenntnis ausgerechnet mit einem verschwommenen Spiegelbild ermöglicht werden? Wäre es nicht viel naheliegender zu denken, dass sie im trüben Spiegel keinen Artgenossen mehr wahrnehmen können?

Ein Blick in die visuelle Umwelt der Tiere mag zur Klärung beitragen. In einer natürlichen Umgebung enthalten selbst generierte Bilder, denen ein Tier ausgesetzt wäre, selten klare Identitätsinformationen (die erkennbaren visuellen Merkmale eines Individuums), während selbstkontingente Bewegungen (selbst ausgelöste synchrone Bewegungen des Körpers und des Bildes) viel häufiger vorkommen, wie zum Beispiel bei Schatten oder verzerrten Reflexionen im Wasser. Daher könnten die beiden Spiegel je nach der Lerngeschichte eines Tieres in unterschiedlichem Maße zur Selbsterkennung beitragen und ein verschwommenes Bild, das nur kontingente Bewegungsinformationen liefert, die Selbsterkennung der Kiefernhäher erleichtern [1070].

Ganz überzeugen die Argumente nicht, vor allem wenn man bedenkt, dass Westliche Buschhäher, die nicht nur für das Verstecken von Futter, sondern mehr noch für ihre ausgefeilten Strategien beim Verteidigen ihrer Futterverstecke bekannt sind und in so vielen schwierigen Kognitionsaufgaben bestechende Leistungen zeigten (siehe die Kapitel »Episodisches Gedächtnis« und »Gedankenlesen« sowie das Unterkapitel »Planhandlungen«), in genau derselben Versuchsanordnung, weder beim Markierungstest noch beim Futterverstecken vor dem Spiegel, überzeugende Hinweise für Selbsterkennung lieferten [1071]. Zwar zeigten die Buschhäher stärkeres Futterversteck-Verteidigungsverhalten, wenn sie von einem Artgenossen beobachtet wurden, also vor einem Spiegelbild, egal ob der Spiegel trüb oder klar war. Und dieses Verhalten vor dem Spiegel unterschied sich nicht signifikant vom Verhalten in Abwesenheit eines Spiegels (und Artgenossen), was bedeuten könnte, dass sie sich tatsächlich selbst im Spiegel erkannten. Aber die Unterschiede zwischen den Bedingungen mit Artgenossen oder Spiegel sind gering und statistisch nicht signifikant. Außerdem gibt es alternative Erklärungen, wie zum Beispiel dass die Vögel das Spiegelbild als »merkwürdigen«

Artgenossen interpretierten [1072], was sie veranlassen könnte, ein für die Anwesenheit eines anderen Individuums untypisches Futterversteck-Verhalten an den Tag zu legen. Noch wesentlicher allerdings ist, dass sie beim klassischen Markierungstest scheiterten, weil sie keine Anzeichen zeigten, eine heimlich angebrachte, rote Markierung zu entfernen, wenn sie sich vor dem klaren oder dem trüben Spiegel befanden.

Zusammenfassend kann man die Versuche mit Vögeln vor dem Spiegel als positiv im Sinne der Verwendung des Spiegels als Werkzeug zur Objektunterscheidung und -lokalisation interpretieren, aber negativ im Sinne überzeugender Nachweise für eine durch das Spiegelbild vermittelte Selbsterkenntnis. Diese ernüchternde Zusammenfassung gilt zumindest, wenn man das Verhalten von Menschen und Menschenaffen vor dem Spiegel als Maß nimmt. Aber selbst da darf nicht übersehen werden, dass nur ein eher bescheidener Anteil an Menschenaffen das typisch selbstbezogene Verhalten zeigt. Selbst beim Schimpansen, der am meisten untersuchten Art mit den überzeugendsten Ergebnissen, konnte bei längst nicht allen getesteten Individuen ein eindeutiger Nachweis der Selbsterkennung erzielt werden. Von 105 Individuen, die von Povinelli und Co-Autoren [1073] getestet wurden, wiesen nur 21 einen klaren Nachweis der Selbsterkenntnis auf. Auch in einer anderen Studie mit 73 Schimpansen konnten 71 Prozent der Individuen keinen zwingenden Nachweis von Selbsterkenntnis erbringen [1074], und selbst Kleinkinder bis zum Alter von 18 Monaten bestehen nur zu etwa 65 Prozent den Markierungstest [1075].

Vor diesem Hintergrund war es nicht verwunderlich, dass ein Bericht einer Forschergruppe an der Ruhr-Universität Bochum unter der Leitung von Onur Güntürkün erhebliches Aufsehen erregte. Ansonsten in der Kognitionsliteratur eher unauffällig (vom Erreichen der höchsten Stufe der Objektpermanenz nach Piaget einmal abgesehen), zeigten Elstern deutliches spiegelinduziertes Verhalten [1076]. Drei von fünf der zu den Rabenvögeln zählenden Tiere zeigten Interesse am Spiegel, zwei vermieden ihn. Danach führten zwei Vögel kontingentes Verhalten aus – systematisches Hin-und-Her-Bewegen mit dem Kopf oder dem ganzen Körper vor dem Spiegel. Schließlich konnte bei den drei Vögeln, die Interesse am Spiegel zeigten, auf den eigenen Körper gerichtete Aktionen beobachtet werden, und von diesen versuchten zwei, mit dem Schnabel oder einem Fuß an Markierungen an der Brust oder am Rücken zu gelangen. Für die Autoren und nicht wenige Verhaltensforscher lieferten diese Ergebnisse den ersten stichhaltigen Hinweis auf Spiegel-Selbsterkennung bei einer Art, die nicht zu den Säugetieren gehört. Noch ist dieses Ergebnis aber nicht repliziert worden und muss somit mit der gebotenen Vorsicht interpretiert werden.

Ich will meine Übersicht über Untersuchungen zur Selbsterkennung im Spiegel mit der Elsternstudie abschließen, obwohl noch einige andere Tierarten untersucht wurden. Ein vollständige Berichterstattung würde aber den Rahmen sprengen und nur mehr wenig zur grundsätzlichen Frage beitragen[83]. Stattdessen will ich die Probleme zusammenfassen, die der Spiegeltest für den Nachweis von Selbsterkenntnis bei Tieren mit sich bringt. Zunächst sind es einmal, wie schon erwähnt, perzeptuelle Probleme. Der Spiegel ist ein für Menschen und sein Sehen gut funktionierendes Instrument, das für Primaten, die mit einem nachweislich sehr ähnlichen Sehsystem ausgestattet sind, vergleichbar gut funktioniert. Auf Tiere, die ganz anders sehen oder unter Wasser getestet wurden, trifft das nicht zu. Hinzu kommt der Erfahrungsmangel mit Reflexionen.

Ein weiteres Problem ist die fehlende Motivation, auf den Spiegel angemessen zu reagieren. Delfine etwa sind an dem durch Markierungen stark veränderten Aussehen von Artgenossen

83 Die Spiegel-Selbsterkennung wurde – ohne Rücksicht auf Vollständigkeit – auch bei Ameisen, Buntbarschen, Großen Pandas, Hauspferden, Riesenmantas, Schwertwalen, Seelöwen, Tauben und Tintenfischen (Großflossen-Riffkalmar) untersucht (Zusammenfassung in [1077]).

nicht interessiert [1078]. Dies deutet darauf hin, dass das Erscheinungsbild für diese Tiere möglicherweise nicht so wichtig ist wie für Primaten. Aber selbst wenn einen das Aussehen interessiert, muss das nicht bedeuten, dass man es modifizieren will. Selbst die Untersuchung von Stellen des eigenen Körpers, die man üblicherweise nicht sieht, muss nicht notwendigerweise gewollt sein. Alleine die Tatsache, dass auch viele Schimpansen – in einer Studie waren es sogar zehn von elf – die Markierung am Kopf nicht entfernten, weist auf ein motivationales, nicht kognitives Versagen hin [1079].

Zusammengenommen erfordern diese Probleme ein Überdenken des Spiegeltests, zumindest als bevorzugte Methode des Nachweises von Selbsterkenntnis bei nichtmenschlichen Tieren. Zumindest müsste der Markierungstest noch mit anderen Spiegeltestvarianten kombiniert werden – zum Beispiel mit solchen, bei denen die Unterscheidung des eigenen Körpers oder seiner Identität von Artgenossen, wie beim Futterverstecken, erforderlich ist. Aber selbst das könnte unbefriedigend sein und daher ökologisch sinnvollere und den sensorischen Eigenschaften von Tierarten besser entsprechende Verfahren erfordern. In jedem Fall ist das Ausbleiben »menschlicher« Reaktionen vor dem Spiegel noch kein starker Beleg für das Fehlen von Selbsterkenntnis.

Noch schwerwiegender als die methodische Problematik des Spiegeltests sind die daraus gezogenen Schlüsse, denn der Test hat eine binäre Sichtweise des Selbstbewusstseins gefördert, nach der einige wenige Arten diese Fähigkeit besitzen, andere hingegen nicht. Und sie mündet oft in der Behauptung über eine kognitive Kluft zwischen Menschenaffen einschließlich des Menschen und dem Rest des Tierreichs [1080]. Wenn der Test aber Organismen begünstigt, die mit dem Menschen vergleichbar sind, dann führt seine ausschließliche Verwendung leicht zu falschen Schlussfolgerungen [1041].

Die Evolution kognitiver Fähigkeiten geht selten sprunghaft, sondern meist graduell vor sich, wobei neue Fähigkeiten auf alten aufbauen – ähnlich wie die Entwicklung des Selbstbewusstseins in der Ontogenese des Menschen verläuft [1081]. Und noch unwahrscheinlicher ist eine Entwicklung, die dem »*Scala naturae*«-Modell, dem aristotelischen Konzept der fortschreitenden Komplexität mit dem Menschen an der Spitze, entspricht [1082]. Wir sollten insofern versuchen zu klären, welche Rahmenbedingungen für die Konstruktion eines Selbst erforderlich sind und welche Stufen oder Ausformungen von Selbstrepräsentationen bei verschiedenen Tierarten diesen entsprechen würden. So scheint mindestens eine mittlere Stufe zwischen dem totalen Fehlen eines Selbst-Konzepts und einem voll ausgereiften möglich zu sein. Auch Menschenkinder bringen ihre Neugier auf ihr Spiegelbild lange vor dem Bestehen des Spiegeltests zum Ausdruck [1081]. Zwischen- oder Vorstufen zum voll ausgereiften Selbstbewusstsein werden angedeutet, wenn Tiere die Eigenschaften ihres Körpers richtig einschätzen – ihr Gewicht, wenn sie eine Matte aufnehmen wollen, auf der sie stehen [1056, 1083], oder ihre Größe, wenn sie mit ihrem Geweih zwischen eng zusammenstehenden Bäumen durchlaufen [85], oder ihren Schatten, wenn sie nicht von einem Raubtier entdeckt werden wollen [1084].

Körperkonzepte sind in diesem Sinne Vorläufer von Ich-Konzepten, bei denen ein Organismus seine Identität über die Zeit hinweg erkennt. Diese niedrige Form des Selbstbewusstseins wurde von Ulrich Neisser (Cornell University, USA) [908] als »ökologisches Selbst« bezeichnet, welches auf der untersten Ebene seines Fünf-Stufen-Modells des Bewusstseins steht [1085]: die Verarbeitung von selbstbezüglichen (visuellen, auditiven, kinästhetischen und anderen propriozeptiven) Informationen aus dem Körper.[84] Diese Verarbeitung vermittelt ein direktes Bewusstsein

84 Spezielle Rezeptoren in Muskeln, Sehnen, Bändern und Gelenken, die auf Druck oder Verformung reagieren, und ebenso im Gleichgewichtsorgan (Vestibularapparat im Innenohr von Wirbeltieren) vermitteln

des Selbst in Bezug auf die physische Umgebung, insbesondere Position und Bewegung. Da es sich dabei um eine Grundform des Körperbewusstseins oder um ein primitives Wissen über den eigenen Körper in Bezug auf die Umwelt handelt, ist das ökologische Selbst vermutlich die Ursache für eine Form von subjektiver Perspektivität [1087]. Das ökologische Selbst stellt damit eine »niedrigere« Form des (Selbst-)Bewusstseins dar [898].

Die Frage ist nun, inwieweit das ökologische Selbst die Selbsterkennung im Spiegel ermöglicht. Der Psychologe Robert Mitchell von der Eastern Kentucky University (USA) liefert dazu eine plausible Antwort [1048, 1088]. Er ist davon überzeugt, dass die Selbstwahrnehmung, wie sie durch den Spiegeltest belegt wird, nicht so stark verstanden werden muss, wie das etwa Gallup annahm, sondern bereits als Selbstdarstellung, die nicht reflektiert werden muss, ihren Anfang nimmt. Diese Selbstdarstellung ist das Ergebnis von propriozeptiven Informationen der Position des eigenen Körpers und des eigenen Körpergefühls sowie von visuellen Bildern des eigenen und anderer Körper. Er nennt diese Theorie die »kinästhetische Passungs-Theorie«, weil der Organismus seine kinästhetischen Empfindungen seinem visuellen Bild im Spiegel anpasst und, wenn diese übereinstimmen (*matching*), er damit voraussagen kann, dass die Markierung auf der Nase auf dem Gesicht im Spiegel eine Markierung auf der eigenen Nase anzeigt [1048].

Informationen über Bewegungen, Haltung und Position des Körpers beziehungsweise einzelner Gliedmaßen. Zusammengenommen handelt es sich bei der Propriozeption um die Wahrnehmung des eigenen Körpers – dessen Lage im Raum, die Stellung von Kopf, Rumpf und Gliedmaßen zueinander sowie deren Veränderungen als Bewegungen mitsamt dem Empfinden für Schwere, Spannung, Kraft und Geschwindigkeit. In der Sinnesphysiologie unterscheidet man drei Sinnesmodalitäten der Propriozeption: den Bewegungssinn (Kinästhesie), den Lagesinn und den Kraftsinn. Beim Menschen spricht man auch synonym von Tiefenwahrnehmung [1086].

Wenn die Selbsterkenntnis vor dem Spiegel, gemessen am Bestehen des Markierungstests, bloß aus der Entdeckung der Ähnlichkeit zwischen dem Gefühl der Ausdehnung und Bewegung des eigenen Körpers und dem Aussehen resultiert, würde das dafür nötige Selbstbewusstsein keine komplexen psychischen Zustände mit sich bringen. Für Mitchell ist die Selbstwahrnehmung beim Markierungstest nur eine Verhaltenskompetenz, die anderen Assoziationsprozessen gleichkommt. Die für diese Annahme störende Tatsache, dass bisher nur wenige Tierarten den Test bestanden haben, könnte man mit den oben beschriebenen methodischen Problemen des Tests und den sensorischen und motivationalen Hindernissen erklären. Aber man könnte auch einwenden, dass das Sich-Erkennen im Spiegel nicht bloß auf einer reinen körperlichen Selbstwahrnehmung fußt, sondern auch auf einer sozialen Einordnung, wo sich das »Selbst im Spiegel« [628] des anderen in einem reflektierenden Objekt konstruiert, wie das Wolfgang Prinz vom Max-Planck-Institut für Kognitionsforschung in Leipzig beschrieben hat.

Vom Bewusstsein, bewusst zu sein

Phylogenetisch später, bei uns Menschen, vielleicht aber auch schon bei anderen Tierarten, die den Spiegeltest bestehen, wird die Selbstwahrnehmung so erweitert, dass das Individuum die Kenntnis oder das Verständnis seiner persönlichen Geschichte oder Motive, Handlungen und Hoffnungen hat. Und auf einer höchsten Stufe ermöglicht rekursive Wahrnehmung dem Individuum, sich bewusst zu sein, dass es bewusst ist [1089, 1090].

Manche Autoren unterscheiden zwischen zwei Qualitäten von Selbstbewusstsein: ein objektives Selbstbewusstsein, das sich auf die Fähigkeit eines Organismus bezieht, sich vom Rest der Welt zu unterscheiden und die Reize zu beachten, die ihm selbst entsprechen; und ein subjektives Selbstbewusstsein, mit dessen Hilfe sich der Organismus mit diesen Reizen identifiziert [1091]. Diese Identifikation wurde von Lewis [1040] »die Idee von mir« genannt.

Entsprechend der für das menschliche Bewusstsein vorgenommenen Unterteilung beziehe ich mich jetzt auf die höchste Ebene, auf der der Organismus nicht nur auf die Reize der äußeren Umwelt fokussiert und reagiert, sondern ein Selbstmodell aufbaut, das Planung, Beurteilung und Selbstüberwachung ermöglicht. Er verarbeitet und bewertet neue Informationen aus dem Blickwinkel einer persönlichen Geschichte, erinnert sich an die Vergangenheit und projiziert in die Zukunft. Insofern ist dieses Selbstbewusstsein »meta-repräsentativ« [901].

Mit dieser Art von Selbstbewusstsein wird der Organismus zum reflektierenden Beobachter, der nicht nur seinen Körper und sein Aussehen (Selbsterkennen im Spiegel), sondern auch sein Wissen (»metakognitiv«) und seine Erinnerungen kennt. Darunter fallen besonders episodische (und somit autobiografische) Gedächtnisinhalte und Inhalte der Selbsteinschätzung. In weiterer Folge kann sich der Organismus auch in zukünftige Situationen versetzen, seine zukünftige Bedürfnislage einschätzen, und dementsprechend planen. Das wiederum ist bei der Herstellung und Verwendung geeigneter Werkzeuge und beim Lösen von Problemen mit mehreren Handlungsoptionen entscheidend. Schließlich sind Fähigkeiten der Perspektivenübernahme und des Gedankenlesens wichtige Nebenprodukte der Selbstreflexion, weil man die Selbsteinschätzung zur Projektion auf andere nutzbar macht. Wir können diese Fähigkeiten auch mit Hilfe von Tulvings [490] Unterscheidung zwischen *noetischem* und *autonoetischem* Bewusstsein spezifizieren und fragen, ob nichtmenschliche Tiere neben einem Bewusstsein von (semantischen) Wahrnehmungs-, Konzept- oder Gedächtnisrepräsentationen auch Selbstbewusstsein mit autobiografischen Inhalten entwickeln können.

Wie ich zu Beginn des Kapitels über das Gedankenlesen erwähnt hatte, wurde argumentiert, dass das Bewusstsein seiner selbst auch ein Bewusstsein bei anderen impliziert [627], weil das Selbst im Kern ein soziales Wesen ist, dass maßgeblich aus seiner Stellung in der Gemeinschaft bestimmt wird [628]. Und tatsächlich wird der Zusammenhang aus Gedankenlesen, Introspektion und Bewusstsein dadurch verdeutlicht, dass Menschen mit Problemen, sich die Gedanken und Wünsche anderer vorzustellen, Schwierigkeiten haben, in sich selbst hinein und die Konsequenzen ihrer eigenen Handlungen voraus zu sehen [629]. Für das menschliche Bewusstsein scheint es daher wichtig zu sein, sich in andere hineinzudenken oder zu -fühlen, seine eigenen Wünsche und Bedürfnisse in den unterschiedlichsten Situation gut zu kennen und dieses Wissen auf andere zu projizieren. Das Zusammenspiel aus Introspektion und Projektion erlaubt es uns, uns mit anderen auszutauschen, die eigenen Handlungen mit denen anderer zu koordinieren und eng abgestimmt zusammenzuarbeiten.

Wie schon zu Beginn des Kapitels über Metakognition ausgeführt, hat bereits René Descartes mit seinem »Ich denke, also bin ich« diese Form des Nachdenkens über das eigene Denken als Voraussetzung für ein Konzept des Selbst und des voll reflektierenden Bewusstseins gesehen. Dieses Nachdenken wird von einem Gefühl des Vertrauens in das eigene Wissen und die Richtigkeit der eigenen Entscheidung begleitet. Menschen können davon berichten, aber man kann auch von außen beurteilen, wie viel Vertrauen sie in ihre Entscheidungen haben, indem man (retrospektiv) misst, ob Menschen dauerhaft bei ihrer ursprünglichen Entscheidung bleiben, oder indem man (prospektiv) testet, ob sie »aussteigen«, bevor sie versuchen, eine schwierige Aufgabe zu lösen. Das sind genau jene beiden Verfahren, mit denen versucht wird, die Fähigkeit zur Metakognition bei nichtmenschlichen Lebewesen zu bestimmen [613]. Neurobiologen haben für die Fähigkeit, Vertrauenssignale explizit zu extrahieren und zu manipulieren, bestimmte Netzwerke im menschlichen Gehirn lokalisiert [593], aber auch bei Affen und Ratten wurden solche präfrontalen Kortexareale nachgewiesen [1092, 1093].

Ein indirekter Zusammenhang von (Selbst-)Bewusstsein und Metakognition wird auch bei bestimmten neurologischen Verfahren sichtbar. Besonders die neuronale Aktivität im präfrontalen Kortex ist für die bewusste Wahrnehmung wichtig, genau dort, wo auch die Metakognition beheimatet ist [1094]. Wenn eine Aktivität in diesem Gehirnteil mit transkranieller Magnetstimulation (TMS) manipuliert wird, ist auch die explizite (bewusste) Metakognition betroffen [1095]. Offenbar werden die Hirnmechanismen, die für bewusste Wahrnehmung höherer Ordnung und explizite Metakognition verantwortlich sind, gemeinsam genutzt. Entweder sind die beiden kausal verbunden, oder die ältere Fähigkeit der Metakognition wurde »recycelt«, um das jüngere Bewusstsein zu ermöglichen [889].

Es ist weiters wichtig, auf den Unterschied zwischen Introspektion und Metakognition hinzuweisen. Während Introspektion einen Akt der absichtlichen und mühevollen Selbstbeobachtung und Auswertung laufender bewusster Erfahrungen bezeichnet, bedeutet Metakognition nur, dass sich ein kognitiver Prozess auf einen anderen Prozess bezieht. Obwohl die meisten Theoretiker annehmen, dass explizite Urteile über einen Aspekt eines anderen Prozesses und Selbstvertrauen darüber, wie gut man eine kognitive Aufgabe oder eine Gedächtnisaufgabe lösen kann, bewusst erfolgen, besteht die Möglichkeit, dass Metakognition auch auf einer subpersonalen Ebene stattfinden kann, zum Beispiel, wenn wir spontan bemerken, dass wir einen Fehler gemacht haben, ohne gefragt worden zu sein.

In letzter Zeit wird vermehrt die Ansicht zum Ausdruck gebracht, dass selbst die Theorie des Denkens höherer Ordnung (HOT) nicht so anspruchsvoll sein muss, dass alle dabei beteiligten Prozesse explizit und verbalisiert sein müssen (sodass als Konsequenz HOT-Bewusstsein mit dem tierischen Bewusstsein unvereinbar wäre [894] oder gar die meisten Tiere überhaupt keine bewussten Zustände hätten [614]). Rocco Gennaro etwa hat die Ansicht verteidigt, dass eine HOT mit dem tierischen Bewusstsein in der überwiegenden Zahl der Fälle vereinbar ist [916, 1096, 1097]. Seiner Meinung nach deuten einige Experimente der letzten Jahre stark darauf hin, dass viele Tiere metakognitive Zustände aufweisen können (diese Experimente, vor allem mit Menschenaffen, Delfinen und Ratten, habe ich im Kapitel »Metakognition« beschrieben).

Ein ähnlicher Gesinnungswandel wurde im Hinblick auf »Ich-Gedanken« vollzogen. Auch hier haben die immer ausgeklügelteren Experimente zur Metakognition ein Umdenken bei manchen Philosophen bewirkt, die Tieren nun mentale Zustände über mentale Zustände oder »Kognitionen« über andere mentale Repräsentationen zugestehen [3, 1033, 1098].

Allerdings wissen wir aus neueren Studien an Menschen, dass die Kontrolle über kognitive Prozesse nicht unbedingt metakognitiv sein muss [615] beziehungsweise von metakognitiven Repräsentationen, zum Beispiel von Entscheidungen über inkonsistente Handlungen, Gebrauch machen muss [617, 618]. Entsprechend der Theorie der dualen Systeme [620] würden die ersten Kontrollprozesse schnell agieren, oftmals autonom und parallel arbeiten und implizit, also nichtbewusst sein, während die zweiten von Exekutivfunktionen auf höherer Ebene, seriell und mit größerem Zeitaufwand durchgeführt werden würden und explizit/bewusst wären [619]. Bei Menschen wurde nachgewiesen, dass viel von der kognitiven Kontrolle, die unter einen weiten Begriff von Metakognition fallen würde, außerhalb von System 2 stattfindet [1099]. Versuchspersonen zeigen deutliche Entscheidungsunsicherheit, hemmen Reaktionen auf Reize, von denen sie aufgrund visueller Maskierung nichts wissen können, und verlangsamen ihre Entscheidungen nach Fehlern, von denen sie nicht wissen, dass sie sie gemacht haben [1100].

Sind nichtmenschliche Tiere, die in ähnlicher Weise in der Lage sind, metakognitive Informationen zu nutzen, auf System 1 beschränkt? Ich habe in diesem Buch eine Reihe überzeugender Belege dafür behandelt, dass sie unter Bedingungen, unter denen ein menschlicher Beobachter sie als unsicher bezeichnen würde, eher nach zusätzlichen Informationen suchen, Entscheidungen ablehnen und geringere Einsätze bei schwierigen Entscheidungen tätigen. Aber Skeptiker behaupten, dass diese bemerkenswerten Leistungen auch auf einfachem Verstärkungslernen beruhen könnten [604, 1101]. Sogar in den überzeugendsten Experimenten mit Schimpansen oder Ratten erachten es Kritiker als möglich, dass unbewusst laufende Prozesse des internen Systems 1 automatisch ein belohnungssuchendes Verhalten auslösen. Jedenfalls sehen sie nicht genug Evidenz für die zusätzliche Inanspruchnahme einer Fähigkeit zur Metakognition von System 2.

Warum aber genügt System 1 nicht für Menschen, was ist der Mehrwert von System 2? Ich habe das schon im Kapitel zur Metakognition ausgeführt, aber kurz zusammengefasst lautet die Hypothese, dass System 1 nur die Steuerung innerhalb eines Individuums betrifft, während System 2 Kontrollprozesse ermöglicht, welche zwischen zwei oder mehr Individuen existieren [619]. Erst dabei, und das ist hier der entscheidende Punkt, ist höheres Bewusstsein im Spiel, denn nur dieses gewährleistet die Koordination von sensomotorischen Repräsentationen zwischen zwei oder mehr Personen und nutzt die metakognitiven Informationen der interagierenden Personen [619]. Erst diese metakognitiven Repräsentationen von System 2 stehen für mündliche Berichte zur Verfügung, und genau das ist es, was manche Theoretiker für das entscheidende Merkmal von Bewusstsein und damit als das Alleinstellungsmerkmal des Menschen betrachten. Die sprachlichen Berichte sind wichtig, weil sie eine optimale Kontrolle bei der Kooperation von zwei oder mehr Personen gewährleisten [623]. Es ist unbestreitbar, dass die gemeinsame Entscheidungsfindung über Wahrnehmungen und Befindlichkeiten mittels sprachlicher Kommunikation viel wirksamer ist als bloß mittels Gesten und anderer nonverbaler Mittel, und dass gerade bei metakognitiven Inhalten die verbale Mitteilung im Vorteil ist [619] [623, 624]. Wem kann man trauen, wer spricht die Wahrheit, wer ist unsicher? All das zeichnet die überpersonale oder zwischenmenschliche Koordination metakognitiver Inhalte aus und verbindet sie mit der »Theorie des Geistes« [625], vor allem, weil sie ein explizites Verständnis von falschen Vermutungen oder Überzeugungen ermöglicht.

11. Wie denken Tiere? Ein Resümee in 7 Punkten

In diesem Buch habe ich die (meisten der) großen und zugleich schwierigsten Fragen der vergleichenden Kognitionsforschung diskutiert und Antworten vorgeschlagen. Ausgehend von der Frage, ob wir Tieren Rationalität zuschreiben können, und wenn ja, welchen Tierarten und bis zu welchem Grad, habe ich neueste Forschungsergebnisse beleuchtet, die entweder bevorzugte Interpretationsschemata infrage stellen oder sogar ganz neue erfordern. Besonders wichtig war mir dabei, voreilig gefasste, oft vom Menschen und von alltagspsychologischen Vorstellungen abgeleitete Kategorisierungen kritisch zu hinterfragen und tierische (Fehl-)Leistungen aus dem Blickwinkel der artspezifischen, natürlichen Erfordernisse zu betrachten. Die wichtigsten Fragen, die ich in diesem Buch behandelt habe, lassen knapp zusammengefasst folgende Antworten zu:[85]

1. Können wir Tieren Geist zuschreiben?

Ja, Tiere haben unzweifelhaft mentale Fähigkeiten, die über rigide, instinktgebundene Handlungskontrolle hinausgehen und damit flexibles Verhalten und vor allem das Lösen von neuartigen Prob-

85 Dieses Kapitel erschien in abgewandelter Form bereits in meiner Rezension eines Werkes von Frans de Waal mit dem bezeichnenden Titel *Are we smart enough to know how smart animals are?* [1102].

lernen ermöglichen. Viele Tiere modifizieren ihr Verhalten durch Lernen, sind nicht an das Hier und Jetzt gebunden, sammeln Erfahrung, speichern sie im Gedächtnis, richten das Verhalten nach zukünftigen Ereignissen und Bedürfnissen aus, kommunizieren untereinander, lernen voneinander und handeln miteinander. Einige Tierarten – nicht nur Menschenaffen, sondern auch mehrere andere Säugetiere, ebenso wie Vögel und andere Wirbeltiere und in einzelnen Fällen (bestimmte Hautflügler und Kopffüßer) sogar wirbellose Tiere – sind zu den höchsten Formen nichtsprachlicher Rationalität fähig, die in diesem Buch zusammengefasst wurden.

2. Worin besteht der Unterschied zum Menschen?

Wie jede Tierart besitzt auch die Art *Homo sapiens* artspezifische Eigenschaften und Fähigkeiten. Daher vermeiden Biologen den bei manchen Philosophen und Anthropologen beliebten Begriff »Sonderstellung« und ersetzen ihn durch den Begriff der Eigenart, mit dem die Eigenschaften des Menschen und ihre artspezifische Ausprägung im Vergleich zu anderen Tieren evolutionsbiologisch bezeichnet werden [880, 1103]. Je nach Maßstab, Feinkörnigkeit und Terminologie sind Unterschiede zu analogen Merkmalen bei anderen Tierarten eher nur quantitativ oder doch qualitativ. Die Faszination, die Befunde der vergleichenden Kognitionsforschung in jüngster Zeit ausgelöst haben, geht unter anderem darauf zurück, dass unerwartet komplexe, menschen*ähnliche* Leistungen nicht nur bei nahe verwandten Tieren wie den Schimpansen, sondern sogar bei Vögeln, Fischen, Reptilien, Fröschen, Bienen und Tintenfischen gefunden wurden. Wir dürfen aber auch nicht das Kind mit dem Bade ausschütten: menschlicher Geist, menschliche Kultur, menschliche Moral sind gewiss einzigartig, selbst wenn es Ähnlichkeiten einzelner Bestandteile davon bei anderen Tieren gibt.

Ganz besonders oft werden zwei Fähigkeiten von Philosophen, Anthropologen und Linguisten als besondere, herausragende Merkmale des Menschen genannt: Sprache und Bewusstsein. Aber sind sie tatsächlich Alleinstellungsmerkmale des Menschen, mit deren Hilfe er sich kognitiv über das restliche Tierreich gehoben hat? Bei der Sprache habe ich zwar zugestanden, dass sie in ihrer vollen menschlichen Form einzigartig für unsere Spezies ist, vor allem weil sie uns die Fähigkeit verleiht, alles auszudrücken, was wir denken können. Aber einerseits stützt sich diese Fähigkeit auf eine breite Palette biologischer Mechanismen, die wir mit anderen Tieren teilen, andererseits können auch viele andere Tierarten kommunizieren und sowohl Emotionen als auch Wissen mitteilen. Somit lässt sich trefflich darüber streiten, ob die grenzenlose Ausdrucksfähigkeit die menschliche Sprache von allen anderen Kommunikationssystemen qualitativ und kategorisch abhebt.

Was das Bewusstsein betrifft, läuft die heutige Debatte unter Kognitionsforschern entlang der Frage, ob nichtmenschlichen Tieren ein »metarepräsentatives« Selbstbewusstsein zugestanden werden kann. Immerhin deuten die neuesten Belege für Planhandlung, episodisches Gedächtnis, Metakognition und Gedankenlesen bei einigen Tierarten an, dass sie auch eine – zumindest bescheidene – Art von Selbstmodell aufbauen, das Planung und Selbstüberwachung ermöglicht.

Zu den genannten Fähigkeiten könnten in der Evolution des Menschen weitere hinzugekommen sein, die besonders für die Koordination in der Gruppe, für ausgefeilte kooperative Handlungen wie etwa die gemeinsame Jagd, vorteilhaft waren: höhere Formen metakognitiver Repräsentationen, die mit Hilfe einer zunehmend mächtiger werdenden Sprache zwischen Individuen ausgetauscht werden können, und somit eine höhere, überindividuelle Form der Kontrolle ermöglichen. Eine jüngst vorgeschlagene Hypothese geht so weit [619], dass dieses neue System 2 der Metakognition Gedanken, Vorstellungen und Wissen für mündliche Berichte zur Verfügung stellt, was dann für das entscheidende Merkmal des menschlichen Bewusstseins gehalten wird. Mit dieser Art Selbstbewusstsein wird der Mensch zum reflektierenden Beobachter, der nicht nur seinen Körper und sein Aussehen, sondern auch sein Wissen (»metakognitiv«) und seine Erinnerungen kennt und diese anderen mitteilen kann. Es ermöglicht schnelle und wirksame Entscheidungsfindung über Wahrnehmungen und Befindlichkeiten im Kollektiv, und damit wiederum verbesserte Kontrolle bei der Kooperation [623]. Wenn diese Hypothese stimmt, kam es in der Evolution der Gattung *Homo* – möglicherweise zum Teil schon davor – zu einer Synergie in den Höherentwicklungen mehrerer kognitiver Fähigkeiten, die sich gegenseitig positiv beeinflussten und in emergenter Weise gemeinsam den menschlichen Geist formten. Man könnte diesen Geist insofern als ein Konglomerat verstehen, dessen Elemente – zumindest in bescheidenerer Form – auch bei anderen Lebewesen vorkommen, die aber als Ganzes genommen heute nur mehr bei einer Art auffindbar sind, bei *Homo sapiens*.

3. Wie können wir die geistigen Fähigkeiten von Tieren bestimmen?

Mit dem Versuch der Beantwortung aller vier Tinbergen'schen Fragen [828], mit ganzheitlicher Betrachtung, mit großer Kenntnis der Tierart, ihrer Lebensumstände, ihrer evolutionären und funktionalen Zugzwänge, unter Hinzunahme von Methoden und Erkenntnissen aller anderen biologischen und kognitionswissenschaftlichen Disziplinen, mit einer Kombination aus (ausgefeilter, kontrollierter, wiederholter und vor allem experimenteller) Laborforschung und Freilandbeobachtung sowie mit der fortschreitenden Aufklärung der neuronalen Grundlagen und Mechanismen der kognitiven Leistungen kommen wir in dieser Sache weiter [1104]. Es ist zwar dem großen Primatologen Frans de Waal von der Emory University in Atlanta (USA) Recht zu geben, dass wir uns immer der Frage stellen müssen, ob wir überhaupt klug genug sind, um die Klugheit der Tiere zu verstehen [1105], aber der Eifer und die Kreativität der damit beschäftigten Wissenschaftlerinnen und Wissenschaftler stimmt mich sehr optimistisch.

4. Kann die menschliche (anthropomorphe) Perspektive verlassen beziehungsweise ihre (erkenntnistheoretische) Begrenztheit überwunden werden?

Je mehr wir die unter Punkt 3 beschriebenen Methoden vorantreiben, vor allem Begriffe präzisieren, Alltagsbegriffe hinterfragen und die große Vielfalt der Evolution zu schätzen lernen, wonach Tiere nicht auf halbem Weg zum Menschen steckengeblieben sind, sondern sich in ganz andere Richtungen entwickelt haben, desto eher können wir die harten Nüsse der Kognitionsforschung knacken. Wichtig ist, eine neutrale beziehungsweise eine den Tieren gerecht werdende Sprache zu finden, alte Vorurteile und Wunschvorstellungen abzubauen und speziesunabhängige Modelle zu entwickeln, die große Vorhersagekraft besitzen [1106]. Neben der Verfeinerung der Methoden des eigenen Fachs ist die Hinzunahme von Erkenntnissen aus anderen biologischen Disziplinen (Ökologie, Physiologie, Neurobiologie, Genetik usw.) und aus dem großen Fächerkanon der Kognitionswissenschaften (Anthropologie, Psychologie, Sozial- und Kulturwissenschaften, Informatik, Linguistik etc.) für ein umfassendes Verständnis kognitiver Prozesse bei Tieren notwendig.

5. Wie können verschiedene nichtmenschliche Tierarten verglichen werden?

Es gibt keinen Königsweg, aber artgerechte Aufgabenstellungen und das Ersinnen konvergenter Aufgabenserien mit systematischer Variation möglichst vieler nichtkognitiver Einflüsse auf die Lösungsfindung erleichtern den intrinsisch schwierigen Artenvergleich [1107]. Unabdingbar ist es, eine der Tierart adäquate Aufgabenstellung zu finden und mit geeigneten Kontroll- und Vergleichsbedingungen alternative Erklärungen für das gezeigte Verhalten auszuschließen. Dafür ist die Kenntnis der Tierart, ihrer Alltagsprobleme und der dabei eingesetzten Bewältigungsstrategien wichtig. So ist es etwa nicht sinnvoll, Aufgaben, bei denen Händigkeit von Vorteil ist, bei Huf- oder Klauentieren anzuwenden. Selbst Hunde und Wölfe sind bei Objektmanipulationen gegenüber Primaten im Nachteil. Und auch innerhalb der Vögel gibt es Tiere, die neben dem Schnabel auch ihre Füße einsetzen, während andere auf ihren Schnabel beschränkt bleiben.

Allerdings ist auch bei der Anwendung artgerechter Aufgaben Vorsicht geboten: Wenn gefordert wird, Tiere sollten anstatt abstrakter Aufgaben nur mit auf ihre Bedürfnisse, Ansprüche, Anpassungen usw. zugeschnittenen Aufgaben getestet werden, wird der Artvergleich erschwert und unterminiert. Jegliche Differenz im Problemlösevermögen könnte dann als methodischer Fehler in der Aufgabenstellung wegdiskutiert werden. Was sich für die eine Art als passend erweist, ist dann für die andere Art zu abstrakt und ökologisch uninformiert.

In den Kognitionswissenschaften wird die Assoziation zwischen Lebensweise, Evolution und Kognition in verschiedenen Theorien thematisiert – sei es in Hinsicht auf die Unterscheidung zwischen Ö-Rationalität (ökonomisch, ökologisch) und PP-Rationalität (jene von Philosophen und Psychologen), in der Debatte um die psychometrischen Faktoren *g* und *G* oder in der Theorie des verkörperten Geists [255]. Besonders häufig wird in letzter Zeit die Frage erörtert, ob Tierarten über eine bereichsübergreifende (*domain-general*) statt eine bereichsspezifische (*domain-specific*) Intelligenz verfügen. Sollte die Evolution die Arten nicht mit maßgeschneiderten Werkzeugkoffern statt mit Schweizer Taschenmessern ausstatten [1108]? Hohe Flexibilität und Lösbarkeit von Problemen aller möglichen Umwelten ist schließlich kostspielig. Nach dem Slogan »*simple heuristics make us smart*« [83] sollte eine ökologische Rationalität im Tierreich vorherrschen.

In den letzten Jahren konnten durch die Integration von Vergleichender Kognitionsforschung und Evolutionsbiologie Fragen zur stammesgeschichtlichen Verteilung kognitiver Merkmale sowie zu den evolutionären Prozessen, die ihre Entwicklung vorangetrieben haben, beantwortet werden [1109]. Es wurden Methoden entwickelt, um quantitativ zu prüfen, ob spezifische kognitive Fähigkeiten mit der Lebensgeschichte (zum Beispiel der Lebensspanne), der Morphologie (zum Beispiel der Hirngröße) oder sozioökologischen Variablen (zum Beispiel dem Sozialsystem) korreliert sind. Mittels ausgefeilter statistischer Analysen lässt sich sogar messen, wie stark die Verwandtschaft die Verteilung kognitiver Fähigkeiten über die Arten hinweg vorhersagt. Und schließlich lassen sich sogar die evolutionären Quellen eines bestimmten kognitiven Merkmals mit Hilfe der experimentellen Bestimmung der kognitiven Leistung von existierenden Arten eingrenzen [1110].

6. Welchen Nutzen haben kognitive Fähigkeiten?

Entscheidend für das Verständnis der kognitiven Fähigkeiten von Tieren ist die Beantwortung der Frage, welchen Wert diese Fähigkeiten für die jeweilige Tierart haben, nicht aber, ob sie menschenähnliche Qualitäten besitzen. Evolutionär betrachtet, sollten Tiere gerade einmal das leisten oder wissen, was für das

Überleben des Individuums und seiner Fortpflanzung zuträglich ist. Damit stellt sich unweigerlich die Frage, ob Tieren damit insofern funktionale Fesseln angelegt sind, dass »höhere« oder »komplexe« Fähigkeiten nur dann entstehen, wenn sie dafür notwendig sind. Aber ist es nicht gerade das Wesen von Kognition, neu auftauchende Probleme zu meistern? Muss dafür nicht ein gewisser Grad an funktionalem Überschuss vorhanden sein? Damit sind wir bei einer schwierigen Kosten-Nutzen-Kalkulation angelangt. Wie wir wissen, sind die Kosten für hohe Intelligenz groß. Unsere Gehirne verbrauchen in Relation zu anderen Körperteilen enorm viel Energie (was für ein Gehirn mit 86 Milliarden Nervenzellen, welche elektrische Impulse mit 400 Stundenkilometern durch das Gehirn jagen, nötig ist). Obwohl unser Gehirn nur 2 Prozent des Körpergewichts ausmacht, verbraucht es 20 Prozent des Sauerstoffs. Dafür werden nicht weniger als 1000 Liter Blut am Tag durch es hindurchgepumpt.

7. Wie verbreitet sind höhere Intelligenzleistungen im Tierreich?

Die »evolutionäre Psychologie« [1111] bietet keine zufriedenstellende Antwort auf diese Frage [1110]. Da sie sich kurzsichtig im Wesentlichen auf die Hominidenevolution beschränkt, können die großen Trends in der Evolution von kognitiven Fähigkeiten nicht in den Blick kommen. Selbst wenn man alle Primaten oder gar alle Säugetiere betrachtet, bleibt diese Sparte der Psychologie äußerst selektiv. Denn auch der große Rest des Tierreichs muss Lebensprobleme meistern und dazu auch über ein gewisses Maß an Kognition verfügen. Wir brauchen daher eine »Vergleichende Kognitionsforschung«, die in Anlehnung an die »Vergleichende Verhaltensforschung« einer umfassenden, ausgewogenen und damit deutlich weniger anthropozentrischen Sicht auf den großen Stammbaum des Lebens gerecht zu werden versucht, indem die verschiedenen »Früchte am Baum der Erkenntnis« betrachtet werden [1112]. Selbst innerhalb der Wirbeltiere ist die Mainstreamforschung einäugig, weil zwei große Klassen nahezu ausgeblendet werden: Amphibien und Reptilien. Für evolutionäre Fragen wie die der Entstehung der Vogel- oder Säugerkognition sind diese großen Tiergruppen aber unerlässlich und eine »kaltblütige Kognitionsforschung« zeitgemäß [1113, 1114]. Zwar hinkt die Forschung in diesem Bereich jener bei Säugern und Vögeln hinterher, aber erste Anzeichen einer Aufholjagd sind schon erkennbar. So konnte von meiner Kollegin Anna Wilkinson in sensationellen Experimenten gezeigt werden, dass solitär lebende Köhler-Schildkröten [1115] und streifenköpfige Bartagamen [1116] zur Nachahmung im Sinne der echten Imitation fähig sind, was die bis dahin vorherrschende Meinung, dies sei nur bei sozial lebenden Tieren möglich, auf den Kopf gestellt hat.

Weniger überraschend sind mittlerweile die Berichte über außerordentliche Verstandesleistungen bei Fischen. Nicht nur die besonderen Fähigkeiten von Putzerfischen, ihre Klienten zu erkennen, mit ihnen zu kooperieren, aber sie auch zu täuschen [1117, 1118], sondern auch die bei diversen anderen Fischarten gefundene Evidenz für soziale Strategien, soziales Lernen und Traditionsbildung sowie kooperative Jagd, besondere Fähigkeiten zur Nahrungssuche, der Gebrauch von Werkzeugen, kognitive Karten, das Verhalten gegenüber Raubtieren und die Manipulation der Umwelt haben erstaunliche Nachweise für die »Unterwasserkognition« offengelegt [1119]. So gesehen ist es nicht ganz so verblüffend, dass Putzerfische bei der Wahl zwischen einem permanenten und einem flüchtigen Erfolg schneller lernen als Tauben, Ratten, Kapuzineraffen und sogar Orang-Utans und Schimpansen [1120].

Auch im Bereich der wirbellosen Tiere sind Intelligenzbestien unter Wasser zu finden. Größte Bekanntheit haben dabei die Tintenfische, insbesondere der Oktopus, erlangt [1121-1123]. Ihre Intelligenz beschränkt sich nicht auf besondere Jagdtechniken, sondern reicht – wie vor Kurzem am Gewöhnlichen Tintenfisch nachgewiesen – bis zum vorausschauenden Planen [572].

Sprichwörtlich auf den Kopf gestellt wurde die Frage nach der Evolution kognitiver Fähigkeiten durch die sensationellen Befunde von Honigbienen, Hummeln und anderen Hautflüglern (*Hymenoptera*), die in den letzten Jahren von den Teams um Martin Giurfa (Université de Toulouse, FR) und Lars Chittka (Queen Mary University of London, GB) erbracht wurden [Übersichten in 331, 1124-1127]. Zwar zählen deren Neuronenverdichtungen – es sind keine Gehirne im eigentlichen Sinn – zu den größten unter den Insekten, aber mit maximal 960 000 Neuronen sind sie doch um ein Vielfaches kleiner als jene von Wirbeltieren. Selbst wenn man die Gehirngröße von Honigbienen auf ihre Körpergröße normiert, liegt die relative Gehirngröße im untersten Bereich jener von Wirbeltieren. Lange wurde angenommen, ein kleines Gehirn versehe ein Tier mit geringerer Rechenkapazität, und Bienen galten daher als rein instinktgesteuert. Auch ihre referenzielle Kommunikation mithilfe des Schwänzeltanzes galt lange als ein Beispiel für angeborenes, wenig flexibles Verhalten, aber das ist mittlerweile – wie zu Beginn des Kapitels über die Sprache beschrieben – widerlegt. Zudem haben die jüngsten experimentellen Forschungen ein erstaunliches Bild weiterer kognitiver Leistungen gezeichnet. Es konnte gezeigt werden, dass die internen Repräsentationen nicht ausschließlich aus Assoziationsketten für Stimulus-Reaktionsverknüpfungen bestehen, sondern viel komplexer, flexibler und integrativer aufgebaut sind. Honigbienen zeigen konfigurale Formen der Konditionierung, das Vermögen zu bikonditionaler Unterscheidung, kontextabhängiges Lernen und Erinnern, ja sogar einige Formen der Konzeptbildung, wie die für abstrakte Regel oder die Beziehung zwischen gleich und ungleich [332, 1128]. Neuerdings haben sich Bienen auch in die Gruppe der Tierarten eingereiht, die zu sozialem Lernen und sogar zum Werkzeuggebrauch fähig sind [1129], und Hummeln können Objekte intermodal (taktil und visuell) repräsentieren [1130].

Die Erforschung höherer kognitiver Fähigkeiten (wie das in diesem Buch beschriebene Sextett tierischer Intelligenz) steht bei wirbellosen Tieren, Fischen, Amphibien und Reptilien noch am Anfang, aber die Vergleichende Kognitionsforschung ist – wie jede andere empirische Wissenschaft – ergebnisoffen. Weitere spektakuläre Entdeckungen wie jene in diesem Buch beschriebenen sind zu erwarten. Aber gleichzeitig mit der »kognitionsbiologischen Spurensuche« muss sich das Feld der Vergleichenden Kognitionsforschung reformieren, denn es darf nicht voreingenommen gegenüber der Bestätigung außergewöhnlicher Fähigkeiten bei Tieren sein, was leider zu oft der Fall ist. Kritiker meinen, dass es wahrscheinlich eine hohe Rate an falsch-positiven Entdeckungen gibt und eine gewisse Voreingenommenheit gegenüber außergewöhnlichen Fähigkeiten selbst in Gegenwart starker methodischer Kritik besteht [1131]. Hinzu kommt das Fehlen einer formalen Methode zur Bewertung von Beweisen für das *Fehlen* einer kognitiven Fähigkeit, die Mehrdeutigkeit der Definitionen, die für Behauptungen verwendet werden, und vor allem eine »Replikationskrise« [1132, 1133]. Aber das Potenzial der Reformierbarkeit ist vorhanden, eine wachsende Zahl (selbst-)kritischer Kognitionsbiologen hat Initiativen vorgeschlagen, die auf die Verbesserung der Replizierbarkeit und Reproduzierbarkeit in der Vergleichenden Kognitionsforschung, die unter der Verwendung oft kleiner und idiosynkratischer Stichproben leidet, hinauslaufen [1134]. Dazu gehören die Erhöhung der Transparenz und die Umsetzung guter Praktiken in allen Bereichen der experimentellen Forschung, etwa die Erhöhung sowohl der Homogenität als auch der Heterogenität in der Versuchsplanung, statistische Modellierung der Variation, die Erhöhung des Gebrauchs von Vorregistrierung (die Bekanntgabe der Forschungsfragen, Variablen, experimentellen Methoden und geplanten Analysen *vor* der Datenerhebung) und insbesondere die Förderung von Replikationsversuchen [1135]. Ein weiterer konstruktiver Weg in die Zukunft der Vergleichenden Kognitionsforschung (und vieler anderer empirischen Wissenschaften) liegt in der konsequenten Anwendung von »Open Science«-Prinzipien [1136]. Ein Weg zur Bewältigung der Replikationsprobleme wurde in jüngster Zeit mithilfe groß angelegter Kollaborationen durch offene Wissenschaftsplattformen eingeschlagen. Dabei arbeiten Forschungsgruppen über Ländergrenzen hinweg an einem gemeinsamen Projekt, so etwa im Feld der Primatenkognition [1137], der Vogelkognition [1138] und der Kinderpsychologie [1139]. Auch mein Labor hat sich einer solchen Initiative angeschlossen und mit vielen anderen Laboren gemeinsam das Verstehen der menschlichen Zeigegeste bei Hunden untersucht, um sowohl den Einfluss von Unterschieden zwischen Populationen und Rassen als auch den Einfluss von Testumgebungen auf die Robustheit der Ergebnisse zu bestimmen [1140]. Alle diese Maßnahmen werden die Zuverlässigkeit und Validität veröffentlichter Forschungsergebnisse erhöhen und der Vergleichenden Kognitionsforschung eine leuchtende Zukunft ermöglichen.

Epilog: Was können wir daraus lernen?

Zunächst gilt für die Vergleichende Kognitionsforschung alles, was allgemein für empirische Grundlagenwissenschaften gilt: Wissen befriedigt die Neugier des Menschen. Der Mensch ist sowohl seiner Natur als auch seiner Kultur nach bestrebt, sich selbst und die Welt kennen und verstehen zu lernen. Er will Naturphänomene erklären können, ihre kausalen Mechanismen aufdecken, denn er hasst die Ungewissheit. Ohne ständiges Streben nach Wissen gäbe es die menschliche Kultur nicht. Wissen ist umso mehr nötig, desto mehr der Mensch die Welt verändert. Das zeigt sich momentan besonders gut am Klimawandel, aber es ist generell wichtig, die Konsequenzen des eigenen Handelns, im Kleinen wie im Großen zu bedenken. Wir sind nicht nur in der Lage, wir sind auch herausgefordert, über die Konsequenzen unseres Tuns nachzudenken. Denn Handeln ohne Wissen ist fahrlässig.

Der Erkenntnisgewinn mündet nicht immer sofort und unmittelbar in praktisches Wissen. Nur allzu oft wurden praktische Anwendungen nur auf der Basis schon zuvor etablierten Allgemeinwissens möglich. Daher muss sich auch der Grundlagenforscher für sein Tun rechtfertigen, er muss sein Wissen hinterfragen, denn Wissen, ohne zu handeln, ist verantwortungslos. Das durch naturwissenschaftliche Erkenntnisse bereitgestellte Wissen kann entscheidend für unsere Zukunft sein.

Wir dürfen dabei aber nicht übersehen, dass sich Grundlagenwissenschaft grundsätzlich von angewandter Wissenschaft unterscheidet. Grundlagenforschung ist eine Quelle der Inspiration und Innovation, ihr Ziel ist nicht Wirtschaftswachstum oder

Verfügbarkeit von Konsumgütern, sondern, neues Wissen zu schaffen und bestehendes Wissen zu hinterfragen. Sie fordert unablässig die Grenzen des heutigen Wissens heraus, überwindet die Beschränkungen traditioneller Konzepte und erzeugt neue Hypothesen, neue Theorien, neue Materialien, neue Reaktionen, neue Methoden. Wahrhaft innovative Forschung unterscheidet sich von technischer, auf schnellen Erfolg ausgerichteter Anwendungsforschung, es wird durch eine andere Geisteshaltung befördert.

> Wissenschaft an sich hat nicht das Ziel, »nützlich« zu sein, sondern strebt danach, die Gesetze der Natur zu verstehen – durch freie und unabhängige Verfolgung von Ideen und offene Kommunikation. Durch Neugierde angetriebene, für sich genommen erst einmal »nutzlose« Forschung bringt neues Wissen und gegebenenfalls neue Lösungen hervor. [...] Der wissenschaftliche Geist, der unermüdlich bestehendes Wissen hinterfragt, ist die treibende Kraft für gesellschaftliche Entwicklung in allen Bereichen [1141; S. 18048f.].

Die Grundlagenwissenschaft hat einen besonderen Wert für die Gesellschaft in ihrer Funktion, die fakten- und evidenzbasierte Voraussetzung für gesellschaftliche Entwicklungen zu schaffen, gleichzeitig aber auch die Auswirkungen gesellschaftlicher Entscheidungen voraussehen und verstehen zu können. Es muss im besonderen Interesse der Gesellschaft und der politischen Verantwortungsträger liegen, wissenschaftlich fundiert, anstatt emotional Entscheidungen zu treffen, weil Letztere zu willkürlichen Ergebnissen mit möglicherweise schädlichen Folgen führen können.

Auch im Bereich der Tierforschung befinden wir uns in einem dramatischen gesellschaftlichen Wandel, der von besonders heftigen und emotional geführten Debatten begleitet wird. Es besteht kein Zweifel darüber, dass dieser Wandel auch durch die neuen Erkenntnisse aus der vergleichenden Kognitionsforschung befeuert wird, und dass das daraus entstehende Wissen über Tiere Eingang in die zentrale Frage der Tierethik findet, nämlich wie wir Tiere behandeln sollen.

Um das an einem Beispiel zu illustrieren: Noch während meines Biologiestudiums war es selbstverständliche Praxis, unzählige Ratten zu töten, um sie in den vergleichenden morphogischen Übungen (noch handwarm) zu sezieren. Heute werden die Tiere (großteils) durch Modelle, teilweise sogar in der virtuellen Realität (3-D-Brillen) ersetzt. An meiner jetzigen Wirkungsstätte, der Veterinärmedizinischen Universität Wien, wurde im Jahr 2012 das sogenannte VetSIM-Labor eingerichtet, in dem Studierende praktische medizinische Fertigkeiten an Modellen erlernen und üben, bevor sie sie am tierischen Patienten anwenden. Ein besonders beliebtes und effektives Modell ist ein Hundedummy, an dem die entsprechenden Griffe und Handlungen vor, während und nach einer tierärztlichen Behandlung geübt werden.

Tierversuche[86] in der Grundlagenwissenschaft stehen zunehmend in der Kritik, weil sich unsere Einstellung gegenüber dem Nutzen-Schaden-Verhältnis verändert hat. Je größer der Eingriff und je gravierender die Folgen, desto größer ist die Notwendigkeit der Rechtfertigung. Mittlerweile sind Versuche an Menschenaffen in der gesamten EU verboten, wie groß ihr Nutzen auch sein mag. Das gilt jedoch weiterhin nicht für alle anderen Primaten. Durch ihre evolutionäre Nähe zum Menschen eignen sich diese besonders zur Erforschung von menschlichen Krankheiten. Sie werden – großteils – für die letzten Sicherheitsprüfun-

---

86 »Tierversuche sind alle für das Tier belastenden, insbesondere mit Angst, Schmerz, Leiden oder dauerhaften Schäden verbundenen experimentellen Eingriffe an oder Behandlung von lebenden Wirbeltieren, die [...] das Ziel haben, eine wissenschaftliche Annahme zu prüfen, Informationen zu erlangen, einen Stoff zu gewinnen oder zu prüfen oder die Wirkung einer bestimmten Maßnahme am Tier festzustellen« (§ 2 des österreichischen Tierversuchsgesetzes, BGBl. Nr. 501 / 1989).

gen von zukünftigen Medikamenten vor dem Einsatz am Menschen eingesetzt, aber auch für wichtige grundlegende Fragen zur Funktion des gesunden Organismus. In den Neurowissenschaften werden Affen bis heute für nichtmedizinische Fragen, etwa zur Bedeutung einzelner Gehirnareale oder auch einzelner Neuronenklassen (zum Beispiel der sogenannten »Spiegelneurone«) mit invasiven Methoden – Einsetzen von Elektroden, Entfernung oder Stilllegung ganzer Gehirnteile – erforscht. Zwar macht die akademische Forschung an Affen nur knapp ein Fünftel aller Tierversuche mit Primaten aus,[87] aber die geringere Notwendigkeit für das Wohl des Menschen stellt diese Forschung unter eine besonders hohe Begründungs- und Rechtfertigungspflicht. Immerhin sind Tierversuche in der EU, aber auch in vielen außereuropäischen Ländern nur dann erlaubt, wenn die Belastung der Tiere bezüglich des Versuchszwecks ethisch vertretbar ist. Speziell dafür eingesetzte Kommissionen müssen prüfen, ob die Notwendigkeit und Angemessenheit des geplanten Tierversuchs die zu erwartende Belastung aufwiegen. Es gilt ganz allgemein: Je höher das Leid, desto größer muss der (wissenschaftliche) Nutzen sein.

Forscher, die einen Tierversuch durchführen wollen, müssen bereits im Genehmigungsantrag abwägen, ob ihr Vorhaben ethisch vertretbar ist. Das Problem dabei ist einerseits, dass die Prognose des zukünftigen Nutzens sehr schwierig ist, und andererseits, dass man in ein kaum aufzulösendes ethisches Spannungsverhältnis gerät zwischen dem Wunsch, zum Wohle der

87 In Deutschland wurden 2015 17 Prozent der Affen für die akademische Forschung und 83 Prozent von der Industrie gebraucht, beispielsweise für vorgeschriebene Giftigkeits- und Sicherheitsprüfungen. Darunter fanden sich vor allem Javaneraffen (85,6 Prozent), daneben Tamarine und Marmosetten (9,7 Prozent), Halbaffen (3,2 Prozent), Rhesusaffen (1,3 Prozent) und Paviane (0,2 Prozent). Quelle: Versuchstierzahlen 2016. Statistik des Bundesministeriums für Ernährung, Landwirtschaft und Verbraucherschutz (BMEL) Deutschland.

Menschheit zu forschen, und dem Problem, dafür das Leid und den Tod von Tieren bewusst in Kauf zu nehmen. Solange Tierversuche nicht vollständig durch alternative Methoden ersetzt werden können,[88] bleibt dieses ethische Dilemma bestehen.

Rein quantativ gesehen sind es aber nicht vorwiegend Affen, die dem medizinischen und wissenschaftlichen Fortschritt geopfert werden. Weltweit werden jedes Jahr mehr als 100 Millionen Tiere in Tierversuchen getötet,[89] überwiegend (ca. 80 Prozent) Mäuse und Ratten. Der Grund dafür ist – neben praktischen Vorteilen der Haltung und Züchtung –, dass man das Erbgut der Nagetiere so verändern kann, dass bei ihnen Krebs-, Stoffwechsel-, Infektions- oder Nervenerkrankungen und andere schwere Leiden zielgerichtet ausbrechen. Im Kapitel zum episodischen Gedächtnis habe ich eine Reihe von Rattenstudien beschrieben, die eindrucksvoll zeigen, zu welchen enormen Verstandesleistungen diese Tiere fähig sind. Schon viel länger ist bekannt, das Ratten auch ein superbes Raumgedächtnis und ein außerordentliches Orientierungsvermögen besitzen [1143]. Für die ethische Frage des Umgangs mit diesen nach den Mäusen am häufigsten eingesetzten Versuchstieren relevant sind vor allem die qualvollen Versuche, die nicht nur bei Tierschutzorganisationen für lauten Protest sorgen.[90] Das Leben in engen Käfigen und der in der Regel

---

88 Es besteht in der Gemeinschaft der Wissenschaftler, die Tierversuche einsetzen, weitgehend Einigkeit darüber, sie auf ein notwendiges Minimum zu beschränken beziehungsweise durch Alternativen zu ersetzen. Als Richtlinie gilt dabei das »3R-Prinzip«: Replace (Vermeiden), Reduce (Verringern) und Refine (Verbessern). Die drei Begriffe wurden von zwei britischen Forschern, dem Zoologen William Russell und dem Mikrobiologen Rex Burch, geprägt [1142].

89 Die Dunkelziffer dürfte aber ein Vielfaches betragen, da viele Tiere in den Tierversuchsstatistiken nicht erfasst werden.

90 Es gibt unzählige Berichte über Versuche, bei denen ihr Bauch bei lebendigem Leib aufgeschnitten wird, ihre Gehirne mit Mikroelektroden verdrahtet oder sie mit Krankheiten, Gift oder ihren eigenen Fäkalien infiziert werden. Besonders grausam ist der »Forced Swim Test«, bei dem Ratten in einen Wasserbehälter gesetzt werden, aus dem es kein

während oder nach dem Versuch einsetzende Tod sind noch die geringeren Übel im Vergleich zu Stress und Angst, Qualen und Schmerzen. Bedenkt man, dass Ratten nicht nur besonders kluge Lebewesen sind, sondern dazu auch noch besonders sozial, ja sogar prosozial sind (sie befreien ihre Artgenossen aus Käfigen und verzichten dafür auch auf beliebte Süßigkeiten, wie eine Reihe Aufsehen erregender Experimente gezeigt hat [1144, 1145]), dann wird die ethische Diskrepanz offensichtlich.

Noch verstörender wird es allerdings, wenn man auch die landwirtschaftlichen Nutztiere betrachtet. Im Verhältnis zu den 750 Millionen Lebewesen, die alleine in Deutschland jährlich für den Fleischkonsum gemästet und geschlachtet werden, machen die Versuchstiere bloß ein halbes Prozent aus. Obwohl die Zahl der Vegetarier und Veganer kontinuierlich zunimmt, ist der Verzehr von Tieren gesellschaftlich deutlich akzeptierter, als sie für den wissenschaftlichen Erkenntnisgewinn oder den medizinischen Fortschritt zu nutzen. Insofern ist die Analyse des deutschen Philosophen Richard David Precht [1146] zutreffend, derzufolge die Kluft zwischen dem, was Menschen im Umgang mit Tieren für richtig halten, und dem, was tatsächlich praktiziert wird, noch nie so groß war wie heute.

Wie lässt sich diese irrationale Einstellung erklären? Ist doch ein Leben ohne Fleisch problemlos möglich, aber ein Verzicht auf Tierversuche bei Impfstoffen, Medikamenten und Chemikalien riskant und die Gesundheit von Menschen gefährdend.

Im wissenschaftlichen Diskurs sind es Ethiker, welche solche Diskrepanzen aufzeigen, Inkonsistenzen und Widersprüchlichkeiten anprangern, Traditionen und gesellschaftliche Praktiken hinterfragen und oftmals ein Umdenken fordern. Die Tierethik –

Entkommen gibt. In Panik versuchen sie an den Wänden hochzuklettern und strampeln wie verrückt, um ihren Kopf über Wasser zu halten. Irgendwann lassen die Kräfte nach. Einige Pharmakonzerne und sogar renommierte britische Universitäten nutzten diesen grausamen Versuch zur Entwicklung von Behandlungsmöglichkeiten bei Depressionen.

und im größeren Rahmen die Bioethik – ist eine Disziplin der Moralphilosophie, welche sich seit Aristoteles (mit Rückbezug auf Ideen von Sokrates, Platon und den Sophisten) mit diesen Fragen beschäftigt. Es sind dies im Fall der Tierethik Fragen der ethischen Angemessenheit und der Folgen unseres Verhaltens für Tiere. Das Festsetzen ethischer Grenzen, die Transformation in verbindliches Recht und die Umsetzung durch Legislative und Exekutive sind zentrale Aufgaben der Gesellschaft, aber diese müssen entsprechend aufbereitet und begründet werden. Der deutsche Philosoph Ottfried Höffe von der Universität Tübingen hat dies so beschrieben:

> Dort, wo überkommene Lebensweisen und Institutionen ihre selbstverständliche Geltung verlieren, sucht die philosophische Ethik, von der Idee eines sinnvollen menschlichen Lebens geleitet, auf methodischem Weg [...] und ohne letzte Berufung auf politische und religiöse Autoritäten [...] oder auf das von alters her Gewohnte und Bewährte allgemeingültige Aussagen über das gute und gerechte Handeln [1147, S. 66].

Beinahe alle Ansätze in der Tierethik stimmen heute darin überein, dass der Mensch moralische Verpflichtungen gegenüber empfindungsfähigen Tieren hat. Weniger klar hingegen ist, wie diese moralische Verpflichtung gegenüber Tieren begründet werden kann und welche Schlussfolgerungen daraus zu ziehen sind. Zum Beispiel kann man fragen, ob es neben der negativen Verpflichtung, Tieren nicht (unnötig) Schmerzen, Leid oder Schaden zuzufügen,[91] auch positive Pflichten gibt, insbesondere eine Pflicht zur Fürsorge und zur Förderung des Wohlergehens von empfindungsfähigen Tieren. Meist aber ergänzen sich die moralischen

---

91 Der zweite Satz der Präambel des deutschen Tierschutzgesetzes fordert: »Niemand darf einem Tier ohne vernünftigen Grund Schmerzen, Leiden oder Schäden zufügen.«

Prinzipien der Schadensvermeidung (*non-maleficence*) und des Wohltuns (*beneficence*).

Um hier Verbesserungen zu erreichen, braucht es mehr als technische und räumliche Veränderungen; man muss verstehen, warum Tiere sich so verhalten, wie sie es tun. Die sogenannten Tierschutz-Wissenschaften (*animal welfare sciences*) haben hier große Fortschritte gemacht, etwa bei der Erforschung nicht nur der (über-)lebenswichtigen, sondern auch der emotionalen und sozialen Bedürfnisse der Tiere. Dies hat nicht nur ein besseres Verständnis ihres Verhaltensrepertoires erfordert, sondern auch ihres inneren »Geisteslebens«.

Lange betonten die Richtlinien und Vorschriften, die zum Schutz des Wohlergehens von Nutztieren entwickelt wurden, die Bedeutung der Bereitstellung einer Umgebung, die eine gute Gesundheit und einen normalen physiologischen und physischen Zustand gewährleistet. Geistige Bedürfnisse kamen höchstens am Rande vor. Heute setzt sich aber zunehmend die Erkenntnis durch, dass das Wohlergehen der Tiere sehr stark, wenn nicht sogar überwiegend von ihren »kognitiven Bedürfnissen« abhängt [1148]. Wenn diese erfüllt werden, sind in der Regel auch die körperlichen Bedürfnisse der Tiere mit abgedeckt. Dementsprechend haben sich die Ansätze zur Beurteilung des Wohlbefindens landwirtschaftlicher Nutztiere von Konzepten wie den »fünf Freiheiten«[92] zu stärker tierzentrierten Ansätzen entwickelt, die

92 Das Konzept der Fünf Freiheiten entstand aus dem Bericht des Technischen Ausschusses zur Untersuchung des Wohlergehens von Tieren, die in intensiven Tierhaltungssystemen gehalten werden, dem Brambell-Bericht, Dezember 1965 (HMSO London). Darin hieß es, dass landwirtschaftliche Nutztiere die Freiheit haben sollten, »aufzustehen, sich hinzulegen, sich umzudrehen, sich zu striegeln und ihre Gliedmaßen zu strecken«. Der *Farm Animal Welfare Council* (FAWC) entwickelte diese zu den Fünf Freiheiten, die einen Rahmen für die Analyse des Tierschutzes bilden. FAWC online: <http://web archive.nationalarchives.gov.uk/20121007104210/http:/www.fawc.org.uk/freedoms.htm>, letzter Zugriff 20.7.2021.

auch die individuellen Unterschiede der Nutztiere einbeziehen [1149].

Eine wichtige Erkenntnis des modernen akademischen Tierschutzes ist also, dass das tierische Wohlergehen in hohem Maße von den geistigen, psychologischen und kognitiven Bedürfnissen der betroffenen Tiere abhängig ist [1148]. Beispielsweise wird angenommen, dass Lern- und Gedächtnisleistungen einen Einfluss auf die Fähigkeit eines Tieres haben, mit den Haltungsbedingungen [1150] und mit sich verändernden sozialen Bedingungen, wie zum Beispiel der Trennung und Umgruppierung zurechtzukommen. Aber obwohl Welfare-Konzepte die Bedeutung einer detaillierten Kenntnis der kognitiven Fähigkeiten von Nutztieren – ihre Fähigkeit, Informationen zu erfassen, zu verarbeiten, zu speichern und zu nutzen – betonen, etwa um zu vermeiden, dass sie durch stressige Managementpraktiken unnötigem Leid ausgesetzt sind, bleibt die für unseren Gegenstand viel wichtigere Frage offen, ob auch die Kenntnis der höheren kognitiven Fähigkeiten, wie ich sie in diesem Buch beschrieben habe, zu einem besseren Tierschutz beitragen kann. Denn dieses Wissen mag zunächst nicht zwingend die Bemühungen von Landwirten zur Anpassung von Haltungssystemen und Ausgestaltungselementen an die Bedürfnisse und Präferenzen von Nutztieren erleichtern.

Ich meine, dass das Wissen um das Sextett tierischer Intelligenz, zusammen mit den neuen Indizien aus den Bereichen Sprache und Bewusstsein, aus mindestens zwei Gründen ethisch und gesellschaftlich von Interesse ist. Einmal, weil es maßgeblich zur Überzeugung beiträgt, dass Tiere sowohl Schmerzen als auch Leiden und andere moralisch relevante psychologische Zustände empfinden können.[93]

---

93 Den Forschungen von Physiologen, Ethnologen und Tierschutzwissenschaftlern zum Schmerzempfinden bei Tieren ging die ethische Forderung voraus, die moralische Haltung gegenüber Tieren auf ebendiesen

Bereits die Empfindung von Schmerzen führt unmittelbar zur Frage der moralischen Berücksichtigung von Tieren. Lange war es sehr umstritten, ob Fische Schmerzen haben, doch in den letzten Jahren hat sich zunehmend die Erkenntnis durchgesetzt, dass es so ist [1152, 1153] und dass ihr Empfindungsvermögen wohl insgesamt deutlich größer ist als lange Zeit vermutet [1154]. Ohne die zunehmende Evidenz für außergewöhnliche kognitive Fähigkeiten (wie jene in Punkt 7 beschriebenen) wäre dieser Paradigmenwechsel wohl deutlich langsamer und mühsamer möglich geworden. Insgesamt kann man heute mit Blick auf Wirbeltiere sagen, dass sie Schmerz empfinden können, und sogar die Evidenz für Kraken, Tintenfische, Krebse oder Krabben hat sich verdichtet [1155, 1156].

Schmerz ist ein klares Beispiel für phänomenales Bewusstsein oder basales Körperbewusstsein, aber darüber hinaus könnten jene Tierarten, die über ein erweitertes Bewusstsein verfügen, in die Zukunft planen und ihre eigenen Empfindungen metakognitiv kontrollieren können, die dem Gefühlsleben ihrer Artgenossen emphatisch begegnen und prosozial handeln, in einem bestimmten Ausmaß auch leidensfähig sein. Leiden ist nicht genau eingrenzbar, da es sich auf ein breites Spektrum unangenehmer emotionaler Zustände wie Angst, Beklemmung oder Schmerzfrustration bezieht, die lang anhaltend und / oder schwerwiegend sind, aber jedenfalls in enger Verbindung zum Bewusstsein stehen [1157]. Ein Großteil der Tierschutzwissenschaft hat sich daher mit der Leidensfähigkeit von Tieren beschäftigt, in jüngerer Zeit auch mit ihrer Fähigkeit, Freude und andere positive Emotionen zu empfinden [1158].

Zuständen und Fähigkeiten zu gründen. Diese Ansicht gipfelte in der berühmt gewordenen Erklärung des englischen Juristen und Philosophen Jeremy Bentham (1789), welche die tierethische Position des Pathozentrismus zusammenfasst: »The Question is not, Can they reason? Nor, Can they talk? But, Can they suffer?« [1151, S. 283].

Noch schwieriger wird es, wenn man subtilere Emotionen, Gefühle und mentale Zustände in den Blick nimmt. Beispielsweise könnten Tiere mit höheren Bewusstseinszuständen unter Einsamkeit und Langeweile leiden, unter der Einschränkung, nicht ihre Interessen ausleben zu können, vielleicht sogar unter dem Mitansehen der Tötung von Artgenossen oder dem Gefühl des völligen Ausgeliefertseins. Längerfristige Interessen zu haben und diese verfolgen zu können, ist ein besonders oft vorgeschlagenes Kriterium für besondere Schutz- und Förderwürdigkeit, besonders in den sogenannten interessensorientierten Moralkonzeptionen. So fordert etwa der australische Philosoph Peter Singer (Monash University, Australien, später Princeton University, USA), der als einer der Begründer der modernen Tierethik gilt,[94] dass den ähnlichen Interessen all derer, die von einer Handlung betroffen sind, gleiches Gewicht gegeben werden müsse [1159]. Allerdings ist für Singer Empfindungsfähigkeit (*sentience*) ausreichend, um ein Interesse haben zu können. Für andere haben nur solche Wesen Interessen oder auch Präferenzen, die Überzeugungen haben können, womit wir bei der Debatte sind, die ich ganz am Beginn des Buches im Abschnitt »Irren ist menschlich?« skizziert habe. Doch wie weit man auch diese Fähigkeiten nichtmenschlichen Lebewesen zugestehen mag, die Forderung, Tiere mit anwachsendem Grad ihrer kognitiven Fähigkeiten und Kompetenzen zu Kommunikation, Schmerzempfindung und Formen des Bewusstseins zu schützen, hat mittlerweile Eingang in Lehrbücher und Lexika gefunden [1160].

Der zweite Grund für die Relevanz der Vergleichenden Kognitionsforschung für tierethische Fragen und gesellschaftliche

94 Das Prinzip der gleichen Interessensabwägung ist ein Kernstück seines präferenzutilitaristischen Ansatzes, einer Spielart des Utilitarismus. Im klassischen Utilitarismus (Bentham; Mill) ist es das oberste Ziel, für »das größte Glück der größten Zahl« zu sorgen. Der Utilitarismus hat nicht das Wohlergehen einer bestimmten Gruppe, sondern das aller von einer Handlung Betroffenen im Auge.

Veränderungen ist dem Umstand geschuldet, dass die Art und Weise, wie wir Tiere behandeln, sehr stark davon abhängt, wie wir Tiere sehen und beurteilen. Sehr zugespitzt formuliert könnte man sagen, »Wer moralisch denkt, teilt die Welt in zwei Bereiche: in das, was er achtet, und das, was er ächtet« [1146, S. 285]. Denn Achtung hängt mit Wertschätzung zusammen, die Zuerkennung von Werten erhöht die Achtung und auch den Respekt. Zu den von uns geschätzten Werten gehört Intelligenz. Erfinder, Nobelpreisträger und andere Geistesgrößen sind üblicherweise in der Gesellschaft hoch angesehen. Auch bei der Bewertung von Tieren kann man diesen Zusammenhang aus Intelligenz, Wertschätzung und Schutzwürdigkeit erkennen.

Ein Beispiel für diesen Zusammenhang – wenn auch in umgekehrter Richtung – ist die Einschätzung von Tieren, die als Nahrung dienen. Die Erkenntnis, dass die Tiere, die wir essen, einen Verstand haben, macht sie uns in moralisch wichtiger Weise ähnlich, jedoch steht diese Erkenntnis im Widerspruch zu ihrer Verwendung beziehungsweise Verwertung als Nahrungsmittel. Menschen werden moralische Rechte auf der Grundlage zugestanden, dass sie einen Verstand besitzen (ohne dabei den Umkehrschluss zu ziehen, der die Behandlung von Neugeborenen und Geisteskranken betreffen würde) [1161]. Daran erinnert zu werden, dass Tiere einen Verstand haben, aber uns gleichzeitig als Nahrung dienen, kann bei Fleischessern einen moralischen Konflikt auslösen. Tatsächlich schrecken Menschen davor zurück, Dingen zu schaden, die Verstand besitzen [1162]. Mehr noch, wie eine Studie australischer und britischer Wissenschaftler gezeigt hat, motiviert diese Dissonanz Menschen dazu, Tieren, die sie gerne essen, den Verstand abzusprechen oder ihnen zumindest nur eine verminderte geistige Leistungsfähigkeit zuzugestehen [1163].

Unter diesen Umständen verwundert die volkstümliche Bezeichnung »dummes Schwein« kaum. Schweinefleisch ist mengenmäßig die weltweit am meisten konsumierte Fleischart, wobei gerade Österreicher und Deutsche überproportional viel Schweinefleisch verbrauchen.[95] Das Schwein wird somit als Hauptnahrungsmittel, nicht aber als Vernunftwesen geschätzt. Ich habe mich daher im Jahr 2013 entschlossen, zur Aufklärung der kognitiven Leistungsfähigkeit und emotionalen Empfindlichkeit dieser Nutztierart beizutragen und ihre Fähigkeiten und Eigenschaften zu untersuchen. Da jedoch die meisten bisherigen Forschungen dazu mit Tieren unternommen wurden, die für schnelles Wachstum gezüchtet, in unnatürlichen Stallumgebungen gehalten und nach wenigen Monaten bereits geschlachtet wurden, entschied ich mich für den Aufbau einer eigenen naturnahen Schweinefarm. Mit großzügiger finanzieller Unterstützung der schweizerischen Messerli-Stiftung gelang dieses Vorhaben. Ich wählte nach umfangreicher Recherche eine neuseeländische Hausschweinrasse, die für ihr langsames Wachstum, ihre ganzjährige Haltungsmöglichkeit im Freien und ihr freundliches Wesen bekannt ist: Kune-Kune.[96] Diese eher gedrungenen Tiere mit starker, mehrfarbiger

---

95 Weltweit wurden 2017 rund 332,4 Millionen Tonnen Fleisch erzeugt, davon 120 Millionen Tonnen Schweinefleisch. Um die Nachfrage nach Fleisch und anderen tierischen Produkten zu decken, wurde die Tierhaltung weltweit stark ausgeweitet. So wurden 2018 weltweit rund eine Milliarde Schweine gehalten. Da die Weltbevölkerung wächst und zugleich der zunehmende Wohlstand in vielen Schwellen- und Entwicklungsländern das Ernährungsverhalten verändert, ist auch der globale Fleischverbrauch stark angestiegen. Seit 1990 hat der jährliche Fleischverbrauch pro Kopf weltweit um knapp 30 Prozent zugenommen, bei Schweinefleisch liegt der Wert bei 23 Prozent, bei Hühnern sogar bei 96 Prozent. In Deutschland (beziehungsweise Österreich) betrug im Jahr 2019 die Nettoerzeugung (Schlachtmenge) von Fleisch etwa 8,6 Millionen Tonnen (MT) Schlachtgewicht (in Ö. ca. 0,97 MT), davon entfielen 4,7 MT auf Schweinefleisch (in Ö. ca. 0,5 MT), 1,2 Millionen Tonnen auf Rind- und Kalbfleisch (in Ö. ca. 0,23 MT) und 1,8 Millionen Tonnen auf Geflügelfleisch (in Ö. ca. 0,15 MT). Quelle: FAO Datenbank »Food Supply-Livestock and Fish Primary Equivalent«. Statistik Austria, Deutsches Bundesministerium für Ernährung und Landwirtschaft.

96 Kune-Kune-Schweine sind als die Maori-Schweine aus Neuseeland bekannt, denn sie wurden von den Maori als Freilandschweine gehalten. Sie durften sich in deren Siedlungen auf der Suche nach Nahrung rund um und in den Häusern frei herumtreiben. Der lange und starke

Behaarung haben sich für die Erforschung der natürlichen Verhaltensweisen des Hausschweins, über die noch viel zu wenig bekannt ist [1165], angeboten.

Meine unglaublich engagierte Mitarbeiterin Marianne Wondrak, viele eifrige Studentinnen (besonders meine Doktorandin Ariane Veit) und ich begannen, verschiedene Kognitionstests, die zum Standardrepertoire der Vergleichenden Kognitionsforschung gehören, schweinegerecht zu adaptieren und damit eine Gruppe von 40 Tieren, die auf unserer Freilandfarm aufwuchsen und ihr Familienleben über Jahre selbst gestalten konnten, zu testen. Bereits die ersten Ergebnisse bestätigten unsere Vermutung, dass diese Tiere sträflich unterschätzt werden. Obwohl Schweine im Vergleich zu ihrem herausragenden Geruchssinn und ihrem ausgezeichneten Hörsinn einen relativ bescheidenen Sehsinn aufweisen, konnten sie die Unterscheidung von menschlichen Gesichtern am Computerbildschirm schnell bewerkstelligen. Mehr noch, sie konnten das Gelernte auf neue und teils verfremdete Bilder anwenden [1166] und den Sehsinn auch in einer Aufgabe zum Beobachtungslernen effektiv einsetzen. Von ihrer Mutter oder ihrer Tante lernten sie, wie man eine Kiste öffnet, um an darin verborgene Apfelstücke zu gelangen, wobei sie sich die Öffnungstechnik bis zum nächsten Tag merkten [1167]. Nachdem wir besonders von ihren soziokognitiven Fähigkeiten überzeugt waren, weil wir die Tiere über Jahre bei der gemeinsamen Futtersuche und anderen sozialen Tätigkeiten beobachtet hatten, entschlossen wir uns zu einem Test, der ursprünglich für Schimpan-

---

Kontakt mit den Menschen ist vermutlich der Grund dafür, dass diese Schweine ein sehr freundliches, gutmütiges und ruhiges Temperament haben. Sie haben auch ein ins Auge fallendes Äußeres. Es sind ziemlich kleine, langhaarige Schweine mit kurzen Beinen, einem gedrängten und runden Leib und einer stumpfen, etwas offenstehenden Nase. Ihr Ursprung ist nicht vollständig geklärt, wahrscheinlich sind sie am Beginn des 19. Jahrhunderts mit spanischen und portugiesischen Seeleuten nach Neuseeland gekommen [1164].

sen entwickelt wurde und schon vor einem Jahrzehnt in England bei Schweinen erste überraschende Ergebnisse geliefert hatte.

Im Test des »informierten Futtersuchers« (*informed forager*) wird überprüft, ob Schweine andere Schweine bei der Futtersuche überlisten können und damit gewissermaßen strategisch vorgehen. Susanne Held von der Universität in Bristol (GB) konnte tatsächlich zeigen, dass Schweine bei der paarweisen Futtersuche in einer Arena lernen, ihre Konkurrenten auszutricksen. Zunächst wurde nachgewiesen, dass sich die informierten Tiere erinnern, wo Futter zu finden ist, und dass die uninformierten Tiere in der Lage sind, deren Wissen auszunutzen, indem sie ihnen dorthin folgen [1168]. Untergeordnete Hausschweine legen dabei Verhaltensweisen an den Tag, die denen ähneln, die bei Menschenaffen und Rabenvögeln als taktische Täuschung beschrieben wurden. Wenn sie sowohl mehr als auch weniger reichhaltige Futterplätze kennen und mit einem dominanten, uninformierten Tier getestet wurden, besuchten sie den guten Futterplatz seltener zuerst. Außerdem erhöhten sie ihre Suchgeschwindigkeit im Vergleich zur Suche mit unterlegenen Tieren oder wenn sie alleine waren. Damit reagierten sie flexibel und effektiv auf die Ausbeutung durch das Schnorren dominanter Tiere in konkurrierenden Futtersituationen mit mehreren Futterplätzen [1169].

Die britischen Ergebnisse inspirierten uns dazu, die Kune-Kune-Schweine in großen Arenen auf unserer Weide mit analogen Situationen zu konfrontieren. Zusammen mit Ariane testete Marianne zehn informierte Tiere mittleren Ranges mit jeweils zehn uninformierten Tieren höheren und niedrigeren Ranges über ein ganzes Jahr hinweg, sodass am Ende mehr als 800 Videos solcher Tests zur Auswertung vorlagen. Bei jedem Test wurde das informierte Tier zunächst alleine in die Arena gelassen, um dessen Erinnerung zu überprüfen, hinter welcher von fünf im Halbkreis positionierten Holzwänden die mit Mais gefüllte Schüssel stand. Gleich danach durften sie nochmals die Arena betreten, doch diesmal gleichzeitig mit einem Partner, der entweder ranghöher oder rangniedriger war. Obwohl die Tests beim Verfassen dieses Buches noch nicht vollständig ausgewertet waren, konnten die Ergebnisse von Held bereits bestätigt werden. Nicht nur scheinen die informierten Tiere ihr Verhalten an den Rang des Konkurrenten anzupassen, in Einzelfällen fanden wir sogar Hinweise darauf, dass sie ihren uninformierten dominanten Partner täuschten, indem sie ihn zu einem falschen Futterplatz führten und dann schnell zum Futter auf der anderen Seite der Arena liefen.

In den letzten Jahrzehnten wurde dem Verständnis der kognitiven Fähigkeiten und des Gefühlslebens landwirtschaftlicher Nutztiere zunehmende Bedeutung beigemessen [1170]. Noch ist dieses Forschungsgebiet unterentwickelt, aber schon jetzt zeichnet sich ab, dass Tiere, die vom Menschen wirtschaftlich genutzt werden – ob als Nahrungslieferanten, als Pelztiere, als Reit- und Tragtiere oder als Attraktionen in Zirkussen und bei Schaukämpfen –, in ihren kognitiven Möglichkeiten vielfach unterschätzt sind. Die jüngsten Befunde zu Fähigkeiten der Unterscheidung von Mengen, zur mentalen Repräsentation von Objekten, die sich außer Sichtweite befinden (Objektpermanenz), und zur Kooperation und Empathie reichen großteils an jene heran, die wir von denjenigen nichtmenschlichen Tierarten kennen, die ich in diesem Buch beschrieben habe [1171]. Darüber hinaus richten Wissenschaftler zunehmend ihren Blick auf den Zusammenhang zwischen komplexen sozialen Interaktionen (wie Kooperation und prosoziales Verhalten) und leiten daraus Empfehlungen ab, die das Wohlergehen der Tiere fördern sollen [1172].

Es zeichnet sich ab, dass die Zunahme an gut belegten Nachweisen nicht nur höherer Intelligenz, sondern besonders auch der sozialen und prosozialen Eigenschaften von Tieren (Kooperation, Allianzbildung, Helfen, altruistisches Handeln, Versöhnung [1022, 1173-1176]), die nur im artgerechten, natürlichen Gruppenleben gezeigt werden können, den psychologischen Druck auf uns Menschen erhöht, den Tieren ihr bevorzugtes Leben zu ermöglichen. Der Nachweis dieser sogenannten moralanalogen

Fähigkeiten zwingt uns letztlich zu der Frage, ob Schmerzfreiheit und Lebensfähigkeit für sie gut genug ist. Wie meine geschätzten Kolleginnen Lesley Rogers und Gisela Kaplan von der University of New England in Brisbane (Australien) einmal so wunderbar zum Ausdruck brachten, muss das letztendliche Ziel sicherlich sein,

> dass wir nicht nur wollen, dass die Tiere überleben, sondern dass sie eine Lebensqualität haben, die ihren Bedürfnissen und ihrer Würde entspricht: physisch, psychologisch, sozial und kulturell [1177, S. 196].

Beim Menschen sind solche Bedürfnisse in der Regel durch unveräußerliche Rechte geschützt. Das wachsende Verständnis der Fähigkeiten und Bedürfnisse von Tieren wird uns in Zukunft zunehmend veranlassen, genau die Systeme in Frage zu stellen, die wir eingerichtet haben, um sie für unsere Zwecke zu nutzen. Solche Entwicklungen dürften das menschliche Selbstverständnis tatsächlich ernsthaft herausfordern, haben sie doch die Tendenz, die Grenzen zwischen Mensch und Tier aufzulösen [13].

Ganz im Gegensatz zu Richard David Precht, der eine »Ethik des Nichtwissens« vorschlägt [1146], bevorzuge ich daher eine »Ethik des Wissens«. Denn es mag schon sein, dass wir trotz aller modernen Forschungsergebnisse nicht mit letzter Sicherheit über das Innenleben von Tieren urteilen können. Aber als Naturwissenschaftler sind wir uns bewusst, nichts mit letzter Sicherheit, wohl aber vieles mit großer Wahrscheinlichkeit, wissen und beurteilen zu können. Precht ist darin Recht zu geben, dass die Philosophie, um über Tiere angemessen nachdenken zu können, »ihren diesbezüglich anmaßenden Erkenntnisanspruch verringern« muss [1146, S. 303]. Doch er gesteht ja selbst zu, dass unsere Einstellung zu Tieren stark davon abhängt, was wir über sie wissen oder nicht wissen.

> Wer viel über Kraken weiß, über ihre hohe Sensibilität, ihren kindlichen Spieltrieb und ihr Lernvermögen, der wird zweimal darüber nachdenken, ob er meint, einen Oktopus essen zu müssen [1146, S. 303].

Intuitionen werden nicht ausreichen, um uns zu einem anderen Umgang mit Tieren zu bewegen. Forschung, Nachdenken, Offenlegung, Sensibilisierung, Wissen und Aufklärung sind hingegen starke Instrumente auf dem Weg zu einem angemessenen Tierschutz. Entsprechend Goethes Ausspruch »Mit dem Wissen wächst der Zweifel« [1178] sollte unser zunehmendes Wissen über die kognitiven Fähigkeiten von Tieren unsere Zweifel nähren, ob wir richtig mit ihnen umgehen. Erkenntnis und Moral sollten Hand in Hand gehen, und wir sollten neben dem wissenschaftlichen und technischen Fortschritt auch den moralischen fördern, ganz im Sinne einer Sentenz, die Mahatma Gandhi zugeschrieben wird: »Die Größe und den moralischen Fortschritt einer Nation kann man daran messen, wie sie die Tiere behandelt.«

Auch Vorbilder helfen. Als »Ehrenbotschafter« des österreichischen Jane-Goodall-Instituts hatte ich mehrmals die Gelegenheit, mit Jane über ihre Sicht der Dinge und die Beweggründe ihres unermüdlichen Engagements für Tiere, aber auch für Menschen und die Umwelt zu sprechen. Ihr persönlicher Einsatz, der sie noch mit weit über 80 Jahren unermüdlich um die Welt reisen lässt, um Vorträge zu halten, Sponsoring-Events zu besuchen und die Werbetrommel für ihre Projekte zu rühren, hat Millionen von Menschen ermutigt und motiviert, umzudenken und selbst tätig zu werden. Auch Kinder und Jugendliche engagieren sich weltweit im Rahmen von »Roots and Shoots«-Projekten für Tiere, Menschen und Umwelt. Schließlich ist es die große Überzeugungskraft ihrer Argumente, welche die Einsicht transportieren, dass ein harmonisches Zusammenleben von Menschen und Tieren auf der Erde möglich ist. Zusammen mit dem Biologen Marc Bekoff von der University of Colorado in Boulder (USA) hat sie zehn konkrete Schritte vorgeschlagen, wie man im Wissen um die engen evolutionsgeschichtlichen Verbindungen zwischen Mensch und Tier die gegenseitige Abhängigkeit erkennen und Tiere in ihrem eigenen Lebensrecht respektieren sollte [1179]. Vor allem sollten wir den Mut haben, für unsere Überzeugungen zu kämpfen, erkennen, dass unsere Handlungen einen Unterschied machen, und in dem Wissen handeln, dass wir dabei nicht allein sind. Es gibt Grund zur Hoffnung [1180].

> Nur wenn wir verstehen, können wir uns kümmern. Nur wenn wir uns kümmern, werden wir helfen. Nur wenn wir helfen, werden sie gerettet werden [1181].

Bibliografie

1 Heyes, C. M. und Huber, L. (Hg.) (2000). *The Evolution of Cognition*. Cambridge, MA: MIT Press.
2 Darwin, C. (1859). *On the Origin of Species by Means of Natural Selection, or The Preservation of Favoured Races in the Struggle for Life*. London: John Murray.
3 Hurley, S. und Nudds, M. (Hg.) (2006). *Rational Animals?* Oxford: Oxford University Press.
4 Davidson, D. (1982). Rational Animals. *Dialectica*, *46* (4), 317-327.
5 Davidson, D. (2005). Rationale Lebewesen. In: D. Perler und M. Wild (Hg.), *Geist der Tiere. Philosophische Texte zu einer aktuellen Diskussion*, 117-131. Frankfurt / M.: Suhrkamp.
6 Griffin, D. R. (1976). *The Question of Animal Awareness. Evolutionary Continuity of Mental Experience*. New York: Rockefeller University Press.
7 Griffin, D. R. (1985). *Wie Tiere denken. Ein Vorstoß ins Bewußtsein der Tiere*. München: BLV-Verlagsgesellschaft.
8 Benz-Schwarzburg, J. (2012). *Verwandte im Geiste – Fremde im Recht. Sozio-kognitive Fähigkeiten bei Tieren und ihre Relevanz für Tierethik und Tierschutz*. Erlangen: Harald Fischer Verlag.
9 Malcolm, N. (1972). Thoughtless Brutes. *Proceedings and Addresses of the American Philosophical Association*, *46*, 5-20.
10 Wild, M. (2006). *Die Anthropologische Differenz: Der Geist der Tiere in der Frühen Neuzeit bei Montaigne, Descartes und Hume*. Berlin: Walter de Gruyter.
11 Oelze, A. (2018). Können Tiere irren? Philosophische Antworten aus dem 13. und 14. Jahrhundert. In: A. Speer und M. Mauriège (Hg.). *Irrtum – Error – Erreur*: De Gruyter.
12 Riedl, R. (1979). *Die Biologie der Erkenntnis. Die stammesgeschichtlichen Grundlagen der Vernunft*. Berlin, Hamburg: Parey.
13 Wild, M. (2008). *Tierphilosophie. Zur Einführung*. Hamburg: Junius.
14 Brandt, R. (2009). *Können Tiere denken? Ein Beitrag zur Tierphilosophie*. Frankfurt / M.: Suhrkamp.
15 Damasio, A. R. (2000). *Ich fühle, also bin ich die Entschlüsselung des Bewusstseins*. München: List.

16 Huber, L. (1991). *Gestalten, Konzepte und nonverbale Begriffe. Eine vergleichende Untersuchung täubischer und menschlicher Kategorisierung*. Dissertation. Universität Wien.
17 Premack, D. (1976). *Intelligence in ape and man*. Hillsdale, NJ: Erlbaum.
18 Herrnstein, R.J. (1984). Objects, categories, and discriminative stimuli. In: H.L. Roitblat, T.G. Bever und H.S. Terrace (Hg.) *Animal Cognition*, 233-261. Hillsdale, NJ: Erlbaum.
19 Huber, L. (2010). Categories and Concepts: Language-Related Competences in Non-Linguistic Species. In: M. Breed, D. und J. Moore (Hg.). *Encyclopedia of Animal Behavior*, 261-266. Oxford: Academic Press.
20 Allen, C. (2005). Tierbegriffe neu betrachtet. Ein empirischer Ansatz: Die Analyse einer Selbststeuerung. In: D. Perler und M. Wild (Hg.). *Der Geist der Tiere. Philosophische Texte zu einer aktuellen Diskussion*, 191-200. Frankfurt/M.: Suhrkamp.
21 Glock, H.-J. (2005). Begriffliche Probleme und das Problem des Begrifflichen. In: D. Perler und M. Wild (Hg.). *Der Geist der Tiere. Philosophische Texte zu einer aktuellen Diskussion*, 153-187. Frankfurt/M.: Suhrkamp.
22 Dretske, F. (1988). *Explaining behavior. Reasons in a world of causes*. Cambridge, MA: MIT Press.
23 Bermúdez, J.L. (2003). *Thinking without words*. Oxford: Oxford University Press.
24 Millikan, R.G. (2008). *Die Vielfalt der Bedeutung. Zeichen, Ziele und ihre Verwandtschaft*. Frankfurt/M.: Suhrkamp.
25 Fodor, J. (1990). *A Theory of Content and Other Essays*. Cambridge, Mass.: MIT Press.
26 Ewert, J.P., Buxbaum-Conradi, H., Dreisvogt, F., Glagow, M., Merkel-Harff, C., Rottgen, A., Schurg-Pfeiffer, E. und Schwippert, W.W. (2001). Neural modulation of visuomotor functions underlying prey-catching behaviour in anurans: perception, attention, motor performance, learning. *Comparative Biochemistry and Physiology Part A: Molecular & Integrative Physiology 128* (3), 417-461.
27 Huber, L. (1995). On the biology of perceptual categorization. *Evolution and Cognition, 1* (2), 121-138.
28 Huber, L. (1999). Visual categorization in pigeons. In: R.G. Cook (Hg.) Avian visual cognition. [http://www.pigeon.psy.tufts.edu/avc/], letzter Zugriff 28.6.2019.
29 Huber, L. und Aust, U. (2006). A modified feature theory as an account of pigeon visual categorization. In: E.A. Wasserman und T.R. Zentall (Hg.). *Comparative cognition: Experimental explorations of animal intelligence*, 325-342. New York: Oxford University Press.

30 Huber, L. (1998). Perceptual categorization as the groundwork of animal cognition. In: C. Taddei-Ferretti und C. Musio (Hg.). *Downward processes in the perception representation mechanisms*, 287-293. Singapore, New Jersey, London, Hong Kong: World Scientific.
31 Huber, L. (2000). Generic perception: Open-ended categorization of natural classes. In: J. Fagot (Hg.). *Picture perception in animals*, 219-261. Hove: Psychology Press.
32 Harnad, S. (Hg.) (1987). *Categorical perception. The groundwork of cognition*. Cambridge: Cambridge University Press.
33 Herrnstein, R.J. (1985). Riddles of natural categorization. In: L. Weiskrantz (Hg.) *Animal intelligence*, 129-144. Oxford: Clarendon Press.
34 Herrnstein, R.J. (1990). Levels of stimulus control: A functional approach. *Cognition*, *37*, 133-166.
35 Lazareva, O.F., Shimizu, T. und Wasserman, E.A. (2012). *How animals see the world: Comparative behavior, biology, and evolution of vision. New York*: Oxford University Press.
36 Thompson, R.K., Oden, D.L. und Boysen, S.T. (1997). Language-naive chimpanzees (Pan troglodytes) judge relations between relations in a conceptual matching-to-sample task. *Journal of Experimental Psychology: Animal Behavior Processes*, *23* (1), 31.
37 Zentall, T.R., Wasserman, E.A. und Urcuioli, P.J. (2014). Associative concept learning in animals. *Journal of the experimental analysis of behavior*, *101* (1), 130-151.
38 Pinker, S. (2010). The cognitive niche: Coevolution of intelligence, sociality, and language. *Proceedings of the National Academy of Sciences of the United States of America*, *107*, 8993-8999.
39 Pinker, S. (2014). *Der Stoff, aus dem das Denken ist: Was die Sprache über unsere Natur verrät*. Frankfurt / M.: Fischer.
40 Sapir, E. (1921). *Language*. New York: Harcourt, Brace, and World (dt. *Die Sprache. Eine Einführung in das Wesen der Sprache*, München: M. Hueber, 1961).
41 Carroll, J.B. (Hg.) (1956). *Language, Thought, and Reality. Selected Writings of Benjamin Lee Whorf*. Cambridge, MA: MIT Press.
42 Whorf, B.L. (1963). *Sprache, Denken, Wirklichkeit: Beiträge zur Metalinguistik und Sprachphilosophie. Reinbek bei Hamburg*: Rowohlt-Taschenbuch-Verlag.
43 Humboldt, W. v. (2008). *Schriften zur Sprache*. Frankfurt / M.: Zweitausendeins.
44 Soboleva, M. (2017). Animal rationale und animal symbolicum: Was heißt es rational zu sein? In: J. Andreev, E. Lensky und P. Angelova (Hg.) *Das Interpretative Universum*, 397-410. Würzburg: Konigshausen & Neumann.
45 Frege, G. (1923). Logische Untersuchungen. Dritter Teil: Gedan-

kengefüge. *Beiträge zur Philosophie des deutschen Idealismus*, *3*, 36-51.
46 Tugendhat, E. und Wolf, U. (2014). *Logisch-semantische Propädeutik*. Stuttgart: Reclam.
47 Wittgenstein, L. (1980). *Philosophische Untersuchungen*. Frankfurt/M.: Suhrkamp.
48 Bates, E., Benigni, L., Bretherton, I., Camaioni, L. und Volterra, V. (1979). *The Emergence of Symbols: Cognition and Communication in Infancy*: Academic Press.
49 Liszkowski, U., Brown, P., Callaghan, T., Takada, A. und de Vos, C. (2012). A prelinguistic gestural universal of human communication. *Cognitive Science*, *36* (4), 698-713.
50 Leavens, D.A., Hopkins, W.D. und Bard, K.A. (1996). Indexical and referential pointing in chimpanzees (Pan troglodytes). *Journal of Comparative Psychology*, *110* (4), 346-353.
51 Pika, S. und Mitani, J. (2006). Referential gestural communication in wild chimpanzees (Pan troglodytes). *Current Biology*, *16* (6), R191-R192.
52 Vea, J. und Sabater-Pi, J. (1998). Spontaneous pointing behaviour in the wild pygmy chimpanzee (Pan paniscus). Folia Primatologia, *69* (5), 289-290.
53 Pika, S. und Bugnyar, T. (2011). The use of referential gestures in ravens (Corvus corax) in the wild. *Nature Communications*, *2*, 1-5.
54 Vail, A.L., Manica, A. und Bshary, R. (2013). Referential gestures in fish collaborative hunting. *Nature Communications*, *4* (1), 1-7.
55 Tomasello, M. und Carpenter, M. (2007). Shared intentionality. *Developmental Science*, *10* (1), 121-125.
56 Tomasello, M., Carpenter, M., Call, J., Behne, T. und Moll, H. (2005). Understanding and sharing intentions: the origins of cultural cognition. *Behavioural and Brain Sciences*, *28* (5), 675-691; discussion 691-735.
57 Byrne, R.W. und Whiten, A. (Hg.) (1988). *Machiavellian intelligence. Social Expertise and the Evolution of the Intellect in Monkeys, Apes, and Humans*. Oxford: Clarendon Press.
58 Campos, J. und Sternberg, C. (1981). Perception, appraisal, and emotion: The onset of social referencing. In: M. Lamb und L. Sherrod (Hg.) *Infant social cognition: Empirical and theoretical considerations*. Hillsdale, NJ: Erlbaum.
59 Striano, T. und Rochat, P. (2000). Emergence of selective social referencing in infancy. *Infancy*, *1* (2), 253-264.
60 Boesch, C. (2005). Joint cooperative hunting among wild chimpanzees: taking natural observations seriously. *Behavioral and Brain Sciences*, *28*, 692-693.
61 Carpenter, M. (2006). Instrumental, social, and shared goals and in-

tentions in imitation. In: S.J. Rogers und J. Williams (Hg.). *Imitation and the development of the social mind: Lessons from typical development and autism*, 48-70. New York: Guilford.
62 Whiten, A., McGuigan, N., Marshall-Pescini, S. und Hopper, L.M. (2009). Emulation, imitation, over-imitation and the scope of culture for child and chimpanzee. *Philosophical Transactions of the Royal Society B: Biological Sciences*, *364* (1528), 2417-2428.
63 Huber, L., Salobir, K., Mundry, R. und Cimarelli, G. (2020). Selective overimitation in dogs. *Learning & Behavior*, *48* (1), 113-123.
64 Huber, L., Popovová, N., Riener, S., Salobir, K. und Cimarelli, G. (2018). Would dogs copy irrelevant actions from their human caregiver? *Learning & Behavior*, *46(4)* (Special issue: Canine Cognition), 387-397.
65 Searle, J.R. (1985). *The construction of social reality*. New York: Free Press.
66 Gilbert, M. (1989). *On social facts*. New York: Routledge.
67 Tuomela, R. (1995). *The importance of us*. Stanford, CA: Stanford University Press.
68 Wygotski, L.S. (1977). *Denken und Sprechen*. Frankfurt/M.: Fischer.
69 Vygotsky, L.S. (1978). *Mind in Society*: Cambridge, MA.
70 Csibra, G. und Gergely, G. (2009). Natural pedagogy. *Trends in Cognitive Sciences*, *13* (4), 148-153.
71 Turing, A.M. (1950). Computing machinery and intelligence. *Mind*, *59* (236), 433-460.
72 Searle, J.R. (1986). *Geist, Gehirn und Wissenschaft*. Frankfurt/M.: Suhrkamp.
73 Cheney, D.L. und Seyfarth, R.M. (1994). *Wie Affen die Welt sehen. Das Denken einer anderen Art*. München: Carl Hanser.
74 Perler, D. und Wild, M. (2005). Der Geist der Tiere – eine Einführung. In: D. Perler und M. Wild (Hg.) *Geist der Tiere. Philosophische Texte zu einer aktuellen Diskussion*, 10-74. Frankfurt/M.: Suhrkamp.
75 Glock, H.-J. (1999). Animal Minds: Conceptual Problems. *Evolution and Cognition*, *5*, 177-186.
76 Bermúdez, J.L. (2006). Animal reasoning and proto-logic. In: S. Hurley und M. Nudds (Hg.). *Rational animals?*, 127-137. Oxford: Oxford University Press.
77 Köhler, O. (1952). Vom unbenannten Denken. *Zoologischer Anzeiger (Verhandlungen der Deutschen Zoologischen Gesellschaft)*, 202-211.
78 Dretske, F. (2005). Minimale Rationalität. In: D. Perler und M. Wild (Hg.) *Geist der Tiere. Philosophische Texte zu einer aktuellen Diskussion*, 213-222. Frankfurt/M.: Suhrkamp.
79 Zadeh, L.A., Fu, K.-S., Tanaka, K. und Shimura, M. (1975). *Fuzzy Sets*

and Their Applications to Cognitive and Decision Processes. New York: Academic Press.
80 Tversky, A. und Kahneman, D. (1974). Judgment under uncertainty – heuristics and biases. *Science, 185* (4157), 1124-1131.
81 Kahneman, D. (2012). *Schnelles Denken, langsames Denken.* München: Siedler.
82 Simon, H. (1982). *Models of Bounded Rationality.* Cambridge, MA: MIT Press.
83 Hutchinson, J.M. und Gigerenzer, G. (2005). Simple heuristics and rules of thumb: where psychologists and behavioural biologists might meet. *Behavioural Processes, 69* (2), 97-124.
84 Brunswik, E. (1955). »Ratiomorphic« models of perception and thinking. *Acta Psychologica, 11*, 108-109.
85 Lorenz, K. (1973). *Die Rückseite des Spiegels. Versuch einer Naturgeschichte menschlichen Erkennens.* München: Piper.
86 Riedl, R., Huber, L. und Ackermann, G. (1991). Rational versus ratiomorphic strategies in human cognition. *Evolution and Cognition, 1* (1), 71-88.
87 Riedl, R., Ackermann, G. und Huber, L. (1992). A ratiomorphic problem solving strategy. *Evolution and Cognition, 2* (1), 23-61.
88 Skinner, B.F. (1963). Operant behavior. *American Psychologist, 18* (8), 503-515.
89 Dickinson, A. (1980). *Contemporary animal learning theory.* Cambridge, UK: Cambridge University Press.
90 Piaget, J. (1992). *Das Erwachen der Intelligenz beim Kinde.* München: dtv.
91 Nickerson, R.S. (2007). *Aspects of rationality. Reflections on what it means to be rational and whether we are.* New York: Psychology Press.
92 McGonigle, B.O. und Chalmers, M. (1977). Are monkeys logical? *Nature, 267* (5613), 694.
93 McGonigle, B.O. und Chalmers, M. (1992). Monkeys are rational! *Quarterly Journal of Experimental Psychology, 45B*, 198-228.
94 Zentall, T.R. (2001). The case for a cognitive approach to animal learning and behavior. *Behavioural Processes, 54* (1-3), 65-78.
95 Chalmers, M. und McGonigle, B. (1984). Are children any more logical than monkeys on the five-term series problem? *Journal of Experimental Child Psychology, 37* (2), 355-377.
96 Lazareva, O.F. (2012). Transitive inference in non-human animals. In: E. Wasserman und T. Zentall (Hg.) *Handbook of Comparative Cognition*, 718-735. New York: Oxford University Press.
97 Allen, C. (2006). Transitive inference in animals: Reasoning or conditioned associations. *Rational animals*, 175-185.
98 Seyfarth, R.M. und Cheney, D.L. (2003). The structure of social

knowledge in monkeys. In: F. B. M. de Waal und P. L. Tyack (Hg.). *Animal Social Complexity. Intelligence, Culture, and Individualized Societies*, 207-229. Cambridge, MA: Harvard University Press.
99 Paz-y-Mino, G., Bond, A. B., Kamil, A. C. und Balda, R. P. (2004). Pinyon jays use transitive inference to predict social dominance. *Nature*, *430* (7001), 778-781.
100 Thorndike, E. L. (1898). Animal intelligence: An experimental study of the associative processes in animals. *The Psychological Review: Monograph Supplements*, *2*.
101 Köhler, W. (1917). *Intelligenzprüfungen an Anthropoiden I*: Abhandlungen d. Preuss. Akademie der Wissenschaften, Jahrgang 1917, physikal.-mathemat. Klasse, Nr. 1 (1925 in englischer Übersetzung unter dem Titel *The Mentality of Apes* bei Harcourt, Brace & World in New York erschienen).
102 Thorpe, W. H. (1956). *Learning and instinct in animals*. London: Methuen.
103 Epstein, R., Lanza, R. P. und Skinner, B. F. (1981). »Self-Awareness« in the Pigeon. *Science*, *212* (4495), 695-696.
104 Sloman, S. A. (1996). The empirical case for two systems of reasoning. *Psychological Bulletin*, *119* (1), 3-22.
105 Neisser, U. (1963). The multiplicity of thought. *British Journal of Psychology*, *54*, 1-14.
106 Premack, D. (1995). Cause / induced motion; intention / spontaneous motion. In: J. P. Changeux und J. Chavaillon (Hg.) *Origins of the Human Brain*, 286-308. Oxford: Oxford University Press.
107 Premack, D. und Premack, A. J. (1994). Levels of causal understanding in chimpanzees and children. *Cognition*, *50*, 347-362.
108 Call, J. und Carpenter, M. (2001). Do apes and children know what they have seen? *Animal Cognition*, *4*, 207-220.
109 Call, J. (2004). Inferences About the Location of Food in the Great Apes (Pan paniscus, Pan troglodytes, Gorilla gorilla, and Pongo pygmaeus). *Journal of Comparative Psychology*, *118* (2), 232-241.
110 Kaminski, J., Call, J. und Fischer, J. (2004). Word learning in a domestic dog: evidence for »fast mapping«. *Science*, *304* (5677), 1682-1683.
111 Carey, S. und Bartlett, E. (1978). Acquiring a single new word. *Papers and Reports an Child Language Development*, *15*, 17-29.
112 Schloegl, C., Bugnyar, T. und Aust, U. (2009). Exclusion performances in non-human animals: From pigeons to chimpanzees and back again. In: S. Watanabe, A. P. Blaisdell, L. Huber und A. Young (Hg.). *Rational Animals, Irrational Humans*, 217-234. Tokyo: Keio University Press.
113 Pepperberg, I. M. (1999). *The Alex Studies: Cognitive and Communicative Abilities of Grey Parrots*. Cambridge, MA: Harvard University Press.

114 Schloegl, C., Dierks, A., Gajdon, G. K., Huber, L., Kotrschal, K. und Bugnyar, T. (2009). What you see is what you get? Exclusion performances in ravens and keas. *PLOS ONE*, *4* (8), e6368.
115 Diamond, J. und Bond, A. B. (1999). *Kea, bird of paradox: The Evolution and Behaviour of a New Zealand Parrot*. Berkley, Los Angeles, London: University of California Press.
116 Heinrich, B. (1999). *Mind of the Raven*. New York: Harper.
117 Aust, U., Range, F., Steurer, M. und Huber, L. (2008). Inferential reasoning by exclusion in pigeons, dogs, and humans. *Animal Cognition*, *11*, 587-597.
118 O'Hara, M., Auersperg, A. M. I., Bugnyar, T. und Huber, L. (2015). Inference by exclusion in Goffin cockatoos (Cacatua goffini). *PLOS ONE*, *10* (8), e0134894.
119 O'Hara, M., Schwing, R., Federspiel, I., Gajdon, G. K. und Huber, L. (2016). Reasoning by exclusion in the kea (Nestor notabilis). *Animal Cognition*, *19* (5), 965-975.
120 Goschke, T. (2007). Volition und kognitive Kontrolle. In: J. Müsseler und W. Prinz (Hg.). *Allgemeine Psychologie*, 232-293. Heidelberg: Spektrum Akademischer Verlag.
121 Posner, M. I. und Snyder, C. R. R. (1975). Attention and cognitive control. In: R. Solso (Hg.) *Information Processing and Cognition: The Loyola Symposium*, 55-85. Hillsdale, NJ: Lawrence Erlbaum.
122 Norman, D. und Shallice, T. (1986). Attention to action: willed and automatic control of behavior. In: R. Davidson, R. Schwartz und D. Shapiro (Hg.) *Consciousness and self-regulation advances in research and theory*, 1-18. New York: Plenum Press.
123 Lorenz, K. (1969). Innate bases of learning. In: K. H. Pribram (Hg.). *On the biology of learning*, 13-93. New York, Chicago, San Francisco, Atlanta: Harcourt, Brace & World, Inc.
124 Lorenz, K. (1978). *Vergleichende Verhaltensforschung: Grundlagen der Ethologie*. Wien, New York: Springer.
125 Ewert, J.-P. (1987). Neuroethology of releasing mechanisms: Prey-catching in toads. *Behavioral and Brain Sciences*, *10* (3), 337-405.
126 Giurfa, M. (2003). Cognitive neuroethology: dissecting non-elemental learning in a honeybee brain. *Curr Opin Neurobiol*, *13* (6), 726-735.
127 Dickinson, A. (2012). Associative learning and animal cognition. *Philosophical Transactions of the Royal Society B: Biological Sciences*, *367* (1603), 2733-2742.
128 Ach, N. (1969). Über den Willensakt und die Willenshandlung. *Die Motivation menschlichen Handelns, Köln / Berlin*, *3*, 147-154.
129 Gazzaniga, M. (2012). *Die Ich-Illusion: wie Bewusstsein und freier Wille entstehen*. München: Hanser.
130 Haggard, P. (2008). Human volition: towards a neuroscience of will. *Nature Reviews Neuroscience*, *9* (12), 934-946.

131 Haggard, P., Clark, S. und Kalogeras, J. (2002). Voluntary action and conscious awareness. *Nature Neuroscience*, *5* (4), 382-385.
132 Kuhl, J. (1996). Wille und Freiheitserleben. Formen der Selbststeuerung. In: J. Kuhl und H. Heckhausen (Hg.). *Enzyklopädie der Psychologie Serie IV, Band 4: Motivation, Volition und Handlung*, 665-765. Göttingen: Hogrefe.
133 Prinz, W. (1998). Die Reaktion als Willenshandlung. *Psychologische Rundschau*, *49* (1), 10-20.
134 Elsner, B. und Hommel, B. (2001). Effect anticipation and action control. *Journal of Experimental Psychology: Human Perception and Performance*, *27* (1), 229-240.
135 Gold, J.I. und Shadlen, M.N. (2007). The neural basis of decision making. *Annual Review of Neuroscience*, *30*, 535-574.
136 Dörner, D. (1987). Denken und Wollen: Ein systemtheoretischer Ansatz. In: H. Heckhausen, P.M. Gollwitzer und F.E. Weinert (Hg.). *Jenseits des Rubikon. Der Wille in den Humanwissenschaften*, 238-250. Berlin: Springer.
137 Miller, E.K. (2000). The prefrontal cortex and cognitive control. *Nature Reviews Neuroscience*, *1*, 59-65.
138 Heekeren, H.R., Marrett, S., Bandettini, P.A. und Ungerleider, L.G. (2004). A general mechanism for perceptual decision-making in the human brain. *Nature*, *431* (7010), 859-862.
139 Heekeren, H.R., Marrett, S. und Ungerleider, L.G. (2008). The neural systems that mediate human perceptual decision making. *Nature Reviews Neuroscience*, *9* (6), 467-479.
140 Frith, C.D. (2007). *Making up the Mind: How the Brain Creates Our Mental World*. Oxford: Blackwell.
141 Nachev, P., Rees, G., Parton, A., Kennard, C. und Husain, M. (2005). Volition and conflict in human medial frontal cortex. *Current Biology*, *15* (2), 122-128.
142 Nachev, P., Wydell, H., O'Neill, K., Husain, M. und Kennard, C. (2007). The role of the pre-supplementary motor area in the control of action. *Neuroimage*, *36 Suppl 2*, T155-T163.
143 Goschke, T. (2003). Voluntary action and cognitive control from a cognitive neuroscience perspective. In: S. Maasen, W. Prinz und G. Roth (Hg.). *Voluntary Action: Brains, Minds, and Sociality*, 49-85. New York, NY: Oxford University Press.
144 Mischel, W., Shoda, Y. und Rodriguez, M.L. (1989). Delay of gratification in children. *Science*, *244*, 933-938.
145 Mischel, W. (2015). *Der Marshmallow-Test: Willensstärke, Belohnungsaufschub und die Entwicklung der Persönlichkeit*. München: Siedler Verlag.
146 Duckworth, A.L., Tsukayama, E. und Kirby, T.A. (2013). Is it really self-control? Examining the predictive power of the delay of gra-

tification task. *Personality and Social Psychology Bulletin*, *39*, 843-855.
147 Watts, T. W., Duncan, G. J. und Quan, H. (2018). Revisiting the marshmallow test: A conceptual replication investigating links between early delay of gratification and later outcomes. *Psychological Science*, *29* (7), 1159-1177.
148 Stevens, J. R. und Stephens, D. W. (2009). The adaptive nature of impulsivity. In: G. Madden und W. K. Bickel (Hg.). *Impulsivity: The Behavioral and Neurological Science of Discounting*, 361-387. Washington, DC: APA Press.
149 Dufour, V., Pele, M., Sterck, E. H. M. und Thierry, B. (2007). Chimpanzee (Pan troglodytes) anticipation of food return: Coping with waiting time in an exchange task. *Journal of Comparative Psychology*, *121* (2), 145-155.
150 Rosati, A. G., Stevens, J. R., Hare, B. und Hauser, M. D. (2007). The evolutionary origins of human patience: Temporal preferences in chimpanzees, bonobos, and human adults. *Current Biology*, *17* (19), 1663-1668.
151 Beran, M. J. und Evans, T. A. (2009). Delay of gratification by chimpanzees (Pan troglodytes) in working and waiting situations. *Behavioural Processes*, *80* (2), 177-181.
152 Frederick, S., Loewenstein, G. und O'Donoghue, T. (2002). Time discounting and time preference: A critical review. *Journal of Economic Literature*, *40*, 351-401.
153 Kacelnik, A. (2003). The evolution of patience. In: G. Loewenstein, D. Read und R. F. Baumeister (Hg.). *Time and decision: Economic and psychological perspectives on intertemporal choice*, 115-138. New York, NY: Russell Sage.
154 Hayden, B. Y., Parikh, P. C., Deaner, R. O. und Platt, M. L. (2007). Economic principles motivating social attention in humans. *Proceedings of the Royal Society B: Biological Sciences*, *274* (1619), 1751-1756.
155 Hayden, B. Y. (2016). Time discounting and time preference in animals: a critical review. *Psychonomic Bulletin & Review*, *23* (1), 39-53.
156 Bramlett, J. L., Perdue, B. M., Evans, T. A. und Beran, M. J. (2012). Capuchin monkeys (Cebus apella) let lesser rewards pass them by to get better rewards. *Animal Cognition*, *15* (5), 963-969.
157 Toner, I. J. und Smith, R. A. (1977). Age and overt verbalization in delay-maintenance behavior in children. *Journal of Experimental Child Psychology*, *24* (1), 123-128.
158 Evans, T. A. und Westergaard, G. C. (2006). Self-control and tool use in tufted capuchin monkeys (Cebus apella). *Journal of Comparative Psychology*, *120* (2), 163-166.
159 Pelé, M., Dufour, V., Micheletta, J. und Thierry, B. (2010). Long-tailed

macaques display unexpected waiting abilities in exchange tasks. *Animal Cognition*, *13* (2), 263-271.

160 Osvath, M. und Persson, T. (2013). Great apes can defer exchange: a replication with different results suggesting future oriented behavior. *Frontiers in Psychology*, *4* (698).

161 Dufour, V., Wascher, C.A., Braun, A., Miller, R. und Bugnyar, T. (2012). Corvids can decide if a future exchange is worth waiting for. *Biology Letters*, *8* (2), 201-204.

162 Auersperg, A.M.I., Laumer, I.B. und Bugnyar, T. (2013). Goffin cockatoos wait for qualitative and quantitative gains but prefer ›better‹ to ›more‹. *Biology Letters*, *9* (3).

163 Laumer, I.B., Bugnyar, T. und Auersperg, A.M.I. (2016). Flexible decision-making relative to reward quality and tool functionality in Goffin cockatoos (Cacatua goffiniana). *Scientific Reports*, *6* (1), 1-8.

164 Leonardi, R.J., Vick, S.J. und Dufour, V. (2012). Waiting for more: the performance of domestic dogs (Canis familiaris) on exchange tasks. *Animal cognition*, *15* (1), 107-120.

165 Beran, M.J. (2018). *Self-control in animals and people*. London: Academic Press.

166 Miller, R., Boeckle, M., Jelbert, S.A., Frohnwieser, A., Wascher, C.A.F. und Clayton, N.S. (2019). Self-control in crows, parrots and nonhuman primates. *WIREs Cognitive Science*, *e1504*.

167 Beran, M.J. und Hopkins, W.D. (2018). Self-Control in Chimpanzees Relates to General Intelligence. *Current Biology*, *28* (4), 574-579.

168 MacLean, E.L., Hare, B., Nunn, C.L., Addessi, E., Amici, F., Anderson, R.C., Aureli, F., Baker, J.M., Bania, A.E., Barnard, A.M., Boogert, N.J., Brannon, E.M., Bray, E.E., Bray, J., Brent, L.J.N., Burkart, J.M., Call, J., Cantlon, J.F., Cheke, L.G., Clayton, N.S., Delgado, M.M., DiVincenti, L.J., Fujita, K., Herrmann, E., Hiramatsu, C., Jacobs, L.F., Jordan, K.E., Laude, J.R., Leimgruber, K.L., Messer, E.J.E., Moura, A.C.D., Ostojic, L., Picard, A., Platt, M.L., Plotnik, J.M., Range, F., Reader, S.M., Reddy, R.B., Sandel, A.A., Santos, L.R., Schumann, K., Seed, A.M., Sewall, K.B., Shaw, R.C., Slocombe, K.E., Su, Y.J., Takimoto, A., Tan, J.Z., Tao, R., van Schaik, C.P., Viranyi, Z., Visalberghi, E., Wade, J.C., Watanabe, A., Widness, J., Young, J.K., Zentall, T.R. und Zhao, Y.N. (2014). The evolution of self-control. *Proceedings of the National Academy of Sciences of the United States of America*, *111* (20), E2140-E2148.

169 Duque, J.F. und Stevens, J.R. (2017). *Cylinder task*. New York, NY: Springer.

170 Kabadayi, C., Taylor, L.A., von Bayern, A.M. und Osvath, M. (2016). Ravens, New Caledonian crows and jackdaws parallel great apes in motor self-regulation despite smaller brains. *R Soc Open Sci*, *3* (4), 160104.

171 Loewenstein, G., Read, D. und Baumeister, R.F. (2003). *Time and decision: Economic and psychological perspectives on intertemporal choice*. New York, NY: Russell Sage Foundation Press.
172 Fawcett, T.W., McNamara, J.M. und Houston, A.I. (2012). When is it adaptive to be patient? A general framework for evaluating delayed rewards. *Behavioural Processes*, *89* (2), 128-136.
173 Diamond, A. (2013). Executive functions. *Annual Review of Psychology*, *64*, 135-168.
174 Nigg, J.T. (2017). Annual Research Review: on the relations among self-regulation, self-control, executive functioning, effortful control, cognitive control, impulsivity, risk-taking, and inhibition for developmental psychopathology. *Journal of Child Psychology and Psychiatry*, *58*, 361-383.
175 Völter, C.J., Tinklenberg, B., Call, J. und Seed, A.M. (2018). Comparative psychometrics: establishing what differs is central to understanding what evolves. *Philosophical Transactions of the Royal Society B: Biological Sciences*, *373* (1756), 201 70283.
176 Mackintosh, N.J. (1994). *Animal learning and cognition*. San Diego; London: Academic Press.
177 Spearman, C. (1927). *The abilities of man; their nature and measurement*. New York: Macmillan.
178 Duncan, J., Emslie, H., Williams, P., Johnson, R. und Freer, C. (1996). Intelligence and the frontal lobe: The organization of goal-directed behavior. *Cognitive psychology*, *30* (3), 257-303.
179 Burkart, J.M., Schubiger, M.N. und van Schaik, C.P. (2017). The evolution of general intelligence. *Behavioral and Brain Sciences*, *40*, e195.
180 Locurto, C., Benoit, A., Crowley, C. und Miele, A. (2006). The structure of individual differences in batteries of rapid acquisition tasks in mice. *Journal of Comparative Psychology*, *120* (4), 378-388.
181 Anderson, B. (1993). Evidence from the rat for a general factor that underlies cognitive performance and that relates to brain size: Intelligence? *Neuroscience letters*, *153*, 98-112.
182 Wass, C., Denman-Brice, A., Rios, C., Light, K.R., Kolata, S., Smith, A.M. und Matzel, L.D. (2012). Covariation of learning and »reasoning« abilities in mice: Evolutionary conservation of the operations of intelligence. *Journal of Experimental Psychology: Animal Behavior Processes*, *38* (2), 109-124.
183 Herrmann, E., Call, J., Hernandez-Lloreda, M.V., Hare, B. und Tomasello, M. (2007). Humans have evolved specialized skills of social cognition: the cultural intelligence hypothesis. *Science*, *317* (5843), 1360-1366.
184 Herrmann, E. und Call, J. (2012). Are there geniuses among the apes? *Philosophical Transactions of the Royal Society B: Biological Sciences*, *367* (1603), 2753-2761.

185 Gergely, G., Bekkering, H. und Kiraly, I. (2002). Rational imitation in preverbal infants. *Nature*, *415* (6873), 755.
186 Range, F., Viranyi, Z. und Huber, L. (2007). Selective imitation in domestic dogs. *Current Biology*, *17* (10), 868-872.
187 Buttelmann, D., Carpenter, M., Call, J. und Tomasello, M. (2007). Enculturated chimpanzees imitate rationally. *Developmental Science*, *10* (4), F31-F38.
188 Kaminski, J., Nitzschner, M., Wobber, V., Tennie, C., Bräuer, J., Call, J. und Tomasello, M. (2011). Do dogs distinguish rational from irrational acts? *Animal Behaviour*, *81* (1), 195-203.
189 Huber, L., Range, F. und Viranyi, Z. (2012). Dogs imitate selectively, not necessarily rationally: reply to Kaminski et al. (2011). *Animal Behaviour*, *83* (6), e1-e3.
190 Condillac, E.B. d. und Kayling, V.Ü. (1755 (2019)). *Traité des animaux*. Würzburg: Königshausen & Neumann.
191 Oakley, K.P. (1949). *Man the tool-maker*. London: British Museum.
192 Gibson, K.R. und Ingold, T. (1993). *Tools, language and cognition in human evolution*. Cambridge: Cambridge University Press.
193 Gamble, C., Gowlett, J. und Dunbar, R. (2016). *Evolution, Denken, Kultur. Das soziale Gehirn und die Entstehung des Menschen*. Berlin: Springer Spektrum.
194 Leakey, L.S.B., Tobias, P.V. und Napier, J.R. (1964). A new species of the genus Homo from Olduvai Gorge. *Nature*, *202*, 7-9.
195 Semaw, S., Renne, P., Harris, J.W.K., Feibel, C.S., Bernor, R.L., Fesseha, N. und Mowbray, K. (1997). 2.5-million-year-old stone tools from Gona, Ethiopia. *Nature*, *385* (6614), 333-336.
196 Harmand, S., Lewis, J.E., Feibel, C.S., Lepre, C.J., Prat, S., Lenoble, A., Boës, X., Quinn, R.L., Brenet, M., Arroyo, A., Taylor, N., Clément, S., Daver, G., Brugal, J.-P., Leakey, L., Mortlock, R.A., Wright, J.D., Lokorodi, S., Kirwa, C., Kent, D.V. und Roche, H. (2015). 3.3-million-year-old stone tools from Lomekwi 3, West Turkana, Kenya. *Nature*, *521* (7552), 310-315.
197 McPherron, S.P., Alemseged, Z., Marean, C.W., Wynn, J.G., Reed, D., Geraads, D., Bobe, R. und Bearat, H.A. (2010). Evidence for stone-tool-assisted consumption of animal tissues before 3.39 million years ago at Dikika, Ethiopia. *Nature*, *466* (7308), 857-860.
198 Lefebvre, L., Nicolakakis, N. und Boire, D. (2002). Tools and brains in birds. *Behaviour*, *139*, 939-973.
199 Reader, S.M. und Laland, K.N. (2002). Social intelligence, innovation, and enhanced brain size in primates. *Proceedings of the National Academy of Sciences of the United States of America*, *99* (7), 4436-4441.
200 Shumaker, R.W., Walkup, K.R. und Beck, B.B. (2011). *Animal tool behavior the use and manufacture of tools by animals*. Baltimore: Johns Hopkins University Press.

201 Bentley-Condit, V. und Smith, E. O. (2010). Animal tool use: current definitions and an updated comprehensive catalog. *Behaviour*, *147* (2), 185-221, A1-A32.
202 Goodall, J. (1964). Tool-using and aimed throwing in a community of free-living chimpanzees. *Nature*, *201*, 1264-1266.
203 Root-Bernstein, M., Narayan, T., Cornier, L. und Bourgeois, A. (2019). Context-specific tool use by Sus cebifrons. *Mammalian Biology*, *98* (1), 102-110.
204 Fayet, A. L., Hansen, E. S. und Biro, D. (2019). Evidence of tool use in a seabird. *Proceedings of the National Academy of Sciences of the United States of America*, *117* (3), 1277-1279.
205 Meyerriecks, A. J. (1972). Tool-using by a double-crested cormorant. *The Wilson Bulletin*, *84* (4), 482-483.
206 Farrar, B. (2020). Evidence of tool use in a seabird? *PsyArXiv*, 463hk.
207 Auersperg, A., Schwing, R., Mioduszewska, B., O'Hara, M. und Huber, L. (2020). Do Puffins use tools? *Proceedings of the National Academy of Sciences of the United States of AmericaAcad Sci U S A*, *117*, 11 859-11 859.
208 Brooks, J. und Yamamoto, S. (2021). Dog Stick Chewing: An Overlooked Instance of Tool Use? *Frontiers in Psychology*, *11* (3753).
209 Van Lawick-Goodall, J. (1970). Tool-using in primates and other vertebrates. *Advances in the Study of Behavior*, *3*, 195-249.
210 Meulman, E. J., Sanz, C. M., Visalberghi, E. und van Schaik, C. P. (2012). The role of terrestriality in promoting primate technology. *Evolutionary Anthropology: Issues, News, and Reviews*, *21* (2), 58-68.
211 McCullough, M. (1998). *Abstracting Craft: The Practiced Digital Hand*. Cambridge, MA: MIT Press.
212 Baber, C. (2003). *Cognition and tool use: forms of engagement in human and animal use of tools*. London: Taylor & Francis.
213 Gibson, J. J. (1966). *The senses considered as perceptual systems*. Boston: Houghton Mifflin.
214 St Amant, R. und Horton, T. E. (2008). Revisiting the definition of animal tool use. *Animal Behaviour*, *75* (4), 1199-1208.
215 Breuer, T., Ndoundou-Hockemba, M. und Fishlock, V. (2005). First observation of tool use in wild gorillas. *PLOS Biology*, *3* (11).
216 Krützen, M., Mann, J., Heithaus, M. R., Connor, R. C., Bejder, L. und Sherwin, W. B. (2005). Cultural transmission of tool use in bottlenose dolphins. *Proceedings of the National Academy of Sciences*, *102* (25), 8939-8943.
217 Beck, B. B. (1980). *Animal Tool Behavior the Use and Manufacture of Tools by Animals*. New York: Garland STPM Press.
218 Sanz, C., Call, J. und Boesch, C. (2013). *Tool Use in Animals Cognition and Ecology*. Cambridge: Cambridge University Press.
219 Van Schaik, C. P., Ancrenaz, M., Borgen, G., Galdikas, B., Knott, C. D.,

Singleton, I., Suzuki, A., Utami, S.S. und Merrill, M. (2003). Orangutan cultures and the evolution of material culture. *Science, 299* (5603), 102-105.

220 Fragaszy, D.M., Fedigan, L.M. und Visalberghi, E. (2004). *The Complete Capuchin: The Biology of the Genus Cebus*. Cambridge: Cambridge University Press.

221 Gumert, M.D., Fuentes, A. und Jones-Engel, L. (2020). *Monkeys on the Edge: Ecology and Management of Long-Tailed Macaques and their Interface with Humans*: Cambridge University Press.

222 Haslam, M., Fujii, J., Espinosa, S., Mayer, K., Ralls, K., Tinker, M.T. und Uomini, N. (2019). Wild sea otter mussel pounding leaves archaeological traces. *Scientific Reports, 9* (1), 4417.

223 Poole, J. (1996). *Coming of Age With Elephants: A Memoir*. New York: Hyperion.

224 van Lawick-Goodall, J. und van Lawick-Goodall, H. (1966). Use of tools by the Egyptian vulture, Neophron percnopterus. *Nature, 212* (5069), 1468-1469.

225 Higuchi, H. (1986). Bait-fishing by the Green-backed Heron Ardeola striata in Japan. *Ibis, 128* (2), 285-290.

226 Levey, D.J., Duncan, R.S. und Levins, C.F. (2004). Animal behaviour: use of dung as a tool by burrowing owls. *Nature, 431* (7004), 39.

227 Shettleworth, S. (2010). *Cognition, Evolution and Behavior*. Oxford: Oxford University Press.

228 Sugiyama, Y. und Koman, J. (1979). Tool-using and-making behavior in wild chimpanzees at Bossou, Guinea. *Primates, 20* (4), 513-524.

229 Boesch, C. und Boesch, H. (1983). Optimization of nut cracking with natural hammers by wild chimpanzees. *Behaviour, 3/4*, 265-286.

230 Hannah, A.C. und McGrew, W. (1987). Chimpanzees using stones to crack open oil palm nuts in Liberia. *Primates, 28* (1), 31-46.

231 Matsuzawa, T. (1991). Nesting cups and metatools in chimpanzees. *Behavioral and Brain Sciences, 14*, 570-571.

232 Matsuzawa, T. (1994). Field experiments on use of stone tools in the wild. In: R.W. Wrangham, W. McGrew, F.B.M. de Waal und P.G. Heltone (Hg.). *Chimpanzee Cultures*, 351-370. Cambridge, MA: Harvard University Press.

233 Matsuzawa, T. (1996). Chimpanzee intelligence in nature and in captivity: isomorphism of symbol use and tool use. In: W.C. McGrew, L. Marchant und T. Nisida (Hg.). *Great Ape Societies*, 196-212. Cambridge: Cambridge University Press.

234 Carvalho, S., Cunha, E., Sousa, C. und Matsuzawa, T. (2008). Chaines operatoires and resource-exploitation strategies in chimpanzee (Pan troglodytes) nut cracking. *Journal of Human Evolution, 55* (1), 148-163.

235 Clayton, N.S. (2007). Animal Cognition: Crows Spontaneously Solve a Metatool Task. *Current Biology*, *17* (20), R894-R895.
236 Bird, C.D. und Emery, N.J. (2009). Insightful problem solving and creative tool modification by captive nontool-using rooks. *Proceedings of the National Academy of Sciences of the United States of America*, *106* (25), 10370-10375.
237 Wimpenny, J.H., Weir, A.A., Clayton, L., Rutz, C. und Kacelnik, A. (2009). Cognitive processes associated with sequential tool use in New Caledonian crows. *PLOS ONE*, *4* (8), e6471.
238 Taylor, A.H., Elliffe, D., Hunt, G.R. und Gray, R.D. (2010). Complex cognition and behavioural innovation in New Caledonian crows. *Proceedings of the Royal Society B: Biological Sciences*, *277* (1694), 2637-2643.
239 Taylor, A.H., Hunt, G.R., Holzhaider, J.C. und Gray, R.D. (2007). Spontaneous Metatool Use by New Caledonian Crows. *Current Biology*, *17* (17), 1504-1507.
240 Mulcahy, N.J., Call, J. und Dunbar, R.I. (2005). Gorillas (Gorilla gorilla) and orangutans (Pongo pygmaeus) encode relevant problem features in a tool-using task. *Journal of Comparative Psychology*, *119* (1), 23-32.
241 Merrick, H., De Heinzelin, J., Haesaerts, P. und Howell, F. (1973). Archaeological occurrences of Early Pleistocene age from the Shungura Formation, lower Omo valley, Ethiopia. *Nature*, *242* (5400), 572-575.
242 Sumita, K., Kitahara-Frisch, J. und Norikoshi, K. (1985). The acquisition of stone-tool use in captive chimpanzees. *Primates*, *26* (2), 168-181.
243 Sugiyama, Y. (1997). Social tradition and the use of tool-composites by wild chimpanzees. *Evolutionary Anthropology: Issues, News, and Reviews: Issues, News, and Reviews*, *6* (1), 23-27.
244 Wright, R.V. (1972). Imitative learning of a flaked stone technology-the case of an orangutan. *The Australian Journal of Anthropology*, *8* (4), 296-306.
245 Mannu, M. und Ottoni, E.B. (2009). The enhanced tool-kit of two groups of wild bearded capuchin monkeys in the Caatinga: tool making, associative use, and secondary tools. *American Journal of Primatology*, *71* (3), 242-251.
246 Engels, F. (1988). *Anteil der Arbeit an der Menschwerdung des Affen* (erschien 1896 in der Zeitschrift ›Die neue Zeit‹). Berlin: Dietz.
247 McGrew, W.C. (2010). Chimpanzee Technology. *Science*, *328* (5978), 579-580.
248 Sousa, C., Biro, D. und Matsuzawa, T. (2009). Leaf-tool use for drinking water by wild chimpanzees (Pan troglodytes): acquisition patterns and handedness. *Animal Cognition*, *12* (1), 115-125.
249 Stewart, F.A., Pruetz, J.D. und Hansell, M.H. (2007). Do chimpan-

zees build comfortable nests? *American Journal of Primatology, 69* (8), 930-939.

250 Bermejo, M. und Illera, G. (1999). Tool-set for termite-fishing and honey extraction by wild chimpanzees in the Lossi Forest, Congo. *Primates, 40* (4), 619.

251 Boesch, C., Heada, J. und Robbins, M.M. (2009). Complex tool sets for honey extraction among chimpanzees in Loango National Park, Gabon. *Journal of Human Evolution, 56* (6), 560-569.

252 Sanz, C.M. und Morgan, D.B. (2009). Flexible and persistent tool-using strategies in honey-gathering by wild chimpanzees. *International Journal of Primatology, 30* (3), 411-427.

253 Wimpenny, J.H., Weir, A.A. und Kacelnik, A. (2011). New Caledonian crows use tools for non-foraging activities. *Animal Cognition, 14* (3), 459-464.

254 Fragaszy, D.M. und Mangalam, M. (2018). Tooling. *Advances in the Study of Behavior, 50*, 177-241.

255 Varela, F.J., Thompson, E. und Rosch, E. (1991). *The Embodied Mind.* Cambridge, MA: MIT.

256 Thelen, E. und Smith, L. (1994). *A Dynamic Systems Approach to the Development of Cognition and Action.* Cambridge, MA: MIT Press.

257 Calvin, W.H. (1983). A stone's throw and its launch window: Timing precision and its implications for language and hominid brains. *Journal of Theoretical Biology, 104* (1), 121-135.

258 Westergaard, G., Liv, C., Haynie, M. und Suomi, S. (2000). A comparative study of aimed throwing by monkeys and humans. *Neuropsychologia, 38* (11), 1511-1517.

259 Lombardo, M.P. und Deaner, R.O. (2018). Born to Throw: The Ecological Causes that Shaped the Evolution of Throwing In Humans. *The Quarterly Review of Biology, 93* (2), 1-16.

260 Colbourne, J.A.D., Auersperg, A.M.I., Lambert, M.L., Huber, L. und Völter, C.J. (2021). Extending the Reach of Tooling Theory: A Neurocognitive and Phylogenetic Perspective. *Topics in Cognitive Science*, 1-25.

261 Maravita, A. und Iriki, A. (2004). Tools for the body (schema). *Trends in Cognitive Sciences, 8* (2), 79-86.

262 Arbib, M.A., Bonaiuto, J.B., Jacobs, S. und Frey, S.H. (2009). Tool use and the distalization of the end-effector. *Psychological Research, 73* (4), 441-462.

263 Johnson-Frey, S.H. (2004). The neural bases of complex tool use in humans. *Trends in Cognitive Sciences, 8* (2), 71-78.

264 Frey, S.H. (2008). Tool use, communicative gesture and cerebral asymmetries in the modern human brain. *Philosophical Transactions of the Royal Society B: Biological Sciences, 363* (1499), 1951-1957.

265 Johnson-Frey, S.H. (2003). What's so special about human tool use? *Neuron*, *39* (2), 201-204.
266 Goodall, J. (1998). Essays on science and society: Learning from the chimpanzees: a message humans can understand. *Science*, *282* (5397), 2184-2185.
267 Matsuzawa, T. (2009). *Primate origins of human cognition and behavior*. Tokyo: Springer.
268 Inoue-Nakamura, N. und Matsuzawa, T. (1997). Development of stone tool use by wild chimpanzees (Pan troglodytes). *Journal of Comparative Psychology*, *111* (2), 159-173.
269 Mercader, J., Panger, M. und Boesch, C. (2002). Excavation of a chimpanzee stone tool site in the African rainforest. *Science*, *296* (5572), 1452-1455.
270 Mercader, J., Barton, H., Gillespie, J., Harris, J., Kuhn, S., Tyler, R. und Boesch, C. (2007). 4,300-year-old chimpanzee sites and the origins of percussive stone technology. *Proceedings of the National Academy of Sciences of the United States of America*, *104* (9), 3043-3048.
271 Estienne, V., Robira, B., Mundry, R., Deschner, T. und Boesch, C. (2019). Acquisition of a complex extractive technique by the immature chimpanzees of Loango National Park, Gabon. *Animal Behaviour*, *147*, 61-76.
272 Hernandez-Aguilar, R.A., Moore, J. und Pickering, T.R. (2007). Savanna chimpanzees use tools to harvest the underground storage organs of plants. *Proceedings of the National Academy of Sciences of the United States of America*, *104* (49), 19210-19213.
273 Motes-Rodrigo, A., Majlesi, P., Pickering, T.R., Laska, M., Axelsen, H., Minchin, T.C., Tennie, C. und Hernandez-Aguilar, R.A. (2019). Chimpanzee extractive foraging with excavating tools: Experimental modeling of the origins of human technology. *PLOS ONE*, *14* (5), e0215644.
274 Koops, K., McGrew, W.C. und Matsuzawa, T. (2010). Do chimpanzees (Pan troglodytes) use cleavers and anvils to fracture Treculia africana fruits? Preliminary data on a new form of percussive technology. *Primates*, *51* (2), 175-178.
275 Pruetz, J.D. und Bertolani, P. (2007). Savanna chimpanzees, Pan troglodytes verus, hunt with tools. *Current Biology*, *17* (5), 412-417.
276 Roffman, I., Savage-Rumbaugh, S., Rubert-Pugh, E., Stadler, A., Ronen, A. und Nevo, E. (2015). Preparation and use of varied natural tools for extractive foraging by bonobos (Pan Paniscus). *American Journal of Physical Anthropology*, *158* (1), 78-91.
277 Russon, A.E. und Galdikas, B.M.F. (1993). Imitation in Free-Ranging Rehabilitant Orangutans (Pongo-Pygmaeus). *Journal of Comparative Psychology*, *107* (2), 147-161.

278 Russon, A. E. und Galdikas, B. M. F. (1995). Imitation and tool use in rehabilitant orangutans. In: R. D. Nadler et al. (Hg.) *The Neglected Ape*, 191-197. New York: Plenum Press.
279 Galdikas, B. M. (1989). Orangutan tool use. *Science*, *243* (4888), 152.
280 Russon, A. E., van Schaik, C. P., Kuncoro, P., Ferisa, A., Handayani, D. P. und van Noordwijk, M. A. (2009). Innovation and intelligence in orangutans. In: S. A. Wich, S. S. Utami Atmoko, T. Mitra Setia und C. P. van Schaik (Hg.). *Orangutans: Geographic Variation in Behavioral Ecology and Conservation*, 279-298. Oxford: Oxford University Press.
281 Meulman, E. J. und van Schaik, C. P. (2013). Orangutan tool use and the evolution of technology. *Tool Use in Animals: Cognition and Ecology*, 176-202.
282 Malaivijitnond, S., Lekprayoon, C., Tandavanittj, N., Panha, S., Cheewatham, C. und Hamada, Y. (2007). Stone-tool usage by Thai long-tailed macaques (Macaca fascicularis). *American Journal of Primatology*, *69* (2), 227-233.
283 Luncz, L. V., Svensson, M. S., Haslam, M., Malaivijitnond, S., Proffitt, T. und Gumert, M. (2017). Technological Response of Wild Macaques (Macaca fascicularis) to Anthropogenic Change. *International Journal of Primatology*, *38* (5), 872-880.
284 Haslam, M., Hernandez-Aguilar, R. A., Proffitt, T., Arroyo, A., Falótico, T., Fragaszy, D., Gumert, M., Harris, J. W. K., Huffman, M. A., Kalan, A. K., Malaivijitnond, S., Matsuzawa, T., McGrew, W., Ottoni, E. B., Pascual-Garrido, A., Piel, A., Pruetz, J., Schuppli, C., Stewart, F., Tan, A., Visalberghi, E. und Luncz, L. V. (2017). Primate archaeology evolves. *Nature Ecology & Evolution*, *1* (10), 1431-1437.
285 Visalberghi, E., Addessi, E., Truppa, V., Spagnoletti, N., Ottoni, E., Izar, P. und Fragaszy, D. (2009). Selection of effective stone tools by wild bearded capuchin monkeys. *Current Biology*, *19* (3), 213-217.
286 Visalberghi, E., Spagnoletti, N., Ramos da Silva, E. D., Andrade, F. R., Ottoni, E., Izar, P. und Fragaszy, D. (2009). Distribution of potential suitable hammers and transport of hammer tools and nuts by wild capuchin monkeys. *Primates*, *50* (2), 95-104.
287 Schrauf, C., Huber, L. und Visalberghi, E. (2008). Do capuchin monkeys use weight to select hammer tools? *Animal Cognition*, *11* (3), 413-422.
288 Ottoni, E. B. und Izar, P. (2008). Capuchin monkey tool use: Overview and implications. *Evolutionary Anthropology: Issues, News, and Reviews*, *17* (4), 171-178.
289 Visalberghi, E., Fragaszy, D. M., Izar, P. und Ottoni, E. B. (2005). Terrestriality and tool use. *Science*, *308* (5724), 951-952.
290 Haslam, M., Luncz, L. V., Staff, R. A., Bradshaw, F., Ottoni, E. B. und

Falotico, T. (2016). Pre-Columbian monkey tools. *Current Biology, 26* (13), R521-R522.

291 Cnotka, J., Güntürkün, O., Rehkämper, G., Gray, R.D. und Hunt, G.R. (2008). Extraordinary large brains in tool-using New Caledonian crows (Corvus moneduloides). *Neuroscience letters, 433* (3), 241-245.

292 Mehlhorn, J., Hunt, G.R., Gray, R.D., Rehkämper, G. und Güntürkün, O. (2010). Tool-making New Caledonian crows have large associative brain areas. *Brain, Behavior and Evolution, 75* (1), 63-70.

293 Rutz, C. und St Clair, J.J. (2012). The evolutionary origins and ecological context of tool use in New Caledonian crows. *Behavioural Processes, 89* (2), 153-165.

294 Rutz, C., Bluff, L.A., Reed, N., Troscianko, J., Newton, J., Inger, R., Kacelnik, A. und Bearhop, S. (2010). The ecological significance of tool use in New Caledonian crows. *Science, 329* (5998), 1523-1526.

295 Hunt, G.R. (1996). Manufacture and use of hook-tools by New Caledonian crows. *Nature, 379,* 249-251.

296 Bluff, L.A., Troscianko, J., Weir, A.A., Kacelnik, A. und Rutz, C. (2010). Tool use by wild New Caledonian crows Corvus moneduloides at natural foraging sites. *Proceedings of the Royal Society B: Biological Sciences, 277* (1686), 1377-1385.

297 Chappell, J. und Kacelnik, A. (2002). Tool selectivity in a non-primate, the New Caledonian crow (Corvus moneduloides). *Animal Cognition, 5* (2), 71-78.

298 Weir, A.S., Chappel, J. und Kacelnik, A. (2002). Shaping of hooks in New Caledonian crows. *Science, 297,* 981.

299 Troscianko, J., Von Bayern, A.M., Chappell, J., Rutz, C. und Martin, G.R. (2012). Extreme binocular vision and a straight bill facilitate tool use in New Caledonian crows. *Nature Communications, 3* (1), 1-7.

300 Martinho III, A., Burns, Z.T., von Bayern, A.M. und Kacelnik, A. (2014). Monocular tool control, eye dominance, and laterality in New Caledonian crows. *Current Biology, 24* (24), 2930-2934.

301 Rutledge, R. und Hunt, G.R. (2004). Lateralized tool use in wild New Caledonian crows. *Animal Behaviour, 67* (2), 327-332.

302 Weir, A.A., Kenward, B., Chappell, J. und Kacelnik, A. (2004). Lateralization of tool use in New Caledonian crows (Corvus moneduloides). *Proceedings of the Royal Society B: Biological Sciences, 271 Suppl 5,* S344-S346.

303 Kenward, B., Schloegl, C., Rutz, C., Weir, A.A., Bugnyar, T. und Kacelnik, A. (2011). On the evolutionary and ontogenetic origins of tool-oriented behaviour in New Caledonian crows (Corvus moneduloides). *Biological Journal of the Linnean Society, 102* (4), 870-877.

304 Hunt, G.R. und Gray, R.D. (2004). The crafting of hook tools by

wild New Caledonian crows. *Proceedings of the Royal Society B: Biological Sciences, 271*, S88-S90.
305 Hunt, G.R. (2000). Human-like, population-level specialization in the manufacture of pandanus tools by New Caledonian crows Corvus moneduloides. *Proceedings of the Royal Society of London, B, 267*, 403-413.
306 Hunt, G.R. und Gray, R.D. (2003). Diversification and cumulative evolution in New Caledonian crow tool manufacture. *Proceedings of the Royal Society B: Biological Sciences, 270* (1517), 867-874.
307 Hunt, G.R., Corballis, M.C. und Gray, R.D. (2006). Design complexity and strength of laterality are correlated in New Caledonian crows' pandanus tool manufacture. *Proceedings of the Royal Society B: Biological Sciences, 273* (1590), 1127-1133.
308 Hunt, G.R. und Gray, R.D. (2007). Parallel tool industries in New Caledonian crows. *Biology Letters, 3* (2), 173-175.
309 Whiten, A., Goodall, J., McGrew, W.C., Nishida, T., Reynolds, V., Sugiyama, Y., Tutin, C.E.G., Wrangham, R.W. und Boesch, C. (1999). Cultures in chimpanzees. *Nature, 399*, 682-685.
310 Bluff, L.A., Kacelnik, A. und Rutz, C. (2010). Vocal culture in New Caledonian crows Corvus moneduloides. *Biological journal of the Linnean Society, 101* (4), 767-776.
311 Kenward, B., Weir, A.A., Rutz, C. und Kacelnik, A. (2005). Behavioural ecology: tool manufacture by naive juvenile crows. *Nature, 433* (7022), 121.
312 Jelbert, S.A., Hosking, R.J., Taylor, A.H. und Gray, R.D. (2018). Mental template matching is a potential cultural transmission mechanism for New Caledonian crow tool manufacturing traditions. *Scientific Reports, 8* (1), 1-8.
313 Gruber, R., Schiestl, M., Boeckle, M., Frohnwieser, A., Miller, R., Gray, R.D., Clayton, N.S. und Taylor, A.H. (2019). New Caledonian Crows Use Mental Representations to Solve Metatool Problems. *Current Biology, 29* (4), 686-692.
314 Rutz, C., Klump, B.C., Komarczyk, L., Leighton, R., Kramer, J., Wischnewski, S., Sugasawa, S., Morrissey, M.B., James, R. und St Clair, J.J. (2016). Discovery of species-wide tool use in the Hawaiian crow. *Nature, 537* (7620), 403-407.
315 Curio, E. und Kramer, P. (1964). Vom Mangrovefinken (Cactospiza heliobates Snodgrass und Heller) 1: Ergebnisse der Deutschen Galapagos-Expedition 1962/63 I. *Zeitschrift für Tierpsychologie, 21* (2), 223-234.
316 Fessl, B., Loaiza, A.D., Tebbich, S. und Young, H.G. (2011). Feeding and nesting requirements of the critically endangered Mangrove Finch Camarhynchus heliobates. *Journal of Ornithology, 152* (2), 453-460.

317 Hundley, M. H. (1963). Notes on methods of feeding and the use of tools in the Geospizinae. *The Auk*, *80* (3), 372-373.
318 Tebbich, S., Taborsky, M., Fessl, B. und Dvorak, M. (2002). The ecology of tool-use in the woodpecker finch (Cactospiza pallida). *Ecology Letters*, *5* (5), 656-664.
319 Tebbich, S., Taborsky, M., Fessl, B. und Blomqvist, D. (2001). Do woodpecker finches acquire tool-use by social learning? *Proceedings of the Royal Society of London, B*, *268*, 1-5.
320 Tebbich, S. und Teschke, I. (2013). Why do woodpecker finches use tools? In: C. M. Sanz, J. Call und C. Boesch (Hg.). *Tool Use in Animals: Cognition and Ecology*, 134-157. Cambridge: Cambridge University Press.
321 Tebbich, S., Stankewitz, S. und Teschke, I. (2012). The Relationship Between Foraging, Learning Abilities and Neophobia in Two Species of Darwin's Finches. *Ethology*, *118* (2), 135-146.
322 Jerison, H. J. (1973). *Evolution of the Brain and Intelligence*. New York: Academic Press.
323 van Schaik, C. P., Triki, Z., Bshary, R. und Heldstab, S. A. (2021). A farewell to the encephalization quotient: A new brain size measure for comparative primate cognition. *Brain, Behavior and Evolution*, [https://doi.org/10.1159/000517013], letzter Zugriff 9. 7. 2021.
324 Healy, S. D. und Rowe, C. (2007). A critique of comparative studies of brain size. *Proceedings of the Royal Society B: Biological Sciences*, *274* (1609), 453-464.
325 Deaner, R. O., Isler, K., Burkart, J. und Van Schaik, C. (2007). Overall brain size, and not encephalization quotient, best predicts cognitive ability across non-human primates. *Brain, Behavior and Evolution*, *70* (2), 115-124.
326 Benson-Amram, S., Weldele, M. L. und Holekamp, K. E. (2013). A comparison of innovative problem-solving abilities between wild and captive spotted hyaenas, Crocuta crocuta. *Animal Behaviour*, *85*, 349-536.
327 Horschler, D. J., Hare, B., Call, J., Kaminski, J., Miklosi, A. und MacLean, E. L. (2019). Absolute brain size predicts dog breed differences in executive function. Animal Cognition, 22 (2), 187-198.
328 Stout, D. (2018). Human brain evolution: history or science. In: J. H. Schwartz (Hg.). *Rethinking Human Evolution*, 297-317. Cambridge, MA: MIT Press.
329 Menzel, R. und Giurfa, M. (1999). Cognition by a mini brain. *Nature*, *400* (6746), 718-719.
330 Menzel, R. und Giurfa, M. (2001). Cognitive architecture of a minibrain: the honeybee. *Trends in Cognitive Sciences*, *5* (2), 62-71.
331 Chittka, L. und Niven, J. (2009). Are Bigger Brains Better? *Current Biology*, *19* (21), R995-R1008.

332 Niven, J.E. und Chittka, L. (2016). Evolving understanding of nervous system evolution. *Current Biology*, *26* (20), R937-R941.
333 Schuster, S., Wohl, S., Griebsch, M. und Klostermeier, I. (2006). Animal cognition: How archer fish learn to down rapidly moving targets. *Current Biology*, *16* (4), 378-383.
334 Pollirer, M. (2006). *Eine Analyse der Gruppendynamik im Beutefangverhalten von Schützenfischen (Toxotes chatareus) im Labor.* Diplomarbeit. Universität Wien.
335 Fodor, J.A. (1983). *The Modularity of Mind: An Essay on Faculty Psychology*. Cambridge, MA: MIT Press.
336 Carey, S. und Spelke, E. (1994). Domain-specific knowledge and conceptual change. In: L.A. Hirschfeld und S.A. Gelman (Hg.). *Mapping the mind: Domain specificity in cognition and culture*. New York: Cambridge University Press.
337 Geary, D.C. und Huffman, K.J. (2002). Brain and cognitive evolution: forms of modularity and functions of mind. *Psychological Bulletin*, *128* (5), 667-698.
338 Kanazawa, S. (2004). General intelligence as a domain-specific adaptation. *Psycholgical Review*, *111* (2), 512-523.
339 Macphail, E.M. (1982). *Brain and Intelligence in Vertebrates*. Oxford: Clarendon.
340 Macphail, E.M. (1987). The comparative psychology of intelligence. *Behavioral and Brain Sciences*, *10* (4), 645-695.
341 Huber, L. (2000). Psychophylogenesis: innovations and limitations in the evolution of cognition. In: C. Heyes und L. Huber (Hg.). *The Evolution of Cognition*, 23-41. Cambridge, MA: MIT Press.
342 Reader, S.M. und Laland, K.N. (2003). *Animal innovation*: Oxford: University Press Oxford.
343 Walker, S., Mikheenko, Y., Argyle, L., Robbins, T. und Roberts, A. (2006). Selective prefrontal serotonin depletion impairs acquisition of a detour-reaching task. *European Journal of Neuroscience*, *23* (11), 3119-3123.
344 Roby-Brami, A., Hermsdörfer, J., Roy, A.C. und Jacobs, S. (2012). A neuropsychological perspective on the link between language and praxis in modern humans. *Philosophical Transactions of the Royal Society B: Biological Sciences*, *367* (1585), 144-160.
345 Tebbich, S., Sterelny, K. und Teschke, I. (2010). The tale of the finch: adaptive radiation and behavioural flexibility. *Philosophical Transactions of the Royal Society B-Biological Sciences*, *365* (1543), 1099-1109.
346 Teschke, I., Cartmill, E.A., Stankewitz, S. und Tebbich, S. (2011). Sometimes tool use is not the key: no evidence for cognitive adaptive specializations in tool-using woodpecker finches. *Animal Behaviour*, *82* (5), 945-956.
347 Visalberghi, E. und Limongelli, L. (1994). Lack of comprehension

of cause-effect relationships in tool using capuchin monkeys (Cebus apella). *Journal of Comparative Psychology*, *108*, 15-22.
348 Tebbich, S. und Bshary, R. (2004). Cognitive abilities related to tool use in the woodpecker finch, Cactospiza pallida. *Animal Behaviour*, *67*, 689-697.
349 Teschke, I. und Tebbich, S. (2011). Physical cognition and tool-use: performance of Darwin's finches in the two-trap tube task. *Animal Cognition*, *14* (4), 555-563.
350 Call, J. (2013). Three ingredients for becoming a creative tool user. In: C. Sanz, J. Call und C. Boesch (Hg.). *Tool Use in Animals Cognition and Ecology*, 3-20. Cambridge: Cambridge University Press.
351 Mendes, N., Hanus, D. und Call, J. (2007). Raising the level: orangutans use water as a tool. *Biology Letters*, *3* (5), 453-455.
352 Reader, S. M. und Laland, K. N. (2001). Primate innovation: sex, age and social rank differences. *International Journal of Primatology*, *22* (5), 787-805.
353 Rössler, T., Mioduszewska, B., O'Hara, M., Huber, L., Prawiradilaga, D. M. und Auersperg, A. M. I. (2020). Using an Innovation Arena to compare wild-caught and laboratory Goffin's cockatoos. *Scientific Reports*, *10* (1), 1-12.
354 Manrique, H. M., Völter, C. J. und Call, J. (2013). Repeated innovation in great apes. *Animal Behaviour*, *85* (1), 195-202.
355 Manrique, H. M., Gross, A. N. und Call, J. (2010). Great apes select tools on the basis of their rigidity. *Journal of Experimental Psychology: Animal Behavior Process*, *36* (4), 409-422.
356 Manrique, H. M. und Call, J. (2011). Spontaneous use of tools as straws in great apes. *Animal Cognition*, *14* (2), 213-226.
357 Manrique, H. M., Sabbatini, G., Call, J. und Visalberghi, E. (2011). Tool choice on the basis of rigidity in capuchin monkeys. *Animal Cognition*, *14* (6), 775-786.
358 Maier, N. R. F. und Schneirla, T. C. (1935). *Principles of Animal Psychology*. New York: Dover.
359 Köhler, W. (1921). Zur Psychologie des Schimpansen. *Psychologische Forschung*, *1*, 2-46.
360 Köhler, W. (1921). *Intelligenzprüfungen an Menschenaffen*. Berlin: Springer.
361 Osthaus, B., Lea, S. E. und Slater, A. M. (2005). Dogs (Canis lupus familiaris) fail to show understanding of means-end connections in a string-pulling task. *Animal Cognition*, *8* (1), 37-47.
362 Range, F., Hentrup, M. und Viranyi, Z. (2011). Dogs are able to solve a means-end task. *Animal Cognition*, *14* (4), 575-583.
363 Range, F., Moslinger, H. und Viranyi, Z. (2012). Domestication has not affected the understanding of means-end connections in dogs. *Animal Cognition*, *15* (4), 597-607.

364 Riemer, S., Müller, C., Range, F. und Huber, L. (2014). Dogs (Canis familiaris) can learn to attend to connectivity in string pulling tasks. *Journal of Comparative Psychology, 128* (1), 31-39.
365 Müller, C. A., Riemer, S., Virányi, Z., Huber, L. und Range, F. (2016). Inhibitory Control, but Not Prolonged Object-Related Experience Appears to Affect Physical Problem-Solving Performance of Pet Dogs. *PLOS ONE, 11* (2), e0147753.
366 Piaget, J. (1952). *The Origins of Intelligence in Children.* New York: International University Press.
367 Müller, C. A., Riemer, S., Virányi, Z., Huber, L. und Range, F. (2014). Dogs learn to solve the support problem based on perceptual cues. *Animal Cognition, 17*, 1071-1080.
368 Katona, G. (1940). *Organizing and Memorizing: Studies in the Psychology of Learning and Teaching*. New York: Columbia University Press.
369 Wertheimer, M. (1945). *Productive Thinking*. New York: Harper & Row.
370 Maltzman, I. (1955). Thinking: From a behavioristic point of view. *Psycholgical Review, 62* (4), 275-286.
371 Epstein, R., Kirshnit, C., Lanza, R. und Rubin, L. (1984). ›Insight‹ in the pigeon: antecedents and determinants of an intelligent performance. *Nature, 308*, 61-62.
372 Weisberg, R. (1986). *Creativity: Genius and other myths*: New York: Henry Holt & Co.
373 Epstein, R. (1987). The spontaneous interconnection of four repertoires of behavior in a pigeon (Columba livia). *Journal of Comparative Psychology, 101* (2), 197-201.
374 Epstein, R. (1986). Bringing cognition and creativity into the behavioral laboratory. In: Terry J. Knapp and Lynn C. Robertson (Hg.). *Approaches to cognition: Contrasts and controversies*, 91-109. Routledge.
375 Epstein, R. (1991). Skinner, creativity, and the problem of spontaneous behavior. *Psychological Science, 2* (6), 362-370.
376 Birch, H. G. (1945). The relation of previous experience to insightful problem-solving. *Journal of Comparative Psychology, 38* (6), 367-383.
377 Cook, R. G. und Fowler, C. (2014). »Insight« in pigeons: absence of means–end processing in displacement tests. *Animal Cognition, 17* (2), 207-220.
378 Duncker, K. (1945). *On Problem Solving*. Washington, DC: American Psychological Association.
379 Köhler, W. (1969). *The Task o f Gestalt Psychology.* Princeton, NJ: Princeton University Press.
380 Olton, D. S., Collison, C. und Werz, M. A. (1977). Spatial memory

and radial arm maze performance of rats. *Learning and Motivation*, *8* (3), 289-314.
381 Bruner, J. S. (1972). Nature and uses of immaturity. *American Psychologist*, *27*, 1-22.
382 Whiten, A. und Ham, R. (1992). On the nature and evolution of imitation in the animal kingdom: Reappraisal of a century of research. In: P. J. B. Slater, J. S. Rosenblatt, C. Beer und M. Milkinski (Hg.). *Advances in the Study of Behavior*, 239-283. New York: Academic Press.
383 Tomasello, M. (1998). Emulation learning and cultural learning. *Behavioral and Brain Sciences*, *21*, 703-704.
384 Whiten, A., Horner, V., Litchfield, C. A. und Marshall-Pescini, S. (2004). How do apes ape? *Learning and Behavior*, *32* (1), 36-52.
385 Call, J., Carpenter, M. und Tomasello, M. (2005). Copying results and copying actions in the process of social learning: chimpanzees (Pan troglodytes) and human children (Homo sapiens). *Animal Cognition*, *8* (3), 151-163.
386 Zentall, T. (2006). Imitation: definitions, evidence, and mechanisms. *Animal Cognition*, *9*, 335-353.
387 Huber, L. (2007). Emulation Learning: The Integration of Technical and Social Cognition. In: K. Dautenhahn und C. L. Nehaniv (Hg.). *Imitation and Social Learning in Robots, Humans and Animals: Behavioural, Social and Communicative Dimensions*, 427-439. Cambridge, Cambridge University Press.
388 Tennie, C., Call, J. und Tomasello, M. (2010). Evidence for emulation in chimpanzees in social settings using the floating peanut task. *PLOS ONE*, *5* (5), e10544.
389 Haun, D. B., Call, J., Janzen, G. und Levinson, S. C. (2006). Evolutionary psychology of spatial representations in the hominidae. *Current Biology*, *16* (17), 1736-1740.
390 Seed, A. und Call, J. (2009). Causal knowledge for events and objects in animals. In: S. Watanabe, A. P. Blaisdell, L. Huber und A. Young (Hg.). *Rational Animals, Irrational Humans*, 173-188. Tokyo: Keio University Press.
391 Seed, A., Hanus, D. und Call, J. (2011). Causal knowledge in corvids, primates and children: more than meets the eye? In: T. McCormack (Hg.). *Tool use and causal cognition*, 89-110. Oxford: Oxford University Press.
392 Bräuer, J., Kaminski, J., Riedel, J., Call, J. und Tomasello, M. (2006). Making inferences about the location of hidden food: social dog, causal ape. *Journal of Comparative Psychology*, *120* (1), 38-47.
393 Call, J. (2006). Descartes' two errors: Reason and reflection in the great apes. In: S. Hurley und M. Nudds (Hg.). *Rational Animals?*, 219-234. Oxford: Oxford University Press.

394 Davidson, J. E. (1986). The role of insight in giftedness. In: R. J. Sternberg und J. E. Davidson (Hg.). *Conceptions of Giftedness*, 201-223. Cambridge: Cambridge University Press.
395 Davidson, J. E. (1995). The suddenness of insight. In: R. J. Sternberg und J. E. Davidson (Hg.). *The Nature of Insight*, 125-156. Cambridge: Cambridge University Press.
396 Seifert, C. M., Meyer, D. E., Davidson, N., Patalano, A. L. und Yaniv, I. (1994). Demystification of cognitive insight: Opportunistic assimilation and the prepared-mind hypothesis. In: R. J. Sternberg und J. E. Davidson (Hg.). *The Nature of Insight*, 65-124. Cambridge, MA: MIT Press.
397 Piaget, J. (1978). *Das Weltbild des Kindes*. Stuttgart: J. G. Cotta'sche Buchhandlung (original 1926 unter dem Titel *La représenation du monde chez l'enfant* bei Presses Universitaires de France erschienen).
398 Mayer, R. E. (1995). The search for insight: grappling with Gestalt psychology's unanswered questions. In: R. J. Sternberg und J. E. Davidson (Hg.). *The Nature of Insight*, 3-32. Cambridge: Cambridge University Press.
399 Selz, O. (1913). *Über die Gesetze des geordneten Denkverlaufs*. Stuttgart: W. Spemann.
400 Maier, N. R. F. (1931). Reasoning in humans II: the solution of a problem and its appearance in consciousness. *Journal of Comparative Psychology*, *12*, 181-194.
401 Seed, A. M. und Boogert, N. J. (2013). Animal Cognition: An End to Insight? *Current Biology*, *23* (2), R67-R69.
402 Palmer, S. E. (1999). *Vision science. Photons to phenomenology*. Cambridge, MA: The MIT Press.
403 Hanus, D., Mendes, N., Tennie, C. und Call, J. (2011). Comparing the performances of apes (Gorilla gorilla, Pan troglodytes, Pongo pygmaeus) and human children (Homo sapiens) in the floating peanut task. *PLOS ONE*, *6* (6), e19555.
404 Bourne, L. E. J., Ekstrand, E. R. und Dominowski, R. L. (1971). *The Psychology of Thinking*. Englewood Cliffs, NJ: Prentice Hall.
405 Dominowski, R. L. und Dallob, P. (1995). Insight and problem solving. In: R. J. Sternberg und J. E. Davidson (Hg.). *The Nature of Insight*, 33-62. Cambridge, MA: MIT Press.
406 Bühler, K. (1907). *Tatsachen und Probleme zu einer Psychologie der Denkvorgänge*. Dissertation, Univ. Würzburg, W. Engelmann.
407 Hammerschmidt, K. und Fischer, J. (2008). Constraints in primate vocal production. In: K. Oller und U. Griebel (Hg.). *The Evolution of Communicative Creativity: From Fixed Signals to Contextual Flexibility*, 93-120. Cambridge, MA: MIT Press.
408 Parker, S. T. und Gibson, K. R. (1979). A developmental model for the

evolution of language and intelligence in early hominids. *Behavioral and Brain Sciences*, *2*, 367-408.

409 Torigoe, T. (1985). Comparison of object manipulation among 74 species of non-human primates. *Primates*, *26*, 182-194.

410 Brentano, F. (1874). *Psychologie vom empirischen Standpunkte*. Leipzig: Duncker & Humblot.

411 Seed, A.M. und Byrne, R. (2010). Animal tool-use. *Current Biology*, *20* (23), R1032-R1039.

412 Limongelli, L., Boysen, S.T. und Visalberghi, E. (1995). Comprehension of cause-effect relations in a tool-using task by chimpanzees (Pan troglodytes). *Journal of Comparative Psychology*, *109* (1), 18-26.

413 Kacelnik, A., Chappell, J., Weir, A. und Kenward, B. (2006). Cognitive adaptations for tool-related behaviour in New Caledonian crows. In: E.A. Wasserman und T.R. Zentall (Hg.). *Comparative Cognition: Experimental Explorations of Animal Intelligence*, 515-528. New York: Oxford University Press.

414 Povinelli, D.J. (2000). *Folk Physics for Apes. The Chimpanzee's Theory of How the World Works*. Oxford: Oxford University Press.

415 Silva, F.J., Page, D.M. und Silva, K.M. (2005). Methodological-conceptual problems in the study of chimpanzees' folk physics: how studies with adult humans can help. *Animal Learning & Behavior*, *33* (1), 47-58.

416 Gigerenzer, G. und Goldstein, D.G. (1996). Reasoning the fast and frugal way: models of bounded rationality. *Psychological Review*, *103* (4), 650-669.

417 Gigerenzer, G. und Brighton, H. (2009). Homo heuristicus: Why biased minds make better inferences. *Topics in Cognitive Science*, *1* (1), 107-143.

418 Seed, A.M., Call, J., Emery, N.J. und Clayton, N.S. (2009). Chimpanzees solve the trap problem when the confound of tool-use is removed. *Journal of Experimental Psychology: Animal Behavior Process*, *35* (1), 23-34.

419 Seed, A.M., Tebbich, S., Emery, N.J. und Clayton, N.S. (2006). Investigating Physical Cognition in Rooks, Corvus frugilegus. *Current Biology*, *16* (7), 697-701.

420 Taylor, A.H., Hunt, G.R., Medina, F.S. und Gray, R.D. (2009). Do new caledonian crows solve physical problems through causal reasoning? *Proceedings of the Royal Society B: Biological Sciences*, *276* (1655), 247-254.

421 Bierens de Haan, J.A. (1933). Der Stieglitz als Schöpfer. *Journal für Ornithologie*, *81*, 1-22.

422 Altevogt, R. (1953). Über das »Schöpfen« einiger Vogelarten. *Behaviour*, *6*, 147-152.

423 Vince, M. A. (1961). »String-pulling« in birds. III. The successful response in greenfinches and canaries. *Behaviour*, *17*, 103-129.
424 Dücker, G. und Rensch, B. (1977). The solution of patterned string problems by birds. *Behaviour*, *62*, 164-173.
425 Seibt, U. und Wickler, W. (2006). Individuality in problem solving: String pulling in two Carduelis species (Aves: Passeriformes). *Ethology*, *112* (5), 493-502.
426 Huber, L. und Gajdon, G., K. (2006). Technical intelligence in animals: the kea model. *Animal Cognition*, *V9* (4), 295-305.
427 Tebbich, S., Taborsky, M. und Winkler, H. (1996). Social manipulation causes cooperation in keas. *Animal Behaviour*, *52*, 1-10.
428 Werdenich, D. und Huber, L. (2006). A case of quick problem solving in birds: string-pulling in keas (Nestor notabilis). *Animal Behaviour*, *71* (4), 855-863.
429 Taylor, A. H., Medina, F. S., Holzhaider, J. C., Hearne, L. J., Hunt, G. R. und Gray, R. D. (2010). An investigation into the cognition behind spontaneous string pulling in New Caledonian crows. *PLOS ONE*, *5* (2), e9345.
430 Völter, C. J. und Call, J. (2012). Problem solving in great apes (Pan paniscus, Pan troglodytes, Gorilla gorilla, and Pongo abelii): the effect of visual feedback. *Animal Cognition*, *15* (5), 923-936.
431 Taylor, A. H., Knaebe, B. und Gray, R. D. (2012). An end to insight? New Caledonian crows can spontaneously solve problems without planning their actions. *Proceedings of the Royal Society B-Biological Sciences*, *279* (1749), 4977-4981.
432 Lorenz, K. Z. und Tinbergen, N. (1938). Taxis und Instinkthandlung in der Eirollbewegung der Graugans. *Zeitschrift für Tierpsychologie*, *2*, 1-29.
433 Thorndike, E. L. (1911). *Animal intelligence*. New York: Macmillan.
434 Willatts, P. (1999). Development of means-end behavior in young infants: Pulling a support to retrieve a distant object. *Developmental Psychology*, *35* (3), 651-667.
435 Schmidt, G. F. und Cook, R. G. (2006). Mind the gap: means-end discrimination by pigeons. *Animal Behaviour*, *71* (3), 599-608.
436 Herrmann, E., Wobber, V. und Call, J. (2008). Great apes'(Pan troglodytes, Pan paniscus, Gorilla gorilla, Pongo pygmaeus) understanding of tool functional properties after limited experience. *Journal of Comparative Psychology*, *122* (2), 220-230.
437 Auersperg, A. M. I., Gajdon, G. K. und Huber, L. (2009). Kea (Nestor notabilis) consider spatial relationships between objects in the support problem. *Biology Letters*, *5* (4), 455-458.
438 Bird, C. D. und Emery, N. J. (2009). Rooks Use Stones to Raise the Water Level to Reach a Floating Worm. *Current Biology*, *19*, 1410-1414.

439 Schwing, R., Weiss, F., Tichy, A. und Gajdon, G. (2019). Testing the causal understanding of water displacement by kea (Nestor notabilis). *Behaviour*, *156* (5-8), 447-478.
440 Cheke, L. G., Bird, C. D. und Clayton, N. S. (2011). Tool-use and instrumental learning in the Eurasian jay (Garrulus glandarius). *Animal Cognition*, *14* (3), 441-455.
441 Taylor, A. H., Elliffe, D. M., Hunt, G. R., Emery, N. J., Clayton, N. S. und Gray, R. D. (2011). New Caledonian crows learn the functional properties of novel tool types. *PLOS ONE*, *6* (12), e26887.
442 Jelbert, S. A., Taylor, A. H., Cheke, L. G., Clayton, N. S. und Gray, R. D. (2014). Using the Aesop's Fable Paradigm to Investigate Causal Understanding of Water Displacement by New Caledonian Crows. *PLOS ONE*, *9* (3), e92895.
443 Logan, C. J., Jelbert, S. A., Breen, A. J., Gray, R. D. und Taylor, A. H. (2014). Modifications to the Aesop's Fable paradigm change New Caledonian crow performances. *PLOS ONE*, *9* (7), e103049.
444 Miller, R., Jelbert, S. A., Taylor, A. H., Cheke, L. G., Gray, R. D., Loissel, E. und Clayton, N. S. (2016). Performance in Object-Choice Aesop's Fable Tasks Are Influenced by Object Biases in New Caledonian Crows but not in Human Children. *PLOS ONE*, *11* (12), e0168056.
445 Stanton, L., Davis, E., Johnson, S., Gilbert, A. und Benson-Amram, S. (2017). Adaptation of the Aesop's Fable paradigm for use with raccoons (Procyon lotor): considerations for future application in non-avian and non-primate species. *Animal Cognition*, *20* (6), 1147-1152.
446 Logan, C. J., Harvey, B. D., Schlinger, B. A. und Rensel, M. (2016). Western scrub-jays do not appear to attend to functionality in Aesop's Fable experiments. *PeerJ*, *4*, e1707.
447 Cheke, L. G., Loissel, E. und Clayton, N. S. (2012). How Do Children Solve Aesop's Fable? *PLOS ONE*, *7* (7) e40574.
448 Loissel, E., Cheke, L. G. und Clayton, N. S. (2018). Exploring the relative contributions of reward-history and functionality information to children's acquisition of the Aesop's fable task. *PLOS ONE*, *13* (2), e0193264.
449 Weir, A. A. und Kacelnik, A. (2006). A New Caledonian crow (Corvus moneduloides) creatively re-designs tools by bending or unbending aluminium strips. *Animal Cognition*, *9* (4), 317-334.
450 Klump, B. C., Sugasawa, S., St Clair, J. J. und Rutz, C. (2015). Hook tool manufacture in New Caledonian crows: behavioural variation and the influence of raw materials. *BMC biology*, *13* (1), 1-15.
451 Rutz, C., Sugasawa, S., Van der Wal, J. E., Klump, B. C. und St Clair, J. J. (2016). Tool bending in New Caledonian crows. *Royal Society Open Science*, *3* (8), 160439.

452 O'Connor, S., Ono, R. und Clarkson, C. (2011). Pelagic fishing at 42,000 years before the present and the maritime skills of modern humans. *Science*, *334* (6059), 1117-1121.
453 Emery, N.J. und Clayton, N.S. (2004). The mentality of crows: convergent evolution of intelligence in corvids and apes. *Science*, *306* (5703), 1903-1907.
454 Mioduszewska, B.M., O'Hara, M.C., Haryoko, T., Auersperg, A.M.I., Huber, L. und Prawiradilaga, D.M. (2019). Notes on ecology of wild goffin's cockatoo in the late dry season with emphasis on feeding ecology. *Treubia*, *45*, 85-102.
455 Hansell, M. und Ruxton, G.D. (2008). Setting tool use within the context of animal construction behaviour. *Trends in Ecology & Evolution*, *23* (2), 73-78.
456 Parker, S.T. und Gibson, K.R. (1977). Object manipulation, tool use, and sensorimotor intelligence as feeding adaptations in cebus monkeys and great apes. *Journal of Human Evolution*, 6, 623-641.
457 King, B.J. (1986). Extractive foraging and the evolution of primate intelligence. *Human Evolution*, *1* (4), 361-372.
458 Parker, S.T. (2015). Re-evaluating the extractive foraging hypothesis. *New ideas in Psychology*, *37*, 1-12.
459 Huber, L. und O'Hara, M. (2016). The Extractive Foraging Hypothesis (Parker and Gibson 1997, 2015). In: T.K. Shackelford und V.A. Weekes-Shackelford (Hg.). *Encyclopedia of Evolutionary Psychological Science*: Springer.
460 Auersperg, A.M.I., van Horik, J.O., Bugnyar, T., Kacelnik, A., Emery, N.J. und von Bayern, A.M.P. (2015). Combinatory Actions During Object Play in Psittaciformes (Diopsittaca nobilis, Pionites melanocephala, Cacatua goffini) and Corvids (Corvus corax, C. monedula, C. moneduloides). *Journal of Comparative Psychology*, *129* (1), 62-71.
461 Hayashi, M. und Matsuzawa, T. (2003). Cognitive development in object manipulation by infant chimpanzees. *Animal Cognition*, *6* (4), 225-233.
462 Bjorklund, D.F. und Gardiner, A.K. (2011). Object play and tool use: Developmental and evolutionary perspectives. In: A.D. Pellegrini (Hg.). *The Oxford Handbook of the Development of Play*, 153-171. Oxford: Oxford University Press.
463 Auersperg, A.M.I., Szabo, B., von Bayern, A.M.P. und Kacelnik, A. (2012). Spontaneous innovation in tool manufacture and use in a Goffin's cockatoo. *Current Biology*, *22* (21), R903-R904.
464 Auersperg, A.M.I., Kacelnik, A. und von Bayern, A.M.P. (2013). Explorative Learning and Functional Inferences on a Five-Step Means-Means-End Problem in Goffin's Cockatoos (Cacatua goffini). *PLOS ONE*, *8* (7).

465 Auersperg, A. M. I., von Bayern, A. M. I., Weber, S., Szabadvari, A., Bugnyar, T. und Kacelnik, A. (2014). Social transmission of tool use and tool manufacture in Goffin cockatoos (Cacatua goffini). *Proceedings of the Royal Society B: Biological Sciences*, *281* (1793), 201 40972.
466 Auersperg, A. M. I., Borasinski, S., Laumer, I. und Kacelnik, A. (2016). Goffin's cockatoos make the same tool type from different materials. *Biology Letters*, *12* (11), 201 60689.
467 Auersperg, A. M. I., Köck, C., O'Hara, M. und Huber, L. (2018). Tool making cockatoos adjust the lengths but not the widths of their tools to function. *PLOS ONE*, *13* (11), e020 5429.
468 Cutting, N., Apperly, I. A. und Beck, S. R. (2011). Why do children lack the flexibility to innovate tools? *Journal of Experimental Child Psychology*, *109* (4), 497-511.
469 Laumer, I. B., Bugnyar, T., Reber, S. A. und Auersperg, A. M. I. (2017). Can hook-bending be let off the hook? Bending/unbending of pliant tools by cockatoos. *Proceedings of the Royal Society B: Biological Sciences, 284 (1862) 201 71026.*
470 Laumer, I. B., Call, J., Bugnyar, T. und Auersperg, A. M. I. (2018). Spontaneous innovation of hook-bending and unbending in orangutans (Pongo abelii). *Scientific Reports*, *8* (1), 1-13.
471 Collias, N. E. und Collias, E. C. (1984). *Nest Building and Bird Behaviour*. Princeton: Princeton University Press.
472 O'Hara, M., Mioduszewska, B., Haryoko, T., Prawiradilaga, D. M., Huber, L. und Auersperg, A. (2019). Extraction without tooling around. The first comprehensive description of the foraging- and socio-ecology of wild Goffin's cockatoos (Cacatua goffiniana). *Behaviour*, *156* (5-8), 661-690.
473 O'Hara, M., Mioduszewska, B., Dalimunthe, Y., Haryoko, T., Prawiradilaga, D. M., Huber, L. und Auersperg, A. M. I. (2021). Wild Goffin's cockatoos flexibly manufacture and us tool sets. *Current Biology*, *31*, 1-2.
474 Brewer, S. M. und McGrew, W. (1990). Chimpanzee use of a tool-set to get honey. *Folia Primatologica*, *54* (1-2), 100-104.
475 Nishihara, T., Suzuki, S. und Kuroda, S. (1995). Tool-set for termite-fishing by chimpanzees in the Ndoki Forest, Congo. *Behaviour*, *132* (3-4), 219-235.
476 Bischof-Köhler, D. (2000). *Kinder auf Zeitreise: Theory of Mind, Zeitverständnis und Handlungsorganisation*. Bern, Göttingen, Toronto, Seattle: Huber.
477 Bischof, N. (1985). *Das Rätsel Ödipus. Die biologischen Wurzeln des Urkonfliktes von Intimität und Autonomie*. München: Piper.
478 Suddendorf, T. und Corballis, M. C. (1997). Mental time travel and the evolution of the human mind. *Genetic, Social, and General Psychology Monographs*, *123* (2), 133-167.

479 Shettleworth, S. J. (2010). Clever animals and killjoy explanations in comparative psychology. *Trends in Cognitive Sciences, 14* (11), 477-481.
480 Rutz, C., Bluff, L. A., Weir, A. A. und Kacelnik, A. (2007). Video cameras on wild birds. *Science, 318* (5851), 765.
481 Auersperg, A. M. I., Kock, C., Pledermann, A., O'Hara, M. und Huber, L. (2017). Safekeeping of tools in Goffin's cockatoos, Cacatua goffiniana. *Animal Behaviour, 128*, 125-133.
482 Boesch, C. und Boesch, H. (1984). Mental map in wild chimpanzees: an analysis of hammer transports for nut cracking. *Primates, 25* (2), 160-170.
483 Anderson, J. und Henneman, M.-C. (1994). Solutions to a tool-use problem in a pair of Cebus apella. *Mammalia, 58* (3), 351-362.
484 Hihara, S., Obayashi, S., Tanaka, M. und Iriki, A. (2003). Rapid learning of sequential tool use by macaque monkeys. *Physiology & behavior, 78* (3), 427-434.
485 Bunn, H. T. (1981). Archaeological evidence for meat-eating by Plio-Pleistocene hominids from Koobi Fora and Olduvai Gorge. *Nature, 291* (5816), 574-577.
486 deBeaune, S., Davidson, I., Hardy, B., McGrew, W., Marchant, L., Reader, S., Stout, D., Vauclair, J. und deBeaune, S. (2004). The invention of technology: prehistory and cognition. *Current Anthropology, 45* (2), 139-162.
487 Matsuzawa, T. (Hg.) (2001). *Primate origins of human cognition and behavior*. Tokyo: Springer.
488 Flessert, M. und Beran, M. J. (2018). Delayed gratification. In J. Vonk und T. Shackelford (Hg.). *Encyclopedia of Animal Cognition and Behavior*, 1-7.
489 Osvath, M. und Osvath, H. (2008). Chimpanzee (Pan troglodytes) and orangutan (Pongo abelii) forethought: self-control and pre-experience in the face of future tool use. *Animal Cognition, 11* (4), 661-674.
490 Tulving, E. (2005). Episodic memory and autonoesis: Uniquely human? In: H. S. Terrace und J. Metcalfe (Hg.). *The Missing Link in Cognition: Origins of Self-Reflective Consciousness*, 3-56. New York, Oxford: Oxford University Press.
491 Gilbert, D. T. und Wilson, T. D. (2007). Prospection: experiencing the future. *Science, 317* (5843), 1351-1354.
492 Suddendorf, T. und Corballis, M. C. (2007). The evolution of foresight: What is mental time travel, and is it unique to humans? *Behavioural and Brain Sciences, 30* (3), 299-313; Discussion 313-351.
493 Tulving, E. (1972). Episodic and semantic memory. In: E. Tulving und W. Donaldson (Hg.). *Organisation of Memory*, 381-403. New York: Academic Press.

494 Buckner, R.L. und Carroll, D.C. (2007). Self-projection and the brain. *Trends in Cognitive Sciences, 11* (2), 49-57.
495 Szpunar, K.K., Watson, J.M. und McDermott, K.B. (2007). Neural substrates of envisioning the future. *Proceedings of the National Academy of Sciences of the United States of America, 104* (2), 642-647.
496 Rosenbaum, R.S., Kohler, S., Schacter, D.L., Moscovitch, M., Westmacott, R., Black, S.E., Gao, F. und Tulving, E. (2005). The case of K.C.: contributions of a memory-impaired person to memory theory. *Neuropsychologia, 43* (7), 989-1021.
497 Atance, C.M. und O'Neill, D.K. (2001). Episodic future thinking. *Trends in Cognitive Sciences, 5* (12), 533-539.
498 Raichle, M.E., MacLeod, A.M., Snyder, A.Z., Powers, W.J., Gusnard, D.A. und Shulman, G.L. (2001). A default mode of brain function. *Proceedings of the National Academy of Sciences of the United States of America, 98* (2), 676-682.
499 Mantini, D., Gerits, A., Nelissen, K., Durand, J.-B., Joly, O., Simone, L., Sawamura, H., Wardak, C., Orban, G.A. und Buckner, R.L. (2011). Default mode of brain function in monkeys. *Journal of Neuroscience, 31* (36), 12954-12962.
500 Lu, H., Zou, Q., Gu, H., Raichle, M.E., Stein, E.A. und Yang, Y. (2012). Rat brains also have a default mode network. *Proceedings of the National Academy of Sciences of the United States of America, 109* (10), 3979-3984.
501 Barks, S.K., Parr, L.A. und Rilling, J.K. (2013). The default mode network in chimpanzees (Pan troglodytes) is similar to that of humans. *Cerebral cortex, 25* (2), 538-544.
502 Kyathanahally, S.P., Jia, H., Pustovyy, O.M., Waggoner, P., Beyers, R., Schumacher, J., Barrett, J., Morrison, E.E., Salibi, N., Denney, T.S., Vodyanoy, V.J. und Deshpande, G. (2015). Anterior-posterior dissociation of the default mode network in dogs. *Brain Structure and Function, 220* (2), 1063-1076.
503 Boyer, P. (2008). Evolutionary economics of mental time travel? *Trends in Cognitive Sciences, 12* (6), 219-224.
504 Osvath, M. (2010). *Planning primates. A search for episodic foresight.* Lund: Lund University.
505 Johansson, P., Hall, L., Sikstrom, S. und Olsson, A. (2005). Failure to detect mismatches between intention and outcome in a simple decision task. *Science, 310* (5745), 116-119.
506 Rensch, B. (1973). *Gedächtnis, Begriffsbildung und Planhandlungen bei Tieren.* Berlin, Hamburg: Parey.
507 Suddendorf, T. (1994). *Discovery of the Fourth Dimension: Mental Time Travel and Human Evolution.* Master thesis (unpubliziert). University of Waikato, New Zealand.
508 Suddendorf, T. und Busby, J. (2005). Making decisions with the future

in mind: Developmental and comparative identification of mental time travel. *Learning and Motivation*, *36* (2), 110-125.
509 Correia, S. P., Dickinson, A. und Clayton, N. S. (2007). Western scrub-jays anticipate future needs independently of their current motivational state. *Current Biology*, *17* (10), 856-861.
510 Mulcahy, N. J. und Call, J. (2006). Apes save tools for future use. *Science*, *312* (5776), 1038-1040.
511 Dufour, V. und Sterck, E. H. (2008). Chimpanzees fail to plan in an exchange task but succeed in a tool-using procedure. *Behavioural Processes*, *79* (1), 19-27.
512 Osvath, M. (2009). Spontaneous planning for future stone throwing by a male chimpanzee. *Current Biology*, *19* (5), R190-R191.
513 Osvath, M. und Karvonen, E. (2012). Spontaneous Innovation for Future Deception in a Male Chimpanzee. *PLOS ONE*, *7* (5), e36782.
514 Visalberghi, E., Sirianni, G., Fragaszy, D. und Boesch, C. (2015). Percussive tool use by Tai Western chimpanzees and Fazenda Boa Vista bearded capuchin monkeys: a comparison. *Philosophical Transactions of the Royal Society B: Biological Sciences*, *370* (1682), 201 40351.
515 Redshaw, J. und Suddendorf, T. (2016). Children's and Apes' Preparatory Responses to Two Mutually Exclusive Possibilities. *Current Biology*, *26* (13), 1758-1762.
516 Suddendorf, T., Crimston, J. und Redshaw, J. (2017). Preparatory responses to socially determined, mutually exclusive possibilities in chimpanzees and children. *Biology Letters*, *13* (6), 201 70170.
517 Redshaw, J., Suddendorf, T., Neldner, K., Wilks, M., Tomaselli, K., Mushin, I. und Nielsen, M. (2019). Young Children From Three Diverse Cultures Spontaneously and Consistently Prepare for Alternative Future Possibilities. *Child Development*, *90* (1), 51-61.
518 Janmaat, K. R., Polansky, L., Ban, S. D. und Boesch, C. (2014). Wild chimpanzees plan their breakfast time, type, and location. *Proceedings of the National Academy of Sciences of the United States of America*, *111* (46), 16 343-16 348.
519 Clayton, N. S. und Dickinson, A. (1998). Episodic-like memory during cache recovery by scrub jays. *Nature*, *395* (6699), 272-274.
520 Griffiths, D., Dickinson, A. und Clayton, N. (1999). Episodic memory: what can animals remember about their past? *Trends in Cognitive Sciences*, *3* (2), 74-80.
521 Clayton, N. S., Griffiths, D. P. und Dickinson, A. (2000). Declarative and episodic-like memory in animals: Personal musings of a scrub jay. In: C. Heyes und L. Huber (Hg.). *The Evolution of Cognition*, 273-288. Cambridge, MA: MIT Press.
522 Clayton, N. S., Griffiths, D. P., Emery, N. J. und Dickinson, A. (2001). Elements of episodic-like memory in animals. *Philosophical Transactions of the Royal Society B: Biological Sciences*, *356* (1413), 1483-1491.

523 Raby, C.R., Alexis, D.M., Dickinson, A. und Clayton, N.S. (2007). Planning for the future by western scrub-jays. *Nature*, *445* (7130), 919-921.
524 Clayton, N.S. und Dickinson, A. (1999). Motivational control of caching behaviour in the scrub jay, Aphelocoma coerulescens. *Animal Behaviour*, *57* (2), 435-444.
525 Suddendorf, T. und Corballis, M.C. (2010). Behavioural evidence for mental time travel in nonhuman animals. *Behavioral and Brain Research*, *215* (2), 292-298.
526 Kabadayi, C. und Osvath, M. (2017). Ravens parallel great apes in flexible planning for tool-use and bartering. *Science*, *357* (6347), 202-204.
527 Redshaw, J., Taylor, A.H. und Suddendorf, T. (2017). Flexible Planning in Ravens? *Trends in Cognitive Sciences*, *21* (11), 821-822.
528 Suddendorf, T., Nielsen, M. und Von Gehlen, R. (2011). Children's capacity to remember a novel problem and to secure its future solution. *Developmental Science*, *14* (1), 26-33.
529 Martin-Ordas, G., Atance, C.M. und Call, J. (2014). Remembering in tool-use tasks in children and apes: the role of the information at encoding. *Memory*, *22* (1), 129-144.
530 Martin-Ordas, G., Berntsen, D. und Call, J. (2013). Memory for distant past events in chimpanzees and orangutans. *Current Biology*, *23* (15), 1438-1441.
531 Byrne, R.W., Sanz, C.M. und Morgan, D.B. (2013). Chimpanzees plan their tool use. In: C.M. Sanz, J. Call und C. Boesch (Hg.). *Tool Use in Animals: Cognition and Ecology*, 48-63. Cambridge: Cambridge University Press.
532 Kwan, D., Craver, C.F., Green, L., Myerson, J., Boyer, P. und Rosenbaum, R.S. (2012). Future decision-making without episodic mental time travel. *Hippocampus*, *22* (6), 1215-1219.
533 Roberts, W.A. (2002). Are animals stuck in time? *Psychological Bulletin*, *128* (3), 473-489.
534 Osvath, M. und Martin-Ordas, G. (2014). The future of future-oriented cognition in non-humans: theory and the empirical case of the great apes. *Philosophical Transactions of the Royal Society B: Biological Sciences*, *369* (1655), 201 30486.
535 Tulving, E. (2002). Episodic memory: from mind to brain. *Annual Review in Psychology*, *53*, 1-25.
536 Schacter, D.L., Addis, D.R. und Buckner, R.L. (2007). Remembering the past to imagine the future: the prospective brain. *Nature Reviews Neuroscience*, *8* (9), 657-661.
537 Wheeler, M.A. (2000). Episodic memory and autonoetic awareness. In: E. Tulving und F.I.M. Craik (Hg.). *The Oxford Handbook of Memory*, 597-608. New York: Oxford University Press.

538 Bednekoff, P. A., Balda, R. P., Kamil, A. C. und Hile, A. G. (1997). Long-term spatial memory in four seed-caching corvid species. *Animal Behaviour*, *53* (2), 335-341.
539 Olson, D. J., Kamil, A. C., Balda, R. P. und Nims, P. J. (1995). Performance of four seed-caching corvid species in operant tests of nonspatial and spatial memory. *Journal of Comparative Psychology*, *109* (2), 173-181.
540 Lind, J., Enquist, M. und Ghirlanda, S. (2015). Animal memory: A review of delayed matching-to-sample data. *Behavioural Processes*, *117*, 52-58.
541 Garcia, J., Ervin, F. R. und Koelling, R. A. (1966). Learning with prolonged delay of reinforcement. *Psychonomic Science*, *5* (3), 121-122.
542 Garcia, J. und Koelling, R. A. (1966). Relation of cue to consequence in avoidance learning. *Psychonomic Science*, *4* (1), 123-124.
543 Garcia, J., Lasiter, P. S., Bermudez-Rattoni, F. und Deems, D. A. (1985). A General Theory of Aversion Learning. *Annals of the New York Academy of Sciences*, *443* (1), 8-21.
544 Denny, M. R. (1986). Retention of SR in the midst of the cognitive invasion. In: D. F. Kendrick, M. E. Rilling und M. R. Denny (Hg.). *Theories of Animal Memory*, 35-50. Hove, East Sussex: Psychology Press.
545 Immelmann, K. (1972). Sexual and other long-term aspects of imprinting in birds and other species. *Advances in the Study of Behavior*, *4*, 147-174.
546 Oetting, S., Pröve, E. und Bischof, H.-J. (1995). Sexual imprinting as a two-stage process: mechanisms of information storage and stabilization. *Animal Behaviour*, *50* (2), 393-403.
547 Kendrick, D. F., Rilling, M. E. und Denny, M. R. (2014). *Theories of Animal Memory*. Hove, East Sussex: Psychology Press.
548 Dunnett, S. B. und Martel, F. L. (1990). Proactive interference effects on short-term memory in rats: I. Basic parameters and drug effects. *Behavioral Neuroscience*, *104* (5), 655-665.
549 Sloan, H. L., Good, M. und Dunnett, S. B. (2006). Double dissociation between hippocampal and prefrontal lesions on an operant delayed matching task and a water maze reference memory task. *Behavioural Brain Research*, *171* (1), 116-126.
550 Suddendorf, T. und Busby, J. (2003). Mental time travel in animals? *Trends in Cognitive Sciences*, *7* (9), 391-396.
551 Overman, W. H. J. und Doty, R. W. (1980). Prolonged visual memory in macaques and man. *Neuroscience*, *5*, 1825-1831.
552 Clayton, N. S., Yu, K. S. und Dickinson, A. (2001). Scrub jays (Aphelocoma coerulescens) form integrated memories of the multiple features of caching episodes. *Journal of Experimental Psychology: Animal Behavior Process*, *27* (1), 17-29.

553 Zentall, T.R. (2005). Animals may not be stuck in time. *Learning and Motivation, 36* (2), 208-225.
554 Tulving, E. und Lepage, M. (2000). Where in the brain is the awareness of one's past. In: D. Schacter und E. Scarry (Hg.). *Memory, Brain, and Belief*, 208-230. Cambridge, MA: Harvard University Press.
555 Gardiner, J.M. und Java, R.I. (1991). Forgetting in recognition memory with and without recollective experience. *Memory & Cognition, 19* (6), 617-623.
556 Schacter, D.L., Verfaillie, M. und Anes, M.D. (1997). Illusory memories in amnesic patients: Conceptual and perceptual false recognition. *Neuropsychology, 11*, 331-342.
557 Tulving, E. (1983). *Elements of Episodic Memory*. New York: Oxford University Press.
558 Meltzoff, A.N. und Moore, M.K. (1989). Imitation in newborn infants: Exploring the range of gestures imitated and the underlying mechanisms. *Developmental Psychology, 25* (6), 954-962.
559 Zentall, T.R., Clement, T.S., Bhatt, R.S. und Allen, J. (2001). Episodic-like memory in pigeons. *Psychonomic Bulletin & Review, 8* (4), 685-690.
560 Zentall, T.R. (2013). Animals represent the past and the future. *Evolutionary Psychology, 11* (3), 573-590.
561 Fugazza, C., Pogany, A. und Miklosi, A. (2016). Recall of others' actions after incidental encoding reveals episodic-like memory in dogs. *Current Biology, 26* (23), 3209-3213.
562 Fugazza, C., Pogany, A. und Miklosi, A. (2016). Do as I ... Did! Long-term memory of imitative actions in dogs (Canis familiaris). *Animal Cognition, 19* (2), 263-269.
563 Mercado, E., Murray, S.O., Uyeyama, R.K., Pack, A.A. und Herman, L.M. (1998). Memory for recent actions in the bottlenosed dolphin (Tursiops truncatus): Repetition of arbitrary behaviors using an abstract rule. *Animal Learning & Behavior, 26* (2), 210-218.
564 Wagenaar, W.A. (1986). My memory: A study of autobiographical memory over six years. *Cognitive Psychology, 18* (2), 225-252.
565 Menzel, E.W., Jr. (1978). Cognitive mapping in chimpanzees. In: S.H. Hulse, H. Fowler und W.K. Honig (Hg.). *Cognitive Processes in Animal Behavior*, 375-422. Hillsdale, NJ: Lawrence Erlbaum.
566 Savage-Rumbaugh, S., McDonald, K., Sevcik, R.A., Hopkins, W.D. und Rubert, E. (1986). Spontaneous symbol acquisition and communicative use by pygmy chimpanzees (Pan paniscus). *Journal of Experimental Psychology: General, 115* (3), 211.
567 Beran, M.J., Rumbaugh, D.M. und Savage-Rumbaugh, E. (1998). Chimpanzee (Pan troglodytes) counting in a computerized testing paradigm. *The Psychological Record, 48*, 3-19.
568 Menzel, C.R. (1999). Unprompted recall and reporting of hidden ob-

jects by a chimpanzee (Pan troglodytes) after extended delays. *Journal of Comparative Psychology, 113* (4), 426.
569 Schwartz, B. L., Colon, M. R., Sanchez, I. C., Rodriguez, I. A. und Evans, S. (2002). Single-trial learning of »what« and »who« information in a gorilla (Gorilla gorilla gorilla): implications for episodic memory. *Animal Cognition, 5* (2), 85-90.
570 Jozet-Alves, C., Bertin, M. und Clayton, N. S. (2013). Evidence of episodic-like memory in cuttlefish. *Current Biology, 23* (23), R1033-R1035.
571 Billard, P., Clayton, N. S. und Jozet-Alves, C. (2020). Cuttlefish retrieve whether they smelt or saw a previously encountered item. *Scientific Reports, 10* (1), 1-7.
572 Billard, P., Schnell, A. K., Clayton, N. S. und Jozet-Alves, C. (2020). Cuttlefish show flexible and future-dependent foraging cognition. *Biology Letters, 16* (2), 201 90743.
573 Eacott, M. J. und Easton, A. (2010). Episodic memory in animals: remembering which occasion. *Neuropsychologia, 48* (8), 2273-2280.
574 Eacott, M. J. und Easton, A. (2012). Remembering the past and thinking about the future: Is it really about time? *Learning and Motivation, 43* (4), 200-208.
575 Friedman, W. J. (1993). Memory for the time of past events. *Psychological Bulletin, 113*, 44-66.
576 Dally, J. M., Emery, N. J. und Clayton, N. S. (2006). Food-caching western scrub-jays keep track of who was watching when. *Science, 312* (5780), 1662-1665.
577 Babb, S. J. und Crystal, J. D. (2006). Discrimination of what, when, and where is not based on time of day. *Learning & Behavior, 34* (2), 124-130.
578 Crystal, J. D. und Smith, A. E. (2014). Binding of episodic memories in the rat. *Current Biology, 24* (24), 2957-2961.
579 Roberts, W. A., Feeney, M. C., Macpherson, K., Petter, M., McMillan, N. und Musolino, E. (2008). Episodic-like memory in rats: is it based on when or how long ago? *Science, 320* (5872), 113-115.
580 Standing, L., Conezio, J. und Haber, R. N. (1970). Perception and memory for pictures: Single-trial learning of 2500 visual stimuli. *Psychonomic Science, 19* (2), 73-74.
581 Eacott, M. J. und Easton, A. (2007). On familiarity and recall of events by rats. *Hippocampus, 17* (9), 890-897.
582 April, L. B., Bruce, K. und Galizio, M. (2013). The Magic Number 70 (plus or minus 20): Variables Determining Performance in the Rodent Odor Span Task. *Learning & Motivation, 44* (3), 143-158.
583 Slotnick, B. M. und Schoonover, F. W. (1992). Olfactory pathways and the sense of smell. *Neuroscience and Biobehavioral Reviews, 16* (4), 453-472.

584 Panoz-Brown, D., Corbin, H. E., Dalecki, S. J., Gentry, M., Brotheridge, S., Sluka, C. M., Wu, J. E. und Crystal, J. D. (2016). Rats Remember Items in Context Using Episodic Memory. *Current Biology*, *26* (20), 2821-2826.
585 Dudchenko, P. A., Wood, E. R. und Eichenbaum, H. (2000). Neurotoxic hippocampal lesions have no effect on odor span and little effect on odor recognition memory but produce significant impairments on spatial span, recognition, and alternation. *J Neurosci*, *20* (8), 2964-2977.
586 Zola-Morgan, S., Squire, L. R. und Amaral, D. G. (1986). Human amnesia and the medial temporal region: enduring memory impairment following a bilateral lesion limited to field CA1 of the hippocampus. *J Neurosci*, *6* (10), 2950-2967.
587 Rattenborg, N. D. und Martinez-Gonzalez, D. (2011). A bird-brain view of episodic memory. *Behavioural Brain Research*, *222* (1), 236-245.
588 Dede, A. J., Frascino, J. C., Wixted, J. T. und Squire, L. R. (2016). Learning and remembering real-world events after medial temporal lobe damage. *Proceedings of the National Academy of Sciences of the United States of America*, *113* (47), 13480-13485.
589 Panoz-Brown, D., Iyer, V., Carey, L. M., Sluka, C. M., Rajic, G., Kestenman, J., Gentry, M., Brotheridge, S., Somekh, I., Corbin, H. E., Tucker, K. G., Almeida, B., Hex, S. B., Garcia, K. D., Hohmann, A. G. und Crystal, J. D. (2018). Replay of Episodic Memories in the Rat. *Current Biology*, *28* (10), 1628-1634.
590 Foster, D. J. und Wilson, M. A. (2006). Reverse replay of behavioural sequences in hippocampal place cells during the awake state. *Nature*, *440* (7084), 680-683.
591 Block, N. (2005). Two neural correlates of consciousness. *Trends in Cognitive Sciences*, *9* (2), 46-52.
592 Kiani, R. und Shadlen, M. N. (2009). Representation of confidence associated with a decision by neurons in the parietal cortex. *Science*, *324* (5928), 759-764.
593 Kepecs, A., Uchida, N., Zariwala, H. A. und Mainen, Z. F. (2008). Neural correlates, computation and behavioural impact of decision confidence. *Nature*, *455*, 227-231.
594 Komura, Y., Nikkuni, A., Hirashima, N., Uetake, T. und Miyamoto, A. (2013). Responses of pulvinar neurons reflect a subject's confidence in visual categorization. *Nature Neuroscience*, *16* (6), 749-755.
595 Smith, J. D., Schull, J., Strote, J., McGee, K., Egnor, R. und Erb, L. (1995). The uncertain response in the bottlenosed dolphin (Tursiops truncatus). *Journal of Experimental Psychology: General*, *124* (4), 391-408.

596 Smith, J.D., Shields, W.E., Schull, J. und Washburn, D.A. (1997). The uncertain response in humans and animals. *Cognition*, *62* (1), 75-97.
597 Hampton, R.R. (2001). Rhesus monkeys know when they remember. *Proceedings of the National Academy of Sciences of the United States of America*, *98* (9), 5359-5362.
598 Metcalfe, J. (2008). Evolution of metacognition. In: J.D.R.A. Bjork (Hg.). *Handbook of Memory Awareness and Memory*, 29-46. New York: Psychology Press.
599 Nelson, T.O. (1996). Consciousness and metacognition. *American Psychologist*, *51* (2), 102-116.
600 Squire, L.R. und Zola-Morgan, S. (1991). The medial temporal lobe memory system. *Science*, *253* (5026), 1380-1386.
601 Clark, R.E., Manns, J.R. und Squire, L.R. (2002). Classical conditioning, awareness, and brain systems. *Trends in Cognitive Sciences*, *6* (12), 524-531.
602 Templer, V.L. und Hampton, R.R. (2012). Rhesus monkeys (Macaca mulatta) show robust evidence for memory awareness across multiple generalization tests. *Animal Cognition*, *15* (3), 409-419.
603 Jozefowiez, J., Staddon, J.E.R. und Cerutti, D.T. (2009). Metacognition in animals: how do we know that they know? *Comparative Cognition & Behavior Reviews*, *4*, 29-39.
604 Le Pelley, M.E. (2012). Metacognitive monkeys or associative animals? Simple reinforcement learning explains uncertainty in nonhuman animals. *Journal of Experimental Psychology: Learning, Memory and Cognition*, *38* (3), 686-708.
605 Basile, B.M., Hampton, R.R., Suomi, S.J. und Murray, E.A. (2009). An assessment of memory awareness in tufted capuchin monkeys (Cebus apella). *Animal Cognition*, *12* (1), 169-180.
606 Sutton, J.E. und Shettleworth, S.J. (2008). Memory without awareness: pigeons do not show metamemory in delayed matching to sample. *Journal of Experimental Psychology: Animal Behavior Process*, *34* (2), 266-282.
607 Hampton, R.R. (2009). Multiple demonstrations of metacognition in nonhumans: Converging evidence or multiple mechanisms? *Comparative Cognition & Behavior Reviews*, *4*, 17-28.
608 Kornell, N. (2014). Where is the »meta« in animal metacognition? *Journal of Comparative Psychology*, *128* (2), 143-149.
609 Kornell, N., Son, L.K. und Terrace, H.S. (2007). Transfer of metacognitive skills and hint seeking in monkeys. *Psychological Science*, *18* (1), 64-71.
610 Morgan, G., Kornell, N., Kornblum, T. und Terrace, H.S. (2014). Retrospective and prospective metacognitive judgments in rhesus macaques (Macaca mulatta). *Animal Cognition*, *17* (2), 249-257.

611 Call, J. (2010). Do apes know that they could be wrong? *Animal Cognition, 13* (5), 689-700.
612 Hampton, R.R., Zivin, A. und Murray, E.A. (2004). Rhesus monkeys (Macaca mulatta) discriminate between knowing and not knowing and collect information as needed before acting. *Animal Cognition, 7* (4), 239-246.
613 Smith, J.D. (2009). The study of animal metacognition. *Trends in Cognitive Sciences, 13* (9), 389-396.
614 Carruthers, P. (2009). How we know our own minds: the relationship between mindreading and metacognition. *Behavioural and Brain Sciences, 32* (2), 121-138; discussion 138-182.
615 Sakai, K. (2008). Task set and prefrontal cortex. *Annual Review of Neuroscience, 31*, 219-245.
616 Shenhav, A., Botvinick, M.M. und Cohen, J.D. (2013). The expected value of control: an integrative theory of anterior cingulate cortex function. *Neuron, 79* (2), 217-240.
617 Fernandez-Duque, D., Baird, J.A. und Posner, M.I. (2000). Executive attention and metacognitive regulation. *Consciousness and Cognition, 9* (2), 288-307.
618 Yeung, N. (2013). Conflict monitoring and cognitive control. In: K. Ochsner und S.M. Kosslyn (Hg.). *Oxford Handbook of Cognitive Neuroscience*. Oxford: Oxford University Press.
619 Shea, N., Boldt, A., Bang, D., Yeung, N., Heyes, C. und Frith, C.D. (2014). Supra-personal cognitive control and metacognition. *Trends in Cognitive Sciences, 18* (4), 186-193.
620 Evans, J.S. und Stanovich, K.E. (2013). Dual-Process Theories of Higher Cognition: Advancing the Debate. *Perspectives on Psychological Science, 8* (3), 223-241.
621 Kahneman, D. (2003). A perspective on judgment and choice: mapping bounded rationality. *American Psychologist, 58* (9), 697-720.
622 Kahneman, D. (2011). *Thinking, Fast and Slow*. New York: Farrar, Straus und Grioux (dt. *Schnelles Denken, langsames Denken*, München: Penguin, 2016).
623 Bahrami, B., Olsen, K., Latham, P.E., Roepstorff, A., Rees, G. und Frith, C.D. (2010). Optimally interacting minds. *Science, 329* (5995), 1081-1085.
624 Fusaroli, R., Bahrami, B., Olsen, K., Roepstorff, A., Rees, G., Frith, C. und Tylen, K. (2012). Coming to terms: quantifying the benefits of linguistic coordination. *Psychological Science, 23* (8), 931-939.
625 Premack, D. und Woodruff, G. (1978). Does the chimpanzee have a theory of mind? *Behavioral and Brain Sciences, 1*, 515-526.
626 King, S.L., Connor, R.C., Krützen, M. und Allen, S.J. (2021). Cooperation-based concept formation in male bottlenose dolphins. *Nature Communications, 12* (1), 2373.

627 Gallup Jr, G. G. (1982). Self-awareness and the emergence of mind in primates. *American Journal of Primatology*, *2* (3), 237-248.
628 Prinz, W. (2013). *Selbst im Spiegel. Die soziale Konstruktion von Subjektivität*. Berlin: Suhrkamp.
629 Frith, U. und Happé, F. (1999). Theory of mind and self-consciousness: What is it like to be autistic? *Mind & Language*, *14* (1), 82-89.
630 Frith, C. und Frith, U. (2005). Theory of mind. *Current Biology*, *15* (17), R644-R646.
631 Bartsch, K. und Wellman, H. M. (1995). *Children Talk About the Mind*. New York: Oxford University Press.
632 Heider, F. und Simmel, M. (1944). An experimental study of apparent behavior. *The American Journal of Psychology*, *57* (2), 243-259.
633 Adolphs, R. (1999). Social cognition and the human brain. *Trends in Cognitive Sciences*, *3* (12), 469-479.
634 Klin, A. (2000). Attributing social meaning to ambiguous visual stimuli in higher-functioning autism and Asperger syndrome: *The Journal of Child Psychology and Psychiatry and Allied Disciplines*, *41* (7), 831-846.
635 Perner, J. (1991). *Understanding the Representational Mind*. Cambridge, MA: MIT Press.
636 Wellman, H. M., Cross, D. und Watson, J. (2001). Meta-analysis of theory-of-mind development: The truth about false belief. *Child Development*, *72* (3), 655-684.
637 Flavell, J. H., Botkin, P. T., Fry, C. L., Wright, J. W. und Jarvis, P. E. (1968). *The Development of Role-Taking and Communication Skills in Children*. New York: Wiley.
638 Flavell, J. H. (1999). Cognitive development: children's knowledge about the mind. *Annual Review in Psychology*, *50*, 21-45.
639 Wimmer, H. und Perner, J. (1983). Beliefs about beliefs: representation and constraining function of wrong beliefs in young children's understanding of deception. *Cognition*, *13* (1), 103-128.
640 Perner, J., Frith, U., Leslie, A. M. und Leekam, S. R. (1989). Exploration of the autistic child's theory of mind: knowledge, belief, and communication. *Child Development*, *60* (3), 688-700.
641 Baron-Cohen, S., Leslie, A. M. und Frith, U. (1985). Does the autistic child have a »theory of mind«? *Cognition*, *21* (1), 37-46.
642 Baron-Cohen, S., Tager-Flusberg, H. und Lombardo, M. (2013). *Understanding other minds: Perspectives from developmental social neuroscience*. Oxford: Oxford University Press.
643 Stone, V. E., Baron-Cohen, S. und Knight, R. T. (1998). Frontal lobe contributions to theory of mind. *Journal in Cognitive Neurosciences*, *10* (5), 640-656.
644 Stuss, D. T., Gallup, G. G., Jr. und Alexander, M. P. (2001). The frontal lobes are necessary for ›theory of mind‹. *Brain*, *124* (2), 279-286.

645 Frith, C.D. und Wolpert, D.M. (Hg.) (2004). *The Neuroscience of Social Interaction: Decoding, imitating and influencing the actions of others*. Oxford: Oxford University Press.
646 Jolly, A. (1966). Lemur social behavior and primate intelligence. *Science*, *153*, 501-506.
647 Kummer, H. (1971). *Primate Societies*. Arlington Heights, IL: Harlan Davidson.
648 Humphrey, N.K. (1976). The social function of intellect. In: P.P.G. Bateson und R.A. Hinde (Hg.). *Growing Points in Ethology*, 303-317. Cambridge: Cambridge University Press.
649 Humphrey, N.K. (1980). Nature's psychologists. In: B. Josephson und V.S. Ramachandran (Hg.). *Consciousness and the Physical World*, 57-80. London: Pergamon.
650 Humphrey, N.K. (1986). *The Inner Eye*. London: Faber & Faber.
651 Stone, T. und Davies, M. (1996). The mental simulation debate: a progress report. In: P. Carruthers und P.K. Smith (Hg.). *Theories of Theories of Mind*, 119-137. Cambridge: Cambridge University Press.
652 Goldman, A.I. (2006). *Simulating Minds: The Philosophy, Psychology and Neuroscience of Mindreading*. Oxford: Oxford University Press.
653 Krebs, J.R. und Dawkins, M.S. (1984). Animal signals: mindreading and manipulation. In: J.R. Krebs und N.B. Davies (Hg.). *Behavioural Ecology: An Evolutionary Approach*, 380-401. Oxford: Blackwell Scientific Publications.
654 Carruthers, P. und Smith, P.K. (1996). *Theories of Theories of Mind*. Cambridge: Cambridge University Press.
655 Byrne, R.W. und Whiten, A. (1991). Computation and mindreading in primate tactical deception. In: A. Whiten (Hg.). *Natural Theories of Mind. Evolution, Development and Simulation of Everyday Mindreading*, 127-142. Cambridge: Basil Blackwell.
656 Byrne, R.W. und Whiten, A. (1992). Cognitive evolution in primates: evidence from tactical deception. *Man*, *27* (3), 609-627.
657 Whiten, A. und Byrne, R.W. (1988). The Machiavellian intelligence hypotheses: editorial. In: R.W. Byrne und A. Whiten (Hg.). *Machiavellian Intelligence. Social Expertise and the Evolution of the Intellect in Monkeys, Apes, and Humans*, 1-9. Oxford: Clarendon.
658 Whiten, A. (1991). The emergence of mindreading: steps towards an interdisciplinary enterprise. In: A. Whiten (Hg.). *Natural Theories of Mind. Evolution, Development and Simulation of Everyday Mindreading*, 319-332. Cambridge: Basil Blackwell.
659 Premack, D. (1988). ›Does the chimpanzee have a theory of mind‹ revisited. In: R. Byrne und A. Whiten (Hg.). *Machiavellian Intelligence. Social Expertise and the Evolution of the Intellect in Monkeys, Apes, and Humans*, 160-179. Oxford: Clarendon.

660 Povinelli, D.J., Nelson, K.E. und Boysen, S.T. (1990). Inferences about guessing and knowing by chimpanzees (Pan troglodytes). *Journal of Comparative Psychology, 104* (3), 203-210.
661 Premack, D. (1986). *Gavagai! Or the Future History of the Animal Language Controversy.* Cambridge, MA: MIT Press.
662 Woodruff, G. und Premack, D. (1981). Primitive mathematical concepts in the chimpanzee: proportionality and numerosity. *Nature, 293* (5833), 568-570.
663 Krupenye, C. (2017). Guesser-knower paradigm. In: J. Vonk und T.K. Shackelford (Hg.). *Encyclopedia of Animal Cognition and Behavior.* Cham: Springer International Publishing AG, [https://doi.org/10.1007/978-3-319-47829-6_1605-1], letzter Zugriff 25.4.2019.
664 Povinelli, D.J. und deBlois, S. (1992). Young children's (Homo sapiens) understanding of knowledge formation in themselves and others. *Journal of Comparative Psychology, 106* (3), 228-238.
665 Povinelli, D.J., Parks, K.A. und Novak, M.A. (1991). Do rhesus monkeys attribute knowledge and ignorance to others? *Journal of Comparative Psychology, 105*, 318-325.
666 Flombaum, J.I. und Santos, L.R. (2005). Rhesus monkeys attribute perceptions to others. *Current Biology, 15* (5), 447-452.
667 Perrett, D.I., Smith, P.A., Potter, D.D., Mistlin, A.J., Head, A.S., Milner, A.D. und Jeeves, M.A. (1985). Visual cells in the temporal cortex sensitive to face view and gaze direction. *Proceedings of the Royal Society B: Biological Sciences, 223* (1232), 293-317.
668 Schwab, C. und Huber, L. (2006). Obey or not obey? Dogs (Canis familiaris) behave differently in response to attentional states of their owners. *Journal of Comparative Psychology, 120* (3), 169-175.
669 Wallis, L.J., Range, F., Muller, C.A., Serisier, S., Huber, L. und Viranyi, Z. (2015). Training for eye contact modulates gaze following in dogs. *Animal Behaviour, 106*, 27-35.
670 Schmidjell, T., Range, F., Huber, L. und Viranyi, Z. (2012). Do owners have a Clever Hans effect on dogs? Results of a pointing study. *Frontiers in Psychology, 3* (558), 1-15.
671 Huber, L., Racca, A., Scaf, B., Virányi, Z. und Range, F. (2013). Discrimination of familiar human faces in dogs (Canis familiaris). *Learning & Motivation, 44* (4), 258-269.
672 Müller, C.A., Schmitt, K., Barber, A.L.A. und Huber, L. (2015). Dogs Can Discriminate Emotional Expressions of Human Faces. *Current Biology, 25*, 1-5.
673 Huber, L. (2016). How dogs perceive and understand us. *Current Directions in Psychological Science, 25* (5), 339-344.
674 Maginnity, M.E. und Grace, R.C. (2014). Visual perspective taking by dogs (Canis familiaris) in a Guesser-Knower task: evidence for a canine theory of mind? *Animal Cognition, 17* (6), 1375-1392.

675 Povinelli, D. J. und Eddy, T. J. (1996). What young chimpanzees know about seeing. *Monographs of the Society for Research in Child Development*, i-189.
676 Kuroshima, H., Fujita, K., Adachi, I., Iwata, K. und Fuyuki, A. (2003). A Capuchin monkey (Cebus apella) recognizes when people do and do not know the location of food. *Animal Cognition*, *6* (4), 283-291.
677 Held, S., Mendl, M., Devereux, C. und Byrne, R. (2001). Behaviour of domestic pigs in a visual perspective taking task.pdf. *Behaviour*, *138* (11-12), 1337-1354.
678 Pfungst, O. (1907). *Das Pferd des Herrn von Osten (Der Kluge Hans): Ein Beitrag zur experimentellen Tier- und Menschenpsychologie*. Leipzig: Johann Ambrosius Barth.
679 Catala, A., Mang, B., Wallis, L. und Huber, L. (2017). Dogs demonstrate perspective taking based on geometrical gaze following in a Guesser–Knower task. *Animal Cognition*, *20* (4), 581-589.
680 Tomasello, M., Hare, B. und Agnetta, B. (1999). Chimpazees, *Pan troglodytes*, follow gaze direction geometrically. *Animal Behaviour*, *58*, 769-777.
681 Povinelli, D. J. und Eddy, T. J. (1996). Chimpanzees: joint visual attention. *Psychological Science*, *7* (3), 129-135.
682 Bensky, M. K., Gosling, S. D. und Sinn, D. L. (2013). The world from a dog's point of view: a review and synthesis of dog cognition research. *Advances in the Study of Behavior*, *45*, 209-406.
683 Kaminski, J. und Marshall-Pescini, S. (Hg.) (2014). *The social Dog: Behaviour and Cognition*. San Diego, CA: Academic Press / Elsevier.
684 Wynne, C. D. L. (2016). What is special about dog cognition? *Current Directions in Psychological Science*, *25* (5), 345-350.
685 Met, A., Miklósi, A. und Lakatos, G. (2014). Gaze-following behind barriers in domestic dogs. *Animal Cognition*, *17* (6), 1401-1405.
686 Bräuer, J., Keckeisen, M., Pitsch, A., Kaminski, J., Call, J. und Tomasello, M. (2013). Domestic dogs conceal auditory but not visual information from others. *Animal Cognition*, *16* (3), 351-359.
687 Kaminski, J., Pitsch, A. und Tomasello, M. (2013). Dogs steal in the dark. *Animal Cognition*, *16* (3), 385-394.
688 Whiten, A. (2013). Humans are not alone in computing how others see the world. *Animal Behaviour*, *86* (2), 213-221.
689 Heyes, C. (1994). Cues, convergence and a curmudgeon: a reply to Povinelli. *Animal Behaviour*, *48* (1), 242-244.
690 Udell, M. A. und Wynne, C. D. (2011). Reevaluating canine perspective-taking behavior. *Learning & Behavior*, *39* (4), 318-323.
691 Udell, M. A., Dorey, N. R. und Wynne, C. D. (2011). Can your dog read your mind?: Understanding the causes of canine perspective taking. *Learning & Behavior*, *39* (4), 289-302.

692 Buckner, C. (2014). The semantic problem (s) with research on animal mind-reading. *Mind & Language*, *29* (5), 566-589.
693 Penn, D.C. und Povinelli, D.J. (2007). On the lack of evidence that non-human animals possess anything remotely resembling a ›theory of mind‹. *Philosophical Transactions of the Royal Society B: Biological Sciences*, *362* (1480), 731-744.
694 Tomasello, M., Hare, B. und Fogleman, T. (2001). The ontogeny of gaze following in chimpanzees, *Pan troglodytes*, and rhesus macaques, *Macaca mulatta*. *Animal Behaviour*, *61*, 335-343.
695 Schmelz, M. und Call, J. (2018). Comparative evolution of Theory of mind in primates and humans. In: Callan, H. (Hg.). *The International Encyclopedia of Anthropology*, 1-10. [https://doi.org/10.1002/9781118924396.wbiea1947], letzter Zugriff 10. 12. 2018.
696 Povinelli, D.J. und Eddy, T.J. (1996). Factors influencing young chimpanzees' (Pan troglodytes) recognition of attention. *Journal of Comparative Psychology*, *110*, 336-345.
697 Call, J. und Tomasello, M. (2008). Does the chimpanzee have a theory of mind? 30 years later. *Trends in Cognitive Sciences*, *12* (5), 187-192.
698 Schmelz, M. und Call, J. (2016). The psychology of primate cooperation and competition: a call for realigning research agendas. *Philosophical Transactions of the Royal Society B: Biological Sciences*, *371* (1686), 201 50067.
699 Hare, B., Call, J., Agnetta, B. und Tomasello, M. (2000). Chimpanzees know what conspecifics do and do not see. *Animal Behaviour*, *59* (4), 771-785.
700 Hare, B., Call, J. und Tomasello, M. (2001). Do chimpanzees know what conspecifics know? *Animal Behaviour*, *61*, 139-151.
701 Barton, R.A. und Dunbar, R.I.M. (1997). Evolution of the social brain. In: A. Whiten und R.W. Byrne (Hg.). *Machiavellian Intelligence II. Extensions and evaluations*, 240-263. Cambridge: Cambridge University Press.
702 Emery, N.J. und Clayton, N.S. (2005). Evolution of the avian brain and intelligence. *Current Biology*, *15* (23), R946-950.
703 Clayton, N.S. und Emery, N.J. (2007). The social life of corvids. *Current Biology*, *17* (16), R652-656.
704 Güntürkün, O. und Bugnyar, T. (2016). Cognition without Cortex. *Trends in Cognitive Sciences*, *20* (4), 291-303.
705 Jarvis, E.D., Güntürkün, O., Bruce, L., Csillag, A., Karten, H., Kuenzel, W., Medina, L., Paxinos, G., Perkel, D.J., Shimizu, T., Striedter, G., Wild, J.M., Ball, G.F., Dugas-Ford, J., Durand, S.E., Hough, G.E., Husband, S., Kubikova, L., Lee, D.W., Mello, C.V., Powers, A., Siang, C., Smulders, T.V., Wada, K., White, S.A., Yamamoto, K., Yu, J., Reiner, A., Butler, A.B. und Avian Brain Nomenclature, C. (2005).

Avian brains and a new understanding of vertebrate brain evolution. *Nature Reviews Neuroscience, 6* (2), 151-159.
706 Clayton, N.S., Dally, J.M. und Emery, N.J. (2007). Social cognition by food-caching corvids. The western scrub-jay as a natural psychologist. *Philosophical Transactions of the Royal Society B: Biological Sciences, 362* (1480), 507-522.
707 Bugnyar, T. (2013). Social cognition in ravens. *Comparative Cognition & Behavior Reviews, 8*, 1-12.
708 Bond, A.B., Kamil, A.C. und Balda, R.P. (2003). Social complexity and transitive inference in corvids. *Animal Behaviour, 65*, 479-487.
709 de Waal, F. und Tyack, P. (2003). *Animal Social Complexity: Intelligence, Culture, and Individualized Societies.* Cambridge, MA: Harvard University Press.
710 Tomback, D.F. (1978). Foraging strategies of Clark's Nutcracker. *Living Bird, 16*, 123-161.
711 Vander Wall, S.B. und Balda, R.P. (1977). Co-adaptation of the Clark's nutcracker and pinyon pine for efficient seed harvest and dispersal. *Ecological Monographs, 47*, 89-111.
712 Balda, R.P. und Kamil, A.C. (1992). Long-term spatial memory in clark's nutcracker, Nucifraga columbiana. *Animal Behaviour, 44* (4), 761-769.
713 Kamil, A.C., Balda, R.P. und Good, S. (1999). Patterns of movement and orientation during caching and recovery by Clark's nutcrackers, Nucifraga columbiana. *Animal Behaviour, 57* (6), 1327-1335.
714 Bugnyar, T. und Kotrschal, K. (2002). Observational learning and the raiding of food caches in ravens, Corvus corax: Is it »tactical deception«? *Animal Behaviour, 64*, 185-195.
715 Heinrich, B. und Pepper, J.W. (1998). Influence of competitors on caching behaviour in the common raven, *Corvus corax. Animal Behaviour, 56*, 1083-1090.
716 Bednekoff, P.A. und Balda, R.P. (1996). Observational spatial memory in Clark's nutcrackers and Mexican jays. *Animal Behaviour, 52* (4), 833-839.
717 Watanabe, S. und Clayton, N.S. (2007). Observational visuospatial encoding of the cache locations of others by western scrub-jays (Aphelocoma californica). *Journal of Ethology, 25* (3), 271-279.
718 Bugnyar, T. und Heinrich, B. (2005). Ravens, Corvus corax, differentiate between knowledgeable and ignorant competitors. *Proceedings of the Royal Society B: Biological Sciences, 272* (1573), 1641-1646.
719 Dally, J.M., Emery, N.J. und Clayton, N.S. (2005). Cache protection strategies by western scrub-jays, Aphelocoma californica: implications for social cognition. *Animal Behaviour, 70* (6), 1251-1263.
720 Dally, J.M., Emery, N.J. und Clayton, N.S. (2004). Cache protection strategies by western scrub-jays (Aphelocoma californica): hiding

food in the shade. *Proceedings of the Royal Society B: Biological Sciences, 271,* (Suppl 6), S387-390.

721 Dally, J.M., Emery, N.J. und Clayton, N.S. (2005). The social suppression of caching in western scrub-jays (Aphelocoma californica). *Behaviour, 142*, 961-977.

722 Emery, N.J. und Clayton, N.S. (2001). Effects of experience and social context on prospective caching strategies by scrub jays. *Nature, 414* (6862), 443-446.

723 Emery, N.J. und Clayton, N.S. (2004). Comparing the complex cognition of birds and primates. In: L.J. Rogers und G.S. Kaplan (Hg.). *Comparative vertebrate cognition*, 3-55. The Hague: Kluwer Academic Press.

724 Bugnyar, T. und Kotrschal, K. (2002). Scrounging tactics in free-ranging ravens. *Ethology, 108*, 993-1009.

725 Bugnyar, T. und Kotrschal, K. (2004). Leading a conspecific away from food in ravens (Corvus corax)? *Animal Cognition, 7* (2), 69-76.

726 Bugnyar, T. und Heinrich, B. (2006). Pilfering ravens, Corvus corax, adjust their behaviour to social context and identity of competitors. *Animal Cognition, 9* (4), 369-376.

727 Bugnyar, T. (2011). Knower-guesser differentiation in ravens: others' viewpoints matter. *Proceedings of the Royal Society B: Biological Sciences, 278* (1705), 634-640.

728 Heyes, C.M. (1998). Theory of mind in nonhuman primates. *Behavioral and Brain Sciences, 21* (1), 101-148.

729 Bugnyar, T., Stowe, M. und Heinrich, B. (2004). Ravens, Corvus corax, follow gaze direction of humans around obstacles. *Proceedings of the Royal Society B: Biological Sciences, 271* (1546), 1331-1336.

730 Bugnyar, T., Stöwe, M. und Heinrich, B. (2007). The ontogeny of caching in ravens, Corvus corax. *Animal Behaviour, 74* (4), 757-767.

731 Schloegl, C., Kotrschal, K. und Bugnyar, T. (2007). Gaze following in common ravens, Corvus corax: ontogeny and habituation. *Animal Behaviour, 74* (4), 769-778.

732 Tomasello, M., Call, J. und Hare, B. (2003). Chimpanzees understand psychological states – the question is which ones and to what extent. *Trends in Cognitive Sciences, 7* (4), 153-156.

733 Gerrans, P. (2002). The theory of mind module in evolutionary psychology. *Biology and Philosophy, 17* (3), 305-321.

734 Heyes, C. (2015). Animal mindreading: what's the problem? *Psychonomic Bulletin & Review, 22* (2), 313-327.

735 Heyes, C. (2014). Submentalizing: I Am Not Really Reading Your Mind. *Perspectives on Psychological Science, 9* (2), 131-143.

736 Bugnyar, T., Reber, S.A. und Buckner, C. (2016). Ravens attribute visual access to unseen competitors. *Nature Communications, 7*, 10506.

737 Kaminski, J., Call, J. und Tomasello, M. (2008). Chimpanzees know what others know, but not what they believe. *Cognition*, *109* (2), 224-234.
738 Karg, K., Schmelz, M., Call, J. und Tomasello, M. (2016). Differing views: Can chimpanzees do Level 2 perspective-taking? *Animal Cognition*, *19* (3), 555-564.
739 Lohmann, H. und Tomasello, M. (2003). The role of language in the development of false belief understanding: A training study. *Child Development*, *74* (4), 1130-1144.
740 Call, J. und Tomasello, M. (1999). A nonverbal false belief task: the performance of children and great apes. *Child Development*, *70* (2), 381-395.
741 Flavell, J.H., Shipstead, S.G. und Croft, K. (1978). Young children's knowledge about visual perception: hiding objects from others. *Child Development*, *49* (4), 1208-1211.
742 O Connell, S. und Dunbar, R. (2003). A test for comprehension of false belief in chimpanzees. *Evolution and Cognition*, *9* (2), 131-140.
743 Krachun, C., Carpenter, M., Call, J. und Tomasello, M. (2009). A competitive nonverbal false belief task for children and apes. *Dev Sci*, *12* (4), 521-535.
744 Karg, K., Schmelz, M., Call, J. und Tomasello, M. (2015). Chimpanzees strategically manipulate what others can see. *Animal Cognition*, *18* (5), 1069-1076.
745 Crockford, C., Wittig, R.M., Mundry, R. und Zuberbühler, K. (2012). Wild chimpanzees inform ignorant group members of danger. *Current Biology*, *22* (2), 142-146.
746 Krachun, C. und Call, J. (2009). Chimpanzees (Pan troglodytes) know what can be seen from where. *Animal Cognition*, *12* (2), 317-331.
747 Karg, K., Schmelz, M., Call, J. und Tomasello, M. (2014). All great ape species (Gorilla gorilla, Pan paniscus, Pan troglodytes, Pongo abelii) and two-and-a-half-year-old children (Homo sapiens) discriminate appearance from reality. *Journal of Comparative Psychology*, *128* (4), 431-439.
748 Vonk, J. und Povinelli, D.J. (2011). Social and physical reasoning in human-reared chimpanzees: preliminary studies. In: N. Eilan, H. Lerman und J. Roessler (Hg.). *Perception, Causation, and Objectivity. Issues in Philosophy and Psychology*, 342-352. Oxford: Oxford University Press.
749 Meltzoff, A.N. und Brooks, R. (2008). Self-experience as a mechanism for learning about others: a training study in social cognition. *Developmental Psychology*, *44* (5), 1257.
750 Povinelli, D.J. und Vonk, J. (2003). Chimpanzee minds: suspiciously human? *Trends in Cognitive Sciences*, *7* (4), 157-160.

751 Karg, K., Schmelz, M., Call, J. und Tomasello, M. (2015). The goggles experiment: can chimpanzees use self-experience to infer what a competitor can see? *Animal Behaviour*, *105*, 211-221.
752 Hare, B. und Tomasello, M. (2004). Chimpanzees are more skillful in competitive than in cooperative tasks. *Animal Behaviour*, *68*, 571-581.
753 Krupenye, C., Kano, F., Hirata, S., Call, J. und Tomasello, M. (2016). Great apes anticipate that other individuals will act according to false beliefs. *Science*, *354* (6308), 110-114.
754 Southgate, V., Senju, A. und Csibra, G. (2007). Action anticipation through attribution of false belief by 2-year-olds. *Psychological Science*, *18* (7), 587-592.
755 Perner, J. und Ruffman, T. (2005). Infants' insight into the mind: How deep? *Science*, *308* (5719), 214-216.
756 Baillargeon, R., Scott, R. M. und He, Z. (2010). False-belief understanding in infants. *Trends in Cognitive Sciences*, *14* (3), 110-118.
757 Senju, A., Southgate, V., Snape, C., Leonard, M. und Csibra, G. (2011). Do 18-month-olds really attribute mental states to others? A critical test. *Psychological Science*, *22* (7), 878-880.
758 Kano, F., Krupenye, C., Hirata, S., Tomonaga, M. und Call, J. (2019). Great apes use self-experience to anticipate an agent's action in a false-belief test. *Proceedings of the National Academy of Sciences of the United States of America*, *116* (42), 20904-20909.
759 Buttelmann, D., Carpenter, M. und Tomasello, M. (2009). Eighteen-month-old infants show false belief understanding in an active helping paradigm. *Cognition*, *112* (2), 337-342.
760 Call, J. und Tomasello, M. (1998). Distinguishing intentional from accidental actions in orangutans (Pongo pygmaeus), chimpanzees (Pan troglodytes), and human children (Homo sapiens). *Journal of Comparative Psychology*, *112* (2), 192-206.
761 Warneken, F. und Tomasello, M. (2006). Altruistic helping in human infants and young chimpanzees. *Science*, *311*, 1301-1303.
762 Buttelmann, D., Buttelmann, F., Carpenter, M., Call, J. und Tomasello, M. (2017). Great apes distinguish true from false beliefs in an interactive helping task. *PLOS ONE*, *12* (4), e0173793.
763 Huber, L. und Lamm, C. (2017). Understanding dog cognition by functional magnetic resonance imaging. *Learning & Behavior*, 1-2.
764 Karl, S., Boch, M., Viranyi, Z., Lamm, C. und Huber, L. (2019). Training pet dogs for eye-tracking and awake fMRI. *Behav Res Methods*, *52* (2), 838-856.
765 Boch, M., Karl, S., Sladky, R., Huber, L., Lamm, C. und Wagner, I. C. (2021). Tailored haemodynamic response function increases detection power of fMRI in awake dogs (Canis familiaris). *Neuroimage*, *224*, 117414.
766 Karl, S., Boch, M., Zamansky, A., Linden, D. v. d., Wagner, I. C., Völ-

ter, C., Lamm, C. und Huber, L. (subm.). Exploring the dog-human relationship using a multi-method approach: Combining fMRI, eye-tracking and behavioural measures. *Scientific Reports, 10*, 22273.
767 Karl, S., Sladky, R., Lamm, C. und Huber, L. (2021). Neural responses of pet dogs witnessing their caregiver's positive interactions with a conspecific: an fMRI study. Cerebral Cortex Communications, 2, 1-12.
768 Lonardo, L., Völter, C., Lamm, C. und Huber, L. (2021). Dogs follow human misleading suggestions more often when the informant has a false belief. *Proceedings of the Royal Society B: Biological Sciences*, 20210906.
769 Andrews, K. (2018). Apes track false beliefs but might not understand them. *Learning & Behavior, 46* (1), 3-4.
770 Andrews, K. (2018). Do Apes Attribute Beliefs to Predict Behavior? *The Harvard Review of Philosophy*, [https://doi.org/10.5840/harvardreview201892117], letzter Zugriff 26.9.2018.
771 Andrews, K. (2012). *Do Apes Read Minds? Toward a New Folk Psychology*. Cambridge, MA: MIT Press.
772 Kano, F., Krupenye, C., Hirata, S., Call, J. und Tomasello, M. (2017). Submentalizing Cannot Explain Belief-Based Action Anticipation in Apes. *Trends in Cognitive Sciences, 21* (9), 633-634.
773 Krupenye, C., Kano, F., Hirata, S., Call, J. und Tomasello, M. (2017). A test of the submentalizing hypothesis: Apes' performance in a false belief task inanimate control. *Communicative & Integrative Biology, 10* (4), e1343771.
774 Heyes, C. (2017). Apes submentalise. *Trends in Cognitive Sciences, 21* (1), 1-2.
775 Kano, F. und Call, J. (2014). Great apes generate goal-based action predictions: an eye-tracking study. *Psychological Sciences, 25* (9), 1691-1698.
776 Frisch, K. v. (1923). Über die »Sprache« der Bienen. Eine tierpsychologische Untersuchung. *Zoologische Jahrbücher (Physiologie)*, 40, 1-186.
777 Frisch, K. v. (1965). *Tanzsprache und Orientierung der Bienen*. Berlin/Heidelberg/New York: Springer.
778 Dyer, F. C. (2002). The biology of the dance language. *Annual Review of Entomology, 47* (1), 917-949.
779 Su, S., Cai, F., Si, A., Zhang, S., Tautz, J. und Chen, S. (2008). East learns from West: Asiatic honeybees can understand dance language of European honeybees. *PLOS ONE, 3* (6), e2365.
780 Platon (nach 399 v. Chr.). *Kratylos* (dt. Berlin: Akademie Verlag, 1986).
781 Bühler, K. (1934). *Sprachtheorie: Die Darstellungsfunktion der Sprache*. Jena: Gustav Fischer.
782 Herrnstein, R. J., Loveland, D. H. und Cable, C. (1976). Natural con-

cepts in pigeons. *Journal of Experimental Psychology: Animal Behavior Processes, 2* (4), 285-302.
783 Smith, E. E. und Medin, D. L. (1981). *Categories and Concepts*. Cambridge, MA: Harvard University Press.
784 Margolis, E. und Laurence, S. (Hg.) (1999). *Concepts*. Cambridge, MA: MIT Press.
785 Fitch, W. T. (2010). *The Evolution of Language*. Cambridge: Cambridge University Press.
786 Wich, S. A., Swartz, K. B., Hardus, M. E., Lameira, A. R., Stromberg, E. und Shumaker, R. W. (2009). A case of spontaneous acquisition of a human sound by an orangutan. *Primates, 50* (1), 56-64.
787 von Humboldt, W. (1836). *Über die Verschiedenheit des menschlichen Sprachbaues und ihren Einfluss auf die geistige Entwicklung des Menschengeschlechts*. Berlin: F. Dümmler.
788 Hauser, M. D., Chomsky, N. und Fitch, W. T. (2002). The faculty of language: What is it, who has it, and how did it evolve? *Science, 298* (5598), 1569-1579.
789 Fitch, W. T. (2005). The evolution of language: a comparative review. *Biology & Philosophy, 20* (2-3), 193-230.
790 Riedl, R. (1975). *Die Ordnung des Lebendigen. Systembedingungen der Evolution*. Berlin, Hamburg: Parey.
791 Riedl, R. (1977). A systems-analytical approach to macroevolutionary phenomena. *The Quarterly Review of Biology, 52* (4), 351-370.
792 Gould, S. J. und Lewontin, R. C. (1979). The spandrels of San Marco and the Panglossian paradigm: a critique of the adaptationist programme. *Proceedings of the Royal Society B: Biological Sciences, 205* (1161), 581-598.
793 Maynard Smith, J. (1993). *The Theory of Evolution*. Cambridge: Cambridge University Press.
794 Chomsky, N. (1986). *Knowledge of Language. Its Nature, Origin, and Use*. Westport, CT: Praeger.
795 Kellogg, W. N. (1968). Communication and language in the home-raised chimpanzee. *Science, 162*, 423-438.
796 Gardner, R. A. und Gardner, B. T. (1969). Teaching sign language to a chimpanzee. *Science, 187*, 644-672.
797 Premack, D. (1971). On the assessment of language-competence in the chimpanzee. In: A. M. Schrier und F. Stollnitz (Hg.). *Behavior of nonhuman primates*, 186-228. New York, NY: Academic Press.
798 Rumbaugh, D. M. (1977). *Language Learning by a Chimpanzee*. New York, NY: Academic Press.
799 Gardner, R. A., Gardner, B. T. und Van Cantfort, T. E. (1989). *Teaching Sign Language to Chimpanzees*. Albany: SUNY Press.
800 Miles, H. L. (1978). Language acquisition in apes and children. In:

F. C. C. Peng (Hg.). *Sign language and language acquisition in man and ape*, 108-120. Boulder, CO: Westview Press.
801 Patterson, F. (1978). Linguistic capabilities of a lowland gorilla. In: F. C. C. Peng (Hg.). *Sign language and language acquisition in man and ape*, 161-201. Boulder, CO: Westview Press.
802 Pepperberg, I. M. (2017). Animal language studies: What happened? *Psychonomic Bulletin & Review*, *24*, 181-185.
803 Hauser, M. D. (1996). *The Evolution of Communication*. Cambridge, MA: MIT Press.
804 Corballis, M. C. (2003). *From Hand to Mouth: The Origins of Language*. Princeton: Princeton University Press.
805 Seyfarth, R. M. und Cheney, D. L. (2003). Signalers and receivers in animal communication. *Annual Review of Psychology*, *54*, 145-173.
806 Rendall, D., Owren, M. J. und Ryan, M. J. (2009). What do animal signals mean? *Animal Behaviour*, *78* (2), 233-240.
807 Rumbaugh, D. M. (2014). *Language learning by a chimpanzee: The Lana project*. New York: Academic Press.
808 Savage-Rumbaugh, E. S. (1986). *Ape language: From conditioned response to symbol*. New York: Columbia University Press.
809 Savage-Rumbaugh, S., Shanker, S. G. und Taylor, T. J. (1998). *Apes, Language and the Human Mind*. New York: Oxford University Press.
810 Herman, L. M., Richards, D. G. und Wolz, J. P. (1984). Comprehension of sentences by bottlenosed dolphins. *Cognition*, *16*, 129-219.
811 Terrace, H. S. (1979). *Nim*. New York: Knopf.
812 Terrace, H. S., Petitto, L. A., Sanders, R. J. und Bever, T. G. (1981). Ape Language. *Science*, *211* (4477), 87-88.
813 Terrace, H. S. (1985). Animal cognition: thinking without language. In: L. Weiskrantz (Hg.). *Animal Intelligence*, 113-128. Oxford: Clarendon Press.
814 Sebeok, T. A. und Rosenthal, R. (1980). *The Clever Hans phenomenon: Communication with horses, whales, apes, and people*. New York: New York Academy of Sciences (Annals).
815 Pepperberg, I. M. (2006). Grey parrot numerical competence: a review. *Animal Cognition*, *9* (4), 377-391.
816 Matsuzawa, T. (2009). Symbolic representation of number in chimpanzees. *Current Opinions in Neurobiology*, *19*, 92-98.
817 Boysen, S. T. und Capaldi, E. J. (2014). *The Development of Numerical Competence: Animal and Human Models*. New York: Psychology Press.
818 Schusterman, R. J. und Krieger, K. (1986). Artificial language comprehension and size transposition by a California sea lion (Zalophus californianus). *Journal of Comparative Psychology*, *100* (4), 348-355.
819 Herman, L. M. (1986). Cognition and language competencies of bot-

tlenosed dolphins. In: R. J. Schusterman, J. A. Thomas und F. G. Wood (Hg.). *Dolphin Cognition and Behavior: A Comparative Approach*, 221-252. Hillsdale, New Jersey: Erlbaum.
820 Schusterman, R. J. und Gisiner, R. C. (1988). Artificial language comprehension in dolphins and sea lions: The essential cognitive skills. *The Psychological Record*, *38*, 311-348.
821 Kastak, C. R. und Schusterman, R. J. (2002). Sea lions and equivalence: Expanding classes by exclusion. *Journal of the Experimental Analysis of Behavior*, *78*, 449-465.
822 Gentner, T. Q., Fenn, K. M., Margoliash, D. und Nusbaum, H. C. (2006). Recursive syntactic pattern learning by songbirds. *Nature*, *440*, 1204-1207.
823 Fitch, W. T. und Hauser, M. D. (2004). Computational constraints on syntactic processing in a nonhuman primate. *Science*, *303* (5656), 377-380.
824 Zuberbühler, K. (2003). Referential signaling in non-human primates: Cognitive precursors and limitations for the evolution of language. *Advances in the Study of Behavior*, *33*, 265-307.
825 Searcy, W. A. und Nowicki, S. (2005). *The Evolution of Animal Communication: Reliability and Deception in Signaling System*. Princeton: Princeton University Press.
826 Marler, P. R. (1982). Avian and primate communication: The problem of natural categories. *Neuroscience and Biobehavioral Reviews*, *6*, 87-94.
827 Endler, J. A. (1993). Some general comments on the evolution and design of Animal communication systems. *Philosophical Transactions of the Royal Society B: Biological Sciences*, *340*, 215-225.
828 Tinbergen, N. (1963). On aims and methods of ethology. *Zeitschrift für Tierpsychologie*, *20* (4), 410-433.
829 Bateson, P. und Laland, K. N. (2013). Tinbergen's four questions: an appreciation and an update. *Trends in Ecology & Evolution*, *28* (12), 712-718.
830 Hauser, M. D. und Konishi, M. (1999). *The Design of Animal Communication*. Cambridge, MA: MIT Press.
831 Rosenqvist, G., Admundsen, T. und Esprnark, Y. (Hg.) (2000). *Animal Signals: Signalling and Signal Design in Animal Communication*. Trondheim: Tapir Akademika Publishing Press.
832 Bradbury, J. W. und Vehrencamp, S. L. (2011). *Principles of Animal Communication*. Sunderland, MA: Sinauer Association.
833 Kaplan, G. (2014). Animal communication. *Wiley Interdisciplinary Reviews: Cognitive Science*, *5* (6), 661-677.
834 Todt, D. und Naguib, M. (2000). Vocal interactions in birds: the use of song as a model in communication. *Advances in the Study of Behavior*, *29*, 247-296.

835 Naguib, M., Janik, V., Clayton, N. und Zuberbühler, K. (2009). *Vocal Communication in Birds and Mammals.* Oxford: Academic Press.
836 Beecher, M.D. und Akçay, Ç. (2014). Friends and enemies: How social dynamics shape communication and song learning in song sparrows. *Animal Behavior, 3*, 33-361.
837 Pepperberg, I.M. (2020). Vocal communication in nonhuman animals: View from the wings. *Animal Behavior and Cognition, 7* (2), 95-100.
838 Tyack, P.L. (2000). Dolphins whistle a signature tune. *Science, 289* (5483), 1310-1311.
839 Herman, L.M. (2017). The multiple functions of male song within the humpback whale (M egaptera novaeangliae) mating system: review, evaluation, and synthesis. *Biological Reviews, 92* (3), 1795-1818.
840 Wyatt, T.D. (2014). *Pheromones and Animal Behavior: Chemical Signals and Signatures.* Cambridge: Cambridge University Press.
841 Higham, J.P. und Hebets, E.A. (2013). An introduction to multimodal communication. *Behavioral Ecology and Sociobiology, 67* (9), 1381-1388.
842 Preininger, D., Boeckle, M., Freudmann, A., Starnberger, I., Sztatecsny, M. und Hödl, W. (2013). Multimodal signaling in the small torrent frog (Micrixalus saxicola) in a complex acoustic environment. *Behavioral Ecology and Sociobiology, 67* (9), 1449-1456.
843 Zuberbühler, K. (2009). Survivor signals: the biology and psychology of animal alarm calling. *Advances in the Study of Behavior, 40*, 277-322.
844 Seyfarth, R.M., Cheney, D.L. und Marler, P. (1980). Monkey responses to three different alarm calls: evidence of predator classification and semantic communication. *Science, 210* (4471), 801-803.
845 Seyfarth, R.M., Cheney, D.L. und Marler, P. (1980). Vervet monkey alarm calls: semantic communication in a free-ranging primate. *Animal Behaviour, 28*, 1070-1094.
846 Cäsar, C., Byrne, R.W., Hoppitt, W., Young, R.J. und Zuberbühler, K. (2012). Evidence for semantic communication in titi monkey alarm calls. *Animal Behaviour, 84* (2), 405-411.
847 Cäsar, C., Byrne, R., Young, R.J. und Zuberbühler, K. (2012). The alarm call system of wild black-fronted titi monkeys, Callicebus nigrifrons. *Behavioral Ecology and Sociobiology, 66* (5), 653-667.
848 Cäsar, C., Zuberbühler, K., Young, R.J. und Byrne, R.W. (2013). Titi monkey call sequences vary with predator location and type. *Biology Letters, 9* (5), 201 30535.
849 Schlenker, P., Chemla, E., Cäsar, C., Ryder, R. und Zuberbühler, K. (2017). Titi semantics: Context and meaning in Titi monkey call sequences. *Natural Language & Linguistic Theory, 35* (1), 271-298.
850 Schlenker, P., Chemla, E. und Zuberbühler, K. (2017). Semantics and

Pragmatics of Monkey Communication. In: M. Aronoff (Hg.) *Oxford Research Encyclopedia of Linguistics*, [https://doi.org/10.1093/acrefore/9780199384655.013.220], letzter Zugriff 27.7.2017
851 Schlenker, P., Chemla, E., Schel, A.M., Fuller, J., Gautier, J.-P., Kuhn, J., Veselinović, D., Arnold, K., Cäsar, C. und Keenan, S. (2016). Formal monkey linguistics. *Theoretical Linguistics, 42* (1-2), 1-90.
852 Schlenker, P., Chemla, E. und Zuberbühler, K. (2016). What do monkey calls mean? *Trends in Cognitive Sciences, 20* (12), 894-904.
853 Zuberbühler, K. (2019). Evolutionary roads to syntax. *Animal Behaviour, 151*, 259-265.
854 Zuberbühler, K. (2006). Language evolution: The origin of meaning in primates. *Current Biology, 16* (4), R123-R125.
855 Zuberbühler, K. (2008). The origins of meaning: Language in the light of evolution. *Journal of Human Evolution, 55* (1), 186.
856 Engesser, S., Crane, J.M., Savage, J.L., Russell, A.F. und Townsend, S.W. (2015). Experimental evidence for phonemic contrasts in a nonhuman vocal system. *PLOS Biology, 13* (6), e1002171.
857 Bowling, D.L. und Fitch, W.T. (2015). Do animal communication systems have phonemes? *Trends in Cognitive Sciences, 19* (10), 555-557.
858 Marler, P. (2001). Origins of music and speech: insights from animals. In: N.L. Wallin, B. Merker und S. Brown (Hg.). *The Origins of Music*, 31-48. Cambridge, MA: MIT Press.
859 Fitch, W.T. (2006). The biology and evolution of music: A comparative perspective. *Cognition, 100* (1), 173-215.
860 Janik, V.M., Sayigh, L.S. und Wells, R.S. (2006). Signature whistle shape conveys identity information to bottlenose dolphins. *Proceedings of the National Academy of Sciences of the United States of America, 103*, 8293-8297.
861 Sayigh, L.S., Tyack, P.L., Wells, R.S., Solow, A.R., Scott, M.D. und Irvine, A.B. (1999). Individual recognition in wild bottlenose dolphins: a field test using playback experiments. *Animal Behaviour, 57* (1), 41-50.
862 Herman, L.M. (2006). Intelligence and rational behavior in the bottlenosed dolphin. In: S. Hurley und M. Nudds (Hg.). *Rational animals?*, 439-467. Oxford: Oxford University Press.
863 Cheney, D.L. und Seyfarth, R.M. (2007). *Baboon Metaphysics. The Evolution of a Social Mind*. Chicago: University of Chicago Press.
864 Seyfarth, R.M., Cheney, D.L. und Bergman, T.J. (2005). Primate social cognition and the origins of language. *Trends in Cognitive Sciences, 9* (6), 264-266.
865 Seyfarth, R.M. und Cheney, D.L. (2014). The evolution of language from social cognition. *Current opinion in neurobiology, 28*, 5-9.
866 Seyfarth, R.M. und Cheney, D.L. (2017). *The Social Origins of Language*. Princeton: Princeton University Press.

867 Hurford, J. (2002). The role of expression and representation in language evolution. In: A. Wray (Hg.). *The Transition to Language*, 311-334. New York: Oxford University Press.
868 Hespos, S.J. und Spelke, E. (2004). Conceptual precursors to language. *Nature*, *430*, 453-456.
869 Engh, A.L., Hoffmeier, R.R., Cheney, D.L. und Seyfarth, R.M. (2006). Who, me? Can baboons infer the target of vocalizations? *Animal Behaviour*, *71*, 381-387.
870 Slocombe, K.E. und Zuberbühler, K. (2007). Chimpanzees modify recruitment screams as a function of audience composition. *Proceedings of the National Academy of Sciences of the United States of America*, *104* (43), 17228-17233.
871 Wittig, R.M., Crockford, C., Seyfarth, R.M. und Cheney, D.L. (2007). Vocal alliances in Chacma baboons (Papio hamadryas ursinus). *Behavioral Ecology and Sociobiology*, *61* (6), 899-909.
872 Wittig, R.M., Crockford, C., Wikberg, E., Seyfarth, R.M. und Cheney, D.L. (2007). Kin-mediated reconciliation substitutes for direct reconciliation in female baboons. *Proceedings of the Royal Society B: Biological Sciences*, *274* (1613), 1109-1115.
873 Seyfarth, R.M. und Cheney, D.L. (2012). Animal cognition: Chimpanzee alarm calls depend on what others know. *Current Biology*, *22* (2), R51-R52.
874 Crockford, C., Wittig, R.M. und Zuberbühler, K. (2017). Vocalizing in chimpanzees is influenced by social-cognitive processes. *Science Advances*, *3* (11), e1701742.
875 Enard, W., Przeworski, M., Fisher, S.E., Lai, C.S., Wiebe, V., Kitano, T., Monaco, A.P. und Paabo, S. (2002). Molecular evolution of FOXP2, a gene involved in speech and language. *Nature*, *418* (6900), 869-872.
876 Haesler, S., Wada, K., Nshdejan, A., Morrisey, E.E., Lints, T., Jarvis, E.D. und Scharff, C. (2004). FoxP2 expression in avian vocal learners and non-learners. *Journal of Neurosciences*, *24* (13), 3164-3175.
877 Tomasello, M. (2014). *Eine Naturgeschichte des menschlichen Denkens*. Berlin: Suhrkamp.
878 Davidson, D. (1986). Denken und Reden. In: D. Davidson. *Wahrheit und Interpretation*, 224-246. Frankfurt/M.: Suhrkamp.
879 Riedl, R. (1987). *Kultur – Spätzündung der Evolution?* München: Piper.
880 Kattmann, U. (2020). *Der Mensch … ein besonderes Lebewesen*. Magdeburg: Die Neue Brehmbücherei.
881 Freud, S. (1900). *Die Traumdeutung*. Leipzig und Wien: Franz Deuticke.
882 James, W. (1890). *Principles of Psychology*. New York: Holt.
883 Schlicht, T. (2008). Selbstgefühl. Damasios Stufentheorie von Bewusstsein und Emotion. In: E. Düsing und H.-D. Klein (Hg.). *Geist*

und Psyche. Klassische Modelle von Platon bis Freud und Damasio, 337-369. Würzburg: Königshausen & Neumann.
884 Block, N. (1995). On a confusion about a function of consciousness. *Behavioral and Brain Sciences, 18* (2), 227-247.
885 Tononi, G. (2008). Consciousness as integrated information: a provisional manifesto. *The Biological Bulletin, 215* (3), 216-242.
886 Seth, A. K., Dienes, Z., Cleeremans, A., Overgaard, M. und Pessoa, L. (2008). Measuring consciousness: relating behavioural and neurophysiological approaches. *Trends in Cognitive Sciences, 12* (8), 314-321.
887 Bayne, T., Hohwy, J. und Owen, A. M. (2016). Are There Levels of Consciousness? *Trends in Cognitive Sciences, 20* (6), 405-413.
888 Chalmers, D. J. (1996). *The Conscious Mind: In Search of a Fundamental Theory*. New York: Oxford University Press.
889 Brown, R., Lau, H. und LeDoux, J. E. (2019). Understanding the Higher-Order Approach to Consciousness. *Trends in Cognitive Sciences, 23* (9), 754-768.
890 Nagel, T. (1974). What Is It Like to Be a Bat? *The Philosophical Review, 83* (4), 435-450.
891 Dawkins, M. (2015). Animal Welfare and the Paradox of Animal Consciousness. *Advances in the Study of Behavior, 47*, 5-38.
892 Gennaro, R. J. (Hg.) (2004). *Higher-order Theories of Consciousness: An Anthology*. Philadelphia, Amsterdam: John Benjamins.
893 Rosenthal, D. (2005). *Consciousness and Mind*. New York: Oxford University Press.
894 Seager, W. (2004). A cold look at HOT theory. In: R. J. Gennaro (Hg.). *Higher-Order Theories of Consciousness: An Anthology*, 255-275. Philadelphia, Amsterdam: John Benjamins.
895 Panksepp, J. (1998). The periconscious substrates of consciousness: Affective states and the evolutionary origins of the SELF. *Journal of Consciousness Studies, 5*, 566-582.
896 Panksepp, J. (1998). *Affective Neuroscience: The Foundations of Human and Animal Emotions*. New York: Oxford University Press.
897 Merker, B. (2007). Consciousness without a cerebral cortex: a challenge for neuroscience and medicine. *Behavioural and Brain Sciences, 30* (1), 63-81; discussion 81-134.
898 Morin, A. (2006). Levels of consciousness and self-awareness: A comparison and integration of various neurocognitive views. *Consciousness and Cognition, 15* (2), 358-371.
899 Zelazo, P. D. (2004). The development of conscious control in childhood. *Trends in Cognitive Sciences, 8* (1), 12-17.
900 Stuss, D. T. und Anderson, V. (2004). The frontal lobes and theory of mind: developmental concepts from adult focal lesion research. *Brain and Cognition, 55* (1), 69-83.
901 Newen, A. und Vogeley, K. (2003). Self-representation: searching for

a neural signature of self-consciousness. *Consciousness and Cognition*, *12* (4), 529-543.
902 Damasio, A.R. (1995). *Descartes' Irrtum. Fühlen, Denken und das menschliche Gehirn*. München: List.
903 Damasio, A.R. (2000). Eine Neurobiologie des Bewusstseins. In: A. Newen und K. Vogeley (Hg.). *Selbst und Gehirn. Menschliches Selbstbewusstsein und seine neurobiologischen Grundlagen*, 315-331. Paderborn: Mentis.
904 Bertalanffy, L. (1953). *Biophysik des Fließgleichgewichts. Einführung in die Physik offener Systeme und ihre Anwendung in der Biologie*. Braunschweig: Vieweg.
905 Edelman, G.M. (1989). *The Remembered Present: A Biological Theory of Consciousness*. New York: Basic Books.
906 Edelman, G.M. (1995). *Göttliche Luft, vernichtendes Feuer*. München: Piper.
907 Baars, B.J. (1988). *A Cognitive Theory of Consciousness*. New York: Cambridge University Press.
908 Neisser, U. (1997). The roots of self-knowledge: perceiving self, it, and thou. In: J. G. Snodgrass und R.L. Thompson (Hg.). *The Self Across Psychology: Self-Recognition, Self-Awareness, and the Self-Concept*, 18-33. New York: New York Academy of Sciences.
909 Wild, M. (2018). Bewusstsein. In: J.S. Ach und D. Borchers (Hg.). *Handbuch Tierethik. Grundlagen – Kontexte – Perspektiven*, 35-40: Stuttgart: J.B. Metzler.
910 Dennett, D.C. (1983). Intentional systems in cognitive ethology: The »Panglossian Paradigm« defended. *Behavioral and Brain Sciences*, *6*, 343-390.
911 Grice, P. (1957). Meaning. *Philosophical Review*, *64*, 377-388.
912 Sperber, D. und Wilson, D. (1986). *Relevance: Communication and Cognition*. Oxford, UK: Basil Blackwell.
913 Tomasello, M. (2009). *Die Ursprünge der menschlichen Kommunikation*. Frankfurt/M.: Suhrkamp.
914 Moore, R. (2015). A common intentional framework for ape and human communication. *Current Anthropology*, *56 (1), 71-72*.
915 Townsend, S. W., Koski, S. E., Byrne, R. W., Slocombe, K. E., Bickel, B., Boeckle, M., Braga Goncalves, I., Burkart, J.M., Flower, T., Gaunet, F., Glock, H.J., Gruber, T., Jansen, D., Liebal, K., Linke, A., Miklosi, A., Moore, R., van Schaik, C.P., Stoll, S., Vail, A., Waller, B.M., Wild, M., Zuberbühler, K. und Manser, M.B. (2017). Exorcising Grice's ghost: an empirical approach to studying intentional communication in animals. *Biological Reviews*, *92* (3), 1427-1433.
916 Gennaro, R.J. (2018). Consciousness. In: J. Vonk und T. Shackelford (Hg.). *Encyclopedia of Animal Cognition and Behavior*, 1-14. Cham: Springer International Publishing.

917 Dennett, D.C. (1994). *Philosophie des menschlichen Bewußtseins.* Hamburg: Hoffmann und Campe.
918 Frith, D., Perry, R. und Lumer, E. (1999). The neural correlates of conscious experience: an experimental framework. *Trends in Cognitive Sciences, 3*, 105-114.
919 Cowey, A. und Stoerig, P. (1995). Blindsight in monkeys. *Nature, 373*, 247-249.
920 Griffin, D.R. und Speck, G.B. (2004). New evidence of animal consciousness. *Animal and Cognition, 7*, 5-18.
921 Tononi, G. und Koch, C. (2008). The neural correlates of consciousness – An update. *Year in Cognitive Neuroscience 2008, 1124*, 239-261.
922 Butler, A.B. (2008). Evolution of brains, cognition, and consciousness. *Brain Research Bulletin, 75* (2-4), 442-449.
923 Seth, A., Baars, B. und Edelman, D. (2005). Criteria for consciousness in humans and other mammals. *Consciousness and Cognition, 14*, 119-139.
924 Baars, B.J., Banks, W.P. und Newman, J. (Hg.) (2003). *Essential Sources in the Scientific Study of Consciousness.* Cambridge, MA: MIT Press.
925 Roth, G. (2013). *The Long Evolution of Brains and Minds.* Dordrecht, Heidelberg: Springer.
926 Deacon, T.W. (1990). Rethinking mammalian brain evolution. *American Zoologist, 30* (3), 629-705.
927 Teffer, K. und Semendeferi, K. (2012). Human prefrontal cortex: evolution, development, and pathology. *Progress in Brain Research, 195*, 191-218.
928 Roth, G. und Dicke, U. (2005). Evolution of the brain and intelligence. *Trends in Cognitive Sciences, 9* (5), 250-257.
929 Azevedo, F.A., Carvalho, L.R., Grinberg, L.T., Farfel, J.M., Ferretti, R.E., Leite, R.E., Filho, W.J., Lent, R. und Herculano-Houzel, S. (2009). Equal numbers of neuronal and nonneuronal cells make the human brain an isometrically scaled-up primate brain. *Journal of Comparative Neurology, 513* (5), 532-541.
930 Herculano-Houzel, S. (2017). Numbers of neurons as biological correlates of cognitive capability. *Current Opinion in Behavioral Sciences, 16*, 1-7.
931 Herculano-Houzel, S. (2012). The remarkable, yet not extraordinary, human brain as a scaled-up primate brain and its associated cost. Proceedings of the National Academy of Sciences of the United States of America, *109* (Suppl. 1), 10661-10668.
932 Herculano-Houzel, S., Catania, K., Manger, P.R. und Kaas, J.H. (2015). Mammalian Brains Are Made of These: A Dataset of the Numbers and Densities of Neuronal and Nonneuronal Cells in the Brain of Glires, Primates, Scandentia, Eulipotyphlans, Afrotherians and

Artiodactyls, and Their Relationship with Body Mass. *Brain, Behavior and Evolution, 86* (3-4), 145-163.
933 Fodor, J. (2000). *The Mind Doesn't Work That Way*. Cambridge, MA: MIT Press.
934 Kaas, J. H. (2016). *Evolution of Nervous Systems*: Academic Press.
935 Changizi, M. A. und Shimojo, S. (2005). Parcellation and area-area connectivity as a function of neocortex size. *Brain, Behavior and Evolution, 66* (2), 88-98.
936 Hart, B. L., Hart, L. A. und Pinter-Wollman, N. (2008). Large brains and cognition: where do elephants fit in? *Neuroscience and Biobehavioral Reviews, 32* (1), 86-98.
937 Tye, M. (2016). *Tense Bees and Shell-Shocked Crabs. Are Animals Conscious?* Oxford: Oxford University Press.
938 Dugas-Ford, J., Rowell, J. J. und Ragsdale, C. W. (2012). Cell-type homologies and the origins of the neocortex. *Proceedings of the National Academy of Sciences of the United States of America, 109* (42), 16974-16979.
939 Güntürkün, O. (2012). Evolution of cognitive neural structures. *Psychological Research, 76*, 212-219.
940 Montiel, J. F., Vasistha, N. A., Garcia-Moreno, F. und Molnar, Z. (2016). From sauropsids to mammals and back: New approaches to comparative cortical development. *Journal of Comparative Neurology, 524* (3), 630-645.
941 Karten, H. J. (1997). Evolutionary developmental biology meets the brain: the origins of mammalian cortex. *Proceedings of the National Academy of Sciences of the United States of America, 94* (7), 2800-2804.
942 Ito, H. und Yamamoto, N. (2009). Non-laminar cerebral cortex in teleost fishes? *Biology Letters, 5* (1), 117-121.
943 Wilkinson, A., Chan, H. M. und Hall, G. (2007). Spatial learning and memory in the tortoise (Geochelone carbonaria). *Journal of Comparative Psychology, 121* (4), 412-418.
944 Wilkinson, A., Coward, S. und Hall, G. (2009). Visual and response-based navigation in the tortoise (Geochelone carbonaria). *Animal Cognition, 12* (6), 779-787.
945 Lohman, A. H. und Smeets, W. J. (1991). The dorsal ventricular ridge and cortex of reptiles in historical and phylogenetic perspective. In: B. L. Finlay, G. Innocenti und H. Scheich (Hg.). *The Neocortex*. Ontogeny and Phylogeny, 59-74: New York: Springer.
946 Shimizu, T. und Karten, H. J. (1991). Multiple origins of neocortex: Contributions of the dorsal ventricular ridge. In: B. L. Finlay, G. Innocenti und H. Scheich (Hg.). *The Neocortex*. Ontogeny and Phylogeny, 75-86: New York: Springer.
947 Prinz, J. (2018). Attention, working memory, and animal conscious-

ness. In: K. Andrews und J. Beck (Hg.). *The Routledge Handbook of Philosophy of Animal Minds*, 185-195. Abingdon, OX: Routledge.
948 Godfrey-Smith, P. (2019). *Der Krake, das Meer und die tiefen Ursprünge des Bewusstseins*. Berlin: Matthes & Seitz.
949 Trestman, M. (2013). The Cambrian explosion and the origins of embodied cognition. *Biological Theory*, *8*, 80-92.
950 Merker, B. (2005). The liabilities of mobility: A selection pressure for the transition to consciousness in animal evolution. *Consciousness and Cognition*, *14*, 89-114.
951 Klein, C. und Barron, A. (2016). Insects have the capacity for subjective experience. *Animal Sentience*, *1*, 1-19.
952 Ito, K., Shinomiya, K., Ito, M., Armstrong, J.D., Boyan, G., Hartenstein, V., Harzsch, S., Heisenberg, M., Homberg, U., Jenett, A., Keshishian, H., Restifo, Linda L., Rössler, W., Simpson, Julie H., Strausfeld, Nicholas J., Strauss, R. und Vosshall, Leslie B. (2014). A systematic nomenclature for the insect brain. *Neuron*, *81* (4), 755-765.
953 Putnam, H. (1967). Psychological predicates. In: W.H. Capitan und D.D. Merrill (Hg.). *Art, Mind, and Religion*, 37-48. Pittsburgh: University of Pittsburgh Press.
954 Noesselt, T., Hillyard, S.A., Woldorff, M.G., Schoenfeld, A., Hagner, T., Jancke, L., Tempelmann, C., Hinrichs, H. und Heinze, H.J. (2002). Delayed striate cortical activation during spatial attention. *Neuron*, *35* (3), 575-587.
955 Soon, C.S., Brass, M., Heinze, H.J. und Haynes, J.D. (2008). Unconscious determinants of free decisions in the human brain. *Nature Neuroscience*, *11* (5), 543-545.
956 Libet, B., Wright, E.W., Jr., Feinstein, B. und Pearl, D.K. (1979). Subjective referral of the timing for a conscious sensory experience: a functional role for the somatosensory specific projection system in man. *Brain*, *102* (1), 193-224.
957 Libet, B. (1991). Conscious vs neural time. *Nature*, *352* (6330), 27-28.
958 Libet, B. (1993). The neural time factor in conscious and unconscious events. *Experimental and Theoretical Studies of Consciousness,* Ciba Foundation Symposium *174*, 123-146, Chichester: Wiley.
959 Cleeremans, A. (2005). Computational correlates of consciousness. *Progress in Brain Research*, *150*, 81-98.
960 Bode, S., Bogler, C., Soon, C.S. und Haynes, J.D. (2012). The neural encoding of guesses in the human brain. *Neuroimage*, *59* (2), 1924-1931.
961 Logothetis, N.K., Pauls, J., Augath, M., Trinath, T. und Oeltermann, A. (2001). Neurophysiological investigation of the basis of the fMRI signal. *Nature*, *412* (6843), 150-157.
962 Engel, A.K., König, P., Kreiter, A.K., Schillen, T.B. und Singer, W.

(1992). Temporal coding in the visual cortex: new vistas on integration in the nervous system. *Trends in Neurosciences, 15* (6), 218-226.
963 Crick, F. und Koch, C. (2003). A framework for consciousness. *Nature Neuroscience, 6* (2), 119-126.
964 Taylor, K., Mandon, S., Freiwald, W. A. und Kreiter, A. K. (2005). Coherent oscillatory activity in monkey area v4 predicts successful allocation of attention. *Cerebral Cortex, 15* (9), 1424-1437.
965 Tononi, G., Sporns, O. und Edelman, G. M. (1992). Reentry and the problem of integrating multiple cortical areas: simulation of dynamic integration in the visual system. *Cerebral Cortex, 2* (4), 310-335.
966 Tononi, G. und Edelman, G. M. (1998). Consciousness and complexity. *Science, 282* (5395), 1846-1851.
967 Lamme, V. A. und Roelfsema, P. R. (2000). The distinct modes of vision offered by feedforward and recurrent processing. *Trends in Neurosciences, 23* (11), 571-579.
968 Edelman, G. M. und Tononi, G. (2002). *Gehirn und Geist: wie aus Materie Bewusstsein entsteht*: München: Beck.
969 Roelfsema, P. R., Lamme, V. A. und Spekreijse, H. (2004). Synchrony and covariation of firing rates in the primary visual cortex during contour grouping. *Nature Neuroscience, 7* (9), 982-991.
970 Edelman, G. M. und Tononi, G. (2013). *Consciousness: How Matter Becomes Imagination*: München: Penguin.
971 Edelman, D. B. und Seth, A. K. (2009). Animal consciousness: a synthetic approach. *Trends in Neurosciences, 32* (9), 476-484.
972 Logothetis, N. K. (1998). Single units and conscious vision. *Philosophical Transactions of the Royal Society B: Biological Sciences, 353* (1377), 1801-1818.
973 Rattenborg, N. C., Martinez-Gonzalez, D. und Lesku, J. A. (2009). Avian sleep homeostasis: convergent evolution of complex brains, cognition and sleep functions in mammals and birds. *Neuroscience and Biobehavioral Reviews, 33* (3), 253-270.
974 Butler, A. B., Manger, P. R., Lindahl, B. I. und Arhem, P. (2005). Evolution of the neural basis of consciousness: a bird-mammal comparison. *Bioessays, 27* (9), 923-936.
975 Luo, M. und Perkel, D. J. (1999). A GABAergic, strongly inhibitory projection to a thalamic nucleus in the zebra finch song system. *Journal of Neuroscience, 19* (15), 6700-6711.
976 Llinas, R. R. und Steriade, M. (2006). Bursting of thalamic neurons and states of vigilance. *Journal of Neurophysiology, 95* (6), 3297-3308.
977 Bullock, T. H. und Basar, E. (1988). Comparison of ongoing compound field potentials in the brains of invertebrates and vertebrates. *Brain Research, 472* (1), 57-75.
978 Leadbeater, E. und Chittka, L. (2007). Social learning in insects – from

miniature brains to consensus building. *Current Biology, 17* (16), R703-R713.
979 Philippi, C.L., Feinstein, J.S., Khalsa, S.S., Damasio, A., Tranel, D., Landini, G., Williford, K. und Rudrauf, D. (2012). Preserved self-awareness following extensive bilateral brain damage to the insula, anterior cingulate, and medial prefrontal cortices. *PLOS ONE, 7* (8), e38413.
980 Damasio, A., Damasio, H. und Tranel, D. (2013). Persistence of feelings and sentience after bilateral damage of the insula. *Cerebral Cortex, 23* (4), 833-846.
981 Alkire, M.T., Hudetz, A.G. und Tononi, G. (2008). Consciousness and anesthesia. *Science, 322* (5903), 876-880.
982 Merker, B. (2013). The efference cascade, consciousness, and its self: naturalizing the first person pivot of action control. *Frontiers in Psychology, 4*, 501.
983 Damasio, A. und Carvalho, G.B. (2013). The nature of feelings: evolutionary and neurobiological origins. *Nature Reviews Neuroscience, 14* (2), 143-152.
984 Mashour, G.A. und Alkire, M.T. (2013). Evolution of consciousness: phylogeny, ontogeny, and emergence from general anesthesia. *Proceedings of the National Academy of Sciences of the United States of America, 110* (2), 10357-10364.
985 McHaffie, J.G., Stanford, T.R., Stein, B.E., Coizet, V. und Redgrave, P. (2005). Subcortical loops through the basal ganglia. *Trends in Neurosciences, 28* (8), 401-407.
986 Sparks, D.L. (1988). Neural cartography: Sensory and motor maps in the superior colliculus. *Brain, Behavior and Evolution, 31* (1), 49-56.
987 Holst, E. v. und Mittelstaedt, E. (1950). Das Reafferenz-Prinzip. *Naturwissenschaften, 37*, 464-476.
988 Revonsuo, A. (1995). Consciousness, dreams and virtual realities. *Philosophical Psychology, 8* (1), 35-58.
989 Edelman, G.M. (2003). Naturalizing consciousness: a theoretical framework. *Proceedings of the National Academy of Sciences of the United States of America, 100* (9), 5520-5524.
990 Parvizi, J. und Damasio, A. (2001). Consciousness and the brainstem. *Cognition, 79* (1-2), 135-160.
991 Panksepp, J. (2008). The affective brain and core consciousness: how does neural activity generate emotional feelings? In: M. Lewis, J.M. Haviland-Jones und L.F. Barrett (Hg.). *Handbook of Emotions*, 47-67. New York: Guilford Publications.
992 Barron, A.B. und Klein, C. (2016). What insects can tell us about the origins of consciousness. *Proceedings of the National Academy of Sciences of the United States of America, 113* (18), 4900-4908.

993 Strausfeld, N.J. (2012). *Arthropod Brains: Evolution, Functional Elegance, and Historical Significance*. Cambridge, MA: Harvard University Press.
994 Seelig, J.D. und Jayaraman, V. (2015). Neural dynamics for landmark orientation and angular path integration. *Nature*, *521* (7551), 186-191.
995 Paulk, A.C., Stacey, J.A., Pearson, T.W., Taylor, G.J., Moore, R.J., Srinivasan, M.V. und van Swinderen, B. (2014). Selective attention in the honeybee optic lobes precedes behavioral choices. *Proceedings of the National Academy of Sciences of the United States of America*, *111* (13), 5006-5011.
996 Christoff, K., Cosmelli, D., Legrand, D. und Thompson, E. (2011). Specifying the self for cognitive neuroscience. *Trends in Cognitive Sciences*, *15* (3), 104-112.
997 Northoff, G., Heinzel, A., de Greck, M., Bermpohl, F., Dobrowolny, H. und Panksepp, J. (2006). Self-referential processing in our brain – a meta-analysis of imaging studies on the self. *Neuroimage*, *31* (1), 440-457.
998 Thompson, E. (2007). *Mind in Life: Biology, Phenomenology, and the Sciences of Mind*. Cambridge, MA: Harvard University Press.
999 Legrand, D. und Ruby, P. (2009). What is self-specific? Theoretical investigation and critical review of neuroimaging results. *Psychological Review*, *116* (1), 252-282.
1000 Tononi, G., Boly, M., Massimini, M. und Koch, C. (2016). Integrated information theory: from consciousness to its physical substrate. *Nature Reviews Neuroscience*, *17* (7), 450-461.
1001 Dehaene, S., Lau, H. und Kouider, S. (2017). What is consciousness, and could machines have it? *Science*, *358* (6362), 486-492.
1002 Dehaene, S., Kerszberg, M. und Changeux, J.P. (1998). A neuronal model of a global workspace in effortful cognitive tasks. *Proceedings of the National Academy of Sciences of the United States of America*, *95* (24), 14529-14534.
1003 Dehaene, S. und Naccache, L. (2001). Towards a cognitive neuroscience of consciousness: basic evidence and a workspace framework. *Cognition*, *79* (1-2), 1-37.
1004 Panagiotaropoulos, T.I., Deco, G., Kapoor, V. und Logothetis, N.K. (2012). Neuronal discharges and gamma oscillations explicitly reflect visual consciousness in the lateral prefrontal cortex. *Neuron*, *74* (5), 924-935.
1005 Pincham, H.L., Bowman, H. und Szucs, D. (2016). The experiential blink: Mapping the cost of working memory encoding onto conscious perception in the attentional blink. *Cortex*, *81*, 35-49.
1006 Marti, S., Sigman, M. und Dehaene, S. (2012). A shared cortical bottleneck underlying Attentional Blink and Psychological Refractory Period. *Neuroimage*, *59* (3), 2883-2898.

1007 Dunlosky, J. und Metcalfe, J. (2008). *Metacognition*. Thousand Oaks, CA: SAGE Publications.
1008 Cleeremans, A. (2014). Connecting conscious and unconscious processing. *Cognitive Science*, *38* (6), 1286-1315.
1009 Peña-Ayala, A. (2014). *Metacognition: Fundaments, Applications, and Trends: A Profile of the Current State-Of-The-Art. Cham:* Springer International Publishing.
1010 Birch, J., Schnell, A. K. und Clayton, N. S. (2002). Dimensions of Animal Consciousness. *Trends in Cognitive Sciences*, *24* (10), 789-801.
1011 Nieder, A., Wagener, L. und Rinnert, P. (2020). A neural correlate of sensory consciousness in a corvid bird. *Science*, *369* (6511), 1626-1629.
1012 Travers, E., Frith, C. D. und Shea, N. (2018). Learning rapidly about the relevance of visual cues requires conscious awareness. *Quarterly Journal of Experimental Psychology*, *71* (8), 1698-1713.
1013 Clark, R. E. und Squire, L. R. (1998). Classical conditioning and brain systems: the role of awareness. *Science*, *280*, 77-81.
1014 Clark, R. E., Manns, J. R. und Squire, L. R. (2002). Classical conditioning, awareness, and brain systems. *Trends in Cognitive Sciences*, *6* (12), 524-531.
1015 Balasko, M. und Cabanac, M. (1998). Behavior of juvenile lizards (Iguana iguana) in a conflict between temperature regulation and palatable food. *Brain, Behavior and Evolution*, *52* (6), 257-262.
1016 Appel, M. und Elwood, R. W. (2009). Motivational trade-offs and potential pain experience in hermit crabs. *Applied Animal Behaviour Science*, *119* (1-2), 120-124.
1017 Fraser, D. und Nicol, C. J. (2011). Preference and motivation research. In: M. C. Appleby, B. O. Hughes und J. A. Mench (Hg.). *Animal Welfare*, 183-199. Wallingford: CABI.
1018 Balleine, B. W. und Dickinson, A. (1998). Goal-directed instrumental action: contingency and incentive learning and their cortical substrates. *Neuropharmacology*, *37* (4-5), 407-419.
1019 Harding, E. J., Paul, E. S. und Mendl, M. (2004). Animal behaviour: cognitive bias and affective state. *Nature*, *427* (6972), 312.
1020 Crump, A., Arnott, G. und Bethell, E. J. (2018). Affect-driven attention biases as animal welfare indicators: review and methods. *Animals*, *8* (8), 136.
1021 Huber, A., Barber, A. L. A., Faragó, T., Müller, C. A. und Huber, L. (2017). Investigating emotional contagion in dogs (Canis familiaris) to emotional sounds of humans and conspecifics. *Animal Cognition*, *20*, 703-715.
1022 Adriaense, J. E. C., Koski, S. E., Huber, L. und Lamm, C. (2020). Challenges in the comparative study of empathy and related phenomena in animals. *Neuroscience and Biobehavioral Reviews*, *112*, 62-82.
1023 de Haan, E. H., Corballis, P. M., Hillyard, S. A., Marzi, C. A., Seth, A.,

Lamme, V.A., Volz, L., Fabri, M., Schechter, E. und Bayne, T. (2020). Split-Brain: What We Know Now and Why This is Important for Understanding Consciousness. *Neuropsychology Review*, *30*, 224-233.

1024 Ortega, L.J., Stoppa, K., Güntürkün, O. und Troje, N.F. (2008). Limits of intraocular and interocular transfer in pigeons. *Behavioural Brain Research*, *193* (1), 69-78.

1025 Dainton, B. (2018). Temporal consciousness. In: E.N. Zalta (Hg.). *The Stanford Encyclopedia of Philosophy*. Stanford: Stanford University, [https://plato.stanford.edu/entries/consciousness-temporal], letzter Zugriff 25.7.2017.

1026 Kolers, P.A. und von Grünau, M. (1976). Shape and color in apparent motion. *Vision Research*, *16* (4), 329-335.

1027 Michaelian, K. (2016). *Mental Time Travel: Episodic Memory and Our Knowledge of the Personal Past*. Cambridge, MA: MIT Press.

1028 Vandekerckhove, M.M.P. (2009). Memory, autonoetic consciousness and the self: Consciousness as a continuum of stages. *Self and Identity*, *8*, 4-23.

1029 Povinelli, D.J. (2001). The self: Elevated in consciousness and extended in time. In: C. Moore und K. Lemmon (Hg.). *The Self in Time: Developmental Perspectives*, 75-95. Mahwah, NJ: Erlbaum.

1030 Suddendorf, T. und Redshaw, J. (2013). The development of mental scenario building and episodic foresight. *Annals of the New York Academy of Sciences*, *1296*, 135-153.

1031 Tulving, E. (2001). Episodic memory and common sense: How far apart? *Philosophical Transactions of the Royal Society B: Biological Sciences*, *356*, 1505-1515.

1032 Fonagy, P., Gergely, G., Jurist, E.L. und Target, M. (2002). *Affect Regulation, Mentalization, and the Development of the Self*. New York: Other Press.

1033 DeGrazia, D. (2009). Self-awareness in animals. In: R. Lurz (Hg.). *The Philosophy of Animal Minds*, 201-217. New York: Cambridge University Press.

1034 Hurley, S.L. (1998). *Consciousness in Action*. Cambridge, MA: Harvard University Press.

1035 Boyle, A. (2018). Mirror Self-Recognition and Self-Identification. *Philosophy and Phenomenological Research*, *97* (2), 284-303.

1036 Gallup, G.G., Jr. (1970). Chimpanzees: Self-Recognition. *Science*, *167* (3914), 86-87.

1037 Anderson, J.R. und Gallup Jr, G.G. (2015). Mirror self-recognition: a review and critique of attempts to promote and engineer self-recognition in primates. *Primates*, *56*, 317-326.

1038 Mitchell, R.W. (1995). Evidence of dolphin self-recognition and the difficulties of interpretation. *Consciousness and Cognition*, *4*, 229-234.

1039 Rajala, A. Z., Reininger, K. R., Lancaster, K. M. und Populin, L. C. (2010). Rhesus monkeys (Macaca mulatta) do recognize themselves in the mirror: implications for the evolution of self-recognition. *PLOS ONE*, *5*, e12865.
1040 Lewis, M. (1994). ›Myself and me‹. In: S. T. Parker, R. W. Mitchell und M. L. Boccia (Hg.). *Self-awareness in Animals and Humans*, 20-34. Cambridge: Cambridge University Press.
1041 Schilhab, T. S. S. (2004). What mirror self-recognition in nonhumans can tell us about aspects of self. *Biology and Philosophy*, *19*, 111-126.
1042 Gallup Jr, G. G., Anderson, J. R. und Shillito, D. J. (2002). The mirror test. In: M. Bekoff, C. Allen und G. M. Burghardt (Hg.). *The Cognitive Animal. Empirical and Theoretical Perspectives on Animal Cognition*, 325-333. Cambridge, MA: MIT Press.
1043 Heyes, C. M. (1994). Reflections on self-recognition in primates. *Animal Behaviour*, *47* (4), 909-919.
1044 Heyes, C. M. (1995). Self-recognition in primates: further reflections create a hall of mirrors. *Animal Behaviour*, *50*, 1533-1542.
1045 Amsterdam, B. (1972). Mirror self-image reactions before age two. *Developmental Psychobiology*, *5* (4), 297-305.
1046 Nielsen, M. und Dissanayake, C. (2004). Pretend play, mirror self-recognition and imitation: A longitudinal investigation through the second year. *Infant Behavior and Development*, *27* (3), 342-365.
1047 Suddendorf, T. (2014). *Der Unterschied. Was den Mensch zum Menschen macht*. Berlin: Berlin Verlag.
1048 Mitchell, R. W. (1997). A Comparison of the Self-awareness and Kinesthetic-visual Matching Theories of Self-recognition: Autistic Children and Others. *Annals of the New York Academy of Sciences*, *818*, 39-62.
1049 Bard, K. A., Todd, B. K., Bernier, C., Love, J. und Leavens, D. A. (2006). Self-awareness in human and chimpanzee infants: What is measured and what is meant by the mark and mirror test? *Infancy*, *9* (2), 191-219.
1050 Posada, S. und Colell, M. (2007). Another gorilla (Gorilla gorilla gorilla) recognizes himself in a mirror. *American Journal of Primatology: Official Journal of the American Society of Primatologists*, *69* (5), 576-583.
1051 Hauser, M. D., Kralik, J., Botto-Mahan, C., Garrett, M. und Oser, J. (1995). Self-recognition in primates: phylogeny and the salience of species-typical features. *Proceedings of the National Academy of Sciences of the United States of America*, *92* (23), 10811-10814.
1052 Hauser, M. D., Miller, C. T., Liu, K. und Gupta, R. (2001). Cotton-top tamarins (Saguinus oedipus) fail to show mirror-guided self-exploration. *American Journal of Primatology*, *53*, 131-137.
1053 Plotnik, J. M., de Waal, F. B. M. und Reiss, D. (2006). Self-recognition

in an Asian elephant. *Proceedings of the National Academy of Sciences of the United States of America, 103* (45), 17053-17057.
1054 Povinelli, D.J. (1989). Failure to find self-recognition in Asian elephants (Elephas maximus) in contrast to their use of mirror cues to discover hidden food. *Journal of Comparative Psychology, 103* (2), 122-131.
1055 Nissani, M. und Hoefler-Nissani, D. (2007). Absence of mirror self-referential behavior in two Asian elephants. [http://drnissani.net/MNISSANI/ElephantCorner/Mirror.htm], letzter Zugriff 4.4.2021.
1056 Dale, R. und Plotnik, J.M. (2017). Elephants know when their bodies are obstacles to success in a novel transfer task. *Scientific Reports, 7*, 46309.
1057 Reiss, D. und Marino, L. (2001). Mirror self-recognition in the bottlenose dolphin: A case of cognitive convergence. *Proceedings of the National Academy of Sciences of the United States of America, 98* (10), 5937-5942.
1058 Morrison, R. und Reiss, D. (2018). Precocious development of self-awareness in dolphins. *PLOS ONE, 13* (1), e0189813.
1059 Kohda, M., Hotta, T., Takeyama, T., Awata, S., Tanaka, H., Asai, J.Y. und Jordan, A.L. (2019). If a fish can pass the mark test, what are the implications for consciousness and self-awareness testing in animals? *PLOS Biology, 17* (2), e3000021.
1060 de Waal, F.B.M. (2019). Fish, mirrors, and a gradualist perspective on self-awareness. *PLOS Biology, 17* (2), e3000112.
1061 Bleiweiss, R. (2014). Ultraviolet plumage reflectance distinguishes sibling bird species. *Proceedings of the National Academy of Sciences of the United States of America, 101*, 16561-16564.
1062 Pepperberg, I.M., Garcia, S.E., Jackson, E.C. und Marconi, S. (1995). Mirror use by African grey parrots (Psittacus erithacus). *Journal of Comparative Psychology, 109* (2), 189-195.
1063 Anderson, J.R. (1984). Monkeys with mirrors: Some questions for primate psychology. *International Journal of Primatology, 5* (1), 81-98.
1064 Gallup Jr, G.G. (1991). Toward a comparative psychology of self-awareness: Species limitations and cognitive consequences. In: J. Strauss und G.R. Goethals (Hg.). *The self: Interdisciplinary approaches*, 121-135. New York: Springer-Verlag.
1065 van Buuren, M., Auersperg, A., Gajdon, G., Tebbich, S. und von Bayern, A. (2019). No evidence of mirror self-recognition in keas and Goffin's cockatoos. *Behaviour, 156* (5-8), 763-786.
1066 Kusayama, T., Bischof, H.-J. und Watanabe, S. (2000). Responses to mirror-image stimulation in jungle crows (Corvus macrorhynchos). *Animal Cognition, 3* (1), 61-64.
1067 Medina, F.S., Taylor, A.H., Hunt, G.R. und Gray, R.D. (2011). New

Caledonian crows' responses to mirrors. *Animal Behaviour*, *82* (5), 981-993.
1068 Vanhooland, L.-C., Bugnyar, T. und Massen, J.J.M. (2020). Crows (Corvus corone ssp.) check contingency in a mirror yet fail the mirror-mark test. *Journal of Comparative Psychology*, *134* (2), 158-169.
1069 Soler, M., Pérez-Contreras, T. und Peralta-Sánchez, J.M. (2014). Mirror-mark tests performed on jackdaws reveal potential methodological problems in the use of stickers in avian mark-test studies. *PLOS ONE*, *9* (1), e86193.
1070 Clary, D. und Kelly, D.M. (2016). Graded mirror self-recognition by Clark's nutcrackers. *Scientific Reports*, *6* (1), 1-11.
1071 Clary, D., Stow, M.K., Vernouillet, A. und Kelly, D.M. (2020). Mirror-mediated responses of California scrub jays (Aphelocoma californica) during a caching task and the mark test. *Ethology*, *126* (2), 140-152.
1072 de Waal, F.B., Dindo, M., Freeman, C.A. und Hall, M.J. (2005). The monkey in the mirror: hardly a stranger. *Proceedings of the National Academy of Sciences of the United States of America*, *102* (32), 11 140-11 147.
1073 Povinelli, D.J., Rulf, A.B., Landau, K.R. und Bierschwale, D.T. (1993). Self-recognition in chimpanzees: Distribution, ontogeny, and patterns of emergence. *Journal of Comparative Psychology*, *107*, 347-372.
1074 Mahovetz, L.M., Young, L.J. und Hopkins, W.D. (2016). The influence of AVPR1A genotype on individual differences in behaviors during a mirror self-recognition task in chimpanzees (Pan troglodytes). *Genes, Brain and Behavior*, *15* (5), 445-452.
1075 Archer, J. (1992). *Ethology and human development*. Herfordshire: Harvester Wheatsheaf.
1076 Prior, H., Schwarz, A. und Güntürkün, O. (2008). Mirror-Induced Behavior in the Magpie (Pica pica): Evidence of Self-Recognition. *PLOS Biology*, *6* (8), e202.
1077 Krachun, C., Lurz, R., Mahovetz, L.M. und Hopkins, W.D. (2019). Mirror self-recognition and its relationship to social cognition in chimpanzees. *Animal Cognition*, *22* (6), 1171-1183.
1078 Marino, L., Reiss, D. und Gallup, G.G.J. (1994). Mirror Self-recognition in Bottlenose Dolphins: Implications for Comparative Investigations of Highly Dissimilar Species. In: S.T. Parker, R.W. Mitchell und M.L. Boccia (Hg.). *Self-awareness in Animals and Humans*, 380-391. Cambridge: Cambridge University Press.
1079 Swartz, K.B. und Evans, S. (1991). Not All Chimpanzees (Pan troglodytes) Show Self-recognition. *Primates*, (32), 483-496.
1080 Shumaker, R.W. und Swartz, K.B. (2002). When Traditional Methodologies Fail: Cognitive Studies of Great Apes. In: M. Bekoff, C. Allen

und G.M. Burghardt (Hg.). *The Cognitive Animal. Empirical and Theoretical Perspectives on Animal Cognition*, 335-343. Cambridge, MA: MIT Press.
1081 Rochat, P. (2003). Five levels of self-awareness as they unfold early in life. *Consciousness and Cognition*, *12*, 717-731.
1082 Hodos, W. und Campbell, C.B.G. (1969). Scala naturae: Why there is no theory in comparative psychology. *Psycholgical Review*, *76* (4), 337-350.
1083 Lenkei, R., Faragó, T., Zsilák, B. und Pongrácz, P. (2021). Dogs (Canis familiaris) recognize their own body as a physical obstacle. *Scientific Reports*, *11* (1), 1-8.
1084 Hediger, H. (1978). Zur Frage des Selbstbewußtseins beim Tier. In: R.A. Stamm (Hg.). *Tierpsychologie. Die biologische Erforschung tierischen und menschlichen Verhaltens*, 280-291. Weinheim Basel: Beltz.
1085 Leary, M.R. und Buttermore, N.R. (2003). The evolution of the human self: Tracing the natural history of self-awareness. *Journal for the Theory of Social Behaviour*, *33* (4), 365-404.
1086 Proske, U. und Gandevia, S.C. (2009). The kinaesthetic senses. *The Journal of Physiology*, *587* (17), 4139-4146.
1087 Vogeley, K. und Fink, G.R. (2003). Neural correlates of the first-person-perspective. *Trends in Cognitive Sciences*, *7* (1), 38-42.
1088 Mitchell, R.W. (1994). Multiplicities of Self. In: S.T. Parker, R.W. Mitchell und M.L. Boccia (Hg.). *Self-awareness in Animals and Humans. Developmental Perspectives*, 81-107. New York: Cambridge University Press.
1089 Mitchell, R.W. (1993). Mental models of mirror-self-recognition: Two theories. *New ideas in Psychology*, *11* (3), 295-325.
1090 Mitchell, R.W. (1993). Recognizing one's self in a mirror? A reply to Gallup and Povinelli, de Lannoy, Anderson, and Byrne. *New ideas in Psychology*, *11*, 351-377.
1091 Hart, D. und Karmel, M.P. (1996). Self-awareness and self-knowledge in humans, apes, and monkeys. In: A.E. Russon, K.A. Bard und S.T. Parker (Hg.). *Reaching Into Thought: The Minds of the Great Apes*, 325-347. Cambridge, MA: Cambridge University Press.
1092 Fleming, S.M., Weil, R.S., Nagy, Z., Dolan, R.J. und Rees, G. (2010). Relating introspective accuracy to individual differences in brain structure. *Science*, *329* (5998), 1541-1543.
1093 Miyamoto, K., Osada, T., Setsuie, R., Takeda, M., Tamura, K., Adachi, Y. und Miyashita, Y. (2017). Causal neural network of metamemory for retrospection in primates. *Science*, *355* (6321), 188-193.
1094 Lau, H.C. und Passingham, R.E. (2007). Unconscious activation of the cognitive control system in the human prefrontal cortex. *Journal of Neuroscience*, *27* (21), 5805-5811.
1095 Ruby, E., Maniscalco, B. und Peters, M.A. (2018). On a ›failed‹ attempt

to manipulate visual metacognition with transcranial magnetic stimulation to prefrontal cortex. *Consciousness and Cognition*, *62*, 34-41.
1096 Gennaro, R.J. (2012). *The Consciousness Paradox: Consciousness, Concepts, and Higher-Order Thoughts*. Cambridge, MA: MIT Press.
1097 Gennaro, R.J. (2018). Animal consciousness and higher-order thoughts. In: K. Andrews und J. Beck (Hg.). *The Routledge Handbook of Philosophy of Animal Minds*, 196-205. Abingdon, OX: Routledge.
1098 Terrace, H.S. und Metcalfe, J. (Hg.) (2005). *The Missing Link in Cognition: Origins of Self-Reflective Consciousness*. New York, Oxford: Oxford University Press.
1099 Custers, R. und Aarts, H. (2010). The unconscious will: how the pursuit of goals operates outside of conscious awareness. *Science*, *329* (5987), 47-50.
1100 Logan, G.D. und Crump, M.J. (2010). Cognitive illusions of authorship reveal hierarchical error detection in skilled typists. *Science*, *330* (6004), 683-686.
1101 Terrace, H.S. und Son, L.K. (2009). Comparative metacognition. *Current Opinions in Neurobiology*, *19* (1), 67-74.
1102 Huber, L. (2018). Doppelt gewitzt. Kommentar zu F.B.M.de Waal: Are We Smart Enough to Know How Smart Animals Are? *Inference: International Review of Science*, 1-15.
1103 Kattmann, U. (1974). Sonderstellung oder Eigenart? Zur Stellung des Menschen innerhalb der Lebewesen. *Praxis der Naturwissenschaften-Biologie*, *23* (10), 253-264.
1104 Balda, R.P., Pepperberg, I.M. und Kamil, A.C. (1998). *Animal Cognition in Nature: The Convergence of Psychology and Biology in Laboratory and Field*. San Diego: Academic Press.
1105 de Waal, F.B.M. (2016). *Are we smart enough to know how smart animals are?* New York, London: W.W. Norton & Company.
1106 Kamil, A.C. (1998). On the proper definition of cognitive ethology. In: R.P. Balda, I.M. Pepperberg und A.C. Kamil (Hg.). *Animal Cognition in Nature: The Convergence of Psychology and Biology in Laboratory and Field*, 1-28. San Diego: Academic Press.
1107 Kamil, A.C. (1988). A synthetic approach to the study of animal intelligence. In: D. Leger (Hg.). *Comparative Perspectives in Modern Psychology: Nebraska Symposium on Motivation*, 230-257. Lincoln, NE: University of Nebraska Press.
1108 Hauser, M.D. (2001). *Wilde Intelligenz. Was Tiere wirklich denken*. München: Beck.
1109 MacLean, E.L., Matthews, L.J., Hare, B.A., Nunn, C.L., Anderson, R.C., Aureli, F., Brannon, E.M., Call, J., Drea, C.M., Emery, N.J., Haun, D.B., Herrmann, E., Jacobs, L.F., Platt, M.L., Rosati, A.G., Sandel, A.A., Schroepfer, K.K., Seed, A.M., Tan, J., van Schaik, C.P.

und Wobber, V. (2012). How does cognition evolve? Phylogenetic comparative psychology. *Animal Cognition*, *15* (2), 223-238.

1110 Fitch, W. T., Huber, L. und Bugnyar, T. (2010). Social cognition and the evolution of language: constructing cognitive phylogenies. *Neuron*, *65* (6), 795-814.

1111 Barkow, J., Cosmides, L. und Tooby, J. (Hg.) (1992). *The Adapted Mind: Evolutionary Psychology and the Generation of Culture*. New York: Oxford University Press.

1112 Huber, L. (2014). Früchte vom Baum der Erkenntnis. Zur Evolution von kognitiven und moralanalogen Fähigkeiten. In: E. M. Herzog, H.-C. Bauer und K. P. Überriegler (Hg.). *Blickpunkt: Intelligenz. Ein Erfolgsmodell der Evolution?* Norderstedt: Books on Demand.

1113 Huber, L. und Wilkinson, A. (2012). Cognitive evolution: a comparative approach. In: F. G. Barth, P. Giampieri-Deutsch und H.-D. Klein (Hg.). *Sensory Perception: Mind and Matter*, 137-154. Wien, New York: Springer.

1114 Wilkinson, A. und Huber, L. (2012). Cold-blooded cognition: reptilian cognitive abilities. In: J. Vonk und T. K. Shackelford (Hg.). *The Oxford Handbook of Comparative Evolutionary Psychology*, 129-143. New York: Oxford University Press.

1115 Wilkinson, A., Kuenstner, K., Mueller, J. und Huber, L. (2010). Social learning in a non-social reptile (Geochelone carbonaria). *Biology Letters*, *6* (5), 614-616.

1116 Kis, A., Huber, L. und Wilkinson, A. (2015). Social learning by imitation in a reptile (Pogona vitticeps). *Animal Cognition*, *18* (1), 325-331.

1117 Bshary, R. und Grutter, A. S. (2006). Image scoring and cooperation in a cleaner fish mutualism. *Nature*, *441* (7096), 975-978.

1118 Bshary, R., Grutter, A. S., Willener, A. S. und Leimar, O. (2008). Pairs of cooperating cleaner fish provide better service quality than singletons. *Nature*, *455* (7215), 964-966.

1119 Bshary, R., Wickler, W. und Fricke, H. (2002). Fish cognition: a primate's eye view. *Animal Cognition*, *5* (1), 1-13.

1120 Salwiczek, L. H., Pretot, L., Demarta, L., Proctor, D., Essler, J., Pinto, A. I., Wismer, S., Stoinski, T., Brosnan, S. F. und Bshary, R. (2012). Adult cleaner wrasse outperform capuchin monkeys, chimpanzees and orang-utans in a complex foraging task derived from cleaner–client reef fish cooperation. *PLOS ONE*, *7* (11), e49068.

1121 Mather, J. A., Anderson, R. C. und Wood, J. B. (2010). *Octopus. The Ocean's Intelligent Invertebrate*. Portland, OR: Timber Press.

1122 Darmaillacq, A.-S., Dickel, L. und Mather, J. (2014). *Cephalopod Cognition.* Cambridge: Cambridge University Press.

1123 Godfrey-Smith, P. (2016). *Other Minds: The Octopus and the Evolution of Intelligent Life*. London: William Collins.

1124 Chittka, L. (2017). Bee cognition. *Current Biology*, *27*, R1037–R1059.
1125 Avarguès-Weber, A., Deisig, N. und Giurfa, M. (2011). Visual cognition in social insects. *Annual Review of Entomology*, *56*, 423-443.
1126 Giurfa, M. (2013). Cognition with few neurons: higher-order learning in insects. *Trends in Neurosciences*, *36* (5), 285-294.
1127 Giurfa, M. (2015). Learning and cognition in insects. *Wiley Interdisciplinary Reviews: Cognitive Science*, *6* (4), 383-395.
1128 Menzel, R. und Giurfa, M. (2006). Dimensions of cognition in an insect, the honeybee. *Behavioral and Cognitive Neuroscience Reviews*, *5* (1), 24-40.
1129 Loukola, O. J., Perry, C. J., Coscos, L. und Chittka, L. (2017). Bumblebees show cognitive flexibility by improving on an observed complex behavior. *Science*, *355* (6327), 833-836.
1130 Solvi, C., Al-Khudhairy, S. G. und Chittka, L. (2020). Bumble bees display cross-modal object recognition between visual and tactile senses. *Science*, *367* (6480), 910-912.
1131 Farrar, B. und Ostojic, L. (2019). The illusion of science in comparative cognition. *PsyArXiv*, [https://psyarxiv.com/hduyx/], letzter Zugriff 17. 7. 2021.
1132 Stevens, J. R. (2017). Replicability and reproducibility in comparative psychology. *Frontiers in Psychology*, *8*, 862.
1133 Ioannidis, J. P. A. (2005). Why most published research findings are false. *PLOS Medicine*, *2*, e124.
1134 Farrar, B., Ostojic, L. und Clayton, N. (2021). The hidden side of animal cognition research: Scientists' attitudes toward bias, replicability and scientific practice. *PsyArXiv*, [https://doi.org/10.31234/osf.io/fwvpe], letzter Zugriff 17. 7. 2021.
1135 Beran, M. J. (2018). Replication and pre-registration in comparative psychology. *International Journal of Comparative Psychology*, *31*, [https://escholarship.org/uc/item/59f4z2nd], letzter Zugriff 17. 7. 2021.
1136 Open Science Collaboration (2015). Estimating the reproducibility of psychological science. *Science*, *349*, aac4716.
1137 ManyPrimates, Altschul, D. M., Beran, M. J., Bohn, M., Call, J., DeTroy, S., Duguid, S. J., Egelkamp, C. L., Fichtel, C., Fischer, J., Flessert, M., Hanus, D., Haun, D. B. M., Haux, L. M., Hernandez-Aguilar, R. A., Herrmann, E., Hopper, L. M., Joly, M., Kano, F., Keupp, S., Melis, A. P., Motes Rodrigo, A., Ross, S. R., Sánchez-Amaro, A., Sato, Y., Schmitt, V., Schweinfurth, M. K., Seed, A. M., Taylor, D., Völter, C. J., Warren, E. und Watzek, J. (2019). Establishing an infrastructure for collaboration in primate cognition research. *PLOS ONE*, *14* (10), e022 3675.
1138 Lambert, M. L., Farrar, B. G., Garcia-Pelegrin, E., Reber, S. und Miller, R. (2021). ManyBirds: A multi-site collaborative Open Science

approach to avian cognition and behaviour research. *PsyArXiv*, [https://doi.org/10.31234/osf.io/83xkt], letzter Zugriff 17.7.2021.
1139 ManyBabies Consortium, M. (2020). Quantifying sources of variability in infancy research using the infant-directed-speech preference. *Advances in Methods and Practices in Psychological Science, 3*, 24-52.
1140 ManyDogs Project, M., Espinosa, J., Bray, E. E., Buchsbaum, D., Byosiere, S.-E., Byrne, M., Freeman, M. S., Gnanadesikan, G. E., Guran, C.-N. A., Horschler, D. J., Huber, L., Johnston, A. M., MacLean, E. L., Pelgrim, M. H., Santos, L., Silver, Z. A., Stevens, J. R., Völter, C. J. und Zipperling, L. (2021). ManyDogs 1: A multi-lab replication study of dogs' pointing comprehension. *Animal Behavior and Cognition*, im Erscheinen.
1141 Kohse-Höinghaus, K., Fuchs, H., Zhang, T. und Wu, Y. (2019). Das Unbekannte erforschen – der Wert der Grundlagenforschung. *Angewandte Chemie, 131* (50), 18048-18050.
1142 Russell, W. M. S. und Burch, R. L. (1959). *The Principles of Humane Experimental Technique. London: Methuen.*
1143 Poucet, B. und Benhamou, S. (1997). The neuropsychology of spatial cognition in the rat. *Critical Reviews in Neurobiology, 11* (2-3), 101-120.
1144 Bartal, I. B.-A., Decety, J. und Mason, P. (2011). Empathy and pro-social behavior in rats. *Science, 334* (6061), 1427-1430.
1145 Bartal, I. B.-A., Rodgers, D. A., Sarria, M. S. B., Decety, J. und Mason, P. (2014). Pro-social behavior in rats is modulated by social experience. *Elife, 3*, e01385.
1146 Precht, R. D. (2016). *Tiere denken. Vom Recht der Tiere und den Grenzen des Menschen*. München: Goldmann.
1147 Höffe, O. (1997). *Lexikon der Ethik*. München: Beck.
1148 Duncan, I. und Petherick, J. C. (1991). The implications of cognitive processes for animal welfare. *Journal of Animal Science, 69* (12), 5017-5022.
1149 Špinka, M. (2006). How important is natural behaviour in animal farming systems? *Applied Animal Behaviour Science, 100* (1-2), 117-128.
1150 Mendl, M. und Paul, E. S. (2008). Do animals live in the present?: Current evidence and implications for welfare. *Applied Animal Behaviour Science, 113* (4), 357-382.
1151 Bentham, J. (1789 (1996)). *Introduction to the principles of morals and legislation*. Oxford: Oxford University Press (dt. *Eine Einführung in die Prinzipien der Moral und Gesetzgebung*, Saldenburg: Senging, 2016).
1152 Braithwaite, V. (2010). *Do Fish Feel Pain?* Oxford: Oxford University Press.
1153 Sneddon, L. (2011). Pain perception in fish. *Journal of Consciousness Studies, 18* (9-10), 209-229.

1154 Woodruff, M.L. (2018). Sentience in fishes: more on the evidence. *Animal Sentience*, *2* (13), 16.
1155 Elwood, R.W. (2012). Evidence for pain in decapod crustaceans. *Animal Welfare*, *21* (S2), 23-27.
1156 Sneddon, L.U., Elwood, R.W., Adamo, S.A. und Leach, M.C. (2014). Defining and assessing animal pain. *Animal Behaviour*, *97*, 201-212.
1157 Dawkins, M.S. (1990). From an animal's point of view: motivation, fitness, and animal welfare. *Behavioral and Brain Sciences*, *13* (1), 1-61.
1158 Dawkins, M.S. (2017). Animal welfare with and without consciousness. *Journal of Zoology*, *301* (1), 1-10.
1159 Singer, P. (2013). *Praktische Ethik*. Stuttgart: Reclam.
1160 Korff, W., Beck, L. und Mikat, P. (Hg.) (2000). *Lexikon der Bioethik*. Gütersloh: Gütersloher Verlagshaus.
1161 Gray, H.M., Gray, K. und Wegner, D.M. (2007). Dimensions of mind perception. *Science*, *315* (5812), 619-619.
1162 Foer, J.S. (2010). *Tiere essen*. Köln: Kiepenheuer & Witsch.
1163 Bastian, B., Loughnan, S., Haslam, N. und Radke, H.R. (2012). Don't mind meat? The denial of mind to animals used for human consumption. *Personality and Social Psychology Bulletin*, *38* (2), 247-256.
1164 Clarke, C. und Dzieciolowski, R. (1991). Feral pigs in the northern South Island, New Zealand: I. Origin, distribution, and density. *Journal of the Royal Society of New Zealand*, *21* (3), 237-247.
1165 D'Eath, R.B. und Turner, S.P. (2009). The natural behaviour of the pig. In: J.N. Marchant-Fonde (Hg.). *The Welfare of Pigs*, 13-45. Berlin: Springer.
1166 Wondrak, M., Conzelmann, E., Veit, A. und Huber, L. (2018). Pigs (Sus scrofa domesticus) categorize pictures of human heads. *Applied Animal Behaviour Science*, *205*, 19-27.
1167 Veit, A., Wondrak, M. und Huber, L. (2017). Object movement re-enactment in free-ranging Kune Kune piglets. *Animal Behaviour*, *132*, 49-59.
1168 Held, S., Mendl, M., Devereux, C. und Byrne, R.W. (2000). Social tactics of pigs in a competitive foraging task: the ›informed forager‹ paradigm. *Animal Behaviour*, *59* (3), 569-576.
1169 Held, S.D.E., Byrne, R.W., Jones, S., Murphy, E., Friel, M. und Mendl, M.T. (2010). Domestic pigs, Sus scrofa, adjust their foraging behaviour to whom they are foraging with. *Animal Behaviour*, *79* (4), 857-862.
1170 Nawroth, C., Langbein, J., Coulon, M., Gabor, V., Oesterwind, S., Benz-Schwarzburg, J. und von Borell, E. (2019). Farm animal cognition – linking behavior, welfare and ethics. *Frontiers in Veterinary Science*, *6*, 24.
1171 Mendl, M., Held, S. und Byrne, R.W. (2010). Pig cognition. *Current Biology*, *20* (18), R796-R798.

1172 Rault, J.-L. (2019). Be kind to others: Prosocial behaviours and their implications for animal welfare. *Applied Animal Behaviour Science*, *210*, 113-123.
1173 de Waal, F. (2006). The tower of morality. In: F. de Waal (Hg.). *Primates and Philosophers: How Morality Evolved*, 161-181. Princeton: Princeton University Press.
1174 Yamamoto, S., Humle, T. und Tanaka, M. (2009). Chimpanzees help each other upon request. *PLOS ONE*, *4* (10), e7416.
1175 de Waal, F. B. und Suchak, M. (2010). Prosocial primates: selfish and unselfish motivations. *Philosophical Transactions of the Royal Society B: Biological Sciences*, *365* (1553), 2711-2722.
1176 de Waal, F. B. M. und Preston, S. D. (2017). Mammalian empathy: behavioural manifestations and neural basis. *Nature Reviews Neuroscience*, *18* (8), 498-509.
1177 Rogers, L. J. und Kaplan, G. (2004). All animals are not equal: the interface between scientific knowledge and legislation for animal rights. In: C. R. Sunstein und M. C. Nussbaum (Hg.). *Animal Rights. Current Debates and New Directions*, 175-202. Oxford: Oxford University Press.
1178 Goethe, Johann Wolfgang von (1826). *Maximen und Reflexionen. Aphorismen und Aufzeichnungen*. Aus Kunst und Altertum, 5. Band, 3. Heft. Nach den Handschriften des Goethe- und Schiller-Archivs. Hg. von Max Hecker, Verlag der Goethe-Gesellschaft, Weimar 1907.
1179 Goodall, J. und Bekoff, M. (2002). *The Ten Trusts. What We Must Do to Care for The Animals We Love*. San Francisco: Harper Collins.
1180 Goodall, J. und Berman, P. (1999). *Grund zur Hoffnung Autobiographie*. München: Riemann.
1181 Denys, P. und Holmes, M. (1998). *Animal Magnetism: At Home with Celebrities & Their Animal Companions*. New York: Smithmark Publishers.

Sachregister

Personenregister

Artenregister